Klopstocks

ausgewählte Werke.

Erster Band.

Stuttgart.
J. G. Göschen'sche Verlagshandlung.
1869.

K. Hofbuchdruckerei zu Guttenberg (Carl Grüninger) in Stuttgart.

Der Messias.

Erster Theil.

Erster Gesang.

Der Messias entfernt sich von dem Volke, geht auf den Oelberg, und verspricht Gott noch einmal in einem feierlichen Gebete, die Erlösung zu übernehmen. Hierauf fangen die Leiden der Erlösung in seiner Seele an. Sein Engel, Gabriel, wird von ihm in den Himmel geschickt, das Gebet vor Gott zu bringen. Um den Himmel sind lauter Sonnen. Gabriel geht durch einen Sonnenweg, von dem ehemals ein ätherischer Strom nach Eden herunter floß. Er hört auf einer der nächsten Sonnen ein Lied mit an, das allezeit, nach dem Dreimalheilig, gesungen wird. Eloa, der erhabenste unter allen Engeln, und den Gott besonders zu seinen Diensten braucht, kömmt Gabriel entgegen, und führt ihn zu dem Altare des Messias. Gabriel opfert Räuchwerk, und begleitet das Opfer mit dem Gebete des Messias, welches er vor Gott singt. Alles erwartet still die Antwort Gottes. Gott eröffnet durch ein Donnerwetter das Allerheiligste des Himmels, die Seligen zu seiner Antwort vorzubereiten. Seraph Eloa und Cherub Urim unterreden sich von dem, was sie in dem Allerheiligsten sehen. Gott redet nunmehr. Eloa thut, auf Gottes Wink, die umständlichern Befehle desselben dem Himmel kund. Auch empfängt Gabriel Befehle, an den Engel der Sonne, und an die Engel der Erde, wegen der Wunder beim Tode Jesu. Die Thronenengel vertheilen sich, wegen der Feier des zweiten Sabbaths, durch die Himmel. Gabriel steigt zur Erde herab. Er findet den Messias schlafend. Er redet in gleichwohl, als den Allwissenden, an. Er geht von da zu den Schutzengeln der Erde. Ihr Wohnplatz ist mitten in der Erde, auf einer kleinen Sonne. Hierzu kömmt er durch eine Oeffnung bei dem Nordpole. Er findet die Engel der Erde auf ihrer Sonne, und die Seelen ganz zarter Kinder, die hier zum Himmel vorbereitet werden. Von hier erhebt er sich zur Sonne, und findet da die Seelen der Väter bei Uriel, dem Engel der Sonne.

Sing', unsterbliche Seele, der sündigen Menschen Erlösung,
Die der Messias auf Erden in seiner Menschheit vollendet,
Und durch die er Adams Geschlecht zu der Liebe der Gottheit,
Leidend getödtet und verherrlichet, wieder erhöht hat!
Also geschah des Ewigen Wille. Vergebens erhub sich
Satan gegen den göttlichen Sohn; umsonst stand Juda
Gegen ihn auf. Er that's und vollbrachte die große Versöhnung.
Aber, o That, die allein der Allbarmherzige kennet,
Darf aus dunkler Ferne sich auch dir nahen die Dichtkunst?
Weihe sie, Geist Schöpfer, vor dem ich hier still anbete!
Führe sie mir, als deine Nachahmerin, voller Entzückung,
Voll unsterblicher Kraft, in verklärter Schönheit entgegen!
Rüste mit deinem Feuer sie, du, der die Tiefen der Gottheit
Schaut und den Menschen, aus Staube gemacht, zum Tempel sich heiligt!
Rein sey das Herz! So darf ich, obwohl mit der bebenden Stimme
Eines Sterblichen, doch den Gottversöhner besingen
Und die furchtbare Bahn mit verziehnem Straucheln durchlaufen.

Menschen, wenn ihr die Hoheit kennt, die ihr damals empfinget,
Da der Schöpfer der Welt Versöhner wurde, so höret
Meinen Gesang, und ihr vor allen, ihr wenigen Edlen,
Theure, herzliche Freunde des liebenswürdigen Mittlers,
Ihr mit dem kommenden Weltgerichte vertrauliche Seelen,
Hört mich und singt den ewigen Sohn durch ein göttliches Leben!
Nah an der heiligen Stadt, die sich jetzt durch Blindheit entweihte,
Und die Krone der hohen Erwählung unwissend hinwegwarf,
Sonst die Stadt der Herrlichkeit Gottes, der heiligen Väter
Pflegerin, jetzt ein Altar des Bluts, vergossen von Mördern;
Hier war's, wo der Messias von einem Volke sich losriß,
Das zwar jetzt ihn verehrte, doch nicht mit jener Empfindung,
Die untadelhaft bleibt vor dem schauenden Auge der Gottheit.
Jesus verbarg sich diesen Entweihten. Zwar lagen hier Palmen
Vom begleitenden Volk, zwar klang dort ihr lautes Hosanna;
Aber umsonst. Sie kannten ihn nicht, den König sie nennten,
Und, den Gesegneten Gottes zu sehn, war ihr Auge zu dunkel.
Gott kam selbst von dem Himmel herab. Die gewaltige Stimme:
Sieh', ich hab' ihn verklärt und will ihn von neuem verklären!
War die Verkündigerin der gegenwärtigen Gottheit.
Aber sie waren, Gott zu verstehn, zu niedrige Sünder.
Unterdeß nahte sich Jesus dem Vater, der wegen des Volkes,
Dem die Stimme geschah, mit Zorn zu dem Himmel hinaufstieg.
Denn noch einmal wollte der Sohn des Bundes Entschließung,
Seine Menschen zu retten, dem Vater feierlich kund thun.
Gegen die östliche Seite Jerusalems liegt ein Gebirge,
Welches auf seinem Gipfel schon oft den göttlichen Mittler,
Wie in das Heilige Gottes, verbarg, wenn er einsame Nächte
Unter des Vaters Anschaun ernst in Gebeten durchwachte.
Jesus ging nach diesem Gebirg. Der fromme Johannes,
Er nur folgt' ihm dahin bis an die Gräber der Seher,
Wie sein göttlicher Freund die Nacht im Gebete zu bleiben,
Und der Mittler erhub sich von dort zu dem Gipfel des Berges.
Da umgab von dem hohen Moria ihn Schimmer der Opfer,
Die den ewigen Vater noch jetzt im Bilde versöhnten.
Ringsum nahmen ihn Palmen ins Kühle. Gelindere Lüfte,
Gleich dem Säuseln der Gegenwart Gottes, umflossen sein Antlitz.
Und der Seraph, der Jesus zum Dienst' auf der Erde gesandt war —
Gabriel nennen die Himmlischen ihn — stand feiernd am Eingang
Zwoer umdufteter Cedern und dachte dem Heile der Menschen
Und dem Triumphe der Ewigkeit nach, als jetzt der Erlöser
Seinem Vater entgegen vor ihm im Stillen vorbeiging.
Gabriel wußte, daß nun die Zeit der Erlösung herankam.
Diese Betrachtung entzückt' ihn. Er sprach mit leiserer Stimme
Willst du die Nacht, o Göttlicher, hier im Gebete durchwachen?
Oder verlangt dein ermüdeter Leib nach seiner Erquickung?

Soll ich zu deinem unsterblichen Haupt ein Lager bereiten?
Siehe, schon streckt der Sprößling der Ceder den grünenden Arm aus
Und die weiche Staude des Balsams. Am Grabe der Seher
Wächst't dort unten ruhiges Moos in der kühlenden Erde.
Soll ich davon, o Göttlicher, dir ein Lager bereiten?
Ach, wie bist du, Erlöser, ermüdet! Wie viel erträgst du
Hier auf der Erd', aus inniger Liebe zu Adams Geschlechte!
Gabriel sagt's. Der Mittler belohnt ihn mit segnenden Blicken,
Steht voll Ernst auf der Höhe des Bergs am näheren Himmel.
Dort war Gott. Dort betet' er. Unter ihm tönte die Erde,
Und ein wandelndes Jauchzen durchdrang die Pforten des Abgrunds,
Als sie von ihm tief unten die mächtige Stimme vernahmen.
Denn sie war es nicht mehr, des Fluches Stimme, die Stimme,
Angekündet in Sturm und in donnerndem Wetter gesprochen,
Welche die Erde vernahm. Sie hörte des Segnenden Rede,
Der mit unsterblicher Schöne sie einst zu verneuen beschlossen.
Ringsum lagen die Hügel in lieblicher Abenddämmrung,
Gleich als blühten sie wieder, nach Edens Bilde geschaffen.
Jesus redete. Er und der Vater durchschauten den Inhalt
Gränzlos. Dieß nur vermag des Menschen Stimme zu sagen:
Göttlicher Vater, die Tage des Heils und des ewigen Bundes
Nahen sich mir, die Tage, zu größeren Werken erkoren,
Als die Schöpfung, die du mit deinem Sohne vollbrachtest.
Sie verklären sich mir so schön und herrlich, als damals,
Da wir der Zeiten Reih' durchschauten, die Tage der Zukunft,
Durch mein göttliches Schaun bezeichnet, und glänzender sahen.
Dir nur ist es bekannt, mit was für Einmuth wir damals,
Du, mein Vater, und ich und der Geist die Erlösung beschlossen.
In der Stille der Ewigkeit, einsam und ohne Geschöpfe
Waren wir bei einander. Voll unsrer göttlichen Liebe,
Sahen wir auf die Menschen, die noch nicht waren, herunter.
Edens selige Kinder, ach, unsre Geschöpfe, wie elend
Waren sie, sonst unsterblich, nun Staub und entstellt von der Sünde!
Vater, ich sah ihr Elend, du meine Thränen. Da sprachst du:
Lasset der Gottheit Bild in dem Menschen von neuem uns schaffen!
Also beschlossen wir unser Geheimniß, das Blut der Versöhnung
Und die Schöpfung der Menschen, verneut zu dem ewigen Bilde.
Hier erkor ich mich selbst, die göttliche That zu vollenden.
Ewiger Vater, das weißt du, das wissen die Himmel, wie innig
Mich seit diesem Entschluß nach meiner Erniedrung verlangte.
Erde, wie oft warst du in deiner niedrigen Ferne
Mein erwähltes, geliebteres Augenmerk! Und, o Kanan,
Heiliges Land, wie oft hing unverwendet mein Auge
An dem Hügel, den ich von des Bundes Blute schon voll sah!
Und wie bebt mir mein Herz von süßen, wallenden Freuden,
Daß ich so lange schon Mensch bin, daß schon so viele Gerechte

Sich mir sammeln, und nun bald alle Geschlechte der Menscheen
Mir sich heiligen werden! Hier lieg' ich, göttlicher Vater,
Noch nach deinem Bilde geschmückt mit den Zügen der Menschheit,
Betend vor dir. Bald aber, ach, bald wird dein tödtend Gericht mich
Blutig entstellen und unter den Staub der Todten begraben.
Schon, o Richter der Welt, schon hör' ich fern dich und einsam
Kommen und unerbittlich in deinen Himmeln dahergehen;
Schon durchdringt mich ein Schauer, dem ganzen Geistergeschlechte
Unempfindbar und, wenn du sie auch mit dem Zorne der Gottheit
Tödtetest, unempfindbar; ich seh' den nächtlichen Garten
Schon vor mir liegen, sinke vor dir in niedrigen Staub hin,
Lieg' und bet' und winde mich, Vater, im Todesschweiße.
Siehe, da bin ich, mein Vater. Ich will des Allmächtigen Zürnen,
Deine Gerichte will ich mit tiefem Gehorsam ertragen.
Du bist ewig! Kein endlicher Geist hat das Zürnen der Gottheit,
Keiner je, den Unendlichen tödtend mit ewigem Tode,
Ganz gedacht und keiner empfunden. Gott nur vermochte
Gott zu versöhnen. Erhebe dich, Richter der Welt! Hier bin ich!
Tödte mich, nimm mein ewiges Opfer zu deiner Versöhnung!
Noch bin ich frei, noch kann ich dich bitten; so thut sich der Himmel
Mit Myriaden von Seraphim auf und führet mich jauchzend,
Vater, zurück im Triumph zu deinem erhabenen Throne.
Aber ich will leiden, was keine Seraphim fassen,
Was kein denkender Cherub in tiefen Betrachtungen einsieht;
Ich will leiden, den furchtbarsten Tod ich, Ewiger, leiden.
Weiter sagt' er und sprach: Ich hebe gen Himmel mein Haupt auf,
Meine Hand in die Wolken und schwöre dir bei mir selber,
Der ich Gott bin wie du: Ich will die Menschen erlösen!
Jesus sprach's und erhub sich. In seinem Antlitz war Hoheit,
Seelenruh' und Ernst und Erbarmung, als er vor Gott stand.
Aber, unhörbar den Engeln, nur sich und dem Sohne vernommen,
Sprach der ewige Vater und wandte sein schauendes Antlitz
Nach dem Versöhner hin: Ich breite mein Haupt durch die Himmel,
Meinen Arm aus durch die Unendlichkeit, sage: Ich bin
Ewig! und schwöre dir, Sohn: Ich will die Sünde vergeben!
Also sprach er und schwieg. Indem die Ewigen sprachen,
Ging durch die ganze Natur ein ehrfurchtsvolles Erbeben.
Seelen, die jetzo wurden, noch nicht zu denken begannen,
Zitterten und empfanden zuerst. Ein gewaltiger Schauer
Faßte den Seraph; ihm schlug sein Herz, und um ihn lag wartend,
Wie vor dem nahen Gewitter die Erde, sein schweigender Weltkreis.
Sanftes Entzücken kam allein in der künftigen Christen
Seelen und süßbetäubend Gefühl des ewigen Lebens.
Aber sinnlos und zur Verzweiflung nur noch empfindlich,
Sinnlos, wider Gott was zu denken, entstürzten im Abgrund
Ihren Thronen die Geister der Hölle. Da jeder dahinsank,

Stürzt' auf jeden ein Fels, brach unter jedem die Tiefe
Ungestüm ein, und donnernd erklang die unterste Hölle.
Jesus stand noch vor Gott. Und jetzt begannen die Leiden
Seiner Erlösung, ein Vorgefühl, so in furchtbarer Nähe
Gränzt' an das Wirkliche: Wie, ihn zu richten, Gott von des Throns Höhn
Kommen, mit Schuld ihn belasten der Spruch der verworfensten Menschen,
Er, mit Blute beströmt, den Tod der Kreuzigung sterben
Würd' auf Golgatha. Gabriel lag in der Fern' auf dem Antlitz,
Tiefanbetend, von neuen Gedanken mächtig erhoben.
Seit den Jahrhunderten, die er durchlebt', so lang', als die Seele
Sich die Ewigkeit denkt, wenn sie dem Leib in Gedanken
Schnellen Fluges entfleugt; seit diesen Jahrhunderten hatt' er
So erhabne Gedanken noch nie empfunden. Die Gottheit,
Ihre Versöhnten, die ewige Liebe des göttlichen Mittlers,
Alles eröffnet sich ihm. Gott bildete diese Gedanken
In des Unsterblichen Geiste. Der Ewige dachte sich jetzo
Als den Erbarmer erschaffner Wesen. Der Seraph erhub sich,
Stand und erstaunt' und betet', und unaussprechliche Freuden
Zitterten durch sein Herz, und Licht und blendendes Glänzen
Ging von ihm aus. Die Erde zerfloß in himmlische Schimmer
Unter ihm hin, so dacht' er. Ihn sah der göttliche Mittler,
Daß er den Gipfel des ganzen Gebirgs mit Klarheit erfüllte.
Gabriel, rief er, hülle dich ein, du dienst mir auf Erden!
Mache dich auf, dieß Gebet vor meinen Vater zu bringen,
Daß die Edelsten unter den Menschen, die seligen Väter,
Daß der versammelte Himmel der Zeiten Fülle vernehme,
Die er mit innigem, heißem Verlangen verlangte! Dort leuchte,
Als der Gesendete Jesus, des Mittlers, im Glanze der Engel!
Schweigend, mit göttlich heitrer Geberd', erhub sich der Seraph.
Jesus schaut' ihm vom Oelberg nach. Der Göttliche sah schon,
Was der Seraph that, an dem Throne der Herrlichkeit Gottes,
Eh' der Eilende noch des Himmels Sonnen erreichte.
Jetzo erhuben sich neue, geheimnißvolle Gespräche
Zwischen ihm und dem Ewigen, schicksalenthüllendes Inhalts,
Heilig und furchtbar und hehr, voll nie gehoffter Entscheidung,
Selbst Unsterblichen dunkel; Gespräche von Dingen, die künftig
Gottes Erlösung vor allen Erschaffnen verherrlichen werden.
Unterdeß eilte der Seraph zum äußersten Schimmer des Himmels
Wie ein Morgen empor. Hier füllen nur Sonnen den Umkreis,
Und, gleich einer Hülle, gewebt aus Strahlen des Urlichts,
Zieht sich ihr Glanz um den Himmel herum. Kein dämmernder Erdkreis
Naht sich des Himmels verderbendem Blick. Entfliehend und ferne
Geht die bewölkte Natur vorüber. Da eilen die Erden

Klein, unmerkbar dahin, wie unter des Wanderers Fuße
Niedriger Staub, vom Gewürme bewohnt, aufwallet und hinsinkt.
Um den Himmel herum sind tausend eröffnete Wege,
Lange, nicht auszusehende Weg', umgeben von Sonnen.
Durch den glänzenden Weg, der gegen die Erde sich wendet,
Floß seit ihrer Erschaffung am Fuß des Thrones entspringend,
Einst nach Eden ein Strom der Himmelsheitre herunter.
Ueber ihm oder an seinem Gestad', erhoben von Farben,
Gleichend den Farben des Regenbogens oder der Frühe,
Kamen damals Engel und Gott zu vertraulichem Umgang
Zu den Menschen. Doch schnell ward der Strom herüber gerufen,
Als durch Sünde der Mensch zu Gottes Feinde sich umschuf.
Denn die Unsterblichen wollten nicht mehr in sichtbarer Schönheit
Gegenden sehn, die vor ihnen des Todes Verwüstung entstellte.
Damals wandten sie schauernd sich weg. Die stillen Gebirge,
Wo noch die Spur des Ewigen war; die rauschenden Haine,
Welche vordem das Säuseln der Gegenwart Gottes beseelte;
Selige, friedsame Thäler, sonst von der Jugend des Himmels
Gern besucht; die schattigen Lauben, wo ehmals die Menschen,
Ueberwallend von Freuden und süßen Empfindungen, weinten,
Daß Gott ewig sie schuf; — die Erde trug des Fluches
Lasten jetzt, war ihrer vordem unsterblichen Kinder
Großes Grab. Doch dereinst, wenn die Morgensterne verjünget
Aus der Asche des Weltgerichts triumphirend hervorgehn;
Wenn nun Gott die Kreise der Welten mit seinem Himmel
Durch allgegenwärtiges Anschaun alle vereinet;
Dann wird auch der ätherische Strom von dem himmlischen Urquell
Wieder mit hellerer Schöne zum neuen Eden sich senken.
Nie wird dann sein Gestade von hohen Versammlungen leer seyn,
Die zu der Erde, Gespielen der neuen Unsterblichen, wallen.
Dieß ist der heilige Weg, mit welchem Gabriel fortging
Und von fern dem Himmel der göttlichen Herrlichkeit nahte.
Mitten in der Versammlung der Sonnen strahlet der Himmel,
Rund, unermeßlich, des Weldgebäus Urbild, die Fülle
Jeder sichtbaren Schönheit, die sich, gleich flüchtigen Bächen,
Ringsum durch den unendlichen Raum nachahmend ergießet.
Wenn er wandelt, ertönen von ihm auf den Flügeln der Winde
An die Gestade der Sonnen des Wandelnden Harmonien
Rauschend hinüber. Die Lieder der göttlichen Harfenspieler
Schallen mit Macht wie beseelend darein. So vereiniget, schweben
Töne vor dem, der das Ohr gemacht hat, und Preise vorüber.
Wie sein freudiger Blick an seiner Werke Gestalten
Sich ergötzt, so vergnügten sein Ohr die Gesänge des Himmels.
Die du himmlische Lieder mich lehrst, Gespielin der Engel,
Seherin Gottes, du Hörerin hoher unsterblicher Stimmen,
Melde mir, Sionitin, das Lied, das die Engel itzt sangen!

Sey uns gegrüßt, du heiliges Land der Erscheinungen Gottes!
Hier erblicken wir Gott, wie er ist, wie er war, wie er seyn wird,
Siehe, den Seligen ohne Verhüllung, nicht in der Dämmrung
Fern nachahmender Welten. Dich schauen wir in der Versammlung
Deiner Erlös'ten, die du auch würdigst des seligen Anblicks.
Ach, unendlich vollkommen bist du! Zwar nennt dich der Himmel,
Und der Unaussprechliche wird Jehova geheißen.
Unser Gesang, lebendig durch Kräfte der Urbegeistrung,
Suchet dein Bild; doch umsonst. Auf deine Verklärung gerichtet,
Können Gedanken sich kaum von deiner Gottheit besprechen.
Ewiger, du bist allein in deiner Größe vollkommen.
Jeder Gedanke, mit dem du dich selbst, o Erster, durchschauest,
Ist erhabner, ist heiliger, als die stille Betrachtung,
Auf erschaffene Dinge von dir hernieder gelassen.
Dennoch entschlossest du dich, auch außer dir Wesen zu sehen
Und auf sie den beseelenden Hauch hernieder zu lassen.
Erst erschufst du den Himmel, dann uns, die Bewohner des Himmels,
Fern war't ihr da von eurer Geburt, du, jüngerer Erdkreis
Und du, Sonn', und du, Mond, der seligen Erde Gefährten.
Erstgeborner der Schöpfung, wie war dir bei deinem Hervorgehn,
Da nach undenkbarer Ewigkeit Gott zu dir sich herabließ,
Dann zu der Stätte dich der Herrlichkeit kor und des Anschauns?
Dein unermeßlicher Kreis, heraufgerufen zum Daseyn,
Bildete sich zu seiner Gestalt; die schaffende Stimme
Wandelte noch mit dem ersten Getöse krystallener Meere;
Ihre Gestade, die sich wie Welten zusammengebirgten,
Hörten sie; noch kein Unsterblicher nicht. Da standest du, Schöpfer,
Auf dem neuen erhabenen Thron dich selber betrachtend,
Einsam und ernst. O, jauchzt der denkenden Gottheit entgegen!
Damals, ja, damals erschuf er euch, Seraphim, Geistergeschöpfe,
Voll von Gedanken, voll mächtiger Kraft, die Gedanken des Schöpfers,
Die er in euch von sich selber erschafft, anbetend zu fassen.
Halleluja, ein feierndes Halleluja, o Erster,
Sey dir von uns unaufhörlich gesungen! Zur Einsamkeit sprachst du:
Sey nicht mehr! und den Wesen: Entwickelt euch! Halleluja!

Unter dem Liede, das nach dem Dreimalheilig der Himmel
Allzeit singet, hatte des Mittlers heiliger Bote
Eine der nächsten Sonnen am Himmel leuchtend betreten.
Ueberall schweigen die Seraphim jetzt und feiern den Anblick,
Welcher, des Preisgesangs Belohner, von Gott auf sie strahlte.
Und sie erblickten den helleren Seraph am Sonnenmeer. Gott
Schaut' auf ihn, der Himmel mit Gott. Er betete knieend.
Zweimal die Zeit, in der ein Cherub den Namen Jehova,
Tief im Gebet, und das Dreimalheilig der Ewigkeit ausspricht,
Würdiget ihn des Anschauns Gott. Dann eilet der Thronen
Erstgeborner herab, ihn feierlich vor Gott zu führen.

Gott nennt ihn den Erwählten, der Himmel Eloa. Vor Allen,
Die Gott schuf, ist er groß, ist der Nächste dem Unerschaffnem.
Schön ist ein Gedanke des gottgewählten Eloa,
Wie die ganze Seele des Menschen, geschaffen der Gottheit,
Wenn sie, ihrer Unsterblichkeit werth, gedankenvoll nachsinnt.
Sein umschauender Blick ist schöner, als Frühlingsmorgen,
Lieblicher, als die Gestirne, da sie vor dem Antlitz des Schöpfers
Jugendlichschön und voll Licht mit ihren Tagen vorbeiflohn.
Gott erschuf ihn zuerst. Aus einer Morgenröthe
Schuf er ihm einen ätherischen Leib. Ein Himmel voll Wolken
Floß um ihn, da er ward. Gott hub ihn mit offenen Armen
Aus den Wolken und sagt' ihm segnend: Da bin ich, Erschaffner!
Und auf einmal sahe vor sich Eloa den Schöpfer,
Schaut' in Entzückungen an und stand und schaute begeistert
Wieder an und sank, verloren in Gottes Anblick.
Endlich redet' er, sagte dem Ewigen alle Gedanken,
Die er hatte, die neuen, erhabnen Empfindungen alle,
Die das große Herz ihm durchwallten. Es werden die Welten
Alle vergehn und neu aus ihrem Staube sich schwingen,
Ganze Jahrhunderte werden dann erst in die Ewigkeit eingehn,
Eh' der erhabenste Christ die großen Empfindungen fühlet.
Jetzo kam Eloa auf neu erwachenden Strahlen
Zu dem gesendeten Engel in seiner Schönheit hernieder,
Ihn zum Altar des Versöhners zu führen. Er ging noch von ferne,
Da er schon Gabriel kannte. Der Seraph zerfloß in Entzückung,
Von den Unsterblichen Einen zu sehn, mit dem er vor Diesem
Jeden Kreis der Schöpfungen Gottes und seine Bewohner
Sah und mit dem er unnachahmbarere Thaten vollführte,
Als durch die Besten aus ihm das vereinte Menschengeschlecht that.
Jetzo verklärten sie sich schon liebend gegen einander.
Schnell, mit brünstig eröffneten Armen, mit herzlichen Blicken
Eilten sie gegen einander. Sie zitterten beide vor Freuden,
Als sie sich umarmten. So zittern Brüder, die beide
Tugendhaft sind und beide den Tod für das Vaterland suchten,
Wenn sie, von Heldenblute noch voll, sich nach ewigen Thaten
Sehen und sich vor ihrem noch größeren Vater umarmen.
Gott sah sie und segnete sie. So gingen sie beide,
Herrlicher durch die Freundschaft, dem Thron des Himmels entgegen.
Also kamen sie weiter zum Allerheiligsten Gottes.
Nah bei der Herrlichkeit Gottes, auf einem himmlischen Berge,
Ruhet des Allerheiligsten Nacht. Lichthelles Glänzen
Wacht inwendig um Gottes Geheimniß. Das heilige Dunkel
Deckt nur das Innre dem Auge der Engel. Zuweilen eröffnet
Gott die dämmernde Hülle durch allmachttragende Donner
Vor dem Blick der himmlischen Schauer. Sie sehen und feiern.
Sieh', auf einmal stand bei des Allerheiligsten Eingang

Wie ein Gebirg der Altar des Versöhners vor Gabriels Auge
Wolkenlos da. Er sah ihn und ging in festlicher Schönheit
Priesterlich zu dem Altar und trug zwo goldene Schalen,
Heiliges Räuchwerks voll, und stand tiefsinnig am Altar.
Neben ihm stand Eloa und rief aus seiner Harfe
Göttliche Töne, zum hohen Gebet den opfernden Seraph
Vorzubereiten. Der hört' ihn, und durch die mächtige Harfe
Hub sich sein Geist entflammter empor. Wie der Ocean aufwallt,
Wenn auf ihm im Sturme daher die Stimme des Herrn geht.
Gabriel schauete Gott und sang mit mächtiger Stimme.
Jetzo hört der ewige Vater, es höret der Himmel,
Mittler, dein Söhnungsgebet. Gott zündete selber das Opfer
Wunderbar an, und heiliger Rauch stieg mit dem Gebete
Stillbegleitend empor; dann hub er sich weiter und wallte,
Wie von der Erde Gebirgen ein ganzer Himmel, zu Gott auf.
Nieder zur Erde hatte bis jetzt Jehova geschauet.
Denn es hielt noch immer der Sohn aus der Fülle der Seele
Mit dem Vater Gespräche des schicksalenthüllenden Inhalts,
Heilig und furchtbar und hehr, voll nie gehoffter Entscheidung,
Selbst Unsterblichen dunkel, Gespräche von Dingen, die künftig
Gottes Erlösung vor allen Erschaffnen verherrlichen werden.
Aber itzt füllte des Ewigen Blick den Himmel von neuem;
Jeder begegnete feiernd und still dem göttlichen Blicke.
All' erwarten die Stimme des Herrn. Die himmlische Ceder
Rauschte nicht, der Ocean schwieg an dem hohen Gestade.
Gottes lebender Wind hielt zwischen den ehernen Bergen
Unbeweglich und wartete mit verbreiteten Flügeln
Auf der Stimme Gottes Herabkunft. Donnerwetter
Stiegen zum Wartenden langsam das Allerheiligste nieder.
Aber noch redete Gott nicht; die heiligen Donnerwetter
Waren Verkündiger nur der nahenden göttlichen Antwort.
Als sie schwiegen, that vor der Thronen freudigem Blick Gott
Offenbarend sein Heiligthum auf, die verlangenden Thronen
Zu den hohen Gedanken des Ewigen vorzubereiten.
Und da wandte sich Urim voll Ernst, mit göttlichem Tiefsinn,
Cherub Urim, des ewigen Geistes vertrauterer Engel,
Zu dem hohen Eloa und sprach: Was siehst du, Eloa?
Seraph Eloa stand auf, ging langsam vorwärts und sagte:
Dort an den goldenen Pfeilern, da sind labyrinthische Tafeln
Voll Vorsehung; dann Bücher des Lebens, welche dem Hauche
Mächtiger Winde sich öffnen und Namen künftiger Christen,
Neue belohnende Namen, des Himmels Unsterblichkeit aufthun.
Wie die Bücher des Weltgerichts, gleich wehenden Fahnen
Kriegender Seraphim, furchtbar sich öffnen! Ein tödtender Anblick
Für die niedrigen Seelen, die wider Gott sich empörten!
O, wie Gott sich enthüllt! Ach Urim, in heiliger Stille

Schimmern die Leuchter im Silbergewölk; bei tausenden tausend
Schimmern sie, Vorbilder der gottversöhnten Gemeinen.
Zähle sie, Urim, die heilige Zahl! Die Welten, Eloa,
Siehe, der Engel gekrönete Thaten, die Freuden der Engel
Sind uns zählbar; allein die Folgen der großen Erlösung,
Gottes Erbarmungen, nicht. Da sprach Eloa: Ich sehe
Seinen Gerichtsstuhl. Schrecklich bist du, Weltrichter, Messias!
Schau' des hohen Stuhles Gestalt! Er tödtet von ferne.
Und die zur Rache gerüstete Gluth! Ein lebender Sturmwind
Hebt ihn in donnernden Wolken empor. Ach, schone, Messias,
Schone, Richter der Welt, mit ewigem Tode bewaffnet!
So besprachen Eloa und Urim sich unter einander.
Siebenmal hatte der Donner das heilige Dunkel eröffnet,
Und die Stimme des Ewigen kam sanftwandelnd hernieder:
Gott ist die Liebe. Ich war's vor dem Daseyn meiner Geschöpfe.
Da ich die Welten erschuf war ich auch der. Bei der Vollendung
Meiner geheimsten, erhabensten That bin ich ebenderselbe.
Aber ihr sollt durch den Tod des Sohns, den Richter der Welten,
Ganz mich kennen und neue Gebete dem Furchtbaren beten!
Hielt' euch dann des Richtenden Arm nicht, ihr würdet im Anschaun
Dieses großen Todes vergehn; denn ihr seyd endlich.
Und der Auszusöhnende schwieg. Die tiefe Bewundrung
Faltete heilige Hände vor ihm. Jetzt winkt' er Eloa,
Und der Seraph verstand die Red' in dem Antlitz Jehova's,
Wandte sich gegen die himmlischen Hörer und sagte zu ihnen:
Schaut den Ewigen an, ihr vorerwählten Gerechten,
Heilige Kinder! Erkennt sein Herz! Ihr war't ihm das Liebste
Seiner Gedanken, als er sich das Heil der Erlösenden dachte.
Euch hat herzlich verlangt — Gott selber ist euer Zeuge —
Endlich zu sehen die Tage des Heils und seinen Messias.
Seyd gesegnet, ihr Kinder des Herrn, von dem Geiste geboren!
Jauchzet, Kinder! Ihr schaut den Vater, das Wesen der Wesen.
Siehe, der Erst' und der Letzte, der ist er und ewig Erbarmer.
Der von Ewigkeit ist, den keine Geschöpfe begreifen,
Gott, Jehova, läßt zu euch sich väterlich nieder.
Dieser Bote des Friedens, von seinem Sohne gesendet,
Ist zu dem hohen Altar um euretwillen gekommen.
Wäret ihr nicht zu der großen Erlösung Zeugen erkoren,
O, so hätten sie sich in entfernter Stille besprochen,
Einsam, geheim, unerforschlich. Doch ihr, Geborne der Erde,
Sollt die Tage mit Wonne, mit ewigem Jauchzen vollenden;
Wir mit euch. Wir wollen den ganzen verborgenen Umfang
Eurer Erlösung durchschaun. Mit viel verklärterem Blicke
Werden wir diese Geheimnisse sehn, als eures Erlösers
Fromme, weinende Freunde, die noch in Dunkelheit irren.
Aber seine verlornen Verfolger! Der Ewige hat sie

Lang' aus den heiligen Büchern vertilgt; allein den Erlös'ten
Sendet er göttliches Licht. Sie sollen das Blut der Versöhnung
Nicht mit weinendem Auge mehr sehn. Sie werden es sehen,
Wie sich vor ihnen sein Strom in das ewige Leben verlieret.
O, dann sollen sie hier, in des Friedens Schooße getröstet,
Feste des Lichts und der ewigen Ruh' triumphirend begehen.
Seraphim und ihr Seelen, erlös'te Väter des Mittlers,
Fangt ihr die Feste der Ewigkeit an! Sie dauern von jetzo
Mit der Unendlichkeit fort. Die noch sterblichen Kinder der Erde
Werden, Geschlecht auf Geschlecht, zu euch sich alle versammeln.
Bis sie dereinst, vollendet, mit neuen Leibern umgeben,
Nach vollbrachtem Gericht zu einer Seligkeit kommen.
Gehet indeß von uns aus, ihr hohen Engel der Throne,
Meldet den Herrschern der Schöpfungen Gottes, daß sie sich der Fei'rung
Dieser erwählten geheimnißvollen Tage bereiten!
Und ihr, Fromme des Menschengeschlechts, ihr Väter des Mittlers
(Denn von jenem Gebein der Sterblichkeit, das ihr im Staube
Reifend zur Auferstehung zurückließt, stammt der Messias,
Er, der Gott ist und Mensch), auch euch ist die Freude gegeben,
Die allein bei sich mit seiner Gottheit Gefühl Gott
Ganz empfindet; unsterbliche Seelen, eilt zu der Sonne,
Welche den Kreis der Erlösung umleuchtet! Hier sollt ihr von ferne
Eures Erlösers und Sohns versöhnende Thaten betrachten!
Diesen Lichtweg steiget hinab! Aus allen Bezirken
Sieht euch die weite Natur mit verneuter Schönheit entgegen.
Denn Jehova will selbst nach dieser Jahrhunderte Kreislauf
Einen Ruhtag Gottes, den zweiten erhabneren Sabbath,
Bei sich feiern. Der ist viel höher, als jener berühmte,
Jener von euch, ihr erhabenen Wesen, seraphische Schaaren,
Heilig besungene Tag, den ihr nach Vollendung der Welten
Einst an dem Schöpfungsfeste begingt. Ihr wißt es, o Geister,
Wie die neue Natur in liebenswürdiger Schöne
Da sich erhub, wie in eurer Gesellschaft die Morgensterne
Vor dem Schöpfer sich neigten. Allein jetzt wird sein Messias,
Sein unsterblicher Sohn, viel größere Thaten vollenden.
Eilt, verkündigt es seinen Geschöpfen! Sein Sabbath erhebt sich
Jetzt mit des hocherhabnen Messias freiem Gehorsam.
Gott Jehova nennt ihn den Sabbath des ewigen Bundes.
Staunend schwieg Eloa, und schweigend sahe der Himmel
Zu dem Allerheiligsten auf. Dem gesendeten Christus
Winkte Gott. Da stieg er hinauf zu dem obersten Throne.
Dort empfing er an Uriel und die Beschützer der Erde
Wegen der Wunder beim Tode des Sohns geheime Befehle.
Unterdeß waren die Throne von ihren Sitzen gestiegen.
Gabriel folgte. Da er dem Altar der Erde sich nahte,
Höret' er Seufzer, die fern den hohen Gewölben entwallten

Und mit weinendem Laute das Heil der Menschen verlangten.
Aber vor allen Stimmen erscholl die Stimme des Ersten
Unter den Menschen. Er dachte den Fall Aeonen herunter.
Dieser ist der Altar, von dem auf Patmos des neuen,
Blutenden Bundes Prophet das himmlische Bild erblickte.
Dort war's, wo sich im hohen Gewölbe der Märtyrer Stimme
Klagend erhub; dort weinten die Seelen Thränen der Engel,
Daß er den Tag, der Richter den Tag der Rache verzögre.
Als jetzt zu der Erd' Altar der Seraph hinabstieg,
Eilt ihm mit jedem heißen Verlangen Adam entgegen,
Nicht ungesehn; ein schwebender Leib, aus Heitre gebildet,
War dem seligen Geist zur verklärten Hülle geworden.
Seine Gestalt war schön, wie du vor des Schöpfers Gedanken,
Göttliches Bild, da er Adam zu schaffen gedankenvoll dastand,
Und im gesegneten Schooße des lebenduftenden Edens
Unter ihm heiliges Land zum werdenden Menschen sich losriß.
Also gebildet nahte sich Adam. Liebliches Lächeln
Machte sein Antlitz wie göttlich. Er sprach mit verlangender Stimme:
Sey mir gegrüßt, begnadigter Seraph, du Friedensbote!
Da uns die Stimme deiner erhabenen Sendung erschallte,
Hub sich mein Geist im Jubel empor. Du theurer Messias,
Könnt' ich dich auch, holdselig in jener menschlichen Schönheit,
Wie der Seraph hier, sehn, ach, in jener Gestalt der Erbarmung,
Die du korest, in ihr mein gefallnes Geschlecht zu versöhnen!
Zeige mir, Seraph, die Spur, wo mein Erlöser gewandelt,
Mein Erlöser und Freund! Ich will ihn nur ferne begleiten.
Ruhstatt jenes Gebets, wo unser Mittler sein Antlitz
Aufhub, schwur, er wollte die Kinder Adams erlösen,
Dürfte der Erste der Sünder mit Freudenthränen dich anschaun!
Ach, ich war ja vordem dein erstgeborner Bewohner,
Mütterlich Land, o Erde! Wie sehn' ich nach dir mich hinunter!
Deine vom Donnerworte des Fluchs zerstörten Gefilde
Wären mir in des Messias Gesellschaft, den jenes Todes
Leib umhüllet, welchen ich dort in dem Staube zurückließ,
Lieblicher, als dein Gefilde, nach himmlischen Auen erschaffen,
O Paradies, verlorener Himmel. So sagt' er voll Inbrunst.
Deine Verlangen will ich, du Erstling der Auserwählten,
Sprach mit freundlicher Stimme der Seraph, dem Söhnenden kund thun.
Ist es sein göttlicher Wille, so wird er Adam gebieten,
Daß er ihn seh', wie er ist, die erniederte Herrlichkeit Gottes.
Jetzo hatten den Himmel die Cherubim feiernd verlassen
Und sich überall schnell in der Welten Kreise verbreitet.
Gabriel schwebt' allein herab zu der seligen Erde,
Die der benachbarte Kreis vorübergehender Sterne
Still mit seinem allgegenwärtigen Morgen begrüßte.

Rings erschollen zugleich die neuen Namen der Erde.
Gabriel hörte die Namen: Du Königin unter den Erden,
Augenmerk der Geschaffnen, vertrauteste Freundin des Himmels,
Zweite Wohnung der Herrlichkeit Gottes, unsterbliche Zeugin
Jener geheimen erhabenen That des großen Messias!
Also ertönte, durchhallt von englischen Stimmen, der Umkreis.
Gabriel hört' es, doch kam er mit eilendem Fluge zur Erde.
Schlummer sank und Kühle noch hier in die Thäler, und stille,
Dunkle gesellige Wolken verhüllten noch ihr Gebirge.
Gabriel ging in der Nacht und suchte mit sehnendem Blicke
Gott, den Mittler. Er fand ihn in einem niedrigen Thale,
Das sich herabließ zwischen den Gipfeln des himmlischen Oelbergs.
Hier war, tief in Gedanken versenket, der Gottversöhner
Eingeschlafen. Ein Felshang war des Göttlichen Lager.
Gabriel sah ihn vor sich in süßem, luftigem Schlafe,
Stand bewundernd still und sah unverwandt auf die Schönheit,
Durch die vereinte Gottheit der menschlichen Bildung gegeben.
Ruhige Liebe, Züge des göttlichen Lächelns voll Gnade,
Huld und Milde, noch Thränen der ewigtreuen Erbarmung
Zeigten den Geist des Menschenfreundes in seinem Antlitz;
Aber verdunkelt war durch des Schafes Geberde der Abdruck.
Also sieht ein wallender Seraph der blühenden Erde
Halbunkenntliches Antlitz an Frühlingsabenden liegen,
Wenn der Abendstern am einsamen Himmel heraufgeht
Und, ihn anzuschaun, aus der dämmernden Laube den Weisen
Herwinkt. Endlich red'te nach langer Betrachtung der Seraph:
O du, dessen Allwissenheit sich durch die Himmel verbreitet,
Der du mich hörest, obgleich dein Leib von Erde da schlummert,
Deine Befehle richtet' ich alle mit eilender Sorg' aus.
Als ich es that, eröffnete mir der Erste der Menschen,
Wie er, dein Antlitz zu sehn, erhabener Mittler, sich sehne.
Jetzo will ich, so hat's dein großer Vater geboten,
Wieder von hier, die Versöhnung mit zu verherrlichen, eilen.
Schweiget indeß, o nahen Geschöpfe! Die flüchtigsten Blicke
Dieser eilenden Zeit, da euer Schöpfer noch hier ist,
Müssen theurer euch seyn, als jene Jahrhunderte, die ihr
Euren Menschen mit emsiger, reger Sorge gedient habt.
Schweig', Getöse der Luft, in dieser Oede der Gräber
Oder erhebe dich sanft mit stillem, bebendem Säuseln!
Und du, nahes Gewölk, o, senke du tiefere Ruhe
In die kühlenden Schatten aus deinen Schößen herunter!
Rausche nicht, Ceder, und schweig', o Hain, vor dem schlummernden
Schöpfer!
Also verlor sich mit sorgsamen Ton des Unsterblichen Stimme.
Und er eilete zu der Versammlung der heiligen Wächter,
Die, Vertraute der Gottheit und ihrer verborgneren Vorsicht,

In geheimer Stille mit ihm die Erde beherrschen.
Diesen sollt' er noch jetzo, eh' er sich erhübe zur Sonne,
Jenes Verlangen der seligen Geister, die nahe Versöhnung,
Und den zweiten, den Sabbath des großen Geopferten kund thun.
Der du nach Gabriel jetzo den Kreis der Erlösung beherrschest,
Göttlicher Hüter der Mutter so vieler unsterblichen Kinder,
Die sie, wie ihre Begleiter, die schnellen Jahrhunderte, eilend
Und unerschöpflich an Fülle, den höheren Gegenden sendet,
Dann zertrümmert die Hütte des ewigen Geistes hinabgräbt
Unter Hügel, auf denen der fliehende Wandrer nicht ausruht;
O du, dieser einst verherrlichten Erde Beschützer,
Seraph Eloa, verzeih' es deinem künftigen Freunde,
Wenn er deine Wohnung, seit Edens Schöpfung verborgen,
Von der Sängerin Sions gelehrt, den Sterblichen zeiget.
Hat er in tiefe Gedanken sich je, voll einsamer Wollust,
Und in die hellen Kreise der stillen Entzückung verloren;
Hat mit Gedanken der Geister sich sein Gedanke vereinigt
Und die enthülltere Seele der Himmlischen Rede vernommen;
O, so hör' ihn, Eloa, wenn er, wie die Jugend des Himmels,
Kühn und erhaben, nicht singt verschwundene Größe des Menschen,
Sondern des Todes Geweihte, der Auferstehung Geweihte
Zu der Versammlung der Himmlischen führt, zu dem Rathe der Wächter.
In dem stillen Bezirk des unbetrachteten Nordpols
Ruhet die Mitternacht, einsiedlerisch, säumend, und Wolken
Fliehen von ihr wie ein sinkendes Meer unaufhörlich herunter.
So lag unter der Finsterniß Gottes, von Moses gerufen,
Einst der Strom Aegyptus, in vierzehn Ufer gedrünget,
Und ihr, ewige Pyramiden, der Könige Gräber.
Niemals hat noch ein Auge, von kleineren Himmeln umgränzet,
Diese Gefilde gesehn, die in nächtlicher Stille ruhen
Unbewohnt, und wo von des Menschen Stimme kein Laut tönt,
Wo sie keinen Todten begruben, und keiner erstehn wird.
Aber, tiefen Gedanken geweiht und ernster Betrachtung,
Machen sie Seraphim herrlich, indem auf ihren Gebirgen,
Gleich Orionen, sie wandeln und, in prophetische Stille
Sanft verloren, der Sterblichen künftige Seligkeit anschaun.
Mitten in diesem Gefild' erhebt sich die englische Pforte,
Die der Erde Beschützer zu ihrem Heiligthum einführt.
Wie zu der Zeit, wenn der Winter belebt, ein heiliger Festtag
Ueber beschneiten Gebirgen nach trüben Tagen hervorgeht;
Wolken und Nacht entfliehen vor ihm, die beeis'ten Gefilde,
Hohe durchsichtige Wälder entnebeln ihr Antlitz und glänzen:
So ging Gabriel jetzt auf den mitternächtlichen Bergen,
Und schon stand des Unsterblichen Fuß an der heiligen Pforte,
Welche vor ihm wie rauschender Cherubim Flügel sich aufthat,

Hinter ihm wieder mit Eile sich schloß. Nun wandelt der Seraph
In der Erd' Abgründen. Da wälzten sich Oceane
Ringsum, langsamer Fluth, zu menschenlosen Gestaden.
Alle Söhne der Oceane, gewaltige Ströme
Flossen, wie Ungewitter sich aus den Wüsten heraufziehn,
Tiefauftönend ihm nach. Er ging, und sein Heiligthum zeigte
Sich ihm schon in der Nähe. Die Pfort', erbauet von Wolken,
Wich ihm aus und zerfloß vor ihm wie in himmlische Schimmer.
Unter dem Fuße des Eilenden zog sich flüchtige Dämmrung
Wallend weg. Nah hinter ihm an den dunklen Gestaden
Blieb es in seinem Tritte zurück wie wehende Flammen.
Und der Unsterbliche war zu der Engelversammlung gekommen.
Da, wo ferne von uns zu der Mitte die Erde sich senket,
Wölbt sich in ihr ein weiter Bezirk voll himmlischer Lüfte.
Dort schwebt, leise bewegt und bekrönt mit flüssigem Schimmer,
Eine sanftere Sonne. Von ihr fließt Leben und Wärme
In die Adern der Erd' empor. Die obere Sonne
Bildet mit dieser vertrauten Gehülfin den blumigen Frühling
Und den feurigen Sommer, vom sinkenden Halme belastet,
Und den Herbst auf Traubengebirgen. In ihren Bezirken
Ist sie niemals auf- und niemals untergegangen.
Um sie lächelt in röthlichen Wolken ein ewiger Morgen.
Unterweilen thut, der alle Himmel erfüllet,
Seine Gedanken den Engeln daselbst durch Zeichen in Wolken
Wunderbar kund; dann erscheinen vor ihnen die Folgen der Vorsicht.
Also entdeckt sich Gott, wenn nach wohlthätigen Wettern
Ueber besänftigten Wolken der Himmelsbogen hervorgeht
Und dir, Erde, den Bund und die Fruchtbarkeit Gottes verkündigt.
Gabriel ließ jetzo auf dieser Sonne sich nieder,
Die, ungesehn von uns, die innere Fläche der Erde,
Und was dort Lebendigkeit athmet, mit bleibendem Strahl labt.
Also unseres Mondes Gefährt'. Wir sehn ihn nicht wallen;
Denn ihm entquillt nur dämmernder, bald versiegender Schimmer;
Auch versinstert er nicht, so locker vereinte sein Stoff sich.
Aber die Menschen im Hesperus sehn, die im Jupiter sehn ihn.
Also der hohe Saturn. Der himmlischen Aehre Bewohner
Sehen des mondumwimmelten Sterns weitkreisenden Lauf nicht.
Um den Seraph versammelten sich die Beschützer der Völker,
Engel des Kriegs und des Todes, die im Labyrinthe des Schicksals
Bis zu der göttlichen Hand den führenden Faden begleiten;
Die im Verborgenen über die Thaten der Könige herrschen,
Wenn sie damit triumphirend als ihrer Schöpfung sich aufblähn.
Dann die Hüter der Tugendhaften, der wenigen Edlen,
Die in seiner Entfernung den denkenden Weisen begleiten,
Wenn er das Menschengewebe der Erdeseligkeit fliehet
Und die Bücher der ewigen Zukunft betend eröffnet.

Auch sind sie oft insgeheim bei einer Versammlung zugegen,
Wo der feurige Christ die Herabkunft Gottes empfindet,
Wenn ein brüderlich Volk, durch das Blut des Bundes geheiligt,
Vor dem Versöhner der Menschen in Jubellieder sich ausgießt.
Wenn die Seelen entschlafner Christen ihr todtes Antlitz
Und den Schweiß und die traurigen Züge des siegenden Todes
Und die bezwungne Natur auf ihrem Leichnam erblicken,
So empfangen sie diese Gefährten mit tröstendem Anblick:
Lieber, wir wollen dereinst die Trümmer alle versammeln.
Eben diese Wohnung der Sterblichkeit, diese Gebeine,
Welche die Hand des gewaltigen Todes so traurig entstellt hat,
Soll mit dem Morgen des Richters zur neuen Schöpfung erwachen.
Kommt, zukünftige Bürger des Himmels, helleres Anschaun,
Siehe, der Erste der Ueberwinder erwartet euch, Seelen!
Auch die Seelen, die zarten, nur sprossenden Leibern entflohen,
Sammelten sich um den Seraph herum. Sie flohen noch sprachlos,
Mit der Kindheit zärtlichem Weinen. Ihr schüchternes Auge
Hatte kaum staunend erblickt der Erde kleine Gefilde;
Darum durften sie sich auf der Welten furchtbaren Schauplatz,
Noch ungebildet, so bald hervorzutreten nicht wagen.
Ihre Beschützer geleiten sie zu sich und lehren sie reizend,
Unter beseelender Harfen Klang', in lieblichen Liedern:
Wie und woher sie entstanden, wie groß die menschliche Seele
Von dem vollkommensten Geiste gemacht sey, wie jugendlich heiter
Sonnen und Monde nach ihrer Geburt zu dem Schöpfer gekommen.
Euch erwarten vollendete Väter! Herrliches Anschaun
Eures Erbarmers erwartet euch dort am ewigen Throne!
Also lehren sie diese der Weisheit würdigen Schüler,
Jener erhabneren Weisheit, nach deren flüchtigem Schatten,
Durch ihr Glänzen geblendet, die irren Sterblichen eilen.
Jetzo hatten sie alle die schimmernden Lauben verlassen
Und sich zu ihren Vertrauten, der Erde Hütern, versammelt.
Gabriel that jetzo der ganzen Geisterversammlung
Alles das kund, was Gott ihm befahl vom Messias zu sagen.
Diese blieb wie entzückt um den hohen göttlichen Lehrer,
Senkte froh die Gedanken in tiefe Betrachtungen nieder.
Aber ein liebenswürdiges Paar, zwo befreundete Seelen,
Benjamin und Jedidda, umarmten einander und sprachen:
Ist das nicht, o Jedidda, der holde, vertrauliche Lehrer?
Ist's nicht Jesus, von welchem der Seraph es Alles erzählte?
Ach, ich weiß es noch wohl, wie er uns inbrünstig umarmte,
Wie er uns an die klopfende Brust mit Zärtlichkeit drückte.
Eine getreue Zähre der Huld — die seh' ich noch immer —
Netzte sein Antlitz. Ich küßte sie auf — die seh' ich noch immer —
Benjamin, und da sagt' er zu unsern umstehenden Müttern:
Werdet wie Kinder, sonst könnt' ihr das Reich des Vaters nicht erben! —

Ja, so sagt' er, Jedidda. Und der ist unser Erlöser;
Durch den sind wir so selig. Umarme deinen Geliebten!
Also besprachen sie sich mit Zärtlichkeit unter einander.
    Gabriel aber erhub sich zur neuen Botschaft. Der Feier
Festlicher Glanz floß über den Fuß des Unsterblichen nieder.
Also sehen der Erde Tag die Bewohner des Mondes,
Ihren Nächten zu leuchten, in stiller, thauender Wolke
Auf die Gipfel ihrer Gebirge herunterwallen.
Also geschmückt stand Gabriel auf und unter dem Nachruf
Jauchzender Engel und Seelen betrat er den freieren Luftkreis.
Rauschend wie Pfeile vom silbernen Bogen, zum Siege beflügelt,
Flieget er neben Gestirnen vorbei und eilt zu der Sonne.
Und schon sinket er schwebend auf ihren Tempel herunter.
Auf der Zinne des Tempels fand er die Seelen der Väter,
Die unverwandt den suchenden Blick mit den Strahlen vereinten,
Welche den weckenden Tag in die Thäler Kanaans sandten.
Unter den Vätern war Einer von hohem, denkendem Ansehn,
Adam, der Sohn der erwachenden Erd' und der Bildungen Gottes.
Gabriel, er und der Sonne Beherrscher erwarteten sehnend,
Unter Gesprächen vom Heil der Menschen, des Oelbergs Anblick.

Zweiter Gesang.

Die Seelen der Väter sehen den Messias, bei anbrechendem Tage, erwachen, und begrüßen ihn mit einem heiligen Liede. Jesus erfährt vom Raphael, dem Schutzengel Johannes, daß dieser Jünger in den Gräbern am Oelberge einen Besessenen betrachte. Er gehet dahin, und findet Samma, den Satan bei seiner Ankunft durch Verzweiflung tödten will. Der Messias antwortet der stolzen Anrede Satans nicht; aber dieser muß vor ihm entfliehen. Samma wird von seiner Qual befreiet. Jesus bleibt mit Johannes allein in den Gräbern. Satan kömmt zur Hölle, erzählt, was er von Jesus weiß, und beschließt seinen Tod. Einer von den gefallenen Engeln, Abdiel Abbadona, widerspricht Satan. Satan kann ihm vor Wuth nicht antworten. Adramelech thut's, und billigt die Entschließung Satans. Dieß thut hierauf die ganze Hölle. Satan und Adramelech kehren zur Erde zurück, die Entschließung auszuführen. Abbadona folgt ihnen von fern. Er sieht bei der Pforte der Hölle Abdiel, einen guten Engel, und seinen ehemaligen Freund. Er redet ihn von fern wehmüthig an. Aber Abdiel will ihn nicht bemerken. Abbadona geht fort, und beim Eintritte in die Welt bejammert er seine verlorne Herrlichkeit, und verzweifelt, Gnade zu finden. Nach einigen umsonst angewandten Bemühungen, sich zu vernichten, kömmt er zur Erde. Satan und Adramelech nahen sich auch der Erde. Da Adramelech die Erde sieht, redet er sie an, und drückt seine ganze Bosheit durch wüthend ausschweifende Entschließungen aus. Er und Satan lassen sich auf den Oelberg herunter.

Jetzt stieg über den Cedernwald der Morgen herunter.
Jesus erhub sich. Ihn sahn in der Sonne die Seelen der Väter.
Als sie ihn sahn, da sangen zwo Seelen gegen einander,
Adams Seele, mit ihr die Seele der göttlichen Eva:

Schönster der Tage, du sollst vor allen künftigen Tagen
Festlich und heilig uns seyn. Dich soll vor deinen Gefährten,
Kehrest du wieder zurück, des Menschen Seele, der Seraph
Und der Cherub beim Anfgang und Untergange begrüßen!
Steigst du zur Erd' herab, verbreiten dich Orione
Durch die Himmel, und gehst du am Thron der Herrlichkeit Gottes
Strahlend hervor; so wollen wir dir in feiernden Aufzug
Jauchzend mit Hallelujagesängen entgegensegnen;
Dir, unsterblicher Tag, der du unsrem getrösteten Auge
Gott, den Messias, auf Erden in seiner Erniedrigung zeigest,
O, von Adam der Schönste, Messias in menschlicher Bildung,
Wie enthüllt sich in deinem erhabenen Antlitz die Gottheit!
Selig bist du und heilig, die du den Messias gebarest,
Seliger du, als Eva, der Menschen Mutter. Unzählbar
Sind die Söhne von ihr und sind unzählbare Sünder.
Aber du hast einen, nur einen göttlichen Menschen,
Einen gerechten, ach, einen unschuldigen, theuren Messias,
Einen ewigen Sohn (ihn schuf kein Schöpfer) geboren.
Zärtlich seh' und mit irrendem Blick ich hinab zu der Erde;
Dich, Paradies, dich seh' ich nicht mehr. Du bist in den Wassern
Niedergestürzt, im Gericht der allgegenwärtigen Sündfluth.
Deiner erhabnen umschattenden Cedern, die Gott selbst pflanzte,
Deiner friedsamen Laube, der jungen Tugenden Wohnung,
Hat kein Sturm, kein Donner, kein Todesengel geschonet.
Bethlehem, wo ihn Maria gebar und ihn brünstig umarmte,
Sey du mir mein Eden! Du, Brunnen Davids, die Quelle,
Wo ich göttlich erschaffen zuerst mich sahe! Du, Hütte,
Wo er weinete, sey mir die Laube der ersten Unschuld!
Hätt' ich dich in Eden geboren, du Göttlicher, hätt' ich
Gleich nach jener entsetzlichen That, o Sohn, dich geboren;
Siehe, so wär' ich mit dir zu meinem Richter gegangen.
Da, wo er stand, wo unter ihm Eden zum Grabe sich aufthat,
Wo der Erkenntnisse Baum mir fürchterlich rauschte, die Stimme
Seiner Donner den Richterspruch des Fluches mir aussprach,
Wo ich in bangem Erbeben versank, zu sterben versank; da
Wär' ich zu ihm gegangen, dich hätt' ich weinend umarmt, Sohn,
An mein Herz dich gedrückt und gerufen: Zürne nicht, Vater,
Zürne nicht mehr. Ich habe den Mann Jehova geboren.
Heilig bist du, anbetenswürdig und ewig, o Erster,
Der du deinen göttlichen Sohn von Ewigkeit zeugtest,
Ihn, nach deinem Bilde gezeugt, zum Erlöser der Menschen,
Meines von mir beweinten Geschlechts, erbarmend erwähltest.
Gott hat meine Thränen gesehn; ihr habt sie gesehen,
Seraphim, und sie gezählt; auch ihr, ihr Seelen der Todten,
Seelen meines entschlafnen Geschlechts, sie alle gezählet.
Wärest du nicht, o Messias, gewesen; die ewige Ruhe

Hätte selbst mir traurig und ungenießbar geschienen.
Aber, von deiner göttlichen Huld, von deiner Erbarmung,
Stifter des ewigen Bundes, von ihr umschattet, da lernt' ich
Selbst in der Wehmuth Schmerz mehr Seligkeiten empfinden.
Und nun trägst du sein Bild, das Bild des sterblichen Menschen,
Gottmensch, Mittler! Dich beten wir an. Vollende dein Opfer,
Das du für uns, Weltrichter, für uns zu vollenden herabstiegst!
Mache die Erde bald neu, die du zu verneuen beschlossest,
Dein und unser Geburtsland! Komm' zurück in den Himmel!
Komm', sey gegrüßt in deinen Erbarmungen, Gottmensch, Mittler!
Also ertönte mit mächtigem Klang die Stimme der Seelen
Durch des strahlenden Tempels Gewölbe. Jesus vernahm sie
Fern' in der Tiefe. Wie mitten in heiligen Einsiedeleien,
In der Zukunft Folge vertieft, prophetische Weise
Dich, in der Fern herwandelnde Stimme des Ewigen, hören.
Jesus stieg an dem Oelberg nieder. An seiner Mitte
Standen Palmen, vor allen auf niedrigen Hügeln erhaben,
Von leichtschimmernden Wolken des Morgennebels umflossen.
Unter den Palmen vernahm der Messias den Engel Johannes
(Raphael ist sein Name), der ihn hier betend verehrte.
Liebliche Winde zerflossen von ihm und trugen die Stimme,
Die sonst keine Geschöpfe nicht hörten, hinab zu dem Mittler.
Raphael, komm', rief ihm der Messias mit freundlichem Anblick,
Wandle mir hier ungesehn zu der Seite! Wie hast du die Nacht durch
Unsres lieben Johannes unschuldige Seele bewachet?
Welche Gedanken, die deinen Gedanken, Raphael, glichen,
Hatt' er? Wo ist er jetzt? — Ich bewacht' ihn, sagte der Seraph,
Wie wir die Erstlinge deiner Erwählten, o Mittler, bewachen.
Seinen geöffneten Geist umschatteten heilige Träume,
Träume von dir. O, hättest du ihn da schlummern gesehen,
Als er dich, Göttlicher, sah! Ein heiliges Frühlingslächeln
Füllte sein Antlitz. Dein Seraph hat auch in Edens Gefilden
Adam gesehn, da er schlief, und das Bild der werdenden Eva
Und des bauenden Schöpfers vor seine Gedanken herabkam.
Aber so schön war er kaum wie dein göttlicher Jünger Johannes.
Doch jetzt ist er dort unten in traurigen nächtlichen Gräbern,
Klaget einen besessenen Mann, der im Staube der Todten
Fürchterlich bleich wie bebend Gebein herübergestreckt liegt.
Mittler, du solltest ihn sehn, du solltest den zärtlichen Jünger
Neben ihm voll mitleidigen Kummers und Wehmuth erblicken,
Wie vor Menschenliebe das Herz ihm erbarmend zerfließet,
Wie er bebet! Mir selbst drang eine Thräne der Wehmuth
Zitternd ins Auge. Da wandt' ich mich weg. Das Leiden der Geister,
Die du zur Ewigkeit schufst, ist mir stets durch die Seele gedrungen.

Raphael schwieg. Der Göttliche sah mit Zorne gen Himmel.
Vater, erhöre mich! Es werde der Hasser der Menschen
Deinem Gericht ein ewiges Opfer, das jauchzend der Himmel,
Das mit Bestürzung und Schand' und Schmach die Hölle betrachte!
Also sagt' er und näherte sich den Gräbern der Todten.
Unten am mitternächtlichen Berge waren die Gräber
In zusammengebirgte zerrüttete Felsen gehauen.
Dicke, finsterverwachsene Wälder verwahrten den Eingang
Vor des fliehenden Wanderers Blick. Ein trauriger Morgen
Stieg, wenn der Mittag schon sich über Jerusalem senkte,
Dämmernd noch in die Gräber mit kühlem Schauer hinunter.
Samma, so hieß der besessene Mann, lag neben dem Grabe
Seines jüngsten geliebteren Sohns in kläglicher Ohnmacht.
Satan ließ ihm die Ruh', ihn desto ergrimmter zu quälen.
Samma lag bei des Knaben Gebein in modernder Asche.
Neben ihm stand sein anderer Sohn und weinte zu Gott auf.
Jenen Todten, den der Vater beweint' und Bruder,
Brachte die zärtliche Mutter einst, erweicht durch sein Flehen,
Mit in die Gräber zum Vater hinab, zu dem Vater im Elend,
Den jetzt Satan in grimmiger Wuth bei den Todten herumtrieb.
Ach, mein Vater, so rief der kleine geliebte Benoni
Und entflohe der Mutter Arm, die ängstlich ihm nachlief;
Ach, mein Vater, umarme mich doch! und krümmt' um die Hand sich,
Drückte sie an sein Herz. Der Vater umfasset ihn, bebet.
Da mit kindlicher Inbrunst nun der Knab' ihn umarmte,
Da er mit sanft liebkosendem Lächeln ihn jugendlich ansah,
Warf ihn der Vater an einen entgegenstehenden Felsen,
Daß sein zartes Gehirn an blutigen Steinen herabrann,
Und mit leisem Röcheln entfloh die Seele voll Unschuld.
Jetzo klagt er ihn trostlos und faßt das kalte Behältniß
Seiner Gebeine mit sterbendem Arm. Mein Sohn, Benoni!
Ach, Benoni, mein Sohn! so sagt er, und jammernde Thränen
Stürzen vom Auge, das bricht und langsamstarrend dahinstirbt.
Also lag er beklommen von Angst, da der Mittler hinabkam.
Joel, der andere Sohn, verwandte sein thränendes Antlitz
Von dem Vater und sah den Messias die Gräber herabgehn.
Ach, mein Vater, erhub er froh vor Verwundrung die Stimme,
Jesus, der große Prophet, kommt in die Gräber hernieder.
Satan hört' es und sah bestürzt durch die Oeffnung des Grabmals.
So sehn Gottesleugner, der Pöbel, aus dunklen Gewölben,
Wenn am donnernden Himmel das hohe Gewitter heraufzieht,
Und in den Wolken der Rache gefürchtete Wagen sich wälzen.
Satan hatte bisher aus der Fern' nur Samma gepeinigt.
Aus den tiefsten entlegensten Enden des nächtlichen Grabmals

Sandt' er langsame Plagen hervor. Itzt erhub er sich wieder,
Rüstete sich mit des Todes Schrecken und stürzt' auf Samma.
Samma sprang auf, dann fiel ohnmächtig von neuem er nieder.
Sein erschütterter Geist (er rang noch kaum mit dem Tode)
Riß ihn, von dem mördrischen Feind' empöret zum Unsinn,
Felsenan. Hier wollt' ihn vor deinen göttlichen Augen,
Richter der Welt, am hangenden Felsen Satan zerschmettern.
Aber du warest schon da; schon trug voreilend die Gnade
Dein verlass'nes Geschöpf auf treuen allmächtigen Flügeln,
Daß er nicht sank. Da ergrimmte der Geist des Menschenverderbers
Und erbebte. Ihn schreckte von fern die kommende Gottheit.
Jetzo richtete Jesus sein helfendes Antlitz auf Samma,
Und belebende göttliche Kraft, mit dem Blicke vereinet,
Ging von ihm aus. Da erkannte der bange, verlassene Samma
Seinen Retter. Ins bleiche Gesicht voll Todesgestalten
Kam die Menschheit zurück. Er schrie und weinte gen Himmel,
Wollte reden; allein kaum konnt' er, von Freuden erschüttert,
Bebend stammeln. Doch breitet' er sich mit sehnlichen Armen
Nach dem Göttlichen aus und sah mit getröstetem Auge,
Voll Entzückung, nach ihm von seinem Felsen herunter.
Wie die Seele des trüberen Weisen, die, in sich gekehret
Und an der Ewigkeit der künftigen Dauer verzweifelnd,
Innerlich bebt — die Unsterbliche schauert vor der Vernichtung —;
Aber itzt nahet sich ihr der weiseren Freundinnen Eine;
Ihrer Unsterblichkeit sicher und stolz auf Gottes Verheißung,
Kommt sie zu ihr mit tröstendem Blick. Die trübe Verlass'ne
Heitert sich auf und windet mit Macht vom jammernden Kummer
Ungestümfreudig sich los. Die Ewige jauchzt nun und segnet
Sich im Triumph und ist von neuem unsterblich geworden.
Also empfand der besessene Mann die Beruhigung Gottes.
Jetzo sprach der Messias mit mächtiger Stimme zu Satan:
Geist des Verderbens, wer bist du, der du vor meinem Antlitz
Dieß zur Erlösung erwählte Geschlecht, die Menschen, so quälest?
Ich bin Satan, antwortet' ein zorniges, tiefes Gebrüll, bin
König der Welt, die oberste Gottheit unsklavischer Geister,
Die mein Ansehn etwas Erhabnerem, als den Geschäften
Himmlischer Sänger, bestimmt. Dein Ruf, o sterblicher Seher
(Denn Maria wird wohl Unsterbliche niemals gebären),
Dieser dein Ruf drang, wer du auch bist, zu der untersten Hölle.
Selber ich verließ sie (sey stolz ob meiner Heraufkunft!)
Dich, von himmlischen Sklaven verkündigten Retter, zu sehen.
Doch du wurdest ein Mensch, ein götterträumender Seher,
Wie die, welche mein mächtiger Tod hinab in die Erde
Gräbt. Drum gab ich nicht Acht, was die neuen Unsterblichen thaten.
Aber nicht müßig zu seyn, so plagt' ich (das hast du gesehen)

Deine Geliebten, die Menschen. Da schau' die Todesgestalten,
Meine Geschöpf', auf diesem Gesicht! Jetzt eil' ich zur Hölle.
Unter mir soll mein allmächtiger Fuß das Meer und die Erde,
Mir zu bahnen gehbaren Weg, gewaltsam verwüsten.
Dann soll schauen die Höll' im Triumph mein königlich Antlitz.
Willst du was thun, so thu' es alsdann! Denn ich kehre wieder,
Hier auf der Welt mein erobertes Reich als König zu schützen.
Stirb indeß noch, Verlass'ner, vor mir! Er sprach's, und er stürzte
Stürmend auf Samma. Allein des ruhigschweigenden Mittlers
Stille verborgne Gewalt kam, gleich des Vaters Allmacht,
Wenn er Untergang unerforscht auf Welten herabwinkt,
Satan im Zorne zuvor. Er floh und vergaß im Entfliehen,
Unter allmächtigem Fuß zu verwüsten das Meer und die Erde.
Samma stieg indeß von seinem Felsen hernieder.
Also entfloh von dem hohen Euphrates Nebukadnezar,
Da ihm der Rath der heiligen Wächter die Bildung des Menschen
Wiedergab und, von neuem den Himmel zu schaun, ihn erhöhte.
Gottes Schrecknisse gingen nicht mehr mit dem Rauschen Euphrates
Ihm in Wettern vorüber, als wären's des Sinai Wetter.
Nebukadnezar erhub sich auf Babylons hangende Höhen;
Jetzo kein Gott mehr, lag er gen Himmel ausgebreitet,
Dankbar im Staube gebeugt, den Ewigen anzubeten.
So kam Samma zu Jesus herab und fiel vor ihm nieder.
Darf ich dir folgen, du heiliger Mann? Ach, laß mich mein Leben,
Das du von neuem mir gabst, bei dir, Mann Gottes, vollenden!
Also sagt' er und schlang sich mit brünstigen, zitternden Armen
Um den Erlöser, der ihm mit menschenfreundlichen Blicken
Dieß erwiederte: Folge mir nicht; doch verweile dich künftig
Oft an der Höh' der Schädelstätte! Da wirst du die Hoffnung
Abrahams und der Propheten mit deinen Augen erblicken.
Als der Mittler zu Samma so sprach, da wandte sich Joel
Zu Johannes und sagte zu ihm mit schüchterner Unschuld:
Lieber, ach, führe du mich zu Gottes großem Propheten,
Daß er mich höre! Du kennest ihn ja. Der zärtliche Jünger
Nahm ihn und führt' ihn zu Jesus. Da sagt' er in seiner Unschuld:
Gottes Prophet, so kann denn mein Vater und ich dir nicht folgen?
Aber (o, darf ich es sagen?) warum verweilest du jetzo,
Wo mein jugendlich Blut erstarrt vor der Todten Gebeinen?
Komm', Mann Gottes, ins Haus, wohin mein Vater zurückkehrt!
Dort soll meine verlassene Mutter mit Demuth dir dienen.
Milch und Honig, die lieblichste Frucht von unseren Bäumen
Sollst du genießen; die Wolle der jüngsten Lämmer der Aue
Soll dich decken. Ich selber will dich, o Gottes Prophet, dann,
Kommt der Sommer, unter der Bäume Schatten begleiten,
Die mein Vater im Garten mir gab. Mein lieber Benoni!
Ach, Benoni, mein Bruder, dich lass' ich zurück in dem Grabe!

Ach, nun wirst du mit mir die Blumen künftig nicht tränken,
Wirst am kühlenden Abend mich niemals brüderlich wecken,
Ach, Benoni! ach, Gottes Prophet, da liegt er im Staube!
Jesus sah mit Erbarmen ihn an und sprach zu Johannes:
Trockne dem Knaben die Zähren vom Aug'. Ich hab' ihn viel edler
Und rechtschaffner, als viele von seinen Vätern erfunden.
Also sagt' er und blieb mit Johannes allein in den Gräbern.
Satan ging indeß, mit Dampf und mit Wolken umhüllet,
Hin durch Josaphats Thal und über das Meer des Todes,
Stieg von da auf den wolkigen Karmel, vom Karmel gen Himmel.
Hier durchirrt' er mit grimmigem Blick den göttlichen Weltbau,
Daß er nach so vielen Jahrhunderten seit der Erschaffung
In der Herrlichkeit strahle, die ihm der Donnerer anschuf.
Gleichwohl ahmt' er ihn nach und änderte seine Gestalten
Durch ätherischen Glanz, daß die Morgensterne, wie dunkel
Und verworfen er sey, in stillem Triumphe nicht sähen.
Doch dieß helle Gewand war ihm bald unerträglich. Er eilte,
Aus der schreckenden Schöpfung Bezirk zu der Hölle zu kommen.
Itzo hatt' er sich schon bei den äußersten Weltgebäuden
Stürmisch heruntergesenkt. Unermeßliche dämmernde Räume
Thaten vor ihm wie unendlich sich auf. Die nennt er den Anfang
Weiterer Reiche, die Satan durchherrscht. Hier sah er von ferne
Flüchtigen Schimmer, soweit die letzten Sterne der Schöpfung
Noch das unendliche Leere mit sterbendem Strahle durchirrten.
Doch hier sah er die Hölle noch nicht. Die hatte die Gottheit
Ferne von sich und ihren Geschöpfen, den seligen Geistern,
Weiter hinunter in ewige Dunkelheit eingeschlossen.
Denn in unserer Welt, dem Schauplatz ihrer Erbarmung,
War kein Raum für Orte der Qual. Der Ewige schuf sie
Furchtbar, zu dem Verderben, zu seinem strafenden Endzweck
Weit hinreichend, vollkommen. In drei erschrecklichen Nächten
Schuf er sie und verwandte von ihr sein Antlitz auf ewig.
Zween der heldenmüthigsten Engel bewachten die Hölle.
Dieß war Gottes Befehl, da er sie mit mächtiger Rüstung
Segnend umgab. Sie sollten den Ort der dunklen Verdammniß
Ewig in seinem Kreis' erhalten, damit der Empörer
Kühn mit seiner verfinsterten Last nicht die Schöpfung bestürmte
Und das Antlitz der schönen Natur durch Verwüstung entstellte.
Wo an der Pforte der Hölle mit herrschendem Auge sie ruhen,
Dort her senkt sich ein strahlender Weg wie von Zwillingsquellen,
Hell die Wogen, ein Strom, den noch die Wendung nicht krümmte,
Gegen den Himmel gekehrt, nach Gottes Welten hinüber,
Daß in der Einöd' hier es ihnen an heiliger Freude,
Ueber die mannichfaltige Schöne der Schöpfung nicht fehle.
Neben diesem leuchtenden Weg' eilt Satan zur Hölle,
Reißet ergrimmt durch die Pforte sich, steigt in dampfendem Nebel

Auf den hohen, gefürchteten Thron. Ihn sahe kein Auge
Unter den Augen, die Nacht und Verzweiflung trübe verstellten.
Zophiel nur, ein Herold der Höll', entdeckte den Nebel.
Welcher hinauf sich zog die erhebenden Stufen, und sagte
Einem, der neben ihm stand: Kommt Satans oberste Gottheit
Etwa zur Hölle zurück? Verkündigt der dampfende Nebel
Jene Rückkehr, welcher die Götter so lange schon harrten?
Als der Herold noch sprach, floß schnell die umhüllende Dämmrung
Rings von Satan. Er saß auf einmal mit zornigem Antlitz
Fürchterlich da. Gleich eilte der flüchtige sklavische Herold
Gegen das Feuergebirg, das sonst mit Strömen und Flammen
Satans Ankunft weit auf den überhangenden Felsen,
In den gebrohten, versinkenden Thälern umher ankündet.
Zophiel stieg auf Flügeln des Sturms durch die Höhlen des Berges
Gegen die dampfende Mündung empor. Ein feuriges Wetter
Machte darauf den ganzen Bezirk der Finsterniß sichtbar.
Jeder erblickt' in schimmernder Fern' den schrecklichen König.
Alle Bewohner des Abgrunds kamen. Die Mächtigsten eilten,
Neben ihm auf den Stufen des Throns sich niederzusetzen.
Die du mit Ruh' voll Feuer und Ernst zu der Höll' hinabsiehst,
Weil du zugleich im Angesicht Gottes Klarheit erblickest
Und Zufriedenheit über sich selbst, wenn er Sünder bestrafet,
Zeige sie mir, Sionitin, und laß die mächtige Stimme
Rauschend, gleich Sturmwinden, wie Wetter Gottes ertönen!
Adramelech kam erst, ein Geist, verruchter als Satan
Und verdeckter. Noch brannte sein Herz von grimmigem Zorne
Wider Satan, daß dieser zuerst zur Empörung sich aufschwang;
Denn er hatte schon lange bei sich Empörung beschlossen.
Wenn er was that, er that's nicht, Satans Reiche zu schützen;
Seinetwegen verübt' er es. Seit undenkbaren Jahren
Hatt' er darauf schon gedacht, wie er sich zu der Herrschaft erhübe,
Wie er Satan entflammte, mit Gott von neuem zu kriegen,
Oder ihn in den unendlichen Raum auf ewig entfernte
Oder zuletzt, wär' Alles umsonst, durch Waffen bezwänge.
Da schon, als die gefallenen Engel den Ewigen flohen,
Sann er darauf. Da sie alle schon der Abgrund einschloß,
Kam er zuletzt und trug vor seinem kriegrischen Harnisch
Eine leuchtende goldene Tafel und rief durch die Hölle:
Warum fliehen die Könige so? In hohem Triumphe
Solltet ihr, o Krieger, für unsre behauptete Freiheit
In die neue Wohnung der Pracht und Unsterblichkeit einziehn.
Da der Messias und Gott den neuen Donner erfanden
Und, in ihr Kriegsgeschäft vertieft, euch zornig verfolgten,
Stieg ich ins Allerheiligste Gottes. Da fand ich die Tafel
Voll vom Schicksal, das unsre künftige Größe verkündigt.
Sammelt euch, seht die himmlische Schrift! So redet das Schicksal:

Einer von denen, die jetzt Jehova als Sklaven beherrschet,
Wird, daß er Gott sey, erkennen, wird den Himmel verlassen
Und mit seinen vergötterten Freunden im einsamen Raume
Wohnungen finden. Die wird er zwar erst mit Abscheu bewohnen,
Wie der, der ihn vertrieb, eh' ich ihm die Welten erbaute,
Lange (dieß war mein herrschender Wille) das Chaos bewohnte.
Aber er soll nur die Reiche der Hölle muthig betreten;
Denn aus ihr entstehen ihm einst gleich herrliche Welten.
Die wird Satan erschaffen. Doch soll er den göttlichen Grundriß
Selber von mir vor meinen erhabenen Thronen empfangen.
Also saget der Götter Gott, ich, der ich allein mir
Alle Bezirke des Raums mit ihren Göttern und Welten,
Rings mit meiner vollkommensten Welt unendlich umgränze.
Aber ihm glaubte die Hölle nicht, zwang sich umsonst, es zu wähnen.
Gott vernahm die Stimme des Lästernden, sprach zu sich selber:
Auch der erschütterte Sünder ist meiner Herrlichkeit Zeuge.
Und mit Eile ging das Gericht vom Angesicht Gottes.
Tief in der innersten Höll' erhebt sich ein leuchtender Klumpen
Aus dem flammenden Meer, geht unter ins Meer des Todes.
Der erhub aus der Laufbahn sich in donnernden Kreisen,
Faßt' Adramelech und stürzt' in das todte Meer ihn. Da wurden
Sieben Nächte statt einer. Die Nächte lag er im Abgrund.
Lange darauf erbaut' er der obersten Gottheit den Tempel,
Wo er als ihr Priester die goldene Tafel des Schicksals
Ueber den hohen Altar gestellt hat. Die alternde Lüge
Glaubt zwar Keiner; doch kommen, die Adramelech verehren,
Sklavische Heuchler, dahin und beten sein luftiges Unding,
Wenn er da ist, gebückt und, wenn er weg ist, mit Hohn an.
Von dem Tempel kam Adramelech und setzt' auf dem Throne
Mit verborgenem Grimm an Satans Seite sich nieder.
Drauf eilt Moloch, ein kriegrischer Geist, von seinen Gebirgen,
Die er, käme der donnernde Krieger (so nennt er Jehova)
In die Gefilde der Hölle, sie einzunehmen, herunter,
Sich zu vertheidigen, stolz mit neuen Bergen umthürmt hat.
Oft, wenn der traurige Tag an des flammenden Oceans Ufern
Dampfend hervorsteigt, sehen ihn schon die Bewohner der Hölle,
Wie er unter der Last, von Getös umstürmt und von Krachen,
Mühsam geht und sich dem hohen Gipfel des Berges
Endlich naht. Und, wenn er alsdann die neuen Gebirge
Auf die Höh', der Hölle Gewölben entgegen gethürmt hat,
Steht er in Wolken und wähnt, indem ein zertrümmerter Berg noch
Hallet, er donnr' aus den Wolken. Ihn sehn die Erdebezwinger
Unten erstaunend an. Er rauschete von den Gebirgen
Durch sie gewaltig einher. Sie wichen, geflügelt von Ehrfurcht,
Vor dem Krieger. Er ging, von seiner tönenden Rüstung

Dunkel, wie der Donner von schwarzen Wolken, umgeben.
Vor ihm bebte der Berg, und hinter ihm sanken die Felsen
Zitternd herab. So ging er und kam zu dem Thron des Empörers.
Belielel erschien nach ihm. Er kam verstummend
Aus den Wäldern und Au'n, aus denen Bäche des Todes
Dunkel von nebelndem Quell nach Satans Throne sich wälzen.
Dort bewohnt's Belielel. Umsonst ist alle sein Mühsal,
Ewig umsonst, des Fluches Gefild wie die Welten des Schöpfers
Umzuschaffen. Ihn siehst du mit hohem, erhabenem Lächeln,
Ewiger, wenn er jetzt den furchtbarbrausenden Sturmwind
Sehnsuchtsvoll, hinsinkenden Arms, gleich kühlenden Westen,
Vor sich über zu führen am traurigen Bach arbeitet.
Denn der braus't unaufhaltsam dahin, und Schrecknisse Gottes
Rauschen ihm auf den verderbenden Flügeln, und öde Verwüstung
Bleibt ungestalt im erschütterten Abgrund hinter ihm liegen.
Grimmig denkt Belielel an jenen unsterblichen Frühling,
Der die himmlische Flur wie ein junger Seraph umlächelt.
Ach, ihn bildet' er gern in der Hölle zu nächtlichem Thal nach.
Doch er ergrimmt und seufzet vor Wuth; denn die traurigen Auen
Liegen vor ihm in entsetzlicher Nacht unbildsam und öde,
Ewig unbildsam, unendliche, lange Gefilde voll Jammer.
Trauernd kam Belielel zu Satan. Noch brannt' er vor Rachsucht
Wider den, der von himmlischen Au'n zu der Höll' ihn hinabstieß
Und, so dacht' er, mit jedem Jahrhundert sie schrecklicher machte.
Satans Rückkehr sahest auch du in deinen Wassern,
Magog, des todten Meers Bewohner. Aus brausenden Strudeln
Kam er hervor. Das Meer zerfloß in lange Gebirge,
Da sein kommender Fuß die schwarzen Fluthen zertheilte.
Magog fluchet dem Herrn. Der wilden Lästerung Hall brüllt
Unaufhörlich aus ihm. Seit seiner Verwerfung vom Himmel
Flucht er dem Ewigen. Voll der Rachsucht will er die Hölle,
Daur' es auch lastende Ewigkeiten, doch endlich vernichten.
Jetzo, da er das Trockne betrat, da warf er verwüstend
Noch mit seinen Gebirgen ein ganzes Gestad' in den Abgrund.
Also versammelten sich der Hölle Fürsten zu Satan.
Wie Eilande des Meers, aus ihren Sitzen gerissen,
Rauschten sie hoch, unaufhaltsam einher. Der Pöbel der Geister
Floß mit ihnen unzählbar wie Wogen des kommenden Weltmeers
Gegen den Fuß gebirgter Gestade, zum Thron des Empörers.
Tausendmaltausend Geister erschienen. Sie gingen und sangen
Eigene Thaten, zur Schmach und unsterblichen Schande verurtheilt.
Unterm Getös gespaltner (sie hatten Donner gespalten),
Dumpfer, entheiligter Harfen, verstimmt zu den Tönen des Todes
Sangen sie's her. So rauschen in mitternächtlicher Stunde
Grimmige Schlachten von tödtenden und von sterbenden Streitern
Furchtbar umher, wenn brausend auf ehernen Wagen der Nordwind

Gegen sie fährt, und gebrüllt von dem Wiederhall ihr Gebrüll wird
Satan sah und hörte sie kommen. Vor wilder Entzückung
Stand er mit Ungestüm auf und übersah sie alle.
Fern bei dem untersten Pöbel erblickt' er in spottender Stellung
Gottesleugner, ein niedriges Volk. Sein schrecklicher Führer,
Gog, war darunter, erhabner, als all', an Gestalt und an Unsinn.
Daß das Alles ein Traum, ein Spiel sey irrer Gedanken,
Was es im Himmel gesehen, Gott, erst Vater, dann Richter,
Das zu wähnen, reizt' es sich, krümmt' es sich, wand es sich wüthend.
Satan sah sie mit Hohn. Denn mitten in seiner Verfinstrung
Fühlt er doch noch, daß der Ewige sey. Bald stand er voll Tiefsinn,
Sah bald langsam rings umher und setzte sich wieder.
Wie auf hohen unwirthlichen Bergen drohende Wetter
Langsam und verweilend sich lagern, saß er und dachte.
Ungestüm that sein Mund sich itzt auf, und tausend Donner
Sprachen aus ihm, da er sprach: Wenn ihr's, o furchtbare Schaaren,
Wenn ihr's noch seyd, die mit mir die drei erschrecklichen Tage
Auf der himmlischen Ebn' aushielten, so hört im Triumphe,
Was ich euch jetzt eröffne von meiner Zögrung auf Erden.
Aber nicht dieses allein; ihr sollt auch den mächtigen Rathschluß
Hören, Jehova zur Schmach zu verherrlichen unsere Gottheit.
Eh' soll die Hölle vergehn und eh' der seine Geschöpfe,
Der vor diesem einmal im nächtlichen Chaos gebaut hat,
Um sich vernichten und wieder allein in der Einsamkeit wohnen,
Eh' er die Herrschaft über die sterblichen Menschen uns abzwingt.
Götter, stets unbesiegt, unsklavisch wollen wir bleiben,
Wenn er auch gegen uns seine Versöhner zu Tausenden schickte,
Wenn er auch selbst, ein Messias zu werden, die Erde beträte.
Doch wem zürn' ich? Wer ist der neue, geborne Jehova,
Der die Gottheit sogar im sterblichen Leib' umherträgt,
Daß darüber die Götter so sinnen, als ob sie von neuem
Hohe Gedanken ihrer Vergöttrung und Schlachten erfänden?
Sollte der Ewigen Einer, um uns den Sieg zu erleichtern,
Aus den Schößen sterblicher Mütter, die bald die Verwesung
Auch zertrümmert, auf uns, die er kennt, zu kämpfen hervorgehn?
Das wär' möglich? Es handelte so, den Satan bekriegt hat?
Zwar stehn Einige hier, die vor ihm mit Zagen entflohen
Und aus morschen Gerippen gequälter Sterblicher wichen.
Furchtsame, bebt vor dieser Versammlung, hüllt euch das Antlitz
In verfinsternde Scham! Die Götter hören's; ihr flohet.
Warum flohet ihr so, Elende? Was nanntet ihr Jesus,
Euer und meiner unwürdig, den Sohn des ewigen Gottes?
Doch, daß ihr wißt, wer er sey, der unter den Israeliten
Auch gern Gott wär', so höret von mir die Geschichte des Stolzen!
Hör' du es auch in hohem Triumphe, Versammlung der Götter!
Unter dem Volke des Jordans ist seit undenkbaren Zeiten

Eine prophetische Sage gewesen; denn unter der Sonne
Hat vor allen Völkern dieß Volk am meisten geträumet.
Nach der Prophezeiung entspringt von ihnen ein Heiland,
Welcher sie von den umliegenden Feinden auf ewig erlöset
Und vor allen Landen ihr Reich zu dem herrlichsten Reich macht.
Und ihr wißt, daß vor wenigen Jahren von unsrer Versammlung
Einige kamen, verkündeten, daß sie auf Tabors Gebirgen
Heere feiernder Engel gesehn; die hätten den Namen
Jesus unaufhörlich genannt mit Entzückung und Ehrfurcht,
Daß die Cedern davon bis in die Wolken erbebten,
Daß die Palmenhaine der Hall der Jubelgesänge
Ganz durchrauschte, und Jesus, Jesus! Tabor erfüllte.
Drauf ging, übermüthig vor Stolz und wie im Triumphe,
Gabriel nieder den Berg zu der Israelitinnen Einer,
Grüßte sie, wie man Unsterbliche grüßt, und sagt' ihr voll Ehrfurcht:
Siehe, von ihr sollt' ein König erstehn, so die Herrschaften Davids
Mächtig schützen und Israels Erbe verherrlichen würde.
Er hieß Jesus, so sollte sie nennen den Sohn der Götter.
Ewig sollte die Macht des großen Königes dauern.
Dieses vernahmt ihr. Warum erstaunten die Götter der Hölle,
Da sie es hörten? Ich selbst, ich habe vielmehr noch gesehen;
Doch nichts schreckt mich. Ich will euch alles muthig entdecken,
Nichts will ich euch verschweigen, damit ihr sehet, wie feurig
Sich mein Muth in Gefahren erhebt; sind es anders Gefahren,
Wenn sich ein sterblicher Träumer auf unserer Erde vergöttert.
Jetzo sah er an sich des Donners Narben und zagte.
Doch arbeitet' er sehr, von neuem empor zu schwellen,
Und er begann: Dort wartet' ich auf des göttlichen Knaben
Hohe Geburt. Bald wird aus deinem Schooße, Maria,
Dacht' ich, der Göttliche kommen. Geschwinder, als fliegende Blicke,
Schneller noch wie Gedanken der Götter, von Zorne beflügelt,
Wird er gen Himmel erwachsen. Er deckt in seiner Erhöhung
Jetzt mit dem einen Fuße das Meer, mit dem andern den Erdkreis;
Wägt in der schreckenden Rechten dann den Mond und die Sonne,
In der Linken die Morgensterne. Da kommt er und tödtet,
Mitten in Stürmen, die er aus den Welten herbeirief,
Rauscht er zum Sieg unaufhaltsam daher. Ach, fliehe nun, Satan!
Fliehe, damit er dich nicht mit seinem allmächtigen Donner
Ungestüm fasse, bis du, durch tausend Erden geworfen,
Sinnlos, bezwungen, ja todt, in dem unermeßlichen liegest.
Seht, so dacht' ich, ihr Götter. Allein ihm gefiel es noch jetzo,
Daß er ein Mensch, ein weinendes Kind wie Söhne des Staubs, blieb,
Welche schon bei ihrer Geburt die Sterblichkeit weinen.
Zwar sang seine Geburt ein Chor der himmlischen Geister.
Denn sie kommen bisweilen herab, die Erde zu sehen,
Wo wir herrschen; da Grüfte zu sehn und Hügel der Todten,

Wo vordem Paradiese nur standen. Dann kehren sie thränend
Und, sich zu trösten, mit feiernden Liedern zurück in den Himmel.
Also war es auch jetzt. Sie eileten, ließen den Knaben
Oder, hört ihr's so lieber, den Herrn der Himmel im Staube.
Drauf entfloh er vor mir. Ich ließ ihn immer entfliehen;
Einen so furchtsamen Feind zu verfolgen, war meiner nicht würdig.
Unterdeß ließ ich, nicht müßig zu seyn, durch meinen Erwählten,
Meinen König und Opferpriester, Herodes, zu Bethlem
Säuglinge würgen. Das rinnende Blut, der Sterbenden Winseln
Und der untröstbaren Mütter Verzweiflung, der Leichname Ausfluß,
Der, mit Seelen vermischt, mir wallend entgegendampfte,
Waren mir, dem Vater des Elends, ein liebliches Opfer.
Wandelt nicht dort der Schatten Herodes? Verworfene Seele,
War es nicht ich, der in dir den Gedanken, die Bethlehemiten
Wegzuwürgen, erschuf? Kann etwa des Himmels Beherrscher
Seiner Bildungen mühsames Werk, die unsterblichen Seelen,
Vor mir schützen, daß ich sie mit meiner verborgnen Begeistrung
Nicht umschatte und über sie nicht zum Verderben mich breite?
Ja, Verlass'ner, dein klagendes Winseln, dein banges Verzweifeln
Und der Seelen Geschrei, die du sonst unschuldig erwürgtest,
Daß sie sündigend starben und dir und dem Schaffenden fluchten,
Ist nun deinem befriedigten Herrscher ein liebliches Opfer.
Als er starb, versammelte Götter, da kehrte der Knabe
Aus Aegyptus Gefilde zurück. Die Jahre der Jugend
Lebt' er im Schooß der zärtlichen Mutter, in weicher Umarmung,
Unbekannt. Kein jugendlich Feuer, kein edles Erkühnen
Trieb ihn zu Unternehmungen an, sich furchtbar zu machen.
Doch, ihr Götter, im einsamen Wald, an dem öden Gestade,
Wo er oft war, da hat er vielleicht auf Dinge gesonnen,
Die aus schreckender Ferne den Untergang der Hölle
Drohn und von uns verneuerten Muth und Wachsamkeit fordern?
Seht, dieß glaubt' ich, vielleicht hätt' er sich mit tiefen Gedanken
Mehr beschäftigt, als mit der Betrachtung der Blumen und Felder
Und der Kinder um ihn und mit dem sklavischen Lobe
Dessen, der ihn mit den Würmen aus niedrigem Staube gemacht hat.
Ja, ich wäre vor Ruh' und langer Muße vergangen,
Hätte mir nicht der Menschen Geschlecht stets Seelen geopfert,
Die ich, dem Himmel vorüber, hierher zur Bevölkerung sandte.
Endlich schien es, als sollt' er nun auch merkwürdiger werden.
Gottes Herrlichkeit kam, als er einst am Jordan herumging,
Strahlend vom Himmel. Sie hab' ich mit diesen unsterblichen Augen
Selbst am Jordan gesehn. Kein Bild, kein himmlisches Blendwerk
Hat mich getäuscht. Sie war's, wie sie von dem Throne des Himmels
Durch die langen betenden Reihn der Seraphim wandelt.
Aber warum und ob sie dem Erdenkinde zu Ehren
Oder, um unsere Wachsamkeit auszuforschen, herabstieg,

Dieses entscheid' ich nicht. Zwar hört' ich gewaltige Donner,
Donner, mit dieser Stimme vereint: Das ist mein Geliebter;
Siehe, der Sohn nach meinem Herzen! Der war wohl Eloa
Oder Einer vom Thron, der, mich zu verwirren, es ausrief;
Gottes Stimme war's nicht. Denn, bei der untersten Hölle
Und bei ihrer nächtlichsten Nacht! sie tönte mir anders,
Als er uns Göttern einst den Sohn der Ewigkeit aufdrang.
Auch weissagt' ihm ein finstrer Prophet, der dort in der Wüste
Menschenfeindlich die Felsen durchirrt; er rief ihm entgegen:
Siehe Gottes Lamm, das der Erde Sünde versöhnet!
Der du von Ewigkeit bist, du, der schon lange vor mir war,
Sey mir gegrüßt! Aus dir, o du der Erbarmungen Fülle,
Nehmen wir Gnad' um Gnade. Durch Moses ward das Gesetz kund;
Aber durch den Gesalbten des Herrn kommt Wahrheit und Gnade.
Ist das nicht hoch und prophetisch genug? So ist es, wenn Träumer
Träumer besingen; da bauen sie sich ein heiliges Dunkel,
Und dann sind wir unsterblichen Götter viel zu geringe,
Bis in das innre Gebäu der Geheimnisse durchzuschauen.
Will er uns nicht den erhabnen Messias, den König des Himmels,
Jenen Donnerer Gottes, der in der gewaltigen Rüstung
Wider uns stritt, bis wir die neuen Welten erreichten,
Unsren würdigen Feind und erhabneren Widersacher,
Will er ihn nicht in jene Gestalt, die wir tödten, verkleiden?
Zwar er selbst, das Erdegeschöpf, von dem der Prophet träumt,
Dünkt sich nicht wenig zu seyn. Oft hält er Kranke, die schlummern,
Sie für Todte, geht hin und rufet sie wieder ins Leben.
Aber das ist nur Beginn. Einst folgen größere Thaten.
Denn er will das ganze Geschlecht der sterblichen Menschen
Von der Sünd' und dem Tode befrein, der Sünde, die, Allen
Eingepflanzt und immer empörend und ungestüm immer,
Wider Gott in ihren unsterblichen Seelen sich auflehnt,
Unbezwingbar der sklavischen Pflicht; von dem Tode, der Alle,
Der das ganze Geschlecht, so oft wir ihm winken, durchwürget,
Will er sie Alle befrein; euch also auch, ihr Seelen,
Die ich seit der Schöpfung zu mir wie Wogen des Weltmeers
Sammle, wie Sterne, wie Gott anbetende sklavische Sänger;
Ja, euch auch, die quälet die ewige Nacht des Abgrunds
Und in der Nacht des Strafenden Feuer, im Feuer Verzweiflung,
In der Verzweiflung ich; — euch will von dem Tod er befreien.
Wir, wir werden alsdann, der Gottheit Vergesser und Sklaven,
Liegen vor ihm, vor ihm, dem neu vergötterten Menschen.
Was der mit dem allmächtigen Donner von uns nicht erzwinget,
Wird der aus des Todes Gebiet unbewaffnet vollenden.
Auf, Verwegner, befreie dich erst, dann wecke die Todten!
Er soll sterben, ja sterben, er, der Satans Besiegte
Eigenmächtig vom Tode befreit! Dich leg' in den Staub ich,

Bleich und entstellt, in der Todten Staub. Dann will ich den Augen,
Die nicht sehn, die Dunkel und Nacht nun ewig umnebeln,
Sagen: Ach, seht, da erwachen die Todten! will ich den Ohren,
Die nicht hören, die ewig nun sind dem Tone geschlossen,
Sagen: Ach, hört, es rauschet das Feld, die Todten erwachen!
Und der Seele, wenn sie nun aus dem Leibe geflohn ist
Und zu der Hölle vielleicht, dort auch zu siegen, sich wendet,
Ruf' ich nach in furchtbarem Sturm, mit donnernder Stimme:
Eile, du siegtest auf Erden! Ja, eile; du fesseltest Götter!
Dich erwartet Triumpheinzug. Die Pforten der Hölle
Thun vor dir einladend sich auf. Dir jauchzet der Abgrund.
Gegen dich wallen in feiernden Chören Seelen und Götter.
Gott muß entweder jetzt, da ich hier bin, eilend die Erde
Und mit der fliehenden ihn und die Menschen gen Himmel erheben,
Oder ich führ' es hinaus, was meine Weisheit mir eingab,
Oder ich thu', was ich mächtig beschloß, und ich end' und vollbring' es.
Er soll sterben! So wahr ich des Todes Erhalter und Schöpfer
Unbezwingbar durchlebe die kommenden Ewigkeiten;
Er soll sterben! Bald will ich von ihm den Staub der Verwesung
Auf dem Wege zur Hölle, vorm Antlitz des Ewigen, ausstreun.
Seht den Entwurf von meinem Entschluß! So rächet sich Satan!
Satan sprach es. Indem ging von dem Versöhner Entsetzen
Gegen ihn aus. Noch war in den einsamen Gräbern der Gottmensch.
Mit dem Laute, womit der Lästerer endigte, rauschte
Vor den Fuß des Messias ein wehendes Blatt. An dem Blatte
Hing ein sterbendes Würmchen. Der Gottmensch gab ihm das Leben.
Aber mit eben dem Blicke sandt' er dir, Satan, Entsetzen.
Hinter dem Schritt des gesandten Gerichts versank die Hölle,
Und vor ihm ward Satan zur Nacht. So schreckt' ihn der Gottmensch.
Und die Satane sahen ihn, wurden zu Felsengestalten.
Unten am Throne saß einsiedlerisch, finster und traurig
Seraph Abdiel Abbadona. Er dachte die Zukunft
Und den Vergang voll Seelenangst. Vor seinem Gesichte,
Das in trauerndes Dunkel, in schreckliche Schwermuth sich hüllte,
Sah er Qualen gehäuft auf Qualen zur Ewigkeit eingehn.
Jetzo erblickt' er die vorige Zeit. Da war er voll Unschuld,
Jenes erhabneren Abdiels Freund, so den Tag der Empörung
Eine strahlende That vor Gottes Auge vollführte;
Denn er verließ die Empörer allein und unüberwindlich,
Kam zu Gott. Mit ihm, dem edelmüthigen Seraph,
War schon Abbadona dem Blick der Feinde Jehova's
Fast entgangen; doch Satans beflammter rollender Wagen,
Der, zu Triumphen zurück sie zu führen, schnell um sie herkam,
Und der Drommetenden Kriegszuruf, der sie ungestüm einlud,
Und die Heerschaar, Jeder von seiner Götterschaft taumelnd,

Uebermannten sein Herz und rissen ihn hin zu der Rückkehr.
Hier noch wollt' ihn sein Freund mit Blicken drohender Liebe
Fortzueilen bewegen; allein, von künftiger Gottheit
Trunken, erkannt' Abbadona die vormals mächtigen Blicke
Seines Freundes nicht mehr. Er kam in dem Taumel zu Satan.
Jammernd denkt er und in sich verhüllt an diese Geschichte
Seiner heiligen Jugend und an den lieblichen Morgen
Seiner Schöpfung zurück. Der Ewige schuf sie auf einmal.
Damals besprachen sie sich mit angeschaffner Entzückung
Unter einander: Ach, Seraph, was sind wir? Woher, mein Geliebter?
Sahst du zuerst mich? Wie lange bist du? Ach, sind wir auch wirklich?
Komm', umarme mich, göttlicher Freund! Erzähle, was denkst du?
Und da kam aus strahlender Fern' die Herrlichkeit Gottes
Segnend einher. Sie sahen um sich unzählbare Schaaren
Neuer Unsterblicher wandeln, und wallendes Silbergewölk hob
Sie zu dem Ewigen auf. Sie sahn ihn und nannten ihn Schöpfer.
Diese Gedanken marterten Abbadona. Sein Auge
Floß von der jammernden Thräne. So floß von Bethlehems Bergen
Rinnendes Blut, da die Säuglinge starben. Er hatte mit Schauer
Satan gehört; doch duldet' er's nicht und erhub sich zu reden.
Dreimal seufzet' er, eh' er sprach. Wie in blutigen Schlachten
Brüder, die sich erwürgten und, da sie starben, sich kennten,
Neben einander aus röchelnder Brust ohnmächtig seufzen.
Drauf begann er und sprach: Ob mir gleich diese Versammlung
Ewig entgegen wird seyn, ich will's nicht achten und reden.
Reden will ich, damit des Ewigen schweres Gericht nicht
Ueber mich auch komme, wie, Satan, es über dich kam.
Ja, ich hasse dich, Satan, dich hass' ich, du Schrecklicher! Mich, mich,
Diesen unsterblichen Geist, den du dem Schöpfer entrissest,
Fordr' er, dein Richter, ewig von dir! Unendliches Wehe
Schrei' in der Abgrundskluft, in der Nacht, der Unsterblichen Heer-
schaar,
Satan, und laut mit dem Donnersturme sie Alle, die, Satan,
Du verführet hast, laut mit des Todes Meere sie Alle
Ueber dich! Ich habe kein Theil an dem ewigen Sünder;
Gottesleugner, kein Theil an deiner finstren Entschließung,
Gott den Messias zu tödten. Ha, wider wen, du Empörer,
Hast du geredt? Ist es wider den nicht, der (du bekennst es
Selber, wie sehr du dein Schrecken auch übertünchest) dir furchtbar,
Mächtiger ist, als du? O, sendet den sterblichen Menschen
Gott Befreiung vom Elend und Tode, du hältst ihr nicht Obstand.
Und du willst des Messias Leib, den willst du erwürgen?
Kennst du ihn, Satan, nicht mehr? Hat dich des Allmächtigen Donner
Nicht genug an dieser erhobnen Stirne gebrandmalt?
Oder kann Gott sich nicht vor uns Ohnmächtigen schützen?
Wir, die zum Tode die Menschen verführeten (wehe mir, wehe!

Ich that's auch!) wir wollen uns wider ihren Erlöser
Wüthend erheben? Den Sohn, den Donnerer wollen wir tödten?
Ja, den Pfad zu einer vielleicht zukünftigen Rettung
Oder doch zu der Lindrung der Qual, den wollen wir ewig
Uns, so vielen vordem vollkommenen Geistern, verwüsten?
Satan, so wahr wir Alle die Qual gewaltiger fühlen,
Wenn du diese Wohnung der Nacht und der dunklen Verdammniß
Königlich nennst; so wahr kehrst du mit Schande belastet,
Statt des Triumphs, zurück von Gott und seinem Messias!
Grimmiger hört' und geduldlos und drohend den Furchtbaren Satan,
Wollte jetzt von den Höhen des Throns der thürmenden Felsen
Einen gegen ihn schleudern; allein die schreckliche Rechte
Sank ihm zitternd im Zorne dahin; er stampfst' und erbebte.
Dreimal bebt' er vor Wuth, sah dreimal Abbadona
Ungestüm an und schwieg. Vor Grimm war dunkel sein Auge,
Ihn zu verachten ohnmächtig. Mit muthigem Ernste, nicht zornig,
Blieb Abbadona vor ihm und mit trauerndem Angesicht stehen.
Aber Gottes, der Menschen und Satans Feind, Adramelech,
Sprach: Aus finstren Wettern will ich mit dir reden, Verzagter;
Ha, zudonnern sollen dir Ungewitter die Antwort!
Darfst du die Götter schmähn? Darf Einer der niedrigsten Geister
Wider Satan und mich aus seiner Tiefe sich rüsten?
Wirst du gequält, so wirst du von deinen niedren Gedanken,
Sklav, gequält. Entfleuch, Kleinmüthiger aus den Bezirken
Unserer Herrschaft, wo Könige sind, entfleuch in die Leere!
Laß dir da vom Allmächtigen Reiche des Jammers erschaffen!
Bringe da die Unsterblichkeit zu! Doch du stürbest wohl lieber?
Stirb denn, vergeh', anbetend, du Sklav, gen Himmel gebücket!
Der du mitten im Himmel für einen Gott dich erkanntest
Und dem großen Allmächtigen kühn mit flammendem Grimme
Widerstandest, künftiger Schöpfer unzählbarer Welten,
Komm', komm', Satan! Wir wollen den kleinen, niedrigen Geistern
Unseren furchtbaren Arm durch Unternehmungen zeigen,
Die wie ein Wetter auf einmal sie blenden und niederschlagen.
Komm'! Labyrinthe verborgnerer List, verwirrt zum Verderben,
Zeigen sich mir. Der Tod ist darin. Kein öffnender Ausgang
Und kein Führer soll ihn den Labyrinthen entreißen.
Aber, entflöh' er auch unserer List, gäbst du auf dem Throne,
Uns zu entrinnen, ihm Götterverstand; so sollen im Grimme
Feurige Wetter ihn schnell vor unseren Augen vernichten;
Wie die Wetter, womit wir einst den Geliebteren Gottes,
Seinen glücklichen Job, vor dem Antlitz des Himmels bestritten.
Fleuch, fleuch, Erde! Wir kommen mit Tod' und Hölle bewaffnet!
Wehe dem, der auf unserer Welt sich wider uns auflehnt!
Also sprach Adramelech. Nun fiel die ganze Versammlung
Satan auf einmal mit Ungestüm bei. Gleich stürzenden Felsen

Stampft' ihr gewaltiger Fuß; daß die Tiefe darunter erbebte.
Jauchzend erhuben um sich sie, stolz auf nahe Triumphe,
Fürchterliches Stimmengetös. Das rufte vom Aufgang
Bis zu dem Niedergange. Der Satane ganze Versammlung
Williget ein, den Messias zu tödten. Seitdem Gott schuf, sah
Eine That wie diese die Ewigkeit nicht. Ihr Erfinder,
Satan, und Adramelech, voll Rache und grimmiges Tiefsinns,
Stiegen vom Thron. Aus den Stufen kracht's, wie erschüttert der Fels kracht,
Da sie wandelten. Brüllender Zuruf wälzt sich, empöret
Mehr die Empörer, begleitet sie dumpf zu der Pforte des Abgrunds.
Abbadona (nur er war unbeweglich geblieben)
Folgte von fern, entweder sie noch von der That zu erretten
Oder ihr Ende, der Ungeheuren, mit anzusehen.
Jetzo nähert' er sich mit säumendem Schritte den Engeln,
Welche die Pforte bewachten. Wie war dir, Abbadona,
Da du Abdiel hier, den Unüberwindlichen, sahest?
Seufzend schlug er sein Angesicht nieder. Itzt wollt' er zurückgehn.
Wollte jetzo sich nahn, dann wollt' er einsam und trauernd
Ins Unermeßliche fliehn. Allein noch stand er mit Zittern
Wehmuthsvoll. Nun faßt' er sich ganz auf einmal zusammen,
Ging auf ihn zu. Ihm schlug sein Herz mit mächtigen Schlägen.
Stille, den Engeln nur weinbare Thränen bedeckten sein Antlitz;
Seufzer aus allen Tiefen des Herzens, langsame Schauer,
Sterbenden selbst unempfindbar, erschütterten Abbadona,
Als er ging. Doch Abdiels ihn frühsehendes Auge
Schaut' unverwandt in die Welt des Schöpfers, dem er getreu blieb,
Aber auf ihn nicht. Der Sonn' in der Jugend, den Frühlingstagen
Gleich, die hinab zu der kaum erschaffnen Erde sich senkten,
Glänzte der Seraph, doch nicht dem trauernden Abbadona.
Der ging fort und seufzte bei sich verlassen und einsam:
Abdiel, mein Bruder, du willst dich mir ewig entreißen?
Ewig willst du mich ferne von dir in der Einsamkeit lassen?
Weinet um mich, ihr Kinder des Lichts! Er liebt mich nicht wieder,
Ewig nicht wieder. Ach, weinet um mich! Verblühet, ihr Lauben,
Wo wir mit Innigkeit sprachen von Gott und unserer Freundschaft!
Himmlische Bäche, versiegt, wo wir in süßer Umarmung
Gottes, des Ewigen, Lob mit reiner Stimme besangen!
Abdiel, mein Bruder, ist mir auf ewig gestorben.
Hölle, mein finsterer Aufenthalt, und du Mutter der Qualen,
Ewige Nacht, beklag' ihn mit mir! Ein nächtliches Jammern
Steige, wenn Gott mich schreckt, von deinen Bergen herunter!
Abdiel, mein Bruder, ist mir auf ewig gestorben.
Also jammert er, seitwärts gekehrt. Drauf stand er am Eingang
In die Welten. Ihn schreckte der Glanz und die fliegenden Donner
Gegen ihn wandelnder Orione. Er sahe die Welten,

Weil er sich stets, in sein Elend vertieft, in Einsamkeit einschloß,
Seit Jahrhunderten nicht. Er stand betrachtend und sagte:
Seliger Eingang, dürft' ich durch dich in die Welten des Schöpfers
Wiederkehren und nie das Reich der dunklen Verdammniß
Wieder betreten! Ihr Sonnen, unzählbare Kinder der Schöpfung,
War ich nicht schon, da der Ewige rief, da ihr glänzend hervorgingt,
Heller, als ihr, da ihr jetzt aus der Hand des Schöpfers herabkamt?
Und nun steh' ich da, verfinstert, verworfen, ein Abscheu
Dieser herrlichen Welt. Und du, o Himmel! Ha, jetzo
Beb' ich erst, da ich dich erblicke. Dort ward ich ein Sünder;
Stand dort wider den Ewigen auf! Du, unsterbliche Ruhe,
Meine Gespielin im Thal des Friedens, wo bist du geblieben?
Ach, kaum läßt für dich mein Richter trauriges Staunen
Ueber seine Welten mir zu. O, dürft' ich es wagen,
Schöpfer ihn niedersinkend zu nennen, wie gerne wollt' ich
Dann entbehren den liebenden Vaternamen, mit dem ihn
Seine Getreuen, die hohen Engel, kindlicher nennen!
O du Richter der Welt, dir darf ich Verlorner nicht flehen,
Daß du mit einem Blicke mich nur hier im Abgrund ansehst.
Finstrer Gedanke, Gedanke voll Qual, und du, wilde Verzweiflung,
Wüthe, Tyrannin, ha, wüthe nur fort! Wie bin ich so elend!
Wär' ich nur nicht! Ich fluche dir, Tag, da der Schaffende sagte:
Werde! da er von Osten mit seiner Herrlichkeit ausging!
Ja, dir fluch' ich, o Tag, da die neuen Unsterblichen riefen:
Unser Bruder ist auch! Du, Mutter unendlicher Qualen,
Warum gebarest du, Ewigkeit, ihn? Und, mußt' er ja werden,
Warum ward er nicht finster und traurig, der ewigen Nacht gleich,
Welche mit Ungewitter und Tod vor dem Donnerer herzieht,
Leer von Geschöpfen, belastet vom Zorn und dem Fluche der Gottheit?
Wider wen empörst du dich hier vor dem Auge der Schöpfung,
Lästerer? Sonnen, fallt auf mich her! Bedeckt mich, ihr Sterne,
Vor dem grimmigen Zorne deß, der vom Throne der Rache
Ewig als Feind und Richter mich schreckt; du in deinen Gerichten
Unerbittlicher! Ist denn in deiner Ewigkeit künftig
Nichts von Hoffnungen übrig? Ach, wird denn, göttlicher Richter,
Schöpfer, Vater, Erbarmer! ... Ach, nun verzweifl' ich von neuem;
Denn gelästert hab' ich Jehova. Ich nannt ihn mit Namen,
Heiligen Namen, die nennen kein Sünder darf ohne Versöhner.
Ha, ich entfliehe. Schon rauschet von ihm ein allmächtiger Donner
Durch das Unendliche furchtbar einher. Doch wohin? — Ich entfliehe.
Ruft' es und eilet' und schaute betäubt in des Leeren Abgrund.
Schaffe da Feuer, tödtende Gluth, die Geister verzehre,
Gott, Verderber, zu furchtbarer Gott in deinen Gerichten!
Doch er flehte vergebens. Es ward kein tödtendes Feuer.

Darum wendet' er sich und floh zurück in die Welten.
Endlich stand er ermüdet auf einer erhabenen Sonne,
Schaute von da in die Tiefen hinab. Dort drängten Gestirne
Andre Gestirne wie glühende Seen. Ein irrender Erdkreis
Näherte sich; schon dampft' er, und schon war ihm sein Gericht nah.
Auf den stürzete sich Abbadona, mit ihm zu vergehen.
Doch er verging nicht und senkte, betäubt vom ewigen Kummer,
Wie ein Gebirge, weiß von Gebein, wo Menschen sich würgten,
Im Erdbeben versinkt, zu der Erde sich langsam nieder.
Unterdeß war Satan mit Adramelech der Erde
Auch schon näher gekommen. Sie gingen neben einander,
Jeder allein und in sich gekehrt. Jetzt sahe den Erdkreis
Adramelech vor sich in ferner Dunkelheit liegen.
Sie, sie ist es, so sagt' er bei sich (so drängten Gedanken
Andre Gedanken, wie Wogen des Meers, wie der Ocean drängte,
Als er von drei Welten dich, fernes Amerika, losriß)
Ja, sie ist es, die ich, sobald ich Satan entfernet
Oder, besiegend den Gott, mich vor Allen habe verherrlicht,
Die ich dann als Schöpfer des Bösen allein beherrsche.
Aber warum nur sie? Warum nicht auch jene Gestirne,
Die, zu lange schon selig, um mich durch die Himmel daherge hn?
Ja, auch dort soll der Tod, von einem Gestirn zu dem andren,
Bis an die Gränze des Himmels (es schau' der Ewige) tödten!
Dann würg' ich die Erschaffenen Gottes wie Satan nicht einzeln,
Nein, zu ganzen Geschlechten. Die legen vor mir in den Staub sich
Nieder, krümmen vor mir sich entstaltet, winden sich, sterben.
Dann will ich hier oder dort oder da triumphirend und einsam
Sitzen, mich hoch umsehn. Die du nun deinen Geschöpfen
Wurdest durch mich zum Grabe, Natur, auf deine Verwes'ten
Will, in dein tiefes unendliches Grab ich lachend hinabsehn.
Und, gefällt es dem Ewigen dann, in dem Grabe der Welten
Neue Geschöpfe zu baun, daß ich sie von neuem verderbe;
Auch die will ich mit eben der List, mit eben der Kühnheit
Wieder von einem Gestirn zu dem andern verführen und tödten.
Adramelech das bist du! Geläng' es dir endlich doch, endlich,
Daß du auch erfändest der Geister Sterben, daß Satan,
Ha, verginge durch dich, durch dich zerflöss' in ein Unding!
Unter ihm vollbring' du kein Werk, das deiner nur werth ist,
Mächtiger Geist, der du Adramelech befeelest! Erschaffe,
Tödte die Geister! Ich fluche dir, tödte sie, oder vergehe.
Ja, vergeh'! Sey lieber nicht mehr, eh' du lebst und nicht herrschest!
Ja, ich will gehn, gehn will ich und alle meine Gedanken,
Sie wie Götter versammeln; erfinden sollen sie, tödten!
Jetzt ist die Zeit, worauf ich seit Ewigkeiten schon dachte,
Das zu vollenden; ja, jetzt, da Gott von neuem erwacht ist
Und, wenn sich Satan nicht täuscht, uns einen Menschenerlöser,

Unser erobertes Reich sich zu unterwerfen, herabschickt.
Aber er täusche sich nicht! Der Mensch sey der größte Prophete
Von den Propheten allen seit Adam, er sey ein Messias;
Seine Besiegung soll doch vor der ganzen Geisterversammlung
Mich, zu besteigen der Hölle Thron, zu dem Würdigsten machen!
Oder, was ich vielmehr von meiner Gottheit erwarte,
Was du vielmehr, unsterblicher Adramelech, vollendest,
Wenn ich Satan vor ihm verderbe, der mächtigen That dann
Meiner Knechtschaft Ende verdanke; sey Jener der Erstling
Meiner Besiegten, durch den als der Götter Obermonarch ich
Schimmre! Satan, wie schwer wird es dir, den Leib des Messias
Nur zu erwürgen! Erwürg' ihn denn! Ja, die kleinen Geschäfte
Lass' ich dir, eh' du vergehst; ich aber tödte die Seele;
Die vernicht' ich. Des Sterblichen Staub zerstreue du mühsam!
Also verlor sich sein Geist, empört vom wünschenden Herzen,
In den schwarzen Entwurf. Gott, der das Kommende schaute,
Hört' ihn und schwieg. Voll ermüdendes Tiefsinns blieb Adramelech
Unvermerkt auf einem Gewölk, das unter ihm Nacht ward,
Starr, mit glühender Stirn, die der Grimm durchfaltete, stehen.
Doch das Getös der wandelnden Erde, die jetzt mit der Nacht kam,
Weckte den wilden Empörer aus seinen schwarzen Gedanken,
Und er wandte sich wieder zu Satan. Sie gingen und stürmten
Gegen den Oelberg, dort den Versöhner mit den Vertrauten
Aufzusuchen. So stürzen sich rollende tödtende Wagen
Nieder ins Thal, dem ruhigen Führer des Feindes entgegen.
Jetzo sendeten sie von himmelnahen Gebirgen
Eherne Krieger, sie rauschen mit eisernem, dumpfem Getöse
Ueber den Fels, und es kracht und es donnert und tödtet von ferne.
Also kam Adramelech herab und Satan zum Oelberg.

Dritter Gesang.

Der Messias ist noch in den Gräbern. Die Leiden der Erlösung nehmen in seiner Seele zu. Eloa steigt vom Himmel und zählt seine Thränen. Die Seelen der Väter senden einen Seraph, Selia, aus der Sonne, Jesum zu betrachten, den sie, weil es Nacht ist, nicht mehr sehen. Der Messias schläft zum letztenmal ein. Selia wird durch die Schutzengel der Jünger, die Jesum um den Oelberg suchen, von dem Charakter derselben unterrichtet. Satan erscheint dem Ischariot unter der Gestalt seines Vaters im Traume. Der Messias erwacht, und kömmt zu den Jüngern, und redet von ihrer nahen Trennung mit ihnen. Ischariot, der sich seitwärts verborgen hält, hört den Messias, und fängt an, die Wirkungen seiner eigenen Bosheit und der Eingebungen des Satans bei sich zu empfinden.

Sey mir gegrüßt! Ich sehe dich wieder, die du mich gebarest,
Erde, mein mütterlich Land, die du mich in kühlendem Schooße
Einst bei den Schlafenden Gottes begräbst und mir die Gebeine
Sanft bedeckest; doch erst (dieß hoff' ich zu meinem Erlöser),

Wenn des neuen Bundes Gesang zu Ende gebracht ist.
O, dann sollen die Lippen sich erst, die den Liebenden sangen,
Dann die Augen erst, die seinetwegen vor Freude
Oftmals weinten, sich schließen! Dann sollen mit leiserer Klage
Meine Freunde mein Grab mit Lorbeern und Palmen umpflanzen,
Daß, wenn in himmlischer Bildung dereinst von dem Tod ich erwache,
Meine verklärte Gestalt aus stillen Hainen hervorgeh'!
O du, die zu der Hölle mich führte, Sängerin Sions,
Und nun meinen noch bebenden Geist zurückgebracht hat;
Du, die vom göttlichen Blick die ernste Gerechtigkeit lernte,
Aber auch ihren Vertrauten mit süßer Freundlichkeit lächelt;
Heitre die Seele, die noch, umringt von dem Graun der Gesichte,
Innerlich bebt, mit himmlischem Licht und lehre sie ferner
Ihren erhabenen Mittler, den Besten der Menschen, besingen!
Jesus war noch allein mit Johannes am Grabe der Todten.
Unter nahem Gebein, von Nacht und Schatten umgeben,
Saß er und überdachte sich selber, den Sohn des Vaters
Und den Menschen, zum Tode bestimmt. Vor seinem Gesichte
Sah er der Menschen Sünden, die alle, die seit der Erschaffung
Adams Kinder vollbrachten, auch die, so die schlimmere Nachwelt
Sündigen wird, ein unzählbares Heer, Gott fliehend vorbeigehn.
Satan war mitten darin und herrschte. Vom Angesicht Gottes
Trieb er den Sünder, das Menschengeschlecht, und versammelt' es zu sich.
Wie die Ebnen des Meers ein mitternächtlicher Strudel
Ringsum in sich verschlingt und, stets zu dem Untergange
Offen, unsichtbar unter den Wolken des sinkenden Himmels,
Alle zu sichren Bewohner des Meers in die Tiefen hinabzieht.
Jesus sah die Sünden und Satan, sah dann zu Gott auf.
Gott, sein Vater, schaute nach ihm tiefsinnig herunter.
Zwar brach aus dem Blicke des Vaters das ernste Gericht schon
Langsam hervor; zwar donnerte Gott und schreckt' ihn von ferne;
Gleichwohl blieben noch Züge des unaussprechlichen Lächelns
In dem Antlitz voll Gnade zurück. Die Seraphim sagen,
Damals habe der ewige Vater die andere Thräne
Still geweint. Die erste weint' er, da Adam verflucht ward.
Also schauten sie sich. In feiernder Sabbathstille
Neigt sich vor ihnen die ganze Natur. Ehrfürchtend und wartend
Bleiben die Welten stehn, und, gerichtet auf Beider Anschaun,
Geht der betrachtende Cherub in stiller Wolke vorüber.
Auch kam Seraph Eloa, von himmlischen Wolken umflossen,
Zu der Erd' herunter und sah von Antlitz zu Antlitz
Gottes Erlöser und zählte die menschenfreundlichen Thränen,
Alle Thränen, die Jesus weinte. Dann stieg er gen Himmel.
Als er hinaufstieg, sah ihn Johannes. Ihm öffnete Jesus,

Daß er den Seraph erblickte, das Aug'. Er sah ihn und staunte
Und umarmt' inbrünstig den Mittler, nannt' ihn mit Seufzern
Seinen Erlöser und Gott; mit unaussprechlichen Seufzern
Nannt' er ihn so und blieb bei ihm in süßer Umarmung.
Aber die übrigen Eilfe, die Jesus lange nicht sahen,
Gingen im Dunklen am Fuß des Berges und suchten ihn traurig.
Außer Einem, der Jesus wie sie nicht liebend mehr ehrte,
Waren sie Männer voll Unschuld. Die Göttlichkeit ihrer Herzen
Kannten sie nicht. Gott kannte sie. Er erschuf sie zu Seelen,
Welche dereinst des Ewigen Offenbarungen schauten.
Aber nicht Jener zugleich, so, der himmlischen Jüngerschaft unwerth,
Jesus verrieth; er konnte sie schaun, verrieth er nicht Jesus.
Ihnen wurden, eh' sie der Leib der Sterblichkeit einschloß,
Neben den Stühlen der vierundzwanzig Aelt'sten im Himmel
Goldene Stühle gesetzt; doch einen der goldenen Stühle
Deckten einst Wolken von Gott. Bald aber flohen die Wolken,
Und lichtheller ewiger Glanz ging wieder vom Stuhl aus.
Damals rief Eloa und sprach: Er ist ihm genommen
Und ist einem Andern gegeben, der besser, als er, ist.
Ihre Beschützer, Engel der Erde, die unter der Aufsicht
Gabriels stehn, erhuben sich jetzt auf die Höhe des Oelbergs
Und betrachteten da mit der süßen Freundschaft Genusse
Ungesehn die Gespielen, wie sie den göttlichen Mittler
Ringsum thränenvoll suchten. Da kam mit eilendem Schritte
Von der Sonn' ein Seraph und stand auf einmal vor ihnen,
Einer der Viere, die gleich nach dem hohen Uriel herrschen.
Selia war sein Name. Jetzt sprach er also zu ihnen:
Sagt mir, himmlische Freunde, wo ist, in welchen Gefilden
Wandelt er itzt, der erhabne Messias? Die Seelen der Väter
Senden mich, daß ich ihn auf allen göttlichen Wegen
Still begleite und jede That der großen Erlösung
Achtsam bemerke. Kein heiliges Wort, kein Seufzer des Mitleids
Soll von seinem unsterblichen Mund ungehört mir entfliehen.
Himmlische Freunde, kein tröstender Blick und keine der Zähren,
Jener getreuen, der Gottheit und Menschheit würdigen Zähren,
Soll mir ungesehn in dem göttlichen Auge sich zeigen.
Ach, zu früh entfernst du dem Blicke der heiligen Väter,
Erde, dein schönstes Gefilde, wo Gott in den Hüllen der Menschheit
Wandelt, und wo er dem Söhnaltare, sein Opfer, sich nahet.
Ach, zu früh entfliehst du dem Tag und Uriels Antlitz,
Der nun traurig das Gegengefilde Salems erleuchtet.
Dort ist ihnen kein änderndes Thal, kein erwachend Gebirge
Angenehm; dort wandelt er nicht, der erhabne Messias.
Selia endigte so. Ihm erwiederte Seraph Orion,
Simons Engel: Dort unten, wo sich die traurigen Gräber
Oeffnen und sinkend sich mit des Oelbergs Fuße vertiefen,

Dort steht, himmlischer Freund, der hohe Messias und denket.
Selia sah ihn und blieb unverwandt in sanfter Entzückung
Stehn. Schon waren eilendes Flugs zwo fliehende Stunden
Ueber des Seraphs Haupte dahin mit der Stille geflogen,
Als er noch stand. Jetzt kam der letzte vertrauliche Schlummer
In das Auge des Mittlers herab. Die heilige Ruhe
Eilte, gesandt von Gott, vom Allerheiligsten Gottes
Nieder in stillen Düften auf ihn und kühlendem Säuseln.
Jesus schlief. Da wandte sich Selia zu der Versammlung
Und trat mitten hinein und sprach vertraulich zu ihnen:
Sagt mir, himmlische Freunde, wer sind die Männer am Hügel,
Die da wandeln und wie verlassen und traurig herumgehn?
Sehet, sanfter, rührender Schmerz deckt ihre Gesichter,
Doch entstellt er sie nicht. So zeigen edlere Seelen
Ihre Wehmuth. Sie weinen vielleicht um einen geliebten
Und entschlafenen Freund, der ihnen an Tugenden gleich war.
Ihm erwiedert Orion: Das sind die heiligen Zwölfe,
Selia, die zu Vertrauten der Mittler Gottes sich auskor.
Ach, wie selig sind wir, daß uns ihr Meister geboten,
Ihre Beschützer und Freunde zu seyn! Da sehen wir immer,
Wie er mit süßer, geselliger Huld sich ihnen eröffnet,
Wie er sie lehret und bald mit mächtiger Rede den Eingang
Zu den hohen Geheimnissen zeigt in menschlichen Bildern,
Bald die unsterbliche Tugend verklärter und fühlbarer zeiget
Und dadurch ihr empfindendes Herz zu der Ewigkeit bildet.
O, wie Vieles lernen wir da! Wie ladet sein Beispiel
Aufzumerken uns ein und ihm anbetend zu folgen!
Selia, solltest du ihn und seine göttliche Freundschaft
Und sein edles, des ewigen Vaters würdiges Leben
Täglich sehen; dein Herz zerflöss' in stiller Entzückung.
Auch ist es schön und klinget auch selbst in unsterblichen Ohren
Lieblich, wenn seine Vertrauten von ihm sich zärtlich besprechen.
Seraph, wie wir uns lieben, so lieben sie Jesus. Ich sagt' es
Oft in unsrer Versammlung und wiederhol' es auch jetzo:
Vielmals wünsch' ich von Adams Geschlecht, ja, selber auch sterblich
Mit den Menschen zu seyn, kann anders ohne die Sünde
Sterblichkeit seyn. Vielleicht verehrt' ich ihn inniger, treuer;
Meinen Bruder, von eben dem Fleisch und Blute geboren,
Liebt' ich vielleicht weit brünstiger noch. Mit welcher Entzückung
Wollt' ich für ihn, der zuerst für mich starb, mein Leben verlieren!
Mitten in heißem, unschuldigem Blut, mit brechenden Augen,
Wollt' ich ihn preisen. Mein schwaches Seufzen, mein sterbendes Stammeln
Sollte wie Harmonien der hohen Lieder Eloas,
Geht er am Throne vorbei, in dem Ohre Gottes ertönen.
Dann, dann, schlössest, Selia du, schlöss' Einer von diesen

Sanft mit unsichtbarer Hand die gebrochenen Augen des Todten,
Führte die fliehende Seele dann zu dem ewigen Throne.
Selia sprach: Wie rührest du mich! Wie reizet dein Wunsch mich,
Auch ein Bruder der Menschen zu seyn! Die Männer am Hügel,
Die sind also die Zwölfe, die heiligen Freunde des Mittlers,
Welche zu seyn selbst Seraphim, auch mit der Sterblichkeit, wünschen?
Seyd mir gesegnet! Ihr seyd es auch würdig, Unsterbliche! Jesus
Liebt euch wie Brüder. Ihr werdet auf goldenen Stühlen am Throne
Sitzen und einst die Erde mit eurem Könige richten.
Seraphim, nennet sie mir! Ich will die Namen auch hören,
Die schon lang' in dem Buche des Lebens leuchtender glänzen.
Nennet mir Jenen zuerst, der dort mit feurigem Auge
Um sich blickt und mit Ungeduld in den Nächten des Waldes
Suchet! Jesus vielleicht? Muth seh' ich, entschloss'nere Kühnheit
Seh' ich in seinem Gesicht. Aufrichtig sagt es mir Alles,
Was, vom fühlenden Herzen entflammt, die Seele gedenket!
Dieser ist Simon Petrus, erwiederte Seraph Orion,
Einer der Größten. Mich wählte, daß ich ihn beschütze, der Mittler.
Wie du sagtest, so ist auch mein Freund. Du solltest ihn immer
Nebst mir in jedem kleinen Betragen, in Jesus Gesellschaft,
Wenn er freudig ihn hört, auch wenn er am fernen Gestade,
Nicht vor dem Auge des Göttlichen mehr, doch von meinem begleitet,
Schlummert, verloren in Träume von Gott, da immer ihn sehen;
Seraph, du würdest sein fühlendes Herz noch göttlicher nennen.
Einst, als Jesus die Jünger befragte, für wen sie ihn hielten,
Sprach er: Du bist Christus, der Sohn des lebenden Gottes!
Dieses sagt' er und weinte vor Freude. Wir weineten, Seraph,
Mit dem Glücklichen, als er es kaum vor Wonn' und vor Wehmuth
Aussprach. Aber, hätt' ich nur nicht, ach, selbst aus des Mittlers
Munde von Petrus gehört: Du wirst mich dreimal verleugnen!
Traurige Worte, was sagtet ihr mir? Ach, Simon, mein Bruder,
Hörtest du sie? Und, wenn du sie hörtest, wie ward dir's im Herzen?
Simon, du sagtest zwar kühn, du wolltest nie ihn verleugnen,
Deinen Erlöser und Gott; doch Jesus sagt' es noch einmal.
Wenn du es wüßtest, wie mir mein Herz in Trauern zerfließet,
Denk' ich daran; du stürbst viel lieber, als daß du den besten,
Deinen getreusten unsterblichen Freund unedel verkenntest.
Aber du weißt ja, wie Jesus dich liebt, du sahst ja sein Auge,
Das voll göttlicher Huld bei diesen Worten dich ansah.
Simon Petrus, du wirst ihn doch nicht unedel verkennen?
Selia hört' ihn. Den Seraph durchdrangen zärtliche Kummer.
Nein, so sagt' er zu ihm, nein, theurer Orion, er wird nicht
Seinen getreusten unsterblichen Freund unedel verleugnen.
Schau' ihn nur an, welch' redliches Herz dieß Angesicht ausdrückt!
Aber wer ist Jener, der dort auf männlicher Stirne

Feuer zur Tugend und zürnenden Haß der Laster verbreitet,
Unerbittlich dem sklavischen Sünder, der Gott verkennet?
Ist er nicht Simons Vertrauter? O, wie er um ihn sich beschäftigt!
Wär' er sein Bruder, so könnt' er ihm nicht vertrauter begegnen.
Sipha, sein Engel, redete jetzt: Du irrest nicht, Seraph,
Dieser ist Simons Bruder, Andreas. Sie wuchsen zugleich auf,
Und Orion und ich erzogen der Jünglinge Seelen
Neben einander mit Sorgsamkeit auf. Oft hab' ich ihn damals,
Wenn mit Zärtlichkeit Beide die brünstige Mutter umarmte,
Unvermerkt zu jener vollkommneren Liebe gebildet,
Die er dereinst dem großen Messias heiligen sollte.
Als ihm Jesus am Jordane rief, da war er noch Einer
Von den Jüngern Johannes. Noch klang ihm die Rede Johannes
Von dem kommenden Mittler am immerhörenden Ohre,
Als ihn mit seinem durchdringenden Blick, voll segnender Liebe,
Jesus berief. Ich hab' ihn gesehen. Göttliches Feuer
Drang' gewaltig in ihn; er flog dem Messias entgegen.
Jetzo sprach Philippus Beschützer, Libaniel, also:
Den du dort um Beide gesellig und friedsam erblickest,
Dieser ist Philippus. Die menschenfreundliche Heitre
Bildet die Züge des stillen Gesichts, und treues Bestreben,
Alle, die Gott zum Bilde sich schuf wie Brüder zu lieben,
Ist der geliebtere Trieb in seinem göttlichen Herzen.
Auch hat Gott in ihn der süßen Beredsamkeit Gaben
Viele gelegt. Wie vom Hermon der Thau, wenn der Morgen erwacht ist,
Träufelt, und wie wohlriechende Lüfte vom Oelbaum fließen,
Also fließt von Philippus Munde die liebliche Rede.
Selia sprach weiter: Der dort mit langsamen Schritte
Unter den Cedern wandelt, wer ist der? Auf seinem Gesichte
Glüht die edle Begierde nach Ruhm. Da geht er wie Einer
Von den Unsterblichen, welche der Nachwelt ihre Geschäfte
Heiligen und von Enkel zu Enkel unsterblicher werden.
Oft erhebet sich über die Erd' ihr Ruhm; unbegränzter
Geht er von einem Gestirn zu dem andern. Und wenn ihr Geschäft war,
Würdige Lieder von Gott und seinen Wegen zu singen,
Engel, so wißt ihr, wie sie in unseren Chören erschallen.
Seraph Adona sprach: Der Zebedäide Jakobus
Ist der, welchen du siehst. Die Ehrbegierde des Weisen
Ist nur auf göttliche Dinge gerichtet. Vor jener Versammlung
Aller Menschen, im großen Gericht der erwachenden Todten,
Durch die Entscheidung des ewigen Ersten und seines Gesalbten
Würdig noch der Ehre zu seyn, das ist sein Bestreben.
Weniger Ehre wär' Schmach für diese himmlische Seele.
Sieht er den Göttlichen kommen, so geht er, von Seligkeit trunken,
Ihm entgegen, als ging' er ihm schon am ewigen Throne

Jauchzend entgegen. Ich hab' ihn gesehn, da zu Tabors Gebirge
Niederstiegen die Boten des Herrn, Elias und Moses.
Siehe, der Berg umzog sich mit hellen, schattenden Wolken.
Jesus wurde verklärt. Sein Antlitz war wie die Sonne,
Wenn sie allgegenwärtig und hoch im Mittag glänzet,
Und das Gewand war silbern, wie Licht. Da eilte Jakobus,
Wie in das Allerheiligste Gottes der oberste Priester
Aron zu Gott und dem Gnadenstuhl und der Lade des Bundes;
Also eilte Jakobus, erfüllt von der Ehre des Anschauns,
Deß er gewürdiget ward, der hohen Erscheinung entgegen.
Unter den heiligen Zwölfen ist dieser der Märtyrer Erstling.
Also sagen der Vorsicht Tafeln. Ihm ist es bestimmet,
Bald zu gehn im Triumph auf der Zukunft weiteren Schauplatz
Und des ewigen Geistes Begierd' unendlich zu stillen.
Simon, der Kananit, den du dort sitzend erblickest,
Sagte sein Engel, Megiddon, war ein Schäfer in Saron.
Jesus rief ihn vom Felde. Sein stilles Leben voll Unschuld
Und die Demuth, mit welcher er ihm in Einfalt diente,
Wandte das Herz des Erlösers ihm zu. Denn, da er ermüdet
Einst zu ihm kam, da schlachtet' er Jesus mit sorgsamer Eile
Gleich ein jugendlich Lamm und stand und dient' ihm in Unschuld,
Segnete sich und die niedrige Hütte, wo Gottes Prophet war.
Jesus aß so froh, wie er einst in dem Haine zu Mamre
Mit zween Engeln und Abraham aß. Komm', folge mir, Simon,
Sagt' er zu ihm, und laß den Gespielen die Heerde der Lämmer!
Denn ich bin es, von dem du das Lied der himmlischen Schaaren
Neben der Quelle Bethlehems einst, noch Knabe, vernahmest.
Dort geht mein Geliebter hervor, sprach Seraph Adoram —
Schau'! — Jakobus, der Alphäide. Dieß ernste Gesichte
Ist verschweigende Tugend, die weniger saget, als ausübt.
Kennt ihn der Ewige nur, wenn ihn auch von Enkel zu Enkel
Menschen nicht kennten, er unbekannt den Unsterblichen bliebe;
Sieh', er würde, vom Ruhm unbelohnt, doch edel und gut seyn.
Umbiel sprach ferner: Der dort voll Gedanken und einsam
Tief in dem Walde sich zeigt, ist Thomas, ein feuriger Jüngling.
Stets entwickelt sein Geist aus Gedanken Gedanken. Ihr Ende
Findet er oft nicht, wenn sie vor ihm sich wie Meere verbreiten.
Bald hätt' er sich in dem finstren Gebäu des träumenden Saddok
Kläglich verloren. Allein des Messias gewaltige Wunder
Retteten ihn, er verließ die labyrinthischen Irren,
Kam zu Jesus. Doch würd' ich mich seinetwegen noch öfter
Zärtlich bekümmern, hätt' ihm zu dieser denkenden Seele
Nicht die Natur ein redliches Herz und Tugend gegeben.
Jener ist Matthäus, so sprach Bildai, ein Jünger,
Der in dem vollen Schooß wollüstiger Aeltern erzogen
Und durch sie zu dem niedren Geschäft der Reichen verwöhnt ward,

Die, des unsterblichen Geistes uneingedenk, unersättigt
Wie für die Ewigkeit sammeln. Allein die mächtigern Triebe
Seines Geistes erhuben sich bald, da er Jesus erblickte.
Kaum winkt' ihm der Messias, er folgt' und ließ die Geschäfte,
Die ihn bisher zu der Erde gedrückt, den Thieren zurücke.
So entreißt sich ein Held der Könige weichlichen Töchtern,
Ruft ihn der Tod für das Vaterland. Ins Gefilde, wo Gott steht
Und dem Verderben, gerüstet mit Rache, die Schuldigen zuzählt,
Rufet ihn mehr, als ewiger Ruhm, die Stimme der Unschuld.
Dankbar wird ihn der Mund befreiter Glücklicher ehren;
Denn sein Krieg war gerecht. Und bleibet er mitten im Würgen,
Da noch Mensch, so wollen wir ihn vor dem Ewigen singen.
Seraph Siona fuhr fort. Der dort mit silbernem Haupthaar,
Jener freundliche Greis, ist Bartholomäus, mein Jünger.
Schau' sein frommes, heiteres Antlitz. Die heilige Tugend
Wohnt da gern. Den Sterblichen wird die Strenge der Ernsten,
Wenn er vor ihnen sie hut, weit liebenswürdiger werden.
Du wirst Viel' zu dem Herrn versammeln. Sie werden dein Ende
Sehen und sich wundern, wenn du in dem Schweiße des Todes
Deinen Mördern und Brüdern wie junge Seraphim lächelst.
Trocknet mit mir, wenn er stirbt, das Blut von seinem Antlitz,
Himmlische Freunde, damit sein abschiednehmendes Lächeln
Alle Versammlungen sehn und sich zu dem Sohne bekehren!
Jener blasse, verstummende Jüngling, so sagte jetzt Elim,
Ist mein auserwählter Lebbäus. So zärtlich und fühlend,
Als die Seele des stillen Lebbäus, sind wenig erschaffen.
Da ich aus jenem Gefilde sie rief, wo die Seelen der Menschen
Schweben vor des Leibes Geburt, sich selber nicht kennend,
Fand ich sie im Trüben an einer rinnenden Quelle,
Welche wie fernherweinende Stimmen klagend ins Thal floß.
Hier hat einst, wie die Engel erzählen, der traurige Seraph
Abbadona, geweint, als er aus Eden zurückkam
Und der heiligen Unschuld der Mütter Erste beraubt sah.
Ach, ihr wißt es, daß Seraphim oft hier Seelen beklagen,
Denen sie Gott zu Vertrauten erkor, die aber auf Erden
Erst die heilige Jugend mit frommer Unschuld bekrönen,
Dann des göttlichen Lebens Beginn entheiligen werden.
Ach, sie wird, vom Laster entstellt, ein schreckliches Ende
Nehmen. Sie sind es, um die vor ihrer dunklen Geburtszeit
Brüderlich, mit Seufzern der himmlischen Freundschaft, mit Thränen,
Menschen unweinbar, die Seraphim klagen. Hier fand ich die Seele
Meines geliebten Lebbäus gehüllt in ruhige Wolken.
Also vernahm sie den traurigen Ton mit leiser Empfindung,
Welche, so lang' die stärkern der irdischen Sinnlichkeit walten,
Schlummert, aber erwacht und des ersten Lebens erinnert,
Wenn die Seele, mit Licht begleitet, dem Leib entflohn ist.

Dennoch blieb das leise Gefühl der traurigen Stimmen
Mächtig genug, die erste Gestalt der Seele zu bilden.
Sie hab' ich sanft in dem Schooß leichtfliegender Morgenwolken
Bis zu der sterblichen Hütte gebracht. Die Mutter gebar ihn
Unter Palmen. Da kam ich vom Wipfel der rauschenden Palmen
Ungesehn und kühlte den Knaben mit lieblichen Lüften.
Aber er weinte schon dazumal mehr, als Sterbliche weinen,
Wenn sie mit dunkler Empfindung den Tod von ferne schon fühlen.
Also bracht' er, bei jeder Thräne, die Freunde vergossen,
Innig gerührt, bei jedem Schmerz der Menschen empfindlich,
Seine Jugend voll Traurigkeit hin. So ist er bei Jesus
Immer gewesen. Wie sehr bin ich deinetwegen bekümmert!
Wenn der Erlöser stirbt, dann wirst du, heiliger Jüngling,
Unter des Elends Last vergehn. Ach, stärk' ihn, Erlöser,
Stärk' ihn alsdann, Erbarmer der Menschen, damit er nicht sterbe!
Siehe, da kommt er selbst, tiefsinnig, mit wankendem Schritte,
Gegen uns her. Hier kannst du ihn, Seraph, näher betrachten
Und von Antlitz zu Antlitz der Seelen zärtlichste sehen.
Als der Seraph noch sprach, da trat der stille Lebbäus
Unter sie hin. Mit Schnelligkeit wich die hohe Versammlung
Vor dem Sterblichen. Also zertheilen sich Frühlingslüfte
Vor der Nachtigall klagendem Ton, wenn sie mütterlich jammert.
Jetzo umgaben sie ihn und standen wie Menschen voll Liebe
Um ihn herum. Von Keinem wo, wie er glaubte, vernommen,
Klagte der stille Lebbäus und schlug in der herzlichen Klage
Ueber dem Haupt die Hände zusammen: So find' ich ihn nirgends?
Schon ist ein trauriger Tag, schon sind zwo Nächte vergangen,
Und wir sehen ihn nicht. Ja, seine verruchten Verfolger
Haben ihn endlich gewiß ergriffen. Ich armer Verlass'ner
Kann noch leben, und Jesus ist todt? Dich haben die Priester
Kläglich erwürgt, du göttlicher Mann, und ich sah dich nicht sterben;
Ach, und ich habe dir nicht dein göttliches Auge geschlossen!
Sagt, Verruchte, wo würgtet ihr ihn? In welche Gefilde,
Welche bange, verödete Wüste, zu welchen Gebeinen
Unter den Todten brachtet ihr ihn und nahmt ihm das Leben?
Ach, wo liegest du, göttlicher Freund? Ja, unter den Todten,
Bleich und entstellt, der innigen Huld und des himmlischen Lächelns,
Aller deiner erbarmenden Blicke von Mördern beraubet,
Liegest du und dich haben die Deinen nicht sterben gesehen.
Ach, daß nur dieß bange Herz mir länger nicht schlüge!
Daß mein Geist, geschaffen zur Angst, wie dieß dunkle Gewölke
Tief in die Nacht des Todes entflöh'; ich läg' und schliefe!
Also kagt' er und sank ohnmächtig in Schlummer danieder.
Elim bedeckt' ihn mit Sprößlingszweigen des schattenden Oelbaums,
Wehete dann mit wärmenden Lüften sein starrend Gesicht an,
Ungesehen, und goß ihm Leben und ruhigen Schlummer

Ueber sein Haupt. Er schlief und sah im heiligen Traume
Durch den Engel den Mittler vor sich lebendig herumgehn.
Selia hing mit thränendem Blick und menschlichem Mitleid
Ueber ihm, als bei den Gräbern noch Einer der Jünger heraufstieg.
Nennet mir auch Jenen, so sagt' er, der dort an dem Berge
Uns sich nahet! Ihm fällt sein schwarzes, lockiges Haupthaar
Ueber die breiten Schultern herab. Sein ernstes Gesicht ist
Voll von männlicher Schöne. Dieß Haupt, das über die Häupter
Aller Jünger ragt, vollendet sein männliches Ansehn.
Aber darf ich es sagen und irr' ich nicht, himmlische Freunde,
Wenn ich in diesem Zug des Gesichts Unruh entdecke
Und in jenem nicht Edles genug? Doch er ist ja ein Jünger,
Und er wird ja dereinst Gericht mit dem Göttlichen halten.
Aber ihr schweigt, Unsterbliche? Keiner von meinen Geliebten
Sagt mir ein Wort? Ach, warum schweigt ihr, himmlische Freunde?
Hab' ich euch traurig gemacht, daß ich diesen Jünger verkannte?
Redet mit mir, ich habe geirrt! Und du, heiliger Jünger,
Zürne du nicht! Ich will, wenn du einst als Märtyrer Gott ehrst
Und im Triumph die Unsterblichen siehst, dann will ich den Fehl dir
Durch die zärtlichste Freundschaft vor diesen Seraphim gutthun.
Ach, so muß ich denn reden, sprach Ithuriel seufzend,
Ging mit banggerungenen Händen dem Seraph entgegen,
Ach, so muß ich denn reden, mein Freund! Ein ewiges Schweigen
Wäre für meinen Kummer und deine Beruhigung besser.
Aber du willst es; ich red', o Seraph! Ischariot heißt er,
Welchen du siehst. Ja, Seraph, ich wollte nicht über ihn weinen,
Ungerühret und thränenlos und ohne Betrübniß
Wollt' ich ihn sehn und in heiligem Zorn den Schuldigen meiden,
Hätt' ihm Gott nicht ein Herz, das auch dem Guten erweicht ward,
Und in der unentheiligten Jugend Unschuld gegeben;
Hätt' ihn nicht der Messias der Jüngerschaft würdig geachtet,
Die er auch frommes Herzens begann und mit heiligem Wandel.
Aber, ach, nun! .. Doch ich schweige, mein Leid nicht unendlich zu häufen.
Ja, nun weiß ich, warum, da wir von den Seelen der Jünger
Uns vor des Leibes Geburt, vor dem Antlitz Gottes besprachen,
Warum damals (so winkte der Richter ihm) Seraph Eloa
Traurig herunterstieg und einen der goldenen Stühle,
Die den Zwölfen der Ewige gab, mit Wolken bedeckte.
Auch ist Gabriel traurig und mit verhülltem Gesichte
Mir vorübergegangen, als ihn in der schrecklichen Stunde
Seine verlassene Mutter gebar. Wärst du nicht geboren!
Hätte von deiner ewigen Seele kein Seraph gesprochen,
Du Verlorner! Dieß wär' dir besser, als daß du den Mittler
Und der Jünger erhabnen Beruf unedel entheiligst.
Seraph Ithuriel sprach's und blieb mit sinkendem Blicke

Bang vor Selia stehen. Mein ganzes Herz erbebt mir,
Und ein trübes Dunkel wie Dämmrung umwölket mein Auge,
Sagte Selia seufzend. Ischariot, Einer der Zwölfe
Und dein Jünger, Ithuriel? Was der Unsterblichen Keiner
Jemals geglaubt, was jetzo vor Wehmuth ihr Mund kaum ausspricht;
Der entheiligt der Jünger Beruf und den göttlichen Mittler?
Doch was ist denn des Armen Verbrechen? Was that der Verlorne,
Das ihn vor Jesus und dir und allen Geistern entehrte?
Sag' es frei! Zwar bebt mir das Herz; doch, Ithuriel, sag' es!
Seraph, heimlicher Haß hat den unglückseligen Jünger
Wider den göttlichen Mittler empört. Er hasset Johannes,
Weil den Jesus vor Allen mit inniger Zärtlichkeit liebet;
Und (zwar dieß verbärg' er sich gern) er haßt den Erlöser.
Auch sind in einer erschrecklichen Stunde Begierden nach Reichthum
Tief in seiner Seele (die war sonst edel) gewurzelt;
Denn sie kannt' ich im Jünglinge nicht. Von ihnen geblendet,
Glaubt er, nun werde Johannes dereinst vor den anderen Jüngern,
Aber besonders vor ihm, in dem neuen Reiche des Mittlers
Ringsum herrliche Schätze, des Reichthums Erstlinge, sammeln.
Dieß hab' ich oft, wenn er, wie er glaubte, von Keinem bemerket,
Einsam irrte, von ihm aus klagendem Munde vernommen.
Einst, als er auch (dieß schreckliche Bild wird mir lange vor Augen
Schweben und lange mein Herz mit stiller Wehmuth erfüllen),
Einst, als er auch im Thal Benhinnon voll Unruh' es sagte
Und in Wünsche der Bosheit bei seiner Beschuldigung ausbrach;
Als ich dabei, voll Kummer und trostlos in mich gekehret,
Stand und mein Antlitz erhub; da sah ich, wie Satan vorbeiging
Und mit bitterem Spott und triumphirendem Lächeln
Von Ischariot kam und stolzmitleidig mich ansah.
Jetzt ist sein Herz so elend, so bloß dem Sturme des Lasters,
Daß ich wegen jedes Gefühls und jedes Gedankens
Innig sorge, sie führen ihn einst zum schnellen Verderben.
Gott, daß deine gefürchtete Hand jetzt Satan im Abgrund
Mit diamantenen Ketten der tiefsten Finsterniß hielte!
Daß die unsterbliche Seele, die du, erhabner Messias,
Auch zu deiner Ewigkeit schufst, von ihrer Verirrung
Wiederzukehren, die theuren ihr übrigen Stunden ergriffe!
Daß sie, würdig der hohen Geburt und der schaffenden Stimme,
Da zur Unsterblichkeit Gott sie rief, und der Jüngerschaft weihte,
Ihrem ergrimmten Verderber unüberwindlich und furchtbar,
Gleich dem muthigsten Seraph, mit Heiligkeit widerstünde!
Theurer Seraph, was sagt denn der Mittler, sprach Selia ferner,
Ach, was sagt denn der göttliche Mittler von dem Verlornen?
Können des Göttlichen Blicke noch sehn den nahen Verbrecher?
Liebt er ihn noch? Und, wenn er ihn liebt, wie entdeckt er sein Mitleid?

Selia, du zwingst mich, ich muß dir Alles entdecken,
Was ich so gern vor mir selbst, vor dir und den Engeln verbärge.
Jesus liebt den Unwürdigen noch. Voll sorgsamer Liebe,
Zwar mit Worten nicht, aber mit Blicken der göttlichsten Freundschaft
Sagt' er ihm jüngst bei einem zufriednen, vertraulichen Mahle
Vor der Jünger Versammlung: er sey's, er werd' ihn verrathen.
Selia, siehe, da kommt er herauf. Ich will den Verruchten
Ferner nicht sehn. Komm' mit mir! — Ithuriel sagt' es und eilte.
Selia folgte betrübt. Johannes zweiter Beschützer,
Salem, ein himmlischer Jüngling, begleitete Beide von ferne.
Jesus gab dem geliebten Johannes zween heilige Wächter.
Raphael, Einer vom Thron, der hohen Seraphim Einer
Und aus Gabriels Ordnung, der ward sein erster Beschützer.
Selia und Ithuriel gingen beide zu Jesus
In die Gräber. Da trat mit heiterem Angesicht Salem
Unter sie hin und blickte sie an und umarmte sie zärtlich.
Frohe, besänftigte Züge verklärten das Angesicht Salems,
Und ein jugendlich Lächeln umfloß des Unsterblichen Stirne,
Da, wie die Pforten des lieblichen Morgens im Frühling sich öffnen,
Sich sein heiliger Mund voll süßer Beredsamkeit aufthat,
Und ihm von der Lippe der Hauch sanfttönend herabfloß.
Seraph, beruhige dich! Der dort in den Gräbern bei Jesus,
Jener ist Johannes, der liebenswürdigste Jünger.
Schau' ihn an! Bald wirst du nicht mehr an Ischariot denken.
Heilig wie ein Seraph, o, wie der Unsterblichen Einer,
Lebt er bei Jesus, der ihm sein Herz vor Allen eröffnet
Und mit göttlicher Huld sich ihn zum Vertrautesten wählte.
Wie die Freundschaft des hohen Eloa und Gabriels Freundschaft
Oder wie Abdiels Liebe war zu Abbadona,
Als er mit ihm noch lebte in anerschaffener Unschuld:
Also ist Johannes und Jesus göttliche Freundschaft.
Und er ist es auch würdig. Noch ward in heiligen Stunden
Keine so himmlische Seele vom großen Schöpfer gebildet,
Als die unschuldige Seele Johannes. Ich hab' es gesehen,
Da die Unsterbliche kam. Sie priesen glänzende Reihen
Himmlischer Jünglinge selig und sangen vor der Gespielin:
Sey uns zu deiner Schöpfung gegrüßt, unsterbliche Freundin;
Heilige Tochter des göttlichen Hauchs, komm', sey uns gesegnet!
Du bist schön und zärtlich wie Salem, wie Raphael, himmlisch
Und erhaben. Dir werden aus deiner heiteren Fülle
Wie aus der Morgenröthe der Thau, die Gedanken geboren,
Und dein menschliches Herz, dein Herz voll Innigkeit fließet
Ueber von süßem Gefühl, so wie der Unsterblichen Auge
Voller Entzückungen weint, wenn es frömmere Thaten erblicket.
Tochter des göttlichen Hauchs, vertraulichste Schwester der Seele,

Die einst Adam in ihrer unschuldigen Jugend beseelte,
Komm'! Wir führen dich jetzt zu deinem Genossen, dem Leibe,
Den die Natur schön bildet, damit sein Lächeln, o Seele,
Schatten deiner Himmelsgestalt im Antlitze zeige.
Ja, er wird schön und deinem Leibe, du Göttlicher, gleich seyn,
Den nun bald der ewige Geist zu dem Schönsten der Menschen
Bilden wird, dem Schönsten vor allen Kindern von Adam.
Ach, dieß zarte Gebäu muß einst in den Staub hinsinken
Und verwesen. Aber dich wird bei den Todten dein Salem
Suchen und auferwecken und, wenn du erwacht bist, verklären.
Herrlich, nach himmlischer Bildung, mit neuer Schönheit umkränzet,
Wird er dich dann in kommenden Wolken, du Richter der Menschen,
Deinem Messias entgegen zu seinen Umarmungen führen.
Also sang von meinem Johannes die himmlische Jugend.
Salem sagt' es und schwieg. Er und die Seraphim blieben
Um Johannes herum voll süßer Zärtlichkeit stehen.
Also stehen drei Brüder um eine geliebtere Schwester
Zärtlich herum, wenn sie auf weichverbreiteten Blumen
Sorglos schläft und in blühender Jugend Unsterblichen gleichet.
Ach, sie weiß es noch nicht, daß ihrem redlichen Vater
Seiner Tugenden Ende sich naht. Ihr dieses zu sagen,
Kamen die Brüder; allein sie sehen sie schlummern und schweigen.
Unterdeß schliefen, müde von Kummer, die übrigen Jünger
In den Schatten des Oelbergs ein. Der unter dem Oelbaum,
Wo er seinen bedeckenden Arm am tiefsten herabließ;
Jener im Thale, das sich bei kleinen Hügeln versenkte;
Dieser am Fuß der himmlischen Ceder, die hoch und erhaben
Stand und mit leisem Geräusch von dem stillen, waldigen Wipfel
Schlummer und Thau auf die Ruhenden träufte. Viel' schliefen in Gräbern,
Welche die Kinder der mordenden Stadt den Propheten erbauten.
Judas Ischariot war nicht weit von dem stillen Lebbäus,
Der sein Verwandter und Freund war, voll Unruh' eingeschlafen.
Aber Satan, der seitwärts in einer verborgenen Höhle
Alles, was die Engel von ihren Jüngern erzählten,
Hatte gehört, brach zürnend hervor und ließ, voll Gedanken
Zu dem Verderben entflammt, sich über Ischariot nieder.
Also nahet die Pest in mitternächtlicher Stunde
Schlummernden Städten. Es liegt auf ihren verbreiteten Flügeln
An den Mauern der Tod und haucht verderbende Dünste.
Jetzo liegen die Städte noch ruhig; bei nächtlicher Lampe
Wacht noch der Weise; noch unterreden sich edlere Freunde
Bei unentheiligtem Wein in dem Schatten duftender Lauben
Von der Seele, der Freundschaft und ihrer unsterblichen Dauer.
Aber bald wird der furchtbare Tod sich am Tage des Jammers
Ueber sie breiten, am Tage der Qual und des sterbenden Winselns,

Wenn mit gerungenen Händen die Braut um den Bräutigam wehklagt;
Wenn, nun aller Kinder beraubt, die verzweifelnde Mutter
Wüthend dem Tag, an dem sie gebar und geboren ward, fluchet;
Wenn mit tiefem, verfallnerem Auge die Todtengräber
Durch die Leichname wandeln, bis hoch aus der Donnerwolke
Mit tiefsinniger Stirn der Todesengel herabsteigt,
Weit umherschaut, Alles still und einsam und öde
Sieht und auf den Gräbern in ernsten Betrachtungen stehn bleibt.
So kam über Ischariot Satan zum nahen Verderben,
Goß dann einen verführenden Traum in sein offnes Gehirne.
Schnell empört er das klopfende Herz zu Begierden der Bosheit;
Senkte zuerst empfundne Gedanken, voll Feuer, stürmend,
Ihm in die Seele. So wie sich der Donner in schweflige Berge
Himmelab stürzt, sie entzündet, dann neue Donner versammelt,
Dann durch die Tiefen, nunmehr ein ganzes Wetter, sich fortwälzt.
Denn der Seraphim hohes Geheimniß, den Seelen der Menschen
Edle Gedanken, der Ewigkeit würdige, große Gedanken
Einzugeben, war Satan, zu seiner größren Verdammniß,
Noch bekannt. Zwar kam aus treuer, sorgsamer Ahnung
Seraph Ithuriel wieder zurück, bei dem Jünger zu bleiben.
Aber, da er entdeckte, wie über Ischariot Satan
Sich verbreitete, bebt' er und stand und sahe zu Gott auf
Und entschloß sich, vom Schlaf Ischariot aufzuwecken.
Dreimal schwebt' er auf Flügeln des Sturms durch brausende Cedern
Ueber sein Angesicht hin, ging dreimal mit mächtigem Schritte
Bei dem Jünger vorbei, daß des Bergs Haupt unter ihm bebte.
Aber Ischariot blieb, mit kalter, erblassender Wange,
Wie in tödtlichem Schlummer. Der Seraph verhüllte sein Antlitz.
Gleich erschien dem Jünger im Traum sein Vater und sah ihn
Starr und trostlos an und sprach mit bebender Stimme:
Und du schläfst, Ischariot, hier unbekümmert und ruhig
Und entfernst dich so lang' von Jesus, als wenn du nicht wüßtest,
Daß er dich haßt und die übrigen Jünger alle dir vorzieht?
Warum bist du nicht immer um ihn mit ihnen zugegen?
Warum suchest du nicht von neuem sein Herz zu gewinnen?
Ach, wem ließ, Ischariot, dich dein sterbender Vater?
Gott, mit welcher Vergehung hab' ich's, mit welchem Verbrechen
Hat's mein Geschlecht verdient, daß ich aus dem Thale des Todes
Kommen und um Ischariot hier und sein trauriges Schicksal
Weinen muß? Und, meinst du, du werdest im Reich des Messias,
Das er errichtet, glücklicher seyn, so betrügst du dich, Aermster!
Kennest du nicht Petrus, o, kennst du die Zebedäiden,
Diese geliebteren Jünger, nicht mehr? Die sind es, die werden
Größer, als du, und herrlicher seyn. Die werden bei Jesus
Schätze wie Ströme zu sich von des Landes Milde versammeln.

Auch die Uebrigen werden ein viel glückseliger Erbe,
Als mein verlassener Sohn, von ihrem Messias empfangen.
Komm'! Ich will dir ihr Reich in seiner Herrlichkeit zeigen.
Steige mir nach! Auf, wanke nicht! Komm', ermanne dich, Judas!
Siehest du dort vor uns das unendliche, breite Gebirge,
Welches ins fruchtbare Thal verlängte Schatten hinabstreckt?
Hier wird unaufhörlich, wie aus dem schimmernden Ophir,
Gold gegraben; hier trieft das Thal, durch selige Jahre,
Reich und unerschöpflich, vom Ueberflusse des Segens.
Dieß ist seines erwählten Johannes gesegnetes Erbe.
Jene Hügel, belastet von dichten, schattenden Reben,
Diese von wallendem Korn weit überfließenden Auen
Sind dem geliebteren Petrus von seinem Messias gegeben.
Siehst du die ganze Fülle des Landes, wie hier sich die Städte,
Gleich der Königestochter Jerusalem, unter der Sonne
Glänzend und hoch, voll unzählbarer Menschen, im Thale verbreiten?
Wie sich neue Jordane dort, die Städte zu wässern,
Unter jener Umwölbung der hohen Mauern dahinziehn?
Gärten, gleich dem befruchteten Eden, beschatten den Goldsand
Ihrer Gestade. Dieß sind die Königreiche der Jünger.
Aber erblickst du, Ischariot, auch in jener Entfernung
Dort das kleine gebirgige Land? Da liegt es verödet,
Wild, unbewohnt und steinig, mit dürrem Gehölz durchwachsen.
Ueber ihm ruhet die Nacht in der kalten, weinenden Wolke,
Unter ihr Eis und nordischer Schnee in unfruchtbaren Tiefen,
Wo, verdammt zu der Klage, zur Oed' und deiner Gesellschaft,
Nächtliche Vögel die donnergesplitterten Wälder durchirren.
Ach, dein Erbe! Wie werden vor dir, verachteter Jünger,
Bald die übrigen Eilfe mit triumphirender Stirne
Stolz vorübergehn und kaum in dem Staube dich merken!
Judas, du weinest vor Gram und edelmüthigem Zorne?
Sohn, du weinest umsonst, umsonst fließt jede der Thränen,
Die in deiner Verzweiflung dir fließt, wenn du selbst dir nicht beistehst.
Höre mich an! Ich schließe dir ganz mein väterlich Herz auf.
Sieh', der Messias säumt mit seiner großen Erlösung
Und mit dem herrlichen Reich, das er aufzurichten verheißen.
Nichts ist den Großen verhaßter, als Nazareths König zu dienen.
Täglich sinnen sie Tod ihm aus. Verstelle dich, Judas!
Schein', als wolltest du ihn in die Hand der wartenden Priester
Ueberliefern; nicht, Rache zu üben, weil er dich hasset,
Sondern, ihn nur dadurch zu bewegen, daß er sich endlich
Ihrer langen Verfolgungen müd' und furchtbarer zeige,
Daß er, mit Schande, Bestürzung und Schmach sie zu Boden zu schlagen,
Sein so lang' erwartetes Reich auf einmal errichte.

O, dann wärst du ein Jünger von einem gefürchteten Meister;
Dann, dann würdest du auch dein Erbtheil früher erlangen.
Ist es auch klein, so kannst du es doch, erlangst du es früher,
Endlich mit unermüdendem Fleiß, mit Wachen und Arbeit,
Durch Anbauung und Handel bereichern, daß es der Andren
Großem gesegneten Erbe, wiewohl von ferne nur, gleiche.
Hierzu füllen gewiß für die Ueberlieferung Jesus
Dir die dankbaren Priester mit ihrem Golde die Hände.
Dieß ist der Rath, den dir dein bekümmerter Vater ertheilet.
Schaue mich an! Ist es nicht mein blasses, erstorbenes Antlitz?
Ja, aus des unteren Libanons Hain, selbst da für dich wachend,
Komm' ich hierher und zeige dir deine Rettung im Traume.
Doch du erwachst. Verachte nicht, Sohn, die ermahnende Stimme
Deines Vaters und laß mich nicht trauernd zu meinen Genossen,
Zu den Seelen der Todten, mit Herzeleid nicht hinabgehn!
Satan richtete sich nach seiner Gesichte Vollendung
Ueber ihm auf. So richtet sich hoch ein werdender Berg auf,
Kurz noch ein Thal, wenn Thäler um ihn bei Erschüttrung der Erde
Mit den gesunknen Gewölben hinab in die Tiefe sich stürzen.
Judas erwacht, springt ungestüm auf. Ja, sie war es, die Stimme
Meines todten Vaters, so redt' er, so sah ich ihn sterben!
Also ist es gewiß: Er hasset mich. Selbst bei den Todten
Ist es bekannt. Was du immer mit zitternder Ahnung vermuthet,
Du Verlass'ner, das melden dir jetzt die Seelen der Todten.
Nun wohlan! So will ich denn hingehn, Alles vollenden,
Was mein Gesicht mir gebot. Allein so handl' ich ja untreu
An dem Messias? Und wenn mir zürnende Schwermuth den
Traum gab
Oder Satan? Entfleuch, zu furchtsamer, kleiner Gedanke!
Aber ich fühle bei mir nach Reichthum heiße Begierden,
Heiße Begierden nach Rache. Was bist du, Seele, so zärtlich,
Ach, so empfindlich und bang, dich mit schwachen Gedanken zu
quälen?
Träume zeigen sich dir. Die Träume befehlen dir Rache.
Wenn ein Gesicht sie gebeut, so ist die Rache geheiligt.
Satan hört' ihn so reden, den schon die Gerichte des Richters
Leise trafen, weil er vorher die Unschuld der Seele
Schon entheiliget hatte. Mit vollem, schweigendem Stolze
Schauete Satan auf ihn und mit wildem Antlitz herunter.
Also sieht ein gefürchteter Fels aus der hohen Wolke
In das wogende Meer auf schwimmende Leichname nieder.
Aber nun faßt der Donner ihn bald, bald ist er zertrümmert,
Tief in dem Meer ein Thal und liegt; ihn werden die Inseln
Fallen sehn und rings zujauchzen dem rächenden Donner.
Satan verließ das Gebirg und ging mit gehobenem Schritte
Ueber Jerusalem hin und sucht' in den stillen Palästen

Kaiphas auf, den Feind und den Hohenpriester der Gottheit,
Ueber sein Herz voll Bosheit noch viel boshaft're Gedanken
Auszugießen und ihn mit dunklen Gesichten zu täuschen.
Judas Ischariot blieb noch vertieft in irre Gedanken
Auf dem Gebirge. Der Tag ging jetzt der schlummernden Welt auf.
Jesus erwachte; Johannes mit ihm. Sie gingen zusammen
Auf den Berg und fanden daselbst die Jünger noch schlafend.
Jesus ergriff dem frommen Lebbäus die sinkenden Hände,
Sprach, als er jetzt erwachte, zu ihm: Da bin ich und lebe,
Frommer Lebbäus! Der Jünger sprang auf, umarmt' ihn mit Thränen,
Lief und weckte die übrigen Jünger und brachte sie Jesus.
Als sie ihn rings vertraulich umgaben, sprach er zu ihnen:
Komm', du heilige Schaar! Wir wollen uns unter einander
Diesen übrigen Tag vor dem Abschiedskusse noch freuen.
Komm'! Jetzt stehet uns Saron noch offen, thaut noch der Himmel
Ueber uns aus dem frühen Gewölk in die Segensgefilde.
Siehe, die himmlische Ceder, von meinem Vater erzogen,
Sendet noch kühlende Schatten herab. Noch seh' ich den Menschen
Von so göttlicher Bildung bei meinen Unsterblichen wandeln.
Aber bald ist das Alles nicht mehr. Bald wird sich der Himmel
Dunkel mit schreckenden Wolken umziehn. Bald werden die Tiefen
Ungestüm erzittern und dieß Gefilde voll Segen,
Dieß geliebte Gefilde verwüsten. Bald schaun die Menschen
Mit Mordblicken mich an. Bald werdet ihr Alle mich fliehen!
Weine nicht, Petrus, und du, mein zärtlich bekümmerter Jünger,
Weine du nicht! Wenn der Bräutigam da ist, weinet die Braut nicht.
Ach, ihr werdet mich wieder erblicken, mich sehn, wie die Mutter,
Sie ein einziger Sohn bei den Auferstehenden sehn wird.
Dieses sagt' er und stand mit göttlich heiterem Antlitz
Unter ihnen. Allein in seinem Herzen empfand er
Innerlich Seelenangst und der Söhnung erhabene Leiden.
Also ging er und ward von Allen vertraulich begleitet;
Nur von Ischariot nicht. Der hatt' ihn unter den Schatten
Waldiger Wipfel von ferne gehört. So weiß er ja selbst schon,
Sagt' er in sich, da er Jesus, der eilt', in der Ferne noch nachsah,
Daß ihm ein Tag der Finsterniß droht. So wird er auch wissen,
Wie er seinen Verfolgern begegnen und, unüberwindlich,
Was er anfing, endigen soll. Doch weiß er auch, Judas,
Weiß er, was du beschlossest, auch schon? Du willst ihn verrathen.
Aber wenn das Gesicht mich nun täuschte, der Traum mich betröge?
Täuschet mein Traum mich, und kam er, noch mehr den Gehaßten zu quälen,
O, so sey sie verflucht, die Stund', in welcher ich einschlief,
Und zu mir mein Vater wie Todtengestalt heraufkam!
Kehrt sie zurück, dann müsse man sterbend Geheul auf den Bergen

Hören, sterbend Geheul in tiefen, fallenden Gräbern
Müsse man hören! Verflucht sey der Ort, wo ich lag und einschlief!
Dort, dort müss' ein entsetzlicher Sohn den Vater erwürgen!
Ha, dort fließe das Blut von meinem geliebteren Freunde,
Wenn er mit eigener Hand in seiner Wuth sich erwürgt hat!
Judas, wohin verirrest du dich? Verirrest? Was zürnst du
Ueber dich selbst? Du verirrest dich nicht, wenn du also getäuscht wirst.
Lehret mich ein gesandtes Gesicht den Messias verrathen,
Und ich sündige dran, setzst du auch unter den Tagen,
Schrecklichster Tag, verflucht, da mich der Messias erwählte,
Da er voll Liebe, mit Blicken der Huld, dem Gehorchenden sagte:
Folge mir nach! Du müssest umwölkt und dunkel und Nacht seyn!
Nahest du, müsse die Pest in Finsternissen umhergehn.
Tödten, senkt die Sonne den Strahl, verderbende Seuche!
Dich, Tag, nenne kein Mensch! Und unter den Tagen vergess' dich
Gott, wie ergreift mich die Angst! Wie zittern mir alle Gebeine!
Judas, wo bist du? Erwache, sey stark! Was quälst du dich, Aermster?
Deine Gesichte täuschen dich nicht. Und, wenn sie dich täuschten,
Kannst du es anders, als so, wonach du dürstest, erlangen?
Also rief er, wüthet' er, war seit seinem Gesichte
Zwo erschreckliche Stunden der Ewigkeit näher gekommen.

Vierter Gesang.

Kaiphas, der auch einen Traum vom Satan gehabt hat, versammelt das Synedrium, den Tod Jesu endlich völlig zu beschließen. Er erzählt seinen Traum, den er für eine göttliche Eingebung ausgibt. Philo, ein Pharisäer, widerspricht ihm hierin; verurtheilt aber Jesum mit noch größrer Heftigkeit zum Tode. Gamaliel räth, die Sache Gott zu überlassen. Nikodemus dankt ihm öffentlich dafür. Philo hält eine sehr heftige Rede wider den Messias, wider Gamaliel und Nikodemum, zu welcher ihn Satan zuvor in's Geheim einweiht. Denn dieser war mit Ithuriel unsichtbar gekommen, weil Judas sich nahte, Jesum zu verrathen. Nikodemus antwortet dem Philo, und geht mit Joseph aus der Versammlung. Judas kömmt, und sagt Kaiphas seine Absichten in's Geheim, der sie der Versammlung entdeckt, und den Verräther belohnt. Der Messias naht sich Jerusalem, und schickt Petrum und Johannem in die Stadt, das letzte Abendmahl für sie zu bereiten. Petrus sieht von dem Söller des Hauses die Mutter Jesu, Lazarum, den Auferweckten, Mariam, seine Schwester, den Jüngling von Nain, und Cidli, Jairus Tochter, kommen, die Jesum suchen. Diese sehen Petrum und kommen hinauf. Johannes sagt, daß Jesus bald, von Bethanien her, kommen würde. Maria wartet. Jeder ist still. Die fromme Liebe zwischen dem Jüngling von Nain und Cidli. Maria kann nicht mehr warten. Sie glaubt ihren Sohn auf dem Wege von Bethanien zu finden. Jesus nimmt einen andern Weg, und verweilt sich bei Golgatha. Er steht bei Josephs neuem Grabe, und denkt über seinen Tod und über seine Auferstehung. Der Abend ist gekommen. Er geht auf Jerusalem. Judas kömmt an den Mauern der Stadt zu ihnen. Ithuriel redet den Messias an, daß er des Verräthers Schutzengel nicht mehr seyn könnte. Er wird von Jesu zu dem zweiten

Engel Petri bestimmt. Jesus kömmt in die Stadt, und setzt sich mit allen Jüngern zu Tische, redet von seinem Tode, nimmt von ihnen Abschied, weissagt von seinem Verräther, und stiftet das Gedächtniß seines Todes. Johannes fällt, da er den Kelch sieht, zu Jesu Füßen, und sieht die Versammlung der gegenwärtigen Engel. Judas will es Johanni nachthun; Jesus heißt ihn aufstehen; und weissagt wieder von seinem Verräther. Judas geht fort. Es war nunmehr Nacht. Seine Gedanken, da er zu Kaiphas geht. Nun ist die Versammlung ganz heilig. Jesus redet von seiner Verherrlichung. Petri Kühnheit, und die Verkündigung seiner nahen Untreue. Jesus betet knieend unter seinen Jüngern. Hierauf steht er auf, an den Oelberg, in's Gericht, statt der Menschen, zu gehen. Da er sich Kidron nähert, bleibt er an einem Hugel stehen, und bezeichnet Gabriel einen einsamen Ort in Gethsemane, wo er die Engel versammeln soll.

Kaiphas aber lag nach Satans dunklem Gesichte
Noch voll Angst auf dem Lager, von dem die Ruhe geflohn war,
Schlief bald Augenblicke, dann wacht' er wieder und warf sich
Ungestüm, voll Gedanken, herum. Wie tief in der Feldschlacht
Sterbend ein Gottesleugner sich wälzt; der kommende Sieger
Und das bäumende Roß, der rauschenden Panzer Getöse
Und das Geschrei und der Tödtenden Wuth und der donnernde Himmel
Stürmen auf ihn. Er liegt und sinkt mit gespaltetem Haupte
Dumm und gedankenlos unter die Todten und glaubt zu vergehen;
Dann erhebt er sich wieder und ist noch, denket noch, fluchet,
Daß er noch ist, und spritzt mit bleichen, zuckenden Händen
Himmelan Blut; Gott fluchet er, wollt' ihn gerne noch leugnen.
Also betäubt sprang Kaiphas auf und ließ die Versammlung
Aller Priester und Aelt'sten im Volk schnell zu sich berufen.
Mitten im hohen Palast war ein weiter Saal der Versammlung,
Aus des erhabenen Libanons Hain salomonisch erbauet.
Dort versammelten sich die Priester und Aeltesten Juda's;
Mit den Aeltesten Joseph von Arimathäa, ein Weiser
Unter der ganzen entarteten Nachwelt des göttlichen Abrams,
Von der Zahl der übergebliebenen wenigen Edlen,
Still, wie der friedsame Mond in der hohen, dämmernden Wolke
Ueber uns wallt, so ging in diesen Versammlungen Joseph.
Auch kam Nikodemus, ein Freund des Messias und Josephs.
Kaiphas trat jetzt herrisch hervor und ergrimmt' und sagte:
Endlich, ihr Väter Jerusalems, müssen wir etwas beschließen
Und mit gewaltigem Arm den Widersacher vertilgen;
Oder er führet es aus, was er wider uns lange schon aussann,
Und wir halten vielleicht heut unsere letzte Versammlung.
Ja, dieß Priesterthum Gottes, das Gott auf Sinai selber
Durch den größten Propheten des Enkels Enkel gesetzt hat,
Das in der langen Gefangenschaft selbst Babylons Thürme,
Das in der Waffen Sturm die schrecklichen sieben Hügel
Nicht zu erschüttern vermochten, das wird ein sterblicher Seher,

Israel, uns, dem Tempel des Herrn zur Schande, vertilgen.
Ist nicht Jerusalem sein? Sind nicht die Städte Judäa's
Sklavinnen ihres vergötterten Sehers? Entfliehet das Volk nicht
Abergläubisch und blind dem Tempel weiserer Väter,
Seine verführenden Wunder in weitentlegenen Wüsten
Anzustaunen, die Wunder, die Satan durch ihn gethan hat?
Und was blendet wohl mehr? Was ist dem staunenden Pöbel
Wunderbarer, als wenn er sogar Gestorbene vom Tode
Oder vielmehr ohnmächtige Kranke vom Schlummer erwecket?
Unterdeß sind wir ruhig und warten, wenn uns sein Anhang
In der Empörungen Wuth vor seinen Augen erwürgt hat,
Daß er uns auch von den Todten erwecke. Ja, Väter, ihr seht mich
Stumm und erstaunend an. Könnt ihr noch zweifeln? Ja, zweifelt,
Zweifelt nur und schlummert! Es rief ihn Juda zum König
Niemals aus? Das wißt ihr nicht? Niemals bestreut' es mit Palmen
Ihm den Weg? Nie haben sie ihm Hosianna gesungen?
Daß du statt Hosianna den Fluch des Ewigen hörtest!
Daß im betäubten Ohre dir des Donnerers Stimme
Statt des Triumphtons schallte! Daß tief in dem Thore des Todes
Könige dir von dem eisernen Stuhl aufstünden, die Kronen
Niederlegten, mit bitterem Spott Hosianna dir riefen!
Ja, unwürdige Väter des Volks (verzeihet dieß Wort mir,
Welches ergrimmt in heiligem Zorn mein wüthender Geist sprach!),
Nicht die Klugheit allein, noch viel was Höhres gebeut uns,
Gott gebeut uns, ihn schnell von dem Antlitz der Erde zu tilgen.
Vormals redete Gott durch offenbarende Träume
Unseren Vätern. Entscheidet, ob nicht auch Kaiphas Träume,
Die Gott sendet, gesehn hat! Ich lag (voll Todesgraun war
Mir die Nacht) auf dem Lager und dachte dem endlichen Ausgang
Dieser neuen Empörungen nach. Das dacht' ich und schlief dann
Unentschlossen und kummervoll ein. Da war ich im Traume
In dem Tempel und eilte, mit Gott das Volk zu versöhnen.
Schon floß Blut der Opfer vor mir; ich ging anbetend
Schon in das Allerheiligste Gottes; ich hatte den Vorhang
Schon eröffnet; da sah (noch beben mir alle Gebeine,
Gottes Schrecknis fällt noch auf mich wie tödtend herunter)
Aron sah ich im heiligen Schmuck mit drohender Stirne
Gegen mich kommen. Sein Auge voll Feuer, von göttlichem Grimm voll,
Tödtete. Siehe, der Brust Bild, voll gewaltiger Strahlen,
Blitzte wie Horeb auf mich. Der Cherubim Fittige rauschten
Fürchterlich her von der Bundeslade. Auf einmal entfiel mir
Schwindend mein Hohespriestergewand wie Asch' auf die Erde.
Fleuch! rief Aron mit schreckendem Ton, du des Priesterthums Schande,
Fleuch! Elender, dir sag' ich, daß du die heilige Stätte

Künftig nicht mehr als Priester des Herrn verwegen entheiligst.
Bist du es nicht (hier sah er mich grimmig mit tödtendem Blick an,
Wie man herab auf den Todfeind blickt und lieber ihn würgte),
Bist du es nicht, Unwürdiger, du, der jenen Verruchten,
Jenen entsetzlichen Mann ungestraft das Heiligthum lästern,
Meinen Bruder Moses und mich und Abraham schmähen
Und die Sabbathe Gottes mit feiger Trägheit entweihn sieht?
Geh', Sünder, damit dich nicht schnell, wo du ferner verweilest,
Gottes Gnadenstuhl mit dem heiligen Feuer verzehre!
Also sagt' er. Ich floh und kam mit zerfliegenden Haaren
Und mit Asch' auf dem Haupte, gewandlos, entstellt und verwildert,
Unter das Volk. Da stürmte das Volk und wollte mich tödten.
Da erwacht' ich. Drei Stunden voll Qual, drei ängstliche Stunden
Hab' ich seitdem wie sinnlos im Todesschweiße gelegen.
Und noch beb' ich, noch zittert mein Herz von geheimen Schauer,
Und, der Stimme beraubt, erstarrt mir die Zung' im Munde.
Er muß sterben! Von euch, versammelte Väter, erwart' ich,
Wie er sterben soll, schleunigen Rath. Mit starrendem Blicke
Stand er hier sprachlos. Endlich erwacht' er wieder und sagte:
Besser tödten wir Einen, als daß wir Alle verderben.
Aber auch dieses gebeut die Weisheit: Die Tage des Festes
Muß er nicht sterben, daß ihn sein sklavischer Pöbel nicht schütze.

Kaiphas schwieg. Kein Laut, noch Geräusch von Redenden wurde
Durch die Versammlung gehört. Sie blieben Alle verstummend
Sitzen und, wie von dem Donner gerührt, hinstarrende Lasten.
Joseph sah die herrschende Stille. Da wollt' er für Jesus,
Ihn zu vertheidigen, reden. Allein ein gefürchteter Priester,
Seine Wuth, mit welcher er schnell zu reden hervortrat,
Schreckten ihn. Philo war des Priesters Name. Noch hatt' er
Nie von Jesus geredet, zu stolz, vor der Reife der Sachen
Unentscheidend zu reden. Ihn hielten Alle für weise,
Kaiphas selbst; doch haßt' ihn der pharisäische Philo.
Der stand auf. Sein tiefes und melancholisches Auge
Funkelte. Jetzo sprach er mit zorniggeflügelter Stimme:

Kaiphas, du wagst es, uns hohe, göttliche Träume
Herzuerzählen, aber wüßtest du nicht, daß der Ewige niemals
Wollüstlingen erscheinen, daß heimlichen Sadducäern
Wohl kein Geist was verkündigen wird? Entweder du leugst uns,
Oder du sahst das Gesicht; Gott ließ so tief sich herunter.
Ist das Erste, so zeigst du dich deiner römischen Staatskunst
Und des erhandelten Priesterthums werth. Und wär' auch das Letzte,
Hoherpriester, so wisse, daß Gott, Verbrecher zu strafen,
Sonst auch täuschende Geister zu falschen Propheten gesandt hat.
Daß der Sklav von Jesabels Baal, daß Ahab verderbe,
Daß nicht länger zu Gott das Blut des Getödteten rufe,
Steigt ein Todesengel vom Thron und gibt den Propheten

Falsche Prophezeiung. Und, siehe, die rollenden Wagen
Trugen den sterbenden Ahab zurück. Er starb und sein Blut floß
Hin in das Feld, wo Nabot erwürgt ward, ins Feld, wo Gott stand,
Und der Todesengel vor Gott des Mordenden Blut goß.
Aber dein Traum gebeut ja, den Widersacher zu strafen.
Du hast keinen gehabt; doch mit Weisheit hast du erfunden.
Aber zitterst du nicht, da ich den furchtbaren Namen
Eines Todesengels dir nenne? Vielleicht, daß ein solcher
Schon dein bald zu vergießendes Blut vor des Ewigen Thron wägt.
Nicht, als ob ich für schuldlos hielte den schuldigen Jesus;
Gegen den Nazaräer bist du ein kleiner Verbrecher.
Du entweihest das Heiligthum nur; er will es zerstören.
Ihm ist in der richtenden Wage, die oft Verbrecher,
Oft schon hochgethürmte Bezwinger der Völker zu leicht fand,
Eh' er wurde, sein Blut zum gewissen Tode gewogen.
Er soll sterben! Und ich, ich will es mit meinen Augen
Sehen, wenn er erstarrt. Von dem Hügel, wo er erwürgt wird,
Will ich Erde mit Blut bedeckt ins Heiligthum tragen
Oder noch rauchende Steine von Blut an dem hohen Altare
Niederlegen, Abrahams Volk ein ewiges Denkmal.
Niedrige Furcht, die uns beugt, den wankenden Pöbel zu scheuen!
Kleinmuth, nicht von den Vätern gelernt! Wofern wir dem Donner,
Gottes rächendem Donner zuvorzukommen nicht eilen,
Wird mit ihm uns Gott zerschmettern. Mit brechendem Auge
Werden wir's sehn, wenn er stirbt, und unrein neben ihm sterben.
Fürchtete der aus Tisba den Pöbel, die Priester zu würgen,
Als der schlafende Baal zu keinem Wetter erwachte?
Oder vertraut' er ihm mehr, so vom Himmel Feuer ihm sandte?
Stehen auch keine Wetter uns bei, so will ich allein mich
Unter das Volk hinstellen. Und weh' dem unter dem Volke,
Der sich wider mich auflehnt, sagt, der Leichnam des Träumers
Blute nicht Gott zu Ehren! Ihn soll die ganze Gemeine
Steinigen, sendet mein schauender Blick ihr Winke zum Tode!
Vor den Augen Israels, vor dem Antlitz der Römer
Soll der Empörer sterben! Dann wollen wir stolz im Gerichte
Sitzen und lautfeiernd zu Gottes Heiligthum einziehn.
Philo sprach dieß und ging mit hocherhobenem Arme
Vorwärts in die Versammlung und stand und rufte von neuem:
Seliger Geist, wo du jetzo auch bist, wenn du, himmlisch bekleidet,
Neben Abraham ruhst und um dich Propheten versammelst,
Oder wenn du vielleicht in deiner Kinder Versammlung
Würdigest einzukehren und unter Sterblichen wandelst,
Moses Geist, dir schwör' ich bei jenem ewigen Bunde,
Den du, gelehrt von Gott, aus donnernden Wettern uns brachtest:
Ich will eher nicht ruhn, als bis dein Hasser erwürgt ist;
Als bis ich von des Nazaräers vergossenem Blute

Volle Hände zum hohen Altar der Dankenden bringe
Und sie über mein Haupt, das lange schon grau war, erhebe.
Also sagt' er und feu'rte sich an, zu wähnen, die Gottheit
Decke getünchte Gräber nicht auf; doch nannte sein Herz ihn
Heuchler. Er fühlt' es und stand mit unverrathendem Auge
Vor der Versammlung. Von Grimm und von übermannender Wuth voll,
Lehnt' an seinen goldenen Stuhl sich Kaiphas nieder
Und erbebte. Ihm glühte das Antlitz. Er schaut' auf die Erde
Sprachlos, starr. Ihn sahn die Sadducäer und standen
Gegen Philo mit Ungestüm auf. Wie tief in der Feldschlacht
Kriegrische Rosse vor eisernen Wagen sich zügellos heben,
Wenn die klingende Lanze daher bebt, fliegend dem Feldherrn,
Den sie zogen, den Tod trägt, dann blutathmend zur Erd' ihn
Stürzt. Sie wiehern empor und drohn mit funkelndem Auge,
Stampfen die Erde, die bebt, und hauchen dem Sturm entgegen.
Jetzo hätt' in der Wuth sich schnell die Versammlung getrennet,
Wäre nicht unter ihnen Gamaliel aufgestanden.
Heitre Vernunft erfüllte sein Antlitz. Der Weisere sprach so:
Wenn in diesem Sturme des grimmigen Zorns die Vernunft noch
Etwas vermag, ist Weisheit euch lieb, so höret mich, Väter!
Wenn der ewige Zwist stets wieder unter euch aufwacht,
Wenn Pharisäer und Sadducäer, wenn diese Namen
Ewig euch trennen, wie werdet ihr da den Propheten vertilgen?
Doch Gott sendet vielleicht die eifersüchtige Zanksucht
Unter euch, Väter, weil er es seinem hohen Gerichte
Vorbehalten, zu sprechen dem Nazaräer sein Urtheil.
Lasset, Väter, Gott sein Gericht! Ihr möchtet zu schwach seyn,
Seinen Donner zu tragen, und unter den mächtigen Waffen,
Denen die Himmel erzittern, in niedrigen Staub hinsinken.
Schweigt ihr vor Gott und hört der Stimme des kommenden Richters
Still entgegen! Er wird bald reden, und seine Stimme
Wird von dem Aufgang hören die Erd' und dem Untergange.
Spricht Gott zu dem Gewitter: Zerschmettr' ihn! und zu dem Sturme:
Hauche sein sinkend Gebein wie Staub in alle vier Winde:
Oder zum blinkenden Schwert: Auf, waffne rächende Hände,
Trinke des Sünders Blut! gebeut er der Erd' Abgründen:
Thut euch auf und verschlingt ihn! — so ist er der schuldige Träumer.
Aber, wenn er durch himmlische Wunder die Erde zu segnen
Fortfährt; wenn der Blinde durch ihn zu der Sonne sein Antlitz
Freudig erhebt und mit sehendem Aug' auf den leitenden Vater
Staunend blickt (verzeiht mir, wofern ich, entflammt von der Größe
Seiner Thaten, vielleicht nach eurem Sinn zu erhaben
Von ihm rede!); wenn Tauben das Ohr sich der Stimme des Menschen

Wieder öffnet, wenn es die Rede des segnenden Priesters
Wieder vernimmt und die Stimme der Braut und die weinende Mutter
Und das feiernde Chor und die Hallelujagesänge;
Wenn durch ihn die Todten dahergehn, gegen uns zeugen,
Ach, gen Himmel weinen mit wieder lebendem Auge,
Göttlichzürnend auf uns herblicken, ihr Grab uns zeigen
Und mit jenem Gericht uns drohn, vor dem sie schon waren;
Wenn er — welches noch göttlicher ist — untadelhaft fortfährt
Vor uns zu leben; wenn er mit seiner mächtigen Tugend
Wunder thut und Gott gleicht; — ach, so beschwör' ich euch, Väter,
Beim lebendigen Gott, sprecht, sollen wir ihn verdammen?
Also sagt' er. Itzt strahlt die erhabene Mittagssonne
Ueber Jerusalem nieder. Um die Zeit nahte sich Judas,
In die Versammlung der Priester zu gehn. Vor ihm wandelten Satan
Eilendes Tritts und Ithuriel her und sie standen im Saale
Neben den Priestern und sahn ungesehn in die tiefe Versammlung.
Aber Nikodemus saß und betrachtete schweigend
Aller Antlitz. So wie ein Mann, der ein Sünder ist, zitternd
Stehet und bleich wird, wenn über ihm nah der Donner des Herrn ruft,
Also war die Versammlung. Auch Philo und Kaiphas schienen
Vor Gamaliels Weisheit zu zittern. Mit Furcht und Verachtung
Sahe sie Nikodemus, stand auf und wagt' es zu reden.
Hochgebildet, ein Mann von menschenfreundlichem Ansehn,
Stand er. Wehmuth und Ernst erfüllte des Denkenden Antlitz,
Und die Ruh' des empfindenden unbefleckten Gewissens
Sprach sein ganzes Gesicht. Sein treuer Zeuge, das Auge,
Weint' und verbarg nicht die Thränen. Er glaubt', er spräche vor Menschen.
Also sagt' er: Gesegnet sey mir, Gamaliel, ewig
Unter den Männern! Gesegnet sey, du Theurer, die Rede
Deines Mundes! Es hat dich der Herr zum Helden gesetzet
Und ein schneidendes Schwert in deinen Mund dir gegeben.
Noch bebt unser Gebein, das deine Rede getheilt hat;
Noch sinkt unser ohnmächtiges Knie; noch decket Dunkel
Unser Auge; noch sehen wir Gott in strafenden Wettern,
Daß die Empörer wider sein Thun des Staubs sich erinnern,
Der sie gebar. Der Gott, der diese Weisheit dich lehrte,
Der ein Herz des Entschlusses dir und männlichen Muth gab,
Schütze, Gamaliel, dich! Der gottgesandte Messias
Sey auch dein Messias und deines Samens Messias!
Aber euch, euch segnen, die Gottes erhabnen Propheten
Also verfolgen? Philo, dich nicht! Dich, Kaiphas, auch nicht!
Weinen kann ich vor euch, wenn anders die Stimme des Weinens

Eurem Herzen hörbar noch ist, und wenn für die Unschuld
Menschlich vergossene Thränen noch eure Seele bewegen.
Jetzo klagt noch der Thränen Stimme, zu retten die Unschuld.
Höret sie, Väter! Ist erst ihr heiliges Blut vergossen,
O, dann ruft wie die Wetter Gottes erhabner die Stimme
Ihres vergossenen Bluts; sie ruft und steigt in den Himmel
Zu des Ewigen Ohr. Der wird sie hören und kommen
Und im Gericht ohn' Erbarmen um den Getödteten rechten:
Juda, Juda, wo ist dein Messias? Und, wenn er nicht da ist,
Wird er vom Aufgang her bis zum Niedergange vertilgen
Alle Männer des Bluts, die seinen Heiligen würgten.
Also trat er zurück. Noch saß mit drohendem Auge
Philo da und erbebte vor Wuth und grimmigem Zorne
In sich selber und zwang sich aus Stolz, den Zorn zu verbergen.
Aber er zwang sich umsonst. Sein Blick war dunkel, und Nacht lag
Dicht um ihn her, und Finsterniß deckte vor ihm die Versammlung
Jetzo mußt' er entweder ohnmächtig niedersinken,
Oder sein starrendes Blut auf einmal feuriger werden
Und ihn wieder mächtig beleben. Es hub sich und wurde
Feuriger, und von dem hochaufschwellenden Herzen ergoß sich's
In die Mienen empor. Die Mienen verkündigten Philo.
Sieh', er sprang auf und riß sich aus seiner Reih' und ergrimmte.
So, wenn auf unerstiegnem Gebirg ein nahes Gewitter
Furchtbar sich lagert, so reißet sich eine der nächtlichsten Wolken,
Mit den meisten Donnern bewaffnet, entflammt zum Verderben,
Einsam hervor. Wenn andre der Ceder Wipfel nur fassen,
Wird sie von einem Himmel zum anderen waldige Berge,
Wird hochthürmende, nicht absehbare Königsstädte
Tausendmal donnernd entzünden und sie in die Trümmer begraben.
Philo riß sich hervor. Ihn sahe Satan und sagte
Bei sich selber: O, sey mir zu deiner Rede geweihet!
Wie wir unten im Abgrund weihn, so weih' ich dich, Philo!
Gleich gefürchteten Wassern der Hölle ströme sie wild hin!
Stark wie das flammende Meer; wie vom Hauch der Donner geflügelt,
Die mein Mund spricht, wenn er gebeut; wie je in dem Abgrund
Menschenfeindlich, mit Grimm, an seinen unendlichen Bergen
Von den Göttern hinuntergeredet ward, daß die Ströme
Horchend es lernten und um sich herum den Strömen erzählten, —
So sprich, Philo, so führe dieß Volk im Triumphe gebunden!
Also denke, so fließe dein Herz von Empfindungen über,
Deren sich, wär' er ein Mensch, selbst Adramelech nicht schämte!
Sprich dem Nazaräer den Tod! Ich will dich belohnen
Und dein Herz mit der Hölle Freuden, sobald du sein Blut siehst,
Ganz erfüllen und, kommst du zu uns, dein Führer werden
Und zu den Seelen dich führen, die Helden waren und würgten.

So sprach Satan für sich, und Seraph Ithuriel hört' ihn.
Aber Philo stand da, schaut' ernst gen Himmel und sagte:
Blutaltar, wo Gott das Lamm der Versöhnung gebracht wird,
Und ihr anderen hohen Altäre, wo vormals die Opfer,
Gott ein süßer Geruch, sich unentheiligt erhuben,
Und du Allerheiligstes selbst, du Lade des Bundes,
Und ihr Cherubim, Todesengel, du Stuhl der Gnade,
Wo, von den Menschen unangefeindet, der Ewige vormals
Saß und über Verbrecher aus heiligem Dunkel Gericht hielt,
Tempel des Herrn, den Gott mit seiner Herrlichkeit füllte,
Und du, Hörer der göttlichen Stimme, Moria, Moria!
Wenn euch der Nazaräer verwüstet, euch diese Verworfnen,
Diese Männer der Bosheit, geführet von dem Empörer,
Mit verwüsten; so bin ich an der Verwüstung nicht schuldig;
Bin unschuldig, wenn unsere Kinder mit ängstlichem Blicke
Und mit bebendem Knie, mit bang zerrungenen Händen
Gehn und den Gott der Väter in seinem Heiligthum suchen,
Ihn nicht finden, sich Throne der Nazaräer gesetzt hat,
Wo Gott über den Cherubim saß; wenn vor Aller Antlitz
Götzensklaven dem Sünder entweihendes Räuchwerk bringen,
Wo der Vorhang hing, wo sonst nur der Hohepriester,
Betend, mit verhülltem Gesicht, zu dem Gnadenstuhle
Hintrat. Laß mich, Gott, den Jammer nicht sehn und mein Auge
Eher brechen, als dieser Gräul der Verwüstung dein Volk trifft!
Aber, was ich noch thun kann, dem nahen Verderben zu wehren,
Dieses thu' ich vor Gott. Hier steh' ich vor deinem Antlitz!
Hör', Gott Israel, mich, wenn du je in dem Himmel gehört hast,
Was von dir auf der Erd' ein Mensch in dem Staube gefleht hat!
Traf auf Elias Gebet die gesandten Mörder des Königs
Feuer vom Himmel und fraß es sie weg von dem Gipfel des Karmels;
Riß, da Moses dich bat, in ihre Tiefen die Erde
Korah lebend und Dathan hinab und die Abiramiden;
O, so hör', Gott Israel, mich! Ich fluche den Männern,
Die dich schmähn und den Sünder, der Moses Feind ist, beschützen.
Nikodemus, dein Ende sey wie das Ende des Träumers!
Und dein Grab wie das Grab des Empörers, unter den Mördern,
Welche, fern vom Altar und dem Tempel, gesteiniget werden!
Hart sey dein Herz, wenn du stirbst, ununterwürfig der Gottheit!
Thränenlos sey dein Auge! Das Weinen müss' ihm versagt seyn,
Willst du zu Gott dich sterbend bekehren, weil du geweint hast,
Einen Verruchten zu schützen, und weil dein dienstbares Auge
Wider den Ewigen stritt und unheilige Thränen herabgoß!
Auch du schützest den Träumer, Gamaliel! Finsterniß decke
Und entsetzliches Dunkel das Auge dir! Sitze dann, warte
Auf die Hülfe des Nazaräers und schmachte vergebens!

Taubheit schließe dein Ohr; ein schreckliches Ende dein Leben!
Lieg' dann und harre, daß dich der Nazaräer erwecke!
Lieg' und verwes' und harr' umsonst! Und, wenn du dem Pöbel,
Der ihn wie du anstaunt, in dem letzten Traume noch sagtest:
Merket darauf, er wird mich erwecken; so trete der Pöbel
Auf dein Grab und spotte daselbst des Propheten und deiner!
Vor dem Gerichte steh' dein Geist dann und höre sein Urtheil!
Heb' empor den gefürchteten Arm und schlage den Sünder,
Schlage Nikodemus, Gott, und vollende die Flüche,
Die ich zu Ehren dir that! Den Andren, der nebst ihm das Knie bog,
Leg' auch ihn in den Staub, Gamaliel, hin, wo der Tod wohnt!
Aber deinen grimmigen Zorn, worunter der Erde
Berge, gehst du daher, worunter die Höll' erzittert,
Deine Donner, die rings um dich her, Unendlicher, donnern,
Nimm und schlag' den schwärzeren Sünder, den Nazaräer!
Ich bin jung gewesen und bin zum Greise geworden,
Habe dir stets nach der Weise der Väter gedient und geopfert;
Aber, lässest du, Gott, den Jammer den Sterbenden sehen,
Daß der Empörer von Nazareth siegt, dein ewiger Bund nichts,
Daß nichts mehr dein Heiligthum gilt und dein Eid und dein Segen,
Den du Abraham schwurst und nach ihm den Abrahamiden;
So entsag' ich hiermit vor dem Antlitz des ganzen Judäa
Deinem Recht und Gesetz, so will ich ohne dich leben.
Ohne dich soll mein sinkendes Haupt in die Grube sich legen!
Ja, wenn du von der Erd' Antlitz den Träumer nicht wegtilgst,
Siehe, so erschienest du Moses nicht, war es ein Blendwerk,
Was er im heiligen Busch an dem Fuße des Horeb erblickte,
Stiegest du zu der Höh' des Sina nicht wunderbar nieder,
Keine Posaune klang, kein Donner; so bebte der Berg nicht;
Unsere Väter und wir sind seit undenkbaren Zeiten
Unter den Völkern der Welt die beweinenswürdigsten Menschen;
Weh' uns, so ist kein Gesetz; so bist du Israels Gott nicht.
Philo sprach's, trat grimmig zurück. Allein Nikodemus
Stand mit unverwendetem Antlitz. So wie ein Mann steht,
Welcher den Unterdrücker erduldet und in sich den Vorzug
Und die Erhabenheit seiner Tugend und Unschuld empfindet;
Ernst ist in seinem Gesichte, tief in der Seele der Himmel.
Jetzo dachte der göttliche Mann voll Gedanken der Ehrfurcht
An die heilige Nacht, wo allein mit ihm der Messias
Von der Ewigkeit sprach und von den Geheimnissen Gottes,
Wo er in Tiefsinn mit Mienen voll Seele, mit himmlischem Lächeln
Neben ihm stand und sprach. Er sah sein Antlitz voll Gnade
Und den mehr als menschlichen Geist der göttlichen Augen,
Sah die Enthüllung der Unschuld des Paradieses, erhabne,
Strahlende Züge des ewigen Bildes, den Sohn des Vaters.
Also stand er stillanbetend, zu selig, vor Menschen

Sich noch zu fürchten. Mächtiges Feuer, ein Schauer vom Himmel
Hub ihn empor. Ihm war, als stünd' er vor Gottes Anschaun,
Vor der Versammlung des Menschengeschlechts und dem Weltgerichte.
Auf ihn schaute die ganze Versammlung. Sein Auge voll Ruhe,
Voll des unwiderstehlichen Feuers der furchtbaren Tugend,
Schreckte die Sünder. Sie fühlten ihn grimmvoll. Er zwang sie;
sie hörten.
Heil mir, daß mein Auge dich, du Göttlicher, schaute!
Heil mir, daß ich der Väter Hoffnung, den Retter, erblickte,
Welchen zu sehn in dem Hain zu Mamre schon Abraham oftmals
Einsam seufzte; den David, der Mann, zum Beten geschaffen,
Gern aus des Vaters Arm herunter hätte gebetet;
Den die Propheten, im Staube gebückt, mit Thränen verlangten,
Die Gott sammelt' und zählte; den uns Unwürdigen Gott gab!
Ja, du zerrissest die Himmel umher, du eiltest hernieder
Unter dein Volk, es zu segnen, du Eingeborner des Vaters,
Oder, wie diese Männer dich nennen, du Träumer und Sünder!
Ach, unschuldiger Mann, wer sind sie, die also dich nennen?
Und wenn hast du Lügen geträumt? Wenn hast du gesündigt?
Stand er nicht vor dem Gesicht der versammelten Israeliten?
Standst du nicht, Philo, dabei? Und rief er nicht also und sagte:
Wer kann einer Sünde mich überzeugen? Wo war da,
Philo, der grimmige Zorn auf diesen Lippen der Lästrung?
Warum standest du, stand um dich her dein Haufe so sprachlos?
Erst war überall herrschendes Schweigen und wartende Blicke,
Wilde Gesichter voll Freude, Gesichter, von sorgender Furcht voll.
Still und verstummend stand die Versammlung und wartete, bis sich
Einer erhüb' und wider ihn zeugte. Da aber nicht Einer
Unter dieser dichten Versammlung unzählbarer Menschen
Wider den Göttlichen aufstand und zeugte, da hub sich die Stimme
Vom zusegnenden Volk von allen Seiten gen Himmel,
Daß Moria davon und des Oelbergs waldige Gipfel
Von der Stimm' erbebten, der rufenden, drangen die Blinden
Und die vormals Tauben herzu und dankten und jauchzten.
Siehe, da kam ein unzählbares Volk, das er wunderbar vormals
Speis't' in den Wüsten, und eilt' und dankte dem Menschenfreunde.
Da rief unter dem Volk mit lauter Stimme der Jüngling,
Den er vor Nains Thoren erweckte, der rief und sagte:
Du bist mehr, als ein Mensch! Du bist kein Sünder geboren!
Gottes Sohn, der bist du! Die Hand, die ich gegen dich strecke,
War mir erstarrt. Dieß Auge, das weint, dir, Göttlicher, zuweint,
War mir geschlossen. Auch sie, die dir jauchzend betet, die Seele
War nicht bei mir. Sie trugen mich hin zu dem Grabe der Todten.
Aber du gabest der starrenden Hand, du gabest dem Auge
Leben und Feuer. Ich sah von neuem die Erd' und den Himmel

Und die zitternde Mutter bei mir. Du riefest die Seele
Wieder zurück. Sie trugen nicht mehr zu dem Grabe den Jüngling.
Du bist mehr, als ein Mensch! Du bist kein Sünder geboren!
Heil mir, du bist des Ewigen Sohn, der Verheißne, die Wonne
Deiner Mutter, die Wonne der Erde, die du erlösest!
Also rief er. Allein du standest und sahst zu der Erde.
Warum verstummtest du so vor dem Antlitz des ganzen Judäa,
Philo? Doch was erzähl' ich dieß hier? Ihr wißt es ja Alle.
Hättest du Augen zu sehn und Ohren zu hören, und wäre
Nicht dein Verstand mit Dunkel umhüllt und dein Herz voll Bosheit,
O, du hättest in ihm den Sohn des ewigen Vaters
Lang' erkannt. Und, wärst du hierzu zu niedrig gewesen,
Hättest du Gott doch gescheut und tief in dem Staube gewartet,
Bis ihn vom Himmel herab der Richtende losgesprochen
Oder über sein Haupt dem Untergange gerufen.
Religion der Gottheit, du heilige Menschenfreundin,
Tochter Gottes, der Tugend erhabenste Lehrerin, Ruhe,
Bester Segen des Himmels, wie Gott, dein Stifter, unsterblich,
Schön wie der Seligen Einer, und süß wie das ewige Leben,
Schöpferin hoher Gedanken, der Frömmigkeit seligster Urquell,
Oder wie sonst dich die Seraphim, Unaussprechliche, nennen,
Wenn dein ewiger Strahl in edlere Seelen sich senket!
Aber ein Schwert in des Rasenden Hand, des Bluts und des
Würgens
Priesterin, Tochter des ersten Empörers, nicht Religion mehr,
Schwarz wie die ewige Nacht, voll Grauns wie das Blut der Er-
würgten,
Die du schlachtest und über Altären auf Todten dahergehst,
Räuberin jenes Donners, den des Richtenden Arm sich
Vorbehalten; dein Fuß steht auf der Hölle, dein Haupt droht
Gegen den Himmel empor; wenn ungestalt des Verbrechers
Seele dich macht, wenn das Herz des Menschenfeindes dich umschafft
Zur Abscheulichen; Religion, den lehrtest du würgen,
Ohne den du nicht wärst, den deine göttlichsten Kinder
Sangen, eh' du zu den Menschen kamst, entheiligt zu werden,
Deinen Stifter zugleich und deinen göttlichen Inhalt;
Religion, den lehrtest du würgen? Das lehrest du uns nicht!
Das ist ferne von dir, die du des Ewigen Kind bist,
Friedensstifterin, Heil, Bund Gottes, ewiges Leben.
Meine Seele bewegt sich in mir, mein bebendes Knie sinkt,
Schwermuth und Mitleid und Angst erschüttern mir die Gebeine,
Wenn ich dieß Alles in ernsten Betrachtungen überdenke.
Und ein Schauer vor Menschen, ein Graun vor denen, die Gott
schuf,
Ueberfällt mich, so oft ich es denke, wie wenig ihr dieses
Bei euch empfindet, wie niedrig ihr seyd, nur menschlich zu fühlen,

Wie ohnmächtig, zu sondern die Religion und die Mordsucht;
Und wie pöbelhaft klein, die lichten Strahlen der schönen
Und der liebenswürdigen Unschuld nur dunkel zu sehen.
Zwar was sorget die Unschuld, von euch gesehen zu werden?
Gott sieht sie; der Himmel mit Gott. Sie wird nicht erzittern,
Wenn sie der niedrige Sünder verdammt, wenn Seraphim dastehn
Und sie bewundern, ihr hoch von dem Himmel der Ewige lächelt.
Wenn dann wir in unserer Heimath niedrigem Staube
Stehn und wider sie zeugen; wie klein und verachtungswürdig
Stehen wir da und zeugen! Und wenn in dem Weltgerichte,
Wenn dereinst vor der ganzen Versammlung erwachender Todter
Seraphim gegen uns wandeln und stehn und wider uns zeugen;
Wenn die Stimme der Cherubim ruft und, auf uns herdonnernd,
Gottes Heilige nennt; Gott redet und die Gerechten
Zu sich im hohen Triumph zu seiner Herrlichkeit einführt;
O, wie werden wir da den Hügeln flehen: Bedeckt uns!
Und den Bergen: Fallt auf uns her! und den Meeren: Verschlingt uns!
Und: Vernichte du uns! dem Verderben, daß die uns nicht sehen,
Die wir verdammten; daß sie uns nicht sehn, die schrecklichen Frommen;
Daß uns der Vater so furchtbarer Kinder im Zorne nicht anschau'!
Stärke mich, großer Gedanke, Gedanke vom Weltgerichte!
Sey mir ein Gottesberg, zu dem ich entfliehe, wenn nun mich,
Sterbender Mittler, dein letzter, letzter Anblick erschüttert!
Ach, ich fühl' es zu sehr, wie meine Seele bewegt wird,
Welch zweischneidiges Schwert auf meinen Scheitel daherblinkt,
Wenn ich deinen nahenden Tod von ferne betrachte!
Ach, vergebens erhöhest du mir, erhabner Gedanke,
Meine Seele! Dem fühlenden Herzen, dem Herzen voll Mitleids,
Voll von Jammer, voll Angst, sind deine Donner nicht hörbar.
Du sollst sterben, du göttlicher Jüngling, du, welchen mein Arm hielt,
Als du ein Knabe noch warst? Umschlossen hielt dich mein Arm da,
Drückte dich an mein Herz mit freudigem stillen Erstaunen!
Um dich standen die Weisen herum und hörten dich lehren
Und bewunderten dich! O, damals stand auch der Himmel,
Aus den ewigen Pforten zu Legionen gegossen,
Um dich herum und hörte dich lehren und jauchzte dir Lieder.
Siehe, du wecktest Todte. Dein Auge gebot den Gewittern;
Und die Gewitter gehorchten dir gern. Da ruhte der Sturmwind.
Du erhubest dich, gingest daher; da sanken die Wasser
Wie Gebirge vor dir und wurden Ebnen. Da gingst du
Auf den schweigenden Wassern. Die Himmel sahen dich wandeln.
Du sollst sterben? So stirb denn! Ist's deines erhabenen Vaters
Heiliger Rathschluß, stirb! Ich aber will weinend gehen

An dein Grab, zu dem heiligen Quell der Bethlehemiten,
Wo dich Maria gebar; da will ich weinen und sterben,
Bester der Menschen, du Gottessohn, du Engel des Bundes,
Theurer Jüngling! Mein Ende sey wie dein Ende! Mein Grab sey
Neben dem Grabe dieses Gerechten, nah den Gebeinen,
Die in Sicherheit ruhn und dem ewigen Leben erstehen!
Doch was säumet mein Fuß, aus dieser Versammlung zu gehen?
Heilig und rein, der geh' ich hinaus — Gott hat mich gehöret —,
Rein des gerechten, unschuldigen Bluts. Nun rufe zu dir mich,
Richter der Welt, denn ich habe kein Theil an dem Rathe der Sünder!
Also spricht er und bleibt noch stehn, fällt nieder und betet:
Der du vor Abraham warst, Messias, sey du mein Zeuge
An dem Tage des Weltgerichts! Dich bet' ich als Gott an.
Stand dann auf und redte zu Philo. Sein Antlitz war heiter,
Wie der Seraphim Angesicht ist. Du hast mir geflucht;
Aber ich segne dich, Philo! Der hat's mich also gelehret,
Den ich als Gott anbetete. Philo, vernimm mich und kenn' ihn!
Wenn du nun sterben willst, Philo; wenn jetzt des Unschuldigen Blut dich
Schreckt und auf dich wie ein Meer sich herabstürzt; deinem Ohr nun
Wie ein Wetter des Herrn der Rache Stimmen ertönen;
Wenn du dann wirst hören um dich durch das Dunkle dahergehn
Gottes Tritt, den eisernen Gang des wandelnden Richters,
Und der entscheidenden Wagschal' Klang, des blinkenden Schwerts Schlag,
Welches er wetzt, sein Geschoß, von dem Blute der Grausamen trunken;
Wenn von Gottes Angesicht her die Todesangst ausgeht,
Dich erschüttert, und nun ganz andre Gedanken die Seele
Ueberströmen, und um dein starres, sterbendes Auge
Lauter Gericht ist; du dich alsdann vor dem tödtenden Richter
Windest und krümmst, mit bebender Angst lautweinend zu Gott flehst
Um Erbarmung; — so höre dich Gott und erbarme sich deiner!
Also sagt er und geht durch sie hin. Ihn begleitete Joseph.
Aber Ithuriel sah Nikodemus, den göttlichen Mann, gehn.
Da erhub sich der Seraph und schwebt' in hoher Entzückung
Mit weit ausgebreiteten Armen. Des Denkenden Auge
Schaute voll Wonne gen Himmel empor, und göttliches Lächeln
Hellte die selige Stirn, und unaussprechliche Freude
Floß um sein Haupt, da er schwebte. So wie der Himmlischen Einer,
Der als Wächter Liebende schützt, die edler sich lieben,
Tief verloren in seiner Entzückung, auf blühenden Hügeln,
Stehet am ewigen Thron, indem Eloa vor Gott singt

Und der tönenden Harfe die höhere Sprache gebietet.
Von der Belohnung der Tugend, vom Wiedersehen der Freunde
Und der Liebenden singt dann Eloa. Der andere Seraph
Stehet entzückt. Die Harfe tönt fort mit geflügelten Stimmen,
Schlag auf Schlag, Gedank' auf Gedanke. Der hörende Jüngling
Jauchzt und zerfließt im Gefühle der Freuden, die Namen nicht nennen.
Also stand Ithuriel da und sprach zu sich selber:
Welche Seligkeit wird nach des Mittlers Tode dich krönen,
Wenn du noch mehr so erhabene Seelen, o Menschengeschlecht, hast,
Und nun bald die Christen so sind, wie dieser Gerechte!
Also sagt er und achtet nicht Satan, ihn hören zu lassen,
Was er sagt. Doch Satan sah ihn in seiner Entzückung
Und empfand den gewissen Triumph des erhabneren Seraphs.
Nikodemus ging bei dem Arimathäer und sagte,
Als er von ihm sich wandte: Du aber schämtest dich seiner,
Theurer Joseph? Das ging ihm durchs Herz. Der frömmere Joseph
Hatte geheim schon geweint, daß er unentschlossen verstummt war.
Zitternd ging er von Nikodemus, vermochte vor Wehmuth
Nicht zu sprechen. Er hub nur den Blick voll Unschuld gen Himmel.
Nikodemus ließ die Versammlung in tiefem Erstaunen
Und auf den Tag des Gerichts mit Wunden der Seele gebrandmarkt,
Wunden, deren Gefühl sie jetzt zu betäuben sich zwangen,
Aber die offen einst sind, weit offen, den Tag der Vergeltung
Ewig zu bluten, wenn dann nicht mehr der Zeuge betäubt wird,
Den der Richter der Welt in das Herz des Menschen gesandt hat.
Alle schwiegen. Es hätte sich jetzt die Versammlung getrennet,
Wär' Ischariot nicht, des Gehaßten Jünger, gekommen.
Judas Ischariot ward hereingeführet. Sie sahn ihn
Voll Verwundrung die Reihn der tiefen Versammlung vorbeigehn
Und mit ruhiger Miene dem Hohenpriester sich nähern.
Der empfing ihn und neigte sein lächelndes Antlitz auf Judas.
Judas spricht ins Geheim mit dem Hohenpriester. Der kehrt sich
Zu der Versammlung und sagt: Noch sind in Israel übrig,
Die ihr Knie vor dem Götzen nicht beugen. Der Mann ist sein Jünger
Und doch muthig genug, das Gesetz der Väter zu halten.
Er verdienet Belohnung. Ischariot nahm die Belohnung.
Und, erfüllt vom Stolze, daß ihn die Väter so ehrten,
Ging er aus der Versammlung. Nur war ihm der Lohn zu geringe.
Doch ermuntert' er sich mit der Hoffnung, mehr zu besitzen,
Hätt' er mit Weisheit und Eifer die That erst ausgeführet.
Philo sah den Vorübergehenden, haßt' ihn. Daß Einer
Von den Geringen des Volks an seiner Ehre den Antheil
Haben sollte, das quält' ihn. Doch sah er mit winkendem Lächeln

Nieder auf ihn und feuert' ihn an, sein Werk zu vollführen.
Lange schaut' er Ischariot nach. So schaut dem Erobrer,
Eilt er zur Schlacht, der Erste der Mörder mit Spott und
Triumph nach.
Dieser war's, so den Helden gesetzte Grausamkeit lehrte
Und in ihm das Gefühl der Menschenliebe betäubte.
Jetzo flattert der Traum des ewigen Ruhms um sein Auge;
Blühende Lorbeer' umwinden des Siegers Stirne. Nur Menschen,
Die, den Unsterblichen nachzuahmen, Thiere wie er sind,
Hält er schätzbar. Es fliegt der Löwe, Tod zu gebieten.
Schon ertönen ihm süß in dem Ohre des eisernen Feldes
Dumpfe Gewitter, er hört unerweicht der Sterbenden Winseln
Und vergißt, daß auch ihn zu der Liebe das Christenthum einlud,
Und der Donner auch ihn mit den Todten dereinst zum Gericht
weckt.
Judas, vom Aug' und dem Wunsche des Pharisäers begleitet
Und in goldene Träume vertieft, ging, Jesus zu suchen.
Jesus kommt aus den Schatten des nahen Kidron und wandelt
Durch die Palmen im Thal. Er sieht Jerusalem liegen
Und den Tempel, sein Bild, sieht seiner Feinde Versammlung
Und der Christen erste. Seht da die Zeugin, so sprach er
Zu den Jüngern. Ich weine nicht mehr um Jerusalems Kinder.
Schaut der Heiligen Gräber! Die Alle hat sie getödtet.
Aber von ihren Söhnen sind Viel', die werden einst mein seyn,
Meine Zeugen mit euch. Jetzt will ich ruhig den Rathschluß
Meines Vaters vollenden. Bald wird euch Alles enthüllt seyn.
Gehet, Petrus, und du, Johannes, beide zur Stadt hin!
Euch wird in Jerusalems Mauer ein Jüngling begegnen.
Einen Wasserkrug trägt dieser Jüngling und sieht sich
Oft nach euch um und liebt die beiden Fremdlinge. Folgt ihm,
Wo er hingeht! Kommt ihr ins Haus, so sagt dem Bewohner:
Unser Lehrer sendet uns her, das Fest hier zu feiern.
Und der redliche Mann wird auf den oberen Saal euch
Eilend führen; der ist schon bereitet. Es fanden die Jünger
Alles so und ließen das Lamm zu dem Mahle bereiten.
Petrus verweilte sich nicht, das Mahl bereiten zu sehen,
Eilt' auf den hohen Söller des Hauses und schaute mit Sehnsucht
Nach der Seite der Stadt, die auf Bethanien führte,
Jesus kommen zu sehn. Da er so mit geflügeltem Blicke
Jede Ferne durcheilt, da sieht er die liebende Mutter
Seines Messias, begleitet von wenigen Freunden, dahergehn.
Müd' und voll Schmerz (sie hatte den Sohn nun Tage gesuchet,
Lange Nächte geweint), doch durch den Schmerz nicht entstellet,
Ging die hohe Maria, unwissend der eigenen Würde,
Die ihr die Unschuld gab und strenge Tugend bewachte,
Reines Herzens, vom Stolz nicht entehrt, die menschlichste Seele,

Werth, wenn es Eine der Sterblichen war, der Töchter von Eva
Erstgeborne zu seyn, wär' Eva unschuldig geblieben,
Hoch wie ihr Lied, holdselig wie Jesus, und geliebet
Von dem Sohne. Sie kam mit Freunden, die immer ihr folgten.
Lazarus, den der Messias vor Kurzem vom Tod erweckte,
Lazarus, himmlisch gesinnt und gewiß des ewigen Lebens,
Ging am nächsten bei ihr. Sein niederschauendes Auge
Schauete Tiefsinn her, mit einer Hoheit vereinet,
Die, unaussprechlich der Sprache des Menschen, nur sterbende Christen
Fühlen und durch ihr Lächeln im Tode beim Namen sie nennen.
Lazarus dachte den Tod und die Auferstehung vom Tode,
Da er zu dem Messias, wie zu des Ewigen Anschaun,
Aus dem Staube, gefaßt von dem Schauer Gottes, heraufstieg.
Seine Schwester, Maria, die fromme Hörerin Jesus,
Die, in ihrer Unschuld und Ruh' vor ihn hingegossen,
Da den ewigen Theil zu seinen Füßen erwählte,
Diese folgte dem himmlischen Bruder. Ihr ruhiges Antlitz
War mit Todesblässe bedeckt. In dem Auge voll Wehmuth
Hielt sie die rührendste Thräne zurück, die jemals geweint ward.
Von Nathanael, ihrem Geliebten, dem Jesus den Namen
Des Rechtschaffenen gab, zu ihrem himmlischen Bruder,
Welcher gestorben und ihr von den Todten wiedergekehrt war,
Zitterten hin und her des heiligen Mädchens Gedanken.
Ruhig fühlt sie den kommenden Tod. Um Nathanaels willen,
Nur um ihres himmlischen Bruders, um Lazarus willen,
Trauert sie wegen der Blässe, von der die Gespielinnen reden.
Neben ihr ging die sittsame Cidli, die Tochter Jairus.
Still in Unschuld waren ihr kaum zwölf Jahre verflossen,
Als sie, dem jungen Leben entblühend, heiter und freudig
In die Gefilde des Friedens hinüberschlummerte. Todt lag
Cidli vor dem Auge der Mutter. Da kam der Messias,
Rief sie aus dem Schlummer zurück und gab sie der Mutter.
Heilig trägt sie die Spuren der Auferstehung; doch kennt sie
Jene Herrlichkeit nicht, mit der ihr Leben gekrönt ist,
Nicht die zartaufblühende Schönheit der werdenden Jugend,
Noch ihr himmlisches Herz, dir, edlere Liebe, gebildet.
So ging, da sie erwuchs, der Israelitinnen Schönste,
Sulamith, als die Mutter am Apfelbaume sie weckte,
Wo sie die Tochter gebar, in der Kühle des werdenden Tages.
Sanft rief sie der schlummernden Tochter, mit lispelnder Stimme
Rief sie: Sulamith! — Sulamith folgte der führenden Mutter
Unter die Myrrhen und unter die Nacht einladender Schatten,
Wo in den Wolken süßer Gerüche die himmlische Liebe
Stand und in ihr Herz die ersten Empfindungen hauchte
Und das verlangende Zittern sie lehrte, den Jüngling zu finden,

Der, erschaffen für sie, dieß heilige Zittern auch fühlte.
So geht Cidli. Sie hängt an der Hand der Hörerin Jesus.
Und mit lockigem, fliegendem Haar, in der Blume des Lebens,
Schön, wie der Jüngling David, wenn er an Bethlehems Quelle
Saß und entzückt in der Quelle den großen Allmächtigen hörte,
Aber nicht lächelnd wie David, begleitet die sittsame Cidli
Semida, den von dem Tode bei Nain der Göttliche weckte.
Aber die Mutter Jesus erhub ihr Antlitz und sahe
Petrus stehen. Da eilte sie schnell, den Messias zu finden.
Petrus war in den Saal heruntergegangen und kam ihr
Mit Johannes entgegen. Sie sahen sie kommen und staunten,
Als sie sie sahen. So viel sprach von der Hoheit des Geistes
Ihre Bildung. So hatte sie der mit Würde begleitet,
Der, eh' er Mensch ward, Schöpfer war und wieder es seyn wird,
Wenn er neue, nicht sterbliche Leiber den ewigen Seelen
Aus dem Staube der Auferstehung wird heißen hervorgehn.
Ihre Begleiterinnen, die unter den Töchtern Judäa's
Zwo der Liebenswürdigsten waren und werth, von der Mutter
Ihres Propheten geliebt und übertroffen zu werden,
Gingen neben Maria mit sanfter, vertraulicher Demuth.
Wie vor allen Bergen Judäa's Tabor hervorragt,
Er, der Zeuge der Herrlichkeit Jesus (zwar ruhet auch Sion
Lieblich vor Gott; zwar nahm den erhabnen Messias der Oelberg
Oft, wenn er rang im Gebet; zwar trägt die Stirne Moria's
Hoch das Allerheiligste Gottes und zittert darunter);
Aber vor allen Bergen Judäa's ist Tabor doch herrlich,
Tabor, verbreitet vor Gott, ein Zeuge der hohen Verklärung.
Also war unter den heiligen Frauen die hohe Maria.
Als sie bei den geliebteren Jüngern Jesus nicht sahe,
Blieb sie in Wehmuth stehen. Da sie zu reden vermochte,
Wandte sie gegen Johannes ihr Antlitz und lächelte weinend:
Den mein Arm getragen, der oft mit kindlichem Blicke
An mein Herz sich geneigt hat (ich zittere, Sohn ihn zu nennen,
Denn er ist viel zu erhaben für eine sterbliche Mutter,
Viel zu wunderthätig und groß, von Maria geboren
Und geliebet zu seyn), wo ist, o theurer Johannes,
Ach, wo ist er, des Ewigen Sohn? Ich hab' ihn schon lange
Ueberall ängstlich gesucht, daß er nicht nach Jerusalem komme,
In die entheiligte, wüthende Stadt. Sie wollen ihn tödten;
Ach, sie wollen ihn tödten, den meine Hände getragen
Haben, meine Brüste gesäugt, den weinende Augen
Mütterlich angeblickt, als er ein blühendes Kind war.
Sanft erwiedert der fromme Johannes: Er hat uns geboten,
Hier ihm ein Mahl zu bereiten, das Lamm des Bundes zu schlachten.
Bald wird er selbst von Bethania kommen. Erwart' ihn, Maria!

Rede mit ihm, wenn er kommt, was dann dein Herz dir gebietet,
Das so mütterlich ist, so würdig unsres Propheten!
Alle schwiegen, und Lazarus Schwester, die Hörerin Jesus,
Neigte sich sanft an ihre geliebtere Cidli. Zu Cidli
Trat jetzt Semida näher; doch schwieg er und sah zu der Erde.
Diese kannte den Schmerz, der lange schon Semida's Herz traf,
Und sie blickte seitwärts ihn an und sah die Empfindung
Seiner Seel' in dem Auge voll Wehmuth, sahe die Hoheit,
Welche mit Zügen der Himmlischen schmückt die leidende Tugend.
Da zerfloß ihr das Herz und lispelte diese Gedanken:
Edler Jüngling! Um mich bringt er sein Leben mit Wehmuth,
Seine Tage mit Traurigkeit zu. Ach, war ich's auch würdig,
Daß du so himmlisch mich liebst, war's deine Cidli auch würdig?
Lange schon wünsch' ich, die Deine zu seyn und von dir zu lernen,
Wie sie so schön ist, die selige Tugend, dich innig zu lieben,
Wie zu der Väter Zeit die Töchter Jerusalems liebten,
Wie ein jugendlich Lamm um deine Winke zu spielen,
Gleich den Rosen im Thal, die der frühe Tag sich erziehet,
So in deiner reinen Umarmung gebildet zu werden,
Dein zu seyn und dich ewig zu lieben. Du Frohste der Mütter,
Warum botest du doch das himmlische strenge Gebot mir?
Aber ich schweig' und gehorche der Weisheit der liebenden Mutter
Und der Stimme Gottes in ihr; dem bin ich gewidmet.
Ich bin auferstanden, gehöre zu wenig der Erde,
Sterbliche Söhn' ihr zu geben. Nur du mußt deine Betrübniß,
Deine zärtlichen Klagen, du edler Jüngling, auch mindern.
Würde doch meinem Leben der Trost noch einmal gegeben,
Daß ich in deinem Gesicht das süße Lächeln erblickte,
Da du keine Thränen noch kanntest, als Thränen der Freude,
Da du ein Knabe noch warst, und ich dem schmeichelnden Arme
Deiner Mutter entfloh, hinüber in deinen zu eilen!
Also denkt sie. Es bricht ihr das Herz, sie kann sich nicht halten,
Stille Thränen zu weinen. Es sah sie Semida weinen,
Ob sie gleich mit dem fließenden Schleier ihr Auge bedeckte.
Semida geht still aus der Versammlung, und, da er hinauskommt,
Sieht er mit traurigem Angesicht nieder und denkt bei sich selber:
Warum weint sie? Ich konnte sie länger weinen nicht sehen;
Denn es brach mir mein Herz. Zu theure zärtliche Thränen,
Schöne Thränen, so still, so zitternd im Auge gebildet,
Wäre nur *eine* von euch um meinetwillen geweinet;
Eine wäre mir Ruhe gewesen. Ich klage noch immer,
Immer um sie. Mein Leben voll Qual, mein trauriges Leben
Ist noch immer von ihr ein einziger langer Gedanke.
O du, welches in mir unsterblich ist, dieser Hütte
Hohe Bewohnerin, Seele, von Gottes Hauche geboren,

Du des Erschaffenden Bild, der nahen Ewigkeit Erbin,
Oder wie sonst dich bei deiner Geburt die Unsterblichen nannten,
Red', ich frage dich, lehre du mich! Enthülle das Dunkle
Meines Schicksals! Oeffne die Nacht, die über mich herhängt!
Red', antworte mir! Ich frage dich. Müde zu weinen,
Müde bin ich zu trauern in dieser Wehmuth mein Leben.
Warum, wenn ich sie seh', die vielleicht zur Unsterblichkeit aufstand,
Oder, ferne von ihr und nicht um Cidli, sie denke,
Warum fühl' ich alsdann im überwallenden Herzen
Neue Gedanken, von denen mir vormals keiner gedacht war,
Bebende, ganz in Liebe zerfließende, große Gedanken?
Warum weckt von der Lippe Cidli's die silberne Stimme,
Warum vom Aug' ihr Blick voll Seele mein schlagendes Herz mir
Zu Empfindungen auf, die mit dieser Stärke mich rühren,
Die sich rund um mich her, wie in hellen Versammlungen, drängen,
Jede rein wie die Unschuld und edel wie Thaten des Weisen?
Warum decket der Schmerz mit mitternächtlichem Flügel
Dann mein Haupt und begräbt mich hinab in die Schlummer des Todes,
Wenn ich, sie liebe mich nicht, den trüben Gedanken entfalte?
Ach, dann wall' ich am Grabe, dem ich so nah war, und weine
Meinen Jammer. Mir horcht die schauernde Todesstille.
Oft will ich dann mit gewaltigem Arm den Kummer bestreiten;
Meine Seele versammelt in sich die Empfindungen alle,
Welch' ihr von ihrer hohen Geburt und Unsterblichkeit zeugen.
Sey, so red' ich sie an, sey wieder dein, die himmlisch,
Die du bist unsterblich erschaffen! So red' ich ihr Hoheit
Und Standhaftigkeit zu. Sie aber verstummt, sich zu trösten,
Schaut auf ihre Wunden herab und weinet und zittert.
Warum bin ich's allein, der, ungeliebet, auf ewig
Liebt? Was erhebt sich mein Herz, auch über die edelsten Herzen,
Groß und elend zu seyn? Was ist es in mir, das noch immer
Sie bei dem Namen mir nennt, will ich ihr Gedächtniß vertilgen?
Welche Stimme Gottes ist das, die mit heiligem Lispeln
Und mit Harmonien, den zarteren Seelen nur hörbar,
Meinem Herzen leise gebeut, sie ewig zu lieben?
Und so will ich denn ewig dich lieben, wie schweigend du mir auch,
Wie verstummend du bist. Ach, da ich es, Cidli, noch wagte,
Zitternd zu denken, du seyst mir geschaffen; wie still war mein Herz da!
Welche Wonnen erschuf sich mein Geist, wenn Cidli mich liebte,
Welche Gefilde der Ruh' um mich her! O, darf ich noch einmal,
Süßer Gedanke, dich denken? Und wird dich mein Schmerz nicht entweihen?
Du warst, Himmlische, mein! durch keine kürzere Dauer,
Als die Ewigkeit, mein. Das nannt' ich für mich geschaffen!

Jeder Tugend erhabneren Wink, der unsichtbar mir sonst war,
Lernt' ich durch deine Liebe verstehn. Mit zitternder Sorgfalt
Folgte mein Herz dem gebietenden Wink. Die Stimme der Pflichten
Hört' ich von fern. Ihr werdendes Lispeln, ihr Wandeln im Stillen,
Ihren göttlichen Laut, wenn Keiner sie hörte, vernahm ich.
Und nicht umsonst. Wie ein Kind voll Unschuld, mit biegsamen Herzen,
Folgt' ich dem leichten Gesetz der sanftgebietenden Stimme,
Daß ich deinen Besitz, die du mir theurer, als Alles,
Was die Schöpfung hat, warst, durch keinen Fehl nicht entweihte.
Welche Gabe warst du mir von Gott! Wie dankt' ich dem Geber,
Daß ich wie auf Flügeln, von deiner Unschuld getragen,
Näher dem Liebenswürdigen kam, der so schön dich gebildet,
Der so fühlend mein Herz und deins so himmlisch gemacht hat!
Wie mit dem Lächeln ihrer Entzückungen deine Mutter,
Da du geboren warst, über dir hing, und wie sie sich neigte
Ueber dein Antlitz mit Todesangst, da du ihrer Umarmung
Still entschlummertest, sie den Schall der kommenden Füße
Noch nicht hörete, noch nicht die Stimme des Helfers in Juda.
Also hat meine Seele sich oft mit jeder Empfindung
Und mit jeder Entzückung in ihr, die sie mächtig erschüttert,
Auf den großen Gedanken gerichtet: du seyst ihr geschaffen.
Ausgebreitet hing auf ihn hin die schauende Seele,
Sah ihn ganz, den Gedanken der Ewigkeit, sah von dem Endzweck
Ihres Daseyns Viel in ihm, von Entzückungen trunken,
Wie sie selten ins Herz des Menschen vom Himmel strömen.
Aber in Traurigkeit, welche kein Maß, kein endendes Ziel kennt,
Und in Schauer namloser Angst, in Schlummer des Todes
Löſ'te meine Seele sich auf, wenn ich jenen Gedanken,
Jenen andren Gedanken der Nacht und der Einsamkeit dachte.
Dann, dann war ich von Allen verlassen, dann war ich einsam.
Ach, du warst mir nicht mehr. Ich war allein in der Schöpfung.
O, bei Allem, was heilig ist, um der Tugend und Liebe,
Um der Schönheit willen, die deine Seele voll Unschuld
Ueber den Staub der Erd' erhöht, und wenn was noch theurer,
Wenn was erhabner noch ist, bei deinem Erwachen vom Tode
Und bei jeder Unsterblichkeit, die du, mit Lichte bekleidet,
Unter des Himmels Bewohnern einst lebest, o, um der Kronen,
Um der Tugend Belohnungen willen, beschwör' ich dich, Cidli:
Sage, was denkt da dein Herz? Was fühlt's? Wie ist es ihm möglich,
Dieses mein Herz, das so liebt, mein blutendes Herz zu verkennen?
Ach, der große Gedanke, der schauernde, süße Gedanke,
Daß sie vom Tod erweckt ist, daß ich erweckt bin vom Tode,
Daß wir von neuem vielleicht nicht sterben, und beide zum höhern,
Besseren Leben .... Doch schweigt, zu kühne, zu feurige Wünsche!

Dieser Gedanke führte vielleicht mich zu weit, und ich liebte
Sie zu heftig. Wie kann ich zu sehr die lieben, mit der ich
Jenes erhabnere Leben vielmehr, als dieß an dem Staube
Wünsche zu leben; mit der, es sey dort oder auf Erden,
Angefeuert durch sie, ich den ewigen Schöpfer der Himmel,
Unseren Schöpfer, noch mehr zu lieben so innig verlange?
Aber der göttliche Sohn des Angebeteten, Jesus,
Mein Erretter ist in der Gefahr, getödtet zu werden;
Ist es jetzo. Aber ich kann nicht, wie kann ich es glauben,
Daß der sterben werde, der mich von den Todten erweckt hat?
Und wie oft entging er nicht schon der Verfolgenden Unsinn!
Fehlet' ich dennoch, durft' ich, da diese Gefahren ihm drohen,
Meinem Schmerze mich nicht, nicht so hingeben der Wehmuth;
So verzeih' du es mir, du theurer, göttlicher Retter!
Reiß' denn von einem Kummer dich los, der dich nur angeht,
Trauernder, Eines Ruhe nur nahm und vielleicht nicht auf immer!
Ganz sey deine Seele gerichtet auf jenen Ausgang,
Den der Ewige deinem erhabnen Retter bestimmt hat.
Also denkt er, verläßt Jerusalem, eilt zu dem stillen,
Einsamen Felsen, der vor kurzem zum Grab ihm gehaun ward.
Aber die Mutter Jesus stand auf. Er kommt nicht, Johannes,
Sagte sie ängstlich. Ich eil' ihm entgegen. Wenn ihn nur die Mordsucht
Seiner Feinde nicht schon zu den todten Propheten gesandt hat;
Wenn er noch lebet, mein Sohn noch lebet, und wenn ich es werth bin,
Ihn noch einmal zu sehn, mit meinen Augen zu schauen,
Ach, des Propheten Gestalt und meines Sohnes Geberde;
Dann sein gnädiges Antlitz auf seine Mutter noch einmal
Würdigt herab zu lächeln; — so will ich zitternd es wagen,
Hin zu seinen göttlichen Füßen (es hat ja begnadigt
Magdale Maria zu seinen Füßen geweinet,
Die doch seine Mutter nicht ist) da will ich es wagen,
Zitternd mich nieder zu werfen; ich will sie fest an mich halten,
Vor ihm weinen, und, wenn mein Auge sich müde geweint hat,
Will ich mütterlich ihm in das Antlitz blicken und sagen:
Um der Thränen willen, der Erstlinge deiner Erbarmung,
Die du, als du geboren warst, weintest, um jener Entzückung,
Jener Seligkeit willen, die da in mein Herz sich ausgoß,
Da die Unsterblichen deine Geburt im Triumphe besangen;
Wenn ich dir jemals theuer war, und wenn du zurückdenkst,
Wie du mit kindlicher Huld der Mutter Freude belohntest,
Als ich nach bangem Suchen dich fand an der heiligen Stätte
Unter den Priestern, die dich mit stummer Bewunderung ansahn;
Wie ich jauchzend, mit offenen Armen entgegen dir eilte,
Tempel und Lehrer nicht sah, nur dich an das Herz gedrückt hielt
Und anbetend mein Auge zu dem, der ewig ist, aufhub; —

Ach, um dieser himmlischen Freude, der Ewigkeit Vorschmack —
(Aber du blickst mich nicht an) um deiner Menschlichkeit willen,
Welche sie Alle begnadet; um jener Entschlafenen willen,
Die du auferwecktest; erbarme dich meiner und lebe!
Also spricht sie und eilt. So fliegt ein großer Gedanke
Feurig gen Himmel zu dem empor, von dem er gedacht ward.
Aber der ewige Sohn sah seine Mutter dahergehn,
Nicht mit dem menschlichen Auge, mit jenem Auge, mit dem er
Jedes Wurmes Geburt, den Staub, auf welchem er wohnet,
Den, wo sein Leben verfliegt, und des Seraphs Gedanken vorhersieht.
Ach, ich will mich deiner erbarmen. Mehr, als die Mutter
Ihres Sohns sich erbarmt, will ich mich deiner erbarmen,
Wenn ich auferstehe. So dacht' er bei sich und nahm dann
Einen anderen Weg. Die Abenddämmerung kam jetzt.
Alle schwiegen um ihn, auch die ungesehnen Begleiter.
Also gingen sie still und kamen mit langsamen Schritte
Näher hin zu der Schädelstätte. Nicht fern von dem Hügel
War ein einsames Grab in hangende Felsen gehauen.
Noch kein Todter verwes'te daselbst. Dieß baute der Weise,
Joseph von Arimathäa, am letzten Tage des Todes
Ueber dem Staub hier zu stehn, und wußte nicht, wem er es baute;
Welchen Tempel er baute, und welchem Todten den Tempel.
Jesus steht bei dem Grabe und Blicke voll göttliches Tiefsinns
Richtet er auf Golgatha's Höh'. So denket der Gottmensch:
Ach, nun sinken die Lasten des Tags. Mit schlummernden Lüften
Kommt die erbetete Nacht, ruht über Gethsemane. Bald wird
Wieder erleuchten ein Tag den Hügel, der dämmernd dort aufsteigt.
Golgatha, den die Gebeine der niedrigsten Sünder bedecken,
Du bist zum Altar geworden. Das Opfer ist willig,
Dort geschlachtet zu werden. Es wird bald bluten. Willkommen,
Tod für das Menschengeschlecht! Dann wird mein Vater mich sehen
Von dem Thron, wo ich war. Die Seraphim werden mich sehen,
Und viel' Zeugen von denen, für die ich sterbe. Willkommen,
Tod für die Erben des ewigen Lebens! Zur Rechten des Vaters
Saß ich mit Herrlichkeit überkleidet, der Schöpfer der Menschen
Und der Freund der Erschaffnen. Ich bin ihr Bruder geworden.
Auch mit Herrlichkeit überkleidet, voll schöner Wunden,
Will ich mein Leben für sie auf deinen Höhen verbluten,
Golgatha! Dann (hier wandt' er sich um und schaut' auf das Grabmal),
Dann will ich hier in dem stillen Gewölbe des kühlenden Grabes
Wenige Stunden wie in den Gefilden der Seligen schlummern,
Einen sanfteren Schlaf, als der, den Adam sich dachte,
Da das große Räthsel vom Tod ihm selber enthüllt ward,
Und ihm an einem traurigen Abend der heiligen Wächter

Hoher Rathschluß scholl: er sollte sich legen und sterben,
Viel' Jahrhunderte schlafen, und über ihm sollten die Füße
Seiner Söhne wandeln, er ihre Stimme nicht hören.
Aber auch die sind gestorben, und über ihren Gebeinen
Hat der Söhne Fuß mit säumendem Schritte gewandelt.
Ach, ist unter den Freuden der jauchzenden Ewigkeit eine
Meiner Seligkeit zu vergleichen? Sie werden erwachen,
All' an einem Tage der Wonne, des lauten Weinens
Und des Triumphs, der Feier, der Jubellieder erwachen,
Weil mein Leib in dem Mutterschooße der Erde geschlummert,
Ich des Menschensohnes Gebein zu dem Leben ohn' Ende
Auferweckte. Dann wird des zweifelnden Staubes Besorgniß,
Jede Thräne wird schweigen. Der Tod wird werden des Lächelns
Und des Triumphs ein süßer Gedanke. Kein drohendes Grab wird
Und kein Tod mehr seyn auf der neuen Erde Gefilden.
Sinn' ich ihm nach, so zittert Entzückung mir durch die Gebeine,
Und der Menschheit Empfindung verstummt. Sie kommen und wandeln,
Hell, mit weißen Kleidern geschmückt. Viel tragen auch Wunden,
Wie des Menschen Sohn, hellglänzende Wunden; sie jauchzen
Jubel dem Sieger und nennen ihn Sohn und nennen ihn Bruder.
Wer kann auf Erden sie zählen? Wer in den Himmeln? Ihr Nam' ist
Tausendmaltausend. Die Alle sind mein. Das Alt' ist vergangen.
Alles hab' ich verjüngt zu der Unschuld der Schöpfung. Doch erst muß
Golgatha sterben mich sehen und mir Ruhstätte dieß Grab seyn.
Also denkt er und eilt. Ihn fand an Jerusalems Mauer
Judas, der in der Dämmrung stand. Er mischte sich schweigend
Unter die Heiligen, bildete schon die Miene der Unschuld
In betrügendem, heitrem Gesicht; doch schlug ihm sein Herz noch.
Aber Ithuriel geht vor ihm her und hört von dem Wipfel
Einer Palme dem kommenden Fuß des Messias entgegen,
Senkt in den Schatten sich nieder, als Jesus am Baume vorbeigeht,
Wandelt unsichtbar neben ihm her und redt, wie die Seele
Eines entschlafenden Christen die letzten Empfindungen denket,
Sanft, mit leisen Worten ihn an: Ischariots Elend
Ist, Allwissender, deinem Auge vorübergegangen,
Und du kennst des Unwürdigen That. Er hat dich verrathen.
Den dein Wandel gelehrt, der deine Wunder gesehen,
Dem dein Mund das Geheimste von jenem Leben enthüllt hat,
Den du würdigtest Jünger zu nennen, er hat dich verrathen.
Noch ertönt mir die fliegende Stimme des hohen Eloa
Süß in dem Ohre, noch öffnen sich mir die Lippen des Seraphs,
Als er zu deinem Throne mich rief, zu der Erde zu eilen
Und Ischariots Engel zu seyn. Ich verlasse den Sünder,
Bin sein Engel nicht mehr. Sein Zeuge den Tag der Vergeltung,

Der will ich seyn und wider ihn mit der Stimme der Donner
Meine Rede bewaffnen und zwischen den glänzenden Stühlen
Derer, die würdiger waren, mit dir die Erde zu richten,
Dunkel hervorgehn, gegen die Nacht am richtenden Throne
Meine Hand ausbreiten und sagen: Bei dem, der geblutet,
Von der Höhe des Kreuzes herab, sein Leben geblutet,
Durch die Hand des Geliebten, Ischariot hat sich gebrandmarkt
Auf den furchtbaren Tag. Er selber hat das Verderben
Ueber sein Haupt gerufen, durch laute Thaten das Schicksal
Jener Verworfnen gerufen. Er ist es würdig, gerichtet
Und von dem Antlitz des Menschensohnes verworfen zu werden,
Würdig, die Wege zu wandeln des ewigen Todes. Sein Blut sey
Ueber ihm selbst! Ich bin unschuldig am Blute des Sünders.
Und der Unsterbliche sah in dem Auge des Mittlers, er dürfe
Seinem Schmerze noch mehr sich überlassen. Er sagte:
Ach, ganz andre Gedanken, von einer helleren Aussicht,
Hatt' ich vordem von dem Jünger des Menschenfreundes. Du solltest,
Judas, von seinem Tode durch schöne Wunden einst zeugen,
Auch ein Märtyrer seyn, die hohen Lieder auch hören,
Die wir singen den Ueberwindern. So wärst du gestorben.
Deine Seele, mit Licht bekleidet, hätte dein Freund dann
Bei der Hand im Triumphe daher zum Messias geführet,
Zu dem Ersten der Ueberwinder. Ich hätt' in der Ferne
Unter den goldenen Stühlen der zwölf Erwählten des Mittlers
Deinen erhabenen Stuhl dir gezeigt; du wärst in Entzückung
Bei des glänzenden Stuhls Anblick und deß auf dem Throne
Ueberflossen. Ich hätte dich Freund, ich hätte dich Bruder,
Ach, ich hätte mit froher Stimme dich Seraph genennet.
Mein Ischariot hätte mich dann in der Christen Geheimniß
Unterrichtet: was da in seiner Seel' er fühlte,
Da der Geist der Propheten auf ihn von dem Himmel herabkam,
Da du den Muth zu sterben empfingst, von dem Geiste gelehret,
Betetest unaussprechliche Worte, nicht sündigen konntest,
Weil dein Herz zu der Unschuld des Paradieses verjüngt war.
Aber sie sind nun dahin, die Gedanken der frommen Entzückung.
Wie ein lächelnder Frühling verblüht, die Blume des Lebens
Bald im hoffenden Jünglinge stirbt vor der Reife der Jahre:
Also sind sie vorübergegangen. Mein Jünger verläßt mich.
Kurz noch eines Heiligen Schutzgeist, wandl' ich itzt einsam
Unter den Engeln, die trauernd um mich verstummen. Gebiete,
Gott Messias, soll ich mich wieder zum Himmel erheben?
Oder bin ich gewürdiget worden, dich sterben zu sehen?
Jesus wandt' auf den Seraph sein ernstes Antlitz und sagte:
Simon Petrus wird auch gesucht von der Wuth des Verderbers.
Sey sein Engel! Es sind zween Hüter Johannes gegeben;

Petrus habe sie auch! Er wird die Lieder einst hören,
Die den Ueberwindern ihr singt, und im Tode mir gleichen.
Kaum vernahm es der Seraph, so strahlt' er vor wallender Freude
In Orions Umarmung, der ihren Jünger beschützte.
Jesus eilte nunmehr, mit seinen Jüngern das letzte
Festliche Mahl zu halten. Er ging viel' hohe Paläste
Prächtiger Sünder vorbei, trat jetzt in die stillere Wohnung
Eines verkannten redlichen Manns. Sie legten sich schweigend
Um das bereitete Lamm des Bundes. Nah am Messias
Lag Johannes und lächelte sanft. Viel heiterer schaute
Jesus in die Versammlung. Von seinem Angesicht flossen
Ruh' und Wehmuth und Tiefsinn und Seligkeit in die Versammlung.
So ist nach dem Gefühl der ersten Entzückungen Joseph
Unter seinen Brüdern gewesen, da jetzo die Thränen,
Da die lauten Thränen im sehenden Auge verstummten,
Da die Sprache zurück ihm kam, nicht mehr an des Bruders
Halse Benjamin hing, und nun sein Vater noch lebte.
Singe, mein Lied, den Abschied des Liebenden von den Geliebten
Und die Reden der trauernden Freundschaft! Wie damals der Jünger,
Der mit dem hohen Jakobus ein Sohn des Donners genannt ward
Und in der einsamen Patmos die Offenbarung auch sahe,
An der Brust des Messias der vollen Seele Gefühl sprach,
Dann zu dem Himmel vom Auge des Liebenswürdigen aufsah:
Also fließe, mein Lied, voll Empfindung und seliger Einfalt!
Jesus sprach und schaute voll Wehmuth in die Versammlung:
Mich hat herzlich verlangt, mit euch dieß Mahl noch zu halten,
Eh' ich leide. Bald sind sie erfüllt, die Worte der Zeugen,
Welche von mir verkündiget haben. Ihr kennt den Propheten,
Der gewürdiget ward zu sehn die Erscheinung der Gottheit,
Der der Seraphim Stimme vernahm, die den auf dem Throne
Mit dem festlichen Halleluja der Himmel empfingen,
Daß von dem Schalle der Lieder des Tempels Schwellen erbebten,
Und das Heiligthum ganz von Opferwolken erfüllt ward.
Damals war ich zugegen mit meinem Vater. Auch ich ward
Heilig! Heilig! genannt. Auch mir erhuben sich Opfer
Von den goldnen Altären. Auch mir erbebte der Tempel;
Denn ich bin lang' vor Abram gewesen. Eh' aus den Wassern
Dieses heilige Land mit Gottes Bergen hervorstieg,
Eh' die Welt war, bin ich gewesen. Doch diesen Gedanken
Faßt ihr in seiner Größe noch nicht. Der himmlische Seher,
Welcher der Gottheit Herrlichkeit sah, hat auch in der Zukunft
Einen Menschen, wie ihr seyd, gesehen und, vom Geiste gelehret,
Also von ihm verkündet: Die Schönheit des göttlichen Mannes,
Seine Gestalt ist vergangen. Das Lächeln der friedsamen Jahre,
Jede Ruh' des Lebens ist hin. Das Elend der Sünder

Ist ganz über sein Haupt gekommen. Die Menschen verstummen,
Wenn sie sehen den Jammer in seiner Seele. Sie wenden
Ihm ihr Angesicht weg. Er aber hat unsere Schmerzen,
Unser Elend getragen. Wir wähnten, er trüge die Lasten
Seiner Schuld, es hätte Gott den Sünder erschüttert;
Aber um unsertwillen sind jene Wunden geöffnet,
Die er blutet. Wir sind die Verbrecher. Die Hand des Verderbens
Hat ihn um unsertwillen ergriffen. Er leidet, daß Friede
Ueber uns komme, daß Heil mit seinem Flügel uns decke.
Denn wir wandelten Alle den Weg der Irre; wir Alle
Waren elend genug, uns selber Weisheit zu wählen.
Darum hat unsere Schuld auf ihn der Rächer geworfen.
Er ist unser Versöhner und geht ins Gericht und leidet,
Wird bis zum Tode gehorsam und öffnet den göttlichen Mund nicht.
Wie ein verstummendes Lamm zu dem Opferaltare geführt wird:
Also geht er geduldig daher und schweigt. Nun ist er
Aus dem Gericht genommen. Wer kann nun seine Versöhnten
Zählen? Wer der Heiligen Schaar, die durch ihn gerecht sind?
Weil er sein Leben für die Sünder zum Opfer gebracht hat,
Werden ihm ganze Geschlechte zur neuen Schöpfung erwachen,
Und sein Leben wird Ewigkeit seyn. So sagt der Erlöser,
Schaut gen Himmel und schweigt. Er hatte lange geschwiegen,
Fuhr jetzt fort: Es ist das letztemal, daß wir zusammen
Halten dieß Abendmahl. Ich werde mit den Geliebten
Nun nicht mehr das Gewächs der frohen Rebe genießen,
Noch die Lämmer im Thal. Allein in den Hütten des Friedens,
Wo viel' Wohnungen sind, dort werdet ihr euren Messias
Wiedersehen und nebst den versammelten Vätern des Bundes
Neue Feste begehn, die Abschiednehmen nicht trennet.
Jesus schwieg, und die Jünger um ihn. So schwieg in den Hallen
Auf Moria das heilige Volk, da der weiseste Jüngling
Unter den Söhnen von Abram, da Salomo bei den Altären
Seine Krone vor dem, der ewig ist, niedergeworfen
Und der Weihe Gebet vollendet hatte; da sichtbar
Wurde der Tempel erfüllt von den Wolken der Herrlichkeit Gottes,
Daß die schauenden Priester nicht mehr zu opfern vermochten,
Und der Jubelgesang der Halleluja verstummte.
Jeder schwieg; nur daß unterweilen der Betenden Einer,
Schnell von heiligem Schauer ergriffen, sein Angesicht aufhub,
Gegen die Nacht der Erscheinungen sah, mit bebender Stimme
Heilig! Heilig! sprach und die Arme gen Himmel emporhielt.
Also schwiegen die Jünger, und also redte Lebbäus,
Da er mit leiser Stimme sich gegen Ischariot wandte:
Ach, nun weiß ich's gewiß. Der Sohn des Menschen wird sterben,
Was die übrigen Jünger von seinen Reden auch denken,

Die er vom Tode so oft an uns hält. Komm', Ruhe vom Elend,
Tod, des müden Wanderers Schlaf, und erbarme dich meiner,
Wenn wie ein Lamm zum Altar der Beste der Menschen geführt wird,
Komm' dann, mein einziger Trost! Hier sprach er lauter, und Seufzer
Unterbrachen die Rede des Jünglings. Ihn sah der Messias;
Dich, Ischariot, auch. Mit menschenfreundlicher Wehmuth
Schaut' er in der Versammlung umher und sagte zu ihnen:

Ja, ich muß es euch sagen. Hier, bei meinen Geliebten
Ist ein Jünger, der mich verrathen wird, Einer der Zwölfe.

Banges Erstaunen ergriff die Versammlung. Sie fragten ihn Alle:
Herr, bin ich's? Der Messias erwiedert: Ja, Einer der Zwölfe.
Einer von euch, die mit mir das Mahl des Bundes itzt halten.
Zwar (hier deckte sein Antlitz die ernste Miene des Richters),
Zwar der Sohn des Menschen geht, wie die Seher verkünden,
Seinen erhabenen göttlichen Weg; doch wehe dem Menschen,
Der ihn verräth! Es wär' dir besser, du wärst nicht geboren.

Jesus schaute voll Ernst. Ihn fragte Judas noch einmal.
Jesus erwiedert mit leiserer Stimme: Du sagtest es selber.

Aber Gedanken voll Ruh' erheiterten wieder den Mittler,
Süße Gedanken vom ewigen Heil. Er stand, das Gedächtniß
Seines Todes zu stiften. Itzt sprach er die fei'rlichen Worte,
Die so viele Priester der Christen, so viel der Gemeinen
Kühn entweihn und in lauten Gesängen das Urtheil des Todes
Ueber sich rufen. Er kennt sie nicht, der göttlicher lebte
Und am Kreuze nicht starb, für ewige Sünder zu büßen.
All' empfingen von ihm das Brod, das er hatte geweihet,
Und den heiligen Kelch. Sie kamen Alle mit Demuth
Und in trauernder Stille, von seiner Hand es zu nehmen.
Da Johannes sich naht' und auf den glänzenden Kelch sah,
Warf er zu Jesus Füßen sich nieder, küßte sie weinend,
Trocknete dann die Thränen mit seiner fallenden Locke.

Laß ihn meine Herrlichkeit sehn, sprach Jesus und schaute
Zu dem Vater empor. Johannes erhub sich und sahe
In der Tiefe des Saals der Seraphim helle Versammlung.
Und die Seraphim wußten, daß er sie sahe. Johannes
Stand in Entzückung verloren. Er schaute Gabriels Hoheit
Starr, mit Erstaunen. Er schaute des himmlischen Raphael Glänzen
Und verehrt' ihn. Er sah auch Salem in menschlichem Schimmer
Und mit ausgebreiteten Armen entgegen ihm lächeln;
Und er liebte den Seraph. Er wandte sich um und erblickte
In des Messias ruhigem Auge die Spuren der Gottheit.
Und er sank verstummend ans Herz des erhabnen Messias.
Gabriel aber erhub sich mit leisen Lüften und sagte
Feurig zu Jesus: Umarme mich auch, wie du diesen umarmtest,
Mittler Gottes! Ihm sagt der Messias: Du dienst mir am Thron einst

Meiner Herrlichkeit und stehst auf der glänzenden Stufe,
Wo Eloa stand, an dem Allerheiligsten Gottes.
Gabriel betet' ihn an. Zuletzt kam Judas und warf sich
Wie Johannes zu Jesus Füßen. Ihm sagte der Gottmensch:
Judas, steh' auf! — und gab ihm den Kelch, des Todes Gedächtniß.
Er empfing ihn mit Ruh'. Ihm sah der Messias ins Antlitz,
Ward erschüttert im Geist und sprach mit erhabener Stimme:
Alle kenn' ich, die ich mir auserwählte; doch Einer
Wird mich verrathen. Ich sag' es euch itzt, daß ihr glaubt, wenn's geschehn ist.
Und, daß ihr wißt, wie ich den belohne, welcher getreu bleibt,
So vernehmet von mir die Würde der Ueberwinder:
Wer, wen ich send', aufnimmt, der nimmt mich selbst auf; wer aber
Also mich aufnimmt, nimmt auch den auf, der mich gesandt hat.
Diese Kron' empfängt kein Verräther. Ich sag' es noch einmal:
Einer von euch wird gewiß den Sohn des Menschen verrathen.
Jeder sahe den Andren von neuem mit sorgender Angst an.
Petrus winket Johannes. Der neigt sich ans Herz des Messias.
Herr, wer ist es? so fragt mit sanfter Stimme Johannes.
Dem ich dieß Brod eintauche, dem ich's mit vertraulicher Liebe
Und mit Bruderfreundlichkeit gebe, der ist es, Johannes!
Also sagt der Messias und reicht den Bissen voll Freundschaft
Judas Ischariot hin. Johannes sah dieß und bebte;
Aber aus Menschenliebe schwieg er vom nahen Verräther.
Judas ging mit Ungestüm fort. Die Nacht war gekommen.
Ihn umgaben die Schrecken der Nacht. Mit starrendem Blicke
Schauet' er in die Finsterniß aus und sprach zu sich selber:
Also weiß er's gewiß. Nun wird's der sanfte Johannes,
Der stets lächelt, wenn man um ihn zugegen ist, sagen,
Alles sagen, was ihm am Herzen Jesus vertraut ist.
Alle werden es wissen. Es sey! Die neuen Beherrscher
Müssen erst fliehn, eh' sie Könige werden. Vielleicht, daß Johannes
Bald sein Lächeln verlernt, und in Banden Petrus nicht kühn ist.
Und (hier glüht' er von selbst, hier wirkte der zündende Traum nicht),
Und selbst Jesus, wie streng, wie hochgebietend befahl er:
Judas, steh' auf! So gebietet er nicht dem Liebling Johannes.
Zwar den Königen wird nicht befohlen. Ich will sie noch sehen,
Eh' sie Könige sind; in der Fessel will ich sie sehen.
Aber ihr Freund will sterben. Was ist das? Welch ein Gedanke
Ist das Sterben für den, der selber Todte geweckt hat?
Sterben? Will er mein Herz nur erweichen? Sey du nicht zu menschlich,
Leidendes Herz! Wenn er stirbt, so war's nichts zeigender Zufall,
Daß er so oft den Feinden entging; so ist er ein Träumer
Und von Gott nicht gesandt. Auch unsere Priester sind Weise,
Sind Geweihte des Gottes der Götter. Sie haßten ihn immer,

Und sie handeln nach Moses Gesetz. Ich bin ihr Vertrauter.
Aber er wird nicht sterben. Doch will ich ihn sehn in der Kette,
Wie er da redet. Vielleicht, daß er dann der geliebteren Jünger
Hohe Würde vergißt und den niedrigen Judas auch ansieht.
Doch ich muß eilen. Es warten auf mich Jerusalems Herrscher.
Also denket er, eilt zu des Hohenpriesters Palaste.
Und die Versammlung war itzt ganz heilig. Wie damals der Frommen
Heiliges Volk in reinerer Schöne dem Antlitz des Siegers,
Dessen Wunden nun glänzten, erschien, da die Jugend der Christen
Von dem Grab Anania's, der Gott log, wiedergekommen,
Kein Unedler mehr war, zu entweihen der Heiligen Einmuth.
Jesus, seiner Größe gewiß und wegen der Nähe
Seiner Versöhnung ins Helle der Ewigkeit ausgebreitet,
Sprach mit göttlicher Hoheit und Ruh' zu seinen Erwählten:
Nun ist der Sohn des Menschen verherrlicht, und ob er gleich Mensch ist,
Dennoch ist Gott auch verherrlicht durch ihn. Da durch ihn des Himmels
Höchstes Geheimniß, die Gottheit durch ihn den Menschen enthüllt wird,
Wird der Vater ihn auch durch Erbarmung ohn' Ende verklären.
Bald wird er ihn den Menschen in seiner Schönheit entdecken.
Eure Traurigkeit unterbricht mich. Was weinet ihr, Kinder?
Ja, es ist wahr, ich werd' euch verlassen. Ihr werdet mich suchen
Und nicht finden. Ihr könnet den Weg, den ich gehe, nicht gehen.
Aber weinet nicht mehr! Ihr werdet mich wieder erblicken.
Kinder, ich geb' euch ein neues Gebot, ein Gebot, das edler,
Viel erhabener ist, als was die Satzungen lehren:
Liebet euch unter einander! Wie euer Mittler euch liebte,
Also liebet euch unter einander! Dann wiss' es der Erdkreis,
Daß ihr mein seyd, wenn ihr so unter einander euch liebet!
Simon Petrus stand auf, trat näher zu Jesus und sagte:
Herr, wo gehest du hin? Du kannst mir jetzo nicht folgen,
Sprach der Erlöser. Einst folgest du mir, die Wege zu wandeln,
Die ich wandle. Hierauf erwiederte Petrus mit Feuer:
Warum soll ich dir jetzt nicht folgen? Ich lasse mein Leben
Für dein Leben. Du ließest dein Leben? Ich sag' es noch einmal:
Simon, du wirst vor des Tags Anbruch mich dreimal verleugnen.
Jesus war aufgestanden. Er kniete nieder zu beten.
Neben ihm knieten die Jünger. Seyd ihr auch Alle zugegen?
Sprach der Erlöser mit Wehmuth. Hier sind wir, sprachen die Jünger.
Eines Stimme hör' ich nicht mehr. Seyd ihr Alle zugegen?
Judas Ischariot fehlt, antwortete zitternd Lebbäus,
Sank dann nieder. Der Mittler erhub sein Antlitz gen Himmel,

Betete mit erhabener Stimme: Die Stund' ist gekommen,
Deinen Eingebornen in seiner Schönheit zu zeigen.
Zeig' ihn nun, Vater, daß du durch ihn verherrlichet werdest!
Unter seine Gewalt gabst du die Sterblichen alle,
Daß er sie auferwecke vom Tod und ewiges Leben
Ihnen gebe. Das aber ist ewiges Leben, dich, Vater,
Der du der Ewige bist, und den du gesandt hast, erkennen,
Jesus, den Sohn und den Herrscher. Ich sehe, Vater, im Geiste
Schon die Fülle der ganzen Vollendung. Ich hab' auf der Erde
Dich verherrlichet, habe vollführt der Gottheit Rathschluß.
Nun erwarten mich Kronen zu deiner Rechten. Du wirst mir
Wieder die Herrlichkeit geben, die mein war, eh' wir erschufen.
Deinen gefürchteten Namen hab' ich den Erwählten verkündigt
Aus den Sündern. Du gabest sie mir. Sie haben die Weisheit,
Die ich sie lehrte (ich bin ihr Zeuge) mit Treue gehalten.
Nun erkennen sie auch, daß, was ich habe, von dir ist;
Denn ich habe sie Alles gelehrt, was du selber mich lehrtest.
Also haben sie's aufgenommen, die göttliche Wahrheit
Tief in das Herz gefaßt, daß ich von dem Vater gesandt bin.
Vater, ich bitte für sie — für die Welt nicht —, weil sie auch dein sind,
Weil wir in jedem Besitz der Seligkeiten vereint sind.
Vater, ich bitte für sie; denn auch durch sie bin ich herrlich.
Ich verlasse die Erde nun, komme zum Throne des Himmels,
Vater, zu dir zurück; sie aber bleiben auf Erden,
Sehn noch lange der Sünder Müh' und fühlen ihr Elend.
Laß sie, heiliger Vater, der hohen Erkenntniß getreu seyn,
Die sie haben werden von dem, der jetzo versöhnt ist.
Laß sie Eins seyn wie wir, ein Haus voll Brüder! Ich sorgte
Selber für sie, da ich noch gleich ihnen Mensch war. Ich wachte
Ueber ihren unsterblichen Geist. Hier sind sie, mein Vater!
Keinen hab' ich verloren; nur hat der Sohn des Verderbens
Mich verlassen und ist den Propheten ein Zeuge geworden.
Nunmehr komm' ich zu dir. Das sag' ich, da ich bei ihnen
Noch auf der Welt bin, daß sie an meine Herrlichkeit denken
Und sich freuen wie ich mich freue. Sie haben die Worte
Deines Lebens gehört. Der Sünder hat sie gehasset,
Wie er mich haßte. Nicht bitt' ich, daß du der Erde sie nehmest.
Schütze sie nur vor ihrem Verfolger, dem Geist des Verderbens!
Denn sie gehören den Sündern nicht zu. Sie wandeln in Unschuld,
Wie ich wandle. Die Welt hat kein Theil an deinen Versöhnten.
Heilige sie in deiner Wahrheit! Dein Wort ist die Wahrheit.
Wie du in die Welt mich gesandt hast, so send' ich sie wieder,
Lasse mein Leben für sie, damit sie rein und geheiligt,
Ausgesöhnter, vor dir erscheinen. Doch bitt' ich, o Vater,
Nicht für die Jünger allein. Der neuen Schöpfungen Kinder

Werden einst wie aus dem Morgen der Thau durch ihr Wort mir geboren.
Auch für diese bitt' ich, mein Vater, daß alle sie Eins seyn,
Wie wir Eins sind, und daß die ganze Erd' es erkenne,
Daß du mich, Vater, sandtest. Ich habe das ewige Leben,
Meine Herrlichkeit denen gegeben, die du mir geschenkt hast,
Daß sie Eins seyn wie wir, zu einem göttlichen Endzweck
Alle vollendet, und daß die Sünder der Erd' es vernehmen:
Jesus sey von dem Himmel gesandt; Gott liebe die Kinder
Seiner Versöhnung, wie er den Erstling der Söhne geliebt hat.
Vater, es sollen meine Versöhnten zu mir sich versammeln,
Daß sie seyn, wo ich bin, und meine Herrlichkeit sehen,
Jene, die du mir, Liebender, gabst, eh' die Himmel entstanden.
Dich verkennet die Welt, gerechter Vater; ich aber
Kenne dich. Den Erwählten hab' ich enthüllt das Geheimniß
Meiner Sendung und deiner Gottheit und will's noch enthüllen,
Daß die Liebe, mit der du mich liebtest, ihr Herz auch ergreife,
Und den unsterblichen Geist nur sein Versöhner erfülle.
Nun erhub sich der Mittler, entgegen zu gehn dem Vater
Ueber Kidron in das Gericht. Ihm folgten die Jünger.
Als er näher den Bach und das nächtliche Rauschen des Oelbaums
Lauter vernahm, da stand er an einem Hügel und sagte:
Gabriel, in der Tiefe des Gartens, am steigenden Berge,
Ist ein einsamer Ort, von zwanzig Palmen umschattet;
Gegen die hohen Wipfel der Palmen senkt sich vom Himmel,
Gleich herhangenden Bergen, die Nacht; dort versammle die Engel!
Also sagt' er und nahete sich erhabneren Thaten,
Als seit der Engel Geburt, dem Anbeginne der Erden
Und der Sonnen geschahn, auf jeder Unendlichkeit Schauplatz
Jemals geschahn. Er nahte sich still den göttlichen Thaten.
Aeußerliches Geräusch und Lärm, süßtönend dem Eitlen,
Klein genug, zu folgen des Helden Thaten, der Staub ist,
War um den hohen Messias nicht und nicht um den Vater,
Als er dem Unding einst die kommenden Welten entwinkte.

Fünfter Gesang.

Gott steigt auf Tabor herunter, Gericht über den Messias zu halten. Eloa folgt auf Gottes Befehl von ferne. Gott naht sich der Erde langsam. Beim Ausgange des Sonnenwegs kommen ihm die Seelen von sechs morgenländischen Weisen, die kaum gestorben sind, entgegen. Eine von diesen Seelen redet Gott an. Der Erste unter einem unschuldigen und unsterblichen Geschlechte von Menschen, redet zu seinen Kindern von Gott, da er ihn zornig vorbeigehn sieht. Gott ist auf Tabor. Alle Sünden kommen vor ihn. Eloa ruft den Messias feierlich zum Gericht. Eine neue Anrufung an den heiligen Geist. Das Leiden hebt an. Der Messias betet. Er sieht die Qualen der Verdammten. Adramelech kömmt, seiner zu spotten; aber er bleibt sinnlos stehn. Der Messias kömmt zu den Jüngern. Nun ist die erste Stunde vorbei. Die Himmel, die den zweiten großen Sabbath feiern, singen davon. Der Messias geht wieder in's Gericht. Abbadona kömmt. Er hatte den Messias lange gesucht. Er entdeckt ihn nicht auf einmal. Endlich erkennt er ihn, und redet ihn an. Der Messias leidet, und betet. Abbadona flieht zuletzt. Die zweite Stunde ist vorbei. Die Himmel singen davon. Der Messias geht zum drittenmal in's Gericht. Eloa wird von Gott gesandt, ihm ein Triumphlied von seiner künftigen Herrlichkeit zu singen. Der Messias wird auf einige Augenblicke heiter. Darauf werden seine Leiden stärker, als sie vorher nicht gewesen waren. Alle Engel, außer Eloa und Gabriel, wenden sich weg. Nun ist die dritte Stunde vorbei. Die Himmel besingen sie. Und Gott kehrt zu seinem Throne zurück.

Aber Jehova saß voll Ernst auf dem ewigen Throne.
Neben ihm stand Eloa und sprach: Wie ist jetzo dein Antlitz,
Ewiger, furchtbar! Wie strahlet herab von deinem Auge
Lauter Gericht! Wie reden so laut die Donner herunter!
Dieß Zehntausend sprach; schon spricht das andre; nun hör' ich
Schon das Rauschen des dritten von fern. Dort wandelten Sterne;
Gott, kaum sahst du herab, und die Sterne waren geflohen.
Warum hör' ich nicht um mich herum die Gesänge der Welten?
Wo du hinblickst, weit um dich her, da schweigen die Welten.
Alle Seraphim schweigen, es schweigen die Cherubim alle.
Keine von allen unüberzählbaren Myriaden
Singet ein Lied von dem ewigen Sohne, keine von allen.
Sollt' ich euch überzählen, ich müßte Jahrhunderte zählen;
Ihr schweigt alle. Nicht Einer singt von dem ewigen Sohne.
Alle verhüllen vor Gott, ihn anzubeten, ihr Antlitz.
Willst du dich, Gott, aufmachen, zu halten über der Erden
Eine Gericht? Denn dieß ist das Angesicht des Verderbers;
Dieses des Richters Schaun, Gott! Oder hast du beschlossen,
Satans Reich zu zerstören, den Lästerer Gottes zu schlagen?
Ziehest du aus im Dunklen daher, daß den ewigen Sünder
Du vernichtest und um ihn her die Tiefen der Hölle?
Soll sein Name nicht mehr in dem Buche der Lebenden stehen,
Die du erschufst; er unter den Ewigen ganz vertilgt seyn?
Liegen will ich ihn dann, dann will ich, Rächer, vor dir ihn
Liegen sehn, wie ihn lasten dein Zorn und unnennbare Qualen,
Daß das Heulen seiner Verzweiflung die Höll' und der Himmel
Und die Welten vernehmen, und ein Gestirne dem andern
Ruf' im Vorübergange: Da liegt er gestürzt, der Empörer!
Bis du wirbelwehend mit ihm und flammend es endigst.
Willst du das, o Richter, so waffne mich, laß mich mit ausziehn
Gegen des Schrecklichen Angesicht! Gib mir aus diesen Gewittern
Tausend Donner und Nacht um mich her und göttliche Stärke,
Daß ich vor deinem Antlitz vorbei in dem Thore des Todes
Jene wilden Verflucher der Reu' zu Tausenden schlage!
Ach, wie schrecklich bist du! Wie sendet dein tödtendes Auge

Lauter Zorn und Gericht, Zorn ohn' Erbarmen, Jehova!
Lange war ich; ich schaue zurück in Ewigkeiten;
Als du wurdest, o Welt, da waren schon viel der Aeonen
Vor Eloa vorübergeflossen, und meine Tage
Sind nicht eines Sterblichen, der aufblühet und Staub wird;
Ewigkeiten sind es, daß ich, Jehova, dich schaute.
Doch so hab' ich noch nie dein furchtbares Antlitz gesehen.
Ach, dein ganzes Gericht und alle deine Verderben
Weckest du, Ewiger, auf, und diese Herrlichkeit Gottes,
Die sonst Liebe nur war, ist ganz zu Zorne geworden.
Und ich habe mich unterwunden, mit Gott zu reden,
Der ich eine Wolke nur bin, woraus du mich aufschufst,
Und von deinem Odem ein Hauch, ein endlicher Seraph.
Zürne nicht, Vater, und schaue mich nicht mit dem schreckenden Blick an,
Den du hinab zu der Erde gesenkt hast, daß ich nicht sterbe,
Dann mein Name nicht mehr in dem Buche der Ewigen stehe,
Und nicht länger mein Sitz sey am Allerheiligsten Gottes!
Seraph, ich steig' hinunter, Gott den Messias zu richten,
Welcher zwischen mich und das Menschengeschlecht sich gestellt hat,
Dasteht, Gottmensch ist und mein ganzes Gericht erwartet.
Folge mir, mein Erwählter, in deiner Schöne von fern nach!
Gott sprach so und stand auf vom ewigen Throne. Der Thron klang
Unter ihm hin, da er aufstand. Des Allerheiligsten Berge
Zitterten und mit ihnen der Altar des göttlichen Mittlers,
Mit des Versöhnenden Altar die Wolken des heiligen Dunkels.
Dreimal fliehn sie zurück; zum viertenmal bebt des Gerichtsstuhls
Letzte Höh'; es beben an ihm die furchtbaren Stufen
Sichtbar hervor, und der Ewige steigt von dem himmlischen Throne.
So, wenn ein festlicher Tag durch die Himmel alle gefei'rt wird,
Und mit allgegenwärtigem Wink der Ewige winket,
Stehen dann auf einmal auf allen Sonnen und Erden,
Glänzender von den goldenen Stühlen, bei tausenden tausend,
Alle Seraphim auf; dann klingen die goldenen Stühle
Und der Harfen Gebet und die niedergeworfenen Kronen.
Also ertönte der himmlische Thron, da Gott von ihm aufstand.
Gott ging nun und wandelt' einher in dem Wege der Sonnen,
Der hinab zu der Erde sich senkt. Ihm kommt bei der letzten
Aus der Tief' ein Seraph entgegen; der führt sechs Seelen,
Die seit kurzem der Erd' und ihren Leibern entflogen,
Sechs Gerechte. Die Hölle nahm mehr in die ewige Nacht ein.
Diese verklärte der Seraph und goß unsterbliche Strahlen
Um den neuen, schwebenden Leib. Sie waren die Seelen
Jener Weisen der Morgenlande, die kamen und Jesus,

Von dem eilenden Sterne geführt, Anbetungen brachten,
Jesus, dem himmlischen Kinde, mit seinen Engeln die Ersten.
Hadad, so war der Name des Ersten, ließ die Geliebte
Seiner Seele, die Schönste der Töchter im Hain zu Bethurim.
Er entschläft; sie weint nicht um ihn. Dieß hatte sie Hadad
Einst in einer heiligen Stunde der Liebe geschworen.
Ihrer und seiner Unsterblichkeit sicher, vergaß sie der Thränen;
Aber sie liebten sich mehr, als sonst sich Sterbliche lieben.
Selima hatte sein Leiden ertragen. Er starb und war glücklich.
Simri lehrte das Volk. Das Volk entehrt' ihn und lebte
Sündigend fort. Doch bewegt' in dem Tode Simri noch Einen,
Daß er, gleich ihm, ein göttliches Leben führte. Da starb er.
Mirja erzog fünf Söhne; die macht' er tugendhaft. Reichthum
Ließ er den Tugendhaften nicht da. Sie sahen ihn sterben.
Beled drückte die lächelndbrechenden Augen, sein Todfeind,
Weinend zu. Es hatte sich Beled gerochen durch Großmuth
Und die Hälfte des Reichs ihm gegeben; der lebte wie Beled.
Sunith sang in dem Hain zu Parphar Bethlehems Knaben,
Und drei heilige Töchter mit ihm. Dich haben die Cedern
Und am einsamen Ufer geweint die Bäche Jedidoth,
Ach, dich haben, in Schleier gehüllt, jungfräuliche Thränen
Deiner Töchter die Harfen herab, o Sunith, geweinet.
Diese Seelen verklärte der Seraph. Ihr helleres Auge
Sahe weit um sich her, einst Schauer der Herrlichkeit Gottes.
Leichter und freier erhuben sie sich, von zarteren Sinnen,
Nichts Geringerem, als dem ewigen Leben gebildet.
Aber des Ewigen Herrlichkeit ging vor den Seelen vorüber,
Und anbetend rufte der freudenhelle Geleiter:
Das ist Gott! Und Selima wagte die neue Stimme.
Da er sprach, erstaunt' er vor dieser tönenden Stimme,
Die mit silbernem Laute wie in Gesänge dahinfloß.
O du, den ich erblicke, mit welchem Namen, o Erster,
Ach, mit welchem würdigen Namen, mit welcher Entzückung
Nenn' ich dich, den mein Auge nun, ach, zum erstenmal anschaut?
Gott, Jehova, Richter der Welt, mein Schöpfer, mein Vater!
Oder hörst du dich lieber den Unaussprechlichen nennen?
Oder Vater des ewigen Sohns, der zu Bethlehem Mensch ward,
Den wir sahn und mit uns der Seraphim feiernde Schaaren?
Sey gegrüßt, des ewigen Sohnes ewiger Vater!
Halleluja, mein Schöpfer! Dir jauchzt die unsterbliche Seele,
Deines Odems ein Hauch, die Erbin des ewigen Lebens.
Seliger, unaussprechlicher Schöpfer, dich hört' ich die Liebe
Unter den Sterblichen nennen; wie bist du aber so schrecklich!
Und dein Auge, wie ist's zu dem Tode gerüstet! Dein Seraph
Tröstete mich, da ich todt war: er führe mich nicht ins Gericht hin,

Nicht ins ernste Gericht, vor dem kein Endlicher stehn kann.
Aber furchtbar bist du, sehr furchtbar, Gott, mein Erbarmer!
Doch du richtest mich nicht; das fühlt sie, die betende Seele,
Die du dir schufest, ihr Ewigkeit gabst und deinen Erlöser:
Kamest du, Richter der Welt, das Geschlecht der Feinde zu tödten?
Soll die Stätte der Sünder nicht mehr von deinem Antlitz,
Ewiger, seyn? Und tilgst du sie weg, die den Sohn noch verkennen?
Ach, so wirst du nicht richten. Auch ihnen hast du den Gottmensch,
Deinen erhabnen Messias, gesandt. So wirst du nicht richten.
Sey gegrüßt, des ewigen Sohnes ewiger Vater!
Laß, Gott, deiner Herrlichkeit Spur von weitem uns anschaun!
Selima sprach's und fiel mit den Seelen aufs Angesicht nieder.
Auf der anderen Seite des Sonnenweges erhub sich
Auf den glänzenden Wagen Eloa, worauf er Elias
Einst in den Himmel brachte, worauf er, Führer der Engel,
Dothan, auf deinen Bergen entwölkt von Elisa gesehn ward.
Seraph Eloa stand hoch auf dem Wagen. Ihm kam in das Antlitz
Durch die Himmel entgegen ein tausendstimmiger Sturmwind.
Da erklang's um die goldenen Achsen, da flog ihm das Haupthaar
Und das Gewand wie Wolken zurück. Mit der Ruhe der Stärke
Stand der Unsterbliche da. In der hochgehobenen Rechten
Hielt er ein Wetter empor. Bei jedem erhabnen Gedanken
Donnert' er aus dem Wetter hervor. So folgt' er Jehova.
Tausend Sonnenmeilen (der Raum von Sonne zu Sonne
Ist von jeder das Maß); die Ferne folgte der Seraph.
Gott ging jetzt durch die Sterne, die Milchstraße wir nennen,
Aber bei den Unsterblichen heißt sie die Ruhstatt Gottes.
Denn, da der erste himmlische Sabbath vollendet die Welt sah,
Stand der Ewige dort und schaute den werdenden Sabbath.
Gott ging nah an einem Gestirne, wo Menschen waren,
Menschen wie wir von Gestalt, doch voll Unschuld, nicht sterbliche Menschen.
Und ihr Vater stand in freudiger männlicher Jugend,
Ob in dem Rücken des Jünglings gleich Jahrhunderte waren,
Unter seinen unausgearteten Kindern. Das Auge
War ihm nicht dunkel geworden, die seligen Enkel zu schauen,
Noch zu der Freudenthräne versiegt. Sein hörendes Ohr war
Nicht verschlossen, die Stimme des Schöpfers, der Seraphim Stimme
Und aus der Engel Munde dich, Vaternamen, zu hören.
An der Rechten des Liebenden stand die Mutter der Menschen,
Seiner Kinder, so schön, als ob der bildende Schöpfer
Ihres Mannes Umarmungen jetzt die Unsterbliche brächte,
Unter ihren blühenden Töchtern der Männinnen Schönste.
An der linken Seite stand ihm sein erstgeborner,

Würdiger Sohn, nach dem Bilde des Vaters, voll himmlischer Unschuld.
Ausgebreitet zu seinen Füßen, auf lachenden Hügeln,
Leichtumkränzet mit Blumen ihr Haar, das lockiger wurde,
Und mit klopfendem Herzen, des Vaters Tugend zu folgen,
Saßen die jüngsten Enkel. Die Mütter brachten sie, eines
Frühlinges alt, der ersten Umarmung des segnenden Vaters.
Und er hub von dem seligen Anblick sein Auge gen Himmel,
Sah Gott wandeln und neigte sich tief und rufť und sagte:
Das ist Gott, versammelte Kinder, der mich und euch Alle
Zu Lebendigen schuf, der jene Thäler mit Blumen,
Diese Berge mit Wolken umkränzte. Doch gab er dem Thal nicht,
Nicht dem Berg unsterbliche Seelen; die gab er euch, Kinder!
Auch gab er dem Gebirg und dem Thale die schöne Gestalt nicht,
Die ihr habt, nicht die menschliche Bildung, so mächtig, der Seele
Tiefstes Denken herunter zu sagen vom redenden Antlitz,
Keinen freudigen Blick, so gen Himmel dankbar hinaufschaut,
Stimmen nicht, mitanbetend der Seraphim Lieder zu singen.
Der erschien in dem wehenden Hain mir des Paradieses,
Als er aus Erde zum Menschen mich schuf, der führte mich segnend
Eurer Mutter Umarmungen zu. Sprich, Ceder, und rausche!
Sprich! Denn unter dir sah ich ihn wandeln. Reißender Strom, steh'!
Steh' dort! Denn da ging er hinüber. Du sanfteres Athmen
Stiller Winde, lisple von ihm, wie du lispeltest, als er,
Ach, der Unendliche, lächelnd von jenen Hügeln herabkam!
Steh' vor ihm, Erd', und wandle nicht fort, wie ehmals du standest,
Als er über dir ging, als sein erhabneres Antlitz
Wandelnde Himmel umflossen, als seine göttliche Rechte
Sonnen hielt und wog, und Morgensterne die Linke!
Darf ich mich unterwinden, von neuem dich anzublicken,
Ewiger? Aber gebeut, daß jene Mitternacht flieh',
Welche dich, Vater, umgibt! Ach, laß dein Auge nicht füllen
Diesen schreckenden Ernst, den kein Unsterblicher schaun kann!
Ach, wer müssen sie seyn, auf die dieß Antlitz sich rüstet
Und dieß Auge voll Zorn? Wahrhaftig, keine Geschöpfe,
Die du liebst; ein unseliges Volk von Geistern, die fielen
Und es wagten (ich kann den Gedanken nicht denken), es wagten,
Gott zu erzürnen. Vernehmt es denn, Kinder! Lange verschwieg ich's,
Eure selige Ruh' durch keine Wehmuth zu stören:
Ferne von uns auf der Erden einer sind Menschen wie wir sind,
Nach der Bildung, allein der anerschaffenen Unschuld
Und des göttlichen Bildes beraubt, ach, sterbliche Menschen.
Ihr erstaunet darüber, wie der kann ein Sterblicher werden,

Welchen Gott gewürdiget hat, ihn ewig zu schaffen.
Nicht ihr Geist ist sterblich, der ewige Geist nicht; der Leib nur
Wird zur Erde, woraus er gemacht war. Das nennen sie Sterben.
Ihrer Schöne beraubt, der anerschaffenen Unschuld,
Tritt alsdann vor Gottes Gericht die entflohene Seele
Und vernimmt ein erschreckliches Urtheil. Ernster Gedanke,
Fleuch! Dich denke nur Gott, der Wesen Schöpfer und Richter!
Das schon ist schrecklich genug für einen Unsterblichen, Sterben,
Das zu denken. Dem Sterbenden bricht das Auge und starret,
Sieht nicht mehr. Ihm schwindet das Antlitz der Erd' und des Himmels
Tief in die Nacht. Er höret nicht mehr die Stimme des Menschen,
Noch die zärtliche Klage der Freundschaft. Er selbst kann nicht reden,
Kaum noch mit bebender Zunge den bangen Abschied stammeln,
Athmet tiefer herauf, und kalter, ängstlicher Schweiß läuft
Ueber sein Antlitz. Das Herz schlägt langsam, dann steht's, dann stirbt er.
In der liebenden Mutter Arm, die gern mit ihr stürbe
Und nicht sterben kann, stirbt die Tochter. Umfaßt von dem Vater
Und an das Herz gedrückt, stirbt, ach, der Jüngling im Aufblühn,
Seines Vaters einziger Sohn. Vor jammernden Kindern
Sterben Aeltern, ihr Trost und die Stütze der wankenden Jahre.
In ihr Elend vertieft, stirbt eine theure Geliebte
An des zärtlichen Jünglings Brust. Die himmlische Liebe,
Und was sie von sanften und edlen Empfindungen eingibt,
Ist, doch nur wie ein Schattengebilde, wenigen Bessern
Von der Unschuld übrig geblieben; aber nicht lange,
Ach, nicht lang', und sie sterben, und Gott erbarmt sich nicht ihrer,
Nicht des abschiednehmenden Lächelns der frommen Geliebten,
Nicht der brechenden Augen, die gern noch weinten, der Angst nicht,
Die sie betet und Gott nur um eine Stunde noch anfleht,
Nicht der Verzweiflung des bebenden Jünglings, der stumm sie umarmt hält,
Deiner auch nicht, bekümmerte Tugend, welcher die Liebe
Und ihr zartes Gefühl die beiden Sterblichen weihte.
Also sagt' er. Ihn unterbrach wehmüthiges Weinen
Seiner Kinder um ihn. Die Väter drückten die Söhne,
Und die Mütter die Töchter, geschreckt, an die schlagenden Herzen.
Knaben faßten das Knie sich niederbiegender Väter
Und entküßten dem Auge der Väter die männliche Thräne.
Hand in Hand saß Schwester und Bruder und sahen sich bang an.
Und, an der theuren Geliebten Brust herunter gesunken,
Lagen, bebten unsterbliche Jünglinge, fühlten das Leben
Von den Herzen der himmlischen Mädchen gewaltiger schlagen.
Doch es ermannte sich wieder der Vater der heiligen Menschen.
Liebend an ihn gelehnt stand ihre Mutter. Er sagte:

Wenn es nur diese nicht sind, zu denen im Zorn Gott hingeht,
Gegen deren unheiliges Antlitz der Ewige wandelt!
Ach, sie haben vielleicht zu sehr den Richter entrüstet,
Und er ist herab gestiegen, sie Alle zu tödten.
Unser Brudergeschlecht, einst auch unsterbliche Menschen,
Wenn ihr es wüßtet, wie sehr wir euch lieben, und unsere Wehmuth
Ueber euch; so hättet ihr nicht den Richter gezwungen,
Von dem Himmel herab zu steigen, euch Alle zu tödten.
Unser Brudergeschlecht, wenn ja die Erde dein Grab wird,
Und auf einmal dich Gott in ihre Tiefen herabstürzt;
O, so wollen wir hier die Todten Gottes beweinen,
Oft hinab zu der Erde, der Ruhstatt ihres Gebeins, sehn.
Aber du hast ja diesem Geschlecht, o Vater, den Gottmensch,
Deinen erhabnen Messias, gesandt; — ach, willst du sie richten?
Davon reden sie alle, die Seraphim, wenn sie hier wandeln,
Und die feiernden Himmel umher. Der soll sie erlösen.
Deine Todten sollen dereinst zu dem Leben erwachen.
Und wir sollen sie sehn; — ach, willst du, Vater, sie richten?
Seht, er wendet sein Antlitz von mir und steiget, noch furchtbar,
Immer noch furchtbar und ernst, gerade zur Erd' hinunter.
Wunderbar sind, Gott, deine Gerichte, dein ewiger Weg ist
Dunkel vor uns; du aber bist heilig und ewig dir selbst gleich.
Halleluja, mein Schöpfer! Dir beten unsterbliche Menschen
Von der heiligen Erde, dir beten sterbliche Menschen,
Die du tödtest, im Staube gebückt. Der weisere Seraph
Betet dir, Gott, das Antlitz umhüllt, am ewigen Throne.
Also sagt' er und sah der Herrlichkeit Gottes von fern nach.
Jetzo nahete Gott der Erde sich. Seraph Eloa
Sah Gott und den Messias von einem Wolkengebirge.
Und er hielt in den Wolken, stand da und donnert' und sagte:
Sohn des Vaters, wie groß mußt du seyn, dieß Gericht zu ertragen!
Ach, wenn doch in der Endlichkeit Raum die Erkenntnisse strahlten,
Dieß Geheimniß zu fassen und diese Tiefen zu schauen,
Gottheit! Schweig', Eloa! Verhülle dich, anzubeten!
Heil dir, Menschengeschlecht! Bald wirst du selig wie ich seyn.
Also sprach Eloa und stand mit verbreiteten Armen,
Gegen die Erde gekehrt, und segnete bei sich die Erde.
Gott ging nach dem Tabor hinab und schaute die Erd an
Aus der Mitternacht, in die er einsam gehüllt war.
Und er sahe der Erd' Antlitz mit Götzenaltären,
Sah es mit Sündern bedeckt; auf ihren weiten Gefilden
Ausgebreitet den Tod, des Richters ewigen Zeugen;
Alle Sünden, vom Anbeginn der Schöpfung herunter
Bis zum Gericht, der Götzensklaven, der Diener Jehova's.
Und die schrecklicheren der Christen erhuben sich bebend

In die Wolken empor, zu dem schauenden Antlitz des Richters.
Hingerissen vor Gott, aus ihren Nächten gehoben,
Aus den Tiefen, in die sie begräbt das Herz der Empörer
Wider den, der es schuf, mit dauernder Schande gebrandmarkt,
Kamen sie alle, die auch, so der fliegende, schnelle Gedanke
Oder zartes Gefühl in dem dünnen Gewebe verdeckten.
Und es führten das nächtliche Heer die Sünden der hohen
Und weitgränzenden Seelen, die dich in der himmlischen Schönheit,
Fromme Tugend, sahn, doch deinem Lächeln nicht folgten
Zwar voll leises Gefühls, dich doch entweihten. Sie gingen,
Aufgethürmt in Riesengestalten und näher dem Donner.
Alle rief mit allmächtiger Stimme das ernste Gewissen
Hin vor Gott, nannt' alle mit Namen, die namenlos waren
Unter dem Menschengeschlecht, das sich täuscht und die Zeugin verkennet
Zwischen ihnen und Gott, des Todes nahende Stunde.
Da erhub in dem Himmel sich allgemeines Verklagen.
Auf den zitternden Flügeln der Winde Gottes erklangen
Stille Seufzer der leidenden Tugend, ein einsames Jammern.
Gleich dem kommenden Meer ertönte der Sterbenden Winseln
Von dem Schlachtfeld her und zeugete gegen Erobrer.
Siehe, dem Blute der Märtyrer ward die Stimme des Donners
Und der Gewitter Gottes gegeben; es rief durch die Himmel:
Du, der ruht auf dem Thron und hält des Weltgerichts Wagschal'
In der furchtbaren Hand, ich bin unschuldig vergossen;
Ich bin heiliges Blut, um deinetwillen vergossen.
Jetzt denkt Gott sich selbst und das Geisterheer, das ihm treu blieb,
Und den Sünder, das Menschengeschlecht. Da zürnet er. Ruhend
Hoch auf Tabor, hält er den tieferzitternden Erdkreis,
Daß der Staub nicht vor ihm in das Unermeßliche stäube;
Wendet gegen Eloa darauf sein schauendes Antlitz.
Und der Seraph versteht die Red' in dem Antlitz Jehova's,
Steigt von dem Tabor gen Himmel. So hub von der Hütte des Bundes
Sich die Führerin weg, die himmelstützende Wolke,
Wenn das Volk, der sichtbare Zeuge von Bethlehems Sohne,
Seine Gezelte von Oede zu Oed' auf Moses Gebot trug.
Und der Gesendete stand auf einer Mitternacht still,
Schaute zum Oelberg nieder, erhub die Donnerposaune,
Tönte des Weltgerichts Entsetzen aus der Posaune,
Rufte gegen die Erd' und sprach: Bei dem furchtbaren Namen
Dessen, der ewig ist und seiner Gerechtigkeit Dauer
Mit Unendlichkeit maß, der hält die Schlüssel des Abgrunds,
Der mit rügender Flamme die Hölle, den Tod mit Allmacht
Und mit Gericht bewaffnet! Ist Einer unter den Himmeln,
Welcher statt des Menschengeschlechts im Gericht will erscheinen,
Dieser komme vor Gott! So ruft' Eloa vom Himmel.

Und der Gottmensch schaute dem hohen Seraph ins Antlitz,
Hörte den Klang der Posaune. Da ging er mit schnellerem Schritte
In Gethsemane fort. Noch folgten ihm drei von den Jüngern
In die schreckende Nacht. Er entriß sich ihnen und eilte
Ganz in das Einsame hin. Jehova hub das Gericht an.
In das Heilige hast du mich zwar, Sionitin, geführet,
Aber nicht in das Allerheiligste. Hätt' ich die Hoheit
Eines Propheten, zu fassen die ewige Seele des Menschen
Und mit gewaltigem Arm sie fortzureißen; und hätt' ich
Eines Seraphs erhabene Stimme, mit welcher er Gott singt;
Tönete mir von dem Munde die schreckenvolle Posaune,
Die auf Sina erklang, daß unter ihr bebte des Bergs Fuß;
Sprächen der Cherubim Donner aus mir, Gedanken zu sagen,
Deren Hoheit selbst der Posaune Ton nicht erreichte; —
Dennoch ersänk' ich, du Gottversöhnter, dein Leiden zu singen,
Als mit dem Tode du rangst, als unerbittlich dein Gott war.
Der du des ersten Bundes Propheten, den Kühnsten der Beter,
Als er bat, von Antlitz zu sehn zu Antlitz Jehova,
In der Höhle verbargst, bis vor ihm die Herrlichkeit Gottes
War vorübergegangen, und er in der Ferne die Schönheit
Dessen, der ewig ist, sah, und ihm Gottes Stimme von Gott sprach; —
Geist des Vaters und Sohns, ich bin dem Tode bestimmter,
Mehr von Staub, als Moses; o, laß in meiner Entfernung
Mich, von deinem umschattenden Flügel ins Dunkle gesichert,
Gott, den leidenden Sohn in seiner Todesangst sehn!
Ueber den Staub der Erde gebückt, die im Graun vor dem Richter,
Gegen sein Antlitz herauf mit stillem Schauer erbebte
Und im Beben den Staub zahlloser Kinder von Adam,
Alle verdorrte Gebeine der todten Sünder, bewegte,
Lag der Messias, mit Augen, die, starr auf Tabor gerichtet,
Nichts Erschaffenes sahn, des Richtenden Antlitz nur schauten,
Bang, mit Todesschweiße bedeckt, mit gerungenen Händen,
Sprachlos, aber gedrängt von Empfindungen. Stark wie der Tod trifft,
Schnell wie Gottes Gedanken, erschütterten Schauer auf Schauer,
Auf Empfindung Empfindung, des ewigen Todes Empfindung,
Den, der Gott war und Mensch. Er lag und fühlt' und verstummte.
Aber, da immer bänger die Bangigkeit, heißer die Angst ward,
Dunkler die Nacht, gewaltiger klang die Donnerposaune;
Da stets tiefer bebte der Tabor unter Jehova;
Statt des Todesschweißes vom Antlitz des Leidenden Blut rann; —
Hub er vom Staube sich auf und streckte gen Himmel die Arm' aus;
Thränen flossen ins Blut; er betete laut zu dem Richter:
Vater, die Welt war noch nicht. . . Bald starb der Erste der Menschen;
Bald ward jede der Stunden mit sterbenden Sündern bezeichnet.

Ganze Jahrhunderte sind, von deinem Fluche belastet,
Also vorübergegangen. Nun ist sie, Vater, gekommen;
Da die Welt noch nicht war, da noch kein Todter verwes'te,
Wurde sie schon, die selige Stunde des Leidens, erkoren,
Und nun ist sie gekommen. O, seyd mir, Schlafende Gottes,
Seyd mir in euren Grüften gesegnet! Ihr werdet erwachen.
Ach, wie fühl' ich der Sterblichkeit Loos! Auch ich bin geboren,
Daß ich sterbe. Der du den Arm des Richters emporhältst,
Und mein Gebein von Erde mit deinen Schrecken erschütterst,
Laß die Stunde der Angst mit schnellerem Fluge vorbeigehn!
Vater, es ist dir Alles möglich; ach, laß sie vorbeigehn!
Ganz von deinem Zorn, von deinen Schrecken gefüllet,
Hast du mit ausgebreitetem Arm den Kelch der Leiden
Ueber mich ausgegossen. Ich bin ganz einsam, von Allen,
Die ich liebe, den Engeln, den Mehrgeliebten, den Menschen,
Meinen Brüdern, von dir, von dir, mein Vater, verlassen.
Schau', wo du richtest, ins Elend herab! Jehova, wer sind wir,
Adams Kinder und ich? Laß ab, die Schrecken des Todes
Ueber mich auszugießen! Doch nicht mein Wille geschehe;
Vater, dein Wille gescheh'! Mein hingeheftetes Auge
Schauet aus in die Nacht und kann nicht weinen; mein Arm bebt,
Starrt nach Hülfe gen Himmel empor; ich sink' auf die Erde; —
Sie ist Grab! Er ruft durch alle Tiefen der Seele
Laut ein Gedanke dem andern: ich sey von dem Vater verworfen.
Ach, da der Tod noch nicht war; da noch die Stille des Vaters
Ruht' auf dem Sohne; da Adam ward, daß er ewig lebte;
Aber mein Erdegebein trägt auch die Gottheit. Ich leide;
Ich bin ewig wie du. Es gescheh', o Vater, dein Wille!
Also sprach er und richtete sich von seinem Gebet auf,
Stützt' auf die wankende Rechte sich nieder und schaut' in die Nacht hin.
Und da gingen ihm vor den Gedanken des ewigen Todes
Schreckengestalten vorüber. Er sah die verworfenen Seelen,
Welche der Schöpfung Tage, dem Rufer zur Ewigkeit, fluchten,
Hörte das dumpfe Geheul des wiederhallenden Abgrunds,
Donnernde Ströme, von Felsen herab in die Tiefe sich stürzend,
Auf den donnernden Strömen der Angst geflügelte Stimme,
Sanftere Flüsse, die täuschend die Seelen zur Ruh' einluden,
Zu dem Entschlummern ins Nichts. Dann stieg die Qual der Getäuschten;
Dann, in einen unendlichen Seufzer der alten Verzweiflung
Ausgegossen, empörte die Stimme des Menschengeschlechts sich,
Klagte der Schöpfung den Schöpfer an, verwünschte sein Daseyn,
Und daß er ewig sey. Ihr Elend fühlte der Gottmensch.
Lange schon hatt' auf ihn hin von einem verödeten Felsen
Adramelech geschaut. Jetzt stieg er herab von dem Felsen,
Blickt' auf die Erde. Da sah er vor sich in rauchendem Blute

Einen Mörder, der sich erwürgte. Der Schrei der Verzweiflung,
Jammernde Seufzer der wiederkehrenden Menschlichkeit füllten
Jeden Hügel umher. Von dieser Stimme begleitet,
Nahte sich Adramelech und stand, des Messias zu spotten.
Mit vernichtendem Stolz in dem hohen Auge gerüstet
Und in Meere verruchter Gedanken, in sich, verloren,
Stand er und feu'rte sich an, die Gedanken tönen zu lassen,
Wie ein Strom sich ergeußt, die Donnerwolke daherrauscht.
Aber es wandte der hohe Messias sein Angesicht, sah ihn
An mit der Miene des Weltgerichts. Der Wüthende fühlte,
Wer ihn ansah, bebt' ohnmächtig zurück in sein Elend.
Mitten in einem verruchten emporgethürmten Gedanken
Blieb er gedankenlos stehn. Nur diese Leerheit empfand er,
Sahe den Fels, die Erde nicht mehr, nicht mehr den Messias,
Nur sich selber. Zuletzt vermocht' er kaum zu entfliehen.
Drauf verließ der Messias der Leiden traurige Stille,
Wandte sich zu den schlafenden Jüngern, nach diesem Leiden,
Dieser einsamen Qual, der Menschen Antlitz zu sehen.
Mit dem Anblick der Menschen, mit diesem Troste zufrieden,
Ging der Erlöser und nahte sich still den schlafenden Jüngern.
Aber ihm jauchzten die Himmel umher und fei'rten den Sabbath,
Seit der Schöpfung den zweiten, der heiliger ist, als der erste.
Wenn der Gerichtstag untergegangen ist, gehet der dritt' auf;
Ewigkeit heißet sein Maß, sein erster Fei'rer Messias.
Jetzo fei'rten die Himmel des Sabbaths heiligste Stunden.
Alle wußten, daß jetzt der ewige Hohepriester
In dem Allerheiligsten war, die Versöhnung zu stiften.
Denn Eloa hatte gesagt und also gesprochen:
Wenn wird tönen um euch der Pole Donnern, mit ihnen
Dann der Welten Gesang, in Stimmen der Meere verwandelt,
Brausend vorübergehn; wenn aus ihren Kreisen die Sterne,
Tausend Sonnenmeilen herauf und tausend hinunter,
Werden erzittern durch die Unendlichkeit; über euch kommen
Schauer von Gott, und eurem Haupt die goldenen Kronen
Schnell entsinken, und unter euch beben die goldenen Stühle; —
Dann, dann richtet das ernste Gericht; dann leidet der Gottmensch.
Jetzo sangen die Himmel: Sie ist, der erhabensten Leiden
Erste Stunde, die ewige Ruh' den Heiligen brachte,
Jetzo ist sie vorübergegangen. So sangen die Himmel.
Aber es stand der Messias vor seinen Jüngern und sah sie
Tief im Schlafe. Noch füllte der Ernst des hohen Jakobus
Glühendes Antlitz. So schlummert ein Christ, wenn dem Tod er nahet,
Ruhig und ernst. An den sanften Johannes lehnte sich Petrus,
Nicht wie Johannes voll lächelnder Ruh'; um den Jünger der Liebe
Schwebeten Salems Erscheinungen noch. Jetzt rief der Messias:

Simon Petrus, du schläfst? Vermagst du mit mir, da ich leide,
Auch nicht eine Stunde zu wachen? Ach, bald wird die Ruhe,
Bald der Schlummer nicht mehr dein weinendes Auge bedecken.
Wachet und betet, damit der Versucher nicht über euch komme!
Zwar ihr wolltet es gern; allein auch ihr seyd Erde,
Und den himmlischen Geist drückt noch der Sterblichkeit Bürde.
Also sah er die Drei. In einer weiteren Aussicht
Sah er mit einem unendlichen Blick die Geschlechte der Menschen,
Aller derer, die sündigten, starben und auferstehen,
Ging dann wieder in das Gericht, für Alle zu leiden.
Aber seitwärts an dem Gebirge kam Abbadona
In den Hüllen der schweigenden Nacht und sprach zu sich selber:
Ach, wo werd' ich endlich ihn finden, den Mann, den Versöhner?
Zwar ich bin unwürdig, zu sehen den Besten der Menschen;
Aber ihn hat doch Satan gesehen. Wo soll ich dich suchen,
Und wo find' ich endlich dich auf, Mann Gottes, Versöhner?
Alle Wüsten hab' ich durchirrt; ich bin zu den Quellen
Aller Flüsse gegangen; in aller dämmernden Haine
Einsamkeit hat sich mein Fuß mit leisem Beben verloren.
Zu der Ceder hab' ich gesagt: Verbirgst du ihn Ceder,
O, so rausche mir zu! Ich sprach zu dem hangenden Berge:
Neige dich, einsamer Berg, nach meinen Thränen herunter,
Daß ich sehe den göttlichen Mann, der etwa dort schlummert!
Ihn hat, dacht' ich, vielleicht mit stiller Sorge sein Schöpfer
Unter schattende Decken der Abendwolke geleitet;
Ihn hat die Weisheit vielleicht und menschenfliehender Tiefsinn
In die Höhlen der Erde geführt. Doch er war nicht am Himmel,
Nicht in der Erde Schooß. Ich bin unwürdig, dein Antlitz,
Ach, unwürdig, die Blicke zu sehn, mit welchen du lächelst,
Bild der Gottheit, unsterblicher Mensch! Du erlösest nur Menschen;
Mich erlösest du nicht. Du hörst die jammernde Stimme
Meiner Ewigkeit nicht. Ach, du erlösest nur Menschen.
Also sagt' er und sahe vor sich die schlafenden Jünger.
Und es lag der schöne Johannes in lächelndem Schlummer
Nahe vor ihm. Er sah ihn und trat mit zitterndem Fuße
Fürchtend zurück. Kaum wagt' er zuletzt still also zu sagen:
Wenn du es bist, den ich suche, du dieser göttliche Mensch bist,
Der, sein Geschlecht zu erlösen, erschien; so sey mir mit Thränen,
Sey mir in deiner Schöne voll Huld mit ewigen Thränen
Und mit bangen unsterblichen Seufzern, Erlöser, gegrüßet!
Wahrlich in deinem Gesicht sind Züge der himmlischen Unschuld,
Laute Zeugen von einer bewundernswürdigen Seele.
Ja, du bist es! Dich hab' ich gesucht. Wie athmet die Ruhe,
Deiner Tugend Belohnung, aus dir! Ein Schauer befällt mich,
Da ich sehe die Ruh', die aus voller Seele dir zuströmt.
Wende dein Antlitz, oder ich muß wegsehen und weinen!

Also sprach er. Indem er noch redete, wandte sich Petrus
Aengstlich gegen Johannes und rief, da er itzo erwacht war:
Ach, Johannes, ich sah im Traum den Meister! Er sah mich
Ernst mit Blicken voll Drohungen an, mit Blicken des Mitleids.
Dieses vernahm der Seraph und blieb voll Verwunderung stehen.
Ihn umgab die Stille der Nacht und er hörte von fern her,
Durch die schauernde Stille wie eines Sterbenden Stimme.
Und er neigte sein forschendes Ohr nach dem Orte der Stimme,
Wo sie herkam, neigte sich tiefer und hörte sie werden
Immer trauervoller und fürchterlicher. Da stand er
Bang und erstaunt, da bebte sein Herz von diesen Gedanken:
Soll ich gehn und schauen den Mann, der dort mit dem Tode
Und mit Gedanken von jenem Gericht in schreckender Angst ringt?
Soll ich sehen das Blut des Erschlagnen? Vielleicht, daß er ruhig
In den Schatten der Nacht forteilete, stammelnde Kinder
An dem Halse der Mutter mit Vaterfreuden zu grüßen; —
Da erschlug ihn ein lauernder Feind, ein Mörder im Dunklen,
Und es war doch vielleicht gekrönt sein Wandel mit Unschuld
Und sein Thun mit Weisheit geschmückt. Ach, soll ich ihn sehen?
Soll ich sehen des Sterbenden Angst, die brechenden Augen
Und die Todesblässe der Wangen, die jetzo verblüht sind?
Soll ich hören der Seufzer Getön, den rufenden Donner
Seiner Stimme, mit welcher er stirbt? Ach, Blut des Erschlagnen,
Furchtbares Blut des unschuldigen Mannes, auch du bist ein Zeuge
Wider mich vor jenem Gericht, das Erbarmung nicht kennet;
Auch ich habe zum Tode die Kinder Adams verleitet.
Blut, du Blut unschuldiger Menschen, das jemals vergossen
Ward und lange Jahrhunderte noch vergossen wird werden,
Laß von mir ab! Ich höre die Stimme, mit der du donnerst.
Ach, ich höre dein furchtbares Seufzen, mit dem du zu Gott schreist,
Rache forderst und mich der ewigen Rache dahingibst.
Ich muß schauen dahin, wo deine Verwesungen ruhen!
Kinder Adams, auf euer Gebein, dahin muß ich schauen.
Mein Gewissen ergreift mein weggewendetes Antlitz
Wie ein Krieger und wendet es, kehrt es dahin, wo die Todten,
Die auch ich erschlug, im stillen Grabe verwesen.
Todesstille, mich schauert vor dir! Er kommt nicht im Stillen,
Nicht in dieser ruhenden Nacht, der gegen mich wüthet.
Donnernd geht er in Wolken daher; sein Schritt ist ein Wetter,
Seines Mundes Gespräch ist Tod, ist Gericht ohn' Erbarmen.
Also dacht' er und nahte sich säumend des Sterbenden Stimme.
Jetzo sah er von fern den Messias; doch sah er sein Antlitz
Und die blutende Stirne noch nicht. Es lag der Messias
Auf dem Antlitz und betete still mit ringenden Händen.
Abbadona schwebte von fern am ruhenden Boden
Um den Messias herum. Indem trat Gabriel langsam

Aus den dichten Schatten hervor, in die er gehüllt war.
Abbadona bebte zurück. Der himmlische Seraph
Trat herzu und neigte sein Ohr zu dem Mittler herunter,
Hielt in dem ernsthinschauenden Auge voll tiefer Ehrfurcht
Eine menschliche Thräne zurück, stand denkend und hörte
Nach dem Messias herab, und mit dem Ohre, mit dem er,
Tausendmaltausend Meilen entfernt, den Ewigen wandeln
Hört und am Himmel herunter die Orionen in Jubel,
Hört' er das langsam wallende Blut des betenden Mittlers
Bang von Ader fließen zu Ader. Lauter vernahm er
In den Tiefen des göttlichen Herzens betende Seufzer,
Unaussprechliche, himmlische, sie, dem Ohre des Vaters
Mehr, als aller Geschöpfe Gesang, die ewig ihn singen,
Herrlicher, als die Stimme, die schuf, so erhaben ihm selber
Gott Jehova erklingt, wenn er Jehova sich nennet.
Also vernahm der Messias geheimes Leiden der Seraph.
Und er hub sich von ihm empor, trat schauernd seitwärts,
Faltete hoch die Hände zu Gott und schaute gen Himmel.
Abbadona blickte kaum auf, da er Gabriel sahe,
Ach, auf einmal über sich sah der Himmlischen Schaaren,
Ihrer Augen Gebet und ihres Schweigens Gedanken,
All' ein Antlitz, auf dich, o Messias, herunter gerichtet.
Und der Verworfene schauert' und senkte Blicke der Ohnmacht
Auf den Messias, der jetzt aus dem noch blutigen Staube
Und dem Todesweiße sein Antlitz langsam emporhub.
Mit dem Anblick umströmt des Todes Nacht den Geschreckten.
Da er wieder zu denken vermag, da denket er also;
Jetzt verschließt er die bangen Gedanken; itzt läßt er sie jammernd
Durch die Schauer der Nacht in vollen Seufzern ertönen:
O du, der du vor mir mit dem Tode ringest, wer bist du?
Einer, vom Staube gebildet, ein Sohn der niedrigen Erde,
Die verflucht ward und, reif dem Gericht, vor dem letzten der Tage
Und dem offenen Grabe der alten Vergänglichkeit zittert?
Einer, von diesem Staube gebildet? Ja! Doch es decken
Deine Menschheit Schimmer von Gott; was Höhres, als Gräber
Und Verwesung, redet dein Auge. So ist nicht das Antlitz
Eines Sünders, so schaut er nicht hin, der Verworfene Gottes.
Du bist mehr, als ein Mensch. In dir sind Tiefen verborgen,
Deren Abgrund mir unsichtbar ist, Labyrinthe
Gottes. Ich seh' stets mehr in dir. Wer bist du? O, wende
Wende dein Auge von ihm, Verworfner! Ein schneller Gedanke
Trifft wie ein Donner auf mich, ein schreckender großer Gedanke.
Eine furchtbare Gleichheit erblick' ich. Verlaßt mich, verlaßt mich,
Ahnende Schrecken! Umströmt mich nicht, Schauer des ewigen Todes!
Ach, er gleicht dem ewigen Sohn, der ehmals vom Thron her,
Hoch von dem Thron, auf Flügeln getragen des flammenden Wagens,

Donnernd über uns kam und dicht an unsere Fersen
Heftete seine Verderben und kein Erbarmen nicht kannte,
Da die Unsterblichkeit Fluch, das Leben ewiger Tod ward;
Da die Unschuld der Schöpfung mit allen Freuden des Himmels
Uns auf ewig entfloh, verloren ins Heer der Gerechten;
Da Jehova nicht Vater mehr war. Ich wandte mein Antlitz
Einmal bebend herum und sah ihn hinter mir kommen,
Sah den furchtbaren Sohn, des Donneres schauendes Auge.
Hoch stand er auf dem flammenden Wagen; die Mitternacht stand
Unten, unten der Tod. Ihn hatte gewaffnet mit Allmacht
Gott, mit Verderben gerüstet den Allbarmherzigen. Weh' mir,
Wehe! Den Schwung der strafenden Rechte, des Donnernden Wurf rief,
Bebte die bange Natur in allen Tiefen der Schöpfung
Schauernd nach. Ich sah ihn nicht mehr; mein Auge verlor sich
Tief in die Nacht. So schlummert' ich hin, durch Sturm und durch Donner
Hin und das Weinen der bangen Natur, im Gefühl der Verzweiflung,
Und unsterblich. Noch seh' ich ihn, noch. Ihm gleichet das Antlitz
Dieses Mannes, im Staube gebückt, der mehr, als ein Mensch, ist.
Ist er, ach, ist er des Ewigen Sohn, der gegebne Messias,
Jener Richter? Aber er leidet, er ringt mit dem Tode?
Er, der stand auf dem Flammenwagen, ringt mit dem Tode!
Ohne Maß ist die Angst, die seine göttliche Seele
Rings erschüttert; er jammert im Staube, die steigenden Adern
Bluten Todesangst. Ich, dem kein Jammer verdeckt ist,
Der ich alle Stufen der Qual und Verzweiflung hinabstieg,
Weiß mit keinem Namen die Angst der Seele zu nennen,
Die er fühlt, ihm mit keiner Empfindung nachzuempfinden
Diesen dauernden Tod. In tiefer, nächtlicher Ferne
Seh' ich neue Gedanken, voll wunderbarer Entdeckung,
Aber in Labyrinthe verirrt, sich gegen mich nähern.
Jener König des Himmels, der Sohn Jehova's, des Vaters
Ewiges Bild, stieg nieder vom Thron in einen Menschen?
Leidet jetzt für die Menschen? Für seine sterblichen Brüder
Gehet er hin ins Gericht? Kann ich mich himmlischer Dinge
Recht noch erinnern, so hab' ich, habe von diesem Geheimniß
Einst was Dunkles im Himmel gehört. Auch zeuget es Satan
Durch das Schlangengezisch von seinen Reden und Thaten.
Und wie nahn die Engel sich ihm, wie betet ihr Antlitz
Und die gefaltete Hand vor ihm an! Auch scheint die Natur hier
Ueberall still zu schauern, als wäre Gott wo zugegen.
Wenn du gehst ins Gericht für deine sterblichen Brüder,
Wenn du bist des ewigen Sohn, o Sohn, so entflieh' ich,
Daß du nicht, wenn du mich siehst vor deinen Füßen hier zittern,
Gegen mich zornig erwachst und auf deinen Thron dich erhebest.
Aber du blickst mich nicht an; doch kennst du mein innerstes Denken.

Darf ich, diesen Gedanken hinauszudenken, es wagen,
Dessen erstes Zittern ich fühle? Du warst der Messias
Für die Menschen und nicht der Messias der höheren Engel.
Ach, wenn du uns gewürdiget hättest, ein Seraph zu werden,
Und so über des Himmels Gefild hinübergebreitet
Lägest, wie hier im Staube du liegst, so in das Gericht gingst,
Unsertwegen in das Gericht des ewigen Vaters,
Faltetest so die Hände zu Gott, zu dem Thron so auffähst;
O, wie wollt' ich alsdann mit aufgehobenen Händen
Gehen um dich herum und mit Hallelujagesängen
Dich, mit der Stimme der Harfenspieler, du Göttlicher, segnen!
Aber, weil ihr es denn seyd, die süßen Lieblinge Gottes,
Kinder Adams, so fasse der Fluch mit ewigem Feuer
Jedes Haupt, das, den Sohn zu verkennen, niedrig genug denkt,
Jedes Herz, das seiner nicht werth, die Tugend entheiligt!
Die ihr kommen werdet, Geschlechte so vieler Erlös'ten,
Wenn ihr entehret das Blut, so von diesem Angesicht rinnet,
Sey es euch zu dem Tode vergossen, zum ewigen Tode!
Ja, euch mein' ich und nenn' euch zugleich bei dem furchtbaren Namen,
Den euch der Unerschaffene gab, unsterbliche Seelen,
Wenn nun auch in euch das Vorgefühl des Gedankens
Mit dem erschütternden Graun der ernsten Ewigkeit strömet,
Dann er selber: daß ihr, gleich uns, verworfen von Gott seyd,
Von dem Ersten und Besten der Wesen, ewig verworfen.
Dann will ich auf die offenen Wunden der ewigen Seelen
Durch die Gefilde voll Elend und Nacht hinschauen und sagen:
Heil dir, ewiger Tod, dich segn' ich, Jammer ohn' Ende!
Zwar ihr Anschaun wird, die selige Ruh' der Erlös'ten,
Die mit weiserer Sorge durch Tugend der Ewigkeit lebten,
Wird von dem Himmel herab mich aus ihrer Herrlichkeit schrecken;
Doch will ich auf die offenen Wunden der ewigen Seelen
Durch die Gefilde voll Elend und Nacht hinschauen und sagen:
Heil dir, ewiger Tod, dich segn' ich, Jammer ohn' Ende!
Aus dem eisernen Arm der Hölle will ich mich reißen,
Gehn zu dem Throne des Richters und rufen mit donnernder Stimme,
Daß es die Erden umher und die Himmel alle vernehmen:
Ich bin ewig wie er. Was hab' ich gethan, daß du ihn nur,
Nur den menschlichen Sünder, und nicht den Engel, versöhntest?
Zwar dich hasset die Hölle; doch ein Verlass'ner ist übrig,
Einer, der edler gesinnt ist und nicht dein Hasser, Jehova;
Einer, der blutende Thränen und Jammer, der nicht gesehn wird,
Ach, zu lange vergebens, zu lange, Gott, vor dir ausgießt,
Satt, geschaffen zu seyn, und der bangen Unsterblichkeit müde.

Abbadona entfloh. Es stand der Messias vom Staube
Jetzt das zweitemal auf, der Menschen Antlitz zu sehen.
Und da sangen die Himmel: Sie ist, der erhabensten Leiden
Zweite Stunde, die ewige Ruhe den Heiligen brachte,
Jetzo ist sie vorübergegangen. So sangen die Himmel.
Aber der Mittler verließ von neuem die schlummernden Jünger,
Ging das drittemal hin, sich dem zum Opfer zu geben,
Der mit gefürchtetem Arme noch stets die Wag' emporhielt,
Todesworte noch stets und des Weltgerichts Fluch aussprach.
Ueber ihn hing, da er litt, die Nacht von dem Himmel herunter,
Eine schreckliche Nacht. So hängt vor dem richtenden Tage
Dunkel von allen Himmeln, dereinst die letzte der Nächte.
Dicht an sie drängt eilend der Tag sich heran. Der Posaune
Donnerhall ruft bald, bald rufet der Schwung der Gebeine
Und das rauschende Feld voll Auferstehung vom Thron her
Jesus, der auch ein Todter einst war, zu der großen Entscheidung.
Aber es schaut' auf den Sohn von dem Tabor der Vater herunter,
Sah des ewigen Todes Geberd' in dem Antlitz des Sohnes.
Unten am Fuß des Berges in mitternächtlicher Stille
Stand Eloa. Er hatte sein Haupt in Wolken verhüllet
Und die denkenden Blicke starr auf die Erde gerichtet.
Gott rief aus den Wolken herab: Eloa! Da eilte
Schweigend ins Dunkle der Seraph hinauf und stand vor der Gottheit.
Da sprach Gott zu Eloa: Hast du die Leiden gesehen,
Die der Ewige litt? Geh', singe dem Sohn ein Triumphlied
Von den Schaaren der Heiligen alle, durch Leiden des Todes
Und mit Blute versöhnt, von dem Halleluja der Himmel,
Wenn er König wird seyn, zu der Rechten Gottes erhoben!
Zitternd erwiedert der Seraph: Wie aber soll ich dich nennen,
Wenn ich geh' zu dem Sohne, die göttliche Botschaft zu bringen?
Gott sprach: Nenne mich Vater! Mit tiefanbetendem Blicke
Und mit heiliggefalteter Hand sprach Seraph Eloa:
Aber, wenn ich von Antlitz zu Antlitz, im blutigen Schweiße
Und in die Leiden des Todes gehüllt, den Gottmensch sehe;
Wenn ich seh' das Gericht in des Sohns erloschner Geberde
Und in der müden Geberde nur dunkel der Göttlichkeit Spuren; —
Werd' ich nicht sprachlos stehn? Wird mir mein schlagendes Herz nicht
Auch den leisesten Laut der himmlischen Lieder versagen?
Werden mich selbst die Schrecknisse Gottes, die Bilder des Todes
Nicht umschatten? Und werd' ich vor ihm in dem Staube nicht liegen?
Vater, sende mich nicht! Ich bin zu gering, dem Messias,
Viel zu endlich, dem leidenden Sohn Triumphe zu singen.

Voller Huld sprach Gott: Wer hub doch über die Himmel
Deinen feurigen Muth? Wer gab dir da dein Triumphlied,
Als an dem Tage des ersten Gerichts das Heer der Verworfnen
Meine Donner verfolgten, du auf den Flügeln der Donner?
Wer ermannte dein Herz, den Tod des Ersten der Menschen
Und mit ihm alle Tode der Kinder Adams zu sehen?
Eil'! Ich führe dich selbst. Und, wenn du mehr auch erzitterst
In der Nähe des Richters der Welt, so wird er dich lehren,
Unter die zitternden Stimmen den Ton der Triumphe zu mischen.
Gott sprach so. Der Seraph ging fort mit dem Rauschen des Jordans
Und mit dem Wehen der Donner von Tabor. Er stieg an dem Oelberg
Langsam herab. Ein furchtbarer Schauer nächtlicher Winde
Trug ihm die betende Stimme des hohen Messias entgegen,
Und ein stilles Zittern befiel den staunenden Seraph.
Aber als er sah des Sterbenden Antlitz, den Blick sah
Voller Gefühl des Gerichts, den Sohn, von dem Vater verlassen;
Stand er, auf die Erde geheftet, des himmlischen Glanzes,
Seiner Schönheit beraubt, nicht mehr der unsterbliche Seraph,
Gleich dem Menschen von Erde gemacht. Der Gottversöhner
Richtete Blicke der Hoheit auf ihn und lächelte Gnade.
Mit dem Anblick ward des Himmels Schimmer dem Seraph
Und der Unsterblichen Schöne von neuem. Er hub wie am Throne
Sich auf goldenen Wolken empor und sang aus den Wolken:
Sohn des Vaters, von welchem Gedanken erweckte dein Blick mich!
Heil mir! Ich bin gewürdiget worden, dir nachzuempfinden,
Was du empfindest; von ferne zu schaun des Versöhners Gedanken,
Die in der Stunde der bängsten Erniedrung der Göttliche denket.
Ueber euch senkt sich die Decke der tiefsten Geheimnisse nieder;
Ganze Himmel voll Nacht, der Einsamkeit Gottes Umschattung,
Hüllen euch ein; kein Endlicher sah Euch, Gedanken der Gottheit!
Und ich bin gewürdiget worden, von fern euch zu schauen,
Aus der gemess'nen Endlichkeit Kreis hinüber zu blicken,
Ich, ein kurzer Gedanke des Unerschaffnen, ein Tropfen
In der Schöpfungen Meer, gleich einer Sonne, die aufgeht
Einem Staube zu leuchten, der schwimmt und Erde genennt wird.
Heil mir, daß ich geschaffen bin! Heil, daß ihr ewig seyd! Heil euch,
Vater und Sohn! Und ihr, die meine Seele noch füllen,
Die mit der Stille der Gegenwart Gottes noch über mich kommen,
Heilige Schauer, fahrt fort, aus meiner Endlichkeit Gränzen
Mich hinüber zu tragen ans Dunkle der Herrlichkeit Gottes!
Ganz empfind' ich, was einst die Auferstehenden fühlen.
Wie aus diesem tiefen Erstaunen der Mittler mich weckte,

Adams Geschlecht, so weckt er dich einst. Dieß freudige Zittern,
Diese Wonne des ewigen Lebens wird über dich kommen.
Sitzen wird dann auf dem Throne, der hier in dem Staube gebückt liegt,
Einen langen, furchtbaren Tag das Gericht der Gerichte
Halten, vollenden den Bund, durch diese Leiden gestiftet.
O, mit welchem Gefühl der neuen Schöpfung, wie selig
Werden, die du versöhntest, dich dann auf dem Thron des Gerichts sehn,
Deine schimmernden Wunden, der Liebe Zeugen, der Liebe
Bis zu dem Tod am Kreuze, mit betendem Auge betrachten
Und dir feiern, dir Halleluja der Ewigkeit singen!
Dann wird schweigen vor ihnen der Todesengel Posaune
Und der Donner am Thron. Es wird die Tiefe sich bücken,
Und gefaltete Hände die Höh' zu dem Richter erheben,
Wird der letzte der Tage den stillverlöschenden Schimmer
Vor dem Throne der Ewigkeit niedersenken, und du wirst
Deine Gerechten um dich versammeln zu deinem Anschaun,
Daß sie dich sehn, wie du bist. Sie werden's fühlen und jauchzen,
Daß sie Unsterbliche sind, und des ewigen Lebens Gedanken,
Weil du sie liebest, erst ganz in seiner Hoheit empfinden.
Also saget er, den des Himmels Heere Jehova,
Rächer nennen, die er verwarf, der Vater sich dir nennt.
Also sang Eloa vom Himmel. Es schaute der Gottmensch
Sanft dem preisenden Seraph ins Angesicht, sanfter auf Tabor.
Aber noch dau'rte das ernste Gericht, die bängsten der Leiden
Ueber ihn auszugießen und kein Erbarmen zu kennen.
Und er neigte sich tief, rang seine Hände gen Himmel
Und verstummte. So windet ein Lamm, geschlachtet am Altar,
Sich in seinem Blut. So lag, umströmt von des Himmels
Ihm nun nächtlichen Wolken, umströmt von Blute, so neigte
Abel sich, als er entschlief und seinen Vater nicht sahe.
Alle Seraphim, welche bis jetzt den Versöhnenden hatten
Angeschaut mit halb gewendetem, bebendem Antlitz,
Konnten den Gottmensch nicht, nicht diese Todesangst mehr
Sehen, fühlten die Endlichkeit, wandten sich ganz und entflohen.
Gabriel nur blieb stehn und verhüllte sich. Auch Eloa
Blieb, sank, neigte sein Haupt in eine trübere Wolke.
Und die Erde stand still. Der Richter richtete. Dreimal
Bebte die Erde, zu fliehn, und dreimal hielt sie Jehova.
Jetzt erhub sich vom Staube der Erd' als Sieger der Gottmensch;
Jetzo sangen die Himmel: Sie ist, der erhabensten Leiden
Dritte Stunde, die ewige Ruh' den Heiligen brachte,
Jetzo ist sie vorübergegangen. So sangen die Himmel.
Und Gott wandte sein Antlitz und stieg zu dem ewigen Thron auf.

Sechster Gesang.

Indem sich Eloa und Gabriel von dem Leiden des Messias am Oelberge unterreden, kömmt Judas und die Schaar, Jesum gefangen zu nehmen. Judas Gedanken bei seiner Annäherung. Der Angriff der Schaar. Nachdem sie, auf des Messias Anrede, wie todt, niedergefallen, und jetzt wieder aufgestanden waren, küßt Judas, wie er verabredet hatte, den Messias, welcher sich darauf binden läßt, Petrum von fernerer Gegenwehr zurückhält, und die Schaar anredet. Unterdeß war die Versammlung der Priester voller Unruh wegen des Ausgangs. Ein Bote kömmt, und erzählt, daß die Schaar vor Jesu todt niedergefallen sey; ein zweiter, die Gefangennehmung des Messias, und die Furcht, in welcher die ihn führende Schaar noch war; und ein dritter, der von dieser Furcht nichts mehr weiß, daß sich Jesus schon dem Palaste nahe. Da der Messias gleichwohl noch nicht kömmt, weil er unterwegs bei Hannas aufgehalten wurde, so geht Philo nebst einigen dahin, Jesum zu Kaiphas zu bringen. Johannes Gedanken, als der Messias zu Kaiphas geführt wird. Der Messias erscheint vor dem Synedrio. Portia, Pilatus Gemahlin, war, Jesum zu sehen, in des Hohenpriesters Palast gekommen. Philo's Anklage des Messias. Da jener zuletzt dem Messias fluchen will, hält ihn, durch ein schnelles Schrecken, ein Todesengel davon ab. Portia bewundert die Art, mit welcher Jesus den Philo anhört. Nun redet Kaiphas. Unterrichtete Zeugen legen ihr Zeugniß ab. Kaiphas Wuth, daß Jesus nicht antwortet. Der Messias sagt zuletzt, daß er der Sohn Gottes, und der Richter der Welt sey. Kaiphas, die übrigen, und vor allen Philo, verdammen ihn zum Tode. Die Wache begeht Grausamkeiten an Jesu. Gabriel und Eloa unterreden sich darüber. Portia wird so sehr gerührt, daß sie sich entfernt, und sich, in ihrer Wehmuth, zu dem ersten der Götter wendet. Petrus war hinausgegangen. Er entdeckt Johanni seine Verläugnung, verläßt ihn, und beweint seinen Fall.

Wie dem sterbenden Weisen, indem des Todes Gefühl ihm
Jede Nerve beschleicht, die festlichen Augenblicke
Theurer werden, als Tage vordem; — denn der Richter gebietet
Nun den letzten Gehorsam und Tugend, welche, geboren
Noch aus brechendem Herzen, ihn auf erhabnere Stufen
Seiner Vollendung erhebt; er zählt die bessren Minuten
Tiefanbetend und krönt mit Thaten sie, Thaten der Seele,
Die durch ewigen Lohn der schauende Richter begnadigt.
Also wurden die Stunden des großen, mystischen Sabbaths
Festlicher, schauervoller und Gott selbst theurer, je näher
Zu dem Altare das Opfer trat, je mehr der Versöhner
Eilte zu bluten und: Werde! der neuen Schöpfung zu rufen
Laut an dem Kreuz, in die Mitternacht sein blutendes Antlitz
Dann zu neigen. Eloa, vom Werth der heiligen Stunden
Hingerissen (sie waren ihm mehr, als die jauchzenden Stunden
Seiner frühen Geburt), so ergriffen, hüllt' er sein Antlitz
Gegen Gabriel auf und sprach zu dem göttlichen Freunde:
Sahst du ihn leiden? Ich bebe noch. Gabriel, sahst du ihn leiden?
Keine Namen im Himmel und keine Sprache der Engel
Nennt mir, was ich empfand. Du hast ihn selber gesehen.

Und was wird er noch leiden! An jedem Augenblick hangen
Ewigkeiten. — Er schwieg. Und Gabriel sprach: Ich vertiefte
Mich Jahrtausende schon, das künftige Wunder zu lernen,
Dunkel es nur zu sehn, nicht auszuforschen; doch irrt' ich.
Laß uns schweigen! Es ist rund um uns heilig. Zwar Gräber
Liegen auch um uns her; doch werden dort Engel erwachen.
Schlummert in Frieden! Aber, o, sieh', wer drüben im Dunklen
Wild mit der Flamme sich naht! Euch sandte die Höll', Empörer!
Welch ein niedriger Haufen! Allein der Schöpfer des Sandkorns
Und der Sonnen, der Ewige, herrscht durch den Wurm und den Seraph.
Und ihr Führer, ihr Führer! Eloa . . . So wird er nicht wandeln,
Wenn die Posaune den Staub aus jenen Hügeln hervorruft,
Die vor dem Richter ihn deckten; so froh wirst dann du nicht wandeln,
Du Verräther! Er sprach's. Der Haufe nahte sich wüthend,
Trug die Flammen empor und irrte mit suchendem Auge
Durchs Labyrinth der Bäum' und der Nacht. Ihn sahe der Gottmensch.
Nun erhub sich die dunkelste Nacht, die über ihn herging,
Wolkig empor, und, als sie sich hub, entflossen ihr Schauer.
Einer ergriff den Verräther. Er trotzte der mächtigen Warnung,
Und so rüstet' er sich: Wo ist er? Die Lieblinge sahn ihn,
Wie sie sagen, auf Tabor in Himmelswolken gekleidet,
Aber in Banden noch nicht. So sollen sie jetzo ihn sehen.
Und sich Hütten der Freuden zu bau'n vergessen. Doch bebst du,
Schauerndes Herz! Kann Kühle der Nacht auch Männer erschüttern?
Schweig', Empörer! Bald ist es gethan. Dann will ich mir Hütten
Nicht im Traume nur bau'n. Er dacht's, und er eilte von neuem.
Als der Mittler die Kommenden sah, da betet' er also
In sich selber: Es ist weit, weit von den ewigen Höhen
Bis zu diesen Sündern herunter. O Weg' in dem Staube,
Die ich wandle! Ich will sie wandeln. Sie werden einst glänzen,
Wenn in diesen Tiefen die Auferstehung erwacht ist,
Und nun ganz das Gericht es enthüllet, warum sie Gott ging.
Judas Ischariot führte den Haufen. Der Priester Befehl war:
Männer zu waffnen und Jesus bei seinen Gräbern zu suchen,
Ihn zu binden und vor die Versammlung zu führen. Es kannte
Judas den Ort des stillen Gebets und der nächtlichen Sorge
Für die Menschen. Er hatte der Schaar ein Zeichen gegeben:
Welchen ich küsse, der ist es. Allein noch erbarmt des Verräthers
Sich die Nacht und läßt ihm noch nicht den entsetzlichen Kuß zu.
Aber nicht lang', und es fiel mit ungeduldigem Grimme
Auf die schlafenden Jünger die Schaar. Da ging der Erlöser
Gegen die Sünder und sprach mit seiner Hoheit: Wen sucht ihr?
Sie ergrimmten und riefen und schwangen die bebenden Fackeln:
Jesus, den Nazaräer! Nun waren die übrigen Jünger

Alle gekommen; nun schauten auf ihn die geflohenen Engel.
Und mit göttlicher Ruh', als wenn er dem Wurme, zu sterben,
Oder dem kommenden Meere, vor ihm zu schweigen, geböte,
Sprach er zur Schaar: Ich bin's! Sie ergriff des Sohnes Allmacht
Und sie sanken betäubt vor seiner Stimme danieder.
Judas sank mit ihnen. So liegen im Felde des Treffens
Todte; so wälzet sich unter den Todten der Grimmigsten Einer,
Wenn aus der stilleren Mitte der Schlacht der denkende Feldherr
Um sich herum (ihm gebot es Gott) Verderben versendet.
Aber itzt war die Betäubung vorüber; itzt hub der Verräther
Von der Erde sich auf. Nun war die schrecklichste Stunde
Seiner Erschaffung, und er ganz nah dem Gerichte gekommen.
Ueber ihm rauscht' ein Todesengel mit nächtlichem Flügel.
Voll verborgenes Grimms, mit aufgeheiterter Miene
Trat er zu dem Messias und küßt' ihn. Er hatt' es vollendet.
Und der Thaten schwärzeste schlich wie ein Schatten zur Hölle.
Aber der Gottmensch sah dem Verräther mitleidig ins Antlitz:
Judas, und du verräthst durch einen Kuß den Messias?
Ach, mein Freund, wärst du nicht gekommen! So sagte der Beste
Unter den Menschen und gab sich der Schaar, sich binden zu lassen.
Petrus sah es. Den Kühneren weckt der Anblick; er reißt sich
Durch die Jünger hervor und verwundet im muthigen Angriff
Einen der Schaar. Dem heilet der Menschenfreund die Wunde,
Schaut auf Petrus herüber und sagt: Sey ruhig, mein Jünger!
Bät' ich meinen Vater um Schutz, es würden vom Himmel
Mächtige Legionen erscheinen, dem Sohne zu dienen.
Aber wie würden alsdann der Propheten Worte vollendet?
Und zu der Schaar, die ihn band: Ihr seyd gerüstet gekommen,
Mich zu fahen, als wär' ich ein Mörder, der Wüthenden Einer,
Die dem Tode bestimmt und durch der Unmenschlichkeit Thaten
Ueber andere Sünder erhöht sind. Ich bin ja im Tempel
Immer um euch gewesen, hab' euch die Wege des Lebens
Und des Todes gelehrt; ihr ließet ruhig mich lehren.
Aber eure Stund' ist gekommen, der Finsterniß Werke
Auszuführen. Er schwieg und war an dem Bache der Cedern.
Unterdeß stand in dem hohen Palast die Versammlung der Priester
Wie auf Wogen der zweifelnden Hoffnung. Ihr sorgendes Murmeln
Stieg von der Höh' des innersten Saals der Marmorgeländer
Zum vielhörenden Ohr des fürchtenden Pöbels hinunter.
Dieser staunte mit starrendem Blick, sprach von dem Propheten
Zitterndes Lob und stammelnde Flüche, vergaß der Bewundrung
Und der goldenen Leuchter, die flammend die Säulen umgaben.
Aber die Priester besprachen sich unter einander: Die Boten
Kommen noch nicht. Wo bleiben die Boten? Vielleicht, daß sie

Und den Haufen verfehlten? Vielleicht wird der schwarze Verräther
Auch zum Verräther an uns? Ach, vielleicht verleitet wie vormals
Durch Blendwerke des Schreckens der Nazaräer die Männer?
Also besprachen sie sich. Da kam ein Bote. Die Haare
Flogen ihm, und die Wange war bleich. Erkaltender Schweiß lief
Ueber sein Antlitz; er rang die bebenden Hände. So sprach er:
Hoherpriester, wir kamen dahin und fanden ihn endlich
Ueber dem Bache, nicht fern von den Gräbern. Das Grauen der Gräber
Schreckt' uns nicht; allein es hingen schwärzere Wolken,
Als ein Mensch noch gesehn hat, am ganzen Himmel herunter.
Und doch drangen die Männer hinein. Ich blieb in der Fern' stehn.
Aber ich sah den Propheten. Da liefen — ich kann's nicht erzählen,
Wie es geschah —, da liefen mir Schauer durch alle Gebeine.
Doch sie erkannten ihn nicht, so nah er auch dastand, und drangen
Auf die Männer um ihn. Da sprach er gewaltig: Wen sucht ihr?
Unsere Männer fürchteten nichts und rufen mit Grimme:
Jesus, den Nazaräer! Da sprach er — noch hör' ich's, noch sinken
Alle Gebeine mir hin —, er rief mit der Stimme des Todes
Gegen uns her: Ich bin's! So sprach die Stimme. Sie stürzten
Auf ihr Angesicht hin. Sie liegen todt da. Nur ich bin
Ihm entronnen, damit ich die Todesbotschaft euch brächte.
Und die Priester hörten des Schreckens Worte den Boten
Sagen und standen entfärbt und blieben starr, wie ein Fels steht,
Stehn. Nur Philo vermag, unüberwältigt vom Schrecken,
Diese Worte zu zürnen: Du bist sein Jünger, Verwegner,
Oder dich täuschte die bildende Nacht. Geöffnete Gräber
Sandten dir Schwindel und Todte. Die Todten sahst du. Die Männer,
Welche wir sendeten, leben und fallen vor Worten nicht nieder.
Als er noch redete, kam ein anderer Bote: Wir haben
Viel gelitten, wir sind vor ihm zu der Erde gesunken;
Denn sein Blick war entsetzlich und Tod in des Redenden Stimme.
Aber dennoch führen wir ihn gebunden. Er gab uns
Selbst die Hände, sich binden zu lassen. Sie führen ihn bebend,
Wissen nicht, ob sie von neuem gebietende Worte des Schreckens
Hören werden. Allein er geht mit geduldiger Stille
Und ist schon in den Mauern Jerusalems. Also der Bote.
Und der Dritte kam an und rief: Gott segne die Väter!
Aber so müssen sie Alle verderben, die wider euch aufstehn,
Alle Feinde des Herrn wie der Galiläer verderben!
Denn wir führen gebunden ihn her mit Banden, die Worte
Nicht auflösen noch lächelnde Mienen. Ihn haben die Seinen
Alle verlassen. Er naht dem Palast. Gott gebe sein Blut euch!

Als der Wüthende schwieg, trat Satan in die Versammlung,
Und die Freude der Hölle mit ihm. Sie fasset die Priester
Schwindelnd, umflattert ihr Auge mit Bildern quellender Wunden
Und des bleichen kommenden Todes, umströmt mit der Stimme
Seiner Qualen ihr Ohr. Er verstummt nun ewig, und über
Seinem Gebein empor erhebt der Heiligen Fuß sich.
Lang' ergriff sie der Taumel; allein noch blieb der Prophet aus.
Und sie wütheten sehr und sandten das zweitemal Boten.
Philo ging mit den Männern. Es hatte die Schaar den Messias
Auf dem Wege zu Hannas, dem Hohenpriester, geführet;
Denn es war der Greis in der Nacht schwerduftenden Stunden
Aufgestanden, zu sehn den Mann, der Juda verwirrte.
Und Johannes folgte von fern. Der friedsame Schlummer
War von dem Aug' ihm entflohn, der Wehmuth Kummer bedeckt' es,
Deckte die bleichere Wange. Zuletzt (er kannte den Priester,
Daß er kein Wüthrich wie Kaiphas war) bezwang er die Wehmuth
Seines Herzens, ging in den Richtsaal, sah den Messias,
Wie er vor Hannas stand. Der Hohepriester befragt' ihn:
Kaiphas wird dich richten. O, wärst du so schuldlos, als, was du
Thatest, ruchtbar ward, so würden die Völker der Erde,
Würde Abrahams Gott und seiner Kinder dich segnen.
Sag' nun selber, was hast du gelehrt? Was hast du für Jünger?
Lehrtest du Moses Gesetz? Und thatest du es? Thaten's die Jünger?
Hannas sprach's und bewunderte Jesus, der mit der Geberde
Eines Propheten vor ihm dastand, mit bescheidener Hoheit,
Unentheiligt vom Stolze. Der Gottmensch würdigt ihn, also
Ihm zu erwiedern: Ich lehrt' in dem Tempel frei vor dem Volke,
Frei vor den Lehrern im Volk. Du fragst mich. Frage die Hörer!
Als er noch sprach, drang Philo herein. Da fuhr die Versammlung
Ungestüm auf; da that ein Knecht mit knechtischer Seele
Eine That, die niedrig genug war, Unmenschlichkeiten
Anzukündigen. Philo gebot, den Empörer zu nehmen
Und ihn entgegen zu führen dem Todesurtheil. Sie thaten's.
Als ihn Johannes in Philo's Gewalt sah, deckt' ihm des Todes
Blässe die Wang' und Dunkel sein Auge: da zittert' er, brach ihm
In der Wehmuth das Herz. Zuletzt, da er aus dem Palaste
Wankete, sieht er von fern die wehenden Fackeln: Ich folge,
Nein, ich folge dir nicht, ich bete dir nach, o du Bester
Unter den Menschen. Doch, ist in Gottes Rath es beschlossen,
Mußt du sterben, so laß, den meine Seele geliebt hat,
Den ich liebe mit viel mehr Liebe, wie Liebe der Brüder,
Laß mit dir mich sterben, du Heiligster; nur daß mein Auge
Nicht dein brechendes Auge, nicht deine Todesangst seh',
Ich des Verstummenden Segen, den letzten, letzten nicht höre!
Würger, wo bin ich? Ist hier kein Retter? Kein Retter auf Erden?
Keiner im Himmel? Und schlummert ihr auch, die über ihm sangen,

Als sie dem Tode (das dachtest du nicht, du liebende Mutter!),
Diesem entsetzlichen Tod' ihn gebar? Du allein bist Retter,
Du bist Helfer allein, o der Todten und Lebenden Helfer!
Vater der Menschen, erbarme dich meiner und laß ihn nicht sterben,
Laß ihn nicht sterben, den Besten der Kinder Adams! Den Priestern,
Gib den grausamen Würgern ein Herz, das Menschlichkeit fühle!
Ach, ich seh' ihn nicht mehr. Die hohen Flammen verschwinden.
Nun, nun richten sie ihn. Daß ihre grimmige Seele
Schaure beim Anblick der leidenden Tugend, sich einmal, nur einmal,
Einmal im Leben nur das Gericht, das kommen soll, denke!
Doch wer wandelt im Dunklen herauf? Ist es Petrus? Vernahm er,
Wie sie zum Tod ihn verdammten? So schnell? — Nun steht er.
Wen sah ich?
Keines Fußtritt hör' ich nicht mehr. Wie ist es hier öde!
Wie so stumm die entsetzliche Nacht! Doch die Stille verliert sich.
Welche Mengen stürmen da her! Ach, sie eilen und reißen
Ihn in der deckenden Nacht zu dem Tode, damit ihn des Volkes
Menschlichkeit nicht errette, damit an rinnenden Steinen
Oder herunter am triefenden Schwert nur Engel sein Blut sehn.
Ach, erbarme dich meiner, erbarme dich meiner und laß ihn,
Vater des Mitleids und deiner Erschaffenen, laß ihn nicht sterben!
Also dacht' er und sprach's mit gebrochnen Worten und wankte
Gegen des Hohenpriesters Palast und blieb in der Nacht stehn.
Aber der Führer der Schaar, die Jesus begleitete, Philo,
Reißet sich wüthend voran, eilt in die Versammlung, und Alle
Sehn's an seinem Triumph und dem hohen flammenden Auge,
Daß der Todtenerwecker gebunden und dicht am Palast sey.
Doch sie hatten nicht Zeit, daß sie Philo jauchzten. Der Gottmensch
Trat herein. Sie sahn den Kommenden, trauten dem Anblick
Kaum die Wirklichkeit zu und bebten vor Wuth und Entzückung.
Aber er trat die Stufen herauf und stand vor dem Richtstuhl.
Alle Hoheit, sogar die Hoheit des sterblichen Weisen
Leget' er ab und war nur ruhig, als säh' er den Abfall
Einer Quelle vor sich und dächte nur sanfte Gedanken,
Nach erhabnern an Gott die Augenblicke zu ruhen.
Wenige leise Züge nur behielt er von seinem
Göttlichen Ernst. Doch konnte sie kein Engel nicht haben,
Rang er danach; allein auch nur ein Engel vermochte
Dieser Göttlichkeit Mienen und ihren Geist zu bemerken.
Also stand er. Philo und Kaiphas hefteten grimmig
Ihren Blick auf die Erde. Dem gab die Würde das Vorrecht,
Erst zu reden, Jenem der Eifer. Noch schwiegen sie beide.
Aber es zog im Seitenpalast, von einsamen Lampen
Halb durchdämmert, ein kreisender Gang sich hinüber zum Richtsaal.
Dort, an ein Marmorgeländer gebückt, stand unter den Frauen
Portia, jugendlich schön, das Weib Pilatus, des Römers.

Aber ihr Geist war nicht jung. Die Blume blühte, mit Früchten,
Wie die Mutter der Gracchen, die ausgearteten Römer
Zu bereichern; allein in dem ernsten Rathe der Wächter
War Roms Untergang, und kein Erretter, beschlossen.
Hingerissen von der Begier, den großen Propheten
Endlich zu sehn, war, nur von wenigen Sklaven begleitet,
Portia eilend gekommen. Sie hatte dießmal die Würde
Einer herrschenden Römerin, jeden Zweifel der Hoheit
Leicht vergessen; es leitete sie des Ewigen Vorsicht.
Und sie stand und sah ihn, der Todte weckte, des Priesters
Muthigen Haß noch muthiger trug und entschlossen genug war,
Unter einem so niedrigen Volk unerkannt, unbewundert,
Groß zu handeln. Sie sah den erhabnen Mann mit Bewundrung,
Heiß von Erwartung und froh, daß mit dieser Ruh' er vor seinen
Hassern und vor dem gezückten Schwerte des Todesurtheils
Dastand. Doch so kannt' ihn nicht Philo. Es sagte der Heuchler:
Bringt ihn näher und bindet ihn fester! Doch, eh' wir ihn richten,
Hebt auch heilige Hände zu Gott, daß er endlich sein Urtheil
Ausgesprochen und uns nicht länger durch Schweigen geprüft hat!
Höre ferner der Deinen Gebet! So müssen sie Alle, -
Die sich empören, verderben, und Keiner müsse die Stätte,
Wo sie standen, bemerken, und Keiner ihrer gedenken,
Außer, wo bei entfleischtem Gebein der Getödteten Schädel
Liegen, und wo das Blut der Empörer der Hügel hinabtrank,
Daß er dampfte! Ja, Dank, Dank, laute festliche Wonne
Bei den Altären, und Israel soll ein Jubelgesang seyn!
Du wirst bluten. Bis jetzt schloß Juda die Augen und sahe,
Hielt sein Ohr zu und hörte; doch ist der schwindelnde Taumel
Endlich vorübergerauscht. Sie sehen nun, hören, was da ist,
Den, so vor Abraham war, in der Todeskette. Zwar oftmals
Sahn sie ihn schon und warfen auf Augenblicke des Irrthums
Eiserne Bande von sich, mit freiem, männlichem Arme
Heilige Steine zu fassen, den Lästerer Gottes zu tödten;
Aber sie wurden von neuem getäuscht. Doch heut ist das Ende
Ihrer Verblendung und deines Betrugs, Empörer, gekommen.
Wie auch in kleinen Haufen das Volk dastehet, so werden
Aus den Wenigen doch sehr Viele wider dich zeugen,
Wenn wir sie rufen. Das wird der Hohepriester gebieten.
Aber ich klage dich an, und ich nehme Juda zum Zeugen,
Erd' und Himmel zum Richter: Du bist ein Empörer. Du hast dich
Selbst zum Gotte gemacht, du, der in der Krippe geweint hat.
Schläfer weckest du auf und keine Todten. Doch Mütter,
Selbst die Mütter und Schwestern, die sahn ja die Sterbenden sterben.
Auf, dich trifft nun die Reih'! Erwecke dich selbst! Doch es werden

Männer im Tode dich sehn. Der soll so leise nicht schlafen!
Lieg' dann bei den Erwürgten, die Gott verworfen hat! Schlaf' dort,
Dort den eisernen Schlaf, dort, wo die kommende Sonne
Und der wandelnde Mond den Dampf der Verwesungen austrinkt,
Bis der Tod reift, und von Gebeinen Golgatha weiß wird!
Also liege! Ja, so! Und, ist noch irgend ein größrer,
Heißerer Fluch, der siebenfältig Verwünschungen hinströmt,
Dem die Mitternacht aufhorcht, Grabheulen mit ausspricht,
Dieser treffe . . . Hier starrte die schwellende Lippe dem Lästrer,
Und sein Antlitz herunter ergoß sich Todesblässe.
Denn in dem Augenblicke der Nacht, in dem er der Flüche
Schrecklichsten auszusprechen begann, und umsonst das Gewissen
Ihm sich empört', ihn nun selbst nicht der Allmächtige schreckte,
Wandt' ein Todesengel (der war sein Engel), er wandte
Seinen Blick, den Verderber, auf Philo und trat vor den Sünder:
O, der Fluch, den du fluchest, der wird dich selber ergreifen,
Du entsetzlicher Mann! Ich hebe mein Auge zu Gott auf,
Zu dem Vergelter mein flammendes Schwert und schwöre den Tod dir.
Soll ich ihn jetzt, Allmächtiger, schlagen? Noch nicht! Doch die dunkle,
Schwarze, blutende Stunde, die Todesstunde beflügelt
Ihren kommenden Schritt. Bald stehet sie da. Ich schwöre,
Wie ihn jemals ein Sterblicher starb, den furchtbarsten Tod dir,
Du Verruchter, und ihn leer, leer der letzten Erbarmung,
Ohne Gnad', ohn' eine von dem, der schuf und Gericht hält!
Wenn um dich die Mitternacht dann liegt, und des Todes
Stunde durch sie herwandelt und dir mit dem Heulen Gomorra's
Furchtbar rufet, der Tod den großen Schlag gethan hat,
Und dein Geist nun röchelnd entflieht; dann sollst du mein Antlitz
(Dort bescheid' ich dich hin) in dem Thal Benhinnon erblicken!
Also droht' ihm der Todesengel und zog auf der Stirne
Zorn wie Wolken zusammen. Vom hohen treffenden Auge
Strömet' er Rache. Sein Haupthaar sank in Locken der Nacht gleich
Auf die Schultern; es stand sein Fuß wie ein ruhender Fels da.
Aber noch schlug der Verderber ihn nicht. Er ließ nur die Stimme
Seiner Schrecken, ließ den Todeston um sich rauschen.
Philo empfand des Unsterblichen Schrecken, wie Menschen empfinden,
Was Unsterbliche thun. Er fühlt' es im mächtigen Angriff
Schauervoller und schneller, als je ein Mensch es gefühlt hat.
Denn es war ein Schrecken von Gott. Noch entsank ihm das Leben,
Und noch zittert' er laut. Doch, was er noch athmete, waren
Flüche wider sich selber, daß ihn ein Schauer so täusche.
Und er kam zu sich selbst. Doch trafen die Schrecknisse Gottes
Noch sein Gebein und bebten ihm noch in dem innersten Marke.
Wie ein Wurm, der unter des Wanderers Fuße sich windet,

Krümmt' er sich auf und sagte: Was ich mit Schweigen bedeckte
(Denn ich entsetzte mich sehr vor des Sünders Verbrechen), das Alles
Hüllet der Ausgang auf. Beschleunige du ihn und richte,
Hoherpriester! Er sprach's und starrt' und konnte nicht zürnen.
Aber die Stille ward stiller. Und Portia sah den Propheten,
Wie er gegen die Rede des Todfeinds dastand. Freude
Funkelt' ihr Blick, und ihr Herz schlug lauter, und hohe Gedanken
Strömten herauf in ihr Haupt. Ihr war, als hübe das neue
Hohe Gefühl sie empor. Dann forscht' sie mit feurigem Auge
Um sich herum, ob sie unter der Menge nicht Edlere fände,
Welche mit ihr den Propheten bewunderten. Aber sie suchte
Gute Seelen umsonst in einem Volke, das reif war,
Bald gerichtet zu werden, zu stehn auf der flammenden Trümmer
Seines Tempels, in welchem nun nicht Jehova mehr wohnte.
Einen bemerkte sie nur, der fern in dem untren Palaste
Mit dem Haufen am Feuer sich wärmte. Sie schauten ihn wild an,
Und sie stritten mit ihm; er widerlegte sie feurig.
Endlich schien ihm der Muth zu entsinken, und bleich und verwildert
Schaut' er um sich herum, dann wieder auf den Propheten.
Ach, der Mann ist sein Freund, so dachte die Heidin; er strebet
Ihn zu retten und will, daß dieser Pöbel die Wege,
Welche der Weise wandelt, begreife wie edel er lebte,
Und wie menschlich er war und Gutes ohne Geräusch that.
Aber sie fassen ihn nicht und drohn, ihn auch vor den Pöbel,
Der dort richtet, zu führen. Davor erschrack er und bebte
Vor dem Tode zurück, den ihm die Wüthenden drohten.
Und ihn sandte vielleicht des Bedrängten Mutter und fleht' ihm,
Hingesunken in Thränen vor ihm, daß er ging' und vom Tode,
Ach, vom Tode, befreite der Söhne Besten und Liebsten.
O, wie wird sie vor Schmerz, die liebenswürdige Mutter
(Liebenswürdig ist sie, sonst hätte sie ihn nicht geboren,
Diesen Weisen), wie wird sie vor Schmerz und Jammer versinken,
Wenn sie vernimmt, wie der wüthende Pharisäer geredt hat!
Aber was ist es in mir, daß zu so zärtlichen Sorgen
Für die Unbekannte mein Herz mit Empfindungen aufwallt,
Die ich niemals empfand? Sind es Wünsche, den Edlen geboren,
Ihn der Erde gegeben zu haben? Dein Leben verfließe,
Mutter, zu glückliche Mutter, voll Stolzes auf ihn, und dein Auge
Seh' ihn nicht sterben, obgleich sein Tod die Erde wird lehren!
Jetzo erhub der Hohepriester sich auf den Gerichtsstuhl.
Also sagt' er: Obgleich ganz Juda die Lasten empfindet,
Die auf Aller Schultern der Mann, den wir richten, gelegt hat;
Und so sehr die Erd' ihn auch kennt, daß er wider den hohen,
Rächenden Gott auf Moria, des Allerheiligsten Priester
Und den großen Cäsar in Rom sich wüthend empörte;
Ob ganz Israel gleich ihm das Todesurtheil mit ausspricht,

Und nicht Kaiphas nur dem Schwerte gebeut, daß es schlage; —
Dennoch wollen wir ihn mit Zeugen richten und hören.
Zwar ist Israel jetzt nicht versammelt, die Meisten der Zeugen
Decket die Mitternacht (bald werdet ihr, selige Völker,
Unentweihteren Festen erwachen, als die der Empörer
Noch mit beging); allein, so wenige Menschen auch hier sind,
Wird es an Zeugen uns doch nicht mangeln. Es komme, wer Recht thut
Und das Vaterland liebt und spricht, was lauter und wahr ist!
Also sagte der Hohepriester. Da traten belohnte,
Unterrichtete Männer herauf und zeugten. Vor Allen
Hatte mit Schmähsucht Philo und erdekriechender Bosheit
Ihre schon kleinen beweglichen Herzen erfüllt. Mit entflammtem,
Wildem Blick sah Einer der Männer seitwärts und sagte:
Wie er den Tempel entweiht, das wissen wir Alle. Doch hat er
Nie so sehr ihn entheiligt, als damals, da er der Opfer
Fromme Verkäufer vertrieb. Ihr war't versammelt, zu beten;
Aber er trieb mit Grimm der Opferthiere Verkäufer
Aus der geweihten Halle. Gewiß, er ehret den Gott nicht,
Dem ihr die Opfer zu heiligen kam't; er hätte die Opfer
Sonst nicht verdrungen, noch diesen Raub an dem Tempel begangen.
Also zeugt' er. Nach ihm erschien ein Andrer, erklärte
Jesus göttlichen Eifer mit gleichem Unsinn: O, damals
Wollt' er den Tempel nehmen, von dort auf Jerusalem fallen.
Aber der Schwarm, der ihn wohl in der fernen Wüste zum König
Ausrief, blieb ihm hier nicht getreu. Er mußte zurückfliehn.
Drauf erhub ein Levit sich und that, als könnt' er verachten,
Zeugete: Hat er nicht Gott gelästert, weil er voll Stolzes
Wähnt, er könne die Sünde verzeihn? An dem Sabbath erlaubt er
Aehren zu lesen, belebt an dem Sabbath verdorrende Hände;
Und doch wähnt der Verbrecher, er könne Sünden vergeben.
Jetzo sprach der Vierte; die wilde Lache des Hohns stieg
Ihm in die Mienen empor und tönt' in des Redenden Stimme.
Also sagt' er: Ich muß zwar zeugen; doch brauchet ihr, Väter,
Zeugnisse wider den Mann, der von Unternehmungen schwindelt,
Die auf solchen Träumen erbaut sind? Er hat es geredet,
Und das Volk, so ihm gleichet, vernahm's mit starrendem Auge:
Brecht den Tempel! Drei Tag', und es hebt sich ein neuer vom Staube
Wieder empor. Ich bau' ihn. Das war er fähig zu sagen.
Auch ein Greis entehrt sein Alter und sagt: Zu den Zöllnern,
Diesen Sündern, gesellt (ich bin ein Zöllner gewesen),
Hat er jene Weisheit erfunden, die Moses verachten
Und durch sündiger Kranken Heilung den Sabbath entweihn lehrt.
Also zeugten die Zeugen, und ringsum strömt der Erwartung
Blick auf Jesus, wie sich der Empörer vertheidigen werde.
Also stehn um den sterbenden Christen, mit bleichen Gedanken

Und mit halber Freude, die gern sich freute, die Haufen
Niedriger Spötter und athmen leis' und stammeln Erwartung.
Auch ihm wird der muthige Traum vom unsterblichen Leben
Wie er selber vergehn. Er bekennt's noch. Aber der Weise
Betet für sie und für sich und lächelt die Gräber vorüber.
Also starrt ihn das wartende Volk an. Aber der Gottmensch
Schweiget. Kaiphas reißt geflügelter Grimm fort, er saget:
Frevler, schweigst du zu dem, was diese wider dich zeugen?
Aber der Gottmensch schwieg. Da ergrimmte der Priester von neuem:
Rede! Beim lebenden Gott beschwör' ich dich: Bist du Christus,
Christus, des Angebeteten Sohn? Er hatt' es gesprochen;
Und nun stand er emporgerichtet und schaute Verderben.
Satan schaute mit ihm. Der Todesengel Obaddon,
Philo's Engel, dacht' entflammt auf die Sünder herunter:
Würdigt er einer Antwort die Würger, so ist es Erbarmung.
Aber es rüstet sich schon mit allen Schrecken der Rache,
Die Gott schreckte, seitdem an dem Thron der Donner gerollt hat,
Sieh', er weckt das Gericht und kommt, der letzte der Tage,
Dunkler, schwarzer, tödtender Tag, du Tag der Entscheidung!
Sey mir in deiner furchtbaren Schöne gegrüßt, o du Schönster
Unter der Ewigkeit Söhnen, du festlicher Tag der Vergeltung,
Tag des richtenden Maßes, der tönenden Wage! Dann schallen
Kommende Welten umher in die Silbertöne der Wagschal'.
Sey mir gegrüßt, du Tag! Es verbirgt dann unter den Schaaren
Derer, die Palmen tragen, die Gnade sich. Diesen Gebornen
Aus der Erde, den Staub, den sterblichen Sünder seit gestern,
Welcher wider den Ewigen schwillt, und jenen Gebornen
Unseres Himmels, der seit der Erschaffung Empörungen aufthürmt
Heil mir, es wird sie beide der Tag, der Donnerer fassen,
Daß er sie ganz verderbe. Drum hüll' ich mich ein und verstumme
Aber mein Schweigen ist Tod, mein Verstummen des Rächenden Bote.
Also dacht' er in eilendem Flug der Gedanken und sahe
Auf den Priester, der schon des Messias Antwort verdammte.
Aber der Gottmensch schaute gen Himmel. Die Seraphim staunten,
Als er es that; so sehr sahn sie an seiner Geberde,
Wie er zurück die Gottheit hielt und in menschlicher Ruhe
Das verbarg, was Welten erschuf. So hält er noch jetzt auf,
Fürchterlicher durch Säumen, sein Weltgericht und erduldet's,
Daß der Empörungen Strom mit langen Jahrhunderten ströme.
Jetzo sah' er dem Priester ins Antlitz, sagt' ihm: Ich bin es,
Was du sagtest, und wisse, daß ich jetzt Thaten vollende,
Welche der Anfang sind des Gerichts. Den Menschen von Erde,
Den auch eine Mutter gebar, ihr werdet ihn sehen
Sitzen zur Rechten Gottes und kommen in Wolken des Himmels.

Also öffnete der, der mit dem letzten der Tage
Schreckenvoller wird kommen, als je ein Engel des Todes
Ihn in der Nächte tiefster den stürmenden Psalter herabsang,
Also öffnet' er einem geflügelten Blicke die Zukunft,
Schloß dann schnell dem erstaunenden Blick den furchtbaren Schauplatz.
Kaiphas (denn nun schleuderten ihn die Ströme des Grimms fort,
Und nun kannt' er kein Maß, nicht Schranken, nicht zwingende Schranken),
Kaiphas schritt entflammter hervor, trug Tod auf der Stirne,
Zitterte laut, zerriß sein Gewand; mit glühendem Auge
Starrt' er fürchterlich hin, rief in die verstummende Menge:
Redet! Er lästerte Gott. Was brauchen wir Zeugen? Ihr hörtet's.
Redet, was denkt ihr? Er lästerte Gott. Sie ruften: Er sterbe!
Philo schwoll empor: Er sterb', er sterbe! Die Fülle
Meines Herzens ergeußt sich. Er sterbe den Tod der Verfluchten,
Oben am Kreuz, den langsamen Tod der eisernen Wunden,
Daß sein modernd Gebein kein Grabmal finde, kein Hügel
Ueber ihm mit Blumen bewachse! Verwes' an der Sonne,
Ha, der offenen Sonne, Gebein, und hör' an dem Tage,
Wenn dem verdorrten Gebein Gott ruft, die Stimme des Herrn nicht!
Also sagte der Mann, so dem Tode reif war. Er sagt' es.
Angefeuert von ihm, drang nun in wüthendem Taumel,
Nun das Volk auf den Göttlichen zu. O, gib mir die Hülle,
Sionitin, mit der, wenn du vor dem Ewigen schwebest,
Still du dich deckest, daß ich mit den Engeln mein Auge bedecke.
Gabriel und Eloa enthüllten sich seitwärts und sagten:
Gabriel, Gottes Geheimniß wie tief, wie den Endlichen allen
Unergründbar ist Gottes Geheimniß! Ich sah sie geboren
Werden, die Orione, ich weiß, was jedes Jahrtausend
Auf den Orionen für Wunder geschahn; doch ein Wunder
Wie die Erniedrung des Sohns zu dieser Tiefe geschah nicht.
Er, den erst Jehova vom donnernden Tabor herunter
Richtete, der das Gericht mit dieser Göttlichkeit aushielt,
Mir mit einem Blick der Unsterblichen Schimmer zurückschuf,
Er! . . . G. Und er, Eloa, vor dem die Gebeine der Todten,
Vom weitherrschenden Sturm der neuen Schöpfung ergriffen,
Einst erstehen, daß rings in ihren Wehen die Erde
Laut, mit einer Gebärerin Angst, dem Allmächtigen zuruft,
Der alsdann mit der Donnerposaune, mit zeugenden Engeln,
Mit hinsinkenden Sternen zum Weltgerichte wird kommen!
E. Sieh', er rief ihm; da wurde das Licht. Du, Gabriel, sahest,
Wie es hervorriß. Er ging voll tausendmaltausend Gedanken,
Tausendmaltausend Leben an seiner Rechten versammelt,
Und beseelender Sturm vor ihm her. Da rollten die Sonnen,
Da erklang's um die jauchzenden Pole, da schuf er die Himmel.

G. Sieh', er gebot der ewigen Nacht; die stellte sich jenseits
Seiner Himmel. Eloa, du sahst, wie er über der Nacht stand.
Und er rust' ihr; da ward ein ungeheurer, ein todter
Klumpen. Der lag vor ihm wie eine zertrümmerte Sonne
Oder wie Leichname hundert zusammengeworfener Erden.
Und er gebot der Flamme; da strömte die nächtliche Flamme
Durch des Todes Gefild, da ward das Elend, da tönten
Seine Tiefen Jammer herauf, da erschuf er die Hölle.
Also sprachen sie. Portia sah den Göttlichen leiden;
Konnte den bangen Anblick nicht mehr ertragen; erhub sich
Auf den Söller. Mit aufgehobenen, ringenden Händen
Stand sie, mit Augen, die starr zu dem dämmernden Himmel hinaufsahn,
Und so zweifelt' ihr Herz: O du, der Erste der Götter,
Der die Welt aus Nächten erschuf und dem Menschen ein Herz gab,
Wie dein Namen auch heißt: Gott, Jupiter oder Jehova,
Romulus oder Abrahams Gott, nicht einzelner Menschen,
Nein, du Aller Vater und Richter; darf ich's dir weinen,
Was mir meine Seele zerreißt? Was hat er verbrochen,
Dieser friedsame Mann, daß ihn Unmenschliche tödten?
Ist er dir so festlich der Anblick, die leidende Tugend,
Gott, von deinem Olympus zu sehn? Er ist es den Menschen;
Süß und schauervoll ist den Menschen die stolze Bewundrung.
Aber, der die Sterne gemacht hat, kann der bewundern?
Nein, du kannst nicht bewundern. Allein ein hohes Gefühl ist's
Für den Gott der Götter; es könnte sein göttliches Auge
Sonst nicht sehn, daß der Schuldlose litte. Wie wirst du belohnen,
Der dir diesen festlichen Pomp der Menschheit aufführt!
Mir, mir rinnt das Mitleid die Wang' herunter; allein du
Kennest nur an der leidenden Tugend die bebende Thräne.
Gott der Götter, belohn' und, ist es dir möglich, bewundr' ihn!
Als sie jetzt sich gebückt und geneigt hat über den Söller,
Hört sie am untren Palast wie eines Verzweifelnden Stimme.
Petrus war es. Der fromme Johannes war an dem Thore
Stehn geblieben. Er hörte den jammernden Petrus, erkannt' ihn,
Rief ihm entgegen: Ach, lebet er, Petrus? Du weinst, du verstummest?
Rede! P. Laß mich, Johannes, ach, laß mich im Einsamen sterben!
Sterben will ich. Er ist verloren. Ich bin noch verlorner.
Judas, Judas, entsetzlicher Jünger, du hast ihn verrathen.
Ich verrieth ihn mit dir. Vor Allen, welche mich fragten,
Hab' ich ihn, ach, in meinem zu tiefen Elend verleugnet.
Fleuch, fleuch, wende dich weg, Johannes. Laß mich im Stillen
Sterben! Stirb, stirb auch! Er ist zu dem Tode verurtheilt.
Und ich Treuloser hab' ihn vor allen Sündern verleugnet.
Petrus rief's dem Verstummenden zu und riß sich von dannen.

Aber er blieb im einsamen Dunkel am thauenden Eckstein
Stehn und schwankt' an den Stein und hielt sich und sank an ihm; nieder,
Neigte sein müdes Haupt und weinete lang und verstummte.
Endlich strömte sie aus in brechende Worte, die volle,
Tief erschütterte Seele: Laß ab, mit des Todes Gestalten
Mich zu schrecken (sie dringen wie Schwerter mir in die Gebeine,
Meine zermalmten Gebeine) laß ab und wend', o, wende
Diese tödtenden Blicke von mir, womit du mich ansahst,
Als die schreckliche That, der Thaten tiefste, geschehen war!
Ach, was that ich? Mein Freund, mein Freund, dich hab' ich verleugnet,
Den ich liebte, der mich wie sonst kein Lehrer geliebt hat,
Der ein göttlicher Mann war. Zu kleine Seele, was thatst du?
Siehe, nun wird er mich auch in dem Weltgerichte vor seinen
Frömmeren Jüngern, vor seinen erhabenen Engeln nicht kennen.
Kenne mich nicht! Ich verdien' es. O, kenne mich wieder! Erbarme
Meiner Angst dich! Was hab' ich gethan? Je mehr ich's empfinde,
Desto tiefer gräbt es mir in die Gebeine den Tod ein.
Stirb! O, könnt' ich sterben! Ich werde sterben, doch langsam.
Hier verstummt' er und weint' und verdiente, weinen zu können.
Neben ihm stand sein Hüter Orion, sah ihn und fühlte
Mitleid zwar, doch auch Engelfreuden. Da wandte sich Petrus,
Hub sich empor und schaute gen Himmel: Du furchtbarer Richter,
Vater der Menschen und Engel und deines Sohnes, du kennest
Mein erschüttertes Herz und das Beben des tiefsten Gedankens.
Dein Kind Jesus hab' ich verleugnet. Erbarme dich meiner,
Ach, erbarme dich meiner, du Vater des göttlichen Kindes!
Er soll sterben. Ich bin es nicht werth, mit dem Theuren zu sterben.
Aber laß mich ihn noch, eh' er zu dem Grabe sein Haupt neigt,
Eh' er unter die treueren Jünger den Segen, die letzte
Liebe vertheilt, laß dann mich noch den Liebenden sehen,
Daß sein sterbender Blick mir verzeih'! Dann fleh' ich nur Gnade,
Keinen Segen, zu bang, zu sehr Verbrecher, zu rufen:
Hast du nur einen Segen, nur einen für diese Gerechten?
Ach, wenn ich nur Vergebung erweine, so will ich hingehn,
Ihn vor allen Menschen bekennen. So lange, mein Schöpfer,
Du mir Tage des Menschen gebeutst zu leben, so lange
Sey's mein theures Geschäft: Ich will die guten, die frommen,
Alle reinen Herzen, ich will sie suchen und ihnen
Unaufhörlich mit Wehmuth und diesen Thränen erzählen:
Ja, ich kannt' ihn, den Guten, den Theuren, den Besten der Menschen,
Jesus, des Allerheiligsten Sohn' und ich war es nicht würdig,
Ihn zu kennen. Ich war sein erkorner Jünger. Er liebte
Seinen Jünger. Doch war ich nicht würdig, ihn wieder zu lieben;
Denn ich liebt' ihn nicht mehr in der trüben Stunde, den Besten

Unter den Menschen. Er war der Beste, Beste. Sein Leben
War für Andre, nicht sein, voll Menschlichkeiten. Die Armen
Speis't' er, heilte die Kranken, rief aus dem Grabe die Todten.
Darum tödteten ihn der Menschlichkeit Hasser. Erhebt euch,
Kommt, ihr Männer, und lasset uns gehn zu dem Todten und weinen!
Ach, zu fürchterlich ist der Gedanke von seinem Grabe,
Jesus, du göttlicher Mann, wo wird es seyn, wo wirst du
Schlummern im Stillen, wofern der Wüther Wuth dir ein Grab läßt?
Also flehte der Mann, den der Erde Sünder in Worten
Kennen, verleugnen im Thun; er erweinte der Märtyrer Krone.

Siebenter Gesang.

Der Tag des Todes Jesu bricht an. Eloa besingt ihn. Das Synedrium hält eine letzte Berathschlagung, und führt den Messias zu Pilatus. Kaiphas klagt Jesum an. Philo thut's auch. Der Messias bemerkt sie kaum. Pilatus nimmt Jesum in's Richthaus, ihn besonders zu verhören. Ischariots Tod. Pilatus kömmt mit dem Messias zurück, und sagt, daß er ihn Herodes senden wolle. Maria kömmt, sieht ihren Sohn, und geht in ihrer Traurigkeit zu Portia, und bittet dieselbe, ihren Gemahl warnen zu lassen, daß er des Unschuldigen schone. Portia war durch den Traum, den sie gehabt hatte, schon geneigt, deßwegen zu Pilatus zu schicken. Sie erzählt der Maria ihren Traum. Der Messias wird zu Herodes geführt. Das Betragen einiger Jünger und Freunde Jesu, da er hingeführt wird. Herodes verlangt ein Wunder vom Messias, welcher schweigt. Kaiphas macht, durch eine Anklage wider Jesum, Herodes noch erbitterter. Dieser verspottet den Messias, und schickt ihn zu Pilatus zurück. Das Volk wird durch neue Haufen, die zum Feste gekommen waren, vermehrt. Philo schickt seine Vertrauten unter das Volk aus, es wider Jesum einzunehmen. Unterdeß hatte Pilatus einen berüchtigten Mörder, Barrabas, kommen lassen, ihn, mit Jesu, dem Volke vorzustellen, damit dieses um Loslassung des Messias bitten möchte. Portia sendet eine Sklavin zu Pilatus. Philo entdeckt Pilati Absicht, die er mit der Vorführung des Mörders hat. Er hält eine Rede an's Volk. Durch diese, und durch den Beifall, den die übrigen Priester seiner Rede geben, wird das ohnedieß schon wider Jesum eingenommene Volk dahin gebracht, Barrabam loszubitten. Pilatus bezeigt, durch ein feierliches Händewaschen, daß er unschuldig am Blute des Messias sey. Das Volk übernimmt die Schuld der Verurtheilung Jesu. Der Messias wird zur Geißlung geführt. Pilatus bringt Jesum, mit Dornen gekrönt, wieder zum Volk heraus, es gegen ihn zum Mitleiden zu bewegen. Unterdeß daß dieß geschieht, gibt der Messias an einige Engel geheime Befehle. Pilatus bemüht sich noch immer, aber vergebens, Jesum zu retten. Jener erschrickt über die Anklage der Priester, daß sich der Messias zu einem Sohne Gottes gemacht habe. Er nimmt ihn mit sich in den Palast zurück, und befragt ihn hierüber. Jesu antwortet. Pilatus sucht noch einmal, ihn zu befreien. Aber nach einem Vorwurfe der Priester, daß er auf diese Art sich nicht als einen Freund des Kaisers zeige, übergibt Pilatus Jesum in der Priester Gewalt, welche ihn zum Tode führen.

Du, Eloa, standst auf der Morgenröthe. Der Erde
Hüter standen um ihn. Er sang in die mächtige Harfe.
Siehe, so werden die Auferstehungen jauchzen. So sang er:
Ewige Wirkung dir! Komm', werd', o, werde geboren,
Opfertag! Er wandelt herauf. Sein Nam' ist Erbarmer.

Ihn, ihn segnen die Orione und rufen den kleinern
Sonnen umher, die Sonnen den Erden: Du Tag, du Versöhner,
Theurer, schöner, blutender Tag! Dich sandte die Liebe.
Harfe, töne darein! Er schafft zu Engeln den Staub um.
Ewigkeiten der Ruh' sind Gefolge seiner Triumphe.
Sieh', ich erhebe mein Aug' und seh'. Ein Hügel der Erde
Ist der Altar. Der Altar erbebt vor dem kommenden Opfer.
Hätte der Auszusöhnende Sterne wie Stein' aus den Bächen
Aufgenommen, erbaut die Sterne dem Sohn zum Altare;
Dennoch hätt' auch dieser gebebt dem kommenden Opfer.
Ringsum schau' ich. Wie lächeln der Erde die helleren Sonnen,
Und wie schwimmet ihr leichter Gefolg umher in den Himmeln!
O, du Ruhe des festlichsten unter den Festen, du Sabbath,
Sabbath des Vaters und Sohns! Ich hör', ich höre. Die Jubel
Tönen von allen Harfen herüber. Der Seraphim Kronen
Sinken alle. Sie ist, die Schöpfung ist Sabbath geworden.
O du Gedanke, Gedanke! Jahrtausende gehen vorüber,
Ehe von fern in dein heiliges Licht der Seraph hinaufblickt,
Du: Der Sohn des Vaters starb! Der Ewige denkt dich.
Also sang Eloa. Die Himmel hallten es wieder.
Doch, von der Sünde geblendet und ihrem Gericht belastet,
Dacht' auf der Erde viel anders ein Haufen Sterblicher. Satan
Dachte wie sie. Des Ewigen Vorsicht ließ die Verbrecher
Ganz ihr Maß anfüllen. Der Hohepriester versammelt
All' in dem inneren Saal. Dort halten sie Rath und verschwören
Wider den Ewigen sich. Sie hatten das Opfer dem Tode
Lang' geweiht. Sie halten nur Rath von Pilatus, vom Volke,
Und wie er sterben soll. An dem Kreuz auf Golgatha sollst du
Bluten. Philo verachtet, von ihrem Rathe zu lernen,
Bricht schnell aus der Versammlung und sucht den Messias und findet
Ihn bei der Wach' am sinkenden Feuer. Hier geht er mit wildem,
Drohendem Schritt vor ihm auf und nieder. Sein treffendes Auge
Heftete sich unverwandt auf den Mittler und funkelte Rache.
Aber so sehr ihn die Wuth auch beherrschte, so sann er doch sorgsam
Und scharfsichtig die Reihn der Schwierigkeiten herunter,
Stellte jeder Entschluß, Beredsamkeit, priesterlich Ansehn
Oder das Aeußerste selbst entgegen, ließ keine dem Zufall.
Einmal (er dacht' an das Volk) erbebt sein Herz sich zu beben;
Aber er zwingt's, entschlossen, zu tödten oder zu sterben.
Und noch einmal (er dachte, was er zu vollenden bereit war)
Zittert das Herz ihm; doch schnell besiegt er sein zeugend Gewissen.
Jetzo, voll von den heißen Entschlüssen, ein luftig Gewebe,
Leicht zu entweben, hätte Gott nur Winke gesendet,
Jetzt eilt Philo zurück zur Versammlung: Noch säumen wir, Väter?
Brach die Dämmrung nicht an? Und soll er am Abend noch
leben?

Philo bewegte sie leicht. Sie eileten, nahmen und führten
Zu Pilatus den ewigen Sohn, ein furchtbarer Haufen,
Hohepriester, Gesetzerklärer, die Aeltesten Juda's.
Und der Morgen athmete kalt. Da Jesus den Tempel,
Der nun, wenige Stunden nur noch, des Versöhnenden Opfer
Bilden sollt', durch die Dämmrungsschöne des Tages enthüllt steht,
Schaut er vom Tempel gen Himmel. Sie eilten. Es eilte schon Volk mit;
Denn es hatte der Ruf die Geschichte der Nacht nicht verschwiegen.
Einige waren vorausgesandt und hatten Pilatus
Schon die Kommenden angekündet. Sie kamen. Er staunte,
Daß ganz Juda vor ihm erschien, um einen Gefangnen
Anzuklagen. Sie gingen mit ihm die erhabenen Stufen
Drängend hinauf und blieben am Thor auf Gabbatha stehen.
Hier war der Richtstuhl jetzt. Die Gebräuche des Festes geboten,
Nicht in die Halle zu gehn. Pilatus saß auf dem Richtstuhl,
Jener entartete Römer, ein weicher Kenner der Wollust,
Stolz und grausam dabei, doch klug genug, von der Römer
Alten Gerechtigkeit einige Mienen zu zeigen. Er sprach jetzt:
Wessen beschuldigen diesen Verklagten die Aeltesten Juda's?
Und selbst Kaiphas seh' ich. Er sprach's mit Hoheit und schaute
Mehr auf Jesus, als auf die Versammlung. Der Hohepriester
Trat nun näher hinzu und sprach: Wir glauben, Pilatus
Kenn' uns so und fälle dieß Urtheil von Israels Vätern,
Daß sie diesen vor ihn nicht führen würden, wofern er
Nicht ein Schuldiger wär'. Er ist, Pilatus, er ist es
Mehr, wie es Einer noch war, seitdem du Israel richtest.
Diesen Gram verbergen in sich die Väter Judäa's,
Können ihn dir nicht erklären, wie sehr der Jesus sich auflehnt
Wider unsres Propheten Gesetz und den heiligen Tempel;
Wie er in blendenden Reden, durch täuschende Wunder, ein Zaubrer,
Unser Volk uns verführt. Schon lang', Pilatus, ach, lange
Hat er zu sterben verdient. Hier unterbrach ihn der Römer:
Aber so richtet ihn denn nach eurem Gesetze! — Wie beutst du
Dieß, Pilatus, uns an? Du weißt ja, Römer, wir dürfen
Keinen tödten. — Er hält hier inne, den Zorn zu verbergen,
Daß Pilatus sie an die entrissene Freiheit erinnre.
Aber itzt redet er weiter: Du weißt, mit welchem Gehorsam,
Welchem tiefen Gehorsam, wie unerschütterter Treue
Wir Tiberius, dem Beherrscher, dem Vater der Völker,
Der stets glücklicher sey, wie wir Ihm gehorchen. Der Jesus,
Den du, Pilatus, vor dir erblickest, rottet die Völker
In den Wüsten Juda zusammen. Ein mächtiger Redner,
Ueberredet er sie, der Oberherrschaft des Cäsars
Sich zu entreißen und ihn zum König zu wählen. Ich bin es,
Den die Propheten verkündeten; ich der Erlöser in Juda!

Und, damit er noch mehr die kleinen Seelen gewinne,
Jedes Gesinnung erforsche, sie Alle kenne, sie Alle
Sich verführe, behält er sie in den Wüsten und speis't sie.
Und wie sehr gewann er sie nicht! Deß Zeug' ist der Einzug
In Jerusalem. Doch ich beschreibe den Pomp und das Jauchzen,
Dieses Tages Entweihungen nicht. Du warst ja zugegen,
Hörtest der Völker Geschrei, ihr Hosanna, den taumelnden Jubel,
Diesen Triumph, daß davon selbst dieses dein Richthaus erbebte.
Aber Pilatus lächelte. Philo bezwang sich und sagte:
Könnt' ich glauben, Herrscher, du ließest der biegsamen Sanftmuth
Miene dich täuschen und hieltst für ununternehmend den Stolzen,
Welcher sie hat, so schwieg' ich. Allein du kennest die Menschen.
Dieser Jesus, so klein er dir scheinet, jetzt, da ihn Juda
In der Kette dem Richter bringt; er war es nicht, Römer,
Als er noch in der Oede von Galiläa herumzog.
Sieh' das Gewebe seines Entwurfs! Erst lockt er die Menge
Durch die Künste, die dir der Hohepriester genannt hat;
Drauf versucht er, wie weit er die schwindelnde Menge beherrsche.
Und es gelang ihm der stolze Versuch. Gespräche des Zutrauns,
Hohe Beredsamkeit (jetzt verstummt sie), erkünstelte Wunder
Waren bisher ihm gelungen. Itzt reizt' er auf einmal das Volkheer,
Ihn zum König zu machen. Sie eileten, drängten sich, ruften
Schon um ihn her. Er sah's und entwich, noch mehr sie zu reizen.
Und es gelang ihm. Sie suchten ihn auf. Der reißende Strom zog
Neue Ströme zu sich. Zuletzt (nun waren die Völker
Mächtig genug, nun entwich er nicht mehr) kam er im Triumphe
Nach Jerusalem. Aber so sehr das Volk ihm auch anhing,
War es dennoch zu furchtsam, Jerusalems Väter zu zwingen,
Seinem König entgegen zu gehn. Und wär' es, Pilatus,
Auch entschlossen gewesen zur That, so hätten die Väter,
Alle die grauen Häupter, die du, Pilatus, hier siehest,
Alle wir Diener des größten der Tempel hätten mit Freuden
Dann für unseren Cäsar geblutet. Also der Priester.
Aber der Gottmensch stand tiefsinnig; der großen Erlösung
Leiden ruhten auf ihm. Der Tode tödtlichster rief ihn
Zu dem Altar. Die Menschen, die neben ihm wütheten, waren
Opferer nur. Er bemerkte sie kaum. So bemerket der Feldherr,
Welchem das Vaterland gebot, den Erobrer zu strafen
Und die zürnende Thräne der Freigebornen den Stolzen
Fühlen zu lassen, er merket den Staub der würgenden Schlacht nicht.
Aber so sehr er Römer auch ist, so bewundert Pilatus
Doch den schweigenden Mittler. Du hörst die mächtige Klage,
Und du schweigest? Vielleicht willst du vor dieser Versammlung
Dich nicht vertheidigen. Komm'! Der Gottmensch folgt' ihm ins
Richthaus.

Damals irrte die Ungewißheit mit wankendem Schritte
Um die Priester und zeichnet' ihr Antlitz mit bebender Bläſſe.
Doch ein verworfnerer Sünder, als sie, der schwarze Verräther
Seines göttlichen Freundes, als er den kommenden Tod sah,
Dem den Gerechten die Priester entgegenführten, erhub er
Schnell sich und eilt' auf Gabbatha zu. Die stürmende Menge
Hielt ihn mächtig zurück; er mußte sich wenden. Itzt floh er
Zu dem Tempel. Es hatte dahin aus Sorge vor Aufruhr
Kaiphas Priester gestellt. Der Verräther wußt' es. Er ging schon
In den schweigenden Hallen der hohen Tempelgewölbe.
Als er die hangende Hülle des Allerheiligsten wahrnahm,
Wandt' er sich weg, ward bleich und zitterte laut. Dann erhub er
Sich zu den Priestern und sprach mit wüthender Reue: Da habt ihr
Euer Silber! und warf's zu ihren Füßen. Der Fromme,
Den ich verrieth, sein Blut ist Blut der Unschuld. Das kommt nun
Ueber mein Haupt. Er sprach's und rollte die offneren Augen,
Ging und eilet' und floh der Menschen Anblick und riß sich
Aus Jerusalem, stand; drauf ging er, stand nun, dann floh er,
Schaute mit wildem Antlitz umher, ob er Menschen erblicke?
Als er keinen erblickte, der Stadt nun stummes Getöse
Ganz sich dem Ohre verlor, beschloß er zu sterben. Sie kann nicht,
Nein, sie kann nach dem Tode nicht fürchterlicher mich fassen,
Diese namlose Qual! Zu entsetzliche Qualen, o, wüthet,
Wüthet, so lang' ihr noch könnt! Wenn dieß Auge sich schließt, und wenn Alles
Diesem Ohre verstummet, seh' ich sein Blut nicht, so hör' ich
Seine brechende Stimme nicht mehr. Doch der auf Horeb
Sprach ja: Du sollst nicht tödten! Er ist mein Gott nicht. Ich habe
Keinen Gott mehr. Elend, du bist mein Gott. Du gebietest,
Laut gebietest du mir den Tod. Ich gehorche! So stirb denn,
Stirb, Verlorner! Du bebst? Hier stürmt's. Noch einmal empöret
Sich das Leben in dir und ringt zu leben. Verräther,
Du willst leben, vor Allen, die je verriethen, gebrandmarkt,
Du? Er breitet vor mir wie ein weiteröffnetes Grab sich
Fürchterlich aus, er ist der bängste der bangen Gedanken,
Die ein Sterbender jemals empfand: Ich hab' ihn verrathen!
Stirb! Die Seele, die dir nach dem Tode noch elend zurückbleibt,
Tödt' auch sie! O, die du in mir, als wärest du ewig,
Dich erhebest, vernimm dein Schicksal, Seele des Todten:
Sieh', ich verwünsche dich auch der Vernichtung. So rufet er, schauet
Starrend hin und mischt zu der tiefgestürzten Verzweiflung
Gegen den, der ewig ist, Rache. Dem Gang des Verworfnen
Folgten Ithuriel und der Todesengel Obaddon.
Als jetzt still Ischariot steht und mit jeder Geberde
Mehr dem Gerichte sich weiht, spricht feuriger Eil' zu Obaddon

Seraph Ithuriel: Sieh', er geht zu dem Tode. Noch einmal
Wollt' ich ihn sehn, denn ich war sein Engel. Itzt lass' ich den Sünder
Dir und der Rache. Ich bin sein Hüter gewesen; doch nimm ihn
(Feierlich übergeb' ich dir, Todesengel, das Opfer)
Nimm ihn, er opfert sich selbst, und führ' ihn zum ewigen Tode!
Wie es geschehn soll, davon weißt du des Richters Befehl auch.
Aber ich hülle mich ein und wende mein Antlitz. Er eilte
Mit dem fliegenden Worte davon. Ischariot wählte
Schon den Ort des Todes sich aus. Als Obaddon den Hügel
Sahe, da trat er herauf auf die Höh' und hub die Rechte
Mit dem flammenden Schwert empor und hielt sie gen Himmel,
Sprach die fei'rlichen Worte, die Engel des Todes sprechen,
Füllet ein Mensch der Empörungen Maß und tödtet sich selber:
Tod, bei dem furchtbaren Namen des großen Unendlichen, Tod, komm'
Ueber den Mann von Erde! Sein Blut sei über ihm selber!
Siehe, du löschest die Sonne dir aus. Der Tod und das Leben
Lagen vor dir, daß du wähltest. Du Sterblicher, wähltest den Tod dir.
Sonne, verlisch! Komm', Todesangst, und thue dich weit auf,
Grab, und nimm ihn, Verwesung! Sein Blut ist über ihm selber.
Judas vernahm des Unsterblichen Stimme. So hört ein Verirrter
Stimmen im einsamen Walde voll Nacht, wenn über den Bergen
Meilenferne Gewitter die Ceder der Wolk' entstürzen.
Und er rief in der Wuth der Verzweiflung: Ich kenne das Rauschen
Deiner Stimme zu wohl; du bist der todte Messias.
Du verfolgst mich und forderst dein Blut. Hier bin ich, hier bin ich!
Judas rief's mit starrendem Blick und erwürgte sich. Staunend
Trat Obaddon selber zurück, da er starb. Die ergriffne,
Schwankende Seele schütterte dreimal noch, als ihm das Herz brach;
Aber das viertemal trieb sie der Tod von des Sterbenden Stirne
Siegend empor. Sie schwebte dahin. Leichtfließendes Leben,
Unseres Seyns Urkraft, sie unauflösbar dem Tode,
Folgt ihr aus dem Leichname nach und bewegte sich schneller,
Als Gedanken, um sie und ward zum schwebenden Leibe,
Daß sie mit hellerem Auge den Abgrund sehe, mit feinrem
Und geschreckterem Ohr des Richtenden Donner vernähme.
Aber es war ein Leib, unausgeschaffen, voll Schwäche,
Nur empfindlich der Qual und menschenfeindlich von Bildung.
Jetzo hatte sich von der Betäubung des Todes die Seele
Schnell besonnen. Indem begann sie zu denken: Ich fühle
Wieder? Wer bin ich geworden? Wie leichthinschwebend erheb' ich
Mich in die Höh'! Doch sind das Gebeine? Sind nicht Gebeine.
Aber es ist doch ein Leib? Wie dunkel seh' ich! Wer bin ich?

Aber, entsetzlich ist mein Gefühl. Ich fühl', ich bin elend.
Bin ich Judas, der starb? Wo bin ich? Wer ist auf dem Hügel
Jene lichte Gestalt, die immer furchtbarer herglänzt?
Wärst du, mein Auge, dunkel geblieben! Aber sie wird stets
Heller; noch heller; ach, fürchterlich heller. Judas, entfliehe!
Weh' mir. Es ist der Richter der Welt. Ich kann nicht entfliehen!
Das ist mein abscheulicher Leichnam! Er schwebte verzweifelnd
Dicht an dem Boden. Erhebe dich! rief von dem Hügel Obaddon,
Schwebe nicht erdwärts! Ich bin der Richter der Welt nicht. Ich bin nur
Einer der Boten von ihm, der Todesengel Obaddon.
Höre dein Urtheil! Es ist dein erstes, und trübere folgen.
Ewiger Tod dir! Du hast den Gottversöhner verrathen,
Hast dich wider Jehova empört und dich selbst getödtet.
Also saget, der in der furchtbaren Rechte die Wagschal'
Hält, in der Linken den Tod: Es ist kein Maß, sie zu messen,
Keine Zahl, so sie zählt, die Qualen, die auf des Verräthers
Haupt sich sammeln. Erst zeig' ihm am Kreuz den blutenden Mittler,
Drauf die Hütten der Wonne von fern; dann führ' ihn zur Hölle.
Also sagte der Engel das Urtheil. Der bebende Todte
Wurde dunkler vor Schrecken und folgt' in der Ferne dem Seraph.
Unterdeß war der ewige Sohn bei Pilatus im Richthaus.
Und Pilatus befragt ihn: Du bist der König Judäa's?
Jesus schaut mit gelinderem Ernst dem Römer ins Antlitz:
Wär' ich ein König der Erde, wie ihr besiegtet, so hätt' ich
Völker, die stritten für mich. Ich bin kein König der Erde.
Aber so bist du denn doch ein König? Ich bin es! Ich ließ mich
Zu der Erd' herunter, ich ward geboren, die Menschen
Wahrheit zu lehren. Wer sich der Heiligen weihte, versteht mich.
Hier bricht Pontius ab und sagt mit der Miene des Weltmanns,
Der kurzsichtig, doch lächelnd, des Ernstes Sache verurtheilt:
Was ist Wahrheit? Er hatt' es gesagt und begleitet' ihn wieder
In die Versammlung zurück. Ich finde, sagt' er den Priestern,
Keine Schuld des Todes an ihm. Ihr nanntet vorher mir
Galiläa. Dort lehnt' er sich auf. Drum sehet, ich send' ihn
Zu Herodes. Es ist sein Gebiet. Er bestraf' ihn! Und sollte,
Wie mir es scheint, die Frage vielmehr von eurem Gesetze,
Als von Empörungen seyn, so ist es wieder Herodes,
Der sie besser entscheidet, als ich. So gebot Pilatus.
Unterdeß kam die Mutter des Liebsten unter den Söhnen
Nach durchwachter einsamer Nacht mit dem Schauer der Dämmrung
Nach Jerusalem, fand ihn im Tempel nicht, wo sie ihn suchte,
Fand den göttlichen Sohn nicht. Versenkt in ängstliches Staunen,
Höret sie von den Palästen der Römer herüber ein dumpfes,
Tiefaufsteigend Getöse. Sie ging dem Getös entgegen,
Ohne daran zu denken, woher es entstünde? Nun geht sie

Unter dem Volke, das rings durch Jerusalem gegen den Richtstuhl
Drang. Beklommen, allein noch ruhig wegen des Aufruhrs
Ursach, naht sie dem Richtstuhl sich. Hier sieht sie Lebbäus.
Doch kaum sah Lebbäus die Mutter, da floh er. Ach, flieht er?
Warum wendet er sich? So dachte Maria. Die Vorsicht
Zückt' auf sie mit diesem Gedanken das Schwert, das bestimmt war,
Ihr durch die Seele zu gehn. Maria erhub sich und sahe
Jesus. Ihr Engel, als er die Todesblässe, mit der sie
Bleich ward, als er die starrenden Augen der Mutter erblickte,
Wandt' er sein Antlitz. Doch sie, da ihrem Auge das Dunkel,
Ihrem Ohr die Betäubung entsank, ging vorwärts und bebte
Näher zum Richtstuhl hin und sah noch einmal den Sohn stehn,
Sah die mächtigen Kläger um ihn und den richtenden Römer,
Hörte die Stimme des Volks, die rings mit Wuth von dem Tode
Wiederhallte. Was sollte sie thun? Zu welcher Erbarmung
Sollte sie flehn? Sie schaute sich um; da war kein Erbarmer.
Schaute gen Himmel empor; auch er verstummte der Mutter.
Jetzo betet ihr blutendes Herz: O, der ihn durch Engel
Mir verkündigen ließ, mir ihn in Bethlehems Thal gab,
Daß ich mit Mutterfreuden mich freute, mit denen der Mütter
Keine sich jemals freute, mit Freuden, die selber die Engel
In dem Liede von seiner Geburt nicht alle besangen;
Du, der Samuels Mutter erhörte, da sie am Altare
Stand und weint' und betet', erhör', Erbarmer, den Jammer
Meiner Seele, vernimm die Angst, die mehr mich erschüttert,
Als der Gebärerin Angst! Das mütterlichste der Herzen
Gabest du mir und den Besten der Söhne, den Besten vor allen
Erdegebornen. Laß ihn nicht sterben, ist anders mein Flehen
Deinem göttlichen Willen gemäß, o du, der die Himmel
Schuf und der Thräne gebot, zu dir um Erbarmung zu flehen.
Hier verstummt ihr Herz. Der Strom der kommenden Schaaren
Trieb sie seitwärts und nahm ihr des Sohns Anblick. Sie entriß sich
Jetzt dem Gedränge, sie stand, sie ging, sie suchete, fand nicht,
Nicht die Jünger. Zuletzt verhüllte sie sich und weinte
Sprachlos. Als sie darauf ihr Aug' aufhebt, da erblickt sie
Sich an dem Seitenpalaste des Römers. Vielleicht, daß hier Menschen
Wohnen, denkt sie, vielleicht, daß selbst in der Schwelger Palästen
Eine Mutter gebar, der es, Mutterliebe zu fühlen,
Nicht zu klein ist. O, wenn es wäre, was viele der Mütter
Von dir, Portia, sagen, daß du ein menschliches Herz hast;
O, ihr Engel, die ihr bei der Krippe seiner Geburt sangt,
Wenn das wäre! Sie denkt's. Schon eilt sie die Marmorgeländer
Unverhüllter hinauf und geht in den schweigenden Sälen.
Aber nicht lang', so kommt aus einem fernen Gewölbe
In des Palastes Seite, die sich zu dem Richtstuhl hinzog,

Eine Römerin her und sieht Maria. Die junge,
Bleiche Römerin blieb, so wie gelös't ihr das Haar floß
Und das leichte Gewand die bebenden Glieder herunter,
Voll Bewunderung stehn. Denn die Mutter des Unerschaffnen
Zeigte, wiewohl der Schmerz sie verhüllte, in ihren Geberden
Eine Hoheit, von Engeln, weil die auch dann sie verstanden,
Noch bewundert. Verhüllt vom Schmerze, stieg sie am tiefsten
Zu den Menschen hinab, von ihnen bewundert zu werden;
Denn die kannten nicht, was an der Heitren die Himmlischen sahen.
Endlich redet die Römerin: Sag', o sage, wer bist du?
Wer du auch seyst, noch nie hab' ich diese Hoheit gesehen,
Diesen göttlichen Schmerz. Da unterbrach sie Maria:
Wenn du wirklich das Mitleid, das du in deinem Gesicht hast,
Auch in dem Herzen empfindest, so komm', o Römerin, führe
Mich zu Portia! Mehr noch erstaunt, antwortet mit leiser,
Sanfter Stimme die Römerin: Ich bin Portia. — Du bist
Portia selbst? Ein geheimes, ein linderndes, stilles Verlangen
Wünschte mir Portia so, da ich dich sahe. Du bist es
Also selber, o Römerin? Zwar du kennest die Schmerzen
Einer Mutter nicht ganz, die zu einem Volke gehöret,
Welches ihr haßt; doch Israelitinnen selber erzählen,
Daß dein Herz voll Menschlichkeit sey. Der Mann, den Pilatus
Richtet, er hat kein Uebel gethan; den Tyrannen verklagen,
Ich bin seine Mutter. Maria hatt' es gesprochen.
Portia blieb vor ihr stehn und sah mit sanftem Erstaunen,
Mit Entzückung sie an. Denn über den Kummer des Mitleids
Siegte der höhre Gedanke. Sie konnte jetzt nur bewundern.
Endlich rief sie: Er ist dein Sohn? Glückselige, du bist
Dieses Göttlichen Mutter? Du bist Maria? Dann wendet
Sie sich von ihr und richtet gen Himmel ihr staunendes Auge.
Sie ist seine Mutter, ihr Götter! Euch mein' ich, ihr höhern,
Besseren Götter, die mir in dem Traume voll Ernst sich entdeckten.
Jupiter heißet ihr nicht, ihr heißet nicht Phöbus Apollo.
Aber, wie euer Namen auch heißt, ihr seyd es, ihr sandtet
Mir die Mutter des Größten der Menschen, wenn er ein Mensch ist.
Und mich bittet sie? Mich? Nein, bitte mich nicht! O, führe
Mich vielmehr zu ihm hin, zu deinem erhabenen Sohne,
Daß er der Dunkelheit mich, den Zweifeln entreiße, von fern nur
Auf mich blicke und mir die Lehre der Gottheit entfalte!
Portia hatte zuletzt sich gewandt. Mit Augen voll Liebe
Suchte Maria der Römerin Aug' und redete wieder:
Wie ist deine Seele bewegt! Ja, Portia liebt mich.
Portia, o, ich war es auch, war der glücklichen Mütter
Glücklichste. So hat keine der Mütter geliebt, wie ich liebe.
Aber bei deinem Herzen voll Mitleids, o Römerin, rufe
Deine Götter nicht an! Hilf selbst! Sie können nicht helfen.

Und auch du vermagst nicht zu helfen, wenn Gottes Rathschluß,
Daß er sterbe, beschloß. Allein es würde Pilatus,
Wenn des Unschuldigen Blut nicht seine Seele befleckte,
Freudiger stehen vor dem Gericht des Gottes der Götter.
Portia schaut' auf sie hin und fing an leise zu reden:
O, was sag' ich zuerst? Was zuletzt? Wie voll ist mein Herz mir!
Erst sey dieses dein Trost, ist es anders Trost dir: Ich will dir
Helfen, du Theure! Dann wisse, die Götter, welche du meintest,
Fleht' ich nicht an. Ein heiliger Traum, von dem ich jetzt aufsteh',
Lehrte mich bessere Götter. Zu denen hab' ich gebetet.
Sieh', ein Traum, wie noch keiner um meine Seele geschwebt hat,
Ach, ein himmlischer, schreckender Traum! Ich würde dir helfen,
Wärst du auch nicht, Maria, gekommen. Der Traum, den ich sahe,
Hatte mir schon für dich mit mächtiger Stimme gesprochen.
Aber er endete fürchterlich, und ich verstand ihn zuletzt nicht.
Da erwacht' ich und fand mich in kalten Schweißen. Ich eilte
Gleich, den erhabnen Verklagten zu sehen. Da hatten die Götter
Mir des Verklagten Mutter gesandt. Hier schwieg sie und winkte
Einer Sklavin, die ferne von ihr in der Tiefe des Gangs stand.
Denn sie gab den Befehl, da aus ihren Hallen sie eilte:
Eine Sklavin sollte sie nur in der Ferne begleiten.
Diese nahete jetzt und empfing die neuen Befehle:
Geh' zu Pilatus und sag' ihm: Er ist ein großer, gerechter,
Göttlicher Mann, den du richtest. Verdamme du nicht den Gerechten!
Um des Göttlichen willen, Pilatus, hat ein Gesicht mich
Heut im Schlafe geschreckt. So stille denn, liebende Mutter,
Deine Schmerzen und komm', daß ich unter die Blumen dich führe
Dort in die Morgensonne, damit wir die Menge nicht hören,
Und ich dir sage, was mich die ernste Stunde gelehrt hat.
Portia sprach's, und sie stiegen hinab. Die edlere Heidin
Sieht mit ernstem Angesicht nieder. Noch schweigt sie, voll Wunderns
Ueber den Traum und vertieft in neue Gedanken. Ihr Engel
Hatt' in ihre Seele den Traum gegossen und immer
Aus den Lieblingsgedanken, die sie am feurigsten dachte,
Neue Gedanken entwickelt, in ihrem Herzen die feinsten,
Zartesten Saiten gewisser zu treffen und ganz sie zu rühren.
Jetzt entreißt sie sich ihren Betrachtungen, sagt zu Maria:
Sokrates (zwar du kennest ihn nicht, doch ich schaure vor Freuden,
Wenn ich ihn nenne; das edelste Leben, das jemals gelebt ward,
Krönt' er mit einem Tode, der selbst dieß Leben erhöhte),
Sokrates (immer hab' ich den Weisen bewundert, sein Bildniß
Unaufhörlich betrachtet), ihn sah ich im Traum. Da nannt' er
Seinen unsterblichen Namen: Ich Sokrates, den du bewunderst,
Komm' aus den Gegenden über den Gräbern herüber. Verlerne
Mich zu bewundern! Die Gottheit ist nicht, wofür wir sie hielten,
Ich in der strengeren Weisheit Schatten, ihr an Altären.

Ganz die Gottheit dir zu enthüllen, ist mir nicht geboten.
Sieh', ich führe dich nur den ersten Schritt in den Vorhof
Ihres Tempels. Vielleicht, daß in diesen Tagen der Wunder,
Da die erhabenste That der Erde geschieht, daß ein bess'rer,
Höherer Geist kommt und dich in das Heiligthum tiefer hineinführt.
So viel darf ich dir sagen, und dieß verdiente dein Herz dir:
Sokrates leidet nicht mehr von den Bösen. Elysium ist nicht,
Noch die Richter am nächtlichen Strom. Das waren nur Bilder
Schwacher, irrender Züge. Dort richtet ein anderer Richter,
Leuchten andere Sonnen, als die in Elysiums Thale.
Sieh', es zählet die Zahl, und die Wagschal' wägt, und das Maß mißt
Alle Thaten. Wie krümmen alsdann der Tugenden höchste
Sich in das Kleine, wie fliegt ihr Wesen verstäubt in die Luft aus!
Einige werden belohnt, die meisten werden vergeben.
Mein aufrichtiges Herz erlangte Vergebung. O, drüben,
Portia, drüben über den Urnen, wie sehr ist es anders,
Als wir dachten! Dein schreckendes Rom ist ein höherer Aufwurf
Voll Ameisen, und eine der redlichen Thränen des Mitleids
Einer Welt gleich. Verdiene du, sie zu weinen! Was diese
Heilige Welt der Geister sehr ernst jetzt feiert, und was mir
Selbst nicht enthüllet ward, und ich von fern nur bewundre,
Ist: der Größte der Menschen, wofern er ein Mensch ist, er leidet,
Leidet mehr wie ein Sterblicher litt, wird am tiefsten gehorsam
Gegen die Gottheit, vollendet da durch der Tugenden größte.
Und dieß Alles geschieht um der Menschen willen, und jetzo!
Sieh', ihn sah dein Auge. Pilatus richtet den Thäter
Dieser Thaten! Und fließt sein Blut, so hatte noch niemals
Lauter der Unschuld Blut gerufen. Hier schwieg die Erscheinung.
Aber sie rief, indem sie verschwand, aus den Fernen herüber:
Schau'! Ich schaute. Da waren um mich aufbebende Gräber,
Hingen dicht an die Gräber von allen Himmeln herunter
Schwere Wolken; die rissen sich auf bis zur obersten Höhe.
Und ein Mann, dem Blut entströmete, ging in die Wolken,
Wo sie sich öffneten. Schaaren unzählbarer Menschen zerstreuten
Sich auf den Gräbern und schauten mit offnen verlangenden Armen
Jenem Blutenden nach, der in die Wolken hineinging.
Viele von ihnen bluteten auch. Die weiten Gefilde
Tranken ihr Blut und bebten. Ich sah die Leidenden leiden;
Aber sie litten mit Hoheit und waren bessere Menschen,
Als die Menschen um uns. Ein Sturm kam jetzo herüber,
Schreckend schwebt' er einher und hüllte die Felder in Nacht ein.
Da erwacht' ich. Sie schwieg. So stutzt ein letzter Gedanke,
Wenn er, der Vorsicht Tiefen zu nah, auf einmal zurückbebt.
So blieb Portia stehn. Maria wandte gen Himmel
Ihr vieldenkendes Auge. Was soll ich, Portia, sagen?

Zwar ich versteh' es selber nicht ganz, was der Traum dich gelehrt hat;
Aber ich schaue dich an und verehre dich. Höhere Geister
Werden kommen und dich in das Heiligthum führen. Doch darf ich
Dieß dir sagen, so gern ich, wenn Jene reden, verstumme:
Er, der diese wandelnden Himmel so leicht wie den Sprößling,
Der dort keimet, erschuf, der hier dem Menschen ein Leben
Voller Müh', voll fliehender Freud' und fliehendes Schmerzes
Gab, daß sie nicht vergäßen den Werth der höheren Seele
Und es fühlten, daß über dem Grab' Unsterblichkeit wohne;
Er, er ist nur Einer! Er heißt Jehova, der Schöpfer
Und der Richter der Welt; des Ersten unter den Menschen,
Adams Gott, dann Vieler von Adams Söhnen, dann Abrams,
Unseres Vaters. Allein die Art, auf die wir ihm dienen,
Ist den Frommen bei uns, wie sehr auch die Stolzen sich aufblähn,
Dennoch dunkel. Doch hat sie der Ewige selber geboten.
Und er kennet sie, wird sie enthüllen, enthüllet sie jetzt schon.
Jesus, der große Prophet, der Wunderthäter, der Redner
Gottes, mit namlosen Freuden, mit Schauer (mit Staunen und Ehrfurcht
Nenn' ich ihn Sohn), er kam, es zu thun. Ich sollt' ihn gebären.
Jesus sollt' er heißen, er sollte die Menschen erlösen!
Kündigte mir ein Unsterblicher an. Wir nennen sie Engel;
Aber sie sind Erschaffne wie wir. Doch die Götter der Griechen
Und des furchtbaren Roms, wofern sie wären, sie wären
Gegen die Engel Sterbliche nur. Als ich in der Hütte
Jesus, den Knaben der Wunder, gebar, da sangen ihm Heere
Dieser Unsterblichen. Portia war bei ihr niedergesunken,
Hielt die geöffneten Hände gen Himmel empor und erstaunte,
Wollt' anbeten, wollte mit leiser Stimme Jehova
Nennen; allein sie fühlt es, sie darf den größten der Namen
Noch nicht nennen. Sie hub sich empor und schaute mit Wehmuth
Auf die Mutter und sprach: Er soll nicht sterben!
M. Das wird er.
Ach, schon lang' hat mir der Kummer mein Leben belastet;
Denn er sagt es, Portia, selbst. Was mir und den Frommen,
Die ihm folgen, vor allem Geheimnißvollen am schwersten
Und unerforschlichsten ist: Er hat zu sterben beschlossen.
Ach, nun reißt sie von neuem mir auf, die Wund' in der Seele!
Deine Gespräche von Gott bedeckten sie leise. Nun reißt sie
Wieder auf und blutet, die tiefe Wunde. Dich segne
Gott, ja, Abrahams Gott, er segne dich! Aber, o, wende
Dieß dein weinendes Auge von mir! Es tröstet umsonst mich.
Denn er beschloß zu sterben und stirbt. Die Stimme verließ sie.
Lange standen sie beide mit weggewendetem Antlitz.
Endlich, wie ein Sterbender sich noch einmal zum Freunde

Kehrt, sprach Portia noch: O, du, du Theur'ste der Mütter,
Mutter, ich geh' und weine mit dir bei dem Grabe des Todten.
So besprachen sie sich. Die Hohenpriester begleiten
Zu Herodes den göttlichen Sohn, mit ihnen die Menge.
Und schon lief ein Geschrei durch des Fürsten Palast: Den Jesus
Aus Galiläa, den großen Propheten sende Pilatus
Zu Herodes. Der Fürst versammelt der Höflinge Haufen
Eilend um sich und sitzt. Dann sagt er zu ihnen: Es soll mir
Dieser Tag es entscheiden! Ihr habt es Alle vernommen,
Was der erhöhende Ruf nicht verschwieg. Die Kranken mit Worten
Heilen, mit Worten vom Tod erwecken; und dennoch gefangen?
Seht, ich staune, wie ihr. So sagt er und sagte nicht Alles,
Was er dachte. Sein Herz war ihm viel stolzer geschwollen.
Ja, der größte Prophet von unsren Propheten, er neigt sich
Als Verklagter vor mir. Ich bin sein Richter, gebiet' ihm,
Wunder zu thun. Wofern er sie thut (wie könnt' er? Es sind ja
Keine möglich!); doch thut er so was, so hat ihm Herodes
Wunder geboten, und thut er sie nicht, so ist er doch immer
Jener Berühmte, dem Palmen Jerusalem streut' und Hosanna
Sang, deß Richter ich bin. Ihn unterbrachen die Priester,
Die mit hallendem Schritt in die Säle traten. Doch Jesus
War noch unter dem Volke, das ihn umdrängte. Nun wollten
Tausend ihn sehn, dann wieder Tausend. Sie stürmeten, rufen,
Standen, weineten, staunten, verfluchten, segneten. Jesus
Ging in diesem Sturme mit jener erduldenden Stille,
Welche die Sprache zwar nennt, doch die Seele so hoch nicht hinaufdenkt,
Als sie der Mittler empfand. Auch sah in der Fern' er die Seinen,
Kannte den ewigen Trost, der in ihre Seelen Entzückung
Strömen sollte. Schon war't ihr gezählt, ihr Thränen der Freude!
Aber sie weineten diese noch nicht. Die Meisten von ihnen
Waren unter dem Volk und drangen zu ihm, um den letzten,
Ach, den letzten Segen zu flehn. Die strömende Menge
Zwang sie zurück. Sie versuchten es oft; doch sie hatte die Menge
Einmal in ihre Wirbel gefaßt, die Jünger und Petrus,
Petrus mit schwerem Herzen und mildem Auge voll Jammer,
Und Johannes, und dich, Lebbäus, Nathanael, Viele
Von den Siebzigen, Viele der Freundinnen Jesus, Maria
Magdale, Maria, die Mutter der Zebedäiden;
Aber nicht Lazarus Schwester, die lag zu sterben. Maria
Magdale hielt sich nicht mehr, sie erkannte neben sich Einen,
Dem der Messias das Aug' einst aufthat: Hilf mir, wofern du
An die Stunde noch denkst, da er dir die Sonne zurückrief!
Hilf mir und führe mich durch die Wüthenden, daß ihn mein Auge
Einmal noch seh', ihn noch einmal segne! Sie wollen ihn tödten.
Aber sie flehte vergebens. Der Dankbare konnt' ihr nicht helfen.

Petrus war zu beängstet, sich wieder zu nahen. Johannes
Blieb auf einer entfernteren Anhöh', sah den Messias,
Betete. Mutter der Zebedäiden, sagte Lebbäus
Zu Maria, indem sie ihr Antlitz vor Wehmuth verhüllte,
Du bist eine glückliche Mutter. O, schau' du gen Himmel,
Schau' und lächle! Doch sieh', die den Wunderthäter, den Frommen,
Die den Gerechten gebar, die Mutter des göttlichen Sohnes,
Sie! Er legt sich trübe vor mich, wohin ich mich wende,
Ach, ich fühl' ihn, fühle den bangen Gedanken, versteh' dich,
Mutter, empfinde dir nach, wie deine Seele vor Jammer
Stumm wird! Erbarmt euch, ihr Todesengel, und leitet die Mutter,
Daß sie den Sohn im Tode nicht seh'! So sagte Lebbäus.
Jetzo ging der Richter der Welt in Herodes Palaste.
Und sie führeten ihn vor den Fürsten. So lassen gestrafte
Schwindelnde Denker vor sich erscheinen die Vorsicht, geben
Ihr Gedanken des Staubes und richten die Vorsicht Gottes;
Aber die Ewige zeigt sie dem kommenden Donner. Herodes
Staunete, da er ihn sah. So sehr sein Stolz sich empörte,
Staunt' er doch. Die Hoheit, so viel unerschütterte Stille
Hatte der Fürst nicht erwartet. Er sah ihn lange mit einem
Blick an. Endlich bezwang der Stolz das Erstaunen; er sagte:
Deine Wunder, Prophet, sie sind in die Länder erschollen,
Und ich hörte davon. Doch des Rufes Stimme vergrößert
Oder verkleint, und selten, daß er die Thaten erzählte,
Wie sie waren. So zeig' denn, Prophet, wofür ich die Wunder
Halten solle, die dir, vielleicht zu klein noch, der Ruf gab!
Nicht, als ob ich zweifle, du hab'st sie vollendet; mein Auge
Wünscht nur, dich handeln zu sehn, nur dich zu bewundern! Und weil du
Eh' denn Abraham warst, so bist du auch größer, als Moses,
Größer, als alle Propheten nach ihm, so ist es auch deiner
Würdig, über sie alle durch übertreffende Wunder
Dich zu erhöhn. Und, daß die Wahl dich nicht weile, so sondr' ich
Nur erhabne dir aus. Sieh', jedes ist würdig des Thäters.
Dort erhebt Moria sich. Schau' des Tempels Gewölbe
Und die Zinne des glänzenden Tempels! Sie thürmt sich empor. Sprich:
Neige dich, Zinne, vor dem Propheten! Im Schooße des Tempels
Lieget Davids Gebein. Wie würde der heilige König
Jauchzen, wenn er Jerusalem säh'! Wie würden wir staunen,
Wenn wir ihn sähen! O, ruf', Prophet, den Gebeinen des Königs,
Daß er die dunklen Wölbungen flieh' und lebend herumgeh'!
Aber du schweigst? So gebeut dem Jordan: Erhebe dich, Jordan,
Wende den wogigen Strom und fleuß um Jerusalem, schütze
Ihre schimmernden Thürme, dann kehr' in Genezaret wieder!
Oder befiehl's dem Sion, daß er sich erhebe, dem Himmel

Näher sich lagr' auf des Oelbergs Gipfel! Es schaun ihm die Völker
In dem großen, umhergeworfenen Schatten erstaunt nach.
Noch verstummst du? Er sagt's und wußte nicht, wem er es sagte,
Wußte nicht, daß der gefürchteten Hügel und der gebückten
Königreiche Tyrann vor dem, mit welchem er redte,
Nur erhöhterer Staub sey. Herodes rief ihm noch einmal:
Und du verstummest? Der Gottmensch sah, mit einem Blicke
Seiner Hoheit ihn an. Der Fürst verkennt ihn in Allem;
Denn er glaubt, der Prophet veracht' ihn. Da stand er im Grimm auf.
Kaiphas sah ihn ergrimmen, ergriff den Augenblick, sagte:
Nun entdeckest du selbst, nun siehest du, wer der Prophet sey.
Sieh', er verstummte vor dir, als du die Wunder verlangtest.
Kann er sie thun? Doch wähnt es der Pöbel, wähnen es selber
Einige Schwache unsrer Versammlung. Wer wider des Bundes,
Wider Moses Gesetz mit oftgewarnter Verblendung
Kühn sich erhebt, kann der von Gott mit Wundern gesandt seyn?
Unseres Bundes Entweihung, den rauchenden Sina, die Schrecken
Gottes auf Sina, die rufenden Wetter, den Schall der Posaune,
Moses im Dunklen des bebenden Bergs will Kaiphas rächen.
Doch er empörte sich auch zum Könige, häufte Judäa
Um sich herum und zog, von lautem Jubel begleitet,
In Jerusalem ein. Sie streuten ihm Palmen, sie warfen
Ihre Gewandte vor ihn und rufen: Hosanna dem Sohne
Davids, Hosanna! Und Sion erscholl, und die Hallen Moria's
Klangen: Dem König Hosanna, dem Gottgesegneten! Siehe,
Sieh', er kommt in dem Namen des Herrn! Streut Palmen! Hosanna!
In der Höhe der Himmel Hosanna! Bei Davids Gebeinen,
Bei der erschütterten Gruft, dem Gebein Herodes des Großen,
Deines Vaters, ha, die Entweihung räch' du, Herodes!
Philo lächelte Kaiphas zu, wie entflammt auch sein Haß war.
Aber Herodes gebot mit bitterem Spotte: Man kleid' ihn
In das weiße Gewand, mit dem die Römer sich kleiden,
Wenn sie sich ihren Würden bestimmen! Pontius urtheilt
Weise, kennt das Verdienst. Er wird ihn zum Könige weihen,
Zu dem Hosanna, den Palmen ihm Purpur geben und Kronen.
Also sagt' er und wandte sich weg. Die Wache des Fürsten
Kleidete Jesus ins weiße Gewand und schaut' ihn mit Hohn an.
Endlich sandt' ihn Herodes zurück. Die furchtbare Menge
Hatten neue Schaaren gemehrt, die zur Feier des Festes
Kamen. Sie gingen unzählbar herauf und begleiteten Jesus.
Rings ertönte die thürmende Stadt, da Judäa daherging.
Philo sah's; ihn erschreckt's nicht. Der hohe Führer des Schiffs sieht
Also das kommende Meer und freut sich der tragenden Fluthen.
Philo entdeckt, es sey das Volk noch getheilt, es verehren
Jesus viele Tausende noch. Allein ihn erschreckt's nicht;

Denn die Ehrsucht schwellte das Herz ihm empor und verstieg sich
Taumelnd über die Wolken. Den feurigen Sünder umgaben
Seine Vertrauteren, Pharisäer. Geflügelte Worte
Sprach er zu ihnen; dann sandt' er sie unter das weichende Volk aus.
Und sie vertheilten sich schnell. So fleußt von dem Becher des Todfeinds
Gift, und jeder Tropfen entzündet den Tod. Die Vertrauten
Eilen und unterrichten das Volk, nach seiner Erbittrung
Jeder, mit seiner Beredsamkeit, seinen Künsten der sanften
Oder strengen Priesterlichkeit, vielzüngige Redner:
Wähnt ihr, er habe Wunder gethan? Herodes gebot ihm,
Wunder zu thun. Er vermocht's nicht. Ihr sahet ihn, wie er verstummt stand.
Glauben auch Israels Väter an ihn? Dem fluch' ich, der Abram
Lästerte, der das Gesetz sein ganzes Leben entweiht hat,
Siehe, der Priester Gottes verklaget ihn. Sandte den Gott uns,
Den er verläßt? Er verläßt ihn; ihr seht in der Kett' ihn. Die Heiden
Richten ihn, doch zu gelinde; sie kennen nicht ganz den Empörer.
Bittet heute nicht um den Gefangnen! Die blinden Bewundrer
Seiner Thaten, sie möchten für ihn den Römer erbitten,
Und ihr hättet zur Bitte verführt, euch träfe die Sünde.
Männer, ihr seyd das heilige Volk; euch schimmert der Tempel;
Euch nur flammen vom hohen Altar die Opfer gen Himmel!
Rächet, euch ruft der Staub der Propheten, sein heilig Gebein ruft,
Abrams Gebein! Auf, rächt den Größten unter den Vätern!
Also rotteten sie zu ihrer Rotte Judäa.
Tausende rissen Tausende fort, der Zweifelnden waren
Wenige, weniger noch der Tugendhaften und Treuen.
So stehn, wenn der geschmetterte Wald vor dem wilden Orkane
Auf vielmeiligen Bergen die langen Rücken herunter
Liegt, noch einsame Cedern und tragen die bebende Wolke.
Unterdeß hatte Pilatus, für Jesus das Volk zu bewegen,
Einen berufnen Gefangnen, von dem viel Sagens im Lande,
Ehe die Kett' ihn bändigte, ging, ins Geheim in das Richthaus
Führen lassen. Itzt kamen zurück das Volk und die Priester.
So wie hinauf sie nach Gabbatha gingen, so ward der Gefangne
Gegen sie her auf der Höhe geführt. Sein glühendes Auge
Schweifte seitwärts herum, er hielt den schnaubenden Athem;
Nicht die Reue, die Wuth bog ihm den sträubenden Nacken.
Also stand er gebückt und schluckte zornigen Schaum ein,
Und am nervigen Arme klirrt' ihm die Kette. Pilatus
Stellete sich zu der Rechten den Gottversöhner. Der Mörder
Sah den Mann in dem weißen Gewande. Der oder er selber
Mußte sterben. Der Zweifel durchdrang ihn mit stechendem Feuer,
Und sein Herz schlug sichtbar empor. So stand er zur Linken.

Aber Pontius sprach und wies zu der Rechten: Ihr brachtet
Diesen Menschen herauf: er wende vom Cäsar das Volk ab.
Doch ich hab' ihn verhört und find' ihn nicht schuldig. Auch findet
Ihn Herodes nicht schuldig. Ich lass' es nicht zu, daß er sterbe.
Aber weil ich das Fest mit Befreiung eines Gefangnen
Fei're, so geißl' und geb' ich ihn los. Doch ihr hört die Vernunft nicht.
Welchen, so sagt's denn, so wüthet denn, welchen soll ich euch geben?
Barrabas oder Jesus, den ihr den Gesalbten des Herrn nennt?
Portia sendete jetzo zu ihm: Er ist ein gerechter,
Göttlicher Mann, den du richtest. Verdamme du nicht den Gerechten!
Um des Göttlichen willen, Pilatus, hat ein Gesicht mich
Heut im Schlafe geschreckt. Das sagt' ihm die Sklavin. Das Volk schwieg,
Und noch schwieg es, und nun noch immer. Philo erschreckten
Ihre Stille, dann die Gehülfen, die kamen und sagten,
Daß die Menge noch dort und da dem Empörer getreu sey.
Auch erhub sich von fern mit wehmuthsvollem Gelispel
Eine Stimme der einst Verstummten, der Lahmen, der Blinden
Und der Todten, die Jesus den Frommen, den Menschlichen nannten;
Aber das wüthende Murmeln der näheren Haufen verdrang sie.
Also wird durch den Sturm in dem tiefen Walde das Rufen
Eines hülflosen Kindes zu leisem Laute. So schwindet
Vor des Hohen rauschender That des Weisen bescheidne.
Philo entdeckt die Gefahr, er weiß, was Pontius meine
Mit dem Mörder, welchen er bei dem Propheten dem Volk zeigt.
Doch verläßt er den Römer mit hoher Miene. Voll Stolzes
Auf die Fessel, die er durch eine Rede dem Volke
Anzulegen gedenket, geht er auf Gabbatha vorwärts,
Seines Pöbels Bewundrung. Pilatus sah von dem Richtstuhl
Mit halbzürnendem Spott ihm nach. Jetzt winkte dem Volke
Philo. Sie schwiegen vor ihm. Er sprach mit geheftetem Blicke:
Nur mit fliegenden Worten, ihr Männer Israel, kann ich
Heut zu euch reden. Ihr kennt mich. Ich hasse Moses Verächter.
Und dem fluch' ich, der ihm, obgleich die süßere Lippe
Anders spricht, durch das Leben doch flucht. Mit dieser Gesinnung
Zeig' ich euch heut Verderben und Heil. Wählt, Israeliten!
Barrabas oder Jesus! Er ist, ihr wißt es, ich weiß es,
Barrabas ist ein Mörder. Auch Pontius weiß es. Er hätt' ihn,
Wollt' er euch nicht zu dem Mitleid herab erniedern, mit Jesus,
Der so täuschend die Unschuld, auch hier ein Zauberer, nachahmt,
Nicht vor euch, ihr Männer, gestellt. Doch ich lasse die Absicht,
Welche Pontius hat. Wir sind Besiegte, wir schweigen.
Aber davon kann Philo nicht schweigen, ihr Israeliten,
Daß an dem Abgrundshange, vielleicht schon sinkend, ihr schwindelt,

Euer Verderben zu wählen. Ich rede mit Angst; doch red' ich.
Denn so tief soll der Enkel der großen Väter nicht fallen.
Dieser Jesus! Was hätt' ich euch nicht, ihr Männer, zu sagen,
Wollt' ich euch alle seine Verbrechen, sie alle beschreiben!
Ihre schwarze Gestalt entblöst' ich vor der Versammlung
Eurer Herrscher. Da hing an meiner Stimme sein Leben.
Und sie sprachen Tod für ihn aus. An heiligen Steinen
Rönne sein Blut schon herab. Allein wir dürfen nicht tödten.
Dieser Jesus (damit ich an eins von den tausend Verbrechen
Euch erinnre), der Mann voll Grausamkeit, weiß, daß die Römer,
Wenn er seiner Empörungen Maß nunmehr erfüllt hat,
Kommen werden, uns ganz zu verderben. Zu Tausenden standen
Um ihn die Hörer herum, da er redete von der Belagrung,
Von der sinkenden Stadt und dem Tempel Gottes im Staube.
Ihr bewundertet ihn, so war't ihr geblendet. Er aber,
Er erbarmt sich nicht euer: er sieht Jerusalems Jammer,
Weiß es, daß er, nur er Urheber der nahenden Angst ist,
Und fährt fort zu thun, wie er that. Den Tempel in Dampfe,
Wie er, niemals sich aufzurichten, Moria hinabsinkt;
Mit dem Tempel, er sieht's, der Versöhnungsopfer Altäre,
Wie sie sich neigen; er sieht die hohe Jerusalem weinen;
Ach, in Asche gekleidet die Königin unter den Städten,
Ihrer Kinder beraubt. Sie liegen, gesehn von dem Tage,
Und verwesen. Und welche die Angst und der wüthende Hunger
Noch in das Grab nicht gestürzt hat, ergreifen heißere Krieger
Und zerschmettern ihr zartes Gebein an Jerusalems Trümmer.
Ach, er sieht's, sie beweint kein Vater, die starben im Schlachtfeld;
Keine Mutter; die Mütter, die waren lange vor Jammer,
Lang' vor Jammer vergangen. Er sieht's und erbarmt sich nicht euer.
Als er endigte schrien noch andere Priester den Beifall,
Welchen sie Philo gaben, zum Volk herab. Doch bedurft' es
So viel Grimm, den Ungestüm nicht, ihr Herz zu bewegen.
Denn das war schon genug durch eigene Bosheit entschlossen.
Pontius saß in Gedanken verloren. Er fragte von neuem:
Welchen, so redet denn, welchen von Beiden soll ich euch geben?
Barrabas! stieg ein Geschrei mit einer Wuth, daß die Engel,
Die um den Göttlichen standen, ihr bebendes Angesicht wandten,
Barrabas! stieg es empor. Pilatus entriß dem Erstaunen
Sich mit Zorn und rief: Was mach' ich aber mit Jesus,
Was mit eurem Gesalbten? Sie stürmeten, stampften und ruften:
Laß ihn kreuzigen! Aber (noch einmal entschloß sich der Römer,
Ihre Wuth zu erweichen), was aber hat er verbrochen?
Nein, er hat den Tod nicht verdient. Sie wurden ergrimmter,
Ruften, und ihr Geschrei beseeleten Stimmen der Priester,
Stammelnd und bleich und knirschend, mit wildem, flammendem Auge,
Riefen sie: Kreuzige! Kreuzige! Sion erscholl vom Getöse

Ihres Rufens, mit ihm die verlass'nen Hallen Moria's
Und die thürmende Stadt, und Staub stieg mit dem Getös auf.
  Pontius sah, zu erschrocken, daß er vergebens für Jesus,
Ihn zu befreien, arbeite, beschloß unrömisch, das Urtheil
Ueber den Mann zu sprechen, den er für schuldlos erkannte.
Furchtsam hatt' er vorher verlassen den hohen Richtstuhl,
Stieg jetzt wieder hinauf und gab Befehle. Der Sklav kam
Eilend zurück und trug durch der Priester getheilte Versammlung
Ein korinthisch Gefäß, drin eine silberne Quelle.
Und er hielt's vor Pilatus. Der winkte dem Volke. Das Volk stand,
Blickte schweigend hinauf. Nun rann die Quelle. Pilatus
Wusch sich feierlich vor dem Volk die Hände. Der Cherub,
Welcher in Gosen vordem die Hütten schonend vorbeiging,
Die mit der Lämmer Blute bezeichnet waren, er schwebt' itzt,
Fürchterlich, mit dem Verderben, mit Gottes Schrecken gerüstet,
Ueber Juda's Gefilden, das Volk dem Gerichte zu weihen.
Sein geheftetes Auge verließ des Versöhnenden Blick nicht.
Und er sah in dem Blicke des Göttlichen mit der Verwerfung
Eine Thräne vermischt. Der Todesengel begann jetzt
Jene Worte des Fluchs, die dem Himmel des Richtenden Urtheil
Kund thun, wenn dem vollen Gericht Nationen gereift sind.
Wie in der Fern' Erdbeben den Tod weissagen, so rauschte
Seine Stimme. Dann grub er in eherne Tafeln das Urtheil,
An des Richtenden Thron es aufzustellen. Pilatus
Winkte dem Sklaven, sich zu entfernen. Dann rief er zum Volke:
  Nehmt ihr's auf euch, ihr Wüthenden! Ich, ich bin an dem Blute
Dieses Gerechten nicht schuldig. Er rief's herunter. Da wendet
Israels Engel sein Angesicht weg, erzittert, entfärbt sich
Und verläßt sie. Sie sprechen ihr Todesurtheil und rufen:
  Ueber uns komme sein Blut und über unsere Kinder!
Bleiches Entsetzen und Stille, wie sie um Gräber erstarrt liegt,
Schauer und Angst wie des Sterbenden folgten nun; aber nicht Reue.
Pontius gebot zu der Rechten und Linken, und Jesus
Ward in die Halle zur Geißel geführt, zu dem Volke der Mörder.
  Barrabas, als er um sich nicht mehr den eisernen Klang hört
Und nun frei ist, schüttelt sich, brüllt mit stürmender Freude,
Steht, verstummet und läuft, dann steht er wieder. Das Volk bebt,
Wo er sich nahet, zurück. So erschrickt ein heißer Verbrecher
Vor der vollendeten That. Doch Philo ergötzte der Anblick.
Auch hätt' er gern den Versöhner begleitet. Er ging an dem Thore
Hin- und herwärts und stand und hätt' ihn gerne gesehen,
Gerne Stimmen der Angst von ihm im Triumphe vernommen.
  Aber, o du, die vom Gottversöhner ihr Antlitz gewandt hat,
Sing', Sionitin, die Geißlung, das Rohr, den Purpurmantel
Und die Krone, doch nur mit einem weinenden Laute!

Jetzt ist um ihn die Wache, viel' niedrige Seelen, versammelt.
Und sie kleiden ihn ungestüm aus. So entblättert der Sturmwind
In der durstenden Wüste, worin kein lebender Quell rinnt,
Einen einsamen Baum, des Wanderers heißes Verlangen.
Und sie rissen ihn fort zu einem Pfeiler und banden
Ihn an den Pfeiler hinauf, und Blut quoll unter der Geißel.
Du, Eloa, sahst es und sankst von dem Himmel zur Erde.
Drauf verhüllten sie ihn in einen Mantel von Purpur,
Gaben in seine Recht' ihm ein Rohr und drückten von Dornen
Eine Kron' auf sein Haupt, und Blut quoll unter der Krone.
Und, wie ein Sterblicher, betet ihn an von dem Staub' Eloa.
Dann.. Doch mir sinket die Hand die Harf' herab; ich vermag nicht
Alle Leiden des ewigen Sohns, sie alle zu singen.
Pontius sah, wie er litt, und entschloß sich wieder, zum Mitleid,
Das er empfand, das Volk zu bewegen. Er winkte dem Mittler,
Ihm zu folgen, und ging heraus nach Gabbatha. Jesus
Folgt' ihm, aber ermüdet, mit wankendem Schritte. Sie sahn ihn
Fernher kommen. Pilatus wies zurück mit der Rechte,
Rief herunter: Ich führ' ihn heraus, ihr Israeliten,
Euch es noch einmal zu sagen, daß er den Tod nicht verdient hat.
Jesus kam nun näher, sie sahen es, wie er zum Richtstuhl
Trat im Purpur heran mit der blutigen Krone. Nun stand er.
Pontius rief zu ihnen herab mit der Stimme des Mitleids:
Sehet, welch ein Mensch! Indem Pilatus es sagte,
Gab der Versöhner den Engeln, die um ihn bebten, Befehle;
Nicht durch Worte, sie sahen es in des Göttlichen Antlitz,
Was er, bewegt von der Jünger Schmerz und der andern Erwählten,
Ihnen gebot. Geheimere, himmlische Tröstungen waren's,
Ruh' im Elend: Wenn ich am hohen Kreuze nun blute...!
Wenn ich todt bin, und nun, nun unter den Schlafenden liege....
Pontius hatte von neuem gewünscht, das Volk zu erweichen;
Aber sie zeigten ihm bald, wie fühllos sie blieben. Sie riefen,
Und das Rufen der Priester erscholl vor dem Brüllen der Menge.
Kreuzige! rufen sie wieder. Da brach Pilatus in Zorn aus:
Nehmet ihn denn und kreuziget ihn! Ich find' ihn nicht schuldig.
Pontius spricht's mit geflügelten Worten und wendet sich zornvoll.
Kaiphas aber ereilet ihn, sagt: Es sprach schon, Pilatus,
Unser Gesetz sein Urtheil aus; nach dem muß er sterben;
Denn er machte sich selber zum Sohne Gottes. Der Heide
Zittert, als er den Namen hört von dem Sohne der Götter.
Und er ging mit Jesus zurück und fragt' ihn voll Unruh':
Sage, von wannen du bist? Der Gottmensch schwieg bei der Frage.
Pontius zürnt und sagt: Du redest also mit mir nicht?
Weißt du nicht, daß dein Tod und dein Leben in meiner Gewalt sind?
Jesus sprach: Du hättest sie nicht, wär' dir sie von oben
Nicht gegeben. Doch sind die schuldiger, die mich verklagen.

Pontius geht zur Versammlung zurück. Sie sehen ihn kommen
Und entdecken an der entflammten Geberde, warum er
Wiederkomme. Sie schrien ihm entgegen: Lässest du, Römer,
Diesen los, so bist du des Cäsars Freund nicht. Denn, wer sich
Selbst zum Könige macht, der empört sich gegen den Cäsar.
Pontius ward erbittert, und, da er Edlers zu wagen
Sich zu klein fühlt, spottet er ihrer. Sie aber umringten
Jesus und führten ihn stolz in wildem Triumph zu dem Tode.
Und der furchtsame Römer entschlich zu seinem Palaste.

Achter Gesang.

Eloa kömmt vom Throne Gottes herab, und ruft durch die Himmel, daß jetzt der Versöhner zum Tode geführet werde. Drauf läßt er die Engel der Erden einen Kreis über Golgatha schließen, steigt aus demselben herunter und weiht den Hügel, im Namen des Dreimalheiligen, zum Tode des Mittlers ein. Hernach betet er den Messias, der sein Kreuz tragend näher gekommen war, vom Golgatha an. Der Kreis der Engel wird weiter um Golgatha ausgebreitet. Gabriel führt die Seelen der Väter aus der Sonne auf den Oelberg herunter. Adam betritt die Erde zuerst, und redet sie an. Satan und Adramelech schweben triumphirend über dem Messias. Eloa gebietet ihnen, im Namen des Versöhners, sich zu entfernen. Sie werden in's todte Meer gestürzt. Jesus war an Golgatha gekommen. Er redete die, welche über ihn weinen, an. Nun ist er auf dem Hügel. Das Kreuz wird errichtet. Die Erde fängt an, in ihren Tiefen zu beben. Noch steht der Gottmensch beim Kreuze. Adam betet zu ihm. Die Kreuziger nahen sich. Die Sterne hatten denjenigen Punkt ihres Laufes erreicht, welcher, in allen Himmeln die Zeit der Kreuzigung anzuzeigen, bestimmt war. Nun steht die ganze Schöpfung still. Der Vater sieht auf den Sohn herunter, und er wird gekreuzigt. Da sein Blut nun fließt, macht es Eloa durch die ganze Schöpfung bekannt. Der Gottmensch sieht auf das Volk herab, und bittet den Vater um Gnade für sie. Die Bekehrung des einen mitgekreuzigten Missethäters. Jetzt vollführt Uriel, was ihm geboten war. Er bringt den Stern, auf welchem die Seelen der Menschen vor der Geburt sind, vor die Sonne. Die dadurch verursachte Finsterniß. Das Erdbeben steigt nun weiter herauf. Von den Leiden des Versöhners am Kreuze. Uriel führ die Seelen des zukünftigen menschlichen Geschlechts zur Erde. Eva sieht die Seelen kommen. Sie redet deßwegen zu Adam. Der Versöhner sieht die Seelen mit einem Blick seiner Liebe an. Desselben Leiden am Kreuze. Eine starke Erschütterung des von neuem zunehmenden Erbebens. Ein Sturm folgt darauf; auf diesen ein Donnerschlag in's todte Meer. Eloa entschließt sich, zum Throne des Himmels hinauf zu steigen, um den Richter von Angesicht zu sehen. Ihm begegnen zween Todesengel, die Gott herabschickt. Die Erde war wieder stille. Eva ist sehr bewegt. Wenn sie den Anblick des sterbenden Messias nicht mehr aushalten kann, so sieht sie auf Maria. Die beiden Todesengel kommen und schweben siebenmal um's Kreuz. Was der Versöhner dabei empfindet. Der Eindruck, den die Ankunft der Todesengel auf die Väter, und besonders auf Eva macht. Ihre Wehmuth bricht in einem Gebete aus. Zuletzt kömmt sie, durch einen gnadenvollen Blick des Versöhners, zu der völligen Ruhe des ewigen Lebens zurück.

Die du am Sion den Heiligsten unter den Sängern Jehova's
Sahst, von ihm lerntest, als er, von dem ewigen Geiste gelehrt, sang,
Den der Richter im Tode verließ, den Größten der Todten,

Lehr', Sionitin, mich wieder! Du lerntest himmlische Dinge!
Komm' und leite den Schritt des Wankenden, deines Geweihten,
Führe mich in des Gekreuzigten Nacht! Des Heiligthums Schauer
Faßt mich; ich will den Sterbenden sehn, ich will die gebrochnen,
Starren Augen, den Tod auf der Wange, den Tod in den schönsten
Unter den Wunden, dich sehn, du Blut der Versöhnung! Er bebte,
Rang mit dem Tode; da sank ihm sein Haupt. Er blutete, neigte,
In die Nacht sein heiliges Haupt; da verstummte der Gottmensch.
Von des Richtenden Antlitz flog Eloa herunter,
Kaum den Unsterblichen sichtbar, so eilt' er herab durch die Himmel.
Und er hielt in der Linken die himmlische Krone, die Rechte
Hob die Posaune. Sie tönt, und es tönen die Welten im Kreislauf.
Und der Nächste dem Unerschaffenen rief durch die Himmel:
Feiert! Es flamm' Anbetung der große, der Sabbath des Bundes
Von den Sonnen zum Thron des Richters! Die Stund' ist gekommen.
Feiert! Die Stunde der Nacht ist gekommen. Sie führen das Opfer.
Und die Himmel umher vernahmen des Rufenden Stimme.
Doch schon war er vorübergeeilt. Zween Winke, so schwebt er
Ueber Golgatha. Um ihn herum versammeln der Erde
Engel sich eilend. Er rief sie. Ihr strahlenwerfender Kreis schloß
Jetzt um Eloa sich zu. Eloa stieg aus dem Kreise,
Feierlich stieg er nieder auf Golgatha, stand auf der Höhe.
Dreimal neigt' er nunmehr sein tiefanbetendes Antlitz
Auf den Staub des Hügels herab; dann erhub er sich, streckte
Ueber den Hügel aus den weitverbreiteten Arm, schaut
Auf den Messias herab, der in der Ferne, begleitet
Von Judäa, langsam gen Golgatha wandelt und schwerer
Trägt, wie sein Kreuz, das Weltgericht. So sah ihn Eloa,
Stand, hielt über den Hügel den hohen Arm hin und sagte:
Höret mich, Himmel, und jauchzt! Abgrund, vernimm mich und bebe!
In dem Namen des Auszusöhnenden, deß, der zu bluten
Kommt, des Versöhners Namen und in des Geistes, der Sündern
Himmlisches Licht strahlt, weih' ich dich, Hügel, zum Tode des Sohnes.
Heilig, heilig, heilig ist der, der seyn wird und seyn wird!
Also weiht Eloa und staunt. Des Unsterblichen Schimmer
Wurde Dämmrung, so staunet' er. Nun verstummt er nicht länger,
Senket gegen den Mann von Erde gefaltete Hände,
Welcher die Tief' herauf sein niederbeugendes Kreuz trägt;
Siehet ihn unter dem wankenden Kreuz, fällt nieder aufs Antlitz,
Betet: O, der dem Altare sich naht, zu sterben den schönsten
Und den wunderbarsten der Tode, du Menschlicher, Schöpfer,
Mitgeborner und Sohn des Geschlechts, das Gräber begraben,
Bethlehems Kind. Du weintest; wir sangen dir Jubel. Du lässest

Dich bis auf Golgatha nieder; die tiefre Bewundrung verstummt dir,
Mehr zu jauchzen. O Sohn, Sohn Gottes und der Gebornen,
Unerschaffner! Kein Endlicher sang da Jubel! Vollender
Alles deß, so das Höchste, das Wundervollste, das Beste,
Das ganz Herrlichkeit ist, tiefangebeteter Gottmensch!
Wiederbringer der freudigen, gottgefallenden Unschuld!
Todtenerwecker! Vertilger des ewigen Tods! Weltrichter,
Oder, wie deine Menschen dich nennen, du Lamm, das erwürgt wird!
Höre mein tiefes Gebet, vernimm des Endlichen Stimme,
Die von dem Staube, worauf dein Blut wird bluten, dir betet!
Wenn dein Auge nun bricht, die letzte Blässe des Todes
Ueber dich, Geopferter, strömt, die Himmel der Himmel
Nun erzittern und fliehn, nun nur Jehova mit vollem,
Hingeheftetem Blick anschaut den Sterbenden; stärke
Dann aus der hangenden Nacht mich, in die dein Leben hinabstirbt,
Stärke, großer Vollender, mich dann, damit ich nicht hülflos,
Nicht zu bebend unter der Erde Gräber versinke,
Und, wenn in schwimmender Dämmrung um mich die Schöpfung nun wanket,
Ich, wie dunkel mir auch das Aug' hinstarret, dich sterben
Sehe; Tod des Sohnes, du nahest dich, Tod! Von dem Ersten,
Der ein Sterblicher ward, bis hinab zu dem Letzten von Adam,
Dessen jungem Leben der Auferstehung Posaune
Wegzuathmen gebeut, sie Alle wirst du versöhnen,
Wenn du, noch einmal Schöpfer: Es ist vollendet! nun ausrufst.
Tod, o Tod des Sohnes, und du, des Geopferten Blut! Heil,
Heil den erlös'ten Seelen! Sie kommen und wandeln und jauchzen.
Ihre Kleider sind hell in des Todten Blute gewaschen;
Drauf erhebt sich Eloa, vertheilt die Engel der Erde
Weit um Golgatha her. Auf niederhangender Wolke
Sammeln sie sich, bedecken die breiten Rücken der Berge
Oder schweben über der Ceder und gehen voll Tiefsinn
Auf den wallenden Wipfeln; er selbst steht über des Tempels
Höhen, ein weitumkreisendes Heer, der allmächtigen Vorsicht,
Welche von fern herrscht, furchtbare Diener, Engel des Todes
Und des Gerichts, der Menschen Hüter, künftiger Christen
Hüter, und, weil sie Engel der Märtyrer wurden, am Throne
Deß, dem der Palmenträger, der Märtyrer blutet, die Ersten.
Gabriel aber (ihn hatte gesandt zu der Sonne der Mittler)
Ließ sich mit silbertönendem Flug auf den strahlenden Tempel
Nieder und stand vor der Väter Seelen und sagte zu ihnen:
Kommt nun näher, ihr Väter der Menschen! Ihr sehet ihn! (Hier wies
Er mit der bebenden Rechten). Da trägt der Sündeversöhner
Gegen den Hügel sein Kreuz. Dieß ist der Hügel des Todes.
An dem höheren dort, der mit zween Gipfeln heraufragt,

Ging er ins erste Gericht. Von diesem sollt ihr ihn sehen,
Wenn er für eure Kinder und euch sein Leben wird bluten.
Kommt, Erlös'te! Die Enkel der Enkel, die noch die Geburt nicht
Zu Unsterblichen schuf, er geht, er eilt, er versöhnt sie.
Feurig sagt es der Seraph. Verstummt vor Wehmuth und Wonne,
Folgen die Väter ihm schon. Sie eilen. Der schnelle Gedanke,
Der aus des Betenden Seele von Sternen zu Sternen hinaufdenkt,
Eilet nur eilender. Gabriel führte die schimmernden Schaaren.
Schon betrat ihr schwebender Fuß den liegenden Oelberg.
Adam betrat ihn zuerst, sank nieder und küßte die Erde.
Mütterlich Land, so sprach er, ich seh', o Erde, dich wieder.
Seit den Jahrhunderten, da mein Gebein an dem Abend des Todes
Du in deinen friedsamen Schooß, o Mutter, zurücknahmst,
Stand ich nicht über dem Staube der todtenvollen Gefilde;
Nun, nun steh' ich darauf. Sey mir, o Erde, gegrüßet!
Seyd mir, Gebeine der Todten, gegrüßt! Ihr werdet erstehen.
Meine Kinder, ach, meine Kinder, ihr werdet erstehen!
Und, o Stunde, du nahende, sey auch du mir im Jubel,
Im Triumphe genannt! Du entlastest die Erde vom Fluche.
Ihrem heiligen Staub erschallt des Blutenden Segen.
Halleluja! Er kommt, er kommt, der Erdegeborne!
Siehe, der Allerheiligste kommt und nahet dem Tode!
Also sprach er. Noch hielt er sein Herz, das in himmlische Wehmuth
Aufzuschauern begann; er hielt es noch, schwieg und schaute.
Aber Eloa stand auf dem Tempel und sahe die Väter
Kommen. Er wandte sein Antlitz und sah hoch über dem Kreuze
Satan und Adramelech in wildem Triumphe schweben;
Satan wegen des Werks, das er schon vollendet, und Beide
Wegen künftiger Thaten. Eloa sieht die Empörer,
Wie sie, erhoben über die Wolken der wandelnden Erde,
In weitkreisendem Schwunge die höheren Wölbungen messen.
Und in seiner Herrlichkeit hub sich Eloa vom Tempel
Gegen die ewigen Sünder empor. Er ging in dem Glanze
Dieses gefeiertsten Tags vor allen Tagen der Feier,
Gottes Schrecken schwebten um ihn. Die leiseren Lüfte
Wurden vor ihm zu Sturm und rauschten. Des Kommenden Gang war
Eines Heers Gang, welchem die tragenden Felsen erzittern.
Und der Unsterbliche tönt' und glänzte daher. Die Empörer
Sahen ihn, hörten ihn kommen und strebten umsonst zu verbergen
Ihr Erstaunen. Sie standen und wurden dunkler. So stehen
In der untersten Höll' Abgrund zween nächtliche Felsen.
Blitzeil' hatte der letzte Schwung Eloa's. Er trat jetzt
Vor die Verworfnen und sprach: Ihr, deren Namen die Hölle

Nenne, verlaßt (ihr seht der hohen Unsterblichen Lichtkreis),
Diesen verlaßt und entlastet von euch die heilige Stätte!
Siehe, so weit der äußerste Glanz der Seligen Gränzen
Euren Empörungen strahlt, schwebt da nicht über der Wolke!
Kriecht da nicht an dem Staube der Erde! Der Seraph gebot so.
Aber wie zwei Gewitter, die an zwo Alpen herunter
Dunkel kommen (ein stärkerer Sturm tönt ihnen entgegen,
Wird sie verstreun), wie die in ihrem Schooße den Donner
Fliegend reizen, damit er die krummen Thäler durchbrülle:
Also rüsten sich wider Eloa die Stolzen zur Antwort.
Was die Wuth Entsetzliches hat, die Rache Verwegnes,
Runzelt' auf ihrer Stirne sich, rollt' in dem flammenden Auge.
Aber mit herrschendem Blick schaut ihnen Eloa ins Antlitz:
Erst verstummt, dann flieht! Käm' ich mit der siegenden Stärke,
Die Jehova mir gab, so sollte von diesem erhobnen
Treffenden Arm euch ferne von mir mein Donner verschleudern.
Aber ich komm' in dem Namen des Sohns von Adam, der (schaut ihn!)
Trägt sein Kreuz. In dem Namen des Ueberwinders der Hölle:
Flieht! Sie flohen, dunkler, als Nächte. Ereilende Schrecken
Hefteten sich an die Ferse der Flucht und trieben sie seitwärts
Auf die Trümmer Gomorra im todten Meere. Die Engel
Sahen sie fliehn; es sahen sie fliehn die Väter. Eloa
Stieg zu der Zinne des Tempels in seiner Herrlichkeit nieder.
Jesus war zu dem Todeshügel gekommen. Ermattet
Schwankt' er am Fuß des Hügels. Die blutbegierigen Haufen
Zwangen einen Wanderer, der an Golgatha's Hange
Furchtsam hinabstieg, daß er das Kreuz dem Ermatteten trüge.
Unter dem Volk, so ihm folgte, beweinten ihn Einige, weiche,
Wuthlose Seelen, doch die mit ganzem Herzen am Eitlen
Hingen und kaum den Göttlichen kannten. Ihr flüchtiges Mitleid
War nur sinnlich, nicht edel, nicht Mitleid der Seele. Der Gottmensch
Höret sie klagen und wendet sich um und redet mit ihnen:
Warum weinen die Töchter Jerusalems? Weinet mich nicht!
Weinet über euch selber und über eure Kinder!
Denn es nahen die Tage der Angst. In den furchtbaren Tagen
Werden sie jammern: O, selig die Unfruchtbaren, die Leiber,
Die nicht gebaren, die Brust, die nicht säugte! Dann werden sie sagen
Zu den Bergen: Fallet auf uns! und den Hügeln: Bedeckt uns!
Denn, geschahe das mir, was wird den Sündern geschehen?
Jetzt war Jesus gekommen zur Höh' des großen Altares.
Und er schaute zum Richter empor. Die Kreuziger nehmen
Ihm das Kreuz ab, richten es unter Todtengebein auf.
Und das Kreuz erhub gen Himmel sich, stand. Der geweihte
Festliche Tag, er schimmert noch sanft; noch freut sich die kleinste

Schöpfung im Labyrinthe der lebenathmenden Lüfte.
Doch ein Wink, und es fängt in ihrem Schooße die Erde,
In den geheimsten, entlegensten Tiefen mit leiser Erschüttrung
An zu beben. Ueber dem Antlitz der schauernden Erde
Rüsten Stürme sich, wirbeln und heulen in hangenden Klüften.
Und es schwankte das Kreuz. Der Gottmensch stand bei dem Kreuze.
Adam sah ihn und hielt sich nicht mehr. Mit glühender Wange,
Mit hinfliegendem Haar, mit offenen bebenden Armen
Eilt' er hervor zu dem äußersten Hange des Bergs, sank nieder.
Als er hinsank, flammte der Himmel im schauenden Auge
Deß, der nicht mehr ein Sterblicher war. Er weinte vor Wonne.
Wonn' und ewiges Leben und Schauer und Wehmuth und Staunen
Ueberströmten sein Herz. Des vollen Herzens Empfindung
Wurd' itzt Stimme; da betete Adam. Die Kreise der Engel
Hörten des Betenden Stimme. Er blickt auf die Gräber und saget:
Nein, der Seraph nennt dich nicht aus. Die Unsterblichen weinen,
Wenn sie, in deine Liebe vertieft, die tausendmaltausend
Herrlichkeiten zu nennen beginnen und betend verstummen.
Ach, ich nenne dich Sohn und verstumm' und weine mit ihnen.
Jesus Christus, mein Sohn! Mein Sohn, wo wend' ich mich hin, wo,
Daß ich dieß unnennbare Heil, die Wehmuth ertrage?
Jesus Christus, mein Sohn! O, die ihr früher, als ich, war't,
Aber nicht früher, als er, schaut, Engel, auf ihn herunter,
Schaut herunter! Er ist mein Sohn! Dich segn' ich, o Erde,
Dich, o Staub, aus dem ich gemacht ward! O Wonne, du volle
Ewige Wonne, die ganz die Begier des Unsterblichen ausfüllt!
O, der große, der tiefe, der himmelvolle Gedanke,
Dein Gedanke, Jehova: Du schufst; da schufst du auch Adam,
Adam aus Staube, damit er der Vater des Ewigen würde.
Steh' hier still, unsterbliche Seele, durchschaue die Tiefe,
Diese weite Tiefe der Wonne! Was sind, o ihr Himmel,
Diese für Augenblicke, die jetzt die Unsterblichen leben!
Jeder ist göttlich, und jeder trägt auf dem eilenden Flügel
Ewigkeiten der Ruh', und die wird Adam durchleben.
Nun ist dieser nicht mehr, nun Dieser. Erhabnere kommen
Immer näher, noch näher. O, eure Stimmen, ihr Himmel,
Gebet mir eure Stimmen, daß ich's durch die Schöpfungen alle
Laut ausrufe: Das Opfer steht an dem Schatten des Todes!
Mache dich auf, erhebe dein Haupt, komm', stehe vom Staub' auf,
Menschengeschlecht, und schmücke dich schön mit betenden Thränen!
Denn der Allerheiligste steht an dem offenen Grabe.
Meine Kinder, ach, meine Kinder, ihr seyd die Geliebten!
Euch versöhnet er. Kommt zu dem Sterbenden, Kinder von Adam!
Wer im Palast, mit Golde bedeckt, wohnt, lege die Krone
Nieder und komm'! Ihr, die sich mit Erdehütten beschatten,

Laßt die niedrigen Hütten und kommt! Ach, aber sie hören
Meine Stimme, die Stimme des Liebenden, nicht. Ihr Verwesten,
Welche die Gräber und das Gericht mit Tode bedecken,
Höret sie auch nicht. Du bist, der du dich opferst, auf ewig
Bist du Erbarmer. Vollender, du gnadevoller Erdulder,
Siehe, du wirst es vollenden. Und nun (unaussprechliche Wehmuth
Ueberfällt mich und dringt in jede Tiefe der Seele)
Nun, nun gehet er hin. O, stärke mich Endlichen, stärke
Mich, den Ersten der Sünder, und der die Verwesung gesehn hat,
Du, der ihn in dem Tode verläßt, Weltrichter Jehova!
Adam rief so. Indem trat, dessen Namen die Himmel
Ewig nennen, nah an das Kreuz, hub seine Hand auf,
Hielt sie vor sein Antlitz und neigte sich tief und sagte,
Was kein Seraph vernahm, und kein Erschaffner verstünde.
Aber von dem Thron des Gerichts antwortet Jehova.
Von der Antwort klangen des Allerheiligsten Tiefen,
Und es bebte des Richtenden Thron. Die Kreuziger nahten
Sich dem Versöhner. Da betraten die wandelnden Welten
Mit weitwehendem Rauschen des Kreislaufs Stätten, von denen
Jesus Tod sie verkündigen sollten. Sie standen. Die Pole
Donnerten sanfter herab und verstummten. Die stehende Schöpfung
Schwieg und zeigt' in den Himmeln umher die Stunden des Opfers.
Auch du standest, der Sünder Welt und der Gräber; das Grabmal
Dessen, der bluten sollte, mit dir. Nun schauten mit allen
Ihren Unsterblichkeiten die Engel. Es schaute Jehova,
Hielt die Erde, die vor ihm sank, es schaute Jehova,
Siehe, der war und seyn wird, auf Jesus Christus herunter;
Und sie kreuzigten ihn. Die du unsterblich wie sie bist,
Welch' ihn sahen, o du, die seine Wunden auch sehn wird,
Neige dich tief an das unterste Kreuz, umfass' es, verhülle
Dich, o Seele, bis dir die bebende Stimme zurückkömmt!
Als ob über der Schöpfung umher allmächtig der Tod läg',
Und in den Welten allen nur stille Verwesungen schliefen,
Nun kein Lebender auf der Verwesenden Staube mehr stünde;
So mit fei'rlicher, todter Stille schauten die Engel
Und die Väter auf dich, Gekreuzigter! Aber sein Leben,
Da sein unsterbliches Leben begann mit dem stärksten der Tode
Nun zu ringen und nun sein erstes Blut floß; Stimme
Wurde da das Erstaunen der Engel. Sie jauchzeten, weinten,
Und es hallten die Himmel von neuen Anbetungen wieder.
Nun noch einmal und nun noch einmal blicket' Eloa
Nach dem Blutenden nieder, und dann mit einer Erhebung,
Wie ihn noch nie ein Unsterblicher sah. Mit lautem Erstaunen
Schwung er sich in die Himmel der Himmel und rufte (so tönen
Eilende Stern' im kreisenden Lauf), er rufte: Sein Blut fließt!
Flog in der Tiefe des Unermeßlichen, rufte: Sein Blut fließt!

Schwebete dann mit stiller Bewundrung herauf zu der Erde.
Als er durch die Schöpfung einherkam, sah er die Engel
Auf den Sonnen, die Ersten der Cherubim an den Altären
Stehen. Sie standen feiernd und von den goldnen Altären
Flammten Morgenröthen hinauf zu des Richtenden Throne.
Rings umher in der ganzen Schöpfung flammten die Opfer,
Bilder des blutenden Opfers am Kreuz; ein himmlischer Anblick.
Also sahen die Aeltesten einst des gottgewählten
Und lautzeugenden Volks auf Sina die Herrlichkeit Gottes.
Oder so hub sich, dem heilgen Volk den Weg zu gebieten,
Von der Hütte, worin dein Allerheiligstes ruhte,
Offenbarter, die Flammensäul' in donnernde Wolken.
Aber der Gottmensch blutet. Er schaut' auf Juda hernieder,
Das von Jerusalem an bis nah zu dem Kreuze gedrängt stand.
Sieh', er neigte sich hin und rief herab von dem Hügel:
Vater! sie wissen es nicht, was sie thun; erbarme dich ihrer!
Stille Bewundrungen wandelten dir, du Stimme der Liebe,
Durch die Heere der Schauenden nach. Die huben ihr Antlitz
Zu dem Blutenden auf und sahn die Bläſſe des Todes,
Deine, du tödtlichster unter den Toden, über ihn strömen.
Dieses nur sah der Sterblichen Auge; der großen Gestorbnen
Seelenvolleres sah geheimere Dinge: sein Leben,
Wie es rang, sein Leben, von keinem Tode zu tödten,
Hätte Gott den Tod nicht gesandt; wie allmächtige Schauer
Durch den Sterbenden schütterten; wie er, verlassen vom Vater,
Hing an dem hohen Kreuz; zu welchem Heile sein Blut floß;
Welche Versöhnung dieß Blut aus diesen Wunden herabquoll.
Sieh', er hub sein Auge gen Himmel, suchte nach Ruhe,
Aber er fand nicht Ruhe. Mit jedem fliegenden Winke
Starb er einen furchtbaren Tod und fand nicht Ruhe.
Unterweilen war der Unsterblichen Einer, durch kurzes
Hinschaun, in den Gefilden des heut kaum irdischen Frühlings,
Schöpfend aus diesem Quell, ein wenig linderndes Labsal.
Mit dem Versöhner waren zween Verbrecher gekreuzigt:
Denn zu dieser Tiefe beschloß des Ewigen Rathschluß
Und sein eigener, ihn zu erniedrigen. Einer der Mörder
Hing zu der Rechten ihm, und zu der Linken der Andre. Der Eine
War ein versteinerter Sünder, ein graugewordner Verbrecher.
Dieser kehrte sein finstres, entstelltes Gesicht zu dem Mittler:
Christus wärst du? Ha, wärest du's, hülfest du uns, hülfest dir selber;
Stiegest von diesem Baum herunter, den Gott verflucht hat.
Aber der andre Verbrecher, ein Jüngling, verführt in der Blüthe,
Böses Herzens nicht, doch hingerissen zur Sünde,
Rang aus seinem Elend sich auf und strafte den Andren:
Und auch du, dem Tode so nah, so nah dem Gerichte

(Denn das sind wir), du fürchtest auch jetzo Gott nicht? Wir leiden
Zwar mit Recht, was wir leiden, den Lohn von dem, so wir thaten;
Aber Dieser (er winkt auf Jesus) hat nichts verbrochen.
Und nun kehrt er sich ganz zu dem Gottversöhner und strebet
Gegen ihn tief sich hinzuneigen. Ihm fließen die Wunden
Blutiger, als er es thut; allein er achtet des Bluts nicht,
Nicht der offneren Wunden. Er neigt zum Versöhner sich nieder,
Rufet: Ach, Herr, wenn du zu deiner Herrlichkeit eingehst,
Dann erinnre dich meiner! Mit göttlichstrahlendem Lächeln
Sah dem erschütterten Sünder der sterbende Mittler ins Antlitz:
Heut' ich sag' es dir, wirst du im Paradiese mit mir seyn.
Jener vernahm mit heiligem Schauer die Worte des Lebens;
Ganz empfand er sie, ganz war seine Seele durchdrungen,
Und vor Seligkeit zittert' er laut. Er wendet sein Auge
Nun nicht mehr von dem Göttlichen weg. Nach ihm, nun ist es
Stets nach dem Menschenfreunde mit thränendem Blicke gerichtet,
Und so brach es zuletzt. Itzt, da sein Leben noch athmet,
Spricht er in sich gebrochene Worte, des ewigen Lebens
Dunkles Gefühl, er denkt: Wer war ich? Wer bin ich geworden?
Dieses Elend zuvor, und nun die Wonne, dieß Beben,
Dieser Seligkeit süßes Gefühl! Wer bin ich geworden?
Wer ist der an dem Kreuze bei mir? Ein frommer, gerechter,
Heiliger Mensch? Viel mehr, viel mehr! Des ewigen Vaters
Sohn, der gottgesandte Messias. Sein Reich ist erhabner,
Herrlicher, weit von der Erde, weit. Das ist er, ihr Engel!
Aber wie tief erniedrigt er sich! Zu diesem Tode
Und noch tiefer, zu mir! Zwar dieß erforschet mein Geist nicht,
Aber er hat mich von neuem erschaffen. Jetzt, da dem Tod ich
Unterliege, da schuf er mich neu. So sey denn auf ewig
Angebetet von mir, obwohl ich dich nicht begreife!
Du bist göttlich und mehr, mehr, als der Erste der Engel;
Denn ein Engel konnte mich so von neuem nicht schaffen,
Konnte mir meine Seele zu Gott so hoch nicht erheben;
Göttlich, ja, das bist du, und dein, dein bin ich auf ewig!
Also dacht' er und sank in entzücktes Staunen. Wohin er
Blickt, vom Himmel herab, herauf von der liegenden Erde
Lächelt ihm Alles. Auf ihn war Gottes Ruhe gekommen.
Und ein Wink des Versöhners beschied der Seraphim Einen.
Dieser verließ mit Eile den Kreis, der um Golgatha glänzte,
Stand dann unten am Kreuze. Des göttlichen Winkes Befehl war:
Seraph, bringe du diesen Erlös'ten zu mir, wenn er todt ist!
Und er eilte zurück und kam zu dem Kreise der Engel.
Abdiel war's, der Unüberwundne. Die Pforte der Hölle
Hütete jetzt auf Gottes Befehl ein Engel des Todes.
Schnell umgeben ihn Schaaren der anderen Engel und fragen.
Abdiel sprach: Mit Entzückung empfing ich die hohen Befehle,

Jenen erlös'ten Sünder nach seinem Tode zum Mittler
Hinzuführen. Dieser Gedanke durchströmt mich; je mehr ich
Ihn entfalte, je mehr werd' ich von Seligkeit trunken.
Einen geretteten Sünder und selbst in den Stunden gerettet,
Da das Opfer für das Geschlecht der Sterblichen blutet,
Diese Seele, so rein nun, so hell in Blute gewaschen,
Diese dem Ewigen wiedergegebene, zu dem Versöhner
Hinzuführen. O, segnet zu dieser Wonne mich, Engel!
Also verlor sich die Stimme des seliggepriesenen Seraphs.
Uriel aber, der Engel der Sonne, hatte schon lange,
Fortzueilen bereit, auf den Höhn der Gebirge gestanden.
Endlich war gekommen die Zeit, den Befehl, den er hatte,
Auszuführen. Er machte sich auf, er allein durch die Himmel.
Lichthell schwebt er empor, den Stern, zu welchem ihn Gott schickt,
Vor die Sonne zu führen, damit dein Leben, Versöhner,
Unter fürchterlicheren Hüllen, als Hüllen der Nacht sind,
Blute. Schon stand hoch über des Sternes Wende der Seraph.
Diesen Stern umschweben die Seelen, eh' die Geburt sie
Sendet in das große, doch sterbliche Leben der Prüfung.
Uriel blickt' auf die Seelen der künftigen Menschengeschlechte
Nieder und nannte den Stern bei seinem unsterblichen Namen.
Adamida, der dich in dieses Unendliche streute,
Sieh', er gebeut's. Erheb' aus deinem Kreise dich seitwärts
Gegen die Sonne; dann fleug und werde der Sonne zur Hülle!
Und die Himmlischen hörten umher die gebietende Stimme.
Da sie in den Gebirgen des Adamida verhallt war,
Wendet herüberschauernd der Stern die donnernden Pole.
Und die stehende Schöpfung erscholl, da mit schreckendem Eilen
Adamida, mit stürzenden Stürmen, rufenden Wolken,
Fallenden Bergen, gehobenem Meer, gesendet von Gott, flog.
Uriel stand auf der Wende des Sterns und hörte den Stern nicht;
So in Tiefsinn verloren betrachtet' er Golgatha. Donnernd
Eilte der fliegende Stern. Itzt war er in deine Gebiete,
Sonne, gekommen; itzt naht' er sich dir. Es erstaunten beim Anblick
Dieser neuen Sonne die sanften menschlichen Seelen
Und erhuben sich über des Sterns hocheilende Wolken.
Adamida erreicht die Sonne. Nun wandelt er. Langsam
Tritt er vor ihr Antlitz und trinkt die äußersten Strahlen.
Aber die Erde ward still vor der sinkenden Dämmrung. Die Dämmrung
Wurde dunkler, stiller die Erde. Schatten mit bleichem
Schimmer, ängstliche trübe Schatten beströmten die Erde.
Stumm entflogen die Vögel des Himmels in tiefere Haine;
Bis zu dem Wurme verschlichen bestürzt die Thiere der Felder
Sich in die einsame Kluft. Die Lüfte rauschten nicht; todte
Stille herrschte. Der Mensch sah schwer aufathmend gen Himmel.
Jetzo wurd' es noch dunkler, und nun wie Nächte. Der Stern stand,

Hatte die Sonne verlöscht. In fürchterlichsichtbare Nächte
Lagen gehüllt die weiten Gefilde der Erd' und schwiegen.
Aber am hohen Kreuz hing Jesus Christus herunter
In die Nacht, und es rann mit des Duldenden Blute des Todes
Schweiß. Die Erde lag in ihrer Betäubung. Betäubter
Bleibet der Freund nicht am Grabe des frühentfliehenden Freundes
Oder, wer große Thaten versteht, an dem Marmor des edlen
Patrioten, der Tugenden nachließ. Starrer Geberde
Hängt er über der heiligen Trümmer und weint nicht. Auf einmal
Faßt ihn mit anderem Wüthen der Schmerz, erschüttert ihn. Also
Lag die Erde betäubt, so bebte sie auf. Der bewegte
Golgatha schauerte jetzo mit ihr bis zum obersten Kreuze.
Und des Geopferten Wunden ergießen das ewige Leben
Strömender, da das umnachtete Kreuz mit Golgatha's Höhn bebt.
Fürchterlich überschattet die Nacht den Hügel des Todes
Und den Tempel und dich, Jerusalem! Selber die Engel
Sehn ihr reineres Licht wie in Abenddämmrung erblassen.
Und es strömte sein Blut. Nun stand das Volk vor Entsetzen
Eingewurzelt und sah mit wildem Blick zu dem Kreuz auf.
Furchtbar strömte das Blut der Versöhnung. Es kam nun, sein Blut kam
Ueber ihre Kinder und sie. Sie wollen ihr Antlitz
Wenden; allein stets richten's allmächtige Schrecken zum Kreuz hin.
Aber Uriel hatte noch einen Befehl zu vollenden.
Und er stieg von dem Pole des stehenden Adamida
Zu den Seelen herab. Die sahn den Himmlischen kommen.
Denn auch sie schon waren in Leiber menschlicher Bildung,
Wie in luftige Düfte, gehüllt, die der Abendschimmer
Röthet. Uriel sprach: Ich führ' euch; folgt mir, ihr kennt uns,
Daß wir zu euch von dem großen Unendlichen kommen. Er sendet
Euch zu jener Erde, die euer Schatten verhüllt hat.
Sieh', ihr werdet ihn sehn. Sein großer, göttlicher Name
Heißet: Des Ewigen Sohn! Allein vor eurem Gesicht hängt
Diese Nacht; ihr kennt ihn noch nicht. Doch wird in der Ferne
Eine Dämmrung himmlischer Wonne vor euch sich eröffnen.
Kommt, Glückselige, kommt, zu dieser Wonne Geschaffne!
Schaut die Himmel umher, mit welchem Staunen sie feiern!
Aller Knie beugen sich dir; dir sinken die Kronen
Alle. Dir schufest du, dir versöhnst du die ewigen Seelen.
Und nun flog er den führenden Flug. Ihn umgaben die Seelen.
Wie wenn ein Weiser in Tiefsinn und seiner Unsterblichkeit werther,
Von den Uneinsamen fern, mit des Mondes Düften zum Walde
Wandelt und nun, geführt an der Hand der frommen Entzückung,
Dich, Unendlicher, denkt; wie ihm dann zu Tausenden neue,
Bessere, große Gedanken die glühende Stirne voll Wonne
Schnell umschweben; so eilet, umringt von den Seelen, der Seraph.

Diese näherten sich der liegenden Erde. Die Väter
Sahen die zahllose Schaar in hohen, dämmernden Wolken
Kommen, ein fei'rlicher Zug von den Erstgebornen der Schöpfung,
Denkende Wesen, verehrungswürdige Kinder des Lebens,
Tausendmaltausend Schaaren Unsterblicher. Freudig, mit Wehmuth,
Jetzt das erstemal, wandte vom Kreuz die Mutter der Menschen
Ihr aufschauendes Antlitz. Es kamen die Kinder, sie kamen;
All' ungebornen Jahrhunderte kamen. Die liebende Mutter
Stützt auf die bebende Linke sich, zeigt mit der Rechten der Menschen
Vater die Kinder, die Christen, und ruft: doch heftet ans Kreuz sich
Wieder ihr Blick, ans blutige Kreuz, da sie redete: Sie sind es,
Vater meiner Unsterblichen, sieh', die Kinder, sie sind es.
Welche Namen nennen dich aus, du, der für sie blutet?
Welch' Hosianna vermag den Wundenvollen zu singen?
Wäret ihr schon, ihr Kinder des Heils, ihr Christen, geboren!
Führten euch tausend und tausend und wieder tausend entzückte
Weinende Mütter zum Kreuz, und kenntet ihr schon der Gebornen
Heiligsten, ihn, der zu Bethlem die frühe Menschlichkeit weinte!
Doch sie werden ihn kennen, sie werden, Adam, den Mittler
Unseres Bundes, den liebenden Sohn, den Göttlichen kennen.
Ach, wie, im Sturm gebrochen, die Purpurblume dahinsinkt,
Also werden von euch die Geliebteren vor der Erwürger
Schwerte sinken und, wenn sie sinken, dem Tode noch lächeln.
Eure Mutter segnet euch zu. Ihr seyd die erkornen
Höheren Zeugen des Größten der Todten! Der sinkenden Wange
Blässe, der brechende Blick strahlt himmlisch herüber. Sie schimmern,
Eure Wunden. Ihr röchelt, Märtyrer, Lieder der Wonne.
Aber der Mittler erhub sein Aug' und sahe die Seelen.
Mit dem Blicke zerrann auf jedes Himmlischen Wange
Eine Thräne des ewigen Lebens. Denn Jesus Christus
Schaute mit einem Blicke der gottversöhnenden Liebe,
Jener, mit welcher er bis zum Tod an dem Kreuze jetzt liebte,
Zu den Seelen empor. Die Seelen schauerten Wonne.
Auf die Wange des Sterbenden kam noch die Farbe des Lebens
Schnell wie Winke zurück, geschwinder, als Winke, zu fliehen.
Aber itzt kam sie nicht mehr. Die todesvollere Wange
Senkte sich sichtbar. Sein Haupt, von dem Weltgerichte belastet,
Hing zum Herzen. Er hub's arbeitend empor gen Himmel;
Aber es sank zu dem Herzen zurück. Der hangende Himmel
Wölbt sich um Golgatha wie um Verwesungen Todtengewölbe,
Graunvoll, fürchterlich, stumm. Der Wolken nächtlichste schwebte
Ueber dem Kreuz, hing weitverbreitet herab; an der Wolke
Feirliche Todesstille, die selbst den Unsterblichen Graun war.
Ein Gedanke, so war sie nicht mehr. Von keinem gelindren
Schalle nicht angekündet, zerriß ein Getöse, das aufstieg,
Laut die Erde; da bebte der Todten Gebein, da bebte

Bis zu der Zinne der Tempel. Das war ein Bote des Sturmwinds.
Und der Sturmwind kam und braus't' in den Cedern; die Cedern
Stürzten dahin. Er braus't' auf der stolzen Jerusalem Thürme,
Und sie zitterten ihm. Der war ein Bote des Donners.
Fürchterlich schlug in das Meer des Todes der Schlag, und die Wasser
Fuhren schäumend empor, und die Erd' und der Himmel erschollen.
Als Eloa das sah, da hatt' er den großen Gedanken;
Hatt' ihn nicht nur, er schuf ihn zur That. Von Antlitz zu Antlitz
Wollt' er den, der Gericht hielt, sehn, Jehova im Dunklen,
In der furchtbaren Herrlichkeit, Gott. Er betete dreimal
Gegen dich, Geopferter, an und erhub sich gen Himmel.
Jetzo naht' er den Sonnen und kannte den himmlischen Weg kaum,
So durchströmet' ihn Trübes wie Dämmerung. Sieben Sonnen
Vom Eingange begegneten ihm zween Engel des Todes
Mit verhülltem Gesicht. Er schwebt' erstaunend vorüber.
Aber mit starrem Fuße stand auf der Erde die Stille
Wieder. Er schaute von neuem das Menschengeschlecht, Gestorbne,
Ungeborne, Sterbliche, sprachlos auf den Versöhner.
Aber die erste Gebärerin blickt' am wehmuthsvollsten
Auf den Sohn, den Versöhner, der sichtbar den langsamen Tod starb.
Wenn von seinem Anschaun ihr Aug' in trübender Wehmuth
Dunkel nun ward, ihr Blick mit Dämmrungen kämpfte, so sank er
Nieder dann auf Eine der Sterblichen, Eine vor Allen,
Die mit hangendem Haupt, auf wankenden Füßen, mit bangem,
Jammerbleichem Gesicht, mit niederstarrendem Auge,
Leer der Thränen (noch wurd' ihr nicht die lindernde Thräne),
Unbeweglich und stumm (der Tod verstummt so), am Kreuze
Stand. Sie ist es, sie ist des großen Geborenen Mutter,
Dachte schnell die Erste der Mütter. Mir sagt's dein Jammer.
Siehe, du bist Maria. Das fühlet' ich, als am Altar lag
Abel im Blut. Das fühlest du; bist des Sterbenden Mutter.
Also hing sie mit liebendem Blick an Maria. Sie hätt' ihn
Noch von der Dulderin nicht, der theuren Tochter, gewendet,
Wären vom Aufgang her mit ernstem, feirlichem Fluge
Nicht zween Todesengel gekommen. Sie kamen, schwiegen,
Schwebten langsam. Ihr Blick war Flamme, Verderben ihr Antlitz,
Nacht ihr Gewand. So schwebten sie langsam gegen des Kreuzes
Hügel her. Sie hatte vom Thron der Richter gesendet.
Fürchterlich kamen sie näher zum Kreuz herüber. Da sanken
Tiefer zur Erd' hinab der Väter Seelen. So ferne
Sich ein Unsterblicher kann in Gedanken vom Grabe verlieren,
Nahten sie sich der Sterblichkeit Gränzen, und Bilder des Todes
Strömten um sie, das Graun der erdebegrabnen Verwesung
Um die Unsterblichen. Da die Todesengel am Hügel
Standen und nun von Antlitz zu Antlitz den Sterbenden sahen,
Wandten sie, der zu der Rechten und der zu der Linken erhoben,

Jeder den tönenden Flug, und ernst und todweissagend
Flogen sie siebenmal so um das Kreuz. Zween Flügel bedeckten
Ihren Fuß, zween bebende Flügel das Antlitz, mit zweenen
Flogen sie. Von diesen, indem sie sich breiteten, rauschte
Todeston. So ertönt's dem Menschenfreunde vom Schlachtfeld,
Wenn zu Tausenden schon in ihrem Blut die Erschlagnen
Liegen. Er flieht gewendet; indem verröchelt noch Einer,
Dann noch Einer, und nun der einsame Letzte sein Leben.
Schrecken Gottes lagen auf ihren Hügeln verbreitet,
Schrecken Gottes rauschten herab, da die Furchtbaren flogen.
Und sie flogen das siebentemal. Der Sterbende richtet
Müde sein Haupt auf, blickt den Todesengeln ins Antlitz,
Blickt gen Himmel; dann ruft mit unhörbarer Stimm' aus der Tiefe
Seine Seele: Laß ab, den Wundenvollen zu schrecken!
Ihrer Flügel Schlag und diesen Ton des Entsetzens
Kenn' ich. Laß ab, Weltrichter! Er ruft's und blutet. Itzt wandten
Ihren wehenden Flug die Todesengel gen Himmel,
Ließen trübere Wehmuth den Schauenden, bangeren Tiefsinn,
Stummer Erstaunen zurück, Erstaunen über die Gottheit:
Denn es hing die Hülle des Ewigen vor dem Geheimniß
Unbeweglich. Mit starrendem Blick, auf die Gräber gerichtet,
Auf einander, gen Himmel, doch immer wieder zu dem hin,
Welcher in seinem Blut von dem Kreuz herab in die Nacht hing,
Standen die Schauenden. So unzählbar sie standen, so war doch
Unter allen Augen voll Wehmuth kein Auge, wie deins war,
Kein Unsterblicher so in heiße Schmerzen zerflossen,
Als du, Mutter des Menschengeschlechts, der Todten Mutter.
Siehe, sie senkt ihr entschimmertes Haupt zu der Erde, dem Grabe
Ihrer Kinder, und breitet die hohen Arme gen Himmel.
Nun berührt der Trauernden Stirne den Staub, nun falten
Vor der umnachteten Stirn die gerungnen Hände sich bang zu.
Halb erhebt sie sich, sinket wieder, erhebet sich, blicket
Starr umher. Es dämmert um sie. Sie ist bei Gebeinen,
Irgendwo unter Todtengebeinen; zwar drüben am Grabe,
Aber am Grabe doch. Endlich begann die gebrochnere Stimme,
Und der Unsterblichen Harmonien zerflossen in Seufzer.

Darf ich Sohn dich nennen, noch Sohn dich nennen? O wende,
Wende nicht weg dein Auge, das bricht! Du vergabst mir, Versöhner,
Mein Versöhner und der Gebornen! Die Himmel erschollen,
Und der Thron des Ewigen klang von der Stimme der Liebe,
Die der Verbrecherin Leben gebot, unsterbliches Leben.
Aber du stirbst. Jetzt stirbst du? — Zwar ist es ewige Gnade,
Die mich lossprach; aber du stirbst? — Er dringt wie ein Wetter
Gegen mich an, der Gedanke voll Nacht; die Unsterblichkeit stürzt er
Auf die Gräber zurück. Laß dir mich, Göttlicher, weinen!
Zwar bist du für Thränen zu groß; doch laß mich dir weinen!

Sieh', ich durfte nach Ruh'. Vergib, vergib auch die Thränen,
Du Versöhner, du Opfer, des Todes Opfer, mein Mittler,
Wundenvoller, Geliebter! O du, Geliebter, du Liebe,
Du verzeihest. Verzeihet ihr auch, zu dem Tode Geborne,
Ihr, die Eva gebar? Wenn mir ihr Röcheln, ihr letzter
Starrender Blick mir flucht, so segne du mich, Erwürgter!
Fluchet der Todten nicht, Kinder! Um euch durchweint' ich mein Leben.
Da mein Herz brach, weint' ich um euch, und Thränen verwes'ten
Mit der Verwesenden. Bricht nun euer Herz auch, Kinder,
Nun im Tode, so strömt aus seinen Wunden euch Labsal,
Wonne des besseren Lebens euch zu. Ihr sterbt nicht, ihr schlummert
Nur zu dem Gottversöhner hinauf. Dann glänzen die Wunden,
Die jetzt bluten, die Wunden des Unerschaffnen, der todt war.
Fluchet der Mutter nicht, Kinder! Ihr seyd unsterblich und e r ist,
Jesus Christus ist auch mein Sohn. Ach aber, Geliebter,
Du, der Geliebten Geliebtester, du (doch dich nennet kein Nam' aus),
Siehe, du stirbst? O, wär' die trübe, die bebende Stunde,
Wär' sie mit Flügeln des Lichts vorübergeflogen! Gedanke,
Grabgedanke, laß ab! Noch wird sie bleicher, noch sinket
Seine todte Wange. Die Wunden, noch schauern sie Blut aus.
Ach, sein göttliches Haupt, jetzt sank's noch tiefer herunter
In die Nacht. Dieß Athmen, o Tod, ist deine Stimme.
Ja, so röchelst du, Tod! Es ist deine Stimme. Wo bin ich?
Aber er wendet sein Antlitz auf mich. Der Seraphim Jubel
Sing' es, daß er sein Angesicht wandte! Die Pforten der Himmel
Hallen es nach, daß der Gottversöhner noch einmal sein Antlitz
Auf die Mutter der Sterblichen wandte! Des ewigen Lebens
Ruh' umschattet mich wieder. Ich hebe zum Schöpfer mein Aug' auf,
Strecke die heißgefalteten Hände zu dem, der erwürgt wird,
Meine Kinder, und segn' euch. In seinem Namen (ihn schließen
Himmel nicht ein, vor ihm hat das Unermeßliche Gränzen),
In des Heiligen Namen, des Wiederbringers der Unschuld,
In des Todtenerweckers, im Namen des Richters der Welten,
In des Sterbenden Namen, der zählt der Leidenden Thränen,
Und durch seinen blutigen Schweiß in Gethsemane, durch die
Vollen Wunden, dieß Blut, das aus diesen Wunden herabquillt,
Durch dieß hangende Haupt, die müden Augen voll Jammer,
Diese Stirne der Angst, die Todesmiene, dieß Schauern,
Durch sein Rufen zum Richter, segn' ich euch, Kinder, zum Tod ein.

Neunter Gesang.

Eloa kömmt vom Throne des Richters zurück, und sagt den Vätern, daß er sich demselben nicht völlig habe nähern dürfen. Von den Leiden des Messias am Kreuze. Das Betragen der Freunde Jesu. Johannes und Maria unterm Kreuze. Petri Schmerz wird auf eine ihm unbekannte Art, durch seinen Engel, Ithuriel, ein wenig gelindert. Er kömmt so weit zu sich selbst, daß er sich entschließt, seine Freunde aufzusuchen und sich von ihnen trösten zu lassen. Indem er sich mit Aufsuchen derselben beschäftigt, hält ihn ein Gespräch zwischen einem Fremden und Samma auf. Samma erkennt Petrum. Petrum findet Lebbäum. Lebbäus kann ihm nicht antworten. Er findet seinen Bruder Andreas. Andreas wirft ihm auf eine gelinde Art seine Verläugnung vor. Petrus trifft Joseph und Nikodemus an, die von seiner Verläugnung noch nichts wissen. Nun kehrt der trauernde Petrus nach Golgatha zurück. Johannes und Maria. Unter den Vätern ist Abraham noch immer von der Bekehrung des einen Missethäters voll. Seine Unterredung mit Moses. Isaak kömmt dazu, und setzt die Unterredung fort. Abraham betet mit ihm zum Messias. Isaak bemerkt, daß ein Cherub Seelen gegen das Kreuz heraufführe. Es waren die Seelen frommer und erst gestorbener Heiden. Der Cherub redet von dem Messias zu ihnen. Salem, Johannis und Selith, Mariens Schutzengel, wünschen, und vermuthen zuletzt aus einem Blicke des Messias, Tröstungen für Maria und Johannes. Der Versöhner redet diese beiden an. Von den Leiden des Mittlers am Kreuze. Das Erdbeben fängt von neuem an. Es dringt bis in eine unterirdische Höhle, wohin Abbadona vom Oelberg geflohen war. Seine Empfindungen bei dem Erdbeben. Er entschließt sich, den Messias von neuem zu suchen. Seine Zweifel, ob er sich in einen Engel des Lichts verstellen solle? Seine Gedanken, da er herauf kömmt, und die verfinsterte Erde sieht. Endlich nimmt er zitternd die Gestalt eines guten Engels an. Er hatte Jerusalem schon entdeckt, und jetzt flieht er auf die Gegend zu, über welche die Nacht am dunkelsten herabhängt. Bei seiner Annäherung hört er Satan und Adramelech im todten Meere. Die Engel erkennen ihn, seines angenommenen Schimmers ungeachtet; und sie lassens ihm zu, daß er sich weiter nähere Nach einigen Zweifeln erkennt er den in der Mitte Gekreuzigten für den Messias. Was er dabei empfindet. Er sieht seinen ehemaligen Freund Abdiel, und so sehr er sich bemüht, nicht von ihm erkannt zu werden, so wird er's doch, und entflieht zuletzt in seiner verdunkelten Gestalt. Der Todesengel Obaddon führt die Seele Ischariots zum Kreuze, und zeigt ihr den sterbenden Messias; hierauf den Himmel der Seligen von ferne; darnach bringt er sie zur Hölle.

Jetzo kam Eloa zurück von dem Throne des Richters.
Voll von tiefen Gedanken, und langsamer schwebt' er des Tempels
Zinne vorüber, trat in der Väter Versammlung und sagte:
    Eh' ich rede, betet mit an; denn ich will anbeten,
Eh' ich rede. Da sanken sie All' auf ihr Angesicht nieder
Beteten still den Unendlichen an. Mit eben der Stille
Standen sie auf. Eloa verstummte noch. Endlich redt' er:
O du, welchen der Name nicht nennt, der Gedanke nicht denket,
Erster! Zu ihm erhub ich mich, wollte von Antlitz zu Antlitz
Schaun, der Gericht hielt, schaun den Unausgesöhnten im Dunklen,
In der furchtbaren Herrlichkeit, Gott. Ich kam an die Sonnen,
Und die dämmerten, kam zu des Himmels Pole, da rangen
Trübe Schimmer mit Nächten, ich ging zu dem Throne, da wurd' es
Dunkler um mich, und nun noch dunkler, und nun... Doch ich suche
Namen und finde sie nicht, wie es um den Unendlichen Nacht war;
Keine Namen dem Schauer, der von dem Unendlichen ausging.
Und ich stand und ich hörte von fern die Ströme der Hölle
Rauschen unter der tiefen, verstummenden Schöpfung. Ich schwebte
Langsam weiter. Da rufte der Erste der Todesengel
Gegen mich her: Weß Schweben ist dieses Endlichen Schweben?
Und ich bebte zurück, sank auf mein Angesicht nieder,

Betet' ihn an und verstummt' und betet' ihn an, der Gericht hielt.
Also sagt' er und wandte sich weg und verhüllte sein Antlitz.
Jesus war sein Haupt zu dem Herzen niedergesunken,
Und es schien, als schlummert' er. Selbst der lästernden Menge
Ungestüm legte sich, wie an dem unbestürmten Gestade
Endlich das Weltmeer ruht. Die den Göttlichen liebten, umirrten
Golgatha oder die äußerste Fern', aus der den Versöhner
Noch mit weinendem Blick sie zu sehn vermochten. Doch Jeder
Mied den Andern, damit sie sich nicht die tiefe Wunde
Tiefer grüben, sprächen sie sich. Nur der Jünger der Liebe
Und des Leidenden Mutter verließen sich nicht. Sie standen
Unten am Kreuz. Der Jünger, der schwur, daß er Jesus nicht kenne,
War die schlaflose Nacht und den Morgen umhergezittert,
Hatte Ruhe gesucht und keine Ruhe gefunden.
Also irret ein Sohn bei Geripp und Scheiter am Meere,
Dem sein Vater nicht ferne von ihm an Einem der Felsen
Umkam. Sprachlos irrt er umher und sieht unverwendet
Nach dem Felsen, auf dem sein Vater geschmettert und todt liegt.
Endlich rufet er jammernd gen Himmel: er habe den Vater,
Ach, er hab' ihn verlassen, im tiefen Meer verlassen.
Petrus ermattet itzt ganz und bleibt auf einer der Anhöhn
Nah an Golgatha stehn und läßt die bleicheren Hände,
Die er nicht mehr zu ringen vermag, hinsinken. Sein Schutzgeist,
Seraph Ithuriel, sieht ihn und gießet ihm einige Tropfen
Ruh' in das Herz. Nur dieses vermag er jetzo zu geben,
Ob er gleich ein Unsterblicher ist. Der trauernde Jünger
Fühlt die Lindrung und kommt so weit zu sich selbst, daß er aufsieht
Und mit wünschendem Auge nach seinen Freunden umhersucht,
Daß er zu ihnen gehe, sie ihn bestrafen und trösten.
Aber er stand noch immer und sah nach Jerusalem nieder.
Denn zu dem Hügel hinauf, dem Todeshügel, zu sehen,
Dieses vermocht' er nicht. Sein Aug' arbeitet mit scharfem,
Untersuchendem Blick, die stolze Stadt zu erkennen.
Aber sie lag, so weit sie Gefilde deckte, so hoch sie
Thürmte, gehüllt in trauernde, schwerbelastende Dämmrung,
Fürchterlich da, kaum daß noch von seiner Zinne der Tempel,
Und von den steigenden Thürmen der Sion sterbenden Schimmer
Sinken ließen. So lag Jerusalem. Petrus wandte
Nach der Seite sein Auge, von der ein dumpfes Gemurmel
Kam, Gespräche der Fremdlinge, die zu dem Feste gekommen
Waren und jetzo eilten, am Kreuz den Propheten zu sehen.
Petrus geht zu ihnen herab. Nach seinen Geliebten
Suchet er unter den stilleren Haufen. Er suchte vergebens.
Jetzo hält ein Gespräch ihn. Ein Mann in fremdem Gewande,
Glänzend gekleidet und schwarz von Gesicht, fragt Einen der Greise,
Dessen Auge Vertraulichkeit ist, und dem ein geliebter,

Zarter, bebender Sohn an dem Arm hängt: Aber so sag' denn,
Sprach der Fremdling, was hat er, daß sie ihn tödten, verbrochen? —
Was er verbrach? Sie tödten ihn, weil er den Kranken Genesung,
Gehende Füße den Lahmen, den Tauben Ohren, den Blinden
Augen gab, die Besess'nen (ich war der Elenden Einer)
Ihren Qualen entriß, ach, weil er die Todten erweckte,
Weil er in mächtigen Reden die Pforten des ewigen Lebens
Unseren Seelen eröffnete, weil er ein göttlicher Mann war.
Aber (er sah, indem er sich wendete, Petrus) du siehst hier,
Fremdling, Einen seiner Geliebten, die der Prophet sich
Auserwählte, daß sie ihn sähen und hörten, und die er
Von der wahren Verehrung des Ewigen Alles gelehrt hat.
Unterrichte du selbst (er kehrt zu Petrus sich), lehre
Diesen Fremdling und mich, warum sie den Göttlichen tödten.
Laß, Mann Gottes, laß dich erbitten und wende dein Antlitz
Nicht von mir weg! Du kennest ihn, du warst sein Erwählter.
Brüder lieben sich so nicht, als du und Johannes ihn lieben.
Petrus wandte noch immer sich weg, nicht, weil er erkannt war;
Denn itzt war er zu sterben bereit. Das Wort von Johannes
Und ihm selber durchdrang sein innerstes Mark ihm. Ihr Freunde,
Sprach er endlich mit stammelnder Wehmuth, was ich zu sagen
Itzo vermag, das ist: Es stirbt der Beste der Menschen.
Mit dem eilenden Worte verlor er sich unter die Menge.
Aber Samma und Joel und Candacens Vertrauter,
Welchen nachher Philippus von Gottes Geiste gerufen,
In die Quelle des Heils eintauchte, gingen mit Staunen
Hin nach Golgatha. Petrus entdeckt' in der Ferne Lebbäus,
Wie er im Trüben an einem verdorrenden Baume gebückt stand,
Und ging gegen ihn ihn. Nun kam er nahe. Lebbäus
Aber erkannt ihn noch nicht. Ihn redete Petrus mit leisem,
Brechendem Laut an: Hast du ihn auch an dem Kreuze gesehen?
Zwar auch du bist elend; doch darfst du zu ihm dein Auge
Offen erheben. Aber ich... O, lindre mein Elend!
Hier, hier blutet sie mir, hier blutet die brennende Wunde.
Einen Laut nur, den einzigen Trost nur von meinem Geliebten!
Aber du schweigst? Noch schwieg er. Vergebens rang sein Gefühl sich
Nun zur Stimme zu werden. Doch waren sein bebendes Antlitz,
Seine Thränen nicht sprachlos. Allein die Tröstung berührte
Simons Seele nur leise. Mit schwerem Herzen entweicht er,
Ueberläßt sich von neuem der Menge Wogen und treibt so
Mit dem Strome. Da er itzt einem der eilenden Haufen,
Weggedrungen, entkommt, da sieht er auf einmal Andreas,
Seinen Bruder vor sich. Er wollt' ihn fliehen; allein er
Winket ihm zu, daß er sich mit ihm noch weiter entferne.
Nunmehr wendet Petrus sich um: Mein Bruder, mein Bruder!
Und umarmt ihn, nicht feurig wie sonst; mit müder Umarmung

Faßt er ihn um und weint an des Bruders Halse. Mein Bruder,
Ach, mein Bruder! erwiedert mit sanfter Wehmuth Andreas.
Gerne wollt' ich, allein ich kann, ich kanns nicht verschweigen.
Simon, es blutet mein Herz mit deinem Herzen. Den Besten
Unter den Menschen, den Treusten, den Liebevollsten der Freunde,
Gottes Sohn, den hast du vor seinen Feinden verleugnet.
Göttliche Traurigkeit, dem, den er verleugnete, heilig,
Voller herzlicher Dank, geweiht der Treue des Bruders,
Waren in Simons Augen; allein der Mund verstummte.
Und sie hielten und sahen sich kaum. Dann gingen sie seitwärts
Hand in Hand und sahen sich kaum. Zuletzt entsanken
Ihre Hände sich und sie verließen einander. Des Trostes
Stets noch bedürftig, noch immer voll heißes Durstes nach Troste,
Ging der einsame Petrus. Nicht lang', so schreckt' ihn der Anblick
Zweener Männer, die er verehrte. Zwar wollt' er entrinnen;
Aber sie waren zu nah. Kennt uns des göttlichen Lehrers
Theurer Jünger nicht mehr? sprach Joseph von Arimathäa.
Simon, wir sind auch Jünger. Wir waren es heimlich; doch jetzo
Sind wir bereit, uns zu ihm vor allem Volk zu bekennen.
Nikodemus, mein Freund — du kennst den Edlen — er that's schon
Vor der Versammlung des Raths. Mit unerschüttertem Muthe
Sprach er für Jesus; ich aber, ach, ich bekannt' ihn so spät erst,
Nur durch das Weggehn, als Nikodemus der Sünder Versammlung,
Sich nicht mehr zu entweihn, verließ. — So hemme denn, Joseph,
Theurer Joseph, den Schmerz, sprach Nikodemus, der immer
Deine sanfte Seele noch quält. Du gingst ja mit mir weg;
Du bekanntest ihn ja. Mit thränenhellerem Blicke
Richtete Joseph sein Auge gen Himmel: Erhör', o, erhöre,
Du Gott Jesu und Abrahams Gott, warum ich dich anfleh'!
Den ich so schwach, da er lebte, bekannte, laß den mich, du Helfer,
Wenn er todt ist, mit Muth vor Aller Auge bekennen!
Hier schweigt Joseph. Indem sein Gebet zu des Ewigen Throne
Stieg, und zu ihm die Erhörung mit ihren Gnaden herabkam,
Wandte sich Nikodemus zu Petrus: Du blickest, o Simon,
Wehmuthsvoll von uns weg. Wir fühlen's, was du empfindest,
Ach, wir empfinden den Tod, der den Heiligsten unter den Menschen
Jetzt zu tödten beginnt und vielleicht den gefürchteten Schlag bald,
Bald den letzten gethan hat. Allein, o liebender Jünger,
Sag' es uns auch, geuß diesen Balsam in unsere Seelen,
Daß uns dieß dein Auge voll Wehmuth zugleich nicht mit anklagt,
Daß wir vordem den göttlichen Mann ins Geheim nur bekannten!
Doch wir verdienen es wohl. Wie ein Baum, ergriffen vom Sturme,
Nach der einen Seite durch bleibendes Brausen gebogen
Steht, so stand mit gewandtem Gesicht der bebende Petrus.
Aber itzt unterlag er der Angst, verhüllte sich, flohe,
Suchte Ruh' in größerer Qual. Denn er kehrte mit Eile

Zu dem Todeshügel zurück. Er war zu des Hügels
Fuße mit schwerem Schritt gekommen. Ihm athmet sein Leben
Schneller, und jetzo wagt er es, zu dem Kreuze die Augen
Aufzuheben, allein nicht bis zu des Sterbenden Haupte.
Unten am Kreuz erblickt' er nicht fern von einander Johannes
Und die Mutter des großen Geopferten, beide vor Jammer
Eingewurzelt, beide verstummt und thränenlos beide.
Auch nicht fern umgaben das Kreuz nicht wenige Treue,
Welche von Galiläa gefolgt dem Göttlichen waren.
Wie geringer Geburt, wie unbeladen vom Glücke,
Wie unmerklich der Welt sie auch waren, so hat der Geschichten
Ewigste doch aus dem redlichen Haufen einige Namen,
Einige theure Namen erhalten der glaubenden Nachwelt.
Engel nannten sie früher mit neuen Namen am Throne.
Magdale Maria, Maria, die Mutter Joses
Und Jakobus, Maria, die Mutter der Zebedäiden,
Und du, deren Schwester, die jetzt den Besten der Menschen,
Ihren einigen Sohn, am langsamtödtenden Kreuz sah,
Auch Maria genannt; die waren von denen, die näher
Kamen zum Kreuz, als Viele, die auch den Göttlichen liebten.
 Magdale Mirjam war zu der Erde niedergesunken.
Sehnsuchtsvoll, zu sterben, nun auch zu sterben, entriß sie
Jeder Hoffnung, jeder Erinnrung der Wunder des Mittlers
Sich mit Ungestüm, ward von ihrer Traurigkeit Strome
Unaufhörlich ergriffen und fortgeschleudert. So lag sie
Auf dem Hügel und füllte mit ihrer Klage den Himmel.
 Sie zu trösten geneigt, obgleich selbst trostlos, redet
Joses sanfte Mutter sie an und verstummt im Reden.
 Bleich steht in der dämmernden Nacht der Zebedäiden
Klagende Mutter. Sie ringt die Hände gen Himmel und blicket
Starr hinauf und staunt, daß die göttliche Rache noch säume.
 Ganz vom Schmerze betäubt und so vor Traurigkeit sprachlos,
Daß die schwache Lindrung der Seufzer, auch die ihr versagt war,
Kniete nicht fern von Maria, der Mutter des göttlichen Dulders,
Ihre Schwester und sah in der Nacht den Blutenden schweben.
 Keiner beklagt wehmüthiger diese Beängsteten, Keiner
Herzlicher, als der gerettete mitgekreuzigte Jüngling.
Aber auch der Unsterblichen Blicke, den Vätern entgehen
Dieser Trauernden Schmerzen nicht ganz, ob sie am Versöhner
Gleich mit jeder von ihren erhabnern Empfindungen hangen.
Abraham hatte die Rettung des mitgekreuzigten Jünglings
So mit Freuden des ewigen Lebens erfüllt, daß er Alles,
Was der Sterbende that, mit inniger Liebe bemerkte.
Jetzo bewegt' ihn das Mitleid, mit dem der geheiligte Jüngling
Auf die frommen Leidenden sah, so sehr, daß er schnell sich
Seinem verstummten Erstaunen entriß und zu Moses sich wandte,

Welcher, verstummt wie er, bei ihm stand. Der erhabene Vater
Von dem zwölfgestämmten Judäa sprach zu dem Stifter
Jener Hütte, die lang' des Allerheiligsten Vorbild,
Opferte, zu dem Schreiber des gottgebotnen Gesetzes:
Was wir sehen, o Sohn, was diese wenigen Stunden
Uns enthüllen, davon wird Ewigkeiten dein Vater
Sich mit dir besprechen. Itzt, da das verstummende Staunen
Mich verlassen hat, wollen wir diesem gränzlosen Meere
Einige Tropfen entschöpfen. Du sahst auf Horeb des Mittlers
Herrlichkeit, ich in Mamre's geweihetem Haine. Da war er
Sanfter, da tönte des Göttlichen Mund melodische Gnaden.
Eben so sanft, so süßbetäubend erklang mir die Stimme
Von dem geretteten Sünder, von meinem Kinde. Mein Jubel
Ström' in die Jubel der Himmel, daß du die Sünder erlösest,
Gottgeopferter! Wie dem nahen Grabe der Jüngling
Sanft zulächelt! Wie ihn die Erbarmungen Gottes beseelen!
Wie der Friede des ewigen Lebens sich über ihn breitet!
Wie gerührt er zugleich, obschon des besseren Lebens
Ruhe so nah, und wie voll Mitleid die Leidenden anblickt!
Aber, daß meine Kinder den Allerheiligsten tödten,
Keine Reue sie schmelzt, sie nicht wie Jener zurückfliehn;
Ach, was würd' ich darüber, wofern ich noch sterblich am Grabe
Stünde, was würde darüber ihr grauer Vater empfinden!
Was mir Gabriel gern verschweigen wollte, nicht konnte,
Laß den trüben Trauergedanken, doch schnell und geflügelt,
Vor dir über, o Sohn, dann zurück zur Vergessenheit gehen:
Der mit diesen Wunden zum Weltgerichte wird kommen,
Hat prophetisch gesprochen den Gottverlass'nen ihr Urtheil.
Auch sie haben es über sich selbst gesprochen. Der Heide
Wollt' ihn nicht verdammen; sie aber thaten es, riefen:
Ueber uns komme sein Blut und über unsere Kinder!
Ach, hat nur kein Engel des Todes die schrecklichen Worte
Nicht mit eisernem Griffel in ewige Felsen gegraben
Und vor Gott sie gestellt? Ich seh', ich sehe die Völker
Aller Enden, so weit der Aufgang strahlt und der Abend,
Alle Menschen zum Kreuz des Gottversöhners versammelt,
Aber meine Kinder nicht mit. Ihm erwiederte Moses:
Vater Isaks und Jakobs und jener Treuen, die dennoch,
Ob zu dem Bilde das Volk gleich lief, Jehova verehrten,
Davids Vater und der, die den Gottversöhner geboren,
Und deß Vater, der nun Söhnopfer blutet, o, hebe,
Abraham, auf dein Aug' und sieh'! Zwar, was ich dir sage,
Weißt du Alles. Doch ist es gut, die gesehene Wahrheit
Wieder zu sehen. Sie sind ein Volk des Gerichts und der Gnade.
Er, der thun wird, was er gethan hat, der Unerforschte,
Der mit der Rechten Erbarmung, Gericht mit der Linken herabwinkt,

Hat sie auf einen Felsen gestellt, dem Menschengeschlechte,
Allen Söhnen des Staubes zum strahlenhellen Beweise,
Daß es in ihrer Gewalt sey, Tod oder Leben zu wählen.
Wer nun unter ihnen den warnenden Felsen entdeckt hat,
Wenn ein solcher Pilger der Erdewanderschaft dennoch
Nicht aufschauet und lernt, der verwirft sich selber. Sein Blut sey
Ueber ihm selbst, wenn er nun jenseit des Grabs zu dem andren
Größeren Tod hinunter geführt wird! So endete Moses.
Abram begann von neuem: Du hast das dankende Lächeln,
Sohn, gesehn, mit dem ich dich hörte. Vielleicht, wenn sie lange
Als ein furchtbares Mal gestanden, zu sündigen haben
Aufgehört (denn es trägt des Vaters Sünde der Sohn nicht);
Dann, o Moses, vielleicht, dann werden sie (sanftes Entzücken
Ueberfällt mich, und Friede von Gott umlächelt mein Auge),
Ach, dann werden sie zu dem Gottversöhner, zum Retter
Aller Menschen, zu ihm, der sie des Tags in der Wolke
Und in seiner Flamme die Nacht nach Kanaan führte,
Der an dem Kreuze für sie auch blutete, wiederkommen.
Kommt, kommt wieder, o, kommt zu dem, der euch retten will, wieder,
Meine Kinder, zu ihm, zu ihm, den ihr tödtetet, wieder,
Zu dem geschlachteten Lamm! Kommt wieder zum ewigen Leben!
Betend schaut' er gen Himmel. Ihn sah der Geliebte, die Tröstung
Seines Alters, sein Sohn. Der Jüngling kam zu dem Vater.
Denn ihm war die Jünglingsgestalt nach dem Tode gegeben,
Daß er dem Himmel auf ewig den Gottgeopferten bilde.
Isak sprach: Ich sah in deinem Antlitz, o Vater,
Deine Gedanken von fern. Ach, unsere Kinder tödten,
Den, der für sie sich heiliget, tödten sie. Ewiger Richter,
Du erbarmst dich noch ihrer und trägst sie auf Adlersflügeln,
Wie du aus Aegyptus sie trugst, zu ihrem Erretter.
Seligkeit gießet diese Betrachtung, Entzückungen gießt sie
Mir in die Seele. Noch eine durchströmt mich mit heiligem Schauer.
Ach, du weißt es noch wohl, als du auf jenem Gebirge
(Heilig, auf immer heilig ist mir die Stätte des Opfers),
Als du dort zum Altare mich führtest. . Dein freudiger Sohn ging
Neben dir her und wollte mit dir dem Ewigen opfern.
Aber, da ich nunmehr auf dem Opferholze gebunden
Lag, und der heilige Brand bei mir aufflammte, mein Auge
Thränend gen Himmel blickte, du mich das letztemal küßtest,
Dann dich wandtest und nun den blinkenden Dolch, den Verderber,
Ueber deinem Geliebten emporhieltst; da.... Doch von dieser
Stunde Trauern schweig' ich. Jahrhunderte Freuden bekrönen
Sie mit Seligkeit. Ach, dein Isak wurde gewürdigt,
Gottes Opfer, das Opfer, das nun auf Golgatha blutet,
Vorzubilden. Entzückung und sanfte Traurigkeit rinnen
Durch mein unsterbliches Leben. Er sprach's, und Abrahams Stimme

Hauchte mit leisem Lispel ihn an. Sie sprach zu dem Sohne:
Laß uns zu dem Geopferten beten! Dann knieten sie beide
Dicht aneinander. Ein Arm war um den andren geschlungen,
Ihre Hände nach Golgatha hin gefaltet, und Abram
Betet': O du — allein mit welchem göttlichen Namen
Soll ich zuerst dich nennen, du großer Sündeversöhner?
Oder hörst du dich lieber die Wonne der Glaubenden nennen? —
Sohn des Vaters, was hab' ich, seitdem dich in Bethlehems Hütte
Eine sterbliche Mutter gebar, was hab' ich empfunden!
O du weinendes Kind, mit welchem Donner durchhalltest
Du die Himmel, als du an dem Staube der Sterblichen weintest!
Unbegriffen von Engeln, doch ihrer Jubelgesänge
Höchste Begeisterung, hülltest du dich in niedriges Leben.
Kaum, daß sie dich noch erkannten. Du aber thatst es und gingest
Auf dem erhabenen, einsamen Wege daher und dachtest
Deinen Tod. Du bist zu dem großen Ziele gekommen,
Jenem Ziele, nach dem du seit Ewigkeiten herabsahst,
Lange, lange zuvor, eh' ich war. Unendlicher, du nur
Konntest diesen Tod, den Erretter, zum Ziele dir wählen,
Meinen Erretter und aller Söhne des ersten Gefallnen.
Und nun blutest du, nun, ihn zu sterben. Wir halten, o Gottmensch,
Unser Mitleid zurück. Denn du bist über das Mitleid
Aller Endlichen weit erhoben; allein wir empfinden
Diesen großen gefürchteten Schlag, mit welchem der Tod dich
Trifft, der die weite gränzlose Schöpfung herab und hinauf bebt,
Wir empfinden ihn mit. Erbarme dich unser, erhabner,
Ewiger Mittler, damit wir ihn nicht zu mächtig empfinden!
O du Menschlicher, mehr, noch mehr erbarme dich Jener,
Die an dem Staube dort stehn und dem Staube verwandter, als wir, sind!

Abraham betete so. Sie schwiegen beide. Darauf kehrt
Isak sich um und fragt: Wer sind die kommenden Seelen,
Welche der Cherub gegen das Kreuz herführet? Indem war
Schon die schimmernde Schaar dem Kreuze näher gekommen.
Wie ein Morgen erhuben sie sich. Sie hatten vor kurzem
Ihre Leiber, die sinkenden Hütten, verlassen. Es waren
Seelen aus jedem Geschlecht der Menschen. Von Wende zu Wende
Wurde jetzo gebracht der schnellverzehrenden Flamme
Oder dem Grabe der Leib. Sie waren das kleinere Leben,
Ihrem Herzen getreu und rein, wie ein Sterblicher rein ist,
Durchgewandelt; allein kein gottgesendetes Licht war,
Ihnen zu leuchten, gekommen. Sie führte der denkende Cherub,
Wie sie voll des ersten Erstaunens über das neue
Höhere Leben waren und still zum Allmächtigen flehten,
Tausend Seelen. Zu ihnen kehrt der Cherub sein Antlitz.

Abraham und die Väter vernehmen's, was er herabruft
Zu den Seelen, indem an dem nächtlichen Kreuze sie schweben.
Was ihr sehet, erwägt's mit allen forschenden Kräften,
Die euch zu der Betrachtung ließ die fromme Bewundrung!
Keiner, welchen ein Weib gebar, kann ohne den Mittler,
Der an dem Kreuze vor euch dort blutet, den Ewigen schauen.
Seelen, ich künd' euch an das Geheimniß der Ewigkeit. Jesus
Wird der Name genannt des Göttlichen, der für die Menschen,
Für die Verbrecher, des Todes Erben, dem Richter sich opfert.
Siehe, des Ewigen Sohn und einer sterblichen Mutter
(Ach, dort steht sie am Kreuz) ward Jesus der Erde geboren.
Leiden und beten und Wunder thun und lehren und leiden
War sein Leben; und nun (der ganzen Ewigkeit Wonne
Hänget daran) nun stirbt er für alle Erdegeborne,
Stirbt für euch! Wär' er von dem Anbeginne der Welten
Nicht erkoren gewesen zum Gottversöhner, so stürbt ihr
Nun den ewigen Tod, den alle Sünder einst sterben,
Denen sein Heil verkündiget wird, und die es verwerfen.'
Gott, der euer künftiges Leben vor eurer Geburt sah,
Weiß, ihr hättet das Heil des Erlösenden angenommen,
Hätt' er das Leben, das euch an der Erde Staube bestimmt ward,
Mit den Tagen vereint der göttlichen Botschaft von Jesus.
Seelen, um Jesus willen hat euch das Wesen der Wesen
Los von der Strafe der Missethat gesprochen. Ihr seyd nun
Rein vor Gott. Den ihr zu erkennen rangt, nicht erkanntet,
Er hat eure Thränen gesehn; das Flehen, der Sünde,
Die ihr fühltet, wie wenig ihr auch die tödtende kanntet,
Euch zu entreißen, dieß innige Flehn, unsterbliche Seelen,
Hat er in seinem Himmel erhört. Es betete da schon
Der am Kreuze für euch, daß euch sein Vater erhörte
Und in euch der Missethat tiefbrennende Wunde
Heilete; denn ihr war't zu dem ewigen Tode verwundet.
Sinkt auf das Antlitz und dankt dem Wiederbringer der Unschuld,
Eurem Mittler, dem Geber des ewigen Lebens, dem Dulder,
Jesus, des Ewigen Sohne, dem Sohn der sterblichen Mutter!
Unaussprechlich gerührt, von sanfter Wehmuth, von Staunen
Und von Seligkeit voll, sank jede der Seelen nieder,
Betete zu dem Sohne, dem wunderbaren Erretter,
Zu dem Sterbenden, der, eh' Welten wurden, sie liebte.
Salem, Johannes Engel, und Selith, der Hüter Maria's,
Sprachen, als sie vor sich die dankenden Seelen erblickten,
So mit einander: Wie diese Begnadeten, Selith, es fühlen,
Daß sie es sind! Wie in ihnen den Frieden des ewigen Lebens
Seine Wunden, des liebenden Mittlers Wunden erschaffen!
Ach, sie sind nun auf immer der Trübsal des sterblichen Lebens,
Sind auf immer dem Schmerze der Staubbewohner entrissen.

Aber unsre Geliebten, so überschwenglich begnadigt,
Sonst mit Frieden von Gott, mit jeder Ruhe beschattet,
Zwar noch Pilger, allein die der Sterblichkeit Bürde nicht fühlten;
Aber nun . . . Wie haben der Mutter, des Freundes Entzückung
Diese Wangen voll Tod, die grabverlangenden Blicke,
Diese strömenden Wunden getrübt! O Selith, ich fühl' auch,
Fühle das Schwert, das durch die Seele den Weinenden gehet. —
Salem, ich sah viel' Leidende, sah viel' duldende Menschen;
Aber keinen so elend, als sie. Doch mischt sich Bewundrung
In mein Mitleid. Was für ein Anblick ist diesem zu gleichen,
Menschen, die der Ewige liebt, so leiden zu sehen?
Aber was mir mein Erstannen mit Beruhigung mildert,
Ist die Tröstung, die Gott dann oft den Leidenden sandte,
Wenn sie nun kaum noch hofften, und wenn die blutende Wunde
Ihnen am tiefsten in den zerrissenen Seelen itzt brannte.
Und, o Salem, wofern die Begier, die beiden Geliebten
Wieder in Gottes Ruhe zu sehen, Selith nicht täuschte;
Sah ich, sah jetzt eben im sanften Auge des Mittlers
Kommende Tröstung für sie. So redete Selith und irrte
Nicht in seinen Gedanken. Des Gottversöhners Erbarmung
Konnte gegen Johannes sich nicht und die Mutter in Jammer
Länger nicht halten. Er sah auf sie mit Blicken herunter,
Welche mit neuem Leben ihr sinkendes Leben durchströmten.
Und er neigte, sie anzureden, sein göttliches Antlitz
Gegen sie nieder. Da hörte mit bebendem Warten die Mutter
Freudigbang, als ob sie vom Tod erwacht', in die Höhe.
Und zu ihr kam die Stimme des ewigen Sohnes herunter:
    Meine Mutter, er ist dein Sohn! Darauf zu dem Jünger:
Sie ist deine Mutter! Die beiden Liebenden wandten
Sich mit Staunen und Dank und Thränen gegen einander.
    Aber der Sterbende schwebte, von Gottes Gericht belastet,
Litt, was zu denken die Seel' erbebt, was zu sagen die Sprache,
Selbst der Himmel, die Gott an dem Throne besingt, verstummet.
Stille voll Tiefsinn schwieg um den Todeshügel. Die Erde
Zitterte unaufhörlich in ihren Tiefen; doch wurden
Ihre verborgneren Schauer noch in den Thalen nicht hörbar,
Wo Jerusalem lag. Erst einmal war die Erschüttrung
Zu der Empörerin aufgestiegen. Dunkles Gefühl nur,
Etwas, das von fern herdroht, noch versenkt in der Zukunft
Meere, doch rauscht schon Fluth des Gehobnen, Ahnung von Rache
Wegen des Blutes, das jetzo floß, befiel in dem ganzen
Weiten Drang um Golgatha her mit Graun des Volks Herz.
    Aber der Erde geheimes Entsetzen bebt' in den Klüften
Eines finstren Felsengebirgs, zu welchem, daß einsam
In der Erd' Abgrund er trauerte, ferne vom Oelberg
Abbadona geflohn war. Er saß an dem Hange des Felsen,

Sah dem stürzenden Strome, der ihm bei den Füßen herabfiel,
Starrend nach und begleitete mit hinhörendem Ohre
Jeden Donner des schäumenden Stroms, der hinab von den Höhen
Ueberhangender Berge von Abgrund rauschte zu Abgrund.
Schnell empfindet er unter sich wandelndes Beben; dann stürzen
Neben ihm Felsen hin. Abbadona schreckte der Erde
Lautes Trauern; so nannt' er ihr Zittern. Jammert die Erde,
Daß der Staub ihr Kinder gebar? Und ist sie ermüdet,
Ihrer Söhne Verwesung in ihrem Schooße zu tragen,
Ihnen ein ewiges Grab, das stets von neuem Gebeine
Schwillt, inwendig fürchterlich ist, ob es außen der Frühling
Gleich mit der Blume beduftet? Ach, oder klagt sie den großen,
Göttlichen Mann, den am Berg in Mitternächten ich sahe;
Leiden sahe, was nie ein Endlicher litt? Was ist wohl
Jetzt sein Schicksal? Und warum weil' ich, ihn wieder zu suchen?
Ist mir die Hand des ernsten Gerichts auf der oberen Erde
Etwa näher, als hier? Ihr kann ich nirgends entfliehen.
Flöh ich auch aus der Schöpfung, sie würde doch mich ergreifen,
Ja, ich such' ihn. Ich will der furchtbaren Duldung Ausgang
Sehen, will ganz die erstaunungsvolle Begebenheit wissen.
Aber, wenn ihn nur nicht so vieler Himmlischen Schaaren
Stets umgäben! Als ich vor ihm jüngst flohe, wie schreckte
Mich ihr schleuniger Anblick! Und, wagt' ich der Himmlischen Schimmer
Nachzuahmen und kühn in einen Engel des Lichtes
Mich zu verwandeln, würden mich nicht die Blitze des Richters
Schnell enthüllen, die Engel mich nicht in meiner Gestalt sehn?
Aber Satan thut es ja, er, so mit größren Verbrechen
Gott erzürnt hat, als ich, der unnachlassende Sünder
Thut es. Dazu verhehl' ich in meinem Herzen voll Jammers
Keinen niedrigen Zweck, warum ich mich also verstelle.
Aber soll ich es, soll sich Abbadona verstellen?
Geh', Verworfner, in deinem Elend! Also beschließ' ich,
Nicht zu gehn und das Ende der wunderbarsten der Leiden
Nicht zu wissen? Denn wie vermöcht' ich der Cherubim Herschaun,
Das zu empfinden und nicht zu fliehn? So denket er, schwingt sich,
Zweifelnd noch, aus der Tief' empor. Kaum hat er der Erde,
Oberen Staub betreten, als er mit Erstaunen zurückbebt.
Denn er sahe vor sich in schreckenden Nächten die Erde
Liegen. Am Mittag, dacht' er, in diesen belastenden bangen
Finsternissen? Ist sie nun auch dem ernsten Gerichte
Reif geworden? Und soll sie vergehn? Des Ewigen Schrecken
Ruhen auf ihr; die Hand des Allmächtigen hat sie ergriffen;
Und warum? Hat ihr Schooß den wunderbaren Erdulder
In sich begraben, und fordert von ihren Söhnen ihn Gott nun?
Aber kann er sterben? Wohin ich blicke, verwirrt mich

Jeder neue Gedanke. Viel besser eil' ich und such' ihn,
Seh' ihn und lerne dadurch, als daß ich einsam hier grüble.
Als er so sich entschloß, da stand er am waldigen Gipfel
Eines Gebirgs und sucht' in der überhüllenden Dämmrung,
Lange sucht' er die heilige Stadt mit fliegenden Blicken,
Sah sie endlich wie Trümmer, auf denen bewölkender Dampf schwimmt,
Ferne liegen. Und nun (es bebeten ihm die Gebeine,
Da er es that) nahm er die Gestalt der Engel des Lichts an,
Seine Jünglingsgestalt, worin er im Thale des Friedens
Schimmerte. Aber sie ward ein fernnachahmendes Bild nur.
Zwar floß glänzendes Haar auf seine Schultern hernieder,
Unter den glänzenden Locken erklangen ihm goldene Flügel,
Und die Klarheit des werdenden Tages deckte des Seraphs
Leuchtendes Antlitz; doch fast entrann die Thräne den Augen.
Endlich flog er den bebenden Flug. Wo am dicksten die Nacht lag,
Diesem Gefilde nähert' er sich. Zu dem Todeshügel
Strömt' am dicksten die Nacht vom schweigenden Himmel herunter.
Als er an dem Gestade des todten Meeres heraufschwebt,
Höret er fürchterliches Gebrüll der steigenden Wasser,
Mit der Wogen Gebrüll gequälter Verzweiflungen Jammern.
So, wenn die Erde bebt und gerichtbelasteter Städte
Eine, nur Eine der großen Verbrecherinnen, verurtheilt,
Mit der sinkenden sinkt, so winseln dann mit dem schnellen
Dumpfen Donnerschlage der unterirdischen Rache
Todesstimmen herauf. Noch einmal bebet die Erde,
Und noch einmal ertönen mit ihr entheiligte Tempel,
Stürzende Marmorhäuser und ihrer zu sichren Bewohner
Todesstimmen. Es flieht der bleiche rufende Wandrer.
Abbadona vernimmt mit des todten Meeres Getöse
So das Gebrüll der beiden Gerichteten, kennt sie, entsetzt sich,
Flieht mit wankendem Fluge die jammerhallenden Ufer.
Und nun nähert' er sich der Cherubim Kreise. Ein schnelles,
Unbezwingbares Schrecken ergriff ihn, als er den vollen,
Himmelglänzenden Kreis der Ungefallnen erblickte.
Bald wär' ihm die lichte Gestalt in entstellendes Dunkel
Wieder zerflossen, die äußersten Engel, vertieft in das Anschaun
Deß, so den wunderbaren, den sündeversöhnenden Tod starb,
Sahen den Kommenden nicht. Allein Eloa erblickt' ihn;
Schnell erkannt' er ihn, denkt: Du Gottverlass'ner! ... Der bange,
Jammernde Seraph, will er den Gekreuzigten sehen? Er sah ihn
Schon an dem Oelberg leiden; er suchet ihn wieder. Wie elend
Ist er, geschmolzen von dieser gebeugten dauernden Reue,
Fast seit seiner Erschaffung in diese Thränen ergossen!
Gott, Weltrichter, du wirst mit ihm es Alles vollenden,
Was du beschlossest. Und ich, wie könnt' ich über sein Schicksal
Noch erstaunen? Ist nicht, durch den die Unsterblichen wurden,

Jesus Christus am Kreuz, den ewigen Tod zu erdulden
Und zu sterben der Menschen Tod? Er fällt auf sein Antlitz
Betend nieder und liegt und weint zu dem großen Erdulder.
Jetzt erhub er sich, winkte der Engel Einem. Der Seraph
Stand vor ihm da. So sprach Eloa: Fleug zu den Engeln
Und den Vätern, sage zu ihnen: Mit zweifelndem Zittern
Nahet sich Abbadona. Wofern er in eure Versammlung
Noch zu kommen es wagt, so laßt den Trauernden kommen!
Denn er naht sich mit Thränen, zu sehn den sterbenden Mittler.
Keiner gebiet' ihm zu fliehen! Laßt ihm die quälende Lindrung!
Denn es umgeben das Kreuz schuldvollere Sünder, als er ist.
Abbadona umzitterte noch die Versammlung der Engel,
Zweifelte, schwebt' und stand und glitt an dem Boden. Er wäre
Gerne geflohn; allein er ermannte sich durch den Gedanken:
Keinen Geringeren, als den Versöhner, könnte der große
Festliche Kreis der Engel umgeben. Nun wagt' er es, schwebte
In den schreckenden Kreis. So wie die Engel ihr Antlitz
Wendeten und ihn erblickten, so sahen sie bange Verstellung,
Todtes Lächeln und Glanz, der keine Seligkeit strahlte,
Tausendjährigen Gram, unüberwindliches Trauern,
Abbadona. Sie ließen mit stillem Mitleid ihn fortgehn.
Und er näherte sich dem nachtbelasteten Hügel,
Sah die Gekreuzigten, wandte sich. Nein, ich will sie nicht sehen,
Nicht der Sterbenden Antlitz. Ihr Gram verwundet zu tief mich,
Führt zu trübe Bilder vor meinem Geiste vorüber,
Klaget zu laut vor dem Richter mich an. Denn, ach, der gewandte,
Kurze, fliegende Blick auf ihre Wunden durchflammt mich
Schon mit wüthender Angst. Mitunglückselige Menschen
Und so sehr mitschuldige, daß durch schwarze Verbrechen
Eure Brüder euch zwingen, sie vor dem Antlitz der Sonne,
Feierlich vor der Versammlung unzählbarer Mengen zu tödten.
Nein, es soll sie mein Auge nicht sehn, die ihr jetzt der Verwesung,
Grausam oder gerecht, zusendet! Dem trüben Gedanken,
Qualenvoller, entreiß' dich dem ängstlichen Todesgedanken!
Den ich suche, wo find' ich ihn auf? Ja, diese Versammlung
Aller Himmel ist nicht umsonst heruntergestiegen.
Sie umgibt ihn. Er ist auf dieser heiligen Stätte.
Aber wo? In Gethsemane war das furchtbarste Dunkel,
Wo er war; doch hier strömt's auf den Hügel der Schädel,
Und da kann er nicht seyn. O, wenn ihn ein Engel mir zeigte!
Wenn ich fragen dürfte, mir dann ein Engel ihn zeigte!
Unglückseliger! Wenn sie mich nur an dieser Erschüttrung,
Dieser schleunigen Wehmuth nicht kennen, zu fliehn mir gebieten!
Nein, sie bemerken mich nicht, vertieft in große Gedanken
Von dem göttlichen Manne, zu dem sie der Richtende sandte.
Ach, wo ist er? Ist er vielleicht in des deckenden Tempels

Allerheiligstem? Betet er dort von neuem? Und soll ihn,
Wie er leidet, kein Endlicher mehr, nicht den blutigen Schweiß sehn,
Welcher ihm von dem Angesicht rinnt? Doch der Himmlischen Augen
Sind ja mehr auf den Hügel, als auf den Tempel, gerichtet,
Wenn ich anders es seh', wohin sie blicken. Verworfner!
Ja, so bist du erniedrigt! Du darfst dein Auge, der Scham voll,
Nicht zu den Gottgetreuen erheben, obgleich du es wagtest,
Ihnen selber in ihrer verklärten Gestalt dich zu zeigen.
Auf dem Hügel der Schädel? Vielleicht, daß er dort, wo Verbrecher,
Diese lautesten Zeugen des Falls der Sterblichen, bluten,
Was er auf Erden zu dulden beschloß, vollendet? Vielleicht liegt
Unter Gebein der Göttliche dort und fleht zu dem Richter?
Ach, so muß ich denn wieder zum Todeshügel mein Antlitz
Wenden. Er wandt' es, doch schwebet' er bang mit säumendem Fluge;
Seitwärts schwebt' er hinab und suchte lange mit scharfen
Schnellen Blicken unter den Kreuzen. Er findet Johannes
Und begleitet des Jüngers Blick mit geheftetem Auge.
Und der Geopferte für die Verbrecher hing in die Nacht hin,
Schien mit brechendem Aug' ein Grab zu der Ruhe zu suchen.
Als von dem ersten Entsetzen sich Abbadona emporwand,
Dacht' er: Es ist nicht möglich; ist nicht möglich! Er ist's nicht!
Sterben? Es ist nicht möglich! Allein, ihr Himmel, was wag' ich
Mir zu überreden? Ich täusche mich nicht. Ich seh' ihn.
Ja, er ist es dennoch. Ach, den ich sah an dem Oelberg,
Leiden sahe, was nie ein Endlicher litt, dein Opfer,
Unerbittlicher Richter, er ist es. Er sank zu dem Hügel
Tiefer hinab. Hier will an der Erde Staub' ich, so dacht' er,
Auf das Ende des unerforschlichsten aller Gerichte
Warten und, wenn's ein Endlicher kann, den göttlichen Dulder
Sterben sehn. Was ist es in mir, das wie Ruh' mich besänftigt?
Ist es der Angst Betäubung? Ist es wirkliche Hoffnung,
Ach der Hoffnungen beste, vernichtet zu werden? O, täusche,
Einzige Hoffnung, täusche mich nicht! Mich däucht ja, ich dürfe
Um die Vernichtung den Richter itzt flehn. Es däucht mich, er werde
Jetzt mich erhören! O, wenn der göttliche Dulder sein Haupt nun,
Richter der Welt, an dem Kreuze geneigt hat, und du ein Vergelter,
Daß wir die Sünd' erschufen, ach, zu der Sünde verführten,
Einige dieser Verbrecher als Todesopfer dem Schatten
Deines Getödteten weihst und an seinem Grabe vernichtest;
Ach, dann sondre mich auch, den Verworfensten unter den Sündern,
Abbadona mit aus, daß du dem Tode mich opferst!
Ach, dann bin ich nicht mehr, dann fühl' ich der nächtlichen Qualen
Flamme nicht mehr. Ich war einmal; dann bin ich vergangen,
Aus der Wesen Reihe verlöscht, bin auf immer vergangen,
Von den Engeln, von allen Erschaffnen, von Gott vergessen.
Sieh', ich neig' entgegen mein Haupt, Gott, deiner Allmacht.

Würdige, Richter der Welt, mich, daß sie mit geheimer Berührung
Oder mit fallendem Strahl aus deiner Schöpfung mich tilge!
Also wünscht, so wähnet er hoffen zu dürfen. Er freut sich,
Und er entsetzt sich über die Hoffnung. Er schwebt' an dem Staube,
Blickte zum blutigen Kreuz hinauf, zu dem sterbenden Mittler,
Dachte mit jedem fliegenden Blick, der Göttliche würde
Nun, nun sterben. Und trüberes Graun, vernichtet zu werden,
Ueberströmte mit jedem Gedanken ihn. Sichtbar verdunkelt,
Stand er und strebet' und rang, die lichte Gestalt zu behalten.
Da er also strebt' und sich in der Bangigkeit wandte,
Sah er nicht ferne von sich bei einem der Kreuze, zur Rechten
Jenes höheren Kreuzes, das mitten schreckender aufstieg,
Dort auf einmal in Strahlen den mitgeschaffnen, geliebten,
Furchtbaren Abdiel schweben. Die ringsumglänzenden Engel
Hüllet' ihm Dunkelheit ein. Die Schöpfung ward ihm zu enge,
So ergriff ihn die Angst, es würde sein Freund ihn erkennen.
Was in ihm Unsterbliches war, die geistigen Kräfte
Alle ruft er zurück, daß Abdiel ihn nicht erkenne.
Eilend, als wär' er von Gott aus fernen Welten zu andren
Fernen Welten gesandt und dürft' auf der Erde nicht weilen,
Wandt' er zu Abdiel sich und sprach die geflügelten Worte:
Sag', Geliebter, du weißt es vielleicht, wenn ist es dem Mittler,
Daß er sterbe, gesetzt? Mir ward, daß ich eilte, geboten,
Und ich wünsche doch auch, die heilige, gottgewählte,
Schreckliche Stunde, wo ich auch sey, anbetend zu feiern.
Abdiel stand gewendet. Allein nun kehrt er sein Antlitz
Auf den Verlornen und sagt mit Ernste, den Wehmuth mildert:
Abbadona! So steigt ins Gesicht des blühenden Jünglings,
Welchen der rufende Blitz erschlug, die Farbe des Todes
Schleunig herauf; so strömte des Abgrunds Nacht in das Antlitz
Abbadonas empor. Die Heiligen sahen ihn alle
Dunkel werden. Er floh aus ihrem schreckenden Kreise.
Als er am fernen Himmel bei Palmenbüschen hinabsank,
Kam an der anderen Seite des Wäldchens ein bebender Todter
Dunkler, als Abbadona, herauf. Die Himmlischen sahn ihn.
Und es sprach zu dem Andren der Himmlischen Einer: Wer ist er,
Jener Verworfne, der dort von den Palmen gegen uns herkommt?
Wie die Hand des Gerichts ihm seine Stirne gebrandmarkt,
Wie der ewige Tod den Gottverlaſſ'nen entstellt hat!
Aber er wagt's, in unsre Versammlung zu fliehn? Doch ich staune
Jetzt, Geliebter, nicht mehr. Erkennst du den hohen Obaddon,
Der dem Todten gebeut? Ach, es ist der Geist des Verräthers.
Nunmehr brachte den bangen Verworfnen der Todesengel
Näher zum Kreuz herüber; nun sahn ihn die Himmlischen alle;
Dunkel, ein Flecken der Nacht, die über die Erd' herabhing,
Angstvoll, als wenn, wohin er auch schwebete, über ihm Blitze

Sich zu entzünden, unter ihm sich die Erde zu öffnen,
Jene des Rächenden Feuer auf ihn herunter zu schleudern,
Diese mit gleichem Ergrimmen ihn zu verschlingen bereit sey.
Also näherte sich dem Kreuze der Geist des Verräthers.
Und er sahe (das mußt' er) zum Todesengel Obaddon
Unverwendet empor. So wie die Rechte des Seraphs
Und in der schreckenden Rechten das flammende Schwert sich bewegte
Und den Flug ihm gebot, so flog der gerichtete Sünder.
Jetzo blieb Obaddon auf einer hangenden Wolke
Mit dem Bebenden stehn und sprach mit gebietender Stimme;
Schau', Verworfner! Da liegt Bethania! Kaiphas Hütte
Hier! Dort unten das Haus, wo du seines Todes Gedächtniß
Auch empfingst! Da ist Gethsemane! Jener dein Leichnam!
Bebest du? Aber fleuch nicht! Er streckte das flammende Schwert aus.
An dem Kreuz, das umnachteter über die andren heraufragt,
Der ist Jesus Christus! Er stirbt, sich wegen der Menschen
Gott zu opfern, ihr Leben und ihren Tod zu versüßen,
Diesem Tode, den du jetzt leidest, dem ewigen Tode
Sie zu entreißen und sie zu erhöhn zu der Gottheit Anschaun.
Diese Wunden, aus denen das gottversöhnende Blut quillt,
Glänzen, wenn er mit ihnen dereinst, ein Richter der Welt, kommt.
Und nun wende dich, Todter! Mit niedergebückter Verzweiflung
Wendete sich der Todte. Von ihm entlastet Obaddon
Schnell der Heiligen Kreis. Schon schweben sie unter Gestirnen.
Und die unübersehbare Weite der schweigenden Schöpfung
Schreckt den Verräther. Ein schneller, ihm qualenvoller Gedanke
Von dem allgegenwärtigen Richter erschüttert ihn. Lange
Bebet er, eh' er es wagt, zu dem Todesengel zu sagen:
Fürchterlichster der Engel, vernichte mit dem entflammten,
Blitzewerfenden Schwerte mich! Ach, zu dem ewigen Richter,
Führe zu seinem Throne mich nicht! — Gehorch' und verstumm' du!
Also gebot ihm der Todesengel, und zürnender führt' er.
Endlich stand auf der Sonnen einer (das flammende Schwert wies)
Judas Ischariot still; bei ihm der Engel des Todes.
Und er zeigt dem Verräther von fern den Himmel der Gottheit,
Ihrer sichtbarsten Herrlichkeit Stätte, die Stätte des Anschauns.
Ob der Richter itzt gleich in heiliger Dunkelheit thronte,
Und die Halleluja des ewigen Lebens, die Feier
Seiner Gerechten um ihn, und ihre Wonne verstummten;
Dennoch war der Himmel nicht minder Himmel, der Gottheit
Würdiger Sitz, und selbst für die Ersten der Seligen hatt' er
Nichts von seiner den Menschen undenkbaren Wonne verloren.
Dieß, so sagt' Obaddon zum Gottverworfenen, dieß ist
Gottes Himmel, der seligsten Offenbarungen Schauplatz,
Welcher die, so ihn lieben, der Unaussprechliche würdigt.
Gott hat vor den Endlichen jetzt sein Antlitz verborgen.

Auf dem Throne, den Nacht (fall' nieder, beb' und verzweifle!),
Heilige Nacht, wie sie dein neues Auge noch nie sah,
Schreckend umhüllt; dort schauen wir sonst die Herrlichkeit Gottes.
Jener himmlische Hügel, er heißet Sion. Auf ihm wird
Er, so vom Anbeginne der Welt für die Menschen erwürgt ist,
Oft den vollendeten Frommen mit seinen Gnaden erscheinen.
Zwölfe jener goldenen Stühle, die du auf dem Sion
Gleich den Sonnen erblickest, sind des Erlösenden Jüngern
Von dem großen Belohner bestimmt. Auf diesen, Verräther,
Richten die Jünger dereinst die Welt. Du warest ein Jünger.
Jammere nicht, daß vernichtet du werdest! Du jammerst vergebens.
Schau'! So viele dein Auge der Herrlichkeiten des Himmels
Jetzt zu entdecken vermag, so viele Qualen hat Gott dir
Hier, Gerichteter, zugemessen. Vergebens bestrebst du
Dich, Ohnmächtiger, nicht zu dem Himmel hinüber zu blicken!
Lerne die Allmacht kennen des Richtenden. Felsen im Meer gleich,
Die kein Sturm nicht bewegt, sollst du hier stehen und schauen!
Daß er in diesen Himmel, zu dieser ewigen Ruhe,
Die ihn lieben, erhöh', stirbt Jesus Christus am Kreuze.
Mit den Worten verließ Obaddon ihn, schwebte zum Himmel
Weiter hinüber und blieb auf der Sonnen einer des Himmels,
Anzubeten. Er kommt zurück von dem ernsten Gebete
Zu dem Verworfnen, der stehet und schaut und ewigen Tod fühlt.
Wende, Todter, dich! Komm'! Ich führe dich jetzt zu der Hölle,
Deiner ewigen Wohnung. So sprechen Donner, so sprach es
Mit zerschmetternder Stimme der Todesengel und eilte.
Und schon näherten sie der Hölle sich, hörten von ferne
Ihr Getöse, das an der äußersten Schöpfung Gestade
Brüllend schlug und unter den nächsten Sternen verhallte.
In dem Raume, den Gott ihr in dem Unendlichen abmaß,
Wälzt sie sich, keiner Ordnung gehorsam, auf und nieder,
Keinem Gesetz der langsamen oder schnellen Bewegung,
Fleugt sie eilend einher; so hatte Gott ihr geboten,
Ihrer Bewohner neue Verbrechen, durch wildere Flammen,
Durch geschärftere Pfeile des ewigen Todes zu rügen.
Damals flog sie mit wüthender Eil' herauf. Der Verworfne
Und sein mächtiger Führer verlassen die Gränzen der Welten,
Schweben hinab zu der Hölle Thor. Der Engel des Todes,
Der es hütet, erkennt Obaddon, sieht den Verbrecher,
Der sich neben ihm krümmt und noch zu entfliehen sich martert.
Aber, unter dem flammenden Schwerte gebückt, muß er eilen.
Und der herrschende Seraph, des Abgrunds Hüter, eröffnet
Mit weitschmetterndem Krachen die diamantene Pforte.
Lägen Gebirge darin, sie würden den furchtbaren Eingang
Nicht ausfüllen, sie würden nur rauher ihn machen. Obaddon
Bleibt hier stehn mit dem Todten. Es führet kein Weg zu der Hölle

Schreckenden Tiefen. Es wälzen sich nah bei der Pforte die Felsen
Unabsehlich hinab, durch träufelndes Feuer gespaltet.
Sprachlos, schwindelnd, bleich, mit weitvorquellendem Auge,
Blickt das Entsetzen hinunter. Der göttlichen Rache Vollender
Stand an diesem Grab (hier schläft der Tod nicht) mit dir still,
Judas Ischariot, du Verräther! Da sagte der Seraph,
Weggewendet, allein das niedersinkende Schwert wies
In die Tiefe: Dieß ist der Gerichteten Wohnung und deine.
Daß sie nicht, die Erdegebornen, die Sünder, den Tod hier
Leiden, den ewigen Tod, stirbt Jesus Christus am Kreuze.
Also sagt er und stürzt den Verworfnen hinab in den Abgrund,
Eilet, entschwingt der Hölle sich, fliegt durch die Welten. Itzt kommt er
Zu dem Altar des Geopferten Gottes, zu Golgatha wieder,
Steht und wartet auf neue Befehle der zürnenden Allmacht.

Zehnter Gesang.

Der Vater sieht von seinem Throne auf den Sohn herunter. Der Messias empfindet, daß Gott noch nicht versöhnt sey. Er fühlt den nähern Tod. Er sieht nach seinem Grabe hinunter, und betet in's Geheim für die Sterbenden. Darauf wendet er sein Antlitz nach dem todten Meere. Satan, Adramelech und die Hölle empfinden sein Gericht. Jetzt blickt der Versöhner auf die Schaaren der Heiligen umher, die das Kreuz umgeben. Er verweilt am längsten bei den Seelen des zukünftigen menschlichen Geschlechts. Es war jetzt einer der großen Zeitpunkte gekommen, in welchen viel edlere Seelen der Erde gegeben werden. Eh diese noch von ihren Schutzengeln mit ihren Leibern vereinigt werden, entwickelt eine von denselben ihre Gedanken über den sterbenden Versöhner. Nun ergeht der Befehl des Messias. Er segnet die Seelen, indem sie von den Engeln fortgeführt werden. Die Charaktere dieser Seelen. Da ihre Engel mit ihnen vor den zwanzig Palmen am Oelberge vorüber schweben, wo der Erlöser das erste Gericht erduldet hatte; so segnen ihnen die Seelen der Väter, die dort versammelt sind, nach. Einige von diesen Vätern werden genannt. Ein Gespräch zwischen Simeon und Johannes dem Täufer. Mirjam und Debora klagen den sterbenden Versöhner in einem Liede. Er kömmt dem Tode sichtbar näher. Die meisten Frommen entfernen sich. Lazarus geht Lebbäo nach, ihn zu trösten. Lazarus hatte, seit der Kreuzigung Jesu, fast eben die Empfindung gehabt, derer er sich von der Zeit, da er todt gewesen war, erinnerte. Es däucht ihn, als wenn er unter Unsterblichen sey. Indem er hievon mit Lebbäus redet, schwebt Uriel vorüber, dessen weggewendeten Glanz er sieht. Uriel kündigt den Heiligen an, daß er den ersten der Todesengel gegen die Erde herkommen gesehn habe. Der Eindruck, den diese Nachricht auf die Väter, und unter diesen auf Henoch, Abel, Seth, David und Hiob, am vorzüglichsten aber auf unsere ersten Eltern macht. Diese schweben zu dem Grabe Jesu hinab. Sie erinnern sich, in einem Gebete an den Messias, ihres Falls. Sie danken, daß sie Gnade erlangt haben. Der Versöhner sieht voll Barmherzigkeit auf sie herunter. Hierauf beten sie für das menschliche Geschlecht. Eloa ruft von der Zinne des Tempels, der Todesengel komme! Dieser tritt auf den Sinai, fleht zum Messias, um Stärke, den Befehl Gottes zu vollbringen, steht auf, und sagt, was ihm Jehova geboten hatte. Der Messias stirbt.

Immer weiter komm' ich auf meinem furchtbaren Wege,
Immer näher zum Tode des Sohns. Ach, wär's nicht der Liebe
Tod, den sie starb von dem Anbeginne der Welt, so erläg' ich

Unter der Last der Betrachtung. Auf beiden Seiten ist Abgrund;
Da zu der Linken: Ich soll nicht zu kühn den Göttlichen singen;
Hier zu der Rechten: Ich soll ihn mit fei'rlicher Würdigkeit singen;
Und ich bin Staub! O du, deß Blut auf Golgatha strömte,
Dessen Allgegenwart mich von allen Seiten umringt hat,
Du erforschest meine Gedanken. Du siehest es Alles,
Was ich denke, vorher, du Naher! Ja, selber kein Wort ist
Mir auf der Zunge, das du nicht wissest. Mein Gott, mein Versöhner!
Leite mich, mein Versöhner, und, wenn ich strauchle, vergib mir's!
Deines Lichts ein Schimmer, ach, deiner Gnad' ein Tropfen
Ist dem Erkenntnißbegierigen, ist dem Durstenden Fülle.
　Von dem Throne, der sonst, die hellste sichtbare Schönheit,
Leuchtete, nun in schreckenerschaffende Nächte gehüllt stand,
Einsam stand, um den jetzt kein Unsterblicher fei'rte;
Außer, daß von der weithinbebenden untersten Stufe
Kniend, mit betendem Auge, mit banggerungenen Händen,
Starr vor Erwartung, der Erste der Todesengel emporsah; —
Von dem Throne schaute mit ungewendetem Antlitz
Auf den göttlichen Sündeversöhner Jehova herunter.
Durch die helleren Stäubchen, die Sonnen, die dunklern, die Erden,
Durch die verstummte Natur mit Blicken, von dem nur verstanden,
Dem nur gefühlt, auf den sie vom Auge des Ewigen strömten,
Schaut' er hinab. Es empfindet den Blick des richtenden Vaters
Jesus Christus, weiß, daß Jehova noch nicht versöhnt ist,
Weiß es und fühlt's unaussprechlich, durchströmt von des näheren Todes
Schauer. Es zittern in ihrem verborgensten Leben die Welten.
Banger, trüber, verstummender stehn die Unsterblichen alle
Bei der Empfindung des Sohnes, die mit mehr Todesblässe
In des Göttlichen Antlitz stieg. Dem müden Auge,
Das zu brechen begann, entsanken verlöschende Blicke,
Fielen auf sein Grab, das gegen Golgatha über
Einsam, unter alternden Bäumen, in Felsen gehaun lag.
　Todesschlummer, bald wird dich mein Leib dort schlummern! So dachte
Jesus Christus, indem sein Blick an dem Grabe verweilte.
Darum nahm ich ihn an, den Leib von Staube. Verwesen
Soll er nicht; doch soll er entschlafen liegen. Mein Vater,
Trockne die Thränen von deren Gesicht, die dann um mich weinen!
Ausgesöhnter, erbarme dich ihrer. Sie weinen um Jesus,
Deinen Eingebornen. Erbarme dich ihrer, wenn nun auch
Ihre letzte Stunde von dir zu ihnen gesandt wird!
Heiliger Vater, erbarme dich Aller, die an den Geliebten,
Deinen ewigen Sohn, den Gottgeopferten, glauben,
Wenn in diesem Glauben nun auch mit dem Tode sie ringen!
Ach, ich fühl' ihn, fühle den Tod. Des Ewigen Schrecken

Trägt er. Er ist ein Schwert in der Hand des Allmächtigen. Furchtbar
Ist er. Zwar sie werden, was ich empfand, nicht empfinden;
Sie sind endlich. Allein aus dem Meer, in welches ich sinke,
Kann ein Tropfen in ihnen des Todes Schrecken verbreiten.
Einige (göttlicher Vater, du hast es also beschlossen),
Einige werden entschlummern, es werden Einige sterben,
Einige deiner Geliebten, o Vater, des Todes sterben.
Vater, Vater, erbarme dich Aller, die, dürstend nach Hülfe,
Die in des Todes Kampf um Labsal, um Gnade dich anflehn!
Derer, die aus viel Trübsal ihr müdes Leben dem Grabe
Brachten, in Dürftigkeit lebten und dennoch dich nicht verkannten;
Die, wie schuldlos sie waren, mit Schmach der Sünder befleckte;
Die, den Freunden getreu, die Feinde segneten, Demuth,
Liebe der Brüder und Liebe der Menschen durch Handlungen zeigten;
Derer, die, unverblendet von Ehr' und Reichthum und Hoheit,
Gutes zu thun sie brauchten und sie zu entbehren vermochten;
Aller, die, nach den verschiednen von dir gegebenen Gaben,
Weniger oder mehr Anlasse, durch welchen die Vorsicht
Sie anlockte, mit reiner, mit herzlicher Liebe dir dienten; —
Derer erbarme dich, Vater, in ihrer letzten Stunde!
Wenn ihr Auge nun auch zu brechen beginnt, die Verwesung
Ihren Leib verlanget, der Schöpfer die Seele; dann sende
Deine Tröstung, den Geist, der unaussprechlich in ihnen
Bete, bis über das, so sie kannten und baten, du sie
Ueberschwenglich erhörst und zu deiner Ruhe sie einführst!
Gott der Liebe, mein Vater, um dieser quellenden Wunden,
Dieser blutigen Krone, die meiner Schläfe sich eingrub,
Dieser Todesangst, die mir die Gebeine durchschüttert,
Dessen, was ich litt, jetzt leide, noch leiden werde,
Dieser Liebe willen, mit der ich, erniedrigt zum Tode,
Bis zu dem Tod am Kreuze, das Heil der Menschen vollende,
Hör' mich und laß, die ich liebe, getreu bis ans Ende mir bleiben,
Trostvoll sterben, den Lohn der Ueberwinder empfangen!
Also dacht' und betet' in sich er, der von der Welten
Anfang starb, der Herr, barmherzig und gnädig und duldend,
Voller Güte, voll Treu'; der ewige Hohepriester
Betete so, da er jetzt zu dem Allerheiligsten einging.

Aber er wandte vom Grabe sein menschenliebendes Auge
Gegen das todte Meer, wo Adramelech und Satan
Lagen. So wie sich der Blick des sterbenden Gottversöhners
Wandte, so ward von fliegendem, erderschüttertem Schrecken
Bis in die nächtliche Tiefe des todten Meers er begleitet.
Und da sanken die beiden Verworfnen zur niedrigsten Stufe
Ihres Elends hinab. Der Rathschluß Gottes in Eden:
Jesus soll der Schlange den Kopf zertreten! er wurde
Nun vollendet. Seitdem der Gottversöhner am Kreuze

Blutete, fühlte die Hölle des Ueberwinders Gerichte.
Aber vor Allen empfanden sie Adramelech und Satan.
Satan, indem er vor Qual der unterirdischen Felsen
Einen zermalmt' und kaum mit schwerem, dumpfem Gebrülle
Stammeln konnte, begann: Fühlst du sie, wie ich, die entflammte
Unversöhnliche Qual, die in jeden Abgrund des Herzens
Tod auf Tod mir, ewigen Tod, stets heißer hinabstürzt?
Sieh', ich will, du verruchter, gerichteter, ewiger Sünder,
Ich wie du ein verruchter, gerichteter, ewiger Sünder,
Ihre schwarze Gestalt, so viel ich vermag, dir beschreiben.
Zwar sie hat nicht Bilder genug, die unterste Hölle,
Meine Qualen dir ganz, so ganz, wie ich's dürste, zu zeigen;
Dennoch höre, Verruchter, mich! Wenn du etwa nicht Alles,
Was ich empfind', empfindest, so soll das, was ich dir sage,
Elend genug dich machen. Mit mir sollst du es empfinden
Oder es doch, als künftig, mit starrenden Ahnungen fürchten.
Höre! So sehr hat mich mein Jammer niedergeworfen,
Daß mich sogar nicht deiner Qual Anschaun mehr froh macht.
Wie ich erniedriget bin, so ward ich niemals erniedrigt;
Siehe, so tief, daß ich's mit grimmigem Zagen bekenne.
Ja, er ist allmächtig! Allmächtig ist er! Allein ich,
Was bin ich? Das schwärz'ste der Ungeheuer des Abgrunds.
Ganz, ganz unten lieg' ich, auf mir die Hölle, von jeder
Seiner Qualen beladen, von allen seinen Gerichten,
Ueberlastet. Und hat er etwa den Ewigtodten
In dieß tiefste der Gräber mit seinem Donner zu werfen
Würdig geachtet? Ein Engel gebot uns zu fliehn, und wir flohen.
Und in wessen Namen gebot's der Gesendete Gottes?
O, was ist es in mir? Was für ein neues Gericht ist's,
Das mir drohet? Ich darf den erhabnen Namen nicht nennen.
Und er stirbt itzt vielleicht, in dessen Namen wir flohen,
Den wir verfolgten? Ein neuer, ein flammender Pfeil des Verderbens
Fliegt mit diesem Gedanken mir durch das unsterbliche Leben.
Nacht umringt mich an Nacht. Ich sehe von dem Geheimniß
Nicht den flüchtigsten Schimmer. Auch dieß ist Elend. Ha, Alles,
Alles um mich ist Elend, und ich sein ewiges Opfer.
Selbst die Hoffnung, vernichtet zu werden, die grimmige, schwache,
Quälende Hoffnung, auch sie ist ganz dem Verworfnen verschwunden.
Werdet zu Chaos, zu Nacht, zu der Höll', ihr Welten, und Himmel,
Du! Fallt über mich her! Deckt mich vor dem Zorne der Allmacht!
Adramelech, der niedergeschmetterte Stolze, vermochte
Kaum mit röchelnder Angst, mit verzweifelndem Blicke zu sagen:
Hilf mir! Ich flehe dich an, ich bete, wenn du es forderst,
Ungeheurer, dich an. (Er faßt', indem er es brüllte,
Satan mit eisernem Arm.) Verworfner schwarzer Verbrecher,

Hilf mir! Ich leide die Pein des rächenden ewigen Todes.
Vormals konnt' ich mit heißem, mit grimmigem Hasse dich hassen;
Jetzt vermag ich's nicht mehr. Auch das ist herrschender Jammer.
O, wie bin ich zermalmt! Ich will dir fluchen und kann nicht;
Fluchen, daß ich um Hülfe dir flehte. Vielleicht war ein Tropfen
Lindrung darin, wenn ich mit flammender Rache dir fluchte.
Aber ich will es, ich will's. Rufs's, stürzte zurück, lag stumm da.
Also empfanden die Beiden des Ueberwindenden Allmacht;
Weit war ausgestreckt ihr zerschmetternder Arm. Die andren
Stolzen Empörer empfanden sie auch. Die unterste Hölle
Hallte vom dumpfen Geheul gestürzter Verzweiflungen wieder.
Aber enthüll', Sionitin, der qualbelasteten Hölle
Tiefen nicht weiter! Ein anderer Schauplatz heiliger Wehmuth,
Voll Anbetung und jenes Todes, der unsren versüßt hat,
Voll von göttlicher Huld, der Schauplatz öffnet vor dir sich.
Jesus wandte sein Auge vom todten Meer und er schaute
Auf die Schaaren, die ihn von allen Seiten umringten,
Standen, knieten, dachten, verstummten, beteten, weinten.
Und ein mächtig Gefühl der ewigen Liebe durchschauert
Jesus Christus. Der Blick des Gottversöhners verweilte
Bei den Seelen am längsten, die keine sterbliche Hütte
Noch betreten, noch den Staub nicht geheiliget hatten.
Denn es nahte sich einer der festlichen Augenblicke,
Die auf einmal die Erde mit vielen edleren Seelen
Segnen, und die mit dauernder Macht Jahrhunderte bilden.
Zwar nicht immer strömte der Ruf von dem, was sie thaten,
Mit den Jahrhunderten fort; allein die mächtige Wirkung
Ihres Beispiels, welches an ihnen der lernende Freund sah,
Wieder dem Enkel es zeigte, verflicht in die Thaten der Nachwelt,
Zwar insgeheim, doch gewiß sich. So bleibt vom gesunkenen Wurfe
Auf der Fläche der Wasser ein ausgebreiteter Kreislauf.
Aber eh' noch die Seelen, der Segen der festlichen Stunde,
Von den Engeln zu ihrer Geburt in das sterbliche Leben
Wurden geführt, begann der edelsten eine die Zweifel
Ihrer Gedanken bei sich zu entwickeln. Ein Schimmer vom Lichte,
Welches sie in der Verweilung auf Erden heiligen sollte,
Senkte sich sanft in sie nieder. So dachte der Ewigkeit Erbin:
Immer empfind' ich es mehr, daß er des Unendlichen Sohn ist.
Denn wie die Sonnen des Sternengefilds, von welchem wir kommen,
So unzählbar, so mächtig, doch mit viel milderem Einfluß
Strahlen aus seinem Gesicht die unerforschten Gedanken.
Aber er ist noch anders, als unsere Freunde, die Engel,
Ach, er ist wie die Menschen, die ihn umgeben, gestaltet.
Doch die gleichen ihm auch an Gestalt nur. In ihrem Gesicht ist
So was Trübes und Niedriges, etwas wider den Schöpfer.
Ach, wer müssen sie seyn, die Menschen? Wir sollen zu Menschen

Kommen; wie sie, in Leiber, die sterben müssen, gekleidet,
Wenige Zeit so leben, dann näher zum Ewigen kommen,
Sind noch andere Menschen, zu denen der Schöpfer uns sendet?
Oder sind diese die Kinder Adams? Wenn diese von Adam
Stammen, so sind sie auch unsere künftigen Brüder. Doch scheint mir
Dieß die Erde nicht, welch' ich, als Adam geschaffen war, sahe;
Denn die war viel herrlicher. Was du, o Vater, beschlossest,
Vater der Engel und Menschen, dein göttlicher Wille geschehe,
Und dein Wille, du Sohn des Vaters! Von Allem, was schwer ist
Zu ergründen, ist mir am schwersten zu fassen: Du leidest,
Gottes Sohn! Da, wo du erhoben über den Hügel
Hingeheftet hängst, da scheint ein endliches Leben
Dir aus deinem Leibe zu quellen, du selbst zu empfinden,
Daß es dahinquillt. Und ihr Engel, die ehmals die Fragen,
Welch' ich euch that, auflös'ten, verstummt der fragenden jetzo.
Doch das fühl' ich in mir, daß dieß wegströmende Leben,
Dieß Hinsinken des Leibes, der dich, du Göttlicher, einhüllt,
Nahe mich angeht, näher vielleicht, als die Seraphim, angeht.
Unaussprechlich lieb' ich ihn, mehr, wie ich jemals noch liebte.
Ach, wenn er mich mit eben der Liebe, die mich zu ihm hinreißt,
Lieben könnte, so würd' er vielleicht den Flecken verbergen,
Welcher, als ich an dem Stolze des Erstgeschaffenen Theil nahm,
Mich entheiligte, würde für mich den Ewigen anflehn,
Mir verzeihn und mich zu dem Anschaun Gottes erheben.
Gott, vollende dein Thun in mir, die du schufest! Erfülle
Ihr entflammtes, immer empfundenes, frommes Verlangen
Nach Glückseligkeit! Du, nur du, Unendlicher, du bist
Ihr Glückseligkeit. Dir sich nahen, ist ewige Wonne.
Also denkt sie und denkt's nicht umsonst. Gott, welcher von fern her
Oft, was er thut, bereitet, er bildete also die Seele
Zu dem Leben der Prüfung und zu dem ewigen Leben.
Siehe, nun flog mit freudigem Schwunge die Zeit. Die erkorne,
Von den Engeln gehoffte, nur von den Engeln gefei'rte
Stunde kam. Es stehn, auf das Kreuz gerichtet, erwartend,
Voll von frommer heißer Begier, die künftigen Hüter
Dieser Seelen, die jetzt dem sterblichen Leben sich nahten.
Banger vor Freuden und bebender stehn die Hüter. Indem geht
Von dem Auge des Gottversöhners der große Befehl aus,
Mit dem Befehl ein Segen des Sterbenden: Gehet und lebet!
Glaubet und überwindet! Ich liebt' euch, ehe die Welt ward.
Und die Engel führten sie fort. Sionitin, erzähle,
Wie sie lebten und wie sie dem großen Sündeversöhner,
Jede nach ihren Gaben, im Pilgerleben sich weihten.
Wirkungen von der neuen Empfindung, die sie erfüllte,
Da sie sahn an dem Kreuze den Göttlichen, blieben in allen,

Wuchsen, entwickelten sich, mit des sterblichen Lebens Begriffen
Und den Höhren der Gnade, die Jesus über sie ausgoß.
Eine der schönsten unter den Seelen war deine, du edler,
Frommer Jüngling, Timotheus! Denn du warest noch Jüngling,
Da du mit feuriger Treu' der Gemeinen eine bewachtest.
Willig nahm er die Botschaft von Jesus Christus, dem Todten
Und dem Auferstandnen, an. Der Gewählte des Mittlers,
Er, der Gerüstete gegen die Höhen, die sich erhuben
Wider die Lehre von Jesus, dem Ueberwinder des Todes,
Paulus brachte sie ihm aus jenem furchtbaren Lichte,
Das von dem Herrn ihn erschreckte. Die schöne Seele des Jünglings
Lernete freudigzitternd das ewige Leben und lehrt' es
Tausende. Tausende lehrte sein Tod, da er unter der Würger
Schwerte sank, bis ans Ende der Laufbahn standhaft, ein Leuchter
In den Gemeinen, ein mächtiger Zeuge wie Paulus und Kephas.
Jesus nennet dereinst vor den Todten allen die Namen
Seiner Zeugen und krönt sie dadurch mit der höchsten der Ehren.
Früh empfing die erhabne Belohnung der Treuen Antipas.
Denn der Richter der Welt, als er die Gemeinen aus Patmos
Richtete, nannt' er deinen unsterblichen Namen, Antipas.
Denn mit fester Treu', mit reiner, brennender Liebe
Hattest du den Dulder geliebt, geliebt bis zum Tode.
Hermas sang in Psalmen voll Wonn' und Thränen den Mittler,
Sang den Entschlafnen, den Auferstandenen, Himmelerhobnen,
Gottes Sohn, den Erbarmer der schwachen sterblichen Menschen,
Gottes Sohn, den Todtenerwecker, den Richter der Welten.
Seine Psalmen sangen, verscheucht in einsame Höhlen,
Christen, die aus den heiligen Chören feiernder Brüder,
Wenn sie dahin der Wille des Angebeteten winkte,
Schnell getödtet, ins höhere Chor der Vollendeten gingen.
Phöbe verließ die Schranken, in die ihr Geschlecht sie einschloß.
Feurig, Gutes zu thun und Seelen Gott zu gewinnen,
Weiht sie sich einer ganzen Gemeine, zu lindern des Armen
Elend, zu helfen dem Kranken, den Sterbenden aufzurichten,
Ach, zu trösten mit Gottes Trost, mit der Salbung des Himmels,
Mit weissagendem Laute von jenem Liede des Sohnes
Droben am Thron den Müden vom Todeskampfe, zu zeigen
Durch Hinwinken hinauf zu dem Erbe des Lichts (denn sie war schon
Selig hier) dem Verstummten die Palmen der Ueberwinder.
Also drang sie die Liebe zu Christus. Nur wenige Fromme
Kannten sie; aber sie kannten die Engel des Herrn und die Todten.
Jedem täuschenden Zweifel der falschen Weisheit entriß sich
Endlich Herodion, kam zu dem Göttlichsten unter den Lehrern
Und erkannte, daß der, nicht mehr durch Wunder erhaben,
Als durch Wahrheit, den Willen des ewigen Vaters der Wesen
Ganz und rein den sterblichen Söhnen der Todten eröffne,

Und daß, diesen wissen und thun, zu dem Ewigen führe.
Welchen krummen Wegen des dornichten Grübelns entklomm er,
Eh' er zum Lichte, das ihn von Gott umleuchtet', emporflog!
Wie vergebens, wie ängstlich, wie tief in der Seele verwundet,
Sann er, ehe zu leicht er des menschlichen Wissens Wagschal'
Fand und die furchtbare Schwere sah der anderen Wagschal'!
Epaphras ward ein mächtiger Beter. Mit Paulus gewürdigt,
Wegen des ewigen Sohns an des Wütherichs Ketten zu liegen,
Rang er für die Gemeinen in heißem Gebete. Der Segen
Seines Gebets ergoß sich vor Allen auf die zu Kolossen,
Seine Geliebten. Und war er bei ihnen, so wachet' er, kämpfte
Und ermüdete nicht. Gott lohnt's dem Treuen. Sie trugen
Früchte der Heiligung. Auch zu Laodicea erhielten
Epaphras brennender Eifer und seine Gebete noch lange
Einige bessere Seelen in unverlöschender Liebe
Zu dem Gekreuzigten. Aber zuletzt sank Laodicea
Ganz in Laulichkeit hin. So lag es, als ihm von Patmos
Jesus Prophet das Todesurtheil des Richtenden sandte.
Aber auch dieses war noch voll lockender Gnade. Noch wurde
Diesen Sterbenden Leben gezeigt, noch weiße Gewande,
Sie zu kleiden, noch ihnen die Krone der Ueberwinder.
Persis war der Zärteren Eine, die durch geheime,
Ungesagte Leiden ihr Gott zu der ewigen Ruh' führt.
Aber es flossen in ihrer Bekümmerniß Thränen des Himmels,
Heilende Thränen, wenn sie in stillem Gebete zu Gott rief.
Nichts für den Ruf, den halben und lauen Tugendbelohner,
Oefter noch ihren Verfolger und schlangezüngigen Lästrer,
That Apelles, sogar auch für die Ehre, des Weisen
Beifall, nichts. Daß der Weise selbst, wie scharf er auch denke
Und wie edel, doch nicht bis zur Absicht kenne die Handlung,
Und die Handlung nur sichtbarer Leib, die Absicht ihr Geist sey,
Dacht' er sich oft. Der Allsehende nur und jene Belohnung,
Die er dem Reinen verheißt, der höhre Gedanke bestimmt' ihn,
Der nur, wenn er zu handeln und nicht zu handeln es wagte.
Flavius Clemens Verdienst war nicht, daß er muthig dem Glanze,
Den des Cäsars Verwandtschaft ihm gab, sich entzog. Des Tyrannen
Nicht zu achten, war leicht; allein da Weisere selber
Ihn anklagten, er wälze sich in unrömischer Trägheit,
Sey den Geschäften, der Ehre, dem Vaterlande gestorben,
Und er dennoch, so sehr die zartere Seele des Edlen
Auch der Vorwurf rührte, sich ganz den Pflichten der Christen
Weihete, Pflichten, die er für die ersten erkannt' und die höchsten;
Macht' er sich, wie es ein Sterblicher kann, der Märtyrer Krone
Würdig. Er hätte die Thaten, durch die er die Heiligen lehrte,
Gerne näher am Throne gethan. Allein, da er wußte,
Unverstanden vom schmeichelnden Knecht und seinem Beherrscher,

Würd' er dort umsonst für das Wohl der Menschen sich mühen;
So entschloß er sich männlich, im engeren Kreise zu bleiben,
Gutes, wo er es vermochte, zu thun, und mehr der Betrachtung
Seines Todes und mehr der unsterblichen Seele zu leben.
Mit zu vielen Geschäften für Einen umringt und dennoch
Niemals in ihrem Netze verstrickt, that Lucius eifrig,
Was er sollte, nicht stolz darauf, nicht niedergeschlagen,
Wenn er oft die Aehre der Saat, die er streute, nicht sahe.
Sorgsam, ein weiser Käufer der Zeit, ersparet' er immer
Stunden zu dem Gebet und der weltentfernten Betrachtung,
Heilige Stunden. Und so entrann er ins ewige Leben.
Enkelinnen, euch reize Tryphäna's Wandel! Auch ihr lebt
Unter Heiden. Mit jener gereinigten, edleren Liebe,
Welche Tugend ist, liebte Tryphäna. Was schön ist und schätzbar,
Hatte der Jüngling; aber ein Heide war er, entschlossen,
So zu sterben. Tryphäna befürchtete viel von des Jünglings
Leichtgewandter Beredtsamkeit, mehr noch von seiner Liebe,
Alles von ihrer. Die überwindet sie. Heitere Freude
Wird schon hier die Belohnerin des frommen Entschlusses,
Sich, die unsterblich ist, in diese Gefahr nicht zu wagen.
Linus, von keinem Schimmer des Erdelebens zu täuschen,
Unbezwingbar den Kleinigkeiten, in welche sich Fromme
Selbst verstricken, und denen sie oft zu mühsam entrinnen,
Linus, allein mit sich selbst und seines Herzens Erforscher
Oder von Freunden entflammt, die reiner waren und edler,
Liebte vor Allem, den Menschen mit jenem Maße zu messen,
Mit dem deine Weisheit ihn mißt, Wort Gottes, du Urquell
Jedes höhern Gedankens und jeder bessern Empfindung,
Liebte, Blumen zu streun auf das Grab und sich zu verlieren
In der Auferstehung entzückender seliger Aussicht.
Von Trajanus, der hier sein edleres Herz befleckte,
Weg in Banden geführet und von dem Todesurtheil
Seines Verfolgers beladen, ertrug Ignatius freudig
Jesus, des Gottgeopferten, Schmach. Kein niedriger Vorwurf
Wag' es, die hohe Seele des gottgeweihten Gerechten
Anzuklagen: er habe zu sehr nach der Ehre gerungen,
Welche das Haupt der Märtyrer krönt. Nur Söhne des Unsinns
Und des Lasters können's zu sehr, wofern sie es können.
Wie er war aufgegangen, so ging Ignatius unter,
Leuchtend, mit Lebensergusse. Wie theuer dem Christen des Lebens
Letzte Zeit seyn müsse; was schon an dem Ziele der Sieger,
Was er, obwohl bedeckt mit dem müdesten Schweiße der Laufbahn,
Für die Genossen des Streits und der großen Belohnung noch thue,
Lehret er uns. Er stärkte zum ewigen Leben die Brüder,
Welch' ihn geleiteten, einmal ihn noch zu sehn und zu segnen.
Die sein freudeweinendes Auge nicht sieht, die ermahnt er,

Tröstet, entflammt er durch Boten zur Liebe des Gottversöhners,
Bis in der Schauenden Kreis er tritt, und Thier' ihn zerreißen.
Heiden blieben die Aeltern der jungen Claudia, Heiden
Ihre Brüder, die Schwestern. Ein redlicher Mann war ihr Vater,
Sanft die Mutter und liebenswürdig die Schwestern und Brüder.
Claudia liebt sie und wird von ihnen geliebet; allein sie
Thut es, wird eine Christin und bleibt in dem Glauben und stirbt so.
Fern von der Welt (nicht immer ist menschenfeindlicher Trübsinn,
Von der Welt sich entfernen) vereinigte Amplias weise
Mit tiefsehender Kenntniß der menschlichen Schwächen entflammten,
Dauernden Eifer, dem großen, erstaunungsvollen Gesetze:
Seyd vollkommen wie Gott! mit bebender Demuth zu folgen.
Von der Zinne der Ueberwinder umflammet dieß hohe,
Göttlichstrahlende Licht den Staubbewohner. Er blickte,
Nie gewendet, hinauf zu der engen Pforte, durch die es
Flammte, und ging und strauchelt' und klomm den schmalen Weg auf.
Phlegon hatte den schimmernden Kreis der griechischen Weisheit
Ganz gemessen, besaß viel Güter der Erde; doch drückten
Die ihn zur Wollust nicht, nicht jene zur Eitelkeit nieder.
Wo er hintrat, floß in des Edlen Gange der Balsam
Stiller, geheimerer Milde. Die Kranken labt er'; die Nackten
Kleidet' er. Aber er gab noch wesentlichere Gaben,
Treuen Rath dem kränkeren Geist, wie der Leib es seyn kann,
Volle Tröstung den Seelen, die in lichtdürftige Zweifel
Sich verwebten. Er brachte der halbgewendeten Christen
Viel zurück zu dem blutenden Menschenfreunde, zum Himmel.
Nicht aus Bescheidenheit nur, er schien auch selber aus Demuth
Nichts von der Weisheit der Erde zu wissen. Jesus nur kannt' er,
Jesus, den Sündeversöhner, den Helfer im Leben und Tode.
Aber, wenn unentwickelter Tiefsinn schwankende Brüder,
Daß sie grübelten, trieb, dann floß unerschöpflich die Quelle,
Bis durch starke Züge der lechzende Wandrer gelabt war.
Sanft von Natur, noch sanfter aus Pflicht, die Beste der Mütter
War Tryphosa. Von Kindern umringt, erzog sie die Kinder
In der Religion des gottversöhnenden Todes.
Nicht zu ermüden und unerschöpflich an Künsten der Klugheit
That sie ihr Werk und ward der Gemeine Jesus zur Stütze,
Ohne Vermuthung, sie sey's. Sie hatte den letzten der Söhne
Kaum geboren, da starb sie, flehend: ach könnte sie diesen
Auch erziehn! Sie weint' es und starb. Des Ewigen Segen
War auf ihre Kinder gekommen. Die ältesten lehrten
Diesen jüngsten. Er ward ein Märtyrer. Seraphim führten
Ihn aus den Armendes Todes ihr zu. Da weinte die Mutter;
Aber andere Thränen, als die am offenen Grabe.
Sich nicht rächen, auch dann nicht, wenn Rache Gerechtigkeit wäre,
Das ist edel. Erhaben ist's, den Beleidiger lieben,

Ihn in der Noth mit verborgener Wohlthat laben, ist himmlisch.
Du, du thatst es! Ich nenne den großen Namen mit Ehrfurcht,
Deinen Namen, Erastus! Von ihren goldenen Thronen
Standen Engel ihr auf, da die hohe Seele zu Gott kam.
Diese waren die Seelen, die ihre beschützenden Engel
In das Leben der Prüfung vom Kreuz des Sterbenden führten.
Und sie schwebten mit ihnen den Oelberg nieder und kamen
Nach Gethsemane. Da sie die zwanzig Palmen erreichten,
Unter denen ins erste Gericht der ewige Sohn ging,
Schauerte sie. Es segneten ihnen, die unter den Palmen
Standen, mit inniger Liebe, mit himmelvollem Gefühl nach:
Simeon, und der gewürdiget ward, den Versöhner zu taufen
Und zu sehen den Geist herunterschweben auf Jesus
Und zu hören, als Gott aus strahlenden Wolken von Gott sprach;
Amos Sohn, der große Prophet des söhnenden Opfers
Und der Seher der Auferstehung, Hesekiel: Hör' du,
Dürres Gebein! Da rauschte das Feld, da erwachten die Todten; —
Noah, den rein der Ewige fand, Loth, Samuel, Aron
Und Melchisedek, Gottes Prophet und Priester und König;
Joseph und Benjamin, die Ersten liebender Brüder;
Mit der Mutter die sieben Söhne, Märtyrer alle;
David und Jonathan; aber sie wenden sich weg von einander,
Daß die Wehmuth des Einen des andern Schmerz nicht entzünde;
Mirjam und du, Debora, die Gott, den Rettenden, sangen.
Simeon wendete sich vom erhabnen Johannes und sagte:
Selige Seelen, erwählte begnadigte Kinder des Glaubens,
Gehet! Der Herr ist mit euch und seiner Erbarmungen Fülle.
Macht der Glaubenden viel, viel' mitgerettete Brüder!
Menschlichkeit breite durch euch sich über Adams Geschlecht aus;
Menschlichkeit, reiner und besser, als sie nur Weisheit der Welt lehrt!
Ach, Johannes, wie schön ist ihr Schicksal, ihr Lohn, wie erhaben!
Brannte nicht deine Seele beim Anblick dieser Gerechten?
Lindert' er nicht den Schmerz, so vom blutigen Todeshügel
Ueber uns strömt? So sagt' er und sah dem Geliebten ins Antlitz.
Wenn ich es auszusprechen vermöchte, sagte Johannes,
Hätt' ich Worte für das, so ich denke, für das, so ich fühle;
Könnten der Wehmuth Thränen, es Thränen der Wonne dir sagen;
O, so wollt' ich, Simeon, dir, du Geliebter, es sagen,
Was ich empfinde, seitdem er am Kreuz der Gerichteten Tod stirbt
Und in diesem Tode sich Aller, Aller erbarmet.
Aber verstummen will ich, ich will noch länger verstummen,
Meine Hand auf den Mund anbetend legen. So sagt' er.
S. Ach, du wälzest von neuem auf mich, du Theurer, des Schmerzes
Ganze Last. O, hättest du von dem Tode geschwiegen!
Jedes Wort, das du sprachest, ward zum Donner mir, traf mich.
Denn ich sah ihn, ich seh' ihn sterben. Du theurer Johannes,

Schon erhub sich mein Geist zu der gottbelohnten Vollendung
Seiner Leiden; es glänzten mir schon des Entschlafenen Wunden.
Aber ich sinke zurück. Ach, den ich weinend umfaßte,
Den ich sprachlos zum Allerheiligsten Gottes emporhielt,
Bis ich endlich zu reden und anzubeten vermochte,
Der, der blutet (zwar zeigte mir Gott sein End' in der Ferne;
Aber, wie ich es seh', so schrecklich zeigt' es mir Gott nicht),
Blutet jetzo, verkannt, von Gott verlassen, am Kreuze,
Bei Verfluchten. Er schwieg und unterlag dem Gedanken.
J. Habe mit mir auch Mitleid! Erinnre mich nicht an das Leben,
Welches mit Augen des Fleisches wir ihn sahn leben! Es dringt mir
Dieser Gedanke zu tief in meine Seele, verwundet
Mich zu sehr, du geliebter! So oft ich ihn, Simeon sahe
(Und oft sah ich ihn, der, ein Lamm, die Sünde der Welt trägt);
Ach, so oft umleuchteten mich der Himmlischen Freuden.
Denn kaum sah ich den blutenden Kampf; ich sah nur den Sieger.
Aber verstummen, verstummen will ich, bis er es vollbracht hat.
Also strebeten sie, sich der Wehmuth Gefühl zu entreißen.
Jetzo kam's von dem Himmel, wie sanftere Lüfte und Tröstung
Gottes labte den Dulder im schnellverwehenden Säuseln.
Mirjams und deine Wehmuth, Debora, wurde nach langem,
Trauerndem Schweigen zum sanften, zum weinenden Liede voll Klage.
Denn der Unsterblichen Stimme zerfließt von sich selbst in Gesänge,
Wenn sie Empfindungen sagt, wie Debora und Mirjam sie fühlten.
Die auf Ephraims Berge nach ihrem Namen die Palme
Nannt' und Amrams Tochter, so sangen sie gegen einander:
D. Schönster unter den Menschen! Er war der Schönste der Menschen;
Aber entstellt, entstellt hat dich, der blutige Tod dich.
M. Zwar es weinet mein Herz, und trübes Trauern umringt mich;
Aber er ist der Schönste, vor allen Erschaffnen der Schönste,
Schöner, als alle Söhne des Lichts, wenn sie, strahlend vor Andacht
Beten zu dem Unendlichen, schöner in seinem Blute.
D. Trauert, Cedern! Auf Libanon stand sie, ein Schatten des Müden;
Aber sie ist zum Kreuze gehaun, die seufzende Ceder.
M. Trauert, Blumen im Thal! Er stand am silbernen Bache;
Aber er ist um des Göttlichen Haupt zur Krone gewunden.
D. Unermüdet faltet' er seine Hände zum Vater
Für die Sünder, zum Heiligen; unermüdet betraten
Seine Füße der Leidenden Hütte. Nun sind sie durchgraben,
Seine Händ' und Füße, mit eisernen Wunden durchgraben.
M. Seine göttliche Stirn, die er hier am Berg in den Staub hin
Niederbückte, von der schon Schweiß, mit Blute gemischt, rann,
Ach, wie hat sie die Krone, die blutige Krone durchgraben!
D. Seiner Mutter Seele durchdringt ein Schwert. Ach, erbarme
Deiner Mutter dich, Sohn, und labe sie, daß sie nicht sterbe!

M. Wär' ich seine Mutter und schon in dem Leben der Wonne;
Ach, es ginge mir dennoch ein Schwert durch meine Seele.
D. Mirjam, sein Auge verlischt, und schwerer athmet sein Leben.
Bald, nun blicket er bald zum letztenmale gen Himmel.
M. Todesblässe bedeckt die gesunkne Wange, Debora!
Bald, nun sinket ihm bald sein Haupt das letztemal nieder.
D. Die du droben den Himmlischen strahlst, Jerusalem, weine
Thränen der Wonne! Bald ist des Opfers Stunde vorüber.
M. Die du sündigst auf Erden, Jerusalem, weine dein Elend!
Denn bald fordert sein Blut von deinen Händen der Richter.
D. Still in ihrem Lauf sind alle Sterne gestanden,
Und die Schöpfung umher verstummt dem leidenden Gotte;
Denn es ist Jesus Christus, der ewige Hohepriester,
Zu versöhnen, im Allerheiligsten. Halleluja!
M. Auch die Erd' ist still gestanden, und die auf der Erde,
Staub auf Staube, wohnen, euch ist die Sonne verloschen;
Denn es ist Jesus Christus, der ewige Hohepriester,
Zu versöhnen im Allerheiligsten. Halleluja!
Also sangen Debora und Mirjam gegen einander.
Eva konnte sich nicht dem Gefühl entreißen, das schnell sie
Ueberströmte. Sie eilt' hinab zu dem Kreuze. Nun stand sie
Neben Maria, begleitete mit dem Auge der Mutter
Innige Blicke, hielt nicht aus das erschütternde Hinschaun,
Senkte die Stirn in den blutigen Staub bei der Wurzel des Kreuzes,
Floh von Golgatha, floh an das Grab des Geopferten, weilte
Lange, starr von Entsetzen, an dem verstummenden Grabe.
Endlich verläßt sie's; ihr war verloschen der Himmlischen Klarheit.
Sichtbar kam der Versöhner dem Tode näher. Der Frommen
Meiste zerstreun sich, vermögen nicht mehr des Sterbenden Anblick
Auszuhalten. Mit gleitendem Fuß, mit starrendem Auge
Ging Lebbäus fort. Nicht so von dem Trauern erschüttert,
Aber durchdrungen von Wehmuth, folgt in der Ferne dem Jünger
Lazarus. Als Lebbäus zu einem verfallneren Grabmal
An dem Oelberg kam, da ging er hinunter. Es säumt ihn
Eine Trümmer. Er sank auf den Felsen, umfaßt' ihn und legte
Seine Stirne darauf. Allein er verstummte. So kniet er
In noch trüberer Nacht, als jetzt die Erde bedeckte.
Lazarus stand an der Oeffnung des Grabs und begann mit sanfter,
Leiser Stimme, mit der, die selbst der müdeste Schmerz hört:
Sinke nicht, du Geliebter, nicht ganz in Traurigkeit unter!
Höre mich, hebe dein Antlitz aus diesem Grab auf! Kennst du
Meine Stimme nicht mehr? Ich bin's, den du immer geliebt hast,
Der so herzlich dich liebt, um den du vor kurzem auch weintest,
Lazarus, den der Gekreuzigte Gottes ins Leben zurückrief.
Ach, mit namlosen Freuden, entzücktem, bebendem Staunen
Danktest du unsrem göttlichen Retter. O, denk' es dir wieder!

Augenblicke vorher, eh' wir ihm dankten, da lag ich
Noch im Grab und begann zu verwesen. Wir haben es oftmals
Mit einander besprochen; allein stets riß dich der Jünger
Meinung mit fort: Es muß sein Reich ein weltliches Reich seyn,
Eh' es kann zum himmlischen werden. Doch lös'test du niemals
Ganz den Zweifel mir auf, der meine Seele zurückhielt,
In den Worten des Irdischen mühsam zu suchen, durch die uns
Unser göttlicher Freund viel klarer Himmlisches kund that.
Winde von deinem Jammer dich los, du Geliebter! Erkläre
Mich nicht anders, als dieß mitweinende Herz es gemeint hat!
Ja, du sollst ihn beweinen, den Göttlichen sollst du beweinen;
Denn er ist unaussprechlich, der Schmerz, mit dem er am Kreuze
Nun so lange schon stirbt. Doch mußt du unter dem Jammer
Nicht erliegen. Er kann, wenn er will, von dem Kreuze noch steigen,
Oder, wenn er entschläft, ist es möglich, daß er verwese?
Jesus, des Angebeteten Sohn, der Himmelgesandte,
Der vor Abraham war, ist es möglich, daß er verwese?
Also sagt er. Es hält mit unbeweglichen Händen
Noch den Felsen Lebbäus; allein er wendet sein Antlitz
Gleichwohl nach Lazarus um. Zwar blickt' er mit starrendem Auge;
Aber er sah zu dem Freunde doch auf. Da lief, da umarmte
Lazarus ihn und entriß den Jammervollen dem Grabmal,
Fasset ihn bei der Rechten und blieb mit ihm stehn. Sie sahen
Unter hangenden Nächten die stolze Jerusalem liegen,
Sahn den entschimmerten Tempel, den überschatteten Sion
Und auch Golgatha. Hebe, so sprach zu dem zitternden Freunde
Lazarus, hebe dein Aug' auf, Jünger, und sieh'! Ich sehe
Gottes Gegenwart auf dem benachteten, furchtbaren Schauplatz,
Sehe sie wandeln über der Erde, dem Grabe der Menschen.
Einen Tag, wie dieser ist, hast du den jemals gesehen?
Haben, Lebbäus, mit dir dein Vater und der ihn gezeugt hat
Jemals von einem Tag, wie dieser Tag ist, gesprochen?
Welche Feierlichkeit hat Gott ihm gegeben! Wie furchtbar
Hat er die Erd' und den Himmel in seine Schrecken gehüllet!
Wie mit todter Stille die Schauenden alle gefesselt!
Wenn nun Gott durch den Tod des Heiligen Dinge vollbrächte,
Welche wir nicht verstünden? Dir kann ich's sagen, Geliebter,
Leidender, weil es vielleicht dir deine Traurigkeit lindert;
Sonst verschwieg' ich es noch. Seitdem der Göttliche blutet,
Fühl' ich in mir — wie soll ich es ganz und würdig dir sagen? —
Fühl' ich so was Stilles und Friedevolles, das selber
Meine Wehmuth, mit der ich ihn leiden sehe, besänftigt.
Rings ist Alles heilig um mich. Wohin ich mich wende,
Find' ich des Ewigen Spur, des Allgegenwärtigen Nähe.
Ja, was Göttliches ist es, das mir die heilige Ruh' gibt.
Als der erhabne Dulder den Todeshügel hinaufstieg,

Fühlt' ich dieses noch nicht. Allein seitdem er am Kreuze
Blutet, vernimmt mein Ohr ein wehendes Rauschen, als hört' ich
Schaaren Unsterblicher wandeln. Ich hörte sie so, da ich todt war.
Auch umschimmert nicht selten das Auge mir Himmlisches, das sich
Schleunig verliert, so schnell, wie es kam. Dieß läßt in der Seele
Ruh' mir zurück und Seligkeit, den Frieden Gottes.
In dem Augenblicke, da Lazarus endete, rief ihm
Schnell Lebbäus: Du staunest, du bleibst in Entzückungen stehen?
Ach, wer ist es? Wem sieht mit dieser Wonne dein Blick nach?
Lazarus, als er zu reden vermag, antwortet: Itzt eben
Schwung ein Unsterblicher sich vor mir vorüber. Noch niemals
Hab' ich auf einmal so viel von eines Unsterblichen Klarheit,
So viel Wonne der anderen Welt noch niemals gesehen.
Und er brachte vielleicht von dem Himmel göttliche Botschaft;
Denn er eilte, dem schnellsten Gefühl gleich flammt' er und eilte.
Nein, so fuhr er mit stammelnder Freude, mit thränendem Blick fort
Und umarmte in der Entzückung Lebbäus, er wird nicht,
Er, bei dessen Geburt schon diese Himmlischen fei'rten,
Nein, des Ewigen Sohn, er wird die Verwesung nicht sehen.
Uriel war's, von dem die weggewendeten Strahlen
Lazarus sah. Der Unsterbliche kam von der Sonne geflogen,
Trat, so wie ihm das Antlitz vom eilenden Fluge noch flammte,
Unter die Väter und sprach: Ich muß, ich muß es euch sagen,
Was ich sah. Er stieg von dem Himmel herunter. Sein Gang geht
Nach der Erde, gerad' auf sie zu. Jetzt steht er, dann wieder
Eines Winks Zeit, sich, wie es scheint, zu erfrischen. Weil aber
Alle Schöpfungen ruhn, so weht den Müden kein Stern an.
Soll ich euch seine Gestalt, o, soll ich des Schreckenden Ansehn,
Wie er heut ist, den Ersten der Todesengel beschreiben?
Ach, noch nie hat mit diesem Entsetzen Gott ihn gerüstet.
Seit der Erschaffung ist er noch nie so furchtbar gewesen.
Gott, Weltrichter, du ewiger Richter, wer bist du, wer bist du,
Wenn du Gericht hältst? Flammen des Herrn gehn weit vor dem Boten
Seines Gerichts her. Schwingt er die schlagenden Flügel, so rauschen
Sie wie Wetter. Vor ihm entflieht die Stille der Himmel.
Träfe sein flammendes Schwert auf der Welten eine, so würde
Schnell der entzündeten Staub in dem Unermeßlichen schwimmen.
Fürchterlich ist sein Blick, viel fürchterlicher, als damals,
Da er über die Erde die Fluth des ersten Gerichts goß
Und in den Oceanen der himmlischen Wasser einherging,
Tödtend, ein schneller Verderber. Ihr werdet ihn sehen, und, wenn ihr
Ihn nun seht, wird ein Graun vom Unendlichen über euch kommen,
Wie es über mich kam. Was mich am mächtigsten schreckte,
War das trübe, das ernste, sein unaussprechliches Trauern,
Das ihm zugleich sein Angesicht deckt. Ach, wenn er gesandt ist,

Gottes Mittler den Tod jetzt anzukündigen! Zitternd
Wandte sich Uriel weg und verlor sich unter die Engel.
Erst sprachloses, starrendes, unbewegtes Erstaunen;
Wehmuth dann, die Worte noch weniger nennen; beklommne,
Aufgeschreckte, versinkende, weinende, thänenlose,
Nie empfundene Wehmuth ergriff die Seelen der Väter.
Jesus Christus, den Keiner der Engel, wie sehr sie auch streben
Und wie hoch sie auch über die Stufen der Menschen erhöht stehn,
Keiner ganz zu erkennen vermag, den Gott allein kennt,
Gottes Sohn, nun sollt' er sterben. Die Seelen, für die er
Sterben sollte, sie sanken, zu ihres Lebens am Staube,
Zu der Empfindung der Sünde, so tief sie konnten, herunter.
Die Erinnrung umgab sie mit allem ihrem Entsetzen.
Zwar sie waren versöhnt, sie empfanden's, daß sie es waren;
Doch nun sollte für sie der Gottversöhnende sterben.
Ganz von diesem Gefühl durchdrungen, stützet sich Henoch
Auf ein Grab mit der Linken und streckt die Rechte gen Himmel.
Henoch, wie göttlich sein Wandel auch war gewesen, und ob ihn
Gleich der Tod nicht getödtet, nicht hatte verstäubt die Verwesung,
War er doch vor dem Richter nicht rein gewesen. Der Glaube,
Handelnder Glaub' an den Heiland, der jetzt dem Tode sich nahte,
Hatte den Sohn von Adam ins ewige Leben gerettet.
Wären die Erden um ihn, um ihn die Sonnen versunken,
Er hätt' es unerschüttert gesehn. Allein des Versöhners
Nahender Tod durchströmte sein innerstes Wesen mit Trauern,
Und die Engel, die Väter, die Seelen, die Sterblichen, alle
Schwanden ihm; kaum, daß sein Auge noch den, der blutet', erkannte.
Neben ihm neigte sich Abel an einen Felsen und hielt sich.
Zwar von Adam gezeugt, doch so unschuldig, als Einer,
Welcher noch nicht vollendet ist, seyn kann, hatt' er sein Leben
Gott geheiligt und war durch Mörderhände gestorben.
Ach, zu dem sein letztes Röcheln im Tode gerufen,
Dem er hatte gefleht, da er in rauchendem Blute
Lag, vor allen Gerechten der Unschuldsvollste, der sollte
Sterben wie er, nicht sterben wie er, so sanft nicht entschlummern.
Ach, mit jedem Verbrechen der Kinder Adams belastet,
Sollte der, und zerschmettert vom Zorn des Allmächtigen, sterben.
Seth, der würdige Bruder des Ersten unter den Todten,
Und der früh ein Prediger ward des künftigen Opfers
Für die Sünde des Menschengeschlechts, wie sehr er dem Tode
Deß, dem zu büßen gesetzt war, auch nachgesonnen, wie oft er
Jene Jahrtausende, die er gelebt, des Versöhnenden Ausgang
Hatte betrachtet, so war es doch Alles ein dämmerndes Bild nur
Dessen gewesen, was er davon nun fühlte. O Richter,
Richter Aller, die leben, gestorben sind, leben werden!
Bebte sein innerstes Herz und seine stammelnde Zunge.

Und indem er es stammelte, wandt' er gen Himmel, zum Kreuz hin,
Auf die andren Erlöst'ten, hinab zu den Gräbern sein Antlitz.
Lange schon war es dunkel um Davids Auge geworden;
Lange zittert' er hin und her. Seit Uriels Ankunft
Zitterte David nicht mehr. Er stand, an die Erde geheftet.
Stand und schauet' auf den, so dem Tode nahte. Sein Herz hing
Ganz an jenem Bilde von Jesus Tode, deß Gott ihn,
Tief es ihm in die Seele zu senken, gewürdiget hatte.
Dieß nur dacht' er, nur dieß vermocht' er jetzo zu denken.
Als die Sprache zurück ihm kam, entsanken des Sehers
Munde gebrochene Worte. Die Thränen rannen ihm wieder.
Also jammert' er: Gott, sein Gott, du hast ihn verlassen.
Dir, dir seufzet er; aber ihm kommt nicht Hülfe, nicht Hülfe.
Sohn, du bist ein Wurm und kein Mensch. Die niedrigsten Sünder
Haben dich wüthend umringt und spotten dein, du Erdulder!
Deines Vertrauens auf Gott, deß spotten gerichtete Sünder.
Ausgeschüttet ist er wie Wasser. Jedes Gebein ist
Ihm zertrennet, sein Herz in seinem Leibe geschmolzen,
Seine Kraft wie eine Scherbe vertrocknet. Am Gaumen klebt ihm
Seine Zunge. Bald wirst du, o Tod, ihn niederlegen
In den Staub. Ja, Thiere, nicht Menschen sind's, die ihn würgen.
Ach, wie haben sie dir, du Wundenvoller, die Hände,
Wie die Füße durchgraben! Wie breiteten sie dich am Kreuz aus!
Alle deine Gebeine, du könntest sie zählen. Sie aber
Stehn und schauen an dir der Hölle Lust, du Erwürgter!
Wenn er todt ist (o Richter der Welt, Gott, Sündevergeber,
Welch ein erstaunlicher, hoher, geheimnißvoller Gedank' ist's,
Daß er nun bald wird todt seyn!) wenn er todt ist, verkündet's
Bis an das End der Erde, daß sie zu Gott sich bekehre,
Und daß alle Geschlechte der Menschen vor ihm anbeten!
Wie ein Waldstrom, welcher sich hier von Gebirgen herabstürzt,
Und wie einer, der dort in der Ebne durch Felsen zögert,
Hallt aus der Fern' dem Verirrten in einsamer Nacht; er vernehme,
Meinet er, lautausrufende Klag' und weinende Wehmuth:
So scholl's jetzt um das Kreuz in den Schaaren der leidenden Zeugen.
Hiob, der, durch Leiden bewährt, ein Mann nach dem Herzen
Deß, der die Leiden ihm sandte, geblieben war, ein Gerechter,
Wie es ein Sterblicher bleibt, den der prüfende Richter in Staub wirft,
Hiob, der weiß, was es sey, von jedem Schrecken der Allmacht
Eingeschlossen, dem Tode sich nahn, vermag den Gedanken
Von des Gekreuzigten Tode nicht mehr zu denken, entschwingt sich
Diesen Tiefen und stärkt sein Herz, das dürstet nach Ruhe.
Leben, leben wird er, wird aus der Erde sich wecken,
Auferstehn, ach, ein Ueberwinder des Tods und der Hölle,
Stehen über dem Staube. Dann soll mein Auge dich schauen,
Dich in deiner Herrlichkeit schaun, Gott Mittler, Vollender!

Also durchdrang die Frommen des Todesengels Erwartung.
Aber Keiner empfand den näheren Tod des Versöhners,
Als der Vater und als ihn die Mutter der Menschen empfanden.
Da sich Uriel wendet' und nun sein entschimmertes Antlitz
Unter den Engeln verbarg, da standen sie beide (sie waren
Nah bei einander) mit starrendem, hingeheftetem Blicke
Unbeweglich und fühlten in ihrem innersten Leben
Jeden Schrecken von neuem der Donnerworte des Engels.
Endlich sahen sie sich. So wird an dem letzten der Tage
Seinen Gewählten der Freund, der Bruder kennen den Bruder,
Welchen er kurz vorher, in Erstaunen verloren, nur ansah.
Denn der Posaune gebietender Ruf, der Hall der Gefilde,
Die vor der mächtigen Arbeit der Auferstehung erbebten,
Und ihr eignes Gefühl des umgeschaffenen Lebens
Hatten jeder andren Empfindung ihr Herz noch verschlossen.
Eva reichet ihm weinend die Hand. Was sollen wir, sagte
Sie mit Worten, die kaum zu Lauten wurden, o Adam,
Sage du es, was sollen wir thun? Was sollen wir nicht thun?
Wollen wir gehn und suchen, wo am tiefsten die Tief' ist?
Dort uns niederwerfen in Staub? Dem Allmächtigen flehen,
Ach, dem tödtenden Richter, daß er den Tod ihm lindre?
Adam hielt ihr weinend die Hand. Nein, Mutter der Menschen,
Wir sind viel zu endlich, für ihn zu dem Richter zu flehen.
Wenn mit unaussprechlicher Wehmuth, mit ringender Inbrunst,
Daniel, Hiob und Noah mit uns, wenn selber der Erste
Aller Erschaffnen, Eloa, es thut; wir flehen vergebens.
Was dem Geopferten Gottes noch zu dulden gesetzt ist,
Das, das Alles wird er noch dulden. Es lindert kein Labsal,
Ach, kein Labsal die Angst — mein ganzes Daseyn entsetzt sich; —
Aber es lindert kein Labsal die letzte Todesangst ihm,
Hat es der Unerforschte, dem er sich opfert, beschlossen.
Komm'! Ein Gedanke, nicht ohne den Einfluß Gottes entstanden,
Reißet mich fort. Komm', folge mir nach, thu', was du mich thun siehst!
Und sie schwebten mit traurigem Flug an dem Oelberg nieder
Nach der Schädelstätte. Die Engel und Väter begleiten
Ihren einsamen Flug mit wunderndem Blicke. So viel es
Ihnen die stärkern Empfindungen und ihr banges Erstaunen
Ueber den furchtbaren Tod des Gottgeopferten zuläßt,
Folget ihr Blick mit Erwartung und Zweifel den Erstgeschaffnen.
Diese näherten sich dem Todeshügel und wurden
Immer dunkler vor Wehmuth, je mehr sie dem Hügel sich nahten.
Jetzo standen sie still. Da, wo der Getödtete schlummern,
Bald nun nach der Vollendung der größten unter den Thaten
Auch in dem Staube begraben, wie seine Brüder, die Menschen,
Schlummern sollte, da standen sie still. Gewälzt vor des Grabes
Oeffnung lag ein Fels. An der einen Seite des Felsen

Stand der Vater und an der andren die Mutter der Menschen.
Sie sank gleich an den Felsen hin. Der Gedanke vom Grabe,
Vom so nahen Grabe des Wundenvollen durchdrang ihr
Zu gewaltig, ein Pfeil des Allmächtigen, ihre Seele.
Er ermannte sich noch; er streckte gen Himmel die Arm' aus.
Dreimal nannt' er in sich des Gottversöhnenden Namen,
Und so lange sah er mit bleibendem Blick ihm ins Antlitz,
Ihm, der dahing, bleich war, als nie ein Sterbender bleich war.
Aber auch Adam hielt nunmehr den erschütternden Anblick
Länger nicht aus. Er sank in den Staub der Erde danieder,
Hub vor seine Stirn die festgefalteten Hände,
Blickte zur Erde nieder, aus welcher ihn einst Gott aufschuf,
Aber in der sein Gebein, des Gerichteten, in der verfluchten,
Auch verwes't war, in der von einem Jahrhundert zum andren,
Schon so oft das ganze Geschlecht der Menschen verwes't war.
Itzt erhub er in lautem Gebet die flehende Stimme,
Daß sie die Väter umher und die Engel alle vernahmen.
    Herr, Herr, Gott barmherzig und gnädig und treu und geduldig!
Gott, Verzeiher der Sünde, der Missethat, des Verbrechens,
Du, der für uns von dem Anbeginne der Welten erwürgt ist,
Hoherpriester, Prophet und König, du Menschensohn, hör',
Höre auf deinem Söhnaltar, auf dem du erwürgt wirst,
Unser tiefes Gebet, das von deinem Grabe zu dir fleht!
Unsere Missethat hat Gott uns vergeben. Wir schauen
Nun Jahrtausende schon von Antlitz zu Antlitz die Gottheit.
Einer Seligkeit voll, die wir drüben am Grabe vergebens,
Auch mit den reinsten Gedanken vom Schöpfer, rangen zu denken,
Schauen wir Gott; denn es ward, uns ward die Sünde vergeben,
Um des Todes willen, der dich, geschlachtetes Opfer
Für die Verbrecher, Erbarmender, dich jetzt tödtet, vergeben.
Aber an diesem Tage der zweiten Schöpfung, an dem du,
Mittler, das ganze Menschengeschlecht zu des Ewigen Anschaun,
Wenn sie nicht widerstreben, zurückführst, Alle versöhnest,
Aller Sünde vernichtest und sie der Strafe der Sünde,
Jenem gefürchteten ewigen Tod, allmächtig entreißest;
An dem Tage, da du auch für mich, Gott Mittler, dich opferst,
Darf ich mich meiner Sünde mit stiller Wehmuth erinnern.
Nicht, daß ich wähne, du werdest noch einmal mit mir ins Gericht gehn;
Du Erbarmer, wie könnt' ich, der Gottes Antlitz geschaut hat,
Und für welchen du jetzt zu dem Allerheiligsten eingehst?
Dennoch laß es noch einmal vor dir, mein Gott, mich bekennen,
Wer ich war! Ach, bis zu dem Tode bist du erniedrigt,
Bis zu dem Tod am Kreuz du, der Welten Richter, erniedrigt.
Heut darf Adam sich des verziehenen Falles erinnern.
    Voll von heiliger Wehmuth und Seligkeit hielt er inne.
Eva hatte mit ihm gebetet, nicht ihre Stimme,

Aber ihr Herz und Antlitz. Sie hörte jetzt auf zu verstummen.
Ja, du Hingegebner, an diesem Tage des Blutes,
Ach, am Tage, da sie dich begraben werden, Erdulder,
Darf auch Eva sich des verziehnen Verbrechens erinnern
Und mit frommen Trauern und weinendem Dank es bekennen.
Also betete sie, und Adam begann von neuem:
Ja, wir fingen es an, wir setzten es fort und vollbrachten's.
Ach, wir thaten's. Und, ach, wer war's, wer hatte das leicht'ste
Aller Gebote gegeben? Es war Jehova, das erste,
Höchste, liebenswürdigste, beste, das Wesen der Wesen,
Unser Schöpfer, der uns aus Staube zu Menschen emporschuf,
Den wir kannten, den wir in unsrer staunenden Seele
Unaussprechlich empfanden, der jedes Gebet mit Entzückung,
Jeden neuen Entschluß, nicht von dem Baume zu essen,
Jeden Gehorsam vor unserem Fall mit Wonne belohnte,
Der uns immer an sich durch tausendmaltausend Geschöpfe
Voll tiefsinniger Schönheit erinnerte, wo die Betrachtung
Sicher mit neuen Entdeckungen, neuen Freuden gekrönt ward,
Der die Mutter der Menschen mir gab, mich der Mutter der Menschen,
Dessen erscheinende Herrlichkeit uns noch höher zu ihm hub,
Als das Alles, das uns von allen Seiten umringte,
Unser Schöpfer! Und doch erkühnten wir uns, der Geschaffnen
Schranken uns entschwingen zu wollen, und dir, o der Wesen
Wesen, zu gleichen. Du hast es uns, unser Vater, vergeben.
Preis, Anbetung und Dank und liebevoller Gehorsam
Sey dem Mittler, auf den der Richter unsere Last wirft
Und die Last des ganzen Geschlechts der sterblichen Sünder!
Also betete Adam, mit ihm die Mutter der Menschen;
Er mit lauter Stimme, sie in der Tiefe der Seele.
Und von dem Angesichte des sterbenden Gottversöhners
Kam Barmherzigkeit, göttliche Stärke, Ruhe des Himmels,
Kamest du, Frieden Gottes, der höher als Aller Vernunft ist,
Nieder auf sie. Sie empfanden es ganz, wie ihr Mittler sie liebte.
Neuer Inbrunst voll, streckt' Adam die Arme zum Kreuz aus.
Du, mein Herr und mein Gott, wie kann ich, du Liebe, dir danken?
Ewigkeiten, sie sind zu kurz, genug dir zu danken.
Hier will ich liegen und beten, bis du dein göttliches Haupt nun
Neigest im Tode. Nur vor dem Fürchterlichsten der Engel,
Nur vor seiner Stimme soll meine Stimme verstummen,
Wenn er kommt und es nun von deinem Vater verkündigt,
Der dich verlassen hat. Höre, um dieses Todes willen,
Den für die Sünder du stirbst, hör', Gottverlass'ner, mein Flehen!
Herr, für deine Versöhnten, für meine Kinder, für alle,
Die das weite, das furchtbare Grab, die Erde (doch hat's auch

Deine Gnade mit Blumen bestreut) noch künftig bewohnen
Und mit jedem vor der Versöhnung der entschlafnen Jahrhundert
An dem Tage der großen Entscheidung einst auferstehen,
Meine zahllosen Kinder, für diese fleh' ich dich, Herr, an.
Weinend, mit dürftigem Leibe, mit viel mehr dürftiger Seele,
Kommen sie auf die Erde. Du, ihr Mittler, erbarmst dich
Dann schon ihrer und nimmst sie in deinen göttlichen Bund auf.
Wenn sie nun kaum Gedanken zu stammeln vermögen, so laß sie
Oft den wiederholen: du habest sie früh durch ein Wunder
Aufgenommen zu dir, und dein, Herr, sey'n sie auf ewig.
Die den Geist des Vaters und Sohns in dem heiligen Wasser
Zu dem ewigen Leben empfangen, und die du anders
Führest zum ewigen Leben, die Alle, welche mit Blut du
Theuer erkauft und sie dem Anschaun Gottes geweiht hast,
Leite sie, wenn ihr Alter nun aufblüht, pflege der zarten,
Biegsamen Sprosse, daß sie zu jeder Fruchtbarkeit reifen,
Welche du in sie legtest! In ihnen trübe die Sünde
Nie zu sehr den Schimmer der früh erleuchtenden Gnade,
Lösche das Feuer nicht aus, das, dich zu lieben, sie anflammt!
Mittler, vor Allen in denen nicht, deren reiferes Alter
Du, der Erde zu leuchten und sie an Gott zu erinnern,
Oder in Jenen, die du erkorest, vom höheren Schauplatz,
Wo durch dich sie stehen, auf ihre Brüder, die Menschen
Wohlthun, Frieden und Schutz und Gerechtigkeit auszuschütten!
Alle, die es nun wissen, was Gott von ihnen, der Wesen
Höchstes, heiligstes, bestes, der anzubetende Schöpfer,
Mit so vieler Geduld, so viel Barmherzigkeit fordert,
Laß, laß alle Menschen ihr kurzes Leben am Staube
Diese Stunde der Prüfung zu ihrer Seligkeit leben,
Daß der Wanderer nicht an dem Quell und unter den Schatten
Jene Krone, die Gott von fern ihm zeigte, verschlummre
Oder sie gar an der Kette zu kleiner Freuden verachte!
Deren Herzen nicht ganz am Unendlichen hangen, und die sich
Auf den Arm des sterblichen Helfers zu sehr verlassen;
Denen die Ehre zu süß ist, und die, ach, Menschenbeifall,
Den sich zu ihrer Thaten Belohner wählen und Gottes,
Welchem Tadel und Lob der Menschen wie Blasen der Luft wiegt,
Gottes Auge, das schaut und zählt und richtet, vergessen;
Die sich in Sinnlichkeiten verweben (sie hatten der Lüste
Bande muthig zerrissen; allein die feinere Wollust
Lockt sie täuschend vom Gipfel der besseren Freuden herunter),
Die den Bruder nicht ganz, mit herzlicher Liebe nicht, lieben;
Wer zwar wohlthut, aber gesehn will werden und Ehre,
Für die leichteste Pflicht der Menschlichkeit Ehre verlanget;
Wer nur halb dem Feinde verzeiht, unbiegsam, der Rache

Dessen, der rächen will, Alles zu überlassen; noch minder
Fähig, den, der ihm flucht, aus voller Seele zu segnen;
Alle, die über das Grab zu selten blicken, zu flüchtig
An die Unsterblichkeit denken, zu der du, ihr Gott, sie gemacht hast;
Wenn sie nicht hören die Stimme der Huld, die sanfte des Vaters,
Herr, so ruf sie durch Leiden zurück aus der furchtbaren Irre!
Aber die ganz von Gott abweichen, das Laster zum Abgott
Machen und sklavisch dem falschen, dem spottenden Peiniger dienen,
Die Unseligen wecke von ihrem Tode durch Elend!
Meine Kinder, ach, meine Kinder, er liebt unaussprechlich,
Der am Kreuze für euch sein Leben dem Ewigen opfert.
Ist es möglich, Unsterbliche, könnt ihr euren Versöhner,
Euren Beruf, zu wandeln im Licht, in dem Himmel verkennen?
Rühre die steinernen Herzen mit deiner allmächtigen Liebe,
Schaffe sie um und bringe sie rein zu dem Ewigen wieder!
Euer erschüttertes Herz vernehme die Stimme des Blutes,
Das von Golgatha strömt und Gnade, Gnade für euch fleht,
Gnade! mit heiligem Schauer vernehme sie eure Seele,
Mit Anbetung und jener Entzückung, des ewigen Lebens
Vorschmack, welcher die Erben des Grabs bei des Todes Anblick
Ueberschwenglicher stärkt, als alle Weisheit der Erde!
Nicht des Sterbenden brechender Blick noch der liegende Todte,
Nicht die Gruft voll Verwesungen, nicht die verzehrende Flamme,
Nicht die Asche des Todten, zerstreut in die Tiefen der Schöpfung,
Nichts, was deinen Rächer, den Tod, mit Furchtbarkeit rüstet,
Wird sie schrecken; denn du erhörest mein Flehn, du Erwürgter,
Weckest ihre Seelen, bevor die Leiber entschlafen,
Zu dem ewigen Leben. Ach, daß sie, hast du sie, Gottmensch,
Auferweckt, mit Zittern und Furcht die Seligkeit suchen,
Die kein Auge nicht sah, kein Ohr nicht hörte, die niemals
Eines noch Sterblichen Herz empfand! Nichts scheide sie, Gottmensch,
Nichts von deiner Liebe! Von Staub ist der Leib, in dem sie
Die du versöhnst, die heilige Seele, der Ewigkeit Erbin,
Tragen. Es krümme die Last des drückenden irdischen Leibes
Nicht zu der Erde sie nieder, nicht sie, die du, Göttlicher, liebest,
Sie, mit denen der Vater der Wesen nicht ins Gericht geht,
Die der Geist des Vaters und Sohns zum Tempel sich heiligt!
Heiß, voll Thränen, voll Arbeit, und werth der großen Belohnung,
Werth, wie es seyn kann, was Sterbliche thun, die Schwachen, die Sünder,
Sey der dauernde Kampf der himmelringenden Seele!
Seligkeit überströmt mich und Wonne mein innerstes Wesen,
Denk' ich an jene Gnaden, die auf die Siegenden warten,
Gottes Anschaun, dieß vor dem Tode noch ihnen verborgne,

Namenlose Gefühl und Erkenntniß des Unerschaffnen.
Gott, Vollender, wenn du zu deinem letzten Gericht kommst,
Wenn, du entlastest die Erde vom Fluch und zum Eden sie umschaffst;
Ach, dann laß unzählbar wie Sand am Meere die Schaar seyn
Derer, die, losgesprochen, zu deiner Herrlichkeit eingehn!
Wolken werden sich oft — du hast es mir, Herr, nicht verborgen
Ueber deine Gewählten, die unsichtbare Gemeine
Deiner Kinder, verbreiten, des schwärmenden Aberglaubens
Und der geleugneten Religion verfinsternde Wolken.
Selber Herrscher der Welt, die zu dieser Höh' du emporhubst,
Daß sie dein großes Gesetz, wie sich selbst die Brüder zu lieben,
Ungefesselt durch eigene Noth fast gränzenlos thäten;
Die, in dem Staube gebückt, den Gott verherrlichen sollten,
Der vor ihnen dieß weite Gefild der Menschlichkeit aufthat; —
Die erniedrigen sich, des blutigen Aberglaubens
Oder des Wahnes, der dich verleugnet, Sklaven zu werden,
Ihre Brüder zu peinigen oder durchs mächtige Beispiel
Sie in Wüsten zu führen, wo deine Quellen nicht rinnen,
Wo die Beweinenswerthen kein Trost der besseren Welt labt.
Diese Zeiten der Nacht, so oft sie über den Erdkreis
Kommen, verkürze du sie, daß nicht auch deine Geliebten,
Mit dem Sünder verleitet sich jener Krone berauben,
Die du ihnen mit Blut erwirbst, mit diesem Tode!
Zahllos, Herr, sey die Schaar der Ueberwinder, wie Tropfen
Auf dem frühen Gefilde, wie Sterne der leuchtenden Schöpfung,
Wenn du sie nach vollbrachtem Gericht zu der Herrlichkeit einführst!
O du, der uns geliebt, mit einer Liebe geliebt hat,
Die ein Geheimniß der Himmel und ihres Staunens Gesang ist,
Ewiges Licht vom ewigen Licht, Sohn Gottes, Versöhner,
Heil, Fürbitter und Freund und Bruder der sterblichen Menschen!
Deiner Erstgeschaffnen Gebet, ach, derer, die fielen,
Deiner Erlös'ten tiefes Gebet, erhör', erhör' es!
    Als er noch betet', erhub Eloa sein Angesicht, wandt' es
Nach der Versammlung der Väter und rief von der Zinne des Tempels,
Daß mit dem Fuße Moria's des Heiligthums Hallen erbebten,
Rufte mit einer Stimme der Traurigkeit und des Entsetzens,
Wie sie von ihm noch nie die Unsterblichen hörten, herunter
Zu den Vätern: Er kommt! Der Bote der richtenden Gottheit
Schwebte zur Erd' hinab, trat auf den Sinai nieder,
Stand, entsetzte sich. Einsam, von Gottes Befehl belastet,
Stand er auf Sinai. Himmel und Erde, so däucht' es ihm, wollten
Fliehn, hinsinken, vergehn. Der Endlichkeiten Erhalter
Stärket' ihn, daß er nicht selbst hinsank und verging. Das Entsetzen

setzen

Ließ mit dem eisernen Arme jetzt von ihm ab; doch war er
Ganz Erstaunen noch, ganz no Wehmuth. Die sinkende Rechte
Hielt arbeitend das flammende Schwert, und in Schimmer erblaßten
Seine blutiggerötheten Strahlen, die, jeder ein Blitz, glühn,
Zücken und tödten, wenn er von dem Richter zu tödten gesandt ist.
So von des Sterbenden Gottversöhners Anblick erschüttert,
Sank er gegen den Hügel des Todes aufs Angesicht nieder,
Anzubeten, eh' er die Befehle Jehova's vollbrächte.
Seine Stimme, verwandelt in leise Laute des Trauerns,
Donnerte nicht wie vordem; doch hörte der Heiligen Kreis ihn.
Also betet' er: Sohn, Weltrichter, mich Endlichen sendet
Er, den nur dein Opfer versöhnt. O, stärk', Unerschaffner,
Stärke den Müden, daß ich den Befehl zu vollbringen vermöge!
Ach, die Lasten des großen Befehls, wie gesunkene Welten,
Liegen sie, seit du am Kreuz das unerforschte Gericht trägst,
Herr, auf mir, dem Endlichen. Gott, Weltrichter, wer bin ich,
Ach, wer bin ich, daß Gott, den fürchterlichsten der Tode
Anzukünden, mich sendet? Ein Geist, seit gestern erschaffen
Und in einen Leib, der Endlichkeit ersten Erinnrer,
Eingeschlossen, den du aus einer nachtenden Wolke
Und aus strömenden Flammen erschufst. Allmächtiger Mittler,
Graun umgibt mich und Trauern und Angst, die ich niemals noch fühlte.
Aber ich muß den Befehl vollbringen; Jehova gebot ihn.
Also sprach er und stand mit Schauer auf Sinai's Höh' auf.
Jede Furchtbarkeit gab, da er stand, Jehova ihm wieder.
Schreckend steht er da und hält nach der Schädelstätte
Sein weitflammendes Schwert, und hinter ihm macht sich ein Sturm auf.
Mit dem fliegenden Sturm erscholl des Unsterblichen Stimme.
Siehe, die Palmenwälder, der Jordan, Genezaret rauschten
Vor dem mächtigen Sturm, und es strömte das Abendopfer
Erdwärts mit vorschießender Glut. Der Unsterbliche sagte:
Dem du dich opferst, es hat Jehova dein göttliches Opfer
Angenommen. Unendlich ist des Gerechtesten Zürnen.
Mittler, du hast dem unendlichen Zorne dich unterworfen,
Du allein, und mit dir ist Keiner aller Erschaffnen.
Deines Blutes Geschrei um Gnad', um die Gnade des Richters,
Ist vor ihn gekommen. Allein er hat dich verlassen,
Wird dich verlassen, bis du den gottversöhnenden Tod stirbst.
Fliegende Winke nur noch, so wirst du ihn, Göttlicher sterben,
Also sagte der Todesengel und wandte sein Antlitz.
Jesus Christus erhub die gebrochenen Augen gen Himmel,
Rufte mit lauter Stimme, nicht eines Sterbenden Stimme,
Mit des Allmächtigen, der sich, das Staunen der Endlichkeiten,

Freigehorsam dem Mittlertod hingab, er rufte:
Mein Gott, mein Gott, warum hast du mich verlassen?
Und die Himmel bedeckten ihr Angesicht vor dem Geheimniß.
Schnell ergriff ihn, allein zum letztenmale, der Menschheit
Ganzes Gefühl. Er rufte mit lechzender Zunge: Mich dürstet!
Ruft's, sank, dürstete, bebte, ward bleicher, blutete, rufte:
Vater, in deine Hände befehl' ich meine Seele!
Dann —: Gott Mittler, erbarme dich unser! — Es ist vollendet!
Und er neigte sein Haupt und starb.

Klopstocks

ausgewählte Werke.

Zweiter Band.

Stuttgart.
G. J. Göschen'sche Verlagshandlung.
1869.

K. Hofbuchdruckerei Zu Guttenberg (Carl Grüninger) in Stuttgart.

Der Messias.

Zweiter Theil.

Eilfter Gesang.

Die Herrlichkeit des Messias schwebt von Golgatha in's Allerheiligste des Tempels. Die Erde bebet unter ihr, und der Vorhang des Allerheiligsten zerreißt. Gabriel sagt den Heiligen, daß sich jeder zu seinem Grabe begeben solle. Der Messias verläßt den Tempel und weckt die Heiligen vom Tode auf. Die Auferstehenden sind: Adam, Eva, Abel, Seth, Enos, Mahlaleel, Jared, Kenan, Lamech, Methusala; Noah, Japhet, Sem, Abraham, Isak, Sara, Rebekka, Jakob, Rahel, Lea, einige ihrer Söhne, Benjamin, Joseph, Melchisedek, Asarja, Misael, Hananja, Habakuk, Jesaias, Daniel, Jeremias, Amos, Hiob. Der bekehrte Schächer stirbt. Noch stehen vom Tode auf: Moses, David, Assa, Josaphat, Usia, Jotham, Josia, Hiskia, Jonathan, Gideon, Elisa, Debora, Mirjam, Hesekiel, Asnath, Josua, Jephta's Tochter, die Mutter und ihre sieben Söhne, Heman, Chalkol, Darda, Ethan, Hanna, Benoni, Simeon und Johannes der Täufer.

Wenn ich nicht zu sinkend den Flug der Religion flog,
Wenn ich Empfindung ins Herz der Erlös'ten strömte, so hat mich
Gottes Leitung getragen auf Adlersflügeln, es hat mich,
Offenbarung, von deinen Höhn die Empfindung beseligt.
Wer an dem reinen, krystallenen Strom, der unter des Lebens
Bäumen vom Throne fleußt, nicht weilte mit heiliger Ehrfurcht,
Deß Beifall erreiche, verweht von dem Winde, mein Ohr nicht;
Unverwehet, befleck' er mein Herz nicht! Unten am Staube
Müßte bleiben mein Lied, wenn jener lebende Strom nicht
Durch die neue Jerusalem, Gottes Stadt, sich ergösse,
Und zu ihm mich hinauf der Vorsicht Rechte nicht führte.
Leite mich ferner, du Unsichtbare, du Führerin, leite
Meinen bebenden Gang! Des Sohnes Erniedrigung sang ich.
Bring' mich höher hinauf, auch seine Wonne zu singen!
Aber darf ich mich auch des Vollenders Freuden zu singen
Unterwinden? Die Höhn, von Auferstehungen rauschend,
Und die Thale? Des Siegers Triumph, da vom Tod er aufstand?
Und die Erhebung des Sohns von dem Staub hinauf zu dem Himmel
Aller Himmel, empor zu dem Throne des ewigen Vaters?
Die mich hören, und mir, hilf, Himmelerhobner, die Schrecken
Deiner Herrlichkeit uns armen Glücklichen tragen!
Ewig nun Erbarmer der Menschen, schaut' auf des Todten
Leichnam der Ausgesöhnte. Der Sohn, der Herrliche Gottes,
Er, von Ewigkeit Gott, der Hochgelobte der Himmel,
Christus sah zu dem Vater empor. Wer ist der Erschaffne,

Der zu empfinden vermag, mit welcher Wonne der Gottheit,
Welcher Liebe sie schauten? Da, wo herab von dem Throne,
Wo von der heiligen Erde sich ihres göttlichen Anschauns
Seligkeit senkt' und erhub, auf diesem strahlenden Wege
Fing jetzt wieder die stehende Schöpfung den kreisenden Lauf an,
Hier zuerst; dann floß von des Ewigen Throne die Nacht weg,
Dann von der Sonne der deckende Stern. Nun bebten die Pole
Aller Welten, den Flug, den Gott sie lehrte, zu fliegen.
Schon begannen sie ihn und donnerten weit durch die Himmel
Jenes Flehen, mit dem sie zu seiner Schöpfung Erhalter
Rufen: es wolle von ihnen der Allmacht Arme nicht abziehn
Gott und sie lassen auf ewig von seiner Herrlichkeit zeugen.
Eilend, eilender drehten die Sonnen sich, folgten die Erden,
Bis sie von neuem den Weg der ersten Kreise betraten.
Jesus Christus, der Miterhalter der Schöpfungen, schwebte
Ueber dem Kreuz und sah auf seinen Leichnam herunter,
Wie der blutig und bleich und stumm zu der Erd' hinabhing.
Jetzo wandte der Ueberwinder des Todes sich. Schauernd
Bebte die Erde vor ihm, als er sich wandte. Nun schwebt' er
Nach dem Tempel, und, unter des Eilenden Schwunge zerspalten,
Senken, stürzen mit himmelsteigendem Staub und Getöse
Rings die Felsen sich. Schnell erfüllet die heiligen Hallen
Christus Herrlichkeit, schnell das Allerheiligste Gottes.
Sieh', es zerriß, indem sie ins Allerheiligste schwebte,
Von des Gewölbes fernen Höh', aus der er hinabhing,
Bis zu dem liegenden Saum der geheimnißverhüllende Vorhang,
Und es verschwand dein Schatten vor dir, vollbrachte Versöhnung!
Hier sprach Jesus Christus mit seinem Vater, mit Gott Gott,
Von der ganzen Erlösung Vollendung, bis er zu des Vaters
Rechten sich hübe. Denn nicht allein der getödtete Gottmensch,
Auch der auferstandne und himmelerhobene Gottmensch
Ist der Sünder Heil und ihres Glaubens Entzückung.
Nur, w o v o n der Vater und Sohn, nicht, wie sie es sprachen,
Kannst du, Sionitin, erzählen. Denn, Dieses zu denken,
Hat die Seele kein Bild; es zu sagen, nicht Worte die Sprache.
Siehe, wie Nacht sich in ewiges Licht aufklärt, wie des Sohns Heil
Keinem nicht Labyrinth mehr ist, war ihres Gespräches
Inhalt. Dann das Volk, deß Söhnungsaltär' aufhörten
Bilder des ewigen Opfers zu seyn, deß Tempel nun Trümmer,
Bald nun Staub ist, ihr thränenvoll Schicksal, wie sie gesät sind
Unter die Völker umher, und dieses Schicksals Entwicklung
Ging vor dem schauenden Auge des Sohns und des Vaters vorüber.
Auch die Religion, verbreitet unter den Schaaren
Zahlloser Völker, wie sie mit viel Jahrhunderten fortströmt,
Oft verdunkelt, entstellt, von der Menschen Lastern und Unsinn
Wie mit Nächten bedeckt, nie ganz vertilgt von der Erde,

Jedes Geretteten Auferstehung vom Tode der Seele,
Jeder Kampf des Streitenden, jeder Sieg des Gestärkten,
Seine Leiden, sein fernes Gefühl des Himmels, sein Ende,
Ging vor dem Ausgesöhnten und vor dem Versöhner vorüber.
Da so gegen einander der Vater und Sohn sich verklärten,
Wälzte — so brausen Meere — sich durch die hörenden Himmel
Eine Stimme. Sie sprach: Bei dem, der von Ewigkeit Gott ist,
Mensch und erwürgt ward, auferstehn und zur Rechten des Vaters
Sich wird setzen, auch euch, ihr Ungefallnen wird's Wonne,
Wird es in jauchzenden Ewigkeiten Entzückung und Heil seyn,
Daß die Sünde versöhnt hat der ewige Hohepriester,
Und mit euch die wiedergeheiligten Sterblichen Gott schaun,
Eure Brüder, geschaffen wie ihr zu der Seligkeit, Gott schaun.
Fallet nieder und dankt! Auf seines Todes Altare
Ruht noch sein heiliger Leichnam; allein vollendet, vollendet
Hat er das Opfer der Ewigkeit. Bald ist die Erlösung
Ganz vollbracht. Ihr werdet den Ueberwinder, die Klarheit
Seiner Gottheit um ihn nun bald auf des Ewigen Thron sehn.
Gott, von Ewigkeit Gott, und bedeckt mit strahlenden Wunden!
Also erscholl die Stimm' in den Himmeln, Eloa's Stimme.
Auch erhub sich über der Erde mit freudigem Beben
Eine Stimme. Sie sprach: Der Gottverheißne, der Treue,
Jesus Christus, der Dulder, der Gnadenvolle, die Liebe,
Nun, nun ist er den Tod für die Abgefallnen gestorben,
Seinen versöhnenden Tod. Du Zweig an Adams Stamme,
Klag' und verdorre nicht mehr! Blüh' auf zu dem ewigen Leben!
Die geboren werden, nun jauchzen sie, daß sie es werden;
Denn es ist in der Sterblichkeit schon ihr Licht der Versöhner,
Ihre Leuchte das Lamm, das auf dem Hügel erwürgt ward.
Die sie vor Gott anklagte, die todtverlangende Sünde
Ist vertilget. Gericht, du gehst vor den Reinen vorüber,
Die mit des Gottgeopferten Blut sich glaubend bezeichnen.
Hebet eure Häupter gen Himmel und glaubt! Der Erbarmer
Hat euch den Eingebornen gesandt. Ein besseres Leben
Nimmt euch auf, habt ihr des Todes Schlummer geschlummert.
Priester seyd ihr und Könige, seyd in Blute gewaschen,
Hell in dem Blute des Lamms, das auf dem Hügel erwürgt ward.
Also erscholl auf der Erde des ersten Gefallenen Stimme.
Jesus war noch in dem Allerheiligsten. Keinem der Engel
Offenbaret er sich jetzt sichtbar, Keinem der Väter.
Seine Gegenwart kündeten zwar, da hinüber zum Tempel
Er von dem trüben Golgatha schwebete, wehendes Rauschen
Ihnen an und, Erde, du, die dem Göttlichen bebte;
Aber sie sahn die Herrlichkeit nicht, vor welcher die Wolken
Rauschten, die Erd' erschrack. Sie beteten nur in der Fern' an;
Jetzo gegen die Höh' des Moria. Denn immer erbebte
Noch das Allerheiligste. Bilder vom Tode des Mittlers

Füllten zwar noch die Seelen der Väter; allein, wie kein Engel
Ihnen sie nachzuempfinden vermag, ergreifet, durchströmt sie
Wonne, mit jenem itzt süßren Gedanken von deinem Tode,
Gottversöhner, vereint, die sanfteste Ruhe des Himmels,
Ruh' und Friede Gottes und Liebe Christus, die jeden
Ihrer Gedanken erleuchtete, jedes Gefühl entflammte.
Denn sie empfanden: es sey der Erschaffung zur Ewigkeit letzter
Seligster Zweck die Liebe zu Jesus Christus, dem Mittler
Zwischen Gott und den Menschen. In dieser sanften Entzückung
Sahen die Seelen der Heiligen jede die andre verloren.
Nach und nach war ihnen ihr Glanz, ihr strahlendes Leben
Wiedergekommen. So sahen sie sich. Die himmlische Liebe,
Welche sie gegen einander empfanden, hub sie noch höher
Zu der Seligkeit, dich, o ihr Versöhner, zu lieben,
Eine Seele sie Alle, sie All' ein Tempel des Mittlers.
Gabriel eilte zu ihnen vom Todeshügel herüber,
Trat dann unter sie hin. Noch konnt' er vor Wonne nicht reden.
Also hatte der Lichtanblick der Ewigerlös'ten
Ihm das Innre bewegt. Wie Harfen tönt' ihm die Stimme:
Meine Brüder, Unsterbliche, (kaum darf ich Brüder euch nennen)
Christus Väter, ich führt' euch herab von der Sonne zur Erde.
Väter, noch ein Befehl ist mir an dem Throne geworden.
Also gebietet er: Geht zu euren Gräbern, Erlös'te!
Schnell verbreiteten sich der Heiligen Schaaren und eilten
Jeder zu seinem Grabe. Es war von jenem Altare,
Bei dem Abel entschlief, noch übrig ein moosiger Felsen.
Adam ward und der Seinen Viel an diesem Altare,
Den fast ganz der Wasser Gericht wegwälzte, begraben.
Adam eilte mit wenigen Frommen, sie dort zu versammeln.
Und sie sahen, da sie sich den Gräbern nahten, die Engel,
Ihre Beschützer im Leben der Sterblichen, nah an der Gräber
Trümmern schweben. Es schien, als ob die Engel der Schöpfung
Kleinere Wunder, die Welten des Staubs und ihre Bewohner,
Unter den Trümmern betrachteten. Als die heiligen Seelen
Mehr sich nahten, verließen die Grabgefilde die Engel.
Triumphirend erhuben sie sich. Die Seelen der Todten
Wußten es nicht, warum im Triumph sich die Engel erhüben.
Henoch blieb und Elias am Todeshügel. Sie blickten
Wundernd den Heiligen nach, die zu ihrer Gebeine Ruhstatt
In der Zeit der Vollendung, der Zeit der Herrlichkeit, jetzo
Auf des Ausgesöhnten Befehl herunterstiegen.
Noah ließ sich mit Japhet und Sem hinab zu dem Grabe,
Das ihn an jenem Berge begrub, auf welchem die Arche,
Gottes Retterin, über der waldumstürzenden Meere
Dumpfem Geräusch stillstand, und wo den dankenden Altar

Noah baut' und opfert' und dich, du Bogen des Bundes,
Den Gott selber mit Gnade betrachtete, betend erblickte.
Abraham eilte mit den Geliebten zur Todeshöhle
Gegenüber dem Hain, in dem er den göttlichen Dulder
Schon wie einen Menschen gestaltet sah und nicht wußte,
Wer der Wanderer sey, so mit ihm in dem Schatten sich labte.
Moses ereilte sein einsames Grab an dem Nebo, wo Gott ihn
Unter Felsen begrub. Er starb vor des Ewigen Anschaun,
Welcher ihm, eh' er entschlief, von dem Nebo Kanaan zeigte.
Vor dem Graun der Gegenwart Gottes zerrissen die Felsen
Unter dem Todten. Er sank hinunter; noch bebende Felsen
Stürzten ihm nach. So lag er, von Gottes Rechten begraben.
Nicht in dieser Fern' vom Golgatha kamen zu ihren
Gräbern die Jünger Moses, die, mit der Beredsamkeit Donner
Und prophetischen Psalmen vom künftigen Heile gerüstet,
Abrahams Enkel dem eisernen Arm der Götzen entrissen.
Graun umgab die Gefilde der heiligen Gräber und schreckte
Jedes noch Sterblichen Fuß zurück, der ihnen sich nahte,
Aber, als ob bei den Heiligen sie nur weilen wollten,
Kamen die Seraphim wieder zu ihnen herab von der Wolke.
Adam hatte sein Grab mit seinen Geliebten betreten.
Also entriß er sie dem Erstaunen: Ihr fühltet, ich sah es,
Wie ich heiligen Schrecken empfand, als Gottes Befehl kam.
Aber freut euch mit mir! Wir sind gewürdiget worden,
Diese Zeit, da im Tode des Göttlichen Leichnam schlummert,
Mit dem Schlummernden bis zu dem Grab erniedert zu werden.
Selig, daß wir es wurden! Wie freudig ist der Gedanke,
Mit des Vaters ewigem Sohn erniedert zu werden!
Und noch einer entzückt mich: Ich werde jenen Gerichtstag,
Wenn er, zum Eden die Erde nun umzuschaffen, herabkommt,
Und ihr, meine Kinder, mit mir, wir werden vom Tode
Hier erwachen, erwachen bis hin an das Ende der Erde
Alle, die liegen und schlafen, zu Ewigkeiten erwachen,
Alle meine zahllosen Kinder der ersten Erschaffung
Leiber, verherrlichet sie und seelenähnlich empfangen.
Ach, zu welcher Seligkeit schuf uns Jehova! Wie hast du,
Tod des Versöhnenden, uns und zu welchen Freuden erhoben!
Henoch und du, Elias, ihr zeigt's, wie werth des Verlangens
Eines Unsterblichen sey die Auferstehung vom Tode.
Säume nicht, letzter der Tage, daß wir nicht länger verlangen!
Säume, säume vielmehr, daß noch zahlloser die Schaar sey
Derer, die einst zu dem ewigen Leben aus Gräbern hervorgehn!
So sprach Adam mit seliger Ruh, und seine Gefährten
Dachten mit ihm dem frohen Gedanken von der Erniedrung
Mit dem Versöhner und von dem letzten Tage der Erde
Wonnevoll nach. So standen sie Jeder an seinem Grabe.

Von dem Fuße des Bergs bis hinauf zu der Zinne des Tempels
Bebete fürchterlicher Moria. Schreckende Wolken
Wälzeten sich aus dem Allerheiligsten, strömten herüber
Durch die Hallen des Heiligen, dann in des Tempels Vorhof,
Dann gen Himmel. Wohin die schreckenden Wolken sich wandten,
Bebte die Erd', und spalteten Felsen, und huben sich Ströme.
Endlich standen die Wolken, gebreitet über die Gräber,
Leuchtender still, und ein Sturmwind braus't' herab auf die Gräber;
Aber des ewigen Sohns Allmacht war nicht in dem Sturme.
Und die Erde bebt' um die Gräber; allein des Versöhners
Allmacht war in der bebenden Erde nicht. Es entströmten
Flammen den Wolken; aber der Herr war nicht in den Flammen.
Jetzo kam von dem Himmel ein sanftes Säuseln hernieder;
Und des ewigen Sohnes Allmacht war in dem Säuseln.
Ach, die Väter befiel, gleich einem Schlummer im Schatten,
Süße Betäubung. Sie wußten es nicht, wie ihnen geschahe;
Aber ihr dunkles Gefühl war: Nähe Gottes, und daß es
Um sie säuselte. Freudig, mit brüderlicher Entzückung
Schauten die Engel umher im Gefilde der Auferstehung.
Jetzt däucht's Adam, als rief' er: Ich werd', ich werde geschaffen!
Und er strebte sich aufzurichten. Noch kniet' er im Staube.
Harfen tönten ihm zu, ihm sang der Seraph und Cherub:
Werde von neuem und nun auf ewig geschaffen, auf ewig!
Siehe, du starbst an dem dunkelsten deiner Tage des Todes,
Adam! O, Heil dir Erstem! Erwach' und lebe nun Leben,
Seliges, Adam, wie du nach deiner Schöpfung nicht lebtest!
Ach, nun stirbst du des Todes nicht mehr. Noch kniet' er im Staube,
Sah noch dunkel. Es ward mit dem auferstehenden Leibe
Sein ätherischer Leib, der seit dem Tod ihn umhüllte,
Jetzo vereint. Der wurde des Umgeschaffnen Verklärung.
Schnell erhub er sich, stand und streckte gen Himmel die Arm' aus!
Wonne mir! Du hast mich von neuem aus Staube gerufen!
Ich, nun weiß ich's wahrhaftig, du hast mich wieder, Versöhner,
Herrlicher mich, wie in Eden, erschaffen. O, daß ich dich fände,
Gottversöhner, daß ich den Allmächtigen fände; wie wollt' ich
Niederfallen vor ihm, wie ihn anbeten! Du bist uns
Nahe, zwar nicht gesehn, doch bist du uns nahe, Versöhner!
Ja, dieß himmlische Säuseln ist deiner Gegenwart Stimme.
Und auch sie erwachen um mich (schaut nieder, ihr Engel!)
Um den Vater der Menschen erwachen die heiligen Kinder.
Eva begann sich empor zu heben. Wer bin ich geworden?
Bin ich in Eden? Wo bin ich? Ich lebe wieder im Leibe
Meiner ersten Erschaffung? O, dort ist Adam. Wie glänzt er!
Und wie glänz' ich! O du, deß Wunden einst strahlen, wo bist du,
Daß ich eil' und dir danke, du Wiederbringer der Unschuld!
Adam eilte zu ihr, sie eilte zu Adam; doch konnten

Sie nicht reden, da sie sich in ihrer Entzückung umarmten;
Nur den Namen des Todtenerweckers konnten sie stammeln.
Abel, Abel, mein Sohn! rief Adam Abel entgegen,
Denn der schwebte daher wie ein Frühlingsmorgen, in Purpur
Und in Schimmer gekleidet. Mein Sohn, wie hat uns der Mittler
Mit Barmherzigkeiten, mit Huld, mit Gnade beseligt!
Erde wurden wir, als wir entschliefen; was sind wir geworden!
Ueber Alles, was wir verstanden, und was wir baten,
Hat er überschwenglich gethan, der, o Vater, versöhnt hat
Unsere Sünd' und die Sünde der Welt. O Ruhe der Himmel!
Alle sie werden wie wir an der Tage letztem erwachen.
Enos fand sich bei Seth, bei dem Mahlaleel, Jared,
Kenan und Noah's Vater, bei dem Methusala wieder.
Unter Strahlen fanden sie sich, auf zitternden Gräbern,
Mit des neuen Lebens Gefühl, im himmlischen Leibe,
Der, ein bess'rer Gefährt' der erlös'ten unsterblichen Seele,
Fast mit ihr denkt und empfindet, in dem die Ewige Gott schaut.
Wie nach ihrer Geburt sich die Morgensterne des Daseyns
Freuten und dich, o Schaffender, feiernd sangen, so schwebten
Adams Söhne daher und riefen Jubel und Wonne,
Neue Wonne sich zu. Der Auferstehung Gefilde
Halleten von der Entzückung der wiederkommenden Todten.
Noah, der zweite Vater der Menschen, fühlt's, daß er wurde
Und in sanfterem Wehn der Abenddämmrung erwachte.
Röthlicher Duft entfloß des Unsterblichen Schulter, indem er
Schnell sich erhub. Er rief: Ihr Engel, sagt mir, ihr Engel,
Ist mir ein Leib wie Adam im Paradiese geschaffen?
Ach, wo sind wir? Am Throne des Ewigen, oder am Grabe?
Und wo betet ihr an? Wo ist er, o, der mich umschuf,
Daß ich niederfalle mit euch, mit euch anbete,
Japhet, Sem! (er sahe vor sich die Beiden erwachen.)
Ach, wo ist, ihr Söhne, der uns von dem Tode geweckt hat,
Daß wir eilen und niederfallen und ihn anbeten?
Nein, nicht Noah's, der auch es ist, der Auferstehung
Söhne, wo ist, der mit Feuer sie von dem Himmel entflammt hat,
Daß wir knien und niederfallen und Jubel ihm stammeln?
Wie der Fromme, der Gott, Gott, seinen Schöpfer, in Allem
Sucht und findet, in frühem, erfrischendem Walde die Sonne,
Hinter duftenden Bäumen in ihrer Schöne die Sonne
Aufgehn sieht (Entzückung und sanfter Schauer befällt ihn;
Denn sie ist schön, ein mächtiger Zeuge der Herrlichkeit Gottes)
So sah Abrahams Engel den Vater der glaubenden Nachwelt
Selig, verklärt, unsterblich aus seinem Grab hervorgehn.
Abraham legte die Hand auf den Mund und blickte gen Himmel.
Endlich redt' er, noch in sich gekehrt, noch vertieft in Erstaunen:
Umgeschaffen bin ich? Wie wunderbar, du Versöhner,

Sind die Folgen deiner Versöhnung, wie gnadevoll sind sie!
Ach, dieß neue Leben, das du aus Staube mir schufest,
Gott, Versöhner, es ist auch deinen Wunden entquollen.
Diesen unverweslichen Leib, den edlern Genossen
Meiner Seele, den hast du mir vor dem Tage der Tage,
Vor der Erde Wandlung gegeben. Wer bin ich, wer bin ich,
Daß du mit diesem Heile mich, Liebender, überschüttest?
Also rief er und weint', entflammt von Dank und von Wonne.
Isak kam, und Abraham däucht's, als wäre der Jüngling
Einer der Seraphim; also war mit dem festlichen Schimmer
Und mit der lächelnden Morgenröthe der Himmelsbewohner
Isak geschmückt. Und Abraham rief: O, sahst du mich werden,
Leuchtender Engel? Er ist für Adams Söhne gestorben.
Er hatte meinem verwes'ten Gebein dieß Leben geboten. —
Abraham, Vater, du glaubtest zu Gott, ich würd' aus der Asche,
Hätte mich nun des prüfenden Altars Flamme geopfert,
Wieder erwachen. Ich bin erwacht. O Bester der Väter,
Wunderbar ist des Versöhnenden Gnade. Sein heiliger Leichnam
Ruht nach am Kreuz, und wir erstehn zu dieser Entzückung.
Wie in Schlummer sank ich dahin, und himmlische Lüfte
Wehten um mich, und ich fand in glänzenden Wolken mich wieder.
Voller Entzückungen kamen Sarai und Bethuels Tochter
Zu den Geliebten. Auf sie und gen Himmel die Augen gerichtet,
Standen der Vater, der Sohn, und fühlten die Auferstehung.
Lange standen sie sprachlos; allein in der innersten Seele
Glüheten ewiger Dank und werdende Jubelgesänge.
Israel trat im Triumphe daher, und Thränen voll Seele,
Dankende Thränen entstürzten dem Auge des Anferstandnen:
Halleluja dem Ueberwinder des Todes, dem Mittler
Zwischen dem Richter und mir! Du hast geblutet, du hast es
Alles vollendet, du hast aus des Todes Thal mich gerufen.
Und die Seraphim hielten sich nicht und strömten ihr Loblied
Hin in den Wonnausruf des auferstandnen Gerechten:
Preis und Dank dem Todtenerwecker, dem göttlichen Geber
Dieses jauchzenden ewigen Lebens, das jetzt aus den Gräbern
Aufblüht! Freue deiner Bewohner, die kommen sollen,
Himmel, dich! Es wehen mit leisem Lispel entgegen
Diese früheren Halme dem Rauschen der großen Ernte.
Sieh', es singet ihr Lied der Ernter Rufe: Ihr Todten,
Kommt! dem Posaunenhall: Gib, Meer, sie wieder, und Erde,
Ach, dem Jubelgeschrei des letzten Tages entgegen!
Israel wandte von ihnen sein Auge nach Golgatha's Grabe:
Laut in den Himmeln allen, mit allen ewigen Chören
Will ich danken, wenn du aus deinem Grabe dich aufschwingst,
Wenn der Geliebte den Liebenden auf der Herrlichkeit Thron schaut

In dem Glanze, der dein von dem Anbeginne der Welt war.
Seyd ihr, Engel, was ich bin? Ihr seyd es nicht, starbt nicht, wie ich starb,
Glaubend an ihn. Ah, der Auferstehung mächtige Freuden
Fühltet ihr nicht. Er ist, wie Menschen sterben, gestorben.
Und wie Menschen wird er in das neue Leben heraufgehn.
Selig betet ihr an. Wir beten selig mit euch an;
Aber wir lieben des Ewigen und der Sterblichen Sohn mehr.
Ach, wo sind, die mit mir in dem ersten Leben ihn liebten,
Zwar in der Fern' nur und dunkel ihn sahn, den Erretter der Menschen,
Aber in seiner Göttlichkeit doch? — Er wendet vom Himmel
Nach der Erde sein Aug' und erblickt und umarmt die Geliebten;
Joseph und Rahel noch nicht. Bei dem Grabe der Mutter Benoni's
War ihr Engel. Sie stand an dem Hange des offenen Felsen;
Auf der Höhe der Engel. Mit Blicken der innigsten Freundschaft
Sah sie zu ihm hinauf; mit Blicken der innigsten Freundschaft
Sah er auf sie herunter. R. Mein Grab ist einsam, o Seraph!
E. Rahel, das Grab, in welchem nun bald der Göttliche ruhn wird,
Ist auch einsam. R. Unsterblicher! Ach, wie hat er gelitten,
Dessen Leichnam nun bald das Grab an Golgatha einschließt!
Ach, was hat des Versöhnenden Tod uns erworben! Ich werde
Einst erwachen, wo mir das Gebein in dem Staube verwes'te,
Hier. Auch Auferstehung hat mir der Versöhner erworben.
Als sie noch redete, hub sich um ihren Fuß von dem Grabe
Sanftaufwallender Duft, ein Wölkchen, wie etwa die Rose
Oder ein Frühlingslaub einhüllt, das Silber herabträuft.
Rahels Schimmer umzog den schwimmenden Duft mit Golde,
Wie die Sonne den Saum der Abendwolke vergoldet.
Und ihr Auge begleitet des Duftes Wallen. Sie sieht ihn,
Anders um sich und wieder anders gebildet, herumziehn,
Steigen, sinken, zuletzt stets mehr sich nahen und schimmern.
Und sie bewundert den Tiefsinn der immerändernden Schöpfung,
Unergründlich im Großen und unergründlich im Kleinen,
Ohne zu wissen, wie nah der schwebende Duft ihr verwandt sey,
Und wozu ihn nun bald des Allmächtigen Stimme, Versöhner,
Deine Stimme, nun bald erschaffen werde. Sie neigt sich
Ueber ihn und betrachtet ihn stets mit froherem Blicke.
Mit verbreiteten Armen, voll süßer namloser Freuden,
Stand ihr Engel und sah's. Nun scholl des Allmächtigen Stimme.
Rahel sank. Ihr däucht' es, als ob sie in Thränen zerflösse,
Sanft in Freudenthränen, hinab in schattende Thale
Quölle, sich über ein wehendes blumenvolles Gestade
Leicht erhübe, dann neu geschaffen unter den Blumen
Dieses Gestades und seines Dufts Gerüchen sich fände.
Jetzt erwachte sie ganz. Sie fühlte sich, sahe sich, wußt' es,
Daß ein neuer unsterblicher Leib sie umgab. Mit Entzückung

Sieht sie gen Himmel und danket dem, der vom Tode sie aufrief.
Nun verstummt sie nicht länger: Du mein Versöhner, mein Bruder,
Jesus Christus, mein Herr und mein Gott, es erschalle dein Name
Immer von meiner Lippe zuerst; dann eurer, Geliebte,
Israel, Joseph und Benjamin, Benjamin, Israel, Joseph!
Jesus Christus, mein Herr und mein Gott! Wo find' ich sie? Führe,
Führe mich, Seraph, daß ich den Angebeteten sehe,
Israel, meine Kinder! In ihrem Innersten durstet
Meine Seele nach ihnen. Vor ihrem Antlitz, mit ihnen
Will ich mich meines Heils, der Auferstehung mich freuen.
Israel fand sie und Lea und dieser Söhne. Die waren
Aus den Gefilden Aegyptus herauf von dem Strome gekommen;
Benjamin auch, nur Joseph noch nicht. Der himmlische Joseph
Weilete noch um sein Grab zu Sichem. Einer der Knaben,
Die der Mittler einst küßt' und segnet' und unter das Volk sie
Stellte: Werdet wie sie; sonst könnt ihr das Leben nicht erben!
Einer von diesen war jetzt gestorben. Sein leitender Engel
Führt' ihn in Hämons Aue daher; und, da sie die Seele
An dem Todtengewölb' erblickten, blieben sie schweben.
Samed fragte den Engel, indem er des Unbekannten
Herrlichkeit sah: Wer ist, o du mein himmlischer Führer,
Diese Strahlengestalt so voll von Hoheit und Einfalt?
Und mit Lächeln und milderem Glanz antwortete Joseph:
Blume, die nun in dem Schatten der Lebensbäume wird wachsen
Und am Schall des krystallenen Stroms, der herunter vom Thron fleußt,
Wer ich bin? Ich war in dem Leben, dem du entflohn bist,
Erst ein glücklicher Knabe, dann durch Verfolgungen elend,
Sehr glückselig darauf. Denn ein Vater leidender Völker
Ward ich und meines Vaters. Erkennst du nun, Frühentflohner,
Rahels und Israels Sohn? Und Samed sprach zu dem Engel:
O du Unsterblicher! Israels Sohn und Rahels, von dem mir,
Ach, von Joseph, mein Vater die wunderbare Geschichte
Oft vor Freude weinend erzählte? Milder, o Joseph,
Glänze noch milder, so wag' ich mit dir, o Joseph, zu reden.
Dich zu sehn, das allein verdiente die Leiden des Todes.
Ihn erduldet' ich gern um deinetwillen noch einmal,
Ja, noch einmal den Kampf des vollen Lebens im Aufblühn
Und der innigen Liebe zu diesem blühenden Leben
Mit dem Tode, mit dieser Empfindung, als ob wir vergingen,
Diesem Traume von ewiger Nacht, dem Schrecken der Schrecken.
Kaum erst bin ich entronnen. Mein Engel sagte mir's, mußte
Oft es mir sagen: ich lebte. So hatte der Schein der Vernichtung
Meine Seele geschreckt. J. Frühglückliche Seele, du mußtest
Auch von des Lebens Leid ein wenig dulden. Wie lohnt dich's
Jetzo, daß du so bald ein Genoß der Erben des Heils wardst,

Derer auch, die höher, als ich, auf der Seligkeit Stufe
Stehn! S. O Israels Sohn, kaum halt' ich, Joseph, dein Glänzen,
Das du milbertest, aus. J. Du wirst schnell lernen, o Samed,
Wirst bald Abraham sehn. Von dem Leibe der Erd' entlastet,
Lernen die Seligen schnell. S. Gern will ich lernen. O, lehre
Du mich, Israels Sohn! Auch in dem irdischen Leben
Sind bisweilen Stunden des Himmels. Wie war dir in jener
Stunde des Himmels, da du dich nun nicht halten mehr konntest,
Riefst, laut weinetest, daß die entfernten Aegypter es hörten:
Ich bin Joseph! Lebet mein Vater noch? — da der Brüder
Aug' und des Jüngsten der Brüder, ach, deines Benjamins Auge
Jetzo reden dich sah: Verkündiget meinem Vater
Meine Herrlichkeit in Aegyptus! — du dann um den Hals fielst
Benjamin, deinem Bruder, und weinetest; — in der Umarmung
Benjamin auch die Thränen der frühen Seligkeit wurden; —
Dann in jener Stunde, da du erfuhrest: vernommen
Hab' es dein Vater, da habe das Herz des staunenden Greises
Gar viel anders gedacht, es nicht geglaubt, bis er endlich
Deine Rede gehört und gesehen Pharaons Wagen;
Da, da wäre sein Geist lebendig geworden: Ich habe
Nun genug, daß Joseph, mein Sohn, noch lebt. Hin will ich
Und ihn sehn, eh' ich sterbe; — da er dich wirklich nun sahe,
Du um den Hals ihm fielest und lang' in seiner Umarmung
Weinetest; — da zu dir selbst dein Vater sagte: Nun will ich
Gerne sterben, ich habe gesehn dein Angesicht, Joseph,
Daß du noch lebest; — wie war dir in diesen Stunden des Himmels?
J. Komm', auch Israels Sohn und auch mein Bruder und jünger,
Als mein Benjamin war, komm' und umarme mich! Samed
Zittert' herzu und umarmt' ihn. Sie weineten lange des Himmels
Thränen. J. Wie, Samed, mir war, das hast du selber empfunden
Als du von jenen Thränen auf Erden die frohe Geschichte
Mir zurückriefst, als du dadurch die Freuden des Himmels
Mir vermehrtest, so sehr vermehrtest, daß ich den Geber
Jener Seligkeit wieder mit neuem Danke, mit stärkrem,
Als auf der Erd', ich zu bringen vermocht', anbetete. S. Danken
Will ich, Joseph; von dir auch lernen. Aber, o sage,
Warum ist es ein Grab, wo du weilest? J. Unsterblicher, weiß er
Schon des Göttlichen Tod? Der Seraph wollte jetzt reden;
Aber mit Eil' rief Samed: Ich weiß, ich weiß des Versöhners
Tod. J. So weißt du denn auch, daß uns ein Befehl von ihm wurde,
Uns, die das Kreuz umgaben, hinab zu den Gräbern zu wallen.
Zeugen waren wir seiner Erduldungen, bis ihm sein Haupt sank,
Und er starb. S. Dieß wußt' ich noch nicht. Von dem Todten zu sprechen,
Bin ich noch nicht selig genug. Sobald ich so hoch mich
Heb' und nicht mehr verstummen muß, ist es Joseph, mit dem ich

Von dem Göttlichen rede. Jetzt, Benjamins Bruder und meiner,
Sage mir, wessen Gebein deckt dieses Grab? J. Das meine,
Samed. S. Sollte denn Jeder zu seinem Grabe sich wenden?
Oder hast du dir deins nur gewählt? J. Des Unsterblichen Botschaft
War: Wir sollten uns Jeder zu seinem Grabe sich wenden.
S. Was ist dieses, mein Hüter und Joseph, ihr Engel Gottes?
Lächelnd schweigt der niemals Sterbliche. Joseph erwiedert:
Dieses vielleicht: Wir sollen uns mit dem todten Messias
Bis zu dem Grab erniedrigen und, wovon er uns frei macht,
Unter Gebeinen mit stillen Betrachtungen überdenken.
Denn, daß er starb und aufersteht, das freit uns vom Tode,
Das erweckt uns dereinst an dem letzten Tage der Erde.
S. Hier wird also Joseph erwachen. O, trügen die Meinen
Meine Trümmer hieher, so erwacht' ich neben dir, Joseph!
Laß hinein in das Grab uns wallen und sehen, was übrig
Ist von der Hülle, die sonst dich umgab, in dem Staube geblieben,
Sehen, was aufersteht! Dieß kleideten Israels Söhne
In balsamisches Todtengewand bei Pharao's Strome.
Drum ist vielleicht dein Staub von der Erde Staube gesondert,
Und wir können noch sehn, was künftig der Ewigkeit aufblüht.
J. Komm' denn, Samed! Er sprach's und führt' ihn hinab in das Grabmal.
Und sie fanden, wo in dem Gewölbe die dunkelste Nacht war,
Josephs Engel, dem der Erwartung Freuden und Unruh'
Aus dem Angesicht strahlten. J. Ich seh', o Seraph, du freust dich
Dessen, der bald nun erwacht. E. Ich freue mich seiner Erhöhung,
Joseph, die immer herrlicher wird und uns die Erwartung
Stets mit neuer Entzückung belohnt. Wenn du ein Gefilde
Voll von Frühlinge liebtest, und, wo du wandeltest, immer
Neue Blumen vor dir entsprössen, doch die du am meisten
Unter den Blumen liebtest, die eine noch schlief' in dem Schooße
Dieses frohen Gefildes; du würdest, Joseph, die eine
Mit unruhiger Freud' erwarten. J. Welche der Gnaden
Meinest du, Seraph? E. O du Unsterblicher, aber noch Todter,
Welche der Gnaden ich meine? Sieh' hin! da wallte von selber
Erde wie Wolken empor und sank an des Felsengewölbes
Seite nieder. Allein, wo der Engel des Heiligen schwebte,
Blieb ein wenig wallender Staub. Mit Schnelligkeit wölkt' er
Auf sich und nieder, und schimmernd war's im gebärenden Staube.
Schwebe näher und sieh', rief Josephs Engel, wie herrlich
Hier in der Erde beginnen die ersten Funken des Lebens!
Und ein sanftes Säuseln entstand in dem Todtengewölbe.
Samed wehten die goldenen Locken, und Israels Sohne
Säuselt' es nach, da er seiner Gebeine Trümmer sich nahte.
Aber nun kam mit Eile die neue Schöpfung der Engel
Blicke zuvor und Sameds zuvor. Sie sahn das Geschehne,

Doch das Geschehende nicht, verwandelt den Staub und erstanden
Rahels Sohn. Er rief: Des Bundes Engel, o, der sie
Flammend die Nacht und am Tag in der hohen Wolke sie führte
Weg aus Aegyptus Grabe durchs Meer der Schilfe nach Kanan,
Daß der Peiniger sank, jetzt sinkt der größre, der Tod sinkt.
Aber Israel ist in den Auen Ephrons und Rahel;
Abraham, Abraham auch. Er rief's und strahlt' aus dem Grabmal.
Und es begleiten, vor Freude verstummt, die Engel und Sameb
Seinen wehenden Flug. Er entschwebte dem heiligen Haine
Mamre's in seiner Väter und seiner Brüder Versammlung.
O, wer hörte genug von dem Nachhall himmlischer Harfen,
Tönen zu lassen, wie zu dem zweitenmale der Vater
Und der Sohn sich empfingen, die Brüder den Bruder erkannten,
Was die Mutter empfand, da sie ihren Erstling erblickte!
Herrlich hatt' ihn erschaffen die zweite Schöpfung. Sein Traum ging
Bis in das ewige Leben. Vor seiner helleren Klarheit
Neigten sich seine Brüder, itzt nicht nur neidlos, mit Freuden
Neigten sie sich und dankten dem Geber der höheren Gnaden.
Salems Priester und König begrub bei der Quelle Phiala,
Wo er den Heiligen fand, ein Wanderer. Nicht aus Mitleid,
Nicht aus Menschlichkeit nur begrub ihn der staunende Fremdling,
Auch aus Ehrfurcht. Auf dem Angesicht fand er ihn liegen
Mit gefalteten Händen. So lag, ein himmlischer Anblick
Für der Seraphim Auge, der Priester Gottes im Tode.
Lange sah ihn der Wanderer an, und werth, zu begraben
Diesen Todten, erhub er mit freudigschauerndem Danke
Seine Hände gen Himmel; dann schlung er sie um den Entschlafnen,
Faßt' ihn und hob aus dem Staub ihn empor und begrub ihn betend.
Dieses Grab umschwebte Melchisedek. Rauschend ergoß sich
Von Phiala der werdende Jordan hinab an des Grabes
Kühlem Moose. Des Quells melodisches sanftes Getöne
Ueberströmt des Heiligen Seele mit freudigem Tiefsinn.
Und ihr däucht es, sie hör', Allmächtiger, deine Stimme
Durch der Himmel Jerusalem sanft mit des Thrones Krystallstrom
Rauschen und durch die Wipfel der Lebensbäume sie wehen.
Und Melchisedek sank stets tiefer in dieser Entzückung
Süße Ruh'. Es vergingen um ihn die Erd' und der Himmel;
Gott nur und er vergingen nicht. Umgeschaffen erhub er
Aus dem Staube sich, stand, sank wieder hin auf das Antlitz
Und verstummte; doch nannten sein Auge voll bebender Thränen
Jesus und die gefalteten Hände Jesus, den Mittler.
Auf der Ebne, wo sie, durch deinen Boten, o Allmacht,
Aus der glühenden Tiefe geführt, herauf in das Leben
Kamen, Allen ein Anblick des Schreckens und Grauns und Entsetzens,
Die, wenn nun die Afoor, der Gesang, die Flöt' und der Psalter,
Wenn die Cymbale, dein Jauchzen, Drommet', und Posaune, dein Donner

Rasten, die dann um das glänzende Bild zu der Erde sich stürzten,
Auf der Ebne hatten ihr Grab die Gerechten Asarja,
Misael und Hananja in einen Felsen gehauen.
Ferne nicht lag von dem Grabe der göttlichglaubenden Helden
Eine große Trümmer, das Bild. Einst hatt' es der König,
Welchen hinab zu den Thieren der Herr von Babylons Höhn stieß,
Unter die Wolken gestellt, wie er in dem Traum es erblickte.
Königreiche, des Bildes Bedeutung, untergegangne
Königreiche, noch liegen sie, eine große Trümmer.
Misael und Hananja begruben Asarja und freuten
Sich der Auferstehung, als sie den Geliebten begruben.
Dich, Hananja, begrub der einsame Misael, trostvoll
Und erquicket von dem Gedanken des näheren Todes.
Jetzo suchte sein Aug' in ihrem Grabe der Todten
Asche; selbst des Unsterblichen Auge suchte vergebens.
Gleichwohl schwung er sich, voll vom Gefühl der freudigsten Hoffnung,
Ueber die hohen Gräber empor und sang in der Wonne
Seiner Seele nach den Geliebten hinab und gen Himmel
(Oft wird Rede nicht, wird Gesang der Unsterblichen Stimme,
Wenn in ihnen sich heißere Gluth der Empfindung ergießet),
Sang mit dem wehenden Rauschen Euphrates. Nicht, wie der Menschen
Unbeseelteres Ohr es vernimmt, wie es Himmlische hören,
Wenn ein fliegender Strom an seinen Ufern hinabhallt,
Hörten die Beiden die Stimme des Stroms und Misaels Stimme:
Dennoch werden wir einst aus diesen Gräbern hervorgehn.
Ja, wie weit, o Verwesung, du auch in die Tiefen der Schöpfung
Unseren Staub zerstreutest (in deinen donnernden Strudeln,
Ocean, dort fließ' er; in deinen Strahlen, o Sonne,
Schweb' er! Ihn schuf einst Gott; unsterbliche Seelen bewohnten
Diesen Staub) ihn wird, ihn wird der Allmächtige sammeln,
Ueber ihm stehen und ihm das neue Leben gebieten.
Erde nahm der Allmächtige, sprach zu der bebenden Erde:
Werd' ein Leib des Menschen! Er ward's. Den Staub der Verwesung
Wird der Allmächtige nehmen, ihm Leib zu werden gebieten.
Halleluja! Dann wird erwachen der Staub der Verwesung.
Rauschen werden die Ströme, die Stürme brausen, das Weeltmeer
Brüllen, beben die Erde, der Himmel donnern, und Nacht seyn.
Mächtiger, als das fliegende grauenvolle Getöse,
Wird die Posaune rufen, die Todtenerweckerin rufen.
Auferstehen werden alsdann, die liegen und schlafen.
Leiser töneten ihm die letzten Laute. Vom Tode
Stand er auf, vom Tode bei ihm die himmlischen Freunde.
Der wie schnelle Parden, wie Adler im Flug zu dem Aase,
Deine Rosse, Chaldäa, erblickte (die eilenden Reiter
Rafften Gefangne zusammen, als Sand; sie lachten der Fürsten,

Und der Könige spotteten sie; ihr Führer war trunken
Erst von seinem Grimm, gleich unersättlich dem Grabe,
Dann von dem Taumelkelche des Rächers), der auch den Rächer
In der schreckenden Herrlichkeit sah, mit der er vom Paran
Kam (die Pest ging vor dem Gefürchteten her, wo er hintrat,
Elend; er maß das Land, wie weit die Zerstörerin wüthen,
Wo sie stillstehn sollte; die Hügel mußten sich neigen,
Da der Herrliche ging; bang ward den Bergen; der Strom fuhr
Eilend dahin; da bückte die Tiefe sich, und die Höhe
Hub die Händ' auf; Sonn' und Mond, ihr standet; da fuhren
Seine Pfeile mit Glänzen dahin, mit den Blicken des Blitzes
Seine Speere); der so den mächtigen Helfer in Juda,
Siehe, den Wiedervergelter in seiner Herrlichkeit schaute,
Dessen Kraft war auch jetzo der Herr. Der Rettende führt' ihn
Aus dem Grab in die Höh'. Und Habakuk pries den Erwecker.
Sanft ertönte sein Saitenspiel an dem offenen Grabe.
Nicht der Feigenbaum nur grünt, der freudige Weinstock
Nicht allein und die Arbeit am Oelbaum weit in den Thalen;
Auch die unsterbliche Saat steht hoch, der Ewigkeit Ernte;
Schimmernd reifte sie auf in dem frohen Garbengefilde.
Voll ist von deinen Preisen der Himmel, Sela! die Erde
Deinen Ehren. Du dachtest an uns, Barmherziger, als wir
Hatten bis zu den Hefen den Kelch des Todes getrunken,
Ganz die Verwesung gesehn. Drum freu' ich mich deiner, Erretter,
Und bin fröhlich in Gott, der mir in Ewigkeit Heil ist!
Wie, wenn in Wolken ringsumher sich der Himmel gehüllt hat,
Und stets ernster der forschende Blick des Erwartenden aufschaut,
Wie auf einmal sich dann die Flamme des Herrn aus den Wolken
Stürzt und im Donnersturme den Preis des Allmächtigen ausruft;
Also entriß Jesaias der Nacht des Todes sich, strahlte
Ueber dem Grabe, so rief er Dank dem Erschaffer aus Staube.
Unter den Trümmern und Graun der großen Babylon, die sich
Nebukadnezar erbaute zu seiner Herrlichkeit Ehren,
Aber in der die Stimme des heiligen Wächters auch tönte:
Weggenommen ist dir dein Reich, und hinab zu den Thieren
Bist du verstoßen! — unter den verödeten Trümmern
Lag deß Asche, dem Gott mit sehr viel Zukunft strahlte,
Daniels. Und er suchte sein Grab. Wo find' ich, o Seraph,
In der großen Zerstörung mein Grab? Sie schwebten vorüber
Neben nächtlicher Vögel Geschrei und dem Zischen der Drachen
Und gesunknen Palästen. Sogar der Araber hatte
Keine Hütten hier, sein Sklav hier keine Gehege.
Jetzo fand der Engel das Grab. Mit Wasser und Schilfe
War es bedeckt. Ein moosiger Grabstein ragte darüber
Unter wehenden Schilfen hervor. Und Daniels Seele
Dacht' an das Schicksal Vieler zurück, die lange schon schliefen,

Jenes zurück, der hoch mit stolzem Wipfel gen Himmel
Stand, ein großer Schatten der Müden, und dumpf hinstürzte,
Als es: Hauet ihn um! von dem Himmel erscholl. Der lernte;
Aber der Andere nicht, sein Sohn. Der Stolzere wollt' es
Niemals lernen, daß Gott der Königreiche Gewalt hat
Und, wie er will, die Könige stürzt. Drum ging ihm die Hand auch
Gegen den goldenen Leuchter hervor, drum schrieb sie den Tod auch:
König, die Jahre deiner Gewalt sind gezählt und vollendet.
Siehe, gewogen hat dich auf seiner Wage der Richter
Und zu leicht dich gefunden. Dein Reich ist getheilt, ist dem Meder
Und dem Perser gegeben. Den Stolzen und die Genossen,
Hügel, die mit dem Berge zur Zeit der Zerstörung versanken,
Ließ wie erscheinende Schatten vor sich des Heiligen Seele
Schnell vorbeigehn. Aber itzt war das Ende der Tage
Auch für Daniel da. Der Liebling Gottes erwachte,
Schwebt' und strahlet' herab auf Babylons liegende Trümmer,
Wie von dem einsamen Himmel der Stern der Dämmrung herabstrahlt.
Thränen säet' er einst und erntete Freuden, Hilkia's
Zärtlicher Sohn, als er mit des neuen Lebens Empfindung
Ueber dem Grabe stand und ganz unsterblich sich fühlte.
Jener Hirt zu Thekoa, der unter den Hütten der Einfalt
Den doch kannte, der hoch an dem Himmel gemacht den Arctur hat
Und den Orion, er sah die Auen jammervoll liegen
Und den Karmel oben verdorrt und Kirioths Festen
Von dem dampfenden Fluge der Flamme verzehrt, im Getümmel
Moab (Kirioth sank), im Geschrei vergehn und Posaunhall,
Sah der Trümmer und Tode noch mehr in Juda's Gefilden,
Bethels Altar und der Herrscher Paläste sinken, der Theurung
Wüthende Qual und eisern und ohne Regen den Himmel,
Ach, nur Wolken des Staubs, drei Städte zu einer um Wasser
Ziehn und sich dürftig letzen, das Schwert die Jünglinge fressen
Und die Tode der Pest. Von diesen Gesichten des Elends
Hingestürzt, ging Amos hinauf zu den Freuden der Todten
Gern von Lebenden weg, die schon die Erfüllung ereilte.
Jetzo erwacht' er, zu sehen das Heil des Sündeversöhners
In der Unsterblichkeit Leibe, den Himmel eisern dem Durste
Derer nicht mehr, die nach der Erkenntniß des Heiligen lechzten.
Hiob hatte sein Grab mit kühlen Schatten umpflanzet,
Und er schwebt' in dem wehenden Hain. Jetzt schienen die Felsen
Seines thürmenden Grabes vor ihm sich nieder zu senken,
Jetzo sanken sie. Schnell entstiegen den ruhenden Felsen
Wolken wallendes Staubes; doch blitzte Glanz aus dem Staube,
Anderer Staub und anderer Glanz, wie er jemals gesehen.
Da er sich freute der neuen Erscheinung mit frohem Tiefsinn,
Sank er entzückt in den strahlenden Staub. Ihn sahe sein Engel,
Wie er unter der Hand des Allmächtigen wurde. Der Seraph

Hielt sich nicht, rief gen Himmel, in seiner Wonne gen Himmel,
Daß vor des Rufenden Stimme der Hain und die Felsen erbebten.
Hiob empfand es, er war, er war von neuem erschaffen,
Hielt sich nicht, rief gen Himmel, mit stürzender Thräne gen Himmel,
Daß vor des Rufenden Stimme der Hain und die Felsen erbebten:
Heilig ist, heilig, heilig der, der seyn wird und seyn wird!
Trübe war noch der Himmel um Golgatha. Nächtliche Wolken
Ueberwölkten die Thäler und Höhn, des söhnenden Opfers
Ganzen Schauplatz, so weit der Menschen Auge den Hügel,
Wo das Kreuz des Getödteten stand, zu sehen vermochte.
Starr, mit tiefgesunkenem Haupt, die heiligen Schläfe
Mit der Krone der Schmach bedeckt, im Blute, das auch starr
Stillstand, jetzo nicht mehr um Gnade zum Richtenden rufte,
In die Himmel der Himmel hinauf, um die Gnade des Vaters,
Hing dein Leichnam (o, hätt' ich Namen, dich würdig zu nennen!),
Hing dein Leichnam (nicht Thränen und nicht des Bebenden Stimme
Nennet dich), hing an dem hohen Kreuz dein Leichnam herunter.
Auch der leiseste Laut der Lüfte verstummt' um den Todten,
Erd' und Himmel verstummten. Von Menschen verlassen, einsam
Lag der Hügel. So liegt ein Schlachtfeld von der Erschlagnen
Nun begnadigten oder gerichteten Seelen verlassen.
Unverwendet blickte der mitgekreuzigte Jüngling
Auf den Todten, obgleich in schwerem Schlummer sein Auge
Dunkel zu werden begann. Du bist gestorben, gestorben,
Du, den meine Seele, so sehr sie zu lieben vermag, liebt.
Und nun bin ich allein in diesem Tode der Marter.
Ach, gern will ich es leiden, will Alles, Alles erdulden;
Denn du hast viel mehr gelitten, viel mehr, wie ich leide.
Aber verlaß du mich nicht, wie dein Gott dich verließ! Ich vertiefe
Mich vergebens in den Gedanken, durchforsche vergebens:
Gott, dein Gott verließ dich! Erstaunungsvoller, als Alles,
Was mich jemals erschreckt', ist dieser zu ernste Gedanke.
Könnt' ich nur noch stammeln, ihr treue Wenige würdet
Mir's antworten, ob ihr ihn sahet, als er es zu Gott rief;
Ob ihr sahet sein Haupt empor ihn richten, sein Auge
Nach dem Himmel starren; des Rufenden Angesicht sahet,
Seine donnernde Stimme, mit der er rufte, vernahmt ihr.
Könnt' ich's euch stammeln! Um mich vergingen Himmel und Erde,
Und es entströmte mir heißeres Blut; ich glaubt', ich stürbe.
Ach, sie sehn mitleidig mich an. Ihr Sanften, ihr Frommen!
Weinen kann mein Auge nicht mehr; es würd' euch beweinen;
Dich vor allen, o Mutter! Verlaß sie nicht, wie dein Vater
Dich verließ! Ach, mich, verlaß mich so nicht, Erbarmer!
Also dacht' er und rang mit dem Tode. Gottes Erleuchtung
Ueberstrahlt' ihn jetzt heller. Den Zweck des göttlichen Opfers,
Daß des Geopferten Blut in das ewige Leben gequollen,

Gott versöhnet sey, lehrt' ihn der Geist des Sohnes, des Vaters.
Und er erstaunte, wie nur zu erstaunen vermag, wen Gott lehrt.
Von Pilatus (ihn hatten die Hohenpriester gebeten,
Nicht, bis die Uebelthäter den Tod der Kreuzigung stürben,
Nicht zu warten, sie jetzt zu tödten, sie jetzt zu begraben,
Daß der Verfluchten Gebein des Passah Fest nicht entweihte)
Darum kommt von Pilatus ein Sklav, und er eilt und er redet
Mit dem Hauptmann. Dieser gebeut. Schnell fasset der Nächste
Eine Keule voll Bluts von vieler Gekreuzigten Tode,
Nahet sich eilend, und schon begleiten ihn seine Genossen,
Hält sie mit dem nervigen Arm hoch über dem Haupte:
Stirb! und schmettert nieder. Da brach das Gebein des Verbrechers,
Da erscholl von der Wurzel das Kreuz bis hinauf zu dem Wipfel.
Und der begnadigte Jüngling vernahm des erschütterten Kreuzes
Dumpfen Schall, den Verkündiger seines nahenden Todes.
Sanft klang ihm die prophetische Stimme des nahenden Todes.
Und schon wandte der Römer sich, ging mit starrendem Grauen
Vor dem Kreuz in der Mitte vorbei. Denn Götter der Rache
Schwebten, so däucht' es ihm, schwebten um dieses Kreuz in der Mitte.
Und er kam zu dem Jüngling; der blickte mit Ruh' auf ihn nieder.
Und der Kreuziger, schnell des Jünglings Qualen zu enden,
Stürzte mit allen Kräften, die ihm der härtende Krieg gab,
Auf sein müdes Gebein die blutige, triefende Keule
Aechzend nieder. Da brach's und schütterte, blutete; krachend
Hallte das Kreuz. Herauf von der Wurzel stäubte die Erde,
Ringsumher erbebten der Hingerichteten Schädel.
Endlich ging er noch einmal, allein mit säumendem Fuße,
Nach dem Kreuz in der Mitte und stand und sah auf den Leichnam,
Rufte dem Hauptmann zu, der unten am Hügel voll Tiefsinns
Langsam ging; er rief: Bei den Göttern, er ist gestorben;
Ihm antwortet der Hauptmann: Ich weiß, daß er todt ist; doch nimm du
Einen Speer und durchstoß' ihm das Herz! So sagt' er und wandte
Wieder sich weg und blickte mit trüberem Ernst auf die Erde.
Schon erhub sich der blinkende Speer, schon zuckt' er rückwärts,
Eilender vor und drang in die Seite des göttlichen Leichnams.
Wasser entroll und Blut der Seite des göttlichen Leichnams.
Jetzo sah'n die verlöschenden Augen des sterbenden Jünglings,
Aber nur fern, so däucht' es ihm, nur in trübender Dämmrung,
Noch dieß Blut aus dem Leichnam des heiligen Dulders rinnen.
Und es brach ihm sein Herz. Indem der Leib und die Seele,
Nicht zu scheiden, dir nicht, o Tod, zu weichen, noch ringen,
Eh' des starken Bands der Natur unerforschte Gewebe
Alle zerreißen; empfindet des sterbenden Seele so, denkt so
Oder ist sich bewußt; — doch Worte menschlicher Sprachen
Streben umsonst zu sagen, wie Seelen der Sterbenden handeln:
Nun nun... Ach, auch meiner erbarme dich! Deines Blutes,

Um des Todes willen, den du für Alle!... Verließ dich,
Gott, Gott, Gott verließ dich! Erbarme dich Aller! Meiner!
Ja, um deiner Geburt, um deiner Duldungen willen
In dem Gericht, um deines versöhnenden Todes am Kreuze,
Deiner Auferstehung und der Erhebung zum Vater
Ach, des Todes, des Lebens willen!... Du bist es, du bist es!
Amen, Amen! Du bist der Vollender und eingegangen,
Hoherpriester, in's Allerheil'gste! Deine Versöhnung,
Gottversöhner, ist ewig. Wie dürstete Jesus Christus!...
Sünde gemacht und Fluch; wie dürstete Jesus, mein Retter!
Hör' ich: Es ist vollendet! allmächtige Stimme, dich wieder?
Todeshügel, mein Grab, du warst sein Altar! O, freu' dich
Deiner Verwesung, zermalmtes Gebein! Hier wirst du verwesen.
Als er so in der Tiefe des Herzens flehte, da nahte
Abdiel sich und schwebt' um ihn mit leiserem Fluge,
Blickt' ihn an. Schnell ward des Unsterblichen Angesicht heller;
Also segnet' er ihn zu dem Tod ein: Quelle des Lebens,
Unaussprechlicher Barmherzigkeit, höherer Gnaden
Geber, als je der Mensch und der Engel verstanden und baten,
O, des Richters der Welt Versöhner mit denen, die fielen,
Sey die Stunde mit ihm, vor der selbst Engel erbebten,
Wenn sie durch diese gefürchtete Nacht zu dem Ewigen gingen!
Wandl' in dem finstren Thale mit ihm und laß ihn die Wonne
Deines Lebens von fern und seiner Vollendung erblicken!
Abdiel segnet' ihn so. Noch flehte des Sterbenden Seele:
Gott, du Liebe, die ewig liebt! Gerettete Seele,
Stamml' es nicht! du ringest vergebens, hier nach zu danken.
Herr, Herr, Gott, barmherzig und gnädig und treu und geduldig,
Gott, Verzeiher der Sünde, der Missethat, des Verbrechens,
Herr, in deine Hände... Ach, Schaaren des Paradieses!
Und in hellem Gewande!... Wie wehn die Palmen der Sieger!
Herr, Herr, Gott, barmherzig und gnädig und treu und geduldig,
Herr, in deine Hände befehl' ich... Jetzo nicht länger,
Länger nicht weilen, versöhnte, gerechte, begnadigte Seele!
Mittler, in deine Hände befehl' ich . . . Er starb. Da verließen
Mit der Seele die feinsten noch übrigen Leben die Leiche,
Nun die Hülle der Seele zu werden, dereinst die Verklärung
Ihres verflogenen Staubes, wenn ihm das nahe Gericht ruft.
Also dachte die Seele: War dieß der Tod? O sanfte,
Schnelle Trennung, wie soll ich dich nennen? Tod nicht: es heiße
Tod dein Name nicht mehr! Und du, du selbst, der Verwesung
Fürchterlicher Gedanke, wie schnell bist du Freude geworden!
Schlummere denn, mein Gefährt' in dem ersten Leben! Verwese,
Saat, von Gott gesät, dem Tage der Garben zu reifen!
Ja, verwese! Wie viel und welche Leben empfind' ich!
Diese können nicht sterben, die neuen Leben nicht sterben.

Abdiel hielt sich nicht mehr. Er hatte des Jünglinges Seele,
Wie mit himmlischem Glanz sie bekleidet wurde, gesehen.
Und er kam ihr, strahlend vor Wonne der innigsten Liebe,
Strahlend vor höherer Wonn' entgegen, daß sie erlös't sey.
Thränen rannen vom Auge des Himmlischen, als ihm der Sünder,
Welcher Buße gethan und Gott sich geheiliget hatte,
Auch entgegen eilte. So sprach zu dem Engel die Seele:
Knecht des Höchsten (denn du bist Einer der Seligen Gottes;
Deine Hoheit und Ruh', die aus deinem Angesicht leuchten,
Sagen es mir), als dich mein werdendes Auge von fern sah,
Deines schwebenden tönenden Ganges melodisches Rauschen
Dort mir scholl, da erschrack ich freudig. Du siehest, ich bebe
Noch vor dir; allein Entzückung ist, Seraph, mein Beben.
Und, in die Zukunft tief verloren, sagte der Engel:
Komm', du erster Todter, den Christus Opfer versöhnet,
Du, der spät zu Gott, erst in dem Gefängniß, sich wandte,
Gnad' am Altare selber empfing, du, künftiger Sünder
Weisheitverlassene Hoffnung und nach dem Tod ihr Entsetzen,
Komm'! Was dir der Versöhner verhieß, wird jetzo erfüllet.
Denn ich führe dich hin zu den Freuden des Paradieses.
Also sprach er und eilte. Die Seele folgte dem Seraph.
Er, deß Angesicht strahlte, da er von des Ewigen Anschaun
Nieder am Sinai kam, so strahlete, daß er dem Volke
Sich verhüllen mußte, der, weil er nur einmal nicht glaubte,
Und ihm nicht schnell in dem nächtlichen Augenblicke der Fels quoll,
Kanaan auch von fern, von dem Nebo nur Kanaan sahe,
Moses schwebt' itzt allein an seinem einsamen Grabe,
Und kein Engel um ihn. Er hatt' in dem Leben der Prüfung
Keinen gehabt. So groß war der, der, ohne zu sterben,
Gottes Herrlichkeit sah. Er schwebte vertieft. Vor ihm flohst du
Wie ein erscheinender Schatten, sein Erdeleben, vorüber.
Pharao, Pharao, lange sind von deinem Gebein schon
Und von deiner Heere die Schilfgestade nicht weiß mehr.
O, wie stürzten die Mauern des Meers, wie rauschte der Sturmwind,
Hergesandt aus der wolkenerreichenden Flammensäule,
Und wie sank Aegyptus zum Tod hinab, wie begrub sie
Gott! Auch dort und da, diesseits und über den Hügeln
Führten uns seine Wolken und seine Feuer. Da schlug Gott
Amalek, dich, so lange sie mir die Arme gen Himmel
Hielten, und Israel, sanken sie mir. Dort brannte der Busch mir.
Heilig, Stätte, bist du! Ach, langsam wurdest du Quelle,
Fels! Wie war, Abiram, dir, Dathan und Korah, wie war euch,
Als die Erd' euch verschlang? Da brüllte die Hölle Triumph auf.
Ja, er ist es, du bist des Donnerhalls, der Posaunen
Berg, bist Sinai! Groß bist du, o Wüste, bist Aller,

Welche vom blutigen Strom durch das Meer der Mächtige führte,
Großes Grab. Und Nebo ist meins. Ach, strahlt nicht Garizims
Höh' aus Kanaan her, und Golgatha's ewiger Altar?
Golgatha's blutiger, heilerfüllter, ewiger Altar!
Sangen am Nebo die Engel herauf, durch die des Gesetzes
Bund der Ewige sandte; sie glänzten wie Orione,
Kamen, umschwebten das Grab und hielten die goldenen Harfen
Hoch gen Himmel und tönten und sangen: Segen Garizims
Haben wir nicht, nicht Leben der Zeit; des Golgatha Segen
Haben wir. Moses, Arons Gott, was säumet Dein Leichnam?
Staub, du ruhest. Steh' auf in das Leben! Dir ruft der Versöhner.
Und in leisem und sanftem, in himmlischem Harfengelispel
Schlummert' er hin und erwacht' in Posaunenhall. Es erbebte
Nebo von jeder Todtenweckerin, wenn sie ins Grab scholl.
Feierlich beugte sein Knie und sank der Herrliche nieder,
Anzubeten, und lang' erhub sein Wonnegebet sich,
Lange sein Preis; kein Engel hielt ihm die Arme gen Himmel.
Auch der Könige Grab bewegte sich. David erwachte,
Ach, glückseligkeitssatt und nach dem herrlichen Bilde,
Siehe, des Unverwesenden, dessen der Auferstehung
Hoher Triumph auch harrte, des Erstlings unter den Todten!
Als in dem dunklen Gewölbe der Sohn Isai's daherging
Und bei ihrem Gebein die Seele Salomo's sahe,
Blieb er bei ihr, wie er schimmerte, stehn. Der Sohn erstaunte,
Ueber den Auferstandnen der Unerwachte. Da eilten
Engel zu ihnen ins Grab und Auferstandne. Sie riefen:
O, sie erwachten vom Tode! Ja, wir erwachten vom Tode;
Unser dürres Gebein, rief Abraham in der Entzückung,
Hörte die Stimme des Herrn; wir erwachten, ihn zu empfangen,
Ganz unsterblich wie er, wenn er nun selber heraufstrahlt.
Vater des göttlichen Todten, auch du bist, David, erkoren,
Um die Ceder Gottes, ein Frühlingsbäumchen, zu grünen
Und zu lispeln im Hauche des sanften Säuselns vom Himmel,
Wenn sie nun ihren Wipfel bis in die Wolken emporhebt.
Aber, Gabriel sprach's, o Seele Salomo's, weine,
Du Begnadigte, nicht! Dich wird dein Staub nicht bekleiden
Wenn die Ceder Gottes des Frühlings Erstlingen schattet.
S. Weinen? Den er mit so viel Gnade der Himmel bekrönt, ich,
Der aus solchen Irren herauf zu der Rettung geführt ward?
Ruhe bis zu dem Tage der größeren Ernte des Lebens,
Mein verwesend Gebein, und, wenn dieß Todtengewölbe
Dich nicht mehr zu halten vermag, so wehe, zerstreuet,
In den Lüften ein Duft, in der sanften Kühlung am Abend,
Unter dem schimmernden Monde, so lang' er Sterblichen leuchtet!
G. Auch den künftigen Christen wirst du, antwortet der Engel,
Nicht erscheinen. Denn nur die Auferweckten erscheinen.

S. Aber ich seh' die Erscheinungen doch, und ich freue mit denen,
Die erscheinen und welchen die hohen Erscheinungen strahlen,
Mich der Freuden des Himmels. G. Die warten, Seliger, deiner,
Endigte Gabriel, und sie verließen der Könige Gräber,
Manire zu sehn und die Auferweckten im Schatten des Haines.
Aber noch stand Hiskia nicht auf. Der Bezwinger des Sera
Durch die Schrecken des Herrn, ob sein Heer gleich zahllos heraufzog,
Assa erwacht'; auch der, dem Volke zu predigen, zweimal
Durch Judäa von Berseba zog bis Ephraim, alle
Seine Fürsten mit ihm und die Priester Gottes, und dem dann
Heil, wie Keiner empfing, Gott gab. Denn Josaphat führte
Gegen die Feinde sein Heer mit Loben in heiligem Schmucke
Und mit Psalmen und Preisen und großem Geschrei gen Himmel,
Nicht zu schlagen, schon jetzt zu danken dem Retter, der bald nun
Kommen würde, zu siegen und bis zu der Wüste mit Haufen
Todter Feinde (da war kein Entrinnen) die Erde zu decken.
Auch Usia erwacht' in seinem einsamen Grabe,
Und in der Könige Gräbern sein Sohn, mit diesem der ernste
Fromme Jüngling Josia, der eifernde Götzenzerstörer.
Auch barmherzig war er. Die Sängerinnen und Sänger
Weineten ihn, der Benjaminit, deß Thrän' auch auf Salems
Trümmer fiel, am herzlichsten; ach, sie weinten, den Necho's
Bogen trafen, in sanftem, in daurendem Liede voll Klage;
Denn noch sang es die Enkelin. Die Fünf' erstanden
All' auf einmal und schnell, fünf himmelfallende Blitze.
Aber noch stand Hiskia nicht auf. Ein Engel des Abgrunds,
Nisroch, ein Götze vordem, und Sanheribs Geist entschwebten
Langsam jetzo Libanons Höhn. Den Eroberer mußte
Nisroch herauf von der Hölle zum Grabe der Könige Juda's
Führen. S. Wer zwingt uns hinauf? sprach schnell zu dem Götzen der Würger.
N. Sanherib, hätt' ich gehorcht, wär' es nicht ein Engel des Todes
Der den Befehl uns brachte, gewesen? Du hörtest ihn reden.
War sie, die Donnerstimme, nicht eisern, mit der er uns zurief,
Schnell wie Blitze? Mehr Tod ist der Tod, daß diese so furchtbar
Sind, so unwiderstehlicher Macht. S. Du Schwacher, dem Opfer
Bluteten, haben denn je dem furchtbaren Engel des Todes
Opfer geblutet? N. Du Schwächerer, der dem Gehorcher gehorchen,
Fliehn muß, wenn er gebeut, fleuch, hochgeschwollner Erobrer!
Fleuch und bete den Staub der todten Könige Juda's,
Sanherib, an! Hohnsprecher des Mächtigen, der um die Nase
Ringe dir, in dein Maul Gebisse dir legt' und des Weges,
Den du verwüstet hattest, zurück dich führte, du kennest
Also seinen Engel nicht mehr, dem ich heute gehorche?
Kennest den Furchtbaren nicht, der deine Heer' in den Schlummer
Stürzt' und weit umher das Gefild mit Leichnamen deckte,

Daß mit dem Wehn der kommenden Sonne geflügelt Geschrei schrie,
Und der trunkene Blick der Adler Libanons flammte?
Den nicht, Götterbezwinger zu Hamath und Arpad? Wo sind sie
Nun die Götter zu Haran und Rezeph und zu Thalassar?
Wo die Götter zu Sepharvaim? Sie sind in der Hölle,
Dein zu spotten. Ich neide dein Glück dir, daß du dem Hohne
Dieser Bezwungnen entronnen und, nur des todten Hiskia
Staub zu küssen, heraufgesendet bist. Sanherib eilte.
Und die beiden Geister des Abgrunds traten ins Grabmal,
Wo Hiskias allein mit seinem Engel noch schwebte,
Langsam herein. H. Warum entheiligen diese Verworfnen,
Engel Gottes, mein Grab? Wer sind sie? E. Sanheribs Seele
Und sein Götze. Du wirst, warum sie kamen, erfahren.
Sanherib, kennest du diese verklärte Seele? S. Wie kenn' ich,
Ich Unglücklicher, alle die Söhne des glücklichen Schicksals?
E. Unglückseliger, weil du ein Böser warst. Er ist es,
Der in den Staub vor ihm sich bückte, welchem du Hohn sprachst,
Der auf Gott sich verließ, da deine Schaaren wie Ströme
Kamen. Du kennst die Gerichte, die schon auf der Erde dich trafen
Dann die folgten, und nun folgt dieses: Der dir so klein schien,
Daß du ihn kaum verachtetest, mehr dem Mächtigen Hohn sprachst,
Auf deß Rettung allein der erhabnere König sich stützte,
Sanherib, den sollst du in neuer Herrlichkeit sehen.
S. Hab' er seine Herrlichkeit doch, die alt' und die neue!
Laß mich in meine Tiefe nur fliehn! Was geht mich Hiskias
Oder das ewige Licht, was mich, den Genossen der Nacht, an?
Laß mich, Tyrann des Himmels, entfliehn! E. Nah gehn die Gerichte
Gottes dich an, du Stolzer! Hier ruhet sein Staub, und der deine
Liegt von Ninive's Trümmer belastet. Auch er wird erwachen,
Aber dunkel und jammervoll, anders, als den du nun sehn wirst.
Schrecken und Wuth ergriffen den blutigen Völkerbezwinger,
Als sich auf einmal das Grab des erhabnen Hiskia bewegte,
Und er eben so schnell in der neuen Herrlichkeit dastand.
H. Fleuch nun, Lästerer! Fleuch, Hohnsprecher des Todtenerweckers!
Rufte, bewaffnet mit blitzendem Strahl, Hiskia. Was säumst du?
Fleuch in deine Tiefen hinab! Du hast mich gesehen,
Aber Sanherib war in des Grabmals Felsen gewurzelt,
Konnte vor Wuth nicht entfliehn. Da rief Hiskias herüber:
Siehe, noch anderer Spott, als der vor der Flucht in den Tempel
Nisrochs, wo deiner Söhne gehobene Schwerter dein harrten,
Anderer Spott lohnt jetzo dich! Sions Tochter im Himmel,
Sie mit der goldenen Krone des Heils, verachtet dich, Todter,
Und die hohe Jerusalem droben schüttelt ihr Haupt dir,
Niedergestürzter Verderber, nach. Denn wen, o du Stolzer,
Hast du geschmäht? Dein Aug' erhoben und deine Stimme
Wider wen? Und Sanherib floh und der Götze zur Hölle.

David eilte zu Kis Grabmal in Zela Benoni's:
Denn so nennet' ihn Rahel, als ihr den Tod der Geliebte,
Sie das Leben ihm gab; zu seinem Jonathan eilt' er.
J. Ach, du bist es doch selber? Du bist, mein David, es selber?
Siehe, so sind nur Henoch und nur Elia. Wer bist du,
Vater des großen Todten, geworden! D. Der Staub in dem Grabmal
Meiner Kinder und meinem bewegte sich; siehe, da bin ich
Auferstanden. J. Du Vater des Gottgeopferten, Heil dir
Auch zu dieser Herrlichkeit! D. Du mein Jonathan, wirst auch
Aufstehn. J. Ich? Bin ich der Väter des Göttlichen Einer?
D. Adam erstand und Noah und Abraham. J. Sind sie nicht Alle
Väter des Mittlers? D. Auch Moses erstand. J. Wer kann sich mit Moses,
Ihm vergleichen, der Arons Gott war? D. Auch ich bin erstanden.
Hast du gesündigt wie ich? J. Das nicht; doch war ich so edel
Und so fromm, als, David, du warst? Und über das Alles
Stammet denn nicht der Messias von dir? Wie wenig verdient' ich,
Und wie dank' ich dafür, daß ich gewürdiget wurde,
Mit von dem Himmel herab zu kommen und Jesus zu sehen!
David, ich habe genug, ich hab' ihn sterben gesehen,
Und mein Auge wird auch zum Triumphe des Herrlichen aufschaun.
Auch dadurch bin ich selig, daß du, mein David, zu mir kommst.
Wehmuth hätte beinah mich an diesem Grab ergriffen;
Denn hier bin ich allein, und Keiner von meinen Vätern
Ist mit mir und Keiner von meinen Brüdern. Die Meisten
Sind zwar selig; allein, ach, ruhet nicht hier sein Gebein auch,
Sauls? D. Du klagest doch nicht, o du mein Jonathan? J. David,
Lieber wollt' ich vergehn. Ich klagen? Machte mich Gott nicht
Auch zum Erben des Lichts? Auf meines Vaters Gebein ließ
Ohne Klag' ich nur die eine Thräne noch rinnen.
Rein vor Gott sind selbst die hohen Engel nicht, selber
Unsre Seligkeit kann ein Wölkchen Wehmuth umschatten.
D. Jetzo, mein Jonathan, darf nicht Wehmuth trüben; denn Christus
Ist gestorben. Als er noch litt, traf mehr, wie nur Wehmuth,
Unsere Herzen, und, steh', es erwachen die ersten der Zeugen
Seines Todes und Lebens. Indem rief Jonathans Engel:
Trockne die eine Thräne, die dir so spät noch geronnen,
Trockn' auch sie! Er hatt's mit der Stimme der Halleluja
Kaum gerufen, als Jonathan schnell in Schlummer dahinsank,
Eben so schnell vor David, nun ganz ein Unsterblicher, dastand.
Wer am Throne dereinst die hohen Jubelgesänge
Davids und Jonathans hört, der wird auch hören, was damals
Sie sich sagten und was sie sich nicht zu sagen vermochten.
Gideon, der die Krone nicht nahm, die Juda ihm brachte,
Schwebt' in dem Glanz der Unsterblichkeit auf. So werden nicht glänzen,
Wenn das Rufen des ernsten Gerichts an dem Throne des Sohns ruft,

Die aus dem Blut der Bezwungnen empor die schreckliche Krone
Huben und auf ihr Haupt mit dem Recht der Tyrannen sie setzten
Oder, bess're Besitzer, in jener Schlacht sie entweihten,
Die nicht Schuldlose rettet und gern sich dem Richter verbürge.
Aber ihres Blutes Geschrei hat er vernommen
Und wird ihm, wenn er kommt, laut anzuklagen gebieten.
Jetzt erwachte sein stäubend Gebein, des Todtenerweckers;
Eh' er selber verwes't war, Elisa verließ (so verlassen
Frommer Seelen den Leib) sein deckendes Grab und er eilte
Purpurstrahlend hervor, er allein ein Morgen des Frühlings.
Einst, da weiß zu werden begann das Gebein des Propheten,
Trugen sie einen Todten hinaus und legten ihn nieder
In sein Grab, ein jugendlich Weib, die Wonne des Mannes,
Welchem sie einen Sohn der Schmerzen sterbend geboren.
Lange hatten sie sich geliebt und besaßen sich endlich;
Doch sie starb. Er weint' ihr nicht nach. In stummer Betäubung
Ging er voran in dem Todtengefolge. Der Klagenden Eine
Trug der Gebärerin Tod, den Knaben, der, schön wie der Rosen
Frühe Knospe, zu blühen begann. Jetzt legten die Träger
Auf Elisa Gebein die Mutter des lächelnden Knaben.
Schleunig entstand ein Rufen des Freudeschreckens, und bleicher
Ward auf einmal das Antlitz der Weinenden, schneller ihr Athem;
Denn die Mutter erhub sich, sprang hin und riß aus den Armen
Jener Fremden ihr Kind und bracht' es bebend dem Vater.
Und sie, deren Wange, da sie in das Leben zurückkam,
Glühete, ward jetzt auch vor Entzückung bleich. Ihr Geliebter,
Der Erscheinungen sah und in dem Arme des Geistes
Seines Kindes Gestalt, betrachtete lächelnd die Beiden,
Mehr glückselig, als je. Ich folg'; ihr winket, ich folge.
Aber da sie nun wirklich es war, da die Zeugen es riefen,
Und sie selber es rief, ward's um sein Angesicht dunkel.
Und sie reichte den Weibern das Kind und führt' ihn zur Hütte,
Wie (so freuet' er sich) ihn Todesdämmrung umschwebte.
An Debora's Grabe bewegten auf einmal die Palmen
Ihre Wipfel, und schnell stand unter den rauschenden Palmen
Auferweckt die Prophetin und pries den Erschaffer des Lebens.
Mirjam trat im Triumphe daher aus dem Staube der Erde.
Freudeglänzend erhub sie ihr hohes Auge gen Himmel,
Suchte mit feurigem Blick umher in den weiten Gefilden;
Aber sie fand den Unsterblichen nicht, der vom Tod in das Leben
Schnell sie gebracht, dazu an der Allmacht Throne gerüstet.
Engel der Auferstehung, wo weilest du, Ernter? Wo decken
Heilige Schatten dein strahlendes Haupt? In welchen Gebirgen
Ist der Ruf der Posaune verhallt, mit dem du mich weckteſt?
Ach, wo ruhest du aus von deinem Werk, in Erstaunen
Selbst verloren, daß Gott zu diesem Wunder dich sandte?

Volk, das Hesekiel sah aus seiner Gefängnisse Gräbern
Kommen, wann wirst du, Volk des Gerichts, das zweitemal aufstehn?
Deine Rettung nicht nur, der Sterbenden fröhliche Hoffnung
Auch zu lernen, erblickt' er die Auferstehung der Todten,
Sieh', ein ernstes Gesicht. Er stand weissagend, da rauscht' es,
Und da regt' es sich, und die Gebeine kamen zusammen,
Jedes zu seinem Gebein. Er sah, es wuchsen darüber
Adern und Fleisch, und mit Haut bekleidete Gott sie; allein noch
War kein Odem in ihnen. Doch er weissagte von neuem;
Da kam Odem in sie, sie wurden lebend und standen
Aufgerichtet ein zahllos Heer. Dieß himmlische Bild war
Ihm von dem Chebar übrig geblieben, und, lichter durch Strahlen
Seiner Seligkeit, hatt' es ihn nicht in dem Himmel verlassen.
Jetzt, da die Auferstehung des göttlichen Todten sich nahte,
Und der großen Entwicklung bei seinem Staub er sich freute,
Ging es von neuem ihm auf, ein Strahlenmorgen des Frühlings.
Und sein Engel begann: Ich hör' in den Fernen ein Säuseln,
Als der Gegenwart Gottes. Von allen Seiten der Erde
Wehet es her. Wenn nun Einer von seinen Hauchen den Staub hier
Unter uns rührte? Jetzt schlummern sie wieder, die athmenden Lüfte;
Ach, nun erwachen sie wieder. Er sprach's, und es weht' in des Engels
Goldene Locke. Hesekiel! rief der hellere Seraph.
Aber schon hört' er nicht mehr, schon rauscht' und regte sein Staub sich.
Schon kam Odem in ihn, ein Hauch zu dem ewigen Leben.
Und der Unsterbliche trat auf seine Füße, zu freudig,
Auszusprechen, was er empfand; doch erhub er gefaltet
Seine Hände gen Himmel, und nun umarmt' er den Engel.
Und sie schwebten, geführt von dem Säuseln der Gegenwart Gottes,
Nach den andren Todten, sie auch erwachen zu sehen.

Asnath schien in Schlummer zu sinken. So schwebt in der Aue
Leicht ein werdender Duft, den der Mond in Silber wandelt,
Wie sie des Grabes Staub mit zweifelndem Schweben berührte.
Ach, mein Hüter, was ist es, das so mich umdämmert? Was gleiten
Mir für Bilder vorbei, die ich sonst nicht kannte? Was fühl' ich
Neues in mir? Ich habe für diese neuen Gefühle
Keine Namen; allein sie gleichen, doch ferne nur, denen,
Die ich im ersten Leben empfand, da der Tod mich wegrief.
Sterb' ich, Engel Gottes, noch einmal? Mich däucht, die Stimme
Bebt mir, und, ach, zum leisen, gesunknen, unhörbaren Laute
Wird ihr Silberton. Ich sterbe wieder, du Engel
Gottes! In sanftem Geräusch, als ob Edens Quellen mir rauschten,
Seraph, in lieblichem Wehen des schattenden Paradieses
Schlummr' ich hin. So entsanken Asnath die letzten Laute.
Aber, von lichten Gedanken umringt, als wären's des Aufgangs

Röthen, durchdrungen von inniger Freuden schnellem Gefühle,
Schwebte sie auf, war ganz der Unsterblichkeit Erbin geworden.
In der Entzückung, als weit um ihn her das Todesgefilde
Rauschte von Auferstehung, da blies die hohe Posaune
Einer der Engel. Mit ihrem erschütternden Donnerhalle
Trat der Held, den Gott zur Bezwingung Kanaans sandte,
Aus den Schatten des Todes herauf. So leuchten aus Nächten
Blitze, so sah auf Dothans bestrahlten Bergen Elisa
Flammende Wagen der Engel, die ihn mit Rettung umgaben.
Wie ein Erstling der Frühlingsblumen in duftigen Thälern
Aufblüht, also erwacht zu dem Leben der Leben, nicht wieder
Wegzuwelken, die Tochter Jephtha's. Zu Silbergetöne
Ward es, wovon die Lippe der Preisenden bebte. Ihr Engel
Tönt's mit der goldenen Harf' ihr nach und erhub es auf Flügeln
Frohbegeisterter Harmonien noch höher gen Himmel.
Nah an Jerusalem hatte die Mutter der sieben Söhne
Mit den Söhnen ein Frommer in einer Höhle begraben.
Muthig grub er die Heiligen ein, entschlossen, dem Wüthrich,
Der sie erwürgte, die That zu bekennen und selber zu sterben.
Oft war diese Höhle die Ruhstatt müder Wandrer;
Oft beschatteten ihre Gewölbe des einsamen Beters
Heiße Thränen. Sie füllte mit ernstem Tiefsinn die Seele
Aller, welche vor ihr vorübergingen; denn Alle
Hatten gehört, welch heilig Gebein die Höhle begrübe.
Jetzo knieten in ihr um ihre Mutter die Söhne,
Märtyrer neben der Märtyrerin, voll dankender Wonne,
Daß sie, als seine Zeugen, der Mitter sterben zu lassen
Sie gewürdiget, da ihn sein erstes Gesetz noch verhüllte,
Da er in bildendem Schatten sich nur dem Forschenden zeigte,
Und ihn Tabor noch nicht, noch Golgatha ihn nicht verklärten.
Als von ihrem Grabe zu Gott ihr dankend Gebet stieg,
Kamen über den Bach, der an der Höhle vorbeifloß,
Semida und ein Bethlehemit, der dich in der Hütte,
Wo du das erstemal weintest, Erlöser, von Engeln geführt, sah.
Und sie setzen, lang' von ihren Schmerzen ermüdet,
Am Eingang des Grabs sich gegen einander und weinen.
Semida! ... Doch ich schweige von ihm. Wann spräch' ich es ganz aus,
Was ich über den Tod des Menschenfreundes empfinde?
Aber, o, sage mir, sage, was dieses für ein Gefühl ist,
Welches, seitdem mich des heiligen Grabmals Schatten umgeben,
Mich mit sanften, noch nie empfundenen Schrecken erschüttert?
Aber ich denke zurück. So war es mir, als sich die Engel,
Die uns seine Geburt verkündeten, ferne nur nahten,
Gleich der Dämmrung, und noch in der Himmel Glanze nicht strahlten.
S. Heilig ist, Jethro, ihr Grab. Ich empfinde, was du empfindest

Laß uns eilen! Denn Engel, Geliebter, oder Entschlafne
Weihen jetzo dieß Grab zum Heiligthume. Drum laß uns,
Laß uns eilen! Der Schauer, der aus den Tiefen der Höhle
Uns erschreckt, ist ein Wink, uns schnell zu entfernen. Sie wollen
Einsam und mit dem, den sie anbeten, allein seyn.
Semida sprach es. Aber, eh' er sich wendete, ging er
Einige Schritte tiefer und ruft' in die nächtliche Halle:
Ihr, o Unsterbliche, betet mit uns den Todten des Herrn an!
Göttlich hat er gelebt und göttlich ist er gestorben,
Jesus Christus. Vor seiner Geburt schon nannten die Engel
Seinen Namen. Ihr kennt den heiligsten aller Namen,
Jesus Christus, des Todten. Vom Tode wird er erwachen.
Ihr, ob eure Gegenwart gleich mit Schauer uns schreckte,
Seyd Erschaffne, wie wir. Ihr seyd unsterblich. Unsterblich
Sind auch wir. O, lasset mit süßem, menschlichem Namen,
Lasset Brüder euch nennen! Ach, ihr seyd unsere Brüder.
Dieses Grab der Märtyrer sey, wenn wir einst zu euch kommen,
Unser Zeuge, daß wir schon auf der entheiligten Erde,
Noch in der Hülle der Sterblichkeit, unsre Brüder euch nannten!
Euch erinnre dieß Grab der Märtyrer, daß, wenn wir kommen,
Ihr, die Ersten im Himmel, als eure Brüder uns aufnehmt!
Thirza und ihre Söhne vernahmen den Jüngling. Sie sahen
Ihn und seinen Gefährten, indem mit melodischer Stimme
Semida redete, Beide mit freudigstaunenden Blicken
Unverwendet auf sie (so dücht' es ihnen) hinabschaun.
Als er endete, wandte zu ihren Söhnen sich Thirza:
Möchten sie weilen! Ich liebe sie. Voll von Einfalt und Unschuld
Ist ihr Herz; doch vielleicht, daß der Schauer, welcher sie schreckte,
Von dem Ewigen kam. Geht hin in Frieden! Der Herr sey
Euer Gott und leit' euch zu unserem ewigen Leben!
Ja, bei unsrem Staube, der einst der Unsterblichkeit aufwacht,
Ja, wir kommen, entschlummert ihr, euch von dem Himmel entgegen.
Jethro und Semida wendeten sich und verließen die Höhle.
Als der beiden Sterblichen Bild noch um Thirza's Seele
Schwebte, verdrang's auf einmal ein Anblick voller Erstaunen.
Ihre Söhne, wie sie von dem Leben der Himmlischen strahlten,
Sanken um sie in Schlummer; doch däuchte sie, zween von ihnen
Wären vielmehr in Entzückungen, als in Schlummer gesunken.
Denn es leuchtete heller, als sonst, ihr Antlitz. Sie redten.
Wonne war ihr Gefühl, und Harfen waren die Stimmen.
Voll von Seligkeit rief der Dritte der Brüder, Benoni:
Stiegest du schon, o du schönster der Morgen, du seliger Morgen
Seiner Auferstehung, herauf? Ja, Morgen der Wonne,
Siehe, du bist gekommen (das Grab erbebt, es erbeben
Golgatha und das Kreuz), du bist, o Morgen, gekommen!
Also rief er und sank wie seine Brüder in Schlummer.

Voll von Seligkeit rief der Brüder Jüngster, Jedidoth:
O ihr Engel, wo bin ich? Hat er zu dem Throne des Vaters
Schon sich erhoben? Ach, himmlisch, Jerusalem, schimmerst du; himmlisch
Glänzest du, Thron des Siegers! Allein wie strahlen, wie strahlen
Seine Wunden! Er rief es und sank dahin wie die Brüder.
Thirza erstaunte noch stets. Vor ihrem Angesicht lagen
Sieben Unsterbliche, welche wie Menschen Schlummer umwölkte.
Süß zwar ist der Liegenden Anblick (das Antlitz der Mutter
Hängt mit stillen Betrachtungen über dem Antlitz der Söhne);
Aber die Schlummernden sind Unsterbliche. Sollen, so dachte
Ihre Mutter, so lange das Grab des Versöhnenden Leichnam
Heiligt, auch sie die festlichen menschentröstenden Stunden,
Zwar im Tode nicht, aber doch schlummern? Sie dacht' es. Indem schloß
Sich ihr Auge. Sie sahe sich nicht, sie fühlte sich sinken.
Umgeschaffen erhub sie sich dann. Ihr Engel, wie ward ihr,
Als sie in ihrer neuen verklärten Gestalt sich erblickte!
Danken, danken will ich — sie rief's mit zitternder Stimme —
Ewig danken! Ach, mehr, wie die froheste Hoffnung entzücket,
Gabest du mir der Freuden! Auch sie erwachen, du Geber
Unaussprechlicher Wonne, du Geber des ewigen Lebens!
Und sie kniete nieder und sah mit verbreiteten Armen
Und mit lautem Weinen um sich die Kinder erwachen,
Sah sie werden. So schnell, wie der Gluth sich die Flammen entschwingen,
Sahe sie, daß aus wehendem Staube sich Engel erhuben,
Und der Leib der Heitre den neugeschaffnen verklärte,
Sah sie ihr erstes Lächeln (es lächelte nicht der Mutter),
Sah ihr werdendes Auge gen Himmel sich öffnen und schimmern,
Höret' ihr erstes Stammeln zu Gott, die seligste Mutter.
　Neben einander begrub ein Grab vier Freunde. Dem Hügel
War das Felsengewölbe, worunter die Leichname ruhten,
Im Erdbeben entstürzt. Sie sahen ihre Gebeine
Ueber ihrer Verwesungen eingesunkenen Asche
Liegen und segneten diese zerstreuten Trümmer des Lebens,
Mit dem Wunsche der Auferstehung; aber sie hofften
Jetzo des freudigen Wunsches Erfüllung noch nicht. Der Entschlafnen
Letzter, der Ethan und Chalkol zur Ruh' und Heman begleitet,
Dann noch ein wenig auf Erden, ihr Uebriger, hatte gewandelt,
Darda sprach zu seinen Geliebten: Wie waren wir immer
So glückselig, ihr Freunde! Das Leben am Grabe vereint' uns,
Dann das Grab, die Ewigkeit auch. Zwar sahen wir Ethan
Sterben und weinten ihm nach; dein Gebein ist weißer, o Ethan!
Heman sah ich und Chalkol des Todes Weg zwar ziehen,
Aber zu Ethan hinauf, und wir weinten sanfter. Darauf schlief

Chalkol in meinen Armen auch ein, und ich blieb übrig,
Noch zu dem Leben so reif nicht, als ihr. Wie war mir Verlassnen,
Als ich, o Chalkol, das Grab dir schloß! Doch mächtiger stärkte
Gott den Weinenden, gab mir Ermannung, gen Himmel zu schauen.
Bald hernach starb Salomo auch und wurde versammelt
Neben Davids Gebein. Kurz war mein übriges Leben;
Wenige Nächte, da kam mit dem Todesschlafe die letzte.
Siehe, da liegt nun unser Gebein und harret des Rufes,
Welcher ihm zu erstehn gebeut. Wie entzückt das Verlangen,
Auferstehung, nach dir! Wie wirst du selber entzücken,
Auferstehung! Wie wirst du (mit himmlischen Harmonien
Sang es Heman) o du Erwachen zum Leben, entzücken,
Du Erwachen, nicht mehr zu entfliehenden Tagen! Vergönne,
Geber der Seligkeit, mir, der Wünsche frömmsten zu wagen,
Der zu Hoffnung beinah in meiner Seele gereift ist,
Diesen: mit dir zu erwachen! Denn du verwesest nicht, Mittler!
Jesus Christus, wie könnte dein Gott dich verwesen lassen!
Hier von meinem Leibe, deß Erde lange schon hinsank,
Fleh' ich zu dir hinauf, weit über den Hügel des Kreuzes,
In die Himmel der Himmel hinauf: Laß, großer Beginner
Deiner Ernte, den Keim in dem Staube, den schlummernden Leichnam,
Unter deinen Schatten, du Aehre der Aehren, erwachsen!
Ach, sie schattet noch nicht, rief Chalkol heftig, und Heman
Blühet schon auf. Ihr Glücklichen, seht ihr den Todten erwachen?
Seht ihr ihn glänzender werden? Er rief's und verstummt' und erwachte
Mit dem Erwachenden. Darda, auch dir, und Ethan, euch wurde
Keine Zeit zum Erstaunen gelassen. Der Todten Gebeine
Rauschten und regten sich mit und wurden mit Lichte bekleidet.
So (wie sie strahleten!) huben sie sich, vereinigte Schimmer,
Hand in Hand in die Wolken empor und sangen dem Mittler.
Nah an Jerusalem schlief die Prophetin Hanna, vor Vielen
Ihrer Tage glücklich. Sie sah in dem Tempel den Knaben
Bethlems und wußte, wer der Sprößling aus Juda's Stamm sey.
Er entrann in Aegyptus, und sie in das Grab. Sie erwachte
Jetzt zu der Herrlichkeit. Als sie herauf aus dem kühlen Gewölbe
Ihres Grabmals trat und nun die Augen, so niemals
Wieder sich schließen sollten, eröffnete, sah sie des Todten
Leichnam gegen sich über am Kreuz. Ja, dennoch, du Todter,
Bist du mein Auferwecker. Du bist es, du hast mir den neuen,
Ach, den unsterblichen Leib vor dem Tage der Tage gegeben.
Ach, wie trieft er von heiligem Blute! Laut in des Himmels
Fernen Hallen vernahm und erhörte der ewige Richter
Dieses Blutes Rufen um Gnade. Sie sprach's und verstummte
Voller Wonne, vertieft in die Folgen dieser Erhörung.

Joel, Samma's Erster, nun Einziger, hatte den Vater
Und den Todeshügel verlassen und war zu des Oelbergs
Thale niedergeirrt, Gethsemane durch, zu dem Grabe
Seines Bruders. Er sucht' es mit schwerem Schritte. Der Stein war
Schon mit stillem Moose bedeckt. Er sank bei dem Steine
Kraftlos nieder mit starrem und blutendem Auge von Thränen
Ueber Jesus und über Benoni. Du hast in der Kinder
Und der Säuglinge Munde dir Lob bereitet; in meinem
Jammer. Ich hatt' um Benoni den Schmerz zu stillen begonnen;
Aber darauf .... Ich mag den göttlichen Namen nicht nennen
Mit dem Namen des Todes. Und, ach, nun still' ich mein Jammern
Um Benoni nicht mehr. Er ist mir noch einmal gestorben.
Jener große Todte, kaum wag' ich es, ihn zu beweinen,
Ist ein Bruder der Engel; ihn dürfen Engel nur weinen.
Aber, Benoni, Benoni, dich darf, dich will ich ewig
Weinen. Er senkte sein glühendes Haupt auf den Stein mit trübem,
Bangem Auge, mit bleichen und sanftgeöffneten Lippen,
Seines Bruders und seines Engels Wehmuth und Wonne.
Denn sein Engel und du, vollendete Seele Benoni's,
War't herunter gekommen zur heiligen Stille der Gräber.
Joel wußte Das nicht. So kennt ein duldender Frommer
Hier im Leiden die helfende Hand nicht, die ihm so nah ist,
Nicht entfernter, als jenes Lüftchen, welches schon säuselt,
Ihn mit stiller Kühlung ins Grab hinunterzuwehen.
Denn schon hat ihn des Lebens Herr und des Todes zum Sterben
Eingesegnet. B. Ich lebe mehr, o Seraph, als er lebt;
Aber wie weint er den Todten und denkt nicht hinauf an mein Leben!
J. Hingegangen bist du und hast allein mich gelassen,
Mein Benoni, du Blume, von schnellem Sturme gebrochen,
Duftende Morgenblume, des Thales Saron die schönste!
B. Hingegangen, mein Joel, mein Bruder Joel, zu wachsen
Hoch im Himmel ein Schatten empor an dem Strome des Lebens.
J. Unser Vater ist alt. Dein Tod, dein Tod, o Benoni,
Wird auch ihn mir nehmen und, ach, hinab in die Grube
Bringen mit Herzeleid sein graues Haar. Ich, der Waise
Und der Bruderlose, wie werd' ich schmachten und dürsten
Nach des Todes Kelch, der Anderen bitter, mir süß ist!
B. Seraph, des Knaben Schmerz geht durch die Seele mir.
Trockn' ihm
Seine Thränen, ach, trockne die unaushaltbaren Thränen!
E. Gott, Gott nimmt sie von ihm, ist seine Stunde gekommen.
Weißt du nicht, daß wir Engel zu früh die Thränen nicht trocknen?
J. Schlummere sanft, du Inniggeliebter! Doch Lazarus kam ja
Aus der Verwesung. Allein da lebte der Göttliche selbst noch.
Aber nun hat er an dem Kreuze Vollendung gerufen.
B. Wird er lange noch leben, o du sein Engel? E. Das weiß nur,

Der, wenn er sterben soll, mir gebeut, ihn gen Himmel zu führen.
J. Lehre mich, den Betrübten, den Bruderlosen, o Vater
Aller Väter, die Weisheit, die durch die Wüste des Lebens
Uns in das Land der Verheißungen leitet! Du siehst ja, du Va
Aller Väter und Kinder, die innige bittre Betrübniß
Meines schmachtenden Herzens. Ich fühle die wachsenden Kräfte
Meiner Jugend und sehe vor mir ein Leben ohn' Ende,
Ohne Benoni, bald ohne Vater und, ach, ohn' Ende.
B. Seraph, der innige Schmerz, wird der sein Leben nicht kürzen?
Tage nur wird er noch leben; doch Jahre sind ihm die Tage.
J. Seele meines vollendeten Bruders, ach, wenn du hier wärst
Um dein Grab und deinen verlassenen Joel noch kenntest,
O, so würdest du auch ein kurzes Leben mir wünschen.
B. Weniger nicht gehöret dazu, o Seraph, des Knaben
Kümmernisse zu sehn und ruhig sie auszuhalten,
Als der Besitz des ewigen Lebens. Du warst, o sein Engel,
Stets ein Unsterblicher, ließest in jenen Hütten des Elends
Keinen Bruder zurück? E. Doch empfind' ich dir nach, o Benoni,
Was du empfindest. So oft wir von unsren Geliebten uns trennen
Und um neue Befehle zum Thron des Ewigen steigen,
Lassen wir Brüder zurück. B. Was ist es, mein himmlischer Bruder,
Daß mein Grab sich bewegt, ach, daß vom erschütterten Steine
Joel aufspringt, daß es um mich wie Dämmrungen herschwimmt?
Daß ich ... O Gott, wo bin ich? O Geber des ewigen Lebens,
Du erhältst doch, o, du vernichtest mich nicht, du Geber?
Also stammelt' er sanft, wie sich Wiederhalle verlieren.
Und, durch den neuen Leib der Auferstehung verherrlicht,
Rief er: Du erhältst mich nicht nur, du unendlicher Geber,
Du bekleidest mich auch mit diesem unsterblichen Leibe.
Preis dir, Herrlicher, Herrlicher, der der Gaben so viel' hat!
Nun, mein Bruder, wenn einst auch dir der Leichnam verwes't ist,
Weckt dein Schöpfer ihn auch, er, der der Gaben so viel' hat.
J. Wacht' ich? Oder hatte der Schmerz sein fürchterlich Schlummern
Ueber mich ausgebreitet? Empfind' ich in meiner Kindheit
Schon, was Samma empfand, wenn er in der starren Betäubung
Niedersenkte sein Haupt, dann auf einmal aufsprang und rufte:
Kind, Benoni, mein Kind, am blutigen Felsen zerschmettert!
War ich also betäubt, ach, oder bewegte der Stein sich
Wirklich? Ihr ruhet doch sanft, ihr meines Bruders Gebeine?
Bebte die Erde noch nach? Da kommt mein Vater und sucht mich.
B. Siehe, mein Vater, o Seraph! Ach, weine, du redlicher Alter,
Nicht bei meinem Grabe! Ich bin ja so selig, und leer ist
Meines Staubes der Staub, den dieser ruhende Stein deckt.
S. Lange sucht' ich dich, Joel, nun find' ich dich endlich. O, laß uns
Diesem Graun der Gräber entfliehn! Ist das nicht Benoni's?
Komm', mein Joel! Ist das nicht Benoni's? Laß uns entfliehen!

Komm', mein Uebriger! Gott, Gott segne dich, Joel! Sie gingen.
B. Gott, Gott segne dich bald, sprach, da sie sich wandten, Benoni,
Mit dem ewigen Leben, du duldender, redlicher Vater!
Simeon, als er hatte gesehen den Heiland Gottes,
Ihn, das Licht, zu erleuchten die Völker, den Herrlichen Juda's,
Und den innigsten Dank nun über ihn ausgeweinet,
Säumte nicht lang', sein grauendes Haupt zu der Ruhe zu legen.
Simeon machte sich auf, ward sterbend Licht; denn sein Licht war
Drüben am Grabe noch heller, und du, o Herrlichkeit Gottes,
Gingst dort leuchtender über ihm auf. Das Verwesliche war ihm
Schon zu Staube zusammengesunken. Der Geist des Propheten
Schwebt' an der deckenden Gruft, wo seines Leichnames Saat lag,
Schnell (er wußte das nicht) zum hohen Halme zu wachsen
Vor dem Tage der großen Ernte mit wenigen Halmen
Ueber die Saat der Todten empor, die seit Adam entschliefen,
Ueber das Menschengeschlecht, das hinab bis an das Gericht stirbt.
Und im röthlichen Wege, der durch das Rauschen des Kidrons
Von Jerusalem sich an des Oelbergs Fuße herumzog
Und mit seinen Krümmungen dicht an Simeons Grab kam,
Wandelte langsam ein Greis, mit ihm ein führender Knabe,
Simeons Bruder und Enkel. Des Alten Aug' umhüllte
Blindheit, die frühere Nacht des Todes, eh' noch der Tod selbst
In das dunkele Thal uns führt. Ihn tröstete kindlich
Boa, der Knabe, des Gleitenden Stab. B. O, trockne dein Auge
Endlich wieder, du redlicher Vater, und weine nicht immer!
G. Lang' schon sah mein Auge nicht mehr; so laß es denn das thun,
Was es allein noch vermag. Ich werde den säumenden Tod doch
Endlich erweinen und mich aus dieser Nacht des Lebens
In die bessere Nacht hinneigen. Doch sage mir, Boa,
Sind wir noch ferne von dem Gebein des heiligen Alten?
B. Nein, nicht ferne, mein Vater. G. Ist schon mit Moose der Grabstein,
Wie mit ihrem Epheu die öde Trümmer, bewachsen?
Zeuget schon der gesunkene Stein von des frommen Entschlafnen
Langen Ruh'? Ha, blühender Knabe, mein starrendes Herz fliegt
Freudig empor, wenn ich die alternden Gräber, wie rührend,
Und ehrwürdig sie sind, mir denke. Mein Simeon legte
Sich in sein Grab so lange nun schon. Zwar lang' ist mein Grab auch
In den Felsen gehaun; doch stets noch fehlt ihm der Todte.
Also sagt' er und stand und lehnt' in der bitteren Wehmuth
Sich auf Boa. Mein Sohn, für den die Sonne nicht auslosch,
Dessen Auge der Sommernacht sanftschimmerndes Licht sieht,
Ist der Himmel heiter? Mir wehete liebliche Kühlung
Und erfrischte den Müden. B. die Luft ist heiter, mein Vater,
Und verschönt in dem weiten Gefilde den sprossenden Frühling.
G. Wär' er auch in Wolken gehüllt und dunkel von Wettern,

Boa, mein Sohn, soll doch der Tag, an welchem ich sterbe,
Mir ein Tag des Frühlinges seyn. S. Er dürstet zu sterben,
Sagte Simeons Seele zu dem Geleiter, dem Engel,
Weil er den trüben Gedanken von Jesus Tode nicht aushält.
E. Simeon, ach, den weiß er noch nicht. Sie haben dem Greise,
Daß er lebe, verborgen die schreckenvolle Geschichte.
S. Siehe, so stirbt er, o Seraph, sobald er sie hört. Doch ich sagte
Ja auch ihm, es würde dieß Schwert durch die Seele der Mutter
Gehen. Indem sie so redeten, setzte sich Simeons Bruder
Mit dem Knaben ans Grab. Die aschebedeckten Gebeine
Simeons sonderte jetzt von der Erde Staube der Cherub
Zu der Unsterblichkeit ab. Sie rauschten und regten sich, sichtbar
Nur für Engel, für die nur hörbar, die fern in den Himmeln
Preise der Sterne vernehmen. Indem sein Schimmer, des neuen
Werdenden Leibes Verklärung, auf diesen wallend herabsank,
Däucht' es der hohen Seele, daß ihr die Gedanken sich ferne,
Wie auf Flügeln entzückender Harmonien getragen,
Immer ferner verlören. Doch kehreten eilend sie wieder,
Da der unsterbliche Leib der neuen Schöpfung vollendet,
Und des todten Seele mit jeder innigen Freude
Seiner Auferstehung erfüllt war. Ein Pilger des Festes
Lief in dem Wege daher und eilte nach Bethlehems Hütten.
B. Warum eilest du so, du Pilger? P. Sollt' ich nicht eilen
Und den Meinen erzählen des Todes bange Geschichte?
G. Welches Todes? so rief des Auferstandenen Bruder.
P. Bist du der Einige, der nicht wisse, daß unsere Herrscher
Jesus, den göttlichen Mann, an dem Kreuze tödteten? Sprachlos
Sank der Alte zurück. Nach langem Mühen brachten
Endlich der Pilger und Boa den Leidenden über den Kidron,
Weg von den Gräbern. Er flehte, zurückgeleitet zu werden;
Aber umsonst, sie leiteten ihn zu Jerusalems Thoren.
S. Wollen wir neben ihm wallen und seinem Geiste begegnen,
Wenn er, o Seraph, die Hütte verläßt, die jetzt ihn belastet?
Denn der Morgen wird sie gesunken finden. E. Er stirbt nicht,
Simeon, denn sein Engel ist um ihn nicht zugegen,
Und er wird noch sogar in jenem Leben der Freuden
Viel empfahn. Denn du, mein Simeon, wirst ihm erscheinen
Und von der Auferstehung des Herrn mit dem Leidenden reden.
Lieg' und ruh', so dachte bei seinem Leichnam Johannes,
Bis an jenen gefürchteten Tag, den großen Entscheider:
Wessen Sünde du trugst, Lamm Gottes! Wir sollen hier weilen;
Länger wohl nicht, als Nacht den Leib des Getödteten einhüllt,
Als du schlummerst, o Lamm, deß Altar von dem Blute noch rauchet.
Du versammelst uns dann, wenn du, ein Sieger, hervorgehst,
Wieder um dich, daß wir auch deine Herrlichkeit sehen.
Dann verlass' ich dich, Staub, dem einst Posaunen ertönen.

Jetzo säum' ich gerne bei dir. Was werdet ihr selbst seyn,
Freuden der Auferstehung, da eure Hoffnung so froh macht!
Was für ein Traum umschwebt, für ein hocherhebender Wunsch mich,
Bald zu erwachen, auf deinen Tag nicht, Richter, zu warten?
Sieh', ein Wunsch, den Hoffnung die Himmel höher hinaufträgt.
Wunderbar sind die Gnaden des Herrn, unzählbar, und neue
Dürfen wir stets erwarten. So dacht' er und sah Benoni,
Einen Schimmer, daher in der Abenddämmerung kommen.
J. Welcher Engel entschwebt dem hangenden Felsen, o Seraph?
Sagte zu seinem Hüter Johannes. Jeder Entzückung
Frühlingsschönheit umgibt den himmlischen Jüngling. Ich kenn' ihn,
Höre sein Schweben. Er gleicht Benoni. Er ist Benoni's
Schützender Engel. Wer ist, o Seraph, wer ist er? — Ich kenn' ihn
Nun nicht mehr. Er ist kein Engel nicht, keine der Seelen
In dem Gewande des Lichts; doch gleicht er Benoni. Erstanden,
Ach, von dem Tode wärest du, himmlischer Jüngling, erstanden?
Komm', beflügle den Schwung, den Harfenklang, den du schwebest,
Wer du auch bist! Vielleicht ein Benoni, vor kurzem gestorben
Drüben am Ocean, erstanden, herübergesendet,
Irgend ein neues Wunder des großen Erbarmers zu lehren
Oder selber zu seyn? Jetzt hatte dem Harfenklange
Flügel Benoni gegeben und war leichtschwebend gekommen.
B. Größter von denen, die Weiber gebaren, von Ewigkeit segne
Dich der Vater der Wesen zu Ewigkeit! Himmlische Botschaft
Bring' ich: Siehe, der heilige Staub, die Todten erwachen.
Täufer des Herrn, das ganze Gefild bewegt sich und rauschet,
Rauschet von Auferstehung, die Todten Gottes erwachen.
J. Jüngling, wen sahest du, sahst du? B. Ich sah den Vater der Menschen;
Henoch und Elias erstanden, und Abraham glänzte,
Wie die Heere des Himmels. Auch kam im Purpurgewölke
Isak. Ich sah (es danket' ihr Aug', erhoben zum Himmel)
Moses und Hiob. Ich sah die Sieben, die Märtyrer, kommen,
Und verlor mich in der Entzückung. Von Ewigkeit segne
Dich zu Ewigkeit Gott! Auch dich, Johannes, erblickt' ich,
Aber noch nicht erstanden. Bereite dich, Größter von Adam,
Deiner Auferstehung! Johannes sahe verwundernd,
Daß sich regte sein Leichnam, sich aufrichtete, lebte,
Aber noch nicht verklärt, noch nur aus Erde geschaffen.
Schleunig verlor die erhabene Seele die letzten Gedanken
Ueber das Wunder, das letzte Gefühl der frohen Erwartung;
Denn sie vereinigte sich. Nun war das Wunder vollendet,
Und der Heilige pries in verklärtem Leibe den Mittler.

Dieser Erstandenen Namen erschollen mir laut; bei der Palmen
Wipfel verwehten die andren. Allein in den Stunden der Weihe
Kommt die Sionitin und nennt mir die himmlischen Namen.

Zwölfter Gesang.

Joseph erhält von Pilatus die Erlaubniß, den Leichnam Jesu zu begraben. Er und Nikodemus salben und begraben ihn. Chöre der Auferstandenen und Engel singen dabei. Die Jünger, viele von den Siebzigen, Maria, und einige der frommen Weiber versammeln sich in Johannes Hause. Joseph und Nikodemus kommen auch zu ihnen. Dieser bringt die Krone, die er bei dem Begräbnisse von Jesu genommen hatte. Maria, Lazarus Schwester, stirbt. Er, Lebbäus, Nathanael und Martha sind bei ihrem Tode zugegen. Lazarus kommt in die Versammlung der Frommen zurück, und bemüht sich, sie zu trösten. Salem, Johannes Engel, stärket ihn durch einen Traum.

Trüb ist und bang in ihren verborgensten Tiefen die Seele,
Wenn sie fürchtet, daß Gott sie aus ihrem himmlischen Erbe
Stoßen werde. Verirrt in dem Labyrinthe der Vorsicht,
Wenden sich weg von weiterem Forschen alle Gedanken;
Jede von ihren Empfindungen treffen die Flüche vom Sina
Und von dem Ebal, mehr des hohen Golgatha Schrecken.
Ach, nun wird sie das weiße Gewand der Sieger nicht kleiden,
Ihr in dem Himmel die Palme der Ueberwinder nicht werden,
Und die Krone nicht strahlen. Sie liegt hinschmachtend im Staube;
Und sie würde vergehn, wenn sie ein Gedanke nicht hielte,
Er ihr Retter nicht wär', ihr Engel, gesandt von dem Himmel,
Dieser große: sich Gott in Allem zu unterwerfen.
So voll Jammers und so von jeder Hoffnung verlassen
War der kleine Haufe der Wenigen unter den Menschen,
Die den Versöhner kannten des Ewigen, da ihn ihr Auge
Starr und todt auf Golgatha sah und um ihn nun Alles
Oed' und verstummt; und so war's der von Arimathäa,
Er der Eine, daß sie nicht ganz dem Jammer erlagen.
Dich zu begraben, du Todter des Herrn, entschloß sich Joseph,
Muthiger jetzt und Rächer an seiner vorigen Kleinmuth.
Laut ruft' er auf Golgatha, daß es der Hauptmann der Römer
Und, wie sehr auch Angst sie betäubte, die Zeugen es hörten:
Ich begrabe den Todten des Herrn. Dort gegen uns über
Lieget sein Grab und meins. Nein, ich will nur bei des Felsen
Eingang ruhen. Auf, Nikodemus, und alle Myrrhen,
Alles, was du von der Aloe brachst, das nimm und erwarte
Mich bei dem Kreuz! Ich geh', und ich komme vom Fürsten der Römer
Schnell zurück; auch bring' ich die Leinwand zu dem Begräbniß.
Und er eilte. So eilt der Entschluß, das Leben zu ändern,
Wenn er wahr ist, und jeder Entschluß der Sünde vergebens
Gegen ihn den blinkenden Dolchstoß wüthend emporhebt
Oder umsonst Einschläfrungen ihm und Seligkeit zusingt;
Also eilt er zur That. Der Arimathäer erreichte
Bald des Heiden Palast und fand ihn umgeben von Unruh',
Sahe Portia bleich und trüb ihr Auge von Jammer.

P. Was begehrst du von mir? J. Des Todten Leichnam, Pilatus,
Den du nicht kanntest, und den du, von meinem Volke verleitet,
Heut auf Golgatha kreuzigen ließest. Ich will ihn begraben.
P. Aber was geht der Todte dich an? J. Sehr viel, o Pilatus,
Und nur weniger, als den Richter droben, der Götter
Gott. P. Am Kocytus, und nicht in dem Himmel, richten die Götter;
Er nicht, den du voll Stolz den Gott der Götter itzt nanntest,
Israelit! Rhadamantus und Minos und Aeakus richten.
J. Ob die Götter der Römer, und ob am Kocytus sie richten,
Laß uns dann, o Pilatus, entscheiden, wenn unsere Leichen
Urne füllen und Grab. Itzt fleh' ich, o unser Beherrscher,
Auch der Mörder Beherrscher, die den Propheten erwürgten,
Innig dich an: Gib mir, gib wenigen Frommen den Leichnam
Dieses göttlichen Manns! P. So wär' er so schnell denn gestorben?
Sag', ist er wirklich todt? Jetzt hielt es Portia's Wehmuth
Länger nicht aus. Gib diesem redlichen Manne den Todten,
Oder begrabe mich selbst! Sie sprach's, und es stürzt' ihr die Thräne.
Sende zum Hauptmann am Kreuz! — Pilatus sagt' es zu Joseph —,
Und, wenn er kommt, so führ' ihn zu mir! Er sandte. Der Hauptmann
Kam. Sie traten herein. P. Ist, den sie vor Barrabas wählten,
Jetzt schon todt? H. Todt war er. Ihm wollte Keiner die Beine
Brechen, bis Einer zuletzt die Lanze tief ihm ins Herz stieß.
Und Pilatus erwiderte: Gib dem Manne den Leichnam,
Daß er ihn, wo er will, begrabe! Wo hast du beschlossen
Ihn zu begraben? J. In meinem Grab an Golgatha's Hügel.
Also sagt' er und ging und kam zu dem Hügel des Todes.
Christus Mutter erblickte zuerst den Treuen und sah es,
Daß er das Sterbegewand zu ihres Sohnes Begräbniß
Trug, und weinte vor inniger Wehmuth; doch ohne Sprache
Blieb sie noch stets, stumm immer noch, mit dem Schwert in der Seele.
Und so bebte zum erstenmal die Lippe Johannes:
Mutter des Herrn, uns armen Leidenden ist es doch Lindrung,
Daß ihn Joseph begräbt. Allein, indem er es sagte,
Wandt' er gleichwohl vom Grabe den Blick. Die Mutter des Todten
Und des Jüngers antwortete nicht. Der fromme Joseph
Eilte zum Kreuz, und ihm kam Nikodemus entgegen.
Wer von den Zeugen sich ihnen naht, dem rufen sie beide
Freudig zu: Wir dürfen den Todten Gottes begraben.
Aber die Leidenden traten zurück und blieben von fern stehn;
Doch die Zeugen im Himmel nicht auch, die Erstandnen und Engel.
Diese schwebeten näher hinzu, und schon, doch unhörbar
Menschlichen Ohren, begann der Harfe Klage; der Stimme
Klage noch nicht. Hätt' Einer der Sterblichen dieses vernommen,

Einer von denen, die bang in bitterem Schmerze versanken;
Nicht auf der Erd', er wär' in dem Himmel vor Freude gewesen,
Oder der Engelharfe Wehmuth hätt' ihn getödtet.
Jetzt trat Joseph herzu und Nikodemus und legten,
Der das Sterbegewand und der die Gerüche der Myrrhe,
In den Staub. Dann nahmen sie von dem Kreuze den Leichnam.
Und sie ließen ihn sanft auf Golgatha's Hügel herunter
Sinken. Nun ruht' er am Kreuz. Sie eileten, gaben der Staude
Leben dem Leichengewand und wollten, der einst mit Posaunen
Auferstehung gebeut, so schützen vor der Verwesung.
Aber Eva schwebt' auf ihn zu und neigt' ihr Antlitz
Ueber das Antlitz des todten Messias. Ihr goldenes Haar floß
Sanft auf seine Wunden, und eine Thräne des Himmels
Auf die ruhende Brust. Wie schön sind deine Wunden,
Lispelt sie leis' ihm zu. Noch ungeborner Erlös'ter,
Ganzer Aeonen Seligkeit strömt aus jeder herunter.
Sohn, mein Mittler, wie decket dir Blässe des Todes das Antlitz!
Dein geschlossener, schweigender Mund, dein stummes Auge
Reden dennoch ewiges Leben. Ein blühender Seraph,
Stürb' er, also läg' er im Tode. Noch lächelst du Liebe,
Und in deinem Gesicht redt' jede Geberde noch Gnade.
Also sprach zu dem liegenden Todten die glückliche Mutter.
Aber die andere stand verhüllt und konnte zum Leichnam
Nicht hinblicken. Joseph und Nikodemus umwanden
Schon den Todten. Allein, als unter der Bebenden Händen
Nun das Sterbegewand zu Blute wurde, da hielten's
Länger nicht aus die vollendeten Frommen, die Väter des Mittlers,
Und es begann ihr Todtengesang, die Klage des Himmels.
Eins der Chöre begann, und die Thränen der Seligen flossen.
Wer ist der, so vom Golgatha kommt in röthlichem Kleide?
Wer, mit Blutgewande geschmückt, herunter vom Altar?
Wer, deß göttliche Macht verborgen und ewiges Heil ist?
Ihm antwortet' ein anderes Chor, und die Thränen flossen,
Und der Posaunen des Weltgerichts tönt' ein' in dem Chore:
Ich bin's, der Gerechtigkeit lehrt, ein Meister zu helfen.
Dem erwidert das Chor, das zuerst in Thränen dahinfloß:
Warum ist dein Gewand so röthlich gefärbt, und wie Eines,
Der die Kelter getreten, dein Kleid? Trat ich die Kelter
Nicht allein, und war mit mir der Endlichen Einer?
Die sich empörten, ich hab' in meinem Zorn sie gekeltert,
Sie zertreten in meinem Grimm, und all ihr Vermögen
Ist auf meine Kleider gespritzt. In der rettenden Arbeit
Hab' ich mir die Gewande mit Blute gefärbt; denn der Rache
Tag ist, es ist gekommen das Jahr der großen Erlösung.
Als ich begann zu erlösen, da sah ich umher, und kein Helfer
War um mich. Da schreckte mich Gott, und Keiner erhielt mich,

Keiner im Himmel nicht, Keiner auf Erden. Da mußte mein Arm mir
Helfen, und gegen die stolzen Empörer mein Zorn mich erhalten.
Siehe, der Schlange zertrat ich den Kopf. Sie stach in die Ferse.
All' Empörer hab' ich in meinem Zorne zertreten,
Hab' in meinem Grimm sie trunken gemacht zu dem Tode.
Also hab' ich all ihr Vermögen zu Boden gestoßen.
Dieses sangen die Chöre und mischten Triumph in die Wehmuth.
Joseph nahm von des Todten Haupt die blutige Krone,
Reichte sie dem Gefährten und hüllte das göttliche Haupt ein.
Aber nicht wie Maria, und nicht wie die Jünger verstummten
Jene seligen Zeugen, die über Golgatha schwebten.
Denn von neuem begannen der Sterbegesang und die Thränen.
Hätten dir jetzt die Harfen getönet, die du, auch sterblich
Noch, auf Patmos vernahmst, wie selig wärst du gewesen,
Jünger des Todten und Sohn der Jammervollsten der Mütter!
Also sang ein Chor der Erstandnen und blickt' auf den Leichnam:
Sieh', es rauschte der Bach Kidrona, der Bach an dem Tempel,
Engel, der Bach Kidrona. Tritt auf den Stolzen, o Seele,
Auf die liegende Schlange! Die wenigen einsamen Palmen
Rauscheten durch Gethsemane. Da begann er zu sterben.
Einem anderen Chor entströmeten Halle des Donners:
Höret' er nicht tief unten die Fluthen rauschen des Abgrunds,
Wuthausruf der Gerichteten drohn und begann zu sterben?
Bebte nicht Tabor hinauf in die Wolke? Da kam Eloa
Aus dem Dunkel einher, der Nacht des richtenden Vaters,
Schwebt' und sang im Triumphe. Da begann er zu sterben.
Als sie schwiegen, erscholl die sanfte Stimme der Klage:
Und gestorben ist er, er ist gestorben, ihr Engel!
Also sangen sie. Joseph und Nikodemus erhuben
Von der Erde den heiligen Leichnam und trugen langsam
Ihn von Golgatha's Höh', der Last von Gott gewürdigt.
Und aus einem der Chöre geleitet ein Hall sie hinunter:
Ach, er hielt es nicht Raub, Gott gleichen; und dennoch, du Schönster
Unter den Menschen und Engeln, erniedertest du bis zum Tode
Dich, zu dem Tod am Kreuz, und Knechte sündiger Götzen
Warfen um seine Gewande das Loos. Ach, Essig und Galle
Gaben sie ihm in seinem entflammten Durste zu trinken,
Und vom bitteren Kelche des Hohns der Seele des Dulders.
Drauf erhub ein flammendes Chor die Stimme gen Himmel:
Ach, Jerusalem ... Wehe dir, Jerusalem! Wehe
Deinen Söhnen, Jerusalem! Jene zu schreckliche Stimme,
Ach, dein Rufen ums Blut des Versöhners, wie hat es der Feldherrn
Rufen, du Stadt des Todes, erhört! Wie haben die Adler
Sich versammelt ums Aas! Da entsanken die Harfen den Vätern;
Aber es rief die Posaune fort das Rufen der Feldherrn.

Auch den Händen des Manns, der Arons Gott war, entsanken
Seine Saiten. Allein, da Eloa's Donnerposaune
Weh' ausrief, da entschwebt' er der Heiligen weinenden Chören,
Trat dann dicht bei den Engel, heran zu dem blutigen Leichnam.
Also sang er, und also erscholl die Posaune des Seraphs:
Lange wird er mit euch, die diesen Abel erwürgten,
Siehe, der Eine, der ewig ist, rechten: Ihr Kain, ich kenn' euch,
Weiß, wo ihr seyd. Schrie gegen euch nicht zu mir in den Himmel
Eures Bruders Blut? Nicht um Rache ruft' es mir, rufte
Bis in die innerste Nacht des Weltgerichts um Gnade;
Aber ihr wolltet nicht Gnade. So wird des Vergeltenden Stimme
Von dem hohen Golgatha bis in die unterste Hölle
Viel der Aeonen ertönen. Nun wählt, ihr Mörder des Mittlers,
Eure Wahl denn und sterbt! Doch jetzo entsank die Posaune
Selber Eloa; auch schwieg der Gesang des ernsten Propheten.
Aber sie sahn dem Leichname nach. Ihn trugen die Frommen
Nieder zum Grabe, das gegen den hohen Golgatha über
Einsam unter alternden Bäumen in Felsen gehaun lag.
Und sie entwälzten den deckenden Stein der Oeffnung des Grabmals.
Josephs Aug' erkor in seiner Tiefe die Stätte
Für den Entschlafnen, und so zerfloß des Trauernden Seele:
Endlich hat des Lebens, ach, endlich des Todes Dulder,
Wo er sein Haupt hinlege. Sie nahmen den heiligen Leichnam,
Senkten ihn sanft hinab in die Tiefe des Grabes und wandten
Oft von dem liegenden Todten weg ihr weinendes Auge,
Bis sie zuletzt den Felsen mit müdem Arm aufhuben,
Seine dumpfe Last in des Grabmals Oeffnung sinken
Ließen und Nacht ausbreiteten über den Leichnam des Mittlers.
Als die Nacht den Todten umgab, da ertönten die Chöre
Seiner himmlischen Leichengefährten. Sie sahn in des Grabes
Nacht die Morgenröthe der Auferstehung schon dämmern.
Selbst du wurdest gesät; doch entsprossest du der Verwesung
Nicht. Kaum schatten dir, Sohn, die Todesschatten, so regt sich
Schon das neue Leben um dich, so rauscht's im Gefilde
Golgatha schon von der Auferstehung, am blutigen Altar
Laut von der Auferstehung des Größten unter den Todten.
Tönt, Posaunen der Engel des Throns, der Ernter am Tage
Seines Lohnes, der Himmelrufer, wenn nun an des Sion
Strome die neuen Namen der Sieger melodisch heraufwehn,
Tönet der nahenden Auferstehung des Sohnes entgegen!
Lispelt, Harfen, der schönsten der Morgenröthen, dem Schimmer
Seines Erwachens, des Siegenden strahlendem Schweben entgegen!
Ach, uns schlummert er nicht in der Nacht des Entsetzens; er schlummert
Uns in der Palme Schatten, der Ueberwinder des Todes.
Klaget, klaget ihm nach, ihr, seine Geliebten, die sterblich
Noch im Staube wandeln! Ihr weint bald andere Thränen,

Thränen, wie wir sie nicht weinen können, die euer Elend
Nicht empfanden wie ihr, nicht weinten aus blutendem Herzen.
Stille verbreitete sich um das Grab. Die Engel verließen's
Und die Menschen. Es schwieg der Harfen Stimm' und der Thränen,
Mittler Gottes, um dich, der endlich am blutigen Altar
Ruhe fand, entrissen dem Leiden des Opfertodes.
Und Johannes wandte sein Antlitz und sprach zu Maria:
Meine Mutter, nun deckt ihn die Nacht. Ach, laß uns den Hügel
Nun verlassen! Ich will dich zu meiner Hütte geleiten.
Ganz aus ihrer Seele (die Seele der Mutter des Mittlers
War erhaben), mit trübem und thränenblutendem Auge
Sprach sie und endete so ihr langes Todtenverstummen:
Deine Mutter? Entzückung der Himmel kann es mir einst seyn,
Ach, daß er der Gebende war; die letzte der Freuden
Auch nicht, o sein Jünger, daß du der gegebene Sohn warst;
Aber Jammer und Tod und Grab und alles Entsetzen
Ist es, daß er mein Sohn nicht mehr ist. Da verstummte sie wieder
Und verhüllte sich. Bleich, wie die Jammervollste der Mütter,
Führte der Sohn an dem Todeshügel sie langsam hinunter.
Abgesondert von andren, von dichten Palmen umgeben
Und in dem Schatten des Tempels, nicht fern von Jerusalems Mauer,
Lag ein einsames Haus, das Johannes, des göttlichen Lehrers
Lieblingsjünger bewohnte. Da bracht' er vom Kreuz Maria
Trauernd hinab. Er selbst sank fast vor innigem Gram hin.
Wen er, indem sie herab von dem Hügel wankten, erblickte
Von den Zwölfen, den Siebzigen und den heiligen Weibern,
Bat er, zu seiner Mutter zu kommen und, wär' es ihm möglich,
Ihr die tiefe Wunde zu heilen, die Wund' in der Seele;
Zwar nicht ganz, das könnte kein Mensch, das könnte der Herr nur.
Gabriel kann es, nicht wir, wenn ihn noch einmal vom Himmel
Gott, daß sie ihn von neuem erhebe, der Leidenden sendet,
Daß von neuem ihr Geist sich freue Gottes, des Retters.
Bald versammelten sich in diesem Hause die Jünger
Und der Siebzige Viel und Viele der heiligen Weiber.
An der Mauer hinab, gedeckt von dem vordersten Hause,
Zog sich ein andres. In diesem war der Saal der Versammlung.
Ueber dem Saal erhub sich der Söller, entstieg der Mauer
Höhen und öffnete für das Aug' ein reiches Gefilde.
Singe, mein Lied, die Thränen der Liebenden um den Geliebten
Ach, der trauernden Freundschaft Klage! Wie Israels Wehmuth
Auf den blutigen Rock des Sohnes Rahel, auf Josephs,
Josephs floß, so fließe mein Lied voll Empfindung und Einfalt.
Langsam, weinend, mit schwerem Athem erreichte Maria
Endlich die Hütt' an dem Tempel und trat in den Saal der Versammlung,

Wo sie den Heiligen, den sie geboren, und der nun todt war,
Oft vordem gesehen und oft die Thräne der Freude
Weggewendet und eingehüllt sich hatt' in den Schleier.
Als sie, wo er gesessen, und wo er himmlisch gesprochen
Und sie gesegnet hatte, die leere Stelle, auf immer
Leer nun, erblickte; da weinte sie laut, sank neben ihr nieder,
Kniet' und neigte die Stirn darauf. So fand sie Maria
Magdale liegen und noch die Mutter der Zebedäiden.
Auch Nathanael kam und fand sie noch also, bis endlich
Sie es Magdale und der Mutter Johannes erlaubte,
Sie in die Höhe zu heben. Nun saß sie verhüllt wie am Kreuze
Und mit ihr verstummten die Andren. Simon Petrus
Trat herein, und, als er sah die Mutter bei Jesus,
Weinet' er laut und rief: Er ist begraben! Ich hoff' es,
Ja, ich hoff' es zu Gott, wir Alle werden um ihn bald
Auch begraben liegen. Mir soll es Joseph verheißen,
Soll es mit einem heiligen Eide gen Himmel mir schwören,
Daß er neben ihn mich, dicht an den Felsen des Todten
Legen will. Und mich in den Felsen, rufte Maria.
Hand in Hand kam Simon, der Kananit, und Matthäus,
Kam Philippus, und kam der Alphäide Jakobus;
Aber Lebbäus allein. Er wollte reden, doch setzt' er
Sich in die dunkelste Ferne des Saals und verhüllte sein Antlitz.
Auch Jakobus, der Zebedäide, der Sohn des Donners,
Trat herein und erhub die Händ' und die Augen zum Himmel:
Todt! Er ist todt! Und nichts ist alle menschliche Größe;
Auch die wirkliche selbst, sie, die zu glänzen verachtet
Und nur handelt, ist nichts. Denn über ihn haben Verruchte,
Haben Tyrannen gesiegt. So sprach der Zebedäide,
Ging dann wieder hinaus und kühlte sich unter den Palmen.
Bartholomäus, mit ihm der Bruder Simons, Andreas,
Kam, und Kleophas und Matthias und Semida kamen,
Alle trostlos und jammervoller, als Jeder des Andren
Schmerzen sah. Die Lippe verstummt', und des Weinens Stimme
Scholl nur dumpf im dämmernden Saal. Ihn hatte Maria
Magdalena mit einer entschlummernden Todtenlampe
Sparsam erhellt. So lag in verlöschendem Schimmer des Altars
Abel mit stummer Lippe, und seines Blutes Stimme
Jammerte nur. Jetzt kamen noch heilige Weiber und trugen
Sterbetücher und trugen noch Salben für den Entschlafnen.
Auch Unsterbliche schwebten herein, die Engel der Jünger
Und der anderen Weinenden Engel. Allsehendes Auge,
Deins, deß Tod sie beweinten, auch du, mitleidiges Auge,
Blicktest in diese Versammlung. Der Engel Magdale's hebt ihr
Ihre Seele so weit aus ihrer Traurigkeit Abgrund,
Daß sie zu klagen vermag. So klagte die Hörerin Jesus:

Wie viel anders, wie sehr viel anders ist es mit uns nun,
Da er... Mutter, stirb du nicht auch, damit wir nicht vollends
Gar vergehn! Nun empfind' ich es erst, nun lern' ich es weinen,
Was der Bethlehemit einst über Jerusalem weinte,
Ueber die einsame Wittwe, die Fürstin unter den Heiden
Und der Länder Königin war. Wir waren geringe,
Lebten dürftig in Staub, und dennoch waren wir glücklich;
Denn er war ein göttlicher Mann, der todt ist. Allein jetzt,
Ach, was sind wir geworden, gestürzt in welches Elend!
Und was werden wir seyn, und welche Nächte voll Jammers
Werden wir weinen! O, möchten der Jammernächte nicht viel seyn,
Und die letzte des ewigen Schlafs bald kommen, des Schlummers
In dem besseren Lager, als unser Lager voll Thränen!
Unsere Feinde schweben empor und spotten der Armen,
Die den göttlichen Mann verehrten in ihrer Einfalt.
Auch sein spotteten sie und gaben ihm, als er im Durste
Rufte, nicht Galle nur, sie gaben die untersten Hefen
Ihres Hohnes ihm auch in seinen Qualen. O Richter,
Geuß auch ihnen, Vergelter, der Rache Taumelkelch voll!
Laß sie bis zu den Hefen hinab ihn trinken und sterben!
Und sie schwieg. Zu ihr sprach Jesus Mutter und weinte,
Daß sie vor innigem Schmerz die gebrochnen Worte kaum aussprach
Ueberlaß du es ganz dem Richter, o Magdale! Rief denn
Nicht in seinem Blute mein Sohn herab von dem Kreuze:
Vater, sie wissen es nicht, was sie thun. Erbarme dich ihrer!
Und Bewundrung ergriff und unaussprechliche Wehmuth
Aller Herzen, ein Kampf der erhabensten Freud' und der trübsten
Bittersten Schmerzen; allein die Schmerzen siegten, und bald ward
Aller Seele von neuem zu Nacht. Jetzt sagte Lebbäus:
Ja, erbarme dich ihrer, o Richter und Vater! Doch unser,
Unser erbarme dich auch und laß uns sterben! Was können
Wir auf der Erde noch thun? Was sind wir ohne den Todten?
Ach, sein Vater, er sagt' es uns einst: in deinem Hause
Sind der Wohnungen viel. O, laß nur an deines Hauses
Schwellen uns liegen und nicht in des Elends Hütten uns bleiben!
Keiner komm' und wag's und wolle mich trösten! Ich kenne
Keinen Trost, als allein den Tod. Den lieb' ich, und der kann
Nur mich trösten, der oft des Todes Namen mir ausspricht.
Sieh', er ist mir ein lieblicher Schall zu der Blumenzeit, ist
Tempelgesang mir. Mich grüße kein Gruß von dem Leben, und unser
Liebstes Gespräch sey derer Hinüberwallen, die nun schon
Glückliche sind, sey Grab und Todtengesang und Erde,
Niedergeschüttet auf Erde! Wie leichte Wanderer laßt uns
Fertig stehn, den Stab in der Hand! Ich liebe nicht mich nur;
Ach, ich liebe wie mich und segn' euch mit eben dem Segen,
Wie der ist, um welchen ich, ihr Geliebten, euch flehte:

Sterbt! Und Kephas rief: Ja, sterben, sterben! Im Grab ist's
Nun gut seyn. Die Hütten laß uns, o Erbarmer, einander
Baun! Kaum hatt' er's gesagt, so trat der leidende Thomas
Auch herein. Sein wankender Fuß verweilt' an der Schwelle.
Welcher Anblick drang in die Seele des Zögernden: Menschen,
Fromm, wie Wenige waren, und seine Freunde, verlassen
Von dem Helfer im Himmel und von dem Helfer auf Erden,
Jesus, und mitten in diesem Gram verlassen! Ein Grabmal
Wurd' ihm der dämmernde Saal; sie Todtenbilder, die weinend
Rings um ihn her verstummten. Wenn ihr es noch seyd, die des Einzugs
Lautes Hosanna vernahmen, was säumet ihr, wirklich zu sterben?
Warum bleibt ihr so lang' in diesem Kampfe des Todes?
Ich, ich fühle den nahenden Tod und ich glaubte bei euch hier
Schon, die glücklicher wären, zu finden, Einige, die wir
Auch begraben könnten. Er ist begraben, der lebend
Auf dem Meere ging und Lazarus auferweckte
Und (dort weinest du ja) dich, Semida! Didymus hatt' es
Kaum gesprochen, als er auf einen der Teppiche hinsank.

Jetzo trat mit trauerndem Ernst in die stumme Versammlung
Joseph von Arimathäa. Ihr, Brüder Christus und meine,
Nikodemus, mein Freund, kam auch und erwartete zitternd,
Ob ihm hereinzutreten vergönnt sey?. Er trägt . . . Ach, Joseph,
Bester Mann, was trägt er? Was trägt er, Joseph? J. Ich seh' es,
Ja, ihr leidet zu viel, und, ach, was würdet ihr leiden?
Nein, er muß sich wenden und fliehn. — Was trägt er, was ist es?
Joseph, was trägt er? J. Ihr danket mir's noch. Ich geh', und ich bitt' ihn,
Daß er sich wend' und entflieh'. Er bringt die blutige Krone.
Jammernd rufte die Mutter: Die blutige Krone? Der Mutter
Lautes Rufen durchdrang der felsenstarren Versammlung
Mark und Gebein. Sie hatt' es kaum gen Himmel gerufen,
Als, die Kron' in der Hand, des Todten Zeug' hereintrat.
Und sie entriß sich der Haltenden Arm, nahm bleicher den Schleier
Von dem Gesicht und deckte damit die tödtende Krone,
Rang die Händ' und wankt' und stürzte zur Erde. Sie hielten,
Wie sie konnten, die Mutter und sanken mit ihr. Verstumme!
Denn du vermagst nicht, o du, der wehmuthtönenden Harfe
Leisester Laut, das erste Stammeln der Mutter zu weinen,
Da sie nun wieder emporgerichtet stand und die Arme
Nach der Hülfe des Herrn ausbreitete. Nieder vom Himmel
Blicket' auf sie der liebende Sohn und bereitet' ihr Wonne;
Aber die war ihr verborgen, und bleich wie Sterbende fuhr sie
Also fort zu klagen: Noch einmal sie sehen? Warum, ach,
Brachtet ihr sie? Ich sah sie von seinem Blute starrend
Lang' um sein Haupt. Allein, der im Himmel wohnet, hat furchtbar
Seinen Bogen auf mich gespannt und tödtlich Geschoß drauf,

Weh' mir Armen, gelegt. Ich bin sein Ziel; zum Verderben
Richtet er zu den flammenden Pfeil. Ist unter den Himmeln
Irgendwo noch, gebar noch Eine der Mütter, die sterben
Einen Sohn sah, welcher dem heiligen Todten am Kreuz glich?
Also jammerte sie. Doch Lazarus Schwester, Maria,
Lag, zu sterben. Es kündeten ihr schon kältere Schweiße
Und in Arbeit ihr Herz, zu leben sich mühend, den Tod an.
Ueber sie senkte sich schon der schwere Schlummer, der Führer
Jenes ewigen Schlafs in dem Schooß der stummen Verwesung.
Jetzo erhub sie noch aus den Tiefen, in die sie der Schlummer
Niedersenkte, das Haupt und suchte mit trüberem Blicke
Martha's Auge voll müdes Schmerzes. Das war zu der Thräne
Ueber dem langen Weinen vertrocknet. Die Sterbende sagte:
Schwester, ich schwieg! nun kann ich nicht mehr. Noch verlassen mich Alle,
Lazarus und Nathanael selbst; und, sieh', ich sterbe.
Ach, ich lebte mit ihnen, und ohne sie soll ich sterben?
Mth. Klage die Treuen nicht an! Sie hat der göttliche Lehrer
Irgend in eine der Wüsten geführt, damit sie es sehen,
Wie er die Hungrigen speis't und labt die Seele der Müden.
M. Klagt' ich sie an? Das wollt' ich nicht, Martha. Ach, die ich liebe,
Klagt' ich sie je in meinem Leben denn an? Ihr Geliebten,
Hab' ich's gethan, so verzeiht mir's und alle meine Gebrechen,
Welche bekannt und verborgen mir sind! Ach, was sich mir jetzt zeigt,
Hüllet Alles die Seele mir ein in Schwermuth. Mth. Entreiße
Dieser grübelnden Aengstlichkeit dich, mit der du dich quälest.
Kommt die Nacht denn zurück, die dein sonst heiteres Leben
Unterweilen mit Trauern umzog, zurück in dem Tode?
M. Nenne die Führung Gottes nicht Nacht! Ich beschwöre bei dem dich,
Der uns richtet, der mich zu unsren Vätern itzt sammelt,
Nenne seine Führung nicht Nacht! Und, hab' ich gelitten,
Hab' ich der Freuden nicht viel auch gehabt? Nicht Freunde, wie du bist?
Nicht die Wonne der Engel erlebt, die Entzückung der Himmel
Auf dem Wege zum Grabe, nicht Jesus Christus gesehen?
Seine Wunder gesehn und seine Weisheit gehöret?
Laß mich danken für all mein Elend, alle die Ruhe,
Welche mir ward, für jeden Labetrunk, der im Durste,
Jeden Schatten, der mich in der Hitze des Kummers erfrischte,
Und vor Allem, daß ich den Freund der Menschen gesehen,
Jesus, den Auferwecker der Todten! Martha, verlaß mich!
Geh', bereite das Grab! Wo Lazarus schlief, will ich schlafen.
Mth. Schlafen, wo Lazarus schlief, und auferstehen. Maria,
Durch den Ruf des Todtenerweckers. M. Du glückliche Martha!

Welche süße Träume der Hoffnung! Bereite das Grab mir!
Geh'! Ich will allein seyn mit Gott. Zu des Heiligen Füßen
Saß ich; da lehrt' er mich: Eins ist Noth! Nun ist es das Eine,
Daß ich allein sey mit Gott. Den besten Theil will ich jetzo
Auch erwählen. Mth. Ich soll dich in deinem Tode verlassen?
Ich verlasse dich nicht, Maria. Sey ruhig. Ich helfe
Dir nur leiblich. Du bist mit Gott allein, Maria!
Amen! Mit dir sey Abrahams Gott und Isaks und Jakobs!
M. Bleib' denn! Es sey mit mir, der alle Himmel erfüllet,
Der allmächtig gebeut: Kommt wieder, Kinder von Adam!
Jesu, Jesu und Abrahams Gott und Isaks und Jakobs!
Also sprach sie und flehte darauf in den Tiefen der Seele
Zu dem Sündevergeber: Erhör', o, erhör', und gehe
Nicht ins Gericht mit mir Armen! Wer aller Lebenden könnte,
Wolltest du richten, vor dir bestehn? Erschaffe mir Ruhe,
Gott, im sterbenden Herzen und mache der Müden Seele
Deines Heiles gewiß! Du Herr des Todes, verwirf mich
Nicht von deinem Antlitz und tröste mich wieder, o Vater!
Tröste mich wieder, und dir erhalte dein freudiger Geist mich!
Du, der Hiob erhörte, da er, von Jammer umgeben,
Strebt', arbeitet' und rang zu glauben und dennoch nicht glaubte,
Daß du ihn, Vater, erhörtest, vernimm mein Flehen und hilf mir!
Also betete sie. Dann redte sie wieder zu Martha:
Meinest du, Martha, daß Jesus für mich jetzt bete? Du weißt es,
Daß er weinte, da wir zu dem Grabe Lazarus kamen.
Sollt' er meiner nicht auch sich erbarmen? O, sage, du Theure,
Können wir wohl ohn' ihn zu dem, der ihn sendete, kommen?
Gnade durch ihn zu empfahn, die Hoffnung labte mich, wenn mich
Jener Gedank' ergriff mit seinem Entsetzen: Verflucht sey,
Wer nicht, was ich gebot, das Alles erfüllt! Gott redet!
Mth. Wäre Nathanael nur und Lazarus hier, die würden
Dir es sagen. Ich weiß nur das Eine gewiß, du Verlass'ne:
Jesus betet für dich. M. Ich wär' verlassen, Geliebte?
Und der allgegenwärtige Herr des Lebens und Todes
Ist um mich, und es betet für mich der Helfer in Juda?
Also sprach sie und sank in tiefere Schlummer. Ihr Herz hing,
Aber zitternd, an Gott. Sie schlummern zu sehen, erhub sich
Martha und stand bei dem Lager und athmete kaum, nicht zu wecken,
Die sie herzlicher liebt', als sich selber, die nun zu den Vätern
Hinging, fern von ihr weg, die Wege des finsteren Thales,
Und sie allein ließ. Da die Wehmuth das Herz ihr durchströmte,
Stürzet' ihr eine Thräne die Wang' herab; doch des Weinens
Stimme hielt sie und bald auch wieder den schnelleren Athem.
Also stand sie verstummt im dämmernden Saale. Denn dichte
Dunkle Hüllen bedeckten der Nacht Gefährtin, die Flamme,
Welche nun oft schon erst mit dem Morgen erlosch. So findet

Jener glückliche Wanderer, dem die Erinnrung des Todes
Freud' ist, wenn er in der schweigenden durstenden Wüste die Kühlung
Eines Felsen ereilt; er findet ein Grab in dem Felsen,
Ueber dem Grabe das Bild des liegenden Todten. Ein andrer
Starrender Marmor, der Freund, steht neben der Leiche. Die Höhle
Nimmt nur wenig trüberen Tag in ihre Gewölb' auf.
Voll von dessen Trauern, der starb, und dessen, der nachblieb,
Sieht sie der Wanderer an. So fand dein Engel, Maria,
Martha bei dir, als er zu deinem Lager herantrat.
Neben den Füßen der Sterbenden, mit verlöschender Schöne,
Stand der himmlische Jüngling. Den Engeln ist Schöne gegeben,
Die auf der Geister Stufen, der Menschen Seelen die Nächsten,
Stehen, und denen Herrlichkeit, deren erhabnere Stufen
Throne sind. Doch gegen die Herrlichkeit deß, der zur Rechten
Seines Vaters stieg, ist ihre Herrlichkeit Schatten.
O du, der im Triumph empor, im Triumph, im Triumphe
Stieg in die Himmel der Himmel empor und herrschet, wo Gott herrscht,
Mein Fürbitter, laß mich, laß zahllose Schaaren Erlös'ter,
Meine Brüder, den Tod der Gerechten sterben; so mögen
Leiden uns noch, die letzten der Prüfungen, oder des Himmels
Vorempfindungen uns umgeben, laß, o Versöhner,
Laß, Geopferter, nur den Tod der Gerechten uns sterben!
Chebar stand zu den Füßen der Bethanaitin und fühlte
Seiner Schönheit glühendes Licht in Dämmrung erlöschen.
Seinem Antlitz entfloh der röthliche Morgen, die Strahlen
Seinen Augen. Ihm sanken herab wie Schatten die Flügel,
Ohne zu tönen und ohne zu duften des ewigen Frühlings
Süße Gerüche, nicht mehr mit des Himmels Bläue beströmet,
Triefend nicht mehr von goldenen Tropfen. Er nahm von dem Haupte
Seinen vordem weitglänzenden Kranz und hielt ihn vor Wehmuth
Kaum in der sinkenden Hand. Er wußt' es, er durft' ihr nicht helfen,
Eher nicht, bis bei ihr, wenn ihr Herz in dem Tode nun bräche,
Lazarus beten und weinen der Jünger Elims und Martha
Und Nathanael weinen würden. Lazarus war noch
Mit den Jüngern in Salem. Er trat zu der Mutter des Todten:
Siehe, schon naht sich die Mitternacht, Maria, und, als ich
Aus Bethania ging, schien meine Schwester dem Tode
Nahe zu seyn. Ach, wenn sie nur nicht schon todt ist! Ich gehe,
Daß ich sie todt seh' oder noch lebend. Hat ihr nur Keiner
Golgatha's bange Geschichte gesagt, so kann sie noch leben.
Wüßte sie sie, und lebte sie noch, was würd' ihr der Anblick
Eines der Jünger des Göttlichen seyn, welch Labsal im Tode!
Und Lebbäus erhub sich: Ich gehe mit dir. Da umarmt' ihn

Schnell Nathanael: Komm', du Geliebtester unter den Lieben!
O, wie dankt dir mein Herz! Itzt standen sie fertig zu gehen
Von der Mutter des Todten. O seine Mutter (ich mag nicht,
Sagte Lazarus, jetzt den Namen nennen, den Engel
Nannten; denn, ach, so oft wir ihn nennen, blutet dein Auge),
Er, der deine Thränen gesehn, gezählet, der Vater
Dessen, den sie begruben, der, daß er stürbe, gewollt hat,
Sey mit dir! Mit dir sey Gott! Du hörtest ihn beten:
Vater, in deine Hände befehl' ich meine Seele.
Deine Seele sey auch in Gottes Hände befohlen;
Aber lebe! Nun ging er mit Eile von ihr, und die Beiden
Folgten mit eben der Schnelligkeit nach. Mit schweigendem Ernste,
An der zitternden Hand der Ungewißheit geleitet,
Gingen sie neben einander und kamen ins Haus, des Grabes
Vorhof, wo die Sterbende war. Sie standen mit Martha
Schon um ihr Lager, als nun Maria ihr Haupt aus dem Schlummer
Endlich erhub. Sie rief: O, Dank dir, Geber des Lebens
Und des Todes, sie sind gekommen, mit ihnen Lebbäus.
Lazarus sprach: Wie hat dir bisher, Maria, des Lebens
Und des Todes Geber geholfen? M. Mit Gnade. Denn Alles,
Was er thut, ist Erbarmen, wie qualvoll uns es auch scheine.
Ach, was hat mein Herz nicht gelitten! Und, siehe, nun sterb' ich.
Wo ist Jesus, mein Bruder? Er weiß es gewiß, wie ich leide.
Hat er für mich gebetet? L. Ich kenne dein Leiden, Maria,
Wenn es Nacht um dich wird; doch, sage, was leidest du jetzo?
M. Nicht von jenem Bilde der fürchterlichen Verwesung
Leid' ich, noch von dem trüben Gedanken, euch zu verlassen;
Ach, ich leide, daß mir der Zweifel die blutende Seele
Immer tiefer verwundet: Ob der auf Horeb mein Gott sey?
Ach, mein Bruder, wie war dir, als du den Donner: Verflucht ist,
Wer nicht Alles erfüllt! im sterbenden Herzen vernahmest?
Aber betete Jesus für mich? Wenn für mich der Gerechte
Betete, siehe, so geh' ich gern hinab in das dunkle
Nächtliche Thal, zu dem ewigen Schlafe mich niederzulegen.
Hüter, ist sie nun bald, die Nacht der Erde vorüber?
Ist sie nun bald, o Hüter, vorüber? Sie schweigen, Martha;
Auch Nathanael schweigt. Er hat für mich nicht gebetet.
Nun, so gehe denn ganz durch meine Seele — hier bin ich —,
Schwert des Herrn! Dein Wille gescheh'! Dein Will' ist der beste.
Hoch empor hub Lazarus jetzt die gefalteten Hände:
Wie sich ihres Kindes ein Weib erbarmt, so erbarmst du
Unser dich, El Schaddai! Und, ob sich ihres Kindes
Auch das Weib nicht erbarmt, so wirst doch du dich erbarmen!
Du bist Gott. Du hast uns in deine Hände gezeichnet.
Lazarus weint's. Da richtete sie ihr gesunkenes Haupt auf.
Sage, mein himmlischer Bruder, was geht von Beiden nun mich an,

Jener Fluch von dem Sinai oder die Liebe der Mutter?
Wär' es die Liebe; Heil dann mir, dann Jubelgesänge,
Heißer herzlicher Dank dem Geber ewiger Gnaden,
Welcher sich nicht wie die Menschen erbarmt, dem Erbarmer, der Gott ist!
Aber wie kann ich es wissen, daß er mit der Liebe der Mutter
Mein sich erbarmt? Ach rede doch! Hat das Gebet des Gerechten
Meinen Richter erweicht? Und sieht er mit jener Erschütterung
Seines Innersten, der, der heftigen Wehmuth der Mutter,
Jenem Auge voll unaussprechlicher Unruh' und Hülfe,
Nieder auf mich? Ich lieg', und ich weine voll Jammer und ringe
Meine Hände gen Himmel; nach Rettung ruf' ich und kenne,
Wer mir helfen wird, nicht, nicht, die mich gebar. Du Erbarmer,
Flehte Nathanael, bist du ihr Mutter, so laß dein Antlitz
Unaussprechlicher Unruh' voll und Hülfe sie sehen!
Herr, verbirg dich nicht länger! Erdulde sie gern, die Leiden,
Lazarus sprach's, die so nah an die großen Vollendungen gränzen.
Wüßtest du, welcher Geduld Beispiel wir haben, ach, welcher
Gottesergebung, und wem in die Himmel der Himmel wir nachsehn!
Auferstanden bin ich und wünschte mit dir zu entschlummern,
Meine Schwester! Wenn mir rufte die Stimme des Todes,
O, sie würde melodischer mir, wie des Tempels Gesang, seyn
An dem dankenden Tage des großen Halleluja.
M. Freud' ergreift mein Herz und Entsetzen. Was ist es, mein Bruder,
Das du sagst? L. Hat es Gott nicht gethan? Ich will es ihr sagen,
Meine Geliebten! Laßt uns die Wege des Herrn nicht verschweigen,
Auch wenn sie fürchterlich sind! Maria, der Beste der Menschen,
Unser göttlicher Freund, der große Helfer im Elend,
Jesus Christus, der Sündevergeber, der Todtenerwecker,
Ist mit Muth und Geduld der Engel am Kreuze gestorben.
M. Ist am Kreuze, so stammelte sie erbebend, indem es
Nacht um sie ward, am Kreuze gestorben (ihr Haupt sank nieder),
Er, ihr Engel, gestorben (ihr brach das Aug') an dem Kreuze?
Wirklich gestorben? Du, der dieß gewollt hat, ich preise
Deinen herrlichen Namen für all mein Leiden und folge
Deinem Getödteten nach. Ihr erstarrte die Zung', und die Bläße
Und die Ruhe des Todes deckt' ihr auf einmal das Antlitz.
Lazarus legte die Hand in ihrer erkaltenden Stirne
Todesschweiß. So schlummre denn bald und in Frieden hinüber
Zu den Todten Gottes, Vollendete deines Erbarmers!
Werde dem Tage des Lichts geboren, dem ewigen Leben!
Sieh', es hänget mein Herz an deinem Herzen; doch lass' ich
Deine Hütte dich gern abbrechen und dich nach Kanan
Hinziehn. Sey du ihr Stab in dem dunklen Thale der Wüste,

Hüter Israel! Bringe sie selbst in das Land der Erquickung,
Wo die Thränen du all' abtrocknest, wo keine Klage,
Keines Jammers Geschrei den Dank der Jubel entweihet!
Erdensonne, verlisch ihr, und letzter Schlummer des Todes,
Komm', und thu' dich ihr sanft, o Ruhstatt ihres Gebeins, auf!
Nimm sie, Verwesung, daß auch ihr Leib zu dem Leben erwachse!
Saat, dich säet der Herr dem großen Tage der Ernte,
Wenn die Schnitter rufen, und wenn die Posaunen erschallen,
Wenn die Erd' und das Meer mit lauteren Wehen gebären,
Als einst Eden gebar, wenn ringsumher die Himmel
Aller Himmel vom Preis ertönen des Einen, der richtet.
Und sie wandte mit Himmelsgefühl von Ruh' und Errettung
Sich nach Lazarus um und sah den freudigen Bruder
Freudiger an, indem er den Segen zum ewigen Leben
Ihr mit Worten im Strome, mit süßen Entzückungen zurief.
Chebar sah den siegenden Tod in der Sterbenden wüthen
Und erbebte vor Wonne so laut, daß lispelndes Säuseln,
Wie aus tiefer Fern', von seinen Flügeln ihm wehte.
Sie vernahmen's umher und wußten nicht, was sie vernahmen.
Aber der Seraph ergriff das seelenvolle Gewebe
Seiner Saiten, und noch in den süßen Qualen der Freude
Irrt' er mit wankender Hand die strahlenden Saiten herunter.
Und die Sterbende höret Laut, als tön' er vom Himmel;
Und sie richtet sich feierlich auf und hört in die Höhe.
Lazarus hielt sie; mit ihm Nathanael. Aber der Seraph
Bebte nicht mehr und entlockte der sanfterschütternden Harfe
Unaussprechliche Töne. Von Gottes höherem Frieden
Sang ein Laut dem anderen Laute, der leiser es nachsang.
Amen! Er ist viel höher. Und in der Hörerin Seele
Wachten Empfindungen auf, wie sie noch niemals empfunden,
Neue große Gedanken, wie aus dem Staube, zum Leben.
Also war es einst dir, du der Auferstehenden Seher,
Da es sich regt' um dich her, und es rauscht', und die Todten erwachten.
Und des Unsterblichen Harfe, die Himmelsruferin, tönte
Immer noch fort und goß in die fast enterdete Seele
Eine Ruh', die Keiner empfäht, wer ins Leben zurückkehrt,
Wenn auch, wie es ihm däucht, schon über ihm schallen die dumpfen,
Losgeschaufelten, niedergeschmetterten Erdeklumpen
Und der Todtengesang. Die Himmelsruferin tönte
Immer noch fort, jetzt lauter und nun noch lauter, als rauschten
Stürme mit ihr, wenn sie tönt', als sänken dahin vor ihr Berge.
Denn der Unsterbliche, hoch erhöht von seiner Begeistrung,
Strömet' und sang in der Harfe geflügelten Ungestüm: Heilig,
Heilig ist er, ist heilig, der über der Schädelstätte
Blutete, bis die Sünde der Todeserben versöhnt war.

Fast schon Leichnam, vermochte die Sterbende nicht die Entzückung,
Die in ihr brechendes Herz die Stimme des Himmlischen strömte,
Auszuhalten. Sie starb. Nicht lange, so sank ihr Bruder
Neben ihr nieder und nahm die kalte Hand der Entschlafnen
Zwischen die festgefalteten Hände, trocknete muthig
Seine Thränen und betete: Preis dem Geber des Lebens
Durch den errettenden Tod, Anbetung dem göttlichen Geber!
Siehe, du bist in den Hütten des Friedens; doch deine Seele
Bleibt nicht immer allein. Auch dieß Verwesliche wird sich
Einst in Unverweslichkeit wandeln; die Blume, so hinsank,
Schnell in dem Sturme gebrochen, wie herrlich wird sie erwachsen
Jenen festlichen Frühlingsmorgen des letzten der Tage!
Tragt sie hinaus, den heiligen Staub, zu dem Staube der Erde!
Tragt sie noch nicht hinaus, daß wir mit frommen Erstaunen
Noch betrachten, die fiel dem Donner des Todes und aufstehn
Wird dem lauteren Hall der Auferstehungsposaune!
Sieh', er wartet und läßt Jahrhunderte reifen, und reifen
Wird er noch lassen andre Jahrhunderte. Alles ist Wunder
In des Ewigen tiefem Entwurf, stets neues Erstaunen.
Wenn ich seine Wege betrachte, so sind sie mir alle
Dunkel. Allein es dämmert darin, und ich weine vor Freude,
Wenn mich des Morgens Verkündigerin, die Dämmerung, leitet.
Ihr ist es Morgen geworden. Sey mir noch einmal gesegnet,
Wenn du mich hörest, und wenn, wer unten noch weilt an dem Grabe,
Dich zu segnen vermag, du Hörerin dessen, der uns nun,
Nicht den Engeln verstummt! Dich segn' er, der göttliche Todte!
Sieh', es hatte sie schon der göttliche Todte gesegnet.
Als jetzt werdend der himmlische Leib um die Seele Maria's
Noch arbeitete, ganz noch nicht zu Lichte gereift war,
Als er unter der mächtigen Hand der bildenden Schöpfung
Zittert' und schwebt' und sank und sich schwung, ganz himmlisch zu werden;
Dachte, da dieser Wonne Strom sie umringte, die Seele
An den Leichnam, den sie zurückgelassen, und daß sie
Sey von seinen Lasten getrennt, von dem Staube der Erde.
Dieß war ihr erstes Gefühl; ihr zweites, als sie vollendet
Sich empor in die Wolken hub, ein tiefes Bewußtseyn
Ihrer Seligkeit. Tod, du Schlummer, du Segen der Segen,
Du! Ist es möglich, ihr Engel, ihr Himmelserben, es möglich,
Ich bin selig? Sie rief's mit festgefalteten Händen
Und verstummt' und schwebte nicht mehr; dann schwung sie sich wieder,
Daß sie schimmert', und rief: Ihr Erstgebornen der Wonne,
Söhne des ewigen Lichts, ihr Heiligen Gottes, ist's möglich,
Selig bin ich? O du, deß Alles, was ich vordem litt,

Süße Vergessung, komm', geuß deiner Ruhen Gefühle,
Deine Seligkeit über mich aus! Komm' nicht! Denn Entzückung
Ist's, zu vergleichen die Leiden des ersten geflohenen Lebens
Mit dem ewigen Troste, mit dieser Fülle der Ruhe.
Die Glückseligkeit fehlt euch, ihr Ungefallnen, zu messen,
Gegen des ewigen Lebens Wonne, das Elend der Sünde.
Euer ist zwar des Mitleids Antheil; aber ihr weintet
Jene Thränen nicht, die von unsren Wangen uns trocknet
Jesus, der Gott der Liebe. Prophetisch Gefühl, das mich oftmals
In dem tiefsten Kummer ergriff: ich würde noch danken,
Schnell mich ergriff und Rettung mir zeigt' in dem Himmel der Himmel,
Danken fürs Elend, für all mein Leiden würd' ich noch danken!
Siehe, nun wirst du erfüllt. Aus meinen Tagen ward Abend,
Wieder Abend und wieder und dann der letzte des letzten,
Dann des Sterbens Nacht. Wie eilend ging sie vorüber!
Und, ach, nun der Morgen des Lebens, zu dem ich erwacht bin.
Traum, der mit Weinen begann und schloß, mit dem Weinen des Todes,
Traum des Lebens, nun bist du geträumt, und ich bin erwachet,
Werde noch einmal erwachen, wenn Unverweslichkeit anzieht
Mein verwesender Leib und werther des göttlichen Hauches,
Dieser Seele, die ewig ist, strahlt, wie der Leib des Erweckers,
Der auch starb, begraben wird werden und auferstehen.
Und die Vollendete schwebt' empor, ein Schimmer der Frühe,
Leichter, wie Lüfte, geschwinder, als Winde, schnell wie Gedanken,
Hörte die Schöpfung wandeln, von lauterem Jubel begleitet,
Schauete sie viel weiter eröffnet, aber unendlich.
Welche Leben waren in ihr erschaffen. Wie stieg sie!
Eine Stufe nicht; tausend erhub ich mich zu der Wesen
Wesen; ich bin verklärt an dem Tage der Tage (dieß weissagt
Mir mein Gefühl), dann werd' ich noch über tausend mich schwingen,
Werd' ich in der Hülle mir dann viel schönerer Welten,
Werd' ich ohne der Welten Hülle den Ewigen schauen.
Lazarus, reich an erhabenen Todesgedanken, ereilte
Bald die Hütte wieder, in der die Heiligen weinten.
Als er ihr sich nahet', umarmet ihn Einer der Siebzig
Und erzählt' ihm mit Flammenworten, wie wunderbar Gott sey.
Siehe, mein Ohr vernahm's nicht; es hat's mein Auge gesehen.
Lazarus kam ein sanftes Geräusch des Weinens entgegen
Durch den dämmernden Saal. Ihm rannen nur Thränen des Mitleids.
Gott der Götter (er hub die Hand und das Auge gen Himmel),
Lohn' es ihm ferner, wie du es ihm zu lohnen beginnest,
Daß er, weil du es wolltest, hinab bis zum Tode des Kreuzes
Ist gegangen! Was deckt des Todten Krone der Schleier?

Laßt mich! Ich will 'sie sehn in ihrem Blute. Der Engel
Kronen leuchten; ich kenn' ihr fernes Schimmern. Des Todten
Blutige Kron' ist mir viel mehr. Denn belohnt es ihm Gott nicht
Wunderbarer, als wir, als du es wagtest zu hoffen,
Seine Mutter? Erhebe dein Antlitz aus dieses Jammers
Abgrund, Mutter des göttlichen Mannes, und höre! Die Erde
Bebte, da er entschlief; dich hat ihr Beben erschüttert.
Nacht (du hast ihr Schrecken gesehn) umhüllte die Erde.
Aber noch weißt du nicht ganz, wie der in dem Himmel von ihm zeugt.
Sieh', in des Tempels Vorhof stieg das Opfer gen Himmel.
Furchtbar wehte die Flamm' in der Nacht, die Moria bedeckte.
Bei den Altären standen die Opferer, schau'rten vom Schrecken
Dieser Nacht und blickten hinein durch des Heiligen Thore
Nach dem Allerheiligsten. Priester knieten im Tempel,
Dankten dem Rächer, daß nun an dem Kreuz der Gerichtete blute;
Wagten's, bei diesem Dank ihr glühendes Auge zu wenden
Nach dem Allerheiligsten. Da, da rächte der Rächer.
Denn von dem hohen Gewölbe bis hin zu dem liegenden Saume
Reißet des Allerheiligsten Vorhang. Schrecken des Todes
Stürzen die Betenden tiefer, und spät erst können sie fliehen.
Denn mit gewaltigem Arme faßt sie Entsetzen; Entsetzen
Folgt den Verstummenden nach, da sie endlich dem Tod entrinnen.
O des Trostes vom Himmel, daß der des Todten gedenket,
Der, da am Kreuz er starb, in Nacht die Erde verhüllte,
Beben hieß die Felsen, und Sterblicher Augen die Stätte
Aufthat seiner Herrlichkeit! Die Hörenden schwiegen
Voll Erstaunens; allein nur wenig lindernde Tröstung
Drang den Duldern ins Herz. Sie waren zu tief verwundet.
Also sieht, wer schwindelnd herab an der hangenden Klippe
Wandelt, im blühenden Thal die Schöne des heiteren Tags nicht.
Durch den helleren Wald verbreitet sein Schimmer umsonst sich,
Wallet umsonst mit dem Strome dahin. Des fürchtenden Wandrers
Aug' ist rings um ihn her des Frühlings Wonne verschwunden.
Lazarus sah, daß ihr Leiden sich nicht entwölkte, da sagt' er:
Tröstet euch's nicht, daß Gott von dem Todten zeuget durch Wunder,
O, so sey es euch Trost, es sey euch Labsal im Durste,
Schatten gegen den brennenden Strahl, daß die zu dem Todten
Hinging, die ihr liebtet, und die der Göttliche lehrte,
Daß Maria nicht mehr mit euch weinet. Ihm nahte mit Eile
Magdale sich und sah ihn mit thränentrockenem Aug' an,
Glücklicher jetzt, als folgte sie schon der entschlafenen Freundin.
Ach, du redetest Worte der Engel mit uns. Ja, im Durste,
Lazarus, gegen den brennenden Strahl. So wehet es Kühlung
An der Quelle. Sie ist hinauf zu Christus gegangen,
Deine himmlische Schwester? O, hast du der Worte der Engel
Keine mehr? Weissagungen nicht von unserem Tode?

Siehe, du wandeltest ja einst unter den Todten. Vernahmst du
Da nicht von deinen Freunden, ob sie gewürdiget werden
Bald zu ihnen zu kommen? O, red' und verbirg es nicht länger,
Wenn du es weißt, ob uns Verlass'nen dieß Wonnelos fiel?
Christus Mutter, er schweigt? So laß denn, Richter im Himmel
Weil wir leben müssen, o furchtbarer Richter im Himmel,
Uns es erleben, daß, die den Unschuldsvollen erwürgten,
Immer tiefer stürzen, und niemals, niemals entfliehen,
Daß sie Entsetzen ergreife mit eisernem Arm, sie Entsetzen
Dann umringe, wenn nun mit dem Taumelkelche der Rache
Gott kommt, und bis zur Hefe hinab sie ihn trinken und sterben!
Jetzo hatte sich schon die Mitternacht auf die Erde
Niedergesenkt. Den jammerbelasteten Freunden des Mittlers
Sank sie mit Todesschatten und Graun der Gräber herunter,
Ach, einst ihnen schöner, als Frühlingstage, wenn Christus
Sie durchwacht' in Gebet, und schrecklicher jetzo, wie jemals,
Weil die Himmelsstimme des göttlichen Beters verstummt war.
Immer leiser verlor sich der Klage Laut, und der Thräne
Linderung floß nicht mehr. Die furchtbare Kälte des Leidens
Lag auf ihrer Seele wie unbewegliche Felsen.
Selbst die Seraphim standen um sie in trüberem Glanze,
Mitleidsvoll, und sah'ns, wie Christus Begnadete litten.
Salem, Johannes Engel, und Selith, der Engel Maria's,
Redeten also unter einander: Sth. Wir wissen, o Salem,
Daß es herrlich endigen wird, und dennoch, mein Bruder,
Leiden wir fast wie sie. S. Wie sie? Sehr Vieles empfinden
Wir den Armen nicht nach. Wir können wie sie nicht leiden.
Sie sind Menschen und wissen es nicht, mein himmlischer Bruder,
Daß es herrlich endigen wird. Statt dieses Ausgangs
Aus dem Labyrinth, der ihnen täuschender Traum wär',
Wenn du auch, von den Strahlen des Himmels glänzend, ihn zeigtest,
Sehen sie immer des Jammers mehr in der Labyrinthe
Dunkleren Pfaden. Sth. Ich schwindl' an den Tiefen, in die sie hinabsehn.
S. Und ich blicke mit Ruh' in die Tiefen des göttlichen Rathes.
Ach, das Mitleid schmelzt dich zu sehr. Ich gestehe, du littest,
Selith, wie sie. Denn nur, von der Menschen Leiden durchdrungen,
Konntest du denken, wie Menschen denken, nur, trübe von ihrem
Leiden, vergessen, es sey der Zweck des göttlichen Rathes,
Sie durch Elend zu bessern und seliger einst sie zu machen,
Als sie zu seyn vermöchten, wenn ihre Seele des Elends
Kelch nie hätte getrunken, und wenn zu der Zeit der Erquickung,
Da aus den Strömen des Lebens umsonst die Glücklichen trinken,
Sie zurück an den bitteren Kelch dort unten nicht dächten.
Sth. Himmlischer Freund, der Schmerz, so der Mutter Seele zerreißet,
Hat zu sehr mich umwölkt. Verzeih' es, Salem! Es war ja

Christus Mutter, und an dem Kreuze sah ich sie leiden.
Breitete doch wohlthätiger Schlummer sich über ihr Haupt aus,
O, so wollt' ich die Seel' ihr mit heiteren Träumen umschweben
Und, wenn des wiederkehrenden Grams Anfall sie erschreckte,
Diesen Jammer der Schnellerwachenden durch die Erinnrung
Ihrer Träume besänftigen. Doch die Ruhe vom Elend
Kommt auf sie nicht. Ach, der Erquickung, dem himmlischen Labsal
Gottes wird, sie denket dem Tod, entgegen sie wachen.
Als sie so mit einander sich unterredeten, goß sich
Kurzer Schlaf auf den Thränenblick Johannes, und Salem
Schwebte mit Eil' herzu; und schon entflammte des Jüngers
Lautes Herz ein Traum mit neuem Lebensgefühle.
Libanon war's, auf Libanon, unter rauschenden Cedern
Ging er, als flög' er Flüge daher. Der Morgen, mit Purpur
(Keinen sah er erwachen wie den) und mit Golde bekleidet,
Schimmerte durch die Wipfel des thauenden Hains, und die Bäche
Tönten ins Thal wie Tempelgesang. Bald tönten ihm lauter,
Viel entzückender noch beseelte Harfen und Stimmen
Mit den Harfen, die sangen: O Sohn der himmlischen Mutter,
Trockn', o der himmlischen Mutter Sohn, die Thräne der Wehmuth!
Aber ihm däucht es, als ob er dennoch die Thräne nicht trockne.
Dieses Gefühl vermochte noch nicht des mächtigen Seraphs
Traum zu tilgen, so floß, auch im Schlafe, der bittere Quell fort.
Da bewölkte den Schimmer der röthliche leuchtende Morgen,
Und in unabhörbarer Fern' erstarb der Harfe
Ton, erstarb der Ton der himmlischen Stimmen. Doch führt' ihn
Eine schneller noch, wie zuerst er eilt', in dem Hain fort.
Den der Unsterbliche strebt' und ließ nicht ab. Der Geführte
Sahe. Da haueten Männer mit glühender Wuth in dem Blicke
Eine der Cedern um, daß dumpf von dem schreckenden Umsturz
Libanon scholl. Sie hauten die Ceder zum Kreuz. Das erhub sich,
Schattete furchtbar. Allein es entsproßten auf einmal dem Kreuze
Palmen. Da war der Jünger nicht mehr in Libanons Haine;
Ach, er war in Eden und sah von dem Himmel ihm glänzen
Mehr, als Purpur und Gold, und vernahm erhabnere Chöre.
Und es schlug ihm das Herz von der Wonne vollem Gefühle.

Dreizehnter Gesang.

Gabriel versammelt die Engel und die Auferstandenen um das Grab. Sie erwarten, unter Anbetungen, die Auferstehung des Messias. Die Zweifel eines römischen Hauptmanns, Eneus, der die Wache beim Grabe hat. Die Seele Mariens, der Schwester Lazarus, kommt in die Versammlung der Heiligen. Der Todesengel Obaddon ruft Satan und Adramelech aus dem todten Meere hervor, und gebietet ihnen, entweder jetzt zur Hölle zu fliehen oder zum Grabe zu kommen. Satan entschließt sich zu diesem, und Adramelech zu jenem. Adramelech darf seinen geänderten Entschluß nicht ausführen. Der Todesengel überläßt es Abbadona, ob er zum Grabe kommen will, oder nicht. Die Herrlichkeit des Messias naht sich vom Himmel. Adam betet ihn an, nach ihm Eva. Der Messias steht vom Tode auf. Engel, und Auferstandene rufen ihm ihre Freude zu. Thirza's Söhne, die sieben Märtyrer, singen ihm ein Triumphlied. Einige der Heiligen schweben zu ihm aus den Wolken herab. Zuletzt rufen ihm Abraham und Adam zu. Die Seele eines Heiden wird vor ihn gebracht. Er richtet den Todten und verschwindet. Gabriel gebietet Satan, zur Hölle zu fliehen. Einige Römer von der Wache, auch Eneus, kommen in die Versammlung der Priester. Philo bringt sich um. Obaddon begegnet seiner Seele in Gehenna, und führt sie zur Hölle.

Jesus Väter genossen die Freuden der Auferstehung
In der Gräber Gefilde, wo sie vor kurzem noch schliefen.
Aber Engel umwallten die Erde, zu sehn die Menschen,
Die der Versöhner dem Schöpfer von neuem geheiliget hatte.
Ach, der Zeugen Freude verdrang oft Wehmuth, und eilend
Tönten sie oft mit dem Purpurflügel, daß ihnen der Erde
Lüfte wie Staub, den vom Fuß der Bote schüttelt, entwehten.
Gabriel war noch am Grab, und auf einer der Sonnen von denen,
Die den Himmel umgeben, Eloa. Dort wartet' Eloa,
Daß herunterstiege die Herrlichkeit Jesus. Des Grabes
Engel schwebt' in die Schöpfung empor, der Auferstehung
Himmlisches Zeichen zu sehn. Auf einen der Orione
Hatt' er lang' sein Auge geheftet. Da geußt der Orion
Farben aus und Strahlen, wie, jetzt geschaffen, er ausgoß.
Dieser Anblick macht auf einmal den wartenden Seraph
Glänzender. Schon erhob er sich. Sturm war sein Schweben und Blitze
Seine Schwünge. Der Seraph eilt zu den Gräbern und rufet,
Gleich dem Wetter, vor dem der niedergeschmetterte Wald dampft:
Kommt zu dem Grabe! Da eilten die Engel herzu und die Väter.
Siehe, der lange Triumph umringte das Grab des Größten
Unter den Todten. Gabriel saß in der Mitte des Kreises
Auf dem Grab, als säß' er auf einer goldenen Wolke,
Die vollendete Seelen ins Leben der Ewigkeit trüge.
Aber der Todesengel, der Jesus im Namen Jehova's
Seinen nahenden Tod verkündiget hatte, schwebt' itzt
Langsam hin zum Grab und sank in Gabriel's Arme:
Nacht, noch ist es rings um mich Nacht, noch bebt mir die Erde.
Dunkler, als alle Finsterniß, ist mir der Hügel des Todes.
Niemals haben noch meiner Unsterblichkeit Kräfte Gerichten,
Die Jehova mir gab, erlegen; dem letzten erlag ich
Und erlieg' ihm. Stärke mich wieder, du Strahl der Allmacht,
Der, aus diesem Grabe nun bald zu leuchten, der Rechten
Gottes enteilt! Der Unsterbliche sprach's und lehnte mit Staunen
Sich an den Felsen, in dem des Geopferten Leichnam ruhte.
Aber die Väter und Seraphim fragten einander und sprachen:
Wird die Sonne mit ihm erwachen? Der sichtbare Frühling
Dann ein Schatten der Herrlichkeit seyn, womit er hervorgeht?

Oder wird, noch gewandt von der Sonne Schimmer, die Erde
Schlummern, indem der Todte, der ewig lebet, hervorgeht?
Wird vor dem Herrlichen Staub sein Grab, und ein Spiel der Luft seyn
Jener hangende Fels, von dem Angesichte der Erde
Weggewehet, indem sein Haupt der Sieger emporhebt?
Werden wir seiner Herrlichkeit Glanz zu ertragen vermögen?
Ach, kaum fasset mein Herz den Gedanken des süßen Verlangens —
Abraham rief's — den himmelvollen, den Wonnegedanken:
Ich, ich selber werde das sehn, kein Fremder, ich selber,
Daß der Geopferte Gottes, ein Ueberwinder des Todes,
Jenes Todes, den er gestorben, ins Leben herauf steigt.
Halleluja! Das werd' ich sehn. Er rief's, und der Mond ging
Wieder hervor. Nicht lang', so deckten ihn trübende Wolken.
Hundert ermüdete Wanderer, Männer und Mütter und Kinder
Kamen. Sie gingen, geführt von dem Monde, schneller und nun schon
Wieder langsam und waren jetzt wieder in der Heiligen Kreise.
Schleuniges Schrecken ergriff sie. Sie wußten nicht, was sie erschreckte;
Aber sie flohn. Ein rufendes Kind verirrte sich. Eilend
Trat ein Engel herzu und brachte den bebenden Knaben
Seiner Mutter. Sie wollte dem lieben, treuen Gefährten
Danken; allein er war in die Nacht hinübergegangen.
Nahe bei David hatte der Engel gestanden. Er kam jetzt
Zu dem Geliebten zurück, und David sprach zu dem Engel:
Also führt, der bald nun erstehn und die Völker der Erde
Sich versammeln wird, durch das erste Leben die Menschen.
Ach, wie freuet sich meine Seele des Herrn, und wie werd' ich
Seiner mich freun, wenn er aus dem Felsen des Schlummers erwacht ist!
Ihr, vollendete Frommen, doch deren Leiber noch Staub sind,
Und ihr Frommen, die nie der Verwesung Schrecken durchbebte,
Ihr vermögt nicht der Auferstehung unnennbare Freuden
Ganz uns nachzuempfinden. Wie wird sie Jesus empfinden,
Er, des Ewigen Sohn, der seiner Sterblichkeit Leiden
Und des Todes Furchtbarkeit mehr, wie die Menschen, gefühlt hat!
Assaph (er eilt' in des Glücklichen Arm), des Kreuzes, des Todes
Göttlicher Dulder, er wird nun bald, mein Bruder, erwachen.
Sagt es und blickt mit inniger Wonne nach seines Erlösers
Grabe. So blickt ein noch sterblicher Frommer sehnlich gen Himmel,
Würdiget ihn der Eine, der richtet, deß zu erinnern,
Jenes ewigströmenden Urquells ewiger Wonne,
Daß er, gehorsam bis zu dem Tode, die Seinen geliebt hat,
Bis zu dem Tod am Kreuz. Und Assaph sah den Propheten,
Ward von Seligkeit trunken, wie er. Die Schimmer im Antlitz
Davids wurden — so freut' er sich — Glanz; die Bewegung, der Athem

Harmonien. Er schwebt' und erklang. Nun beseelt' er die Harfe.
Wort' erschollen noch nicht; doch ergoß die goldene Harfe
Jubel. Allein nun ergriff ihn der himmlischen Psalmen Begeistrung
Ganz. Ein Strom ertönte der Saite Gesang und der Stimme:
Also sieht der Seher der Offenbarung auf Sion
Einst in dem Himmel ein Lamm mit schimmernden Wunden bedeckt stehn
Und mit dem schönen Blute des Heils. Dann stehn um den Hügel
Zahllose feiernde Schaaren, sie Alle Versöhnte; die haben
Hell an ihrer Stirn des Vaters Namen geschrieben.
Und wie das Meer, wie des Donners Stimme tönen die Harfen
In der beseelenden Hand der feiernden Schaaren um Sion.
Denn dem Sohne, sie singen dem Sohn. Denn ewiges Leben
Strömt von den schimmernden Wunden des Lamms in die Seelen herunter.
Also starb er. So haben wir ihn. O Leichnam, du schlummerst,
Leichnam des Unerschaffnen! Noch war't ihr nicht, Engel; da goß er
Auch dieß Licht (wir sahen's wie Dämmrung vordem) auf der Schöpfung
Urgestalt, die Strahlen, als er der langen Aeonen
Reihen dachte: Sterbliche sollten entschlummern; er selber;
Dann erwachen. Erzählt's in den Himmeln allen, ihr Zeugen
Seines Todes, verkündet's in jeder Hütte des Friedens!
Keiner würdige sie, von allen Seligen Keiner,
Sagt's der Hölle nicht an. Doch, wenn ihr sie würdiget, donnert
Schreckende Halleluja hinab, daß sie weiter hinüber,
Weiter vom Himmel ins Unermeßliche fliehe! Der Gottmensch
Wird erwachen, nun bald hoch über dem Staube des Grabes
Stehn und Herrlichkeit seyn und Herrlichkeit. Halleluja!
Kommt, kommt eilend zu uns, ihr seine Zeugen auf Erden!
Schon sind Hütten der Ruh' für euch geöffnet. Die Palme
Winket euch schon. Bald habet ihr euer Zeugniß gezeuget,
Bald geblutet wie er. Du Blut der Märtyrer, rufe
Nicht der Rache, der Rache wie Abels, rufe der Krone!
Stephanus und Jakobus, ihr Erste, die Morgenröthe
Seines verkündeten Heils, kaum bricht sie hervor, und ihr siegt schon!
Stephanus und Jakobus, verlasset denn Kanaan! Joseph
Kann sich länger nicht halten, nun länger nicht. Halleluja!
David sang's und erlag der Entzückung. Das Halleluja
Konnt' er kaum vollenden. Die lispelnde Harf' entsank ihm.
Aber in seines Lichtes Gewand (es weht' ihm die Palme
In der Rechten, ihm wehte sein goldenes Haar) sang Joseph
Gegen den Bruder, der einst in seinen Umarmungen weinte:
O der Entzückungen Ungestüm, der das Herz mir erschüttert,
Denk' ich an jene Stunde zurück, in der mir der Vater
Jedes Schicksals, ihr Brüder, mich euch zu entdecken erlaubte!

Süßeste meiner Stunden im ersten-Leben, du wirst mir
Also wiedergedacht, der Stunden des ewigen Lebens
Eine. Wie war mir, als ich, vollendete Brüder, euch zurief:
Ich bin Joseph! Lebt mein Vater noch? Du, der im Grabe
Schlummert, du Bruder erlös'ter unzählbarer Brüder, du Erstling
Unter den Erben des Lichts, o, laß die Hülle des Blutes
Und des Staubes fallen von deinem Antlitz und zeige
Dich in deiner Herrlichkeit wieder! Zwar niemals verkannten
Wir in deiner Niedrigkeit dich; doch dürsten wir, dürsten,
Dich mit Wunden, die strahlen, zu sehn, den Sieger des Todes,
Jenes nicht nur, der liegt und verwes't, des ewigen Todes
Sieger. Auch derer, die einst, o du der ewigen Gnade
Ewiger Quell, nach dir, weil sie dich verkennen, nicht dürsten,
Derer erbarme dich auch und gib ihm Flügel zu eilen,
Jenem Tage der letzten Enthüllung der Herrlichkeit Gottes!
Wardst du nicht allenthalben versucht, daß du Mitleid hättest,
Ueberwinder, versucht, wie der Sterblichen Keiner versucht ward?
Der geschaffen das Aug' hat, sieht, geschaffen das Ohr, hört;
Der dich, Herz, erschuf, ach, sollte sich der nicht erbarmen?
Bist du nicht eingegangen mit deiner Versöhnung Blute,
Hoherpriester, ins Allerheiligste? Ist sie nicht ewig,
Deine Versöhnung, die du, der Gerechteste, selbst erfandest,
Selbst vollbrachtest? Wenn sie nun kommt, die Stunde der Wonne,
Auch den Himmeln verborgen, verborgner der Erde, die Stunde,
Die zu dem Retter Abrahams Kinder und Isaks und Jakobs,
Ach, zum Gekreuzigten bringet; wenn nun der Völker Füll' ist
Eingegangen, nun Israel auch eingehet, und Jesus
Sich nicht halten mehr kann und laut zu weinen beginnet:
Ich bin Jesus! — ihm dann die Geliebteren weinend am Halse
Hangen; er Feierkleider der Unschuld Allen austheilt,
Jedem ein helles Gewand, mit Blute besprengt, und Kronen,
Ach, den Geliebteren, daß vor ihrer Belohnungen Größe
Freudig die Thronen erschrecken; — wenn er dieß Alles vollendet,
O, wie werden von Sterne zu Stern die himmlischen Boten
Eilen, verkündigen, was für ein Licht aus der Tiefe der Weisheit,
Was für ein Strahl aus der Nacht des göttlichen Rathes hervorbrach!
Und wie werden die Aeltesten dann ihr Antlitz am Throne
Neigen und niederwerfen die Kronen und feiern und danken,
Danken dem Einen, der ewig ist und der Vater der Tage!
Siehe, du hast es vollendet und wirst noch mehr es vollenden,
Vater, Erster, du Einer, der ewig ist. O, dem Namen
Deiner Herrlichkeit Preis, von Aeonen Preis in Aeonen!

Mit dem Strom des feiernden Liedes lispelt' und hallte
Harf' und Posaune. Wie er in seinen Gestaden einherfloß
(Gleich dem sterbenden Wiederhalle sang ihm mein Lied nach),
Sanfter itzt floß und fliegender jetzt, so schwebte der Harfe

Lispel auf ihm und der Hall der Posaune mit Harmonien,
Welche der Seligen Ohr nur hört. Die Gesänge der Himmel
Sind nicht Kinder der langsamen, oft entseelten Begeistrung,
Sind der Urbegeistrung entzückte Söhne, der Wonne
Erstgeborne. Wir kennen sie nicht. Bisweilen nur hört sie
Einer, der stirbt und mit ihnen das ewige Leben beginnet.
Nur der Prophet des verstummenden Lamms, Jesaia, vernahm sie,
Von dem geöffneten Grabe noch fern, da die Engel ihr Antlitz
Deckten und gegen einander flogen und sangen: Heilig,
Heilig ist, heilig der Herr der Geschaffnen, und alle Lande
Sind der Herrlichkeit voll des Ewigen, daß erbebten
Vor der Rufenden Stimme die Ueberschwellen des Tempels.
Voll von dem süßen Erwarten der Auferstehung des Mittlers,
Fuhren die Heiligen fort sich zu sagen, was sie empfanden,
Jetzt mit Stimmen, mit Saiten alsdann und dem fei'rlichen Halle,
Oft mit beiden. Denn noch war nicht das Schweigen der Freude,
Nicht das Verstummen der Wonne gekommen. Der göttliche Todte
Schlummerte noch. Hesekiel stieg auf ein Grab an dem Oelberg
Aus den Wolken herunter und sang: Verdorrte Gebeine
Sah ich um mich und ward des großen Befehles gewürdigt,
Ihnen zu rufen: Verdorrte Gebeine, höret des Herrn Wort!
Als ich rief den Befehl, da rauschte das weite Gefilde.
Siehe, da regt' es sich, als ich den großen Befehl um mich ausrief,
Und die Gebeine kamen zusammen, jedes Gebein kam
Zu dem seinen, und Leben kam mit den fliegenden Winden
In die Todten. Nun standen sie all' auf dem weiten Gefilde,
Sieh', ein unzählbares Heer. Das wurde zu sehn ich gewürdigt.
Noch entzückt mich das Bild von dieser Rettung Gesichte.
Aber wie war mir, als ich auch selbst in das Leben heraufkam,
Ich verdorrtes Gebein! O Dank, Dank meinem Erwecker,
Dessen Leichnam noch schlummert, und der doch Todte geweckt hat!
Er verwes't nicht wie wir. Das war der Wille des Vaters:
Sterben sollt' er, am Kreuze sterben; aber verwesen
Sollte sein Heiliger nicht. O Ernte, viel größer, als jene,
Die ich sah, viel größer, als die, zu welcher wir kommen,
Wenn die Schnitter rufen, und wenn die Posaunen erschallen!
Zwar nur eine Aehre; doch ist die Ernte viel größer,
Als der unzählbaren Aehren unübersehliche Fluthen,
Als das ganze Gefilde der Auferstehung voll Garben.
Wüchse die Eine nicht auf, so würden die Schnitter nicht rufen,
Nicht die Posaunen erschallen. O Heil, du Eine, dir! Aller
Himmel Himmel werden sich unter deinem Schatten
Einst versammeln, und, siehe, der furchtbare Tod, der Letzte
Aller Feinde, wird des Schattens allmächtiges Labsal
Nicht zu ertragen vermögen, vergehn. Dann wirst du die Herrschaft
Uebergeben dem Vater, daß Gott sey Alles in Allem —

Halleluja dem Vater! — daß er sey Alles in Allem!
Und die Schnitter am Tage der Ernte sahn dem Propheten
Freudig ins Antlitz. Auch wandte vom Grabe des göttlichen Todten
Schnell wie ein Wink, nicht länger dahin, wo Hesekiel fei'rte,
Gabriel sich. Indeß erscholl's, gleich Stimmen der Meere:
Halleluja, daß Gott, daß Gott sey Alles in Allem!
Amos Sohn verließ die Versammlung der Heiligen, schwebte
Nieder auf Golgatha, stand an dem Kreuze des göttlichen Todten.
Auch du ließest der Frommen Versammlung und schwebtest herunter,
Daniel, Gottes Geliebter, und standst an dem Kreuze des Todten.
Und sie ergriffen die Psalter und sangen gegen einander:
J. Hier, hier trug er unsere Krankheit; unsere Schmerzen
Lud er hier auf sich. Die Menschen wähnten, er würde,
Weil er gesündiget hätte, von Gott geschlagen, gemartert.
D. Ach, um unsertwillen ist er verwundet, geschlagen
Wegen unserer Sünden. Auf ihn ward Strafe geworfen,
Daß wir Frieden hätten. Uns heilen des Duldenden Wunden.
J. Seinen Mund eröffnet' er nicht, da die Wüther ihn quälten,
Da er geführet ward, gleich einem Lamme, zur Schlachtbank.
D. Aus der Angst und aus dem Gericht ist Jesus genommen.
Bald wird er in das Leben erwachen. Wer ist auf der Erde,
Wer in den Himmeln, der die Länge der Ewigkeiten
Auszusprechen vermag, die alsdann lebt Jesus, der Todte?
J. Denn gestorben ist er, indem er die Sünden der Erde
Alle trug; er ist, gleich einem Verbrecher, gestorben.
D. Ach, vollendet ist nun, vollendet sein göttliches Opfer
Für die Sünden. Ihm werden nun, gleich dem Thaue der Frühe,
Seine Kinder geboren, und Ewigkeit ist sein Leben.
E. Ewigkeit! Denn wie hat in unaussprechlicher Arbeit
Seine Seele gerungen! Dafür ist Wonne dein Erbe.
D. Gottes Knecht, der Gerechte, durch seine himmlische Weisheit
Wird er Viel' zu Gerechten und Erben der Herrlichkeit machen.
Denn die Sünde, die Sünde der Welt hat er getragen.
J. Siehe, wer kam von dem Kidron herauf aus des ersten Gerichts Nacht?
Wer in der Stärke göttlicher Kraft, die Sünde zu tragen?
Wer mit Jammer belastet, mit tiefem Leiden der Seele?
D. Christus war's, der Gerechtigkeit lehrte, zu helfen ein Starker.
J. Wessen Wunden troffen auf diesem Hügel des Todes?
Himmel der Himmel, o, wessen Blut rann hin auf den ernsten
Sühnaltar? D. Sein Blut, sein Blut, vor welchem sich Aller
Knie einst beuget, vor dem einst Aller Zunge bekennet,
Daß er Herrscher sey, zu der Ehre Gottes des Vaters.
J. Nun, nun ist gewehrt der Uebertretung, die Sünde
Zugesiegelt, versöhnt die Missethat; ist geworden
Ewiges Heil, Gerechtigkeit, zugesiegelt der Seher

Offenbarung; nun ist — Preis sey dem erhabnen Vollender,
Preis ihm! — er ist gesalbet, auf diesem Hügel des Todes
Ist gesalbet der Allerheiligste. Halleluja!
Hingerissen vom Bilde des gottgeopferten Mittlers,
Wiederholten, den Lüften gleich, die in Bäumen des Lebens
Säuseln, die Heiligen: Ja, auf diesem Hügel des Todes
Ist gesalbet der Allerheiligste. Halleluja!
Aber die Wache des Grabs ging ab. Die kommende Wache
Führte der Hauptmann, der Jesus auf Golgatha sterben, den Hügel
Unter ihm hatte beben gesehn und stürzen die Felsen.
Am versiegelten Stein, dem Bewahrer des Leichnames, blieben
Wundernd die Römer stehn, und unter ihnen ihr Hauptmann.
Cneus, so hieß sein Name, vertiefte sich bald in die Zweifel
Seiner Gedanken. Die Stille der Nacht und des wandelnden Mondes
Sanfte Schimmer luden ihn ein, sich weiter und weiter
Ins Labyrinth zu verlieren, aus dem kein Leiter ihn führte.
Und er lehnete sich an den Felsen. Ein Göttersohn denn?
Aber welches Gottes? Des Gottes der Israeliten?
Dieses? O, warum zweifl' ich an unsres Jupiters Größe,
Denk' ich an den, den Jehová dieß leichtbezwungene Volk nennt,
Den es nicht zu kennen verdient? Wie niedrig und sklavisch
Ist es, wie klein durch sich selber, wie groß durch Jehova, der Götter
Gott! So nennt er sich selbst und nennt nicht allein sich, er zeiget
So sich durch Thaten. Denn, wär' die Geschichte der Wunder Jehova's
Zweifelhaft, so wär' die Erzählung von Jupiters Thaten
Mehr, als zweifelhaft. Doch ein Sohn des erhabnen Jehova,
Und doch sterblich? Und, wenn nur ein Mensch, wie könnt' er so groß seyn?
Also dacht' er, indem ihn ein Bote, den Portia sandte,
Seinem Grübeln entriß. Mich sendet Portia, Cneus,
Dich zu fragen: ob Ruh' an dem Grabe gewesen, und ob sich
Keiner dem Todten nahe? Sie war erst selber entschlossen
Herzueilen; allein sie entschloß sich anders. — Hier herrschet,
Sage Portia dieß, der Gräber Stille, und Keiner
Naht sich dem Todten. — Er eilete. — Wart' und sag' ihr auch dieses,
Sag' ihr: er komme wieder ins Leben; er komme nicht wieder;
Beides verwirre mich. Geh'! — Sie quälet wie mich die Entwicklung
Dieser verborgnen Geschichte des unterliegenden Frommen.
Denn dieß war er gewiß. Ein frommer Sterblicher war er,
War er kein Sohn des Gottes der Götter. Gottes der Götter?
Also verleugn' ich Jupiter? Denk' ihn unter Jehova,
Den ich nicht kenne? Den ich vielmehr als Jupiter kenne.
Denn vielmehr ist Wahrheit in dem, das Jehova gethan hat,
Als in dem, so der Donnerer that. Nur mehr? Ist nicht Alles
Wahrheit? O, hätten des liegenden Israels Ueberwinder

Jupiter angebetet, so wäre das Bild des Gottes
Wie das Bild des Dagon in stumme Trümmer zerfallen,
Ja, aus der Hand des Schwachen in stumme Trümmer die Donner.
Ha, was hab' ich gedacht? Was dringet mich, Zeus zu verleugnen?
Ihn dem Unbekannten, dem schrecklichen Unbekannten
Aufzuopfern? Und weß ist die Stimm' in der innersten Seele,
Der ich zu widerstehn nicht vermag? Wenn du, Jupiter, mehr bist,
Als der Götter Gott, so donnr' in den Abgrund mich nieder!
Ach, wo bin ich? O Wuth der furchtbaren Ungewißheit!
Nein, nicht Ungewißheit. So hätt' ich Jehova beleidigt?
Bei dem Strome Kocytus, bei dem nur, Jupiter, du schwörst,
Fleh' ich: Donnre mich nieder! O du, nach dessen Erkenntniß
Ich mit dieser entflammten Begier verlange, Jehova,
Offenbare dich mir! Bin ich's werth? Kann's ein Sterblicher werth seyn?
Offenbare dich mir! Er dacht' es gen Himmel und senkte
Dann sein Haupt auf die Brust. Ach, warum sah' ich den Frommen
Seine Wunder nicht thun, und warum säumt' ich zu hören,
Was er von Gott und von sich und den Menschen sagte? So kennt' ich
Nun die Menschen und ihn und Gott. Die am meisten ihn hörten,
Waren Männer voll Einfalt. Ach, besser, als wären sie Weise,
Die so selten sich nicht verirren, und Grübler gewesen.
Aber wo such' ich sie? Er ist todt und wird mich nicht lehren;
Und sie find' ich nicht. Doch in jenem besseren Leben,
Wo er jetzo ist, wird er mich lehren. Im besseren Leben?
Ist denn ein künftiges? Wird's, wenn es ist, denn besser für mich seyn?
Da, der so unschuldig war, so ohne Maß litt,
Ach, was wird der Schuldige leiden! Du Unbekannter,
O du Unbekannter, ja, meine Seele verirrt sich
In dem Forschen nach dir. O, könnt' ich deiner Propheten
Offenbarung und Lehren verstehn, aufdecken die Hülle,
Welche sie meinem Auge verbirgt! Sogar noch am Kreuze
Hätt' ich ihn fragen können. Nun ist er verstummt. Auf ewig?
Der nur weiß es, der ihn gesendet hat. Können die Todten
Auferstehn? Der heilige Todte dort hat den Seinen
Wiederkehr in das Leben verheißen. Das sagen ja selber
Seine Verfolger, und darum bewachen wir seinen Leichnam.
Kommt er nun nicht zurück, so verwirren mich seine Geschichte,
Die mich, weiter erforscht, von Gott mehr hätte gelehret,
Seine Wunder, sein Leiden noch mehr. Zu welchem Kummer
Ist mein Leben gemacht? Und warum schonten die Schlachten
Meiner immer, der fallende Pfeil und der zuckende Wurfspieß?
Warum hört' ich nicht lange den letzten schmetternden Bogen
Tönen? Ha, Brutus, als du zuletzt an der Tugend Belohnung
Zweifeltest, nahmst du dein Schwert. Und ich seh' größere Tugend

Unbelohnter und säume? Was hält mich? Nicht Furcht vor dem Tode;
Denn ihn hab' ich zu oft im blutigen Felde gesehen,
Bin bei sinkenden Adlern ihm entgegen gegangen.
Nein, ihn fürcht' ich nicht. Aber was ist es denn, das mich aufhält?
Warum entsetz' ich mich, wenn ich mich nun dem ernsten Entschlusse
Völlig nahe? Beleidigt' ich etwa den Unbekannten?
Und ist Warnung vielleicht die geheime Gewalt, die mich fesselt?
Wenn mein Tod ihn beleidigt, so müsse meinem Entschlusse
Immer etwas fehlen zur Reife. Wie aber ergründ' ich,
Ob ich dadurch ihn beleidige? Kann die bebende Frage:
Ob ich ihn beleidige, Furcht des Todes in mir seyn?
Furcht, so tief verborgen? Ha, wär's, wie wollt' ich des Lebens
Weiche Liebe strafen und dir zum Opfer sie bringen,
Tod! So verlor sich Eneus auf seinem finsteren Wege
Nach der Gottheit, indem noch nicht die Rechte des Helfers
Seine Führerin war, ihn zu der Höhe der Weisheit
Auf den schmalen Weg durch die enge Pforte zu leiten.
Hinter ihr war der schmale Weg, die Pforte zur Höh' war
Hinter ihr schon. Die schöne Seele bracht' itzt ihr Engel
Chebar in die erhabne Versammlung der Auferstandnen.
Sie empfing Benoni, ein Silberlaut, da er hinglitt
Von der leichten Wolke. B. Du hast ihn nicht sterben gesehen
(Dort, dort starb er); allein du siehst ihn erwachen, Maria!
Ihm antwortet Maria: Ich hab' ihn nicht sterben gesehen
(Ach, dort starb er); allein ich seh' ihn, Benoni, erwachen!
B. Ueberwunden hast du durch das Blut des Lammes, Maria!
Nimm den Psalter und sey auch eine Sängerin Gottes!
M. Darf ich wagen, mich unter der Sieger Chöre zu mischen,
Welche schon Jahrhunderte Palmen tragen und Kronen?
B. Sing' du dem Herrn! Ich lehre dich, was ich lernte. Verwesen
Soll der Heilige nicht. O Ernte, viel größer, als jene,
Die Hesekiel sah, als sie, zu welcher wir kommen,
Wenn die Schnitter rufen, und wenn die Posaunen erschallen!
Zwar nur eine Aehre; doch ist die Ernte viel größer,
Als der unzählbaren Aehren unübersehliche Fluthen,
Als voll Garben, voll Garben der Auferstehung Gefilde.
Wüchse die Eine nicht auf, so würden die Schnitter nicht rufen,
Nicht die Posaunen erschallen. O Heil, du Eine, dir! Aller
Himmel Himmel werden sich unter deinem Schatten
Einst versammeln, und, siehe, der furchtbare Tod, der Letzte
Aller Feinde, wird des Schattens allmächtiges Labsal
Nicht zu ertragen vermögen, vergehn. Dann wirst du die Herrschaft
Uebergeben dem Vater, daß Gott sey Alles in Allem.
Halleluja dem Vater, daß er sey Alles in Allem!
Und die Hörerin hört' entzückt nach der Stimme Benoni's.
M. Ach, Benoni, wie selig bin ich! Mit welcher Erbarmung

Hat der gnädige Geber des Lebens und Todes die Stunde
Meines Todes gewählt! Den Versöhner erwachen zu sehen,
Und in dieser Versammlung! Ihr Heiligen Gottes, ihr Brüder,
Christus und meine Brüder, ihr nun auf ewig Geliebten,
Nehmt mich unter euch auf! Mich hat der Erbarmer gesendet,
Euer Erbarmer und meiner. O du, der Himmel Gemeine,
Du, des Bräutigams Braut, welch großer Lohn ist dein Erbe!
Wie genießen wir Alle vorher nicht empfundene Ruhe,
Freude, nicht einmal von fern und dunkel vermuthet, wie trinken
Wir die Ströme des Lebens umsonst! Was gabst du für Gaben,
Seligkeiten zu fühlen, den Seelen, die du zu dem Erbe
Deiner Herrlichkeit riefst, du unerschöpflicher Geber!
Welche Seligkeiten zu diesen Gaben! Ihr Dauern
Machtest du ewig, allmächtiger Geber! Mit dir, den wir lieben,
Ewig zu seyn, mit dir! Wer hält den Wonnegedanken,
Die Entzückungen aus, wer dieser Ewigkeit Aussicht?
Ich verliere mich, Gott, o Geber, Erfinder, Vollender
Alles dieses! Ich war nicht, und nicht der Himmel der Himmel;
Da entwarfst du es, Gott! Wir wurden, leben und steigen
All' auf unzählbaren Stufen, auf einer anderen Jeder,
Immer auf neuen Stufen der Seligkeit, von der Aeone
Zu der Aeon' empor und hören nicht auf zu steigen;
Denn ein unendlicher Geber bist du, ein unendlicher. Bebend
Schwieg sie und, schon zu stehn auf ihrer jetzigen Stufe,
Wonnevoll. Sie entzückte den Kreis der Erben des Lebens,
Und sie sangen ihr zu, und Donner wurde das Zittern
Ihrer Harfen: Unendlich ist er, unendlich der Geber,
Ist unendlich. Und wir sind endlich. Gefühl der Entzückung,
Von dem großen Geber, der Wesen Vater, der Liebe
Gnad' um Gnade zu nehmen, du Durst, der ewig gestillt wird!
Ach, eh' werden in Nacht die neuen Erden, in Dämmerung
Ehe der neue Himmel verlöschen, eh' deiner Erbarmung
Unversiegender ewiger Strom die Durstenden leer läßt.
Sieh', an dem Fuße des Throns entspringet sein Quell, ein Weltmeer,
Rauschet und fällt in Gefilden der Nacht, in Gefilden des Tages,
Fällt, von Erde zu Erd' herab, zu Sonne von Sonne,
Durch die Himmel alle. Der durch sich Selige höret
Seines Rauschens Getön, ihn hören des Lebens Söhne
In den Welten umher, und sie kommen und schöpfen Entzückung.
Ach, erlös'tes Geschlecht, ihr des Todten Brüder und unsre,
Säumet nicht, kommt zu dem Strome des Heils! Das wankende Straucheln
Eures Fußes leitet ein Starker, ein Helfer voll Hülfe,
Welcher, obwohl sein Herz schon brach, mit mächtigem Rufen
Rief: Es ist vollendet! Wie nach viel Schweißen ein Müder
In der Abenddämmerung schläft, so schläft nur der Starke

Jetzt im Grabe. Der Löw' aus Juda schlummert im Schatten.
Weniger trunken, o Hölle, vom Taumelkelche der Rache,
Würdest du verstummen, damit der schlafende Starke
Aus dem Schlummer sich nicht und aus dem Schatten erhübe.
Aber er wird sich erheben, und, eh' er in seiner Erhöhung
Bis zu der Rechten des Vaters, der höchsten Herrlichkeit fortsteigt,
Wird ein Schritt des Eilenden, Höll', auf dich treten, des Löwen
Oder (vernimm's, du Ueberwundne!) des Lammes im Zorne.
Deine Wüste wird öder, und deine Tiefen versinken
Tiefer dann vor dem schreckenden Schritt des Lammes im Zorne.
Mit den Worten verließ der Todesengel Obaddon
Jesus Grab und der Heiligen Kreis. So war ihm geboten:
Wenn die Versammlung der Frommen der Hölle nahes Gericht droht,
Eile du dann zu Satan und Adramelech im Meere!
Und er hüllte sich ein in Nacht und stand am Gestade,
Rufte die Ewigtodten herauf. Mit thürmender Woge
Kamen sie, traten vor ihn. Der Todesengel enthüllte
Sich aus der Nacht. An des Furchtbaren Stirn nur säumte noch Dunkel
Einer Donnerwolke, die sich von ihm weg am Meer hin
Langsam zog. Da rufte die niedergeschmetterten Kräfte
Satan in sich zusammen und sprach zu dem Engel des Todes:
Glücklicher, fast allmächtiger Sklav, was bringst du für Botschaft?
O. Auf dein Schmähen antwortet' ich dir Aeonen nicht; werd' ich
Heut dir darauf antworten? Vernehmt Befehle! Der Todte,
Welcher aufersteht, er gebeut: Entweder entfliehet
Gleich in den Abgrund oder begleitet mich jetzt zu dem Hügel,
Wo er gekreuziget ward! Er steht bei dem Hügel vom Tod auf.
Diesen Flammenschwung, den ich schwinge mein Schwert, und nicht länger
Sollt ihr ihn sehn. Dann stürzet ihr hin auf die Stirn. Ergrimmet,
Sünder, nicht also! Daß er euch anzubeten gebiete,
Würdiget er euch nicht. Euch stürzt der Allmächtige nieder.
Und ihr betet nicht an. Das könnt ihr nicht. Wenn ihr mir folget,
Bleibt ihr noch hier, und, folget ihr nicht, so entflieht ihr zur Hölle.
Zischender Spott und brüllendes Hohngelächter erwarten
Euch in der Hölle. Denn Schaaren der Eurigen sahn's, wie ihr flohet,
Als euch Flucht Eloa gebot. Wählt jetzo, Empörer!
Satan blickte mit Grimm auf ihn her; doch blieb er entfernt stehn.
Denn dem furchtbaren Schwert des Todesengels entströmten
Flammen, wiewohl es ruhte. Der Hasser Gottes und Satans
Reißt vom Gestad ein Felsenstück, zermalmt's an der Stirne,
Stampft auf die fallende Trümmer und will den Ewigen lästern;
Aber er schweigt. Wählt! rufte der Todesengel und hüllte
Seines Schwertes drohenden Strahl in Wolken, die dampften.

Aber sie zweifelten noch. Jetzt nahete sich Abbadona,
Blickt', indem er vorüberging, Adramelech und Satan,
Ohn' ihr Wüthen zu fürchten, und ohne rächenden Stolz an.
Denn er war nicht ihr Richter. Doch trat er zum himmlischen Seraph
Näher, als sie vor ihm standen, und sprach: Ein Bote der Rache
Bist du; aber du kennest auch, Engel Gottes, das Mitleid.
Darf ich nicht auch, da die beiden Empörer dürfen, den Gottmensch
Sehn, wenn er aufersteht? Wie könnt' ich wagen zu wähnen,
Daß ich vermög' ihn anzubeten? Willkommen, willkommen,
Ungesehene Hand, die mit ihnen auch mich in den Staub stürzt,
Hand des Allmächtigen! Ach, daß ich ihn nur seh' wenn er aufsteht
Aus dem Grabe, der Sündeversöhner, der Ueberwinder!
Satan hört' ihn und rief ihm entflammt mit stammelndem Grimm zu:
Sklav, nicht Gottes, der Höll'. Elendester unter den Sklaven!
Doch schon unterbrach ihn der schreckende Todesengel:
Satan, verstumme vor mir! Ich habe keine Befehle,
Abdiel Abbadona, für dich. Ich weiß nicht, wie lange
Dir auf der Erden zu bleiben, und ob den göttlichen Todten,
Wenn er erwacht, dir zu sehn vergönnt sey. Ich kann dir nur sagen,
Daß der Hügel von Schaaren der auferstandnen Gerechten
Und von Schaaren der Engel umgeben ist. Diese verworfnen
Sehen ihn, wenn sie dieß wählen, damit des Erwachten Triumphe
Sie zu strafen beginnen für jenen Entschluß, den Gefallnen
Ihren Erlöser zu nehmen. Du hattest an dem Entschlusse,
Abbadona, kein Theil; doch ihn mit meiner Entzückung,
Mit der Wonne zu sehn der auferstandnen Erlös'ten,
Abdiel, könntest du dich mit diesem Wunsche wohl täuschen?
Feurig, mit Ungestüm, sprach Abdiel: Nicht mit Entzückung,
Ach, mit Wonne nicht; allein nur sehen, nur sehen.
Ha, du Niedrigster! rufet' ihm Adramelech entgegen;
Ja, du warst es, du nanntest Eloa's Namen der Hölle.
Engel des Todes, ich geh' zu der Hölle. Wehe dem Stolzen,
Der mein spottet! Den sollen geschleuderte Felsen begraben!
Warum folgst du mir nicht, Verworfenster unter den Engeln?
Doch kein Engel nicht mehr, nur eine Seele. Du fürchtest
Und du täuschest dich nicht, daß ich an die untersten Stufen
Meiner Throne mit diamantenen Ketten dich fess'le
Und, indem ich, in große Gedanken vertieft, auf den Höhen
Meiner Throne nun sitze, auf deinem Nacken den Fuß mir
Ausruhn lasse. Doch werde zuvor bei den Schädeln ein Opfer
Deiner Kriechsucht! Schauernd, mit zürnender Traurigkeit schüttelt
Abbadona sein Haupt: Nicht deine flammenden Worte
Schrecken, Wüthender, mich. Der erstandne Gerechte, der Cherub
Schrecken mich, und Jehova, mein Feind Er wandte sein Antlitz.
Adramelech verließ sie. Ich folge dir, stammelte Satan
Wüthend zum Todesengel. Die Stirne voll Donnernarben

Wurd' ihm dunkler, indem er folgte. Sie schwebeten. Zweifelnd
Stand noch Abdiel. Jetzt wandt' ungestüm Adramelech
Wieder sich um. Er wälzt' in dem rasenden Felsenherzen
Eine Lästrung, schwarz, wie die Nacht der untersten Hölle.
Und, entschlossen, herauszuströmen das Ungeheuer
In der Versammlung der Heiligen, schrie er: Ich folge dir, Engel!
Wende dich! rief mit des Donners Ruf der Verderber, die Schöpfung
Sollst du nicht sehn! Dein Auge wird Blindheit schlagen, dich führen
(Geb' ihm nach!) ein Geheul. Schon starrte das Aug' ihm in Nacht hin,
Und schon rauscht' es um ihn und heulet' im führenden Sturme.
Jammernd Geheul (er folgt', das mußt' er), itzt fernersterbend,
Jetzo erschütternd nah, war in dem geflügelten Sturme.
Schnelles, unwiderstehliches, unnennbares Entsetzen
Fasset' ihn, wenn das Geheul wie Gerichtsposaunen ihm zurief:
Wehe dir! Wehe, weh' dir! und dann es ihm däuchte, Gebirge
Nahender Sterne wankten davon und schmetterten krachend
Nieder auf ihn und wälzten ihn fort in dampfenden Trümmern.
Jetzo hörten die Väter und Seraphim fern in den Himmeln
Aus den Sonnenwegen herab ein Wetter Jehova's
Kommen. Die Harmonien der wandelnden Welten verstummten,
Wenn der Donner, ein neues Erstaunen ihrer Bewohner,
Redete. Denn schon war zu dem tiefen Tabor des Vaters
Herrlichkeit niedergestiegen (sie hatten ihn wandeln gesehen),
Schon aus seinen Schranken ein Stern geeilt zu der Sonne;
Still war schon gestanden die ganze Schöpfung. Die Väter
Hörten das Wetter fliegen und huben freudig ihr Haupt auf,
Hörten hinauf in die Himmel der Himmel. Es nahte sich eilend,
Schnell wie Gedanken. Sie hörten es nun in der Ruhstatt Gottes
Schweben und als von Gebirg zu Gebirge wieder von Sternen
Hallen zu Sternen. Es nahte der Erde. Mit glühender Stirne,
Schimmerndem Aug', entzückt von jeder Wonne des Himmels,
Eine Flamme des Herrn (den Sonnen gleich, da sie Gottes
Schaffender Hand entzitterten, über Erden zu herrschen)
Strahlt' Eloa hinab in der Auferstandnen Versammlung,
Rufte: Die Stund' ist gekommen, der Herrlichkeit Stund' ist gekommen.
Mit der Morgendämmerung wird der Versöhner der Sünde
Seinen Leichnam erwecken. Ihr hört den Göttlichen wandeln.
Und er schwebet' hinab zu dem Grabe. Das mächtige Wetter,
In den Himmeln ein Zeuge des Ewiglebenden, mildert
Jetzo seine Gewalt, daß die Erde vor ihm nicht entfliehe.
Seine Donner hielt es zurück; Sturmwinde nur rauschten,
Daß vor ihnen vom Libanon an sich die Wälder Judäa's
Gegen das Grabmal beugten. Die Erde ward nur erschüttert,
Daß von des Seir Gebirg der Phasga, der Arn und der Hermon

Bis zu den obersten Wipfeln und Wolken des Libanon bebten,
Daß von des Seir Gebirg Aegyptus Wasser, das Weltmeer
Und der Karmel und wieder des Libanon Höhen erschracken
Und der wankendströmende Jordan hinauf bis zur Quelle
Und Amana. Allein noch bebte das Grab nicht. Der Fels lag
Unbewegt, wie er hingewälzt vor das offene Grab war.
Gabriel sah mit Entzückung hinab auf den liegenden Felsen;
Denn: Du wälzest ihn weg! war ihm von dem Todten verheißen.
Aber die Himmlischen, sie, die lauter die Ström' und das Weltmeer
Rauschen hörten, die Wälder erschallen, lauter die Berge
Beben, als sie ein menschliches Ohr zu hören vermochte;
Freudig sanken aufs Antlitz die Cherubim und die Erstandnen
Vor der gegenwärtigen Gottheit des Sündeversöhners.
Adam betete laut wie im Jubelgesang. So erschallen
Mit der wandelnden Welten Getön die Posaunen der Engel,
Wenn sie die großen Thaten des Allerheiligsten feiern,
Wie des Seligen Stimme, vereint mit den wehenden Lüften
Und mit den rauschenden Palmen, den Wiederhallen der Berge
Und (sie stürzten und flohn) mit den Strömen, erscholl. Unerschaffner;
Dann ein weinendes Kind, ein weiser Knabe, die Wonne
Gottes und derer, die sündigten, dann ein himmlischer Lehrer,
Der wie die Mutter des Sohns sich des Menschen durch Wahrheit erbarmte;
Dann ein Hoherpriester, der selbst sich opfert' und einging
In das Allerheiligste, Fluch und Sünde für Sünder,
Ach, ein Gekreuzigter und ein Todter, wie können wir würdig
Gott, du Liebe, dich preisen für das, so du thatest und thun wirst!
O du fühlbar Naher, nun wirst du es thun und erwachen.
Siehe, des Todes Schmach, die Schmach des Kreuzes, sie lieget
Dann dir unter dem Fuß. Allgegenwärtiger Mittler,
Aber uns offenbarter Allgegenwärtiger, Heil uns,
Daß wir, dich erwachen zu sehn, gewürdiget werden!
Ach, wir haben dich sterben gesehn. Erwachen, erwachen
Wird der große Todte nun bald, der Schlummernde Gottes.
Wie du kamest, als du aus der Nacht die Sonnen hervorriefst,
Also kommst du, mit tausendmal tausend Leben umströmet,
Und vor dir beseelender Sturm her. Himmlisches Säuseln
Wird von dem Sturme nun bald sich sondern und deinen Leichnam
Wecken, du Ewiglebender! Seht ihr die äußersten Schimmer
Seiner Herrlichkeit, die neben Sternen herabstrahlt,
Und die röthlichen Morgen vor ihm, die mildern die Strahlen
Seiner Gottheit? O, daß vor ihm die Geschaffnen alle
Beugen ihre Knie, vor ihm, vor ihm der Begnadigten Kronen
Alle sinken! Er kommt, das Gefängniß gefangen zu führen,
Gaben der Ewigkeit denen zu geben, die er versöhnt hat.
Säus'le, beseelende Kraft, Hauch Gottes und wecke den Leichnam,

Dessen Wunden zur Rechten des Vaters mehr, wie die Sonnen,
Mehr, wie der Erstgeborne des Lichts, der Himmel der Gottheit,
Strahlen werden! Und du, verstummende Wonne, o, lege
Deine Hand auf den Mund und wart' anbetend der Stunde,
Die er aufersteht! O ihr, noch Söhne des Staubes,
Meine Kinder, vor Allen ihr Wenigen, die er gewählt hat,
Seiner Auferstehung in allen Landen der Gräber
Zeugen zu seyn, ihr, deren Blick noch Thränen der Wehmuth
Trüben, die ihr den unterliegenden Todten nur kennet,
Seine Herrlichkeit nicht, noch die, mit der er belohnet;
Mit dem ganzen, dem göttlichen, unaussprechlichen Segen
Seiner Auferstehung, mit dieser Fülle der Fülle,
Aller dieser Ueberschwänglichkeit segn' ich, o Kinder,
Euch zu dem ewigen Leben. Gesegnet sey euer Leiden,
Jeder Kampf der Streitenden, jeder Sieg der Gestärkten,
Euer Schweiß in der Arbeit des Heiligen, der euch die Kraft gibt,
Jeder Tropfen der Angst, der Thränen oder des Blutes,
So wie, der sie zählt, es beschleußt, gesegnet die Weisheit
Eurer Rede, die Heiligkeit eures Wandels (im Himmel
Sey er) gesegnet die Wunder, womit des Vaters und Sohnes
Geist euch rüstet! Ihr sollt die kleineren Segen nicht haben,
Welche vergehn; allein, in dem Namen Jesus Christus,
Heißt aufstehn und wandeln die Sterbenden und die Todten!
Seyd, wenn dereinst ihr selbst entschlafet, o, dann vor Allen
Unaussprechlich gesegnet! Euch werd' an dem Ende der Laufbahn,
Nach der Geburt in das ewige Leben, der Siegenden Krone
Und der Aeltesten Thron, die Geschlechte der Menschen zu richten!
Sie, die neben ihm strahlende ward, indem sie ihr Auge
Nach der Herrlichkeit wendete, die in den Himmeln herabkam,
Und den Segen vernahm, den der Auferstehende segne,
Eva streckte die Hand auch gegen des Göttlichen Grab aus:
Fleuß, fleuß, ewiger Quell, zerreiß' den Felsen und ströme!
Siehe, du ruhst noch in Nacht. Brich durch den Felsen und ströme,
Ewiger Quell des ewigen Lebens, und labe die Seelen
Aller Durstenden, Aller, die, gleich dem brennenden Rehe,
Schreien nach dir! O Strom, der in die bessere Welt strömt,
Nimm in deiner Gestade beseelenden Hauch, in die Kühle
Deiner Schatten den Waller nach Kanaan auf, daß ihm Labsal
Werd' und Stärkung zur weiteren Pilgerschaft, daß die Hoffnung
Seiner eigenen Auferstehung den Wankenden letze!
Hoffnung, himmlisches Licht in des Sterbenden brechendem Auge,
Ja, du Hoffnung, auch zu erwachen, mit Christus zu leben,
Geuß du deine Freuden auf die, die in Christus entschlafen
Gnadevoll aus, damit sie nicht schrecke das Graun der Verwesung!
Selige Stunde, welche nun bald, zu entzücken, hervorbricht,
Eine nicht zählbare Zahl unsterblicher Leben, ach, aller,

Welche jenseit der Gräber die Kinder Adams einst leben,
Liegen, o Stunde seines Erwachens, in dir verborgen.
Welche Leben und welche Besitzer nicht endlicher Leben!
Meine Kinder seyd ihr. Zerreiß' den Felsen und ströme,
Ewiger Quell der ewigen Leben! Zu großen Wassern
Wirst du werden, o Quell, zu Gottes Ocean; ströme!
Also betete sie. Der Engel am Grabe des Todten
Stieg in die Wolken hinauf, der Herrlichkeit Christus entgegen.
Wie es den Tausendmaltausend der Todten Gottes einst seyn wird,
Hat das große Weh' von dem Falle bis an den Gerichtstag
Ausgeklagt, und steigt nicht mit jedem Tropfen der Zeit mehr,
Der in das Meer hinträuft der Vergänglichkeit, eines Gebornen
Weinen gen Himmel empor, noch eines Sterbenden Röcheln
Unter die Preisgesänge der Unentweihten vom Tode;
Wie es ihnen wird seyn, wenn mit des letzten der Tage
Morgendämmerung nun das lange Wehe des Weinens
Und des Röchelns auf ewig verstummt (sie werden vor Wonne
Freudig erschrecken, aus ihrem erhobenen, dankenden Auge
Thränen der Seligkeit stürzen, und ihrer Jubel Triumphlied
Wird mit jener Posaune, der Todtenerweckerin, streiten,
Streiten und überwinden); wie dann es wird der Gerechten
Tausendmaltausenden seyn: so war es der kleineren Schaar jetzt,
Die an dem Grabe des Herrn vor Hoffen und vor Erwarten
Dessen, das kommen sollte, verschmachtet war, da die Wolken
Rissen, da Gabriel dort, eine Flamme Gottes, herabfuhr,
Da er von Bethlehem über die Schädelstätte zum Grabe
Flog, da von Ephrata's Hütte bis hin zu dem Kreuze, vom Kreuze
Bis hinunter ins Grab die Erde bebte, da Satan
Wie ein Gebirge dahin, des Leichnames Hüter wie Hügel
Stürzten, da weg von dem Grabe den Fels der Unsterbliche wälzte,
Da sich mit Freuden Gottes Jehova freute, da Jesus
Auferstand.
Auszusprechen, was jetzo geschah, mit dem Liede von fern nur
Dieser Höhe zu nahn, davon, wie der leisere Nachhall,
Nur zu stammeln, von jener Wonne, Erstandner, von deiner
Und von derer Freude, die jetzt dich sahen; zu kühn ist
Dieser feurige Wunsch und (indem ich vergebens gen Himmel
Strebe mit ihm, vergebens) ein mächtiger Ueberzeuger,
Daß ich am Grabe noch walle, noch nicht der Ernte gesät bin,
Welche die große Folge der Auferstehung des Herrn ist.
Stille war erst am verlassenen Grabe. Nicht lange, so wurde
Deiner Begnadeten Kreis vor Seligkeit heller und jauchzte,
Wie die Morgensterne, die Erstgebornen der Schöpfung.
Denn sie sahen den Sohn nach seinen Todeskämpfen
Auferstanden. Nicht mehr, wie am Kreuze, mit sinkendem Haupte,
Herrlich schwebtest du über dem Felsen des offenen Grabes,

Göttlich, unaussprechlich umstrahlt mit Siege, mit Siege,
Halleluja! mit Siege, des ewigen Todes Triumphe,
Du, der mächtig ist, du, deß Namen heilig ist, dem sich
Aller Knie einst beugen, im Himmel Aller, auf Erden
Aller und unter der Erde, den Ephrata Bethlem geboren,
Den Gethsemane, den die Schädelstätte getödtet,
Den uns wiedergegeben das Grab hat. Neige dich, Tiefe,
Vor dem Sieger, und hebe vor ihm, o Höhe, die Händ' auf!
Hebt, Erzengel, die Harfen vor ihm, ihr Ersten der Thronen,
In die Himmel der Himmel empor, und, Stimmen der Menschen,
Meine schwache mit euch, seufzt ihr aus dem Staube die Freude,
Daß er lebet, empor! An des Ewiglebenden Throne
Werdet ihr einst, die jetzt die beklommene Freude nur seufzen,
Unaussprechliche Wonne dem großen Begnadiger singen,
Ihm, der als Brüder euch, die Engel als Brüder nicht aufnahm,
Ihm, dem Fleisch und Gebein von Adams Fleisch und Gebeine.
Du, der mächtig ist, riefen mit lauterem Jubel die Seelen,
Als die Engel, o du, deß Namen heilig ist, dem sich
Unsere Knie beugen, dem unser geheimstes Gefühl sich
In die Tiefe der Tiefen wirft, den Namen nicht nennen,
Auch dein heiliger nicht und hocherhabner vor allen,
Du Beginner und o du Vollender, getödtet vom Anfang
Und für ewig, für ewig erwacht und vom Anbeginne!
Doch dein Schlummer selber war kurz, nachdem du nun wirklich
In der neunten, der dunkelsten Todesstunde (sie war sonst
Keine Stunde der Nacht) entschlafen warst, zu erwachen
Schnell, wie du schufst, da, gerufen von deiner Stimme, die Sonnen
Rollten, um sie die gehorchenden Erden, du göttlicher Erster,
Und du gnädiger, gnädiger Letzter, der Alles erneuet,
Alles himmlischer macht. Auch wir sind Letzte. Wir leben,
Sind unsterblich durch dich und bleiben in jeder Aeone,
Durch der Ewigkeit ganze Fülle, solange du Gott bist,
Gott bei dir. Sie verstummten. Denn seines göttlichen Anblicks
Würdigte sie der Auferstandne. Von dieser Entzückung
Seligkeit niedergestürzt, verstummten sie Alle. So rauschen
Dann die Gefilde der Ernte nicht mehr und senken sich erdwärts,
Hat sein Wetter auf sie ein ganzer Himmel ergossen.
Wenige Halme nur heben sich mit zitternder Aehre
Dennoch auf. So schwungen sich jetzt in der Heiligen Kreise
Neben der Mutter die sieben Söhne, Märtyrer alle,
Bebend empor und verstummten nicht mehr und fei'rten und sangen:
Mache dich auf und jauchze! Du wurdest, Erde, gewürdigt,
Jesus Christus Gebein in deine geöffneten Tiefen
Als in Mutterarme zu fassen. Nun ist er erstanden
Hoch von dem zitternden Staube, der Erstgeborne der Todten.
Alle Himmel sahen ihn kommen. Vom Fuße des Siegers

Ging Erdbeben, vom Golgatha bis zu dem hohen Moria.
Mit den Bergen erbebte das Kreuz und die Zinne des Tempels.
Mach' in deiner Schöne dich auf, o Erde! Dein Licht kommt,
Und die Herrlichkeit Christus, du Jüngstgeborne der Schöpfung,
Gehet über dir auf. Sie werden dich Königin nennen
Und die Gesegnete deß, der dich schuf. Du warest so schön nicht,
Nicht so bemerkt, so nicht durch alle Himmel besungen,
Als nach deiner Geburt du am ersten Morgen heraufstiegst.
Deiner Söhne sind viel', sehr viel' Gerechte. Du wirst sie,
Mutter unsterblicher Kinder, in alle Himmel versenden,
Daß sie im Feierkleide der Unschuld dem Sieger, mit neuen
Festlichen Namen genannt, dem, der sie errettete, singen.
Jauchzet, Hügel der Todten, vor allen Hügeln der Erde!
Freuet euch, Gräber, vor Gottes Gebirgen! Die Schlummernden liegen
Unter euch, daß sie erwachen. Du hebst dann, Erde, den letzten
Aller Tage dich aus dem Staube des Weltgerichts auf
Durch des Sohns Allmacht, den deine Tiefen bedeckten,
Deine nun offenen Tiefen, zur neuen Erde geschaffen.
Dann wird die Sonne nicht Herrscherin mehr, noch der Mond dein Gefährt' seyn;
Dir, die Gerechte bewohnen, wird Gottes Herrlichkeit leuchten,
Und dein Licht seyn er, deß Blut auf Golgatha träufte.
Also sangen die früheren Märtyrer, welche schon Palmen
Trugen, da Stephanus den, wie in dunkler Ferne, kaum kannte,
Dessen Triumph er mit seinem Blut, der Märtyrer Erstling
Unter den Christen, zu zeugen erwählt war. Aber wie nahe
Warest du gleichwohl, o Stephanus, deiner Palme! Wie kurz war,
Ueberwinder, dein Lauf, von deinem Beruf zu dem Himmel,
Bis in den Himmel! Ihn sahest du offen und Jesus zur Rechten
Gottes. Da rann vom schmetternden Steine dein Blut, da entschliefst du.
Aber Jedidoth, der Jüngste der Märtyrer, und Benoni,
Und Maria entrissen sich jetzt dem Erstaunen der Freude,
Faßten bei ihren Palmen einander, schwebten hinunter
Aus den Wolken ans Grab und knieten leis' an den Fels hin,
Welcher, ach, nun nicht mehr das Grabmal deckte. Sie blickten
Nach dem Erstandnen hinauf mit einer Liebe, dem Herzen
Und der Zunge des Menschen zu hoch und unaussprechlich. —
Wenn ich in jenem ersten Leben noch lebte, Maria
Sprach's zu den Mitgenossen des besten Theiles, und wenn auch
Meine Jahre noch blühten die frühere Blüthe, so wäre mir
Jeder Augenblick doch selbst dieser innigen Liebe,
Dieser Begnadigung Tod. Ach, siehst du, Benoni, Jedidoth,
Siehst du den Herrlichen? Seine so sanft gemilderten Schimmer?
Uns, den zarten Blumen im himmlischen Saron, gemildert,

Und für jene Ceder zwar auch gemildert; denn endlich
Schuf er Eloa, doch ist er gewiß ein Anderer diesem
Großen Erwählten. — Ein Anderer, rief Eloa, indem er
Freudig kam, hinsank bei den Glücklichen, Jedem ein Andrer;
So vollkommen ist er. Euch, Hiob, Daniel, Moses,
Abraham, dir, du Erster der Todesengel, dir Salem,
Dir Maria, und mir und euch, Benoni, Jedidoth,
Jedem der Eine, den wir vor Allen am innigsten lieben,
Jedem nach seinem Verlangen ein unerschöpflicher Geber,
Jedem der Beste, der Beste, der Liebenswürdigste Jedem
Und (auch dieser erhabne nie ganz durchschaute Gedanke
Trag' auf seinem Flug euch empor!) des ewigen Vaters
Eingeborner, geliebter, die Ewigkeiten geliebter,
Ewigliebender Sohn. Hier, hier verlieren sich alle
Unsre Gedanken und schwindeln an ihrer Endlichkeit Gränze. —
Hoher Engel Gottes, du Frühgeborner der Schöpfung,
Meine verlieren sich gern in dieser Entzückung, wie weit auch
Ich von deiner Endlichkeit Schranken (mir sind sie nicht Schranken)
An den meinen schwindle. So sprachen die Seel' und der Engel.
Und stets kamen der Seligen mehr zu dem Felsen herunter.
Nah umgaben sie dich, du ihr Erlöser und Bruder,
Freuten sich anderer Freuden, als diese Welt hat, und als sie
Der zu wünschen vermag, der hier in den Nächten noch wandelt.
Abraham faltete hoch die Hände gen Himmel und rufte:
Sohn Jehova's und (singt mir es nach, ihr feiernden Harfen
Meiner Kinder um mich, mit Wonnelauten!) und meiner!
Sohn, wie begann der Vater der Wesen dir zu belohnen
Deine That! Du kamest aus deinen Himmeln herunter,
Stiegest von deinem Thron und starbst. In den Welten allen
Ist seit ihrer Erschaffung und wird die Aeonen der Zukunft
Keine That wie deine geschehen. Wir sehn des Versöhners
Gottesthat, wie vom Schimmer der Sonnenweg' umringt; sie
(Freut euch der Freuden des Seraphs, ihr Mitanbeter, ach seiner
Jubel!), sie sieht, wie umstrahlt von dem Glanze des Himmels, Eloa.
Endlich erhub aus seiner Entzückungen Meere sich Adam,
Aus den Strömen des Lichts, in denen er sank. Die Gedanken
Waren ihm zu Tausenden schon durch die Seele geflogen,
Schnell wie die Schwünge des Blitzes, indem er dem Auge voraus eilt.
Und er schwebt zu dem Todeshügel herab von den Wolken,
Steht bei dem Kreuz und strecket den Arm nach Jesus, des Todes
Sieger, aus: Ich schwöre bei dir, der ewig lebet,
Daß nun Tod nicht länger der Tod ist, und daß an dem Tage
Deiner großen Vollendung sie All' erwachen, die schlafen.
Jesus Christus Erhöhung begann mit seinem Erwachen
Von dem Tod an dem Kreuze. Sie stieg auf Stufen zum Throne,
Dort hinauf zu des Vaters Rechten, wo Preis und Ehre

Dem es belohnen sollte, der frei sich erniedriget hatte,
Ach, von dort herab zu dem Staube der Schädelstätte.
Selber Eloa erhüb' umsonst mit der Harfe der Feier
Sich in dem Psalmen, der Psalm entströmte vergebens des Geistes
Innerstem, diesen Preis, die Gottesehren zu singen.
Lehre mich, Sionitin, nur einige Laute von jener
Großen Erhöhung, die bei den Hütten sterblicher Sünder,
Doch nun auch versöhnter begann und immer sich weiter
Auf stets höheren Stufen erhub, o, lehre von fern mich
Nachschaun ihm, der hinauf zu dem Throne den Lichtweg wandelt!
Liebend sah der Versöhner herab auf Adam. Indem winkt
Er dem Cherub; der bringet die Seele. Sie spricht zu dem Führer:
Wer, o du strahlender Unbekannter, ist jener erhabne
Furchtbare Mann auf dem Felsenhügel? C. Blickest du, Seele,
Denn nicht auch auf die Schaaren um ihn, die leuchtender schimmern?
S. Ach, ich kann nicht wenden von dem mein Auge, zu dem du
Hin mich führest. Er ist in dieser Götterversammlung
(Auf und bete mit an!) der oberste Gott. C. Und dein Richter.
S. Weh' mir, Jupiter, Jupiter, du, der herrscht im Olympus,
Größter, Herrlichster! O mein Führer, was blicket dein Auge
Mir für Entsetzen zu? Ist es Minos furchtbare Gottheit?
Oeffnet irgendwo hier der Erdkreis Thore des Abgrunds?
Rauscht hier nah der Kocytus, und donnern über dem Strome
Jupiters Eide? Zu grausamer Geist, noch immer verstummst du
Meinen bebenden Fragen? Ach, hat er den letzten geschworen,
Als ich starb, und stürzet mich der in des Phlegethon Strudel?
Jetzo sprach zu dem Todten der Mittler: Jupiter, Minos
Sind nicht; aber es schreiet laut von dem schmachtenden Lande,
Herrscher, zu mir das Volk. Er sprach's, und er nannte des Todten
Künftige Stätte dem Cherub. So stieg die Erhebung des Sohnes
Einen leisen Tritt, wie große Thaten beginnen.
Jesus sprach zu den Zeugen: Eh' zu dem Vater ich gehe,
Weil' ich auf Tabor oft. Der ist der Ort der Versammlung.
Und sie sahn ihn nicht mehr und schwebten nach Tabor hinüber.
Wie er war niedergestürzt, so sinnlos lag an des Grabmals
Felsen Satan noch von des Auferstehenden Anblick.
Gabriel hörete gegen sich her, wie im Wetter, er wandeln,
Und nun sah er ihn auch, indem er, mit schwerer Arbeit,
Sich aufrichtete. Stürze dich, sagt' ihm der Engel des Siegers,
Endlich in deine Tiefen hinab! Was säumst du auf Erden?
Wenn du lernen könntest, so würdest du einmal lernen,
Daß der Kampf des Endlichen mit dem Unendlichen Qual ist
Für den immer Besiegten und immer wieder Empörten.
Aber du lernest es nie. So fleuch denn hinunter und krümme
Dich in neuen Entwürfen herum zu der neuen Empörung!
Aber wisse... Doch laß mich die lauteren Donner der Rache

Nicht aussprechen und fleuch! Er floh; doch zögert' er wieder
In der Einöd', hielt sich an einen thürmenden Felsen,
Blickte von da mit starrendem Aug' hinaus in die Wüste.
Schrecken Gottes, ereilet ihn! rufte, da er im Orkan ihm
Nachkam, Gabriel. Satan entsank dem Felsen und rauschte
Durch die Schöpfung hinab zu der Hölle. Doch, eh' er hineintrat,
Weilet' er der belastenden Tage Viel an der Pforte.

Schon zwo Mitternächte war nun die Versammlung der Priester
In der Halle beisammen des Hohenpriesters gewesen.
Und sie begannen, des Schlafes beraubt, den werdenden Morgen
Wieder zu sehn. Sie saßen verstummt und dachten den Ausgang.
Jener besiegelte Stein, der Römer Wache, der Todte
Waren das bleibende Bild vor ihren zerrütteten Seelen.
Ungewißheit, du warfst sie mit jeder gewaltigen Unruh',
Welche du hast, mit deinen gethürmten Wogen, mit allen
Deinen Stürmen herum. Der dritte furchtbare Tag kam.

An dem Grabe des Herrn begann die römische Wache
Zu sich selber zu kommen, und Einer sprach zu dem Andern:
Ach, wie geschah dir? Ich hörte die Erde beben, da stürzt' ich
Schnell in den Staub. Der Genoss' antwortet' ihm: Also geschah es.
Und ein Anderer sprach, indem er auf den Gefährten
Bang sich lehnte: Wie war's? Die Erde bebte mir, warf mich
An den Felsen. Der Andere sprach: Ich glaubte zu sterben,
Da der Sturmwind wirbelt' und heult' und den Felsen zermalmte.
Nein, er ist nicht zermalmt; doch liegt er nicht mehr vor dem Grabe.
Jetzo rufte, geführt von Einem der Wache, der Hauptmann:
Lebt ihr, so nennet mir die Namen! Sie nannten die Namen.
Eneus ging in das Grab und sah es leer und den Felsen
Weg von dem Grabe gewälzt. Das that auch wundernd die Wache.
Geht aus einander! Er sprach's; drauf nahm er Einen und sagt' ihm:
Geh' du voran zum Palast des Priesters und bringe mir Botschaft,
Ob bei ihm Versammlungen sind? Ich komme den Weg auch.
Sage, wo gehest du hin? befragten den Boten die Andern.
Nach der Priester Palast. Er eilete weiter. Sie folgten.

Wie, von keinem andern geweckt, ein schneller Gedanke
Denen, die in der Nacht des melancholischen Grübelns,
Weit verloren, umirren, die Seel' auf einmal erschüttert:
Unvermuthet kam und mit athemlosem Entsetzen
So in die stumme Versammlung der Bote. B. Am Grabe zu wachen,
Sandtet ihr uns; doch umsonst. Die Erde bebt', und der Fels sprang
Weg von dem Grabe, und leer ist es nun. Er rief's und verließ sie.
Und sie taumelten auf von ihren Sitzen und standen
Starr, Denkmale des Schreckens. Drei Römer folgten dem ersten,
Eilten den offenen Saal hinein und riefen zusammen:

Seht ihr nun zu — weg stürzte der Fels —, was ihr thut, und die Erde
Hub sich empor. Das Grab — ein Sturmwind wirbelt' und heulte —
Sahen wir leer. Erst fielen wir hin wie Todte; ja, leer sahn
Wir das Grab hernach. Gleich schnellherschmetternden Donnern
War den Priestern ihr Zeugniß. Da traf sie der letzt' und der stärkste.
Denn ein fürchterliches Gelächter erhub in des Schreckens
Unsinn Philo. So schweigt der Tod, so schwiegen die Priester,
Und auch Philo wieder. Doch Kaiphas hatte sich endlich
Wieder ermannt. Schnell ließ er die Aeltesten rufen. Die kamen,
Eilten geflügelt herzu. Auch kamen noch andere Hüter.
Und sie traten herein. Wir sehn's, ihr habt es vernommen.
Dank, den Göttern Dank! Wir leben. Warum erkühntet
Ihr euch, Priester, den Sohn des Donnergottes zu tödten?
Siehe, sein Grab ist leer. Kaum sind wir lebend entronnen.
Aber der Hohepriester erhub sich und sprach zu der Wache:
Römer, gehet hinab zu den Meinen und wärmt euch am Feuer!
War auch euer Hauptmann bei euch? Er war's, und er stürzte
Nieder mit uns und sahe wie wir das geöffnete Grabmal.
Und er führte sie weg und gebot den Seinen, mit Speise
Diese Männer zu laben und mit der Stärkung der Traube.
Endlich leiteten ihn die Seinen zurück, und er setzte
Wankend sich nieder und sprach: Ihr müßt die Römer erkaufen,
Oder Juda empöret sich. Doch was ist mir das Leben
Nun, da ich fast, o Saddok, an deiner Lehre verzweifle?
Aber täuschte die Angst die Erschrockenen nicht? Erdbeben
Ist gewesen. Allein ob sie das Grab auch wohl leer sahn?
Als er noch redete, kam der römische Hauptmann. Sie standen
Schnell vor ihm auf und traten zurück. H. Ihr kennt mich. Ich sah ihn
Auch an dem Kreuz und glaubte schon damals, ein Sohn der Götter
Stürbe. Ihr wisset nun auch, was am Grabe geschah. Indem trat
Philo's Engel, der fünfte Verderber am Thron des Richters,
Ephod Obaddon herein. Von dem hohen treffenden Auge
Strömet' er Rache, das Haar fiel ihm in Locken der Nacht gleich
Auf die Schulter, sein Fuß stand wie ein ruhender Fels da.
Und er blickt' auf Philo herab; doch ließ er nicht rauschen
Seiner Schrecken Stimme, nicht ihre Todestöne.
Schwarze, blutende Stunde, du Todesstunde, beflügle
Deiner Schritte letzten! Sey, Thal Benhinnon, gegrüßet,
Sey mir gegrüßt, Benhinnon! Indem er dieß in sich selber
Sprach, enteilten ihm siebenfältige Schrecken; die stürzten
All' auf Philo. Der ging mit fürchterlichlachender Ruhe
Gegen Eneus und fragte mit dumpfer langsamer Stimm' ihn:
Offen das Grab? Und ohne den Todten? E. Ohne den Todten!
Ph. Römer, bezeugst du bei Jupiter dieß? E. Bei Jupiter zeugt' ich's
Nicht, bei Jehova, den ich anbete, beschwür' ich es, wenn ich

Mich's zu beschwören entschlösss', und dir, Elender, nicht müßte
Eidlos gelten mein Wort. Da rufte mit Ungestüm Philo:
Ha, vernahmt ihr's? Er sah es offen und ohne den Todten,
Und er schwur nicht. Du hast mehr, als geschworen, o Römer!
Ruft es und reißt dem Hauptmann sein Schwert von den Hüften und stößt sich's
Wüthend ins Eingeweide mit beiden Armen hinunter,
Schleudert es weit von sich weg und taumelt nieder zu sterben.
Als er sich wälzt' in rauchendem Blute, riß er die Wund' auf,
Spritzete Blut gen Himmel: Ha, Nazaräer! so ruft' er,
Starb. Und Eneus ergriff sein liegendes Schwert und nahte
Sich dem Todten und ließ es auf ihn, wie es blutete, fallen.
Schrecken, euch, und ewige Nacht, und dir, o Verzweiflung,
Weih' ich dieß Schwert! Da wandt' er sich schnell und verließ die Versammlung.

Auch entfloh die entrüstete Seele des Todten ihr, mußte
Einem Wandelnden folgen, der sie durch Finsterniß führte.
Aber nun war der Engel des Todes im Thal Benhinnon.
Und da wandt' er auf einmal sich um; da erblickt' ihn die Seele.
Wer vermag das furchtbare Schaun des richtenden Engels,
Wer zu beschreiben den Donnerton, mit welchem er rufte?
Ephod Obaddon, so heißt der siebenfältigen Rache
Namen und mein Namen. Ich bin der Verderber Einer!
Bin's, der die Erstgeburt an dem Strome schlug. Von Gehenna —
Blick' umher, du bist in Gehenna — bring' ich dich weiter
In die Tiefe der Tiefen hinab! Sie entschwebten dem Thale.

Vierzehnter Gesang.

Jesus erscheint Maria Magdalena, neun andern frommen Weibern, und Petrus. Diese erzählen es der Versammlung. Thomas Zweifel. Jesus entdecket sich Matthias und Kleophas in Emaus. Thomas geht in ein Grab am Oelberge, klagt, und betet dort. Ein Auferstandener, den er nicht erkennt, redet mit ihm. Matthias und Kleophas kommen zurück. Auch Lebbäus wird noch nicht überzeugt. Jesus erscheint der Versammlung.

Immer noch in ihr Leiden versenkt und schmachtend nach Troste
War in der Hütt' an dem Tempel die jammervolle Versammlung,
Wie an der glanzverbergenden Decke der näheren Zukunft
Oft Schnellsterbende dicht schon wandeln und dennoch weinen.
Und die heiligen Weiber vermischten mit Oele der Würze
Blume zur Salbung des Herrn, und Thränen rannen darunter.
Wie die weisen Begleiterinnen des Bräutigams wachsam
Waren und emsig zu nähren der Lampen Flamme, damit sie
Ihm entgegen kämen, sobald er erschiene; so wart ihr

Auch, Nachfolgerinnen des Mittlers, bereit bei der Dämmrung
Erstem Winke zu seyn, mit eilender Sorge beschäftigt.
Doch sie erwarteten nicht der Morgendämmerung Ankunft;
Nacht noch war es beinah, als sie die Jünger verließen.
Die aus Magdala's Hütten und Kleophas Weib, Maria,
Und Johanna, mit ihr die Schwester der leidenden Mutter,
Salome, dann die zu zärtliche Mutter der Zebedäiden
Waren die Führerinnen. Ihr Lieben, ihr seht ihn noch einmal,
Sprach bei dem Abschied die Mutter, ich aber seh' ihn nicht wieder.
Gehet denn hin im Namen des Herrn! Sie schwiegen und gingen.
Und der Morgen athmete kalt. Sie eileten, sprachen:
Aber wer wälzet den Stein von dem Grabe? Doch dieser Kummer
Hielt sie nicht auf. Wir thun, sprach Magdalena Maria,
Was wir können, und schützen, so lang' das Salben vermögen,
Ihn vor der grauenvollen Verwesung. So sprach sie und eilte.
Gabriel saß auf dem weggewälzeten Felsen und sagte
Zu Eloa und Abdiel, die nicht fern von ihm schwebten:
Ach, kaum daß ich vermag zu erscheinen, so beb' ich vor Freuden.
Seht ihr die Zeuginnen kommen? Ich will als Jüngling erscheinen;
Sonst ergriffe die armen Glücklichen, schreckte zu mächtig
Meiner Herrlichkeit Schrecken. Erscheinet ihr ihnen als Männer,
Wenn sie mehr der Unsterblichen Glanz zu ertragen vermögen.
Aber der Mittler schaut' aus seiner Verborgenheit Hüllen
Auf die Engel herab und auf die kommenden Menschen;
Freuete sich der göttlichen Freuden, die Blut ihm erkaufte.
Magdala's Bewohnerin kam, sah offen das Grabmal,
Weggewälzet den Fels, floh, rief's den Andern entgegen,
Eilte zurück nach Jerusalem. Aber die Kommenden ließen
Sich nicht schrecken und gingen heran. Da erblickten sie schleunig
Auf dem Felsen, der weggewälzt an der Oeffnung des Grabs lag,
Einen Jüngling, der schimmerte. Seine Gestalt war dem Blitze
Gleich, dem Schnee das Gewand. Er sprach mit der Stimme der Wonne:
Fürchtet euch nicht! Ich weiß, daß ihr den Gekreuzigten suchet,
Jesus. Er ist nicht hier. Er ist von den Todten erstanden,
Wie er verkündiget hat. Kommt her und sehet die Stätte,
Wo der Göttliche ruhte! Da führet' er sie in das Grabmal.
Gehet eilend nun hin und sagt's den Jüngern und sagt es
Kephas: Auferstanden sey er von den Todten! Und, siehe,
Jesus gehet hinab nach Galiläa. Da werdet
Ihr ihn sehn. Nun eilt und verkündet's den Zwölfen! Sie blieben
Unentschlossen und zitterten säumend. Im Strahlengewande
Traten noch Zween der Engel herein. Sie erschracken und schlugen
Nieder zur Erd' ihr Angesicht. Was suchet ihr, sprachen
Diese Männer, unter den Todten den Lebenden? Hier ist
Jesus nicht. Erstanden ist er. Gedenkt, was er sagte,
Als er in Galiläa noch war. In die Hände der Sünder

Muß der Sohn der Menschen gegeben werden, gekreuzigt
Muß er werden, erwachen den dritten Tag von dem Tode.
Jetzo eileten sie mit Beben und inniger Freude,
Liefen, es nun den Jüngern des Herrn zu verkündigen. Petrus
Und Johannes kamen indeß mit Magdale wieder.
Als sie Jerusalem jetzt verließen, sagte Johannes
Zu den Gefährten: Der Weg an jenen Sträuchen hinunter
Ist ein schnellerer Weg. Er führt'; ihm folgten die Andern.
Wo einander am meisten die beiden Wege sich nahten,
Sondert' ein Hügel sie nur. Von diesem Hügel geschieden,
Gingen sich, ohn' einander zu sehn, die heiligen Weiber
Und die Jünger vorüber. So nahn oft Pilger nach Salem,
Deren Seelen sich gleich und für einander gemacht sind,
Sich in diesem Leben und fehlen sich dennoch. In Salem
Sehn sie sich erst, verwundernd, daß sie sich hier nicht gefunden.
Kephas sprach zur Gefährtin, indem sie dem Führer mit Mühe
Und von ferne nur folgte: Genommen wäre der Leichnam?
Von den Priestern? Allein die haben, sagt man, den Grabstein
Ja versiegelt. So haben ihn denn Elende genommen,
Ihm das Todtengewand zu rauben. Er sprach's, und Johannes
War dem Grabe schon nah. Gelegt erblickt' er die Leinen;
Aber er ging, voll unentschlossenes Kummers und Ehrfurcht,
Nicht hinein. Nun kam auch athemlos Petrus, und eilte,
So wie er kam, in das Grab. Er sahe das Tuch, so des Todten
Haupt umwand, besonders gelegt und nicht bei den Leinen,
Fand es zusammengewickelt. Ihm folgte Johannes ins Grabmal,
Sah es und überzeugte sich ganz von Magdale's Botschaft.
Aber davon, daß nach der Propheten Gesicht der Messias
Aufstehn müsse, wußten sie nichts. Sie verließen das Grabmal
Und Maria. Wofern, sprach Petrus im Gehn zu Johannes,
Sich die Priester anders entschlossen und der Besieglung
Nicht gnug trauten, gewiß ihn zu haben, so nahmen die Wüther
Ihm das Todtengewand, um seine Wunden noch einmal,
Heiß vom Durste der Rache, zu sehn. Sie gingen verstummt fort.
Magdale stand vor dem Grab' und blickt' und wischte die Thränen
Schnell mit Heftigkeit weg, um zu sehen; sie blickt' und starrte
Aengstlich hinunter ins Grab. Zwar waren Engel im Grabe
Und erschienen ihr; doch kaum sah sie die Engel. Denn Jesus
Sah sie nicht, nicht Jesus. So sucht mit lechzender Zunge
Nur die Quelle das schreiende Reh; die Sonne, die aufgeht,
Siehet es nicht, es fühlt nicht die wehenden Schatten des Waldes.
Weib, was weinest du? sprachen zu ihr die Boten der Wonne.
M. Ach, sie haben genommen, den meine Seele liebet,
Und ich weiß nicht, wohin sie ihn legten? So sprach sie und wandte
Sich von dem Grabe. Da siehet sie Jesus stehen und weiß nicht,
Daß es Jesus ist. J. Was weinest du, Weib? Wen suchst du?

Aber dieß sprach er noch nicht mit der Stimme des ewigen Lebens.
Sie antwortet dem Gärtner (sie meint, sie sehe den Gärtner):
Hast du ihn weggenommen? Wohin hast du ihn getragen?
Ach, in welche Finsterniß? daß ich eil' und ihn suche.
Nahe wie sie der unaussprechlichsten Seligkeit, weint so
Selbst ein Geliebter des Herrn, wenn seine Sterblichkeit letztes,
Aber stärkstes Gefühl die ganze Seel' ihm erschüttert.
Ach, er lieget und ringt mit dem Tod' und dürstet nach Hülfe,
Weint zu Christus und kennt (so schreckt ihn der Prüfungen letzte),
Kennt den Liebenden nicht, sieht nur den Richter der Welten.
Aber zwo Thränen nur noch, und welche Wonn' ist die seine!
Selber von dem, mit dem sie von Jesus redete, wendet
In der Traurigkeit ihrer Seele Maria ihr Antlitz.
Aber wie Harfen am Thron, wie Jubel der Ueberwinder
Singen sie, ganz in Liebe zerflossen, das Lamm, das erwürgt ward,
Nicht wie der Ueberwinder Harfen und Jubel am Throne;
Inniger, herzlicher, liebender scholl des Auferstandnen,
Jesus Stimme der Weinenden, Jesus Stimme: Maria!
Und sie hört' und erkannte die Stimme des Herrn, und, indem sie,
Kaum sich ihrer bewußt, in der Angst der Freude dahinsank,
Bebend und bleich in den Staub hinsank zu den Füßen des Mittlers,
Strebte sie, was sie empfand, dem Erstandenen zuzurufen.
Aber sie stammelt' und athmete kaum und blickte den Herrn an,
Weint' und stammelte nur mit leisem Staunen: Rabbuni!
Und sie hielt mit wankender Hand des Göttlichen Füße.
Liebend und ganz Barmherzigkeit sah sie der Herr an und sagte:
Halt' mich nicht also! Noch bleib' ich bei euch. Du siehst mich noch wieder,
Und noch hab' ich mich nicht zu meinem Vater erhoben.
Geh' zu unseren Brüdern und sage zu ihnen: Die Stunde
Meiner Herrlichkeit naht. Ich gehe zu meinem Vater
Und zu eurem Vater, zu meinem Gott und zu eurem.
Jesus verschwand, und sie ging mit der Botschaft der Wonne belastet.
Salome naht sich mit ihren Begleiterinnen dem Thore.
Aber, der Maria verschwand, begegnet den Andern
In der duftenden Kühle des werdenden röthlichen Tages,
Mit der Sonne, die kam und Gottes Herrlichkeit strahlte.
Und er war es gleich selbst. Sie erkannten ihn Alle, der nun nicht
Unter den Todten mehr war. Seyd mir gegrüßet, so sagte
Jesus Christus. Sie sanken vor ihm mit Beben zur Erde,
Hielten ihm seine Füße. Seyd nicht erschrocken und gehet
Und verkündigt es meinen Brüdern! Nach Galiläa
Sollen sie gehn. Dort sehen sie mich. Er verschwand mit den Worten.
Und die Zeuginnen huben einander mit sprachloser Freud' auf,
Gingen eilend nach Salem, der Wonne Botschaft zu bringen.

Petrus war vor ihnen zurück und Johannes gekommen,
Hatten über die ganze Versammlung traurige Wolken
Ausgebreitet. Da kamen die Zeuginnen dessen, der lebte.
Hört uns! Ihr weint? O, hört uns! Wir haben ihn lebend gesehen
Und auch Engel zuvor. Erst einen Engel am Grabe,
Und dann zween mit diesem darin; die sprachen... Was sagten
Sie, o Salome? Denn ich war zu erschrocken, der Boten
Himmlische Stimme recht zu verstehen. Ihr wart zu erschrocken,
Trat jetzt Thomas hervor, zu verstehn, was ihr höret? Vielleicht auch,
Recht zu sehn, was ihr saht? — Ach, Jünger Jesus, erschreck' du
Uns mit deinen Zweifeln nicht mehr, wir sind ja vor Freuden
Ohne dich noch erschrocken genug. Der Lebende sagt' uns:
Fürchtet euch nicht! Und du, sein Jünger, schreckest uns wieder.
Th. Ach, ich wollte das nicht, ihr Geliebten! Doch laßt mich euch fragen
Und seyd ruhig, indem ich genau die Wahrheit erforsche.
Einen Engel saht ihr zuerst? Wie war er gestaltet?
W. Sieh', ein Jüngling, sein Antlitz dem Blitze, dem Schnee das Gewand gleich.
Der war Gabriel, rief die Mutter des Lebenden. War denn,
Sprach drauf Thomas, die Sonne schon da? Du hast nicht vernommen,
Salome, daß, von der Wache gefolgt, ein römischer Hauptmann,
Auf Pilatus Befehl, erfleht von den wüthenden Priestern,
Gestern des Todten Grab umringte. Die Rüstung der Römer
Glänzet täuschend, indem darauf der Schimmer des Tags fällt.
Aber euch täuschte ja schon der Schrecken genug, und ihr brauchtet
Keines Glanzes im Fernen, um Engelgestalten zu sehen.
W. Aber es war erst Dämmerung, Didymus; aber der Jüngling
War kein Römer. Sein Antlitz, nicht seine Rüstung (er hatte
Keine Rüstung) schimmerte. Was den Unsterblichen deckte,
War ein weißes Gewand. Th. Wohlan, was sagt' er zu euch denn,
Dieser Unsterbliche? W. Fürchtet euch nicht, so sagt' er, ich weiß es,
Daß ihr Jesus von Nazareth sucht; der ist von den Todten
Auferstanden, nicht hier. Kommt her und sehet die Stätte,
Wo er lag! So sprach er und führt' uns hinein in das Grabmal.
Eilet nun, sprach er darauf, und sagt's den Jüngern und sagt es
Kephas: auferstanden sey er von den Todten. Da rufte
Petrus innig gerührt: Er nennte vor Aller Namen
Meinen Namen? Ein Engel, des Sünders? Himmlische Tröstung
Hättest du, Bote des Herrn, wärst du wahrhaftig erschienen,
Mir dem Leidenden zugerufen! Allein, daß er mich nur
Und Maria nicht nannt' und nicht Johannes, das selber
Stürzt mich in Zweifel. Didymus stand nachdenkend und fragte
Endlich wieder: Das war's, das der Engel sagte? W. Noch sprach er:
Jesus geht vor euch hin nach Galiläa, da werdet
Ihr ihn sehn. Die übrigen Engel, erwiederte Thomas,
Waren gestaltet wie der? W. Sie waren noch himmlischer, riefen

Zwo von ihnen; allein wir sahen Jesus auch selber.
Th. Mit den Engeln? Die Engel, so sagten sie, waren verschwunden,
Als wir am Thor ihn sahen, wie er uns begegnend daherkam,
So gestaltet wie sonst und in seinen Gewanden. Doch hatt' er
In der Geberde was Himmlisches. Bei der Erscheinung auf Tabor
Sahn sie ihn also vielleicht. Seyd mir gegrüßet! so sagt' er.
Und wir sanken vor ihm mit Beben nieder und hielten
Seine Füße. Seyd nicht erschrocken und geht und verkündet's
Meinen Brüdern! Nach Galiläa sollen sie gehen.
Dort erschein' ich ihnen. Er sprach's und verschwand mit den Worten.
Ihn, ihn selber habt ihr gesehn? Ihr Alle? erwiedert
Thomas und bleibt mit grübelnder Stirn und ernsterem Auge
Stehn. Es war des Todten Gestalt und Gewand; die Stimm' auch?
Jetzo schwieg er; doch, immer mehr in dem Strome der Zweifel
Fortgerissen, begann er wieder: Itzt seyd ihr zu lebhaft
Durch das Alles getäuscht, was ihr erzählet. Ich werde,
Wenn ihr es erst zu tragen vermögt, der Zweifel Ursach',
Welche mir anders zu denken gebeut, euch offen entdecken,
Nichts verschweigen. Ihr glaubt, ihr Jünger Jesus, die Mährlein,
Die sie erzählen, doch nicht? Er sprach's und setzte sich wieder.
Aber der stürzenden Freudenthräne der Zeuginnen folgte
Nun des Mitleids sanftzerrinnende Thräne. Sie schwiegen.
Müde vor Angst der Freude, voll Schweiß die Stirne, die Wange
Bleich, mit bebenden Lippen, mit starrer lechzender Zunge,
Trat Maria Magdale unter die Weinenden, strebte
Ihre Hände gen Himmel zu heben, sie sanken ihr nieder;
Und sie faltet sie fest. Er ist erstanden, erstanden!
Also ruft sie mit einer Stimme des freudigen Schreckens,
Die nicht Harfen der Seraphim, nicht ihr Gesang ausdrückte.
Dunkel wird es um sie. Sie sucht nach Stützen. Johannes
Hält sie; sie lehnt sich an ihn. Als er zu reden vermochte,
Sprach Lebbäus: So hast auch du die Engel gesehen?
Sanfter schlug ihr Herz. Sie sprach mit himmlischem Lächeln:
Ach, nicht Engel nur, ihn! Da erhuben Alle die Augen
Still gen Himmel; nur Didymus nicht. Er nahte sich, sagte
Kalt, mit trübem Ernste: Wer so sich täuscht, daß sein Auge
Engel erblickt, der kann auch wähnen, ihn selber zu sehen.
M. Didymus, ach, was haben wir dir, was hat dir, Geliebter,
Jesus Christus gethan? antwortete Magdale ruhig.
Dieß mein Auge sah ihn. Am Fuße des Auferstandnen
Weinete dieß mein Auge. Jakobus blickte mit Ehrfurcht
Und mit Staunen auf sie: Hatt' er die Klarheit der Himmel?
Waren Strahlen sein Kleid? M. Er war ein Mensch, doch erblickt' ich
Gnaden in seinem Antlitz, die ich noch niemals gesehen,
Selbst nicht an ihm. Jetzt naht auch Simon Petrus. Unzählbar

Waren die Zweifel, die ihn betäubten; ihr Ungestüm ließ ihn
Endlich reden. Er fragt' und bebte, die Antwort zu hören.
Hast du auch seine Stimme gehört? M. Ja, Simon Johanna,
Seine Stimme, des Auferstandenen, des Göttlichen Stimme.
P. Ach, was sagt' er zu dir? M. Ich empfind' es, nein, ich vermag nicht
Auszusprechen, wie voll von Gnade die Stimme des Herrn war.
Jener glich sie, mit der in seinem Blut er zu Gott rief:
Vater, sie wissen es nicht, was sie thun. Erbarme dich ihrer!
Ach, noch sanfter, noch liebevoller sprach er: Maria!
Ich erkannt' ihn. Mir war's, ich wär' in dem Himmel. Rabbuni!
Stammelt' ich, hielt mit wankender Hand des Göttlichen Füße.
Liebend und ganz Barmherzigkeit sah mich der Herr an und sagte:
Halt' mich nicht also! Noch bleib' ich bei euch. Du siehst mich noch wieder,
Und noch hab' ich mich nicht zu meinem Vater erhoben.
Geh' zu unseren Brüdern und sage zu ihnen: Die Stunde
Meiner Herrlichkeit naht! Ich gehe zu meinem Vater
Und zu eurem Vater, zu meinem Gott und zu eurem.
Christus Mutter hatte bisher mit sinkendem Haupte
Niedergesehn. Sie erhub ihr helleres Aug' und blickte
Sanft auf Magdale, stand dann mühsam auf und hielt sich,
Und sie leiteten sie. Sie ging zu Magdale, reicht' ihr
Ihre Hand und hielt die Hand der Geliebten und sah sie
Wieder mit innigem Blick an und sagte mit leisem Laute:
Du hast Christus gesehn und seine Stimme gehöret?
Meinen Sohn? Doch darf ich (hier sah sie mit himmlischer Demuth
Forschend sich um); o, darf ich noch Sohn ihn nennen. Geliebte,
Euer Auge sagt mir's, ich darf ihn so nennen. Du sagtest,
Daß mein Sohn ein Mensch war. O Magdale, hatt' er auch Male
Seiner Wunden? Sie wandte sich weg und weinte; doch hielt sie
Noch die Hand der Geliebten. O Mutter des Größten der Söhne,
Weine nicht! Er ist von dem Tod erstanden. Ich weiß nicht,
Ob ich Male der Wunden sah. Von Freuden erschüttert,
Sah ich beinah nur allein sein Antlitz und himmlische Gnaden
In des Göttlichen Antlitz und unaussprechliche Gnaden.
Siehe, so stand er, umgeben vom Duft und dem Schimmer der Dämmrung.
Christus Mutter weinte nicht mehr. Sie faßt die Geliebte
Jetzo bei beiden Händen und sieht gen Himmel. Sie ließ ihr
Nun die Hände sinken und trat tiefdenkend zurück, sah
Mit Bewundrung sie an und sagte: Begnadigte, Christus
Hast du erstanden gesehn und seine Stimme gehöret?
Und, die zuerst mit ihr gingen, die früheren Zeuginnen traten
Freudig um Magdale her und erzählten ihr, welcher Erscheinung
Sie erst Engel und dann der Herr gewürdigt hätte.
Aber Didymus kam: Sahst du auch Engel, Maria

Magdale? M. Kaum erblickt' ich die Engel. Mein Auge war finster
Von Betrübniß. Ich wandte mich schnell. Denn eines dem Gärtner
Aehnlichen wurd' ich gewahr. Ich erkannt' ihn sogleich nicht, erkannt' ihn
Erst, als er bei dem Namen mit seiner Stimme mich nannte.
Th. Also sahest du kaum, die du doch Unsterbliche nennest?
Ihn erkanntest du auch nicht gleich und hieltest zuerst ihn
Für den Gärtner? Die Andern erzählen, er sey bekleidet
Wie vordem gewesen. So war des Gärtners Gewand denn,
Wie das seine sonst war? Wie Viel der Unsterblichen waren's,
Magdale, die du sahst? M. Zween sah ich. Th. Die Andern erblickten
Einen erst, dann noch Zween. Er sprach's und wandte sein Antlitz.
Magdalena erhub ihr hohes Auge gen Himmel:
Wenn er euch nur nicht irret, o du, des Lebenden Mutter,
Und ihr, Jünger des Herrn! Laß meiner Seligkeit jetzt mich,
Thomas. Ich will dir hernach antworten. Da nahm sie die Mutter
Jesus und führte sie weg, mehr Wonnegespräche zu halten.
Kephas, dem Zweifel sein Herz zerrissen, und dem es noch immer
Scholl und zu Thränen ihn zwang: Den Jüngern sagt es und sagt es
Petrus! — ihm wurde Salem zu eng; er ließ die Versammlung,
Eilet' hinaus. Bald wählt' er, um sich in trauriges Grübeln
Ganz zu vertiefen, die fernste der Wüsten, dann Galiläa,
Dann das Grab. Er hatte den Weg zu der Wüste genommen;
Aber er kam auf den Weg zurück, so zum Grab' ihn führte.
Und er stand, von der Stille der sanfterwachenden Erde
Und der frühen Erfrischung des werdenden Schimmers umgeben,
An dem Hange des Todtenhügels. Er blickt' in das offne
Leere Grab hinunter, und diese Kummer empörten
Seine Seele: Zu schreckliche That! Sie hätten ihn also
Weggenommen, damit sie ihn hier bei den Schädeln begrüben?
Bei der Verfluchten Gebein? Du schwarze Rache, der tiefsten,
Untersten Hölle Rache, dir wär's gelungen? Und Joseph
Hätte vergebens den Heiden erfleht? Wir hätten vergebens
Unter die Thränen unseres Jammers einige Zähren
Trüber Freude gemischt? Denn, ach, wie kann ich es glauben:
Auferstanden sey er, erschienen sogar, — das glauben?
Bängster unter den Schmerzen, du hast die blutenden Seelen
Ueberströmt, sie dahin in deinen Fluthen gerissen,
Und sie haben, getäuscht von der Angst, ihn erstanden gesehen.
Auferstanden, erschienen? Und ich wär' dieser Wonne
Nicht erlegen? Noch nicht, ach, unter dieser Entzückung,
Diesem Gefühl des ewigen Lebens, noch nicht versunken?
Kreuz des Todten (er hub sein trübes Auge zum Kreuz auf),

Kreuz des Todten, du zeugest zu laut, und Himmel und Erde
Haben dein furchtbares Zeugniß gehört. Gestorben, gestorben,
Ja, gestorben ist er. Da ging ein Schwert durch die Seele
Seiner Mutter, ein tödtendes Schwert durch seine Seele.
Wiedersehen? Ach, das werd' ich einst wahrhaftig, ich werd' ihn
Wiedersehen; allein an dem Throne des Ewigen, hier nicht.
Warum zitterest du, geängstete Seele, vor dieser
Deiner einzigen Ruhe zurück? Ja, zittre vor ihr nur,
Meine Seele, zurück! Zwar bist du erhört, und der Richter
Hat die Reue, mit der du büßtest, erbarmend gesehen;
Aber du darfst dich nicht freun. Noch stehet der furchtbare Zeuge
Seines Todes, das Kreuz. Noch liegen die Berg' und die Felsen,
Noch die Gräber, wie sie der Allmacht Rechte zermalmte.
Nein, du darfst dich nicht freun! So dacht' und stammelt' und rief er,
Starrete wieder ins offene Grab. Nicht fern von dem Grabe
Sah er Magdale, die auf den Knien lag, weinend gen Himmel,
Und mit der Rechten sich stützt' in den Staub. Maria, Maria
Magdale! rief der erschütterte Jünger. Endlich erkennt sie
Seine Stimm' und kommt. P. Glückselige, glaubst du noch immer,
Daß du ihn erstanden gesehn? M. Mit der Linken, o Simon,
Hielt ich, du sahst es, ein sprossendes Reis, bei welchem sein Fuß stand;
Meine Rechte ruht' in dem Staube, worin sein Fuß stand.
P. Heb', o Maria, dein Aug' auf, schau' zu dem Kreuze! Da starb er.
M. Und erstanden ist er, erstanden, Simon vom Tode.
P. Beim lebendigen Gott beschwör' ich dich: Hat ihn dein Auge,
Dieß dein Auge, Maria, gesehn, das vor dir mich stehn sieht?
M. Ob ihn mein Auge sah? O, bei deß Wahrhaftigkeit, Kephas,
Welcher ewig ist, hat die Herrlichkeit des Versöhners
Dieß mein Auge gesehn, die Stimme des Sohnes Gottes
Hat vernommen mein Ohr, und die Wonne der Himmel empfand ich.
Sprachlos blieb sie stehn; auch Petrus. Er redete wieder.
Wende dich weg, o zu Glückselige! Laß mich im Stillen
Meine Traurigkeit weinen! O, hätt' ein freudig Gesicht mich,
Wie es dich täuschte, getäuscht und meine Seele besänftigt!
Ach, ich glaube dir nicht. M. So glaube denn auch nicht, du habest
Ihn auf dem Meere wandeln gesehn, auf des Tabor Gebirge
Von des Vaters Herrlichkeit ihn umleuchtet gesehen!
Sie verließen einander. Ach, könnt' ich ihr glauben, so dacht' er
Bei sich selber, indem sie von ihm zu dem Grabe zurückging.
Zu Glückselige! Ja, sie glaubt es aus ganzer Seele.
Wie voll Zuversicht ist sie und Wonne! Wie breitet
Ruh' und Hoheit über sie aus die feste Gewißheit!
Grab und Verwesung erschüttern sie nicht. Sie lächelt dem Sturme,
Der in der nächtlichen Tiefe der Todesthale daherrauscht.

Aber warum glaub' ich ihr nicht? Kann der nicht erwachen,
Der auf dem Meere ging und mich hielt auf der wüthenden Woge?
Ja, du Todter Gottes, vergib, vergib es dem Trauern,
Meiner Seele Jammer, wofern du lebst! Ach, du hieltst mich
Als ich vor der kommenden Woge zweifelnd dahinsank;
Rett' auch jetzt mich! Ich bin, das weißt du, bänger, als damals,
Und du hilfst mir nicht, Herr, und reichest mir nicht, der noch mehr sinkt,
Deine göttliche Rechte? Bei deiner erbarmenden Liebe,
Bei dem Blick voll Gnade, voll Gnade, womit du mich ansahst,
Als nun meiner Verleugnung zu schwere Last auf mich stürzte,
Ach, bei der Barmherzigkeit fleh' ich dich an: O, erbarm' dich
Meiner Angst und erschein' auch mir, wofern du erscheinest!
Nein, ich bitte zu viel. Geht, sagt's den Jüngern und Petrus!
Sprach der Engel. War dieses nicht schon unaussprechliche Gnade?
Herr, ach, solltest du mir, der dich verleugnet', erscheinen?
Mir? Und bist nicht Lebbäus und nicht Jakobus erschienen,
Nicht Johannes, nicht ihr, der Liebendsten unter den Müttern?
Aber auch Magdale hat gesündigt: Wann hat sie gesündigt?
Eh' sie ihn kannte. Und hab' ich geliebt, wie Magdale liebte?
Also dacht' er und stieg mit schwerem Schritte den Hügel
Langsam hinauf und sank auf seine Knie, zu beten,
Schauete nieder und flehte zu Gott. Da er aufsah, erblickt' er
Christus unter dem Kreuz. Wer faßt das Erstaunen, die Wonne
Seiner Seele, da er vor sich den Lebenden stehn sah?
Und ihm reichte mit göttlicher Huld der Sündeversöhner
Seine Rechte. Doch Petrus vermag nicht aufzustehen,
Strebt und sucht mit der anderen Hand den Arm des Erstandnen,
Fest sich daran zu halten; allein sie sank in den Staub ihm.
Nun erhub er sich wieder, umschlang mit beiden Armen
Jesus Rechte, bebte daran und drückte sie innig
An sein Herz und senkte die Stirn auf den Arm des Erstandnen.
Erde, so däucht' es ihm, wollten um ihn und Himmel vergehen.
Endlich schaut' er hinauf in des Göttlichen Antlitz, begann nun
Mit der stammelnden Stimme der ersten Freude zu rufen:
Herr, Herr, Gott, barmherzig und gnädig! und blickt' und schaute
Auf den Lebenden. Herr, Herr, Gott, barmherzig und gnädig!
Ruft' er noch einmal und bebte nicht mehr und empfand des Versöhners
Ueberschwenglich tröstenden, unaussprechlichen Anblick.
Seine Hüter Ithuriel und Orion umschwebten
Golgatha; und Ithuriel hielt sich nicht mehr: Ach, Orion,
Welche Stunde meiner Unsterblichkeit! Jubel der Wonne
Werden oft sie uns wiederholen, sie feiernd besingen.
Auferstanden erscheinet der Herr dem geretteten Sünder,
Christus Kepha (du fühlst, was ich empfinde, Geliebter!),

Unserem Jünger! O, komm' und freu' dich in meiner Umarmung
Deiner und meiner Wonne! Gesündiget haben, ist furchtbar,
Voll von Entsetzen, Ithuriel; und, an dem Sündeversöhner,
Und, zu der Zeit der Versöhnung, und, als ein begnadigter Jünger,
Können wir uns kaum denken; allein die erweinte Vergebung
So erlangen! O Seraph, wie selig sind die Versöhnten!
Mit den Worten des Engels verließ der Erstandne den Hügel.
Petrus sah und betet' ihm nach mit gefalteten Händen,
Bis in dem Schatten des überhangenden Grabes sein Auge
Schnell ihn verlor. Und Petrus erhub die verbreiteten Arme
Freudig gen Himmel: O Dank, Dank dir, Sohn Gottes, Erstandner,
Inniger ewiger Dank, der meine Seele gelabt hat
Mit mehr Tröstung, als sie, in ihrem Durste nach Ruhe,
Sich zu denken, zu wünschen vermochte! So wollst in dem Tod einst
Du mich trösten! Wer bin ich? Ach, meine furchtbare Sünde
Büßet' ich zwar, die Verleugnung deiner; aber wer bin ich,
Daß du mit diesen Gnaden dich mein, Sohn Gottes, erbarmt hast?
Jesus Christus Herrlichkeit hat mein Auge gesehen.
Ihn, in das Leben erwacht, so hat mein Aug' ihn gesehen.
Fleuß auf ewig, mein Dank, aus meiner innersten Seele,
Heißer, herzlicher Dank! Die Gnaden alle der Himmel,
Ja, die ganze Fülle der Wonne, die selige Fülle
Aller deiner Erbarmungen hoff' ich nun. Das Geheimniß
Deines Todes wirst du mir, Sohn des Vaters, enthüllen.
Nicht das Heer ohne Zahl, die Schaaren, die Mächt' und die Throne,
Nicht Erzengel können von dem, deß Antlitz sie schauen,
Mehr empfahn, wie ich nun von ihm hoffe. Ich sahe lebend,
Der des Ewigen Sohn ist; und der an dem Kreuze des Todes
Starb, ihn lebend. Gedanke voll tiefer Ruhe, du Reichthum
Aller Erbarmung, mir wird auch dein Geheimniß enthüllen,
Der auf ewig nun lebt. Ich hab' ihn lebend gesehen,
Jesus Christus. O, sagt's an dem ewigen Throne, verkündet's
Allen Himmeln: Er lebt! Singt's laut in Jubelgesängen,
Söhne des Lichts! Er schwieg und schauete lange gen Himmel;
Stand mit Schnelligkeit auf. Auch ihr sollt schöpfen, o Brüder,
Aus der Quelle des Trostes; auch eure blutenden Wunden
Sollen heilen! Er denket es, eilt. Schon hatt' er die Mauern
Salems erreicht; schon naht' er sich seiner Brüder Versammlung,
Die voll Erwartungen war und Zweifel und Freud' und Erstaunen.
Und er trat mit gefalteten Händen in die Versammlung:
Lob und Preis und Ehre sey, Anbetung und Dank sey
Gottes Sohne, der uns mit einer Liebe geliebt hat,
Die uns Jubelgesang in dem Leben wird seyn und im Tode;
Ihm, der den wunderbaren Tod ist gestorben, erstanden
Ist und erschienen! Auch mir ist der Herr erschienen. Am Kreuze
Stand er; da sah ihn mein Auge, da sah ich des Göttlichen Antlitz.

Und sie nahen sich ihm, bewundern ihn, preisen ihn selig
Und erstaunen über den Herrn, der vom Tode des Kreuzes
Auferstand; und ein tiefanbetendes Schweigen fesselt
Aller Zungen. Endlich umgeben sie näher den neuen
Seligen Zeugen des Auferstandnen, umarmen voll Wonn' ihn,
Drücken ihn an ihr Herz und weinen. Des Lebenden Mutter
Hielt bei der Rechten ihn, und Magdala bei der Linken.
Siehe, nun hast du ihn auch, o Simon Johanna, gesehen.
Magdale sprach's. Dann sagte mit himmlischem Lächeln die Mutter:
Gottes Sohn und meinen. Lebbäus stammelte, wandte
Sich zu Maria: Vor Trauern nicht mehr, vor Entzückung, o Mutter,
Glaub' ich es kaum. Du Blutender, ach, du Wundenvoller,
Bist erstanden! Er sank an die Brust Johannes; der drückt' ihn
Innig ans Herz und sagt' ihm leise: Er ist erstanden;
Ließ ihn und ging zu Maria: O du des Göttlichen Mutter,
Freue dich wieder! Nun geht durch deine Seele kein Schwert mehr,
Deine blutende Seele nicht mehr. — Mit den Freuden der Himmel
Freu' ich mich, Sohn! Ach, auferstanden ist Jesus Christus,
Auferstanden. Auch mir wird Jesus Christus erscheinen.
Das verhieß mir dein Blick, mit dem du vom Kreuze mich ansahst. —
Bartholomäus ergriff die Hand des Jüngers, des Zeugen,
Sagte mit sanfter Wehmuth: O Simon, mein grauendes Haupt wird
Eher nicht in die Grube sich neigen, als auch mein Auge
Unseren göttlichen Meister vom Tod erstanden gesehn hat.
Kephas hielt ihm die Hand und sah ihn mit glaubendem Muth an:
Ja, du Theurer, er wird sich unser Aller erbarmen.
Wie am heiteren Himmel sich eine Wolk' heraufzieht,
Einsam und trüb' und ernst, so nahte sich Didymus Kepha.
Th. Selber Simon? Ja, wenn es möglich wäre, so glaubt' ich
Dir, o Simon! Er wandte mit innigem Grame sein Antlitz.
P. Wende dich, Thomas, und danke mit uns! Der Herr ist erstanden.
Ja, Anbetung und Ehr' und Preis und Jubel und Dank sey
Ihm, der wunderbar starb, von dem Tode wunderbar aufstand
Und erscheinet! Er wird sich unser Aller erbarmen.
Mit den Worten entsinkt die Mutter Christus des Zeugen
Bebendem Arme. Sie liegt auf ihren Knien und breitet
Freudig die Arme gen Himmel und ruft mit der Stimme der Wonne:
Meine Seel' erhebet den Herrn; mein Innerstes freut sich
Gottes, meines Erlösers. Du hast die Thränen der Mutter,
Deiner trauernden Magd, von deinem Kreuze gesehen,
Hast sie all' erbarmend gezählt. Die Enkel der Enkel
Werden mich selig preisen. Wie wunderbar ist er, wie groß ist
Alle sein Thun, der mächtiger, als der Tod ist! Ach, heilig
Ist sein Namen, heilig, und ewig ist er Erbarmer.

Allmacht ist sein Arm! Er stürzt blutdürstende Stolze,
Mächtige stößt er vom Thron und erhebt die niedrige Demuth.
Die nach Heile dürsten, erquickt er; die selbst sich genug sind,
Läßt er leer. Ach, ewig ist er Barmherzigkeit, tröstet,
Die ihn lieben! Abraham hat er und Abrahams Kindern
Dieß geschworen. Er hält den theuren Eid der Erbarmung.
Ja, Anbetung und Ehr' und Preis und Jubel und Dank sey
Jesus Christus, der lebt, der mächtiger, als der Tod ist!
Didymus war auf den Söller gegangen. Die Anderen folgten,
Durch die Schöne des Tags und das lebende Wehen der Lüfte
Sich zu erquicken und durch der gotterfülleten Schöpfung
Anblick deß sich zu freun, der so sie begnadiget hatte.
Und sie kamen zu Thomas und weckten ihn aus der Betäubung
Seines Tiefsinns. Er bebte vor ihnen zurück, da er aufsah
Und die ganze Versammlung um sich auf einmal erblickte.
Und er eilet hinunter zu steigen. O, flieh', du Geliebter,
Flieh' uns nicht, rief Petrus! Der Herr wird auch dein sich erbarmen.
Auch ich zweifelte, Thomas; wie hat er mein sich erbarmet!
Doch wer wandelt dort in der Ferne? Trügt mich mein Blick nicht,
Siehe, so ist es Matthias und Kleophas. Theure, Geliebte,
Wärt ihr noch hier; ach, unaussprechlich, wie unsere Seele,
Würd' auch eure Seele sich freun. Die mächtigen Freuden,
Ja, sie warten euer, die Freuden des ewigen Lebens.
Aber wer kommt zu ihnen aus jenem Schatten herüber?
Nein, ich kenn' ihn nicht. Voll Hoheit scheint mir das Ansehn
Dieses Fremdlings. Kennest du ihn, Thomas? Sie grüßen mit Ehrfurcht
Ihren Gefährten; er spricht schon mit ihnen. Th. Ich kenn' ihn nicht, Simon.
Aber niemals hab' ich so viele Hoheit und Einfalt
Nicht vereinet gesehn. Und Petrus erwiederte: Möcht' ihn
Bald sein Weg nach Jerusalem führen. Sie kehrten zugleich um.
Denn sie gehen doch nur, um ihre Seele zu lindern.
Sehet, der Weg, so sich krümmet, bringt sie uns näher; doch werden
Jene Palmen sie bald vor unserem Auge verbergen.
Sehet ihr ihren Begleiter, mit welchem Ernst und mit welcher
Würd' und Hoheit, die sanftere Menschlichkeit mildert, er anhört,
Was sie ihm traurig erzählen? Vielleicht die Geschichte vom Tode
Dessen, den sie am Kreuze, noch nicht erstanden gesehen.
Ist er Einer der Engel, die ihr bei dem Grabe gesehn habt?
Wie ihr euch täuscht! rief Thomas. Er ist ein Mensch; doch sein Ansehn
Ist erhabner, als anderer Menschen. P. Du kennest der Freude
Süße Vermuthungen nicht, o Thomas. Ich hab' es empfunden,
Was du fühlst. Was erwartet' ich minder, als Jesus zu sehen,
Noch in jener Angst, als ich zu dem Kreuze mein Auge

Müd' erhub und auf einmal vor mir den Lebenden stehn sah!
Sieh', o Thomas, mich täuschte nicht Freude. Th. So täuschte dein Schmerz dich,
Rief der Zweifelnde feurig. P. Der Herr wird dein sich erbarmen,
Sagte mit Ruh' der begnadigte Zeuge des Auferstandnen.
Th. Gott, ja, Gott wird mein sich erbarmen. Allein der Messias,
Ach, der göttliche Mann hat gelitten, was alle Propheten
Einst auch litten, und ist gestorben. Er weint' und verstummte.
P. Weine nicht, Jünger des Herrn! Er ist wahrhaftig erstanden.
Aber ihn tröstete Petrus umsonst; er weint' und verstummte.
Kleophas hatt' indeß und Matthias mit dem Gefährten
Schon die Schatten der Palmen erreicht. Da die Beiden aus Salems
Mauern gingen, und noch bei ihnen nicht ihr Gefährt' war,
Sprachen sie unter einander: K. Wie kann ich irren, Matthias?
O, du kennst ja die Wuth, die heiße Rache der Priester,
Wie sie ergrimmten, als sie es nun nicht zu wehren vermochten,
Daß ihn Joseph begrübe. Sie haben Eneus gewonnen,
Haben den Todten geraubt und wollen ihn doch auf dem Hügel
Bei der Verfluchten Gebein begraben. Vielleicht, o du Bester,
Heiligster, deckt schon Golgatha deinen starrenden Leichnam.
M. Aber die Engel am Grab, o Kleophas? Hat sie denn Alle
Trübes Trauern getäuscht? Und kann denn Traurigkeit wirken,
Daß wir Himmlische sehn? Warum nicht bange Gestalten?
Nacht? Gerichtete Todte vielmehr? Ischariots Seele?
Kleophas bebte zurück; darauf antwortet er: Löse
Mir nur einen Zweifel, Geliebter! Warum erscheinet
Unser Meister nicht selbst? Wie kenn' ich Engel? Wie weiß ich,
Kennt' ich sie auch, ob sie der Ewige sendet? Ach, Theurer,
Würd' er uns nicht erscheinen, wär' er von den Todten erstanden?
Ihn, ihn kennen wir. M. Aber, o Kleophas, glaubte Maria
Gabriel nicht? Und kannte sie denn die Engel? Und können
Gottes höhere Geister was Anderes sagen, als Wahrheit?
Und verdienen wir denn, daß er uns erscheine? Wir wären
Wie die Zwölfe, geflohn, da laut von den stürmenden Schaaren,
Ihrem Grimm und Drohn und Geschrei Gethsemane schallte.
Ferne nur, ferne nahten wir uns, da sein Todesurtheil
Schrecklich vom Richtstuhl scholl, ach, fern des Sterbenden Kreuze.
Kleophas sprach: Ich bewein' es mit dir. Doch können wir jemals,
Daß er uns erscheine, verdienen? Ist er erstanden
Und erscheinet er: ach, so erscheint er allein aus Erbarmung,
Weil ihn unseres Elends jammert, und weil er zählet
Unsere Thränen, wie er auf unserem Haupte die Haare
Alle gezählet hat. M. O Kleophas, und du zweifelst? K. Du zweifelst
Also nicht, Matthias? M. Du weißt, daß ich immer Alles,

Was ich dacht' und empfand, dir ganz, o Kleophas, sagte.
Wenn ich mit stiller Betrachtung es überdenke, so glaub' ich.
Aber, wenn mich die Angst der Hoffnung und Furcht und Erwartung,
Wenn die Freud', ihn wieder zu sehn (das ist Freude des Himmels),
Ungestüm mich ergreifen und meine Seele durchbeben,
Wenn sie der Stimme der Wahrheit mich betäuben, so zweifl' ich.
Kleophas blickt' ihn zärtlicher an und sagte: Du Lieber!
Aber, wenn wir wirklich ihn sähn, so würde des Himmels
Freude, Freude der Erde nicht, des ewigen Lebens
Wonne würde (kaum find' ich Worte) wenn wir ihn sähen,
O, das würd' uns noch mehr, noch mächtiger überzeugen,
Als der stillen Betrachtung Licht, das die Seele mit Wahrheit
Ueberströmt. Matthias erwiderte: Möcht' er erscheinen,
Unsere blutende Seele durch seine Gegenwart heilen!
Kleophas sprach: Wir wünschen zu viel, du Geliebter! Der Freuden
Unaussprechlichste, höchste, wer kann sie, wünscht er sie, hoffen?
Freude wie die ist nicht für dieses Leben, Geliebter!
Und sie waren durch eines herüberhangenden Hügels
Schatten gegangen. Des Weges gewendete Krümmungen zeigten
Seitwärts jetzo den schattenden Hang. Dort sahen sie langsam
Einen Wanderer kommen. Erhabenes männliches Ansehns
War der Fremdling und schien in ernstes Denken verloren.
K. Laß uns langsamer gehn, Matthias. Vielleicht, daß der Fremdling
Unser Gefährt' wird und uns das trauernde Herz mit Gesprächen
Seiner Weisheit erquickt. Denn weise scheint er und edel.
M. Was, o Kleophas, hilft uns seine Weisheit, wofern er
Nicht von Jesus mit uns sich unterredet? Indem kommt
Ihnen der Wanderer nah und grüßt sie mit Liebe. Mit Ehrfurcht
Grüßen sie ihn. W. Wo gehet ihr hin? K. Nach Emaus. W. Darf ich
Euer Gefährt' seyn? Ich gehe durch Emaus. K. Sey, o du Theurer,
Sey, wir bitten dich, unser Gefährt'! W. Was spracht ihr so feurig
Unter einander? Ich sah's; ganz hingen an diesen Gesprächen
Eure Seelen und waren voll Traurigkeit. Kleophas sagte:
Ach, was konnten wir sprechen? Bist du es allein, der nicht wisse,
Was in Jerusalem diese Zeit des Trauerns geschehn ist?
W. Was geschah denn? K. O Fremdling, du kennest also, du kennest
Jesus von Nazareth nicht, den Propheten Gottes, der mächtig
Vor dem Herrn und dem Volke durch Wunder und himmlische Weisheit
Der ein göttlicher Mann war? Allein, ach, unsere Herrscher
Haben, entflammt von dem Grimme, der Wuth der untersten Hölle,
Ihn gegriffen und ihn dem Heiden Pilatus zum Tode
Uebergeben. Der hat sein Todesurtheil gesprochen,
Hat (o, dürft' ich die Art des furchtbaren Todes nicht nennen!)

Ihn gekreuziget. Fordere nicht, daß ich wieder die Wunden
Meiner Seel' aufreiße, dir seinen Tod zu beschreiben,
Wie er schwebt' an dem Kreuze, und wie der Hügel sein Blut trank,
Wie er bleich und erstarrt um Hülf', um Hülfe zu Gott rief!
Ach, wir hofften auf ihn und hielten ihn für den Messias:
Israel, hofften wir, sollt' er erlösen. Und über das Alles
Brach der dritte der Tage schon an, seit dieses geschehn ist.
Und Matthias begann: Auch haben die Weiber der Unsren
Uns erschreckt. Heut gingen sie in der Frühe zum Grabe;
Seinen Leichnam fanden sie nicht. Sie kamen mit Zittern,
Hatten Gesicht der Engel gesehn, die sagten: er lebe.
Ach, wir vermochten nicht uns zu freuen. Einige gingen
Auch zu dem Grab und fanden es offen und ohne den Todten.
Jetzo kamen sie unter umschattende Palmen. Der Wandrer
Sah sie mit der Erhabenheit an, die Größe der Seele
Und nicht Stolz ist, und sprach mit der mächtigen Stimme der Wahrheit:
Ihr Unweisen und langsamen, harten Herzen, zu glauben,
Dem zu glauben, was euch die Propheten verkündiget haben!
Mußte nicht dieß der Messias leiden und nach der Vollendung
Seiner Leiden, erst dann zu seiner Herrlichkeit eingehn?
Mit Erstaunen sahn sie sich an; mit bebender Ehrfurcht
Ihn. Gern hätten sie ihn, doch nur Augenblicke, verlassen
Und von ihm mit einander gesprochen. Ihr trüberes Auge
Wurde Licht und begegnete sich mit feurigen Fragen:
O, wer ist er, wer ist, der unsere Seele mit Ehrfurcht
Und mit Staunen erfüllt? Doch hatt' er nur angefangen,
Ueber sie durch die Gewalt der siegenden Wahrheit zu herrschen.
Wie ein Sturm, der beginnt, mit gehaltner Stärke noch wehet,
Noch den kühleren Wald nicht ganz füllt (Stille ruhet
Noch in seinen Thalen; noch liegen blässere Schatten;
Ganz ist die Sonne noch nicht von des Sturmes Wolken umnachtet);
Also begann ihr erhabner Gefährt'. Nicht lang', und er führte
Sie in die Tiefen der Offenbarung hinab. Den Messias
Zeiget' er ihnen, ein Redner Gottes, in jeder der Tiefen.
Sie vermochten nicht mehr zu widerstehen. So reißt sich
Durch den Wald der stärkere Sturm. Die Bäume des Waldes
Zittern, rauschen mit Ungestüm alle, beugen sich alle
Vor dem herrschenden Sturm, der Donnerwolken und Fluthen
Himmelstürzender Meere von Berge treibet zu Berge.
Und sie standen ermattet und baten um Ruh' und wischten
Sich den Schweiß von der glühenden Stirn. Mann Gottes — wir kennen
Zwar dich nicht; doch bist du, o, den wir mit Ehrfurcht anschaun,
Wahrlich ein göttlicher Mann —, bleib', ach, und laß an der Kühle
Dieser Quell' uns ruhn! Sie setzten sich neben einander;

Gegen sie über der göttliche Fremdling. Er redet' itzt sanfter,
Redete von der Liebe des Sohns zu den Menschen, der Liebe
Seiner Menschen zu ihm. Sie dachten des großen Hirten
Tod mit heiterer Seele, gelabt von inniger Ruhe.
Wie auf einen strahlenden Tag sich die Abenddämmrung
Luftiger über die Müden geußt, so goß er Erquickung
In ihr Herz. Und liebt ihr ihn auch? Dieß fragt' er sie jetzo.
Sollten wir ihn nicht lieben? Sie sprachen's mit eilender Stimme.
W. Habt ihr ihn immer geliebt? — Wir verließen ihn, als sie zum Tod ihn
Führten, hinauf zu dem Kreuz, das verstummende Lamm zum Altare.
Da verließen wir ihn. W. Doch jetzo, da ihr es wisset,
Daß er um euretwillen gestorben ist, wolltet ihr jetzo
Auch um seinetwillen, wenn er es forderte, sterben? —
O du Theurer, wir hoffen zu Gott, der Liebende würd' uns
Stärken, daß wir es könnten. Allein — o, zürne, mit Ehrfurcht
Fragen wir, zürne nicht! — ist er auferstanden? Du weißt ja
Alles von ihm. Und dürfen wir uns, Mann Gottes, des Heils freun,
Jesus Christus wieder zu sehn? Der Wanderer sagte:
Josephs Brüder erkannten ihn nicht. Doch der Wonn' und des Weinens
Selige Stunde kam, und Joseph vermochte nicht länger
Sich zu halten und weinete laut. Er sagt' es, erhub sich,
Ging. Sie folgten ihm freudigerschrocken, in Zweifel verloren,
Was sie glauben, nicht glauben sollten. Er war's ja doch selbst nicht.
Aber ein Engel vielleicht? Sie standen wieder. Ach, dürfen
Wir noch einmal, o du, den wir nicht kennen, dich fragen?
Zwar nicht kennen, doch den wir unaussprechlich verehren,
Unaussprechlicher lieben. Wer bist du? Sage, wer bist du?
Aber wir dürfen dich nicht umarmen. O, sag' es uns: Bist du
Einer der Engel vielleicht, die am Grab erschienen? W. Umarmt mich!
Und sie umarmten ihn lang und weineten ihm an dem Halse.
Endlich nahten sie Emaus. W. Ihr Geliebten, ich gehe
Nun zu den Meinen. So sprach ihr Begleiter. Ihr sehet, mein Weg zieht
Hier durch Emaus sich. O, bleib' bei uns, du Geliebter!
Sieh', es will Abend werden, der Tag hat schon sich geneiget.
Und sie hielten ihn zitternd bei beiden Händen und baten.
W. Laßt mich! Die Meinen sind fern, und sie warten meiner mit Schmerze. —
Sie, Mann Gottes, haben dich immer. Du siehst ja, wie herzlich
Wir dich lieben. O, bleib'! Und warum wolltest du, Theurer,
In die Gefahren der Nacht dich begeben? Auch mußt du von Jesus
Noch mit uns reden. O, bleib' bei uns! W. So will ich denn bleiben,

Meine Brüder. Kleophas dankt, mit Freud' in den Blicken,
Nicht mit Worten, und eilet voran, ein Mahl zu bereiten.
Kleophas hat, so heißt mein Gefährt', der redliche Jüngling,
Seine Hütt' in Emaus, die an der Pforte der Schatten
Dichter Bäume bedeckt. Ein reiner labender Quell rinnt,
Wo der Schatten am lustigsten kühlt. Er eilte, das sah ich,
Etwas Speise für uns zu bereiten und unsere Herzen
Mit dem Wenigen, das er hat, zu erquicken. O stiller
Heiterer Abend nach dieser Angst, den Tagen des Trauerns!
Und o Dank dir, göttlicher Mann! Du würdigst uns, kehrest
Ein bei uns, verachtest die niedrige Hütte der Einfalt
Und der Dürftigkeit nicht. Da Jesus Christus noch lebte,
War er wie du ein Menschenfreund, so zur Demuth im Staube
Nieder sich ließ und gern mit seiner Weisheit uns labte.
Aber ich schweige von ihm; denn über Alles erhaben,
Was ich von ihm zu sagen vermag, war Jesus Christus.
Engel dieneten ihm. Doch seiner Niedrigkeit Ursach
Scheint mir erstaunlicher, als mir seine Niedrigkeit selbst schien.
Aber also geschah des Ewigen Wille. Den Vätern
Hat er schon die Tiefen des künftigen Wunders eröffnet.
Möcht' ich mein Leben mit dir, Mann Gottes, leben, und möchtest
Du mich lehren, wie ich es dem himmlischen Sündeversöhner
Recht nach meiner Seele Verlangen heiligen könnte!
Denn, ach, dauernden Dank, den innigsten, liebevollsten,
Herzlichsten Dank verdienet von uns, der unsere Sünde
Also versöhnt und bis zu diesem Tode geliebt hat.
Und schon nahten sie Kleophas Hütte. Sie sahn, er entschöpfte
Wasser zum Trinken der Mündung des Quells, dann setzt' er es eilend
Bei sich nieder und wusch balsamische, duftende Kräuter.
Seine Hand umflossen mitabgerissene Blumen;
Einige glitten hinab mit des werdenden Baches Gelispel.
Aber er sah Matthias und sah den göttlichen Fremdling
Nahn, sprang eiliger auf. Sey mir, Mann Gottes, willkommen!
Alle deine Segen, mit dem der Herr dich segnete, gehe,
Du Mann Gottes, mit dir in meine Hütte! Matthias
Folgt' und trug das Gefäß und darin die lebende Quelle
Mit der träufelnden Kräuter Erfrischung. Kleophas hatte
Schon den unbelasteten Tisch mit dem ganzen Reichthum
Seiner Hütte besetzt, mit Milch und Honig und Feigen
Und mit stärkendem Brod und herzerfreuendem Weine,
Hatte die Teppiche schon umhergebreitet. Sie legten
Sich zu dem Mahle; der Fremdling allein, sie gegen ihn über.
Und der Fremdling begann auf sie sein Auge zu richten
Ernst und freudig. Mit Ruhe, mit Dank, mit fei'rlichem Anstand
Hielt er das Brod (so pflegt es Jesus zu halten); er blickte
Still gen Himmel (so pflegte gen Himmel Jesus zu blicken);

Und sie starrten sich an und ihn. Er betete. Jesus
War die Stimme des Betenden, und auf einmal das Antlitz
Jesus Christus des Betenden Antlitz. Er betete also:
Unser Vater im Himmel sey für die Gabe gepriesen,
Die er mild uns gab, den dürftigen Leib zu erhalten!
Vielen scheint sie gering; doch hat mit eben der Allmacht,
Welche die Himmel erschuf, sie unser Vater bereitet.
Ach, auch seine Worte sogar! Da sanken, vor Freude
Bleich, sie nieder, mit anzubeten. Er redete wieder:
Preis sey ihm! Er rufte der Sonn', uns zu leuchten, dem Monde,
Von der Stirne der Müden den Schweiß zu trocknen. Er schuf uns
Unser tägliches Brod. Anbetung unserem Vater!
Jesus brach das Brod und gab es ihnen. Sie nahmen's,
Bleicher vor Freuden, und blickten ihn an! Nun wollten sie reden,
Konnten nicht reden. Er sah sie noch einmal mit segnender Huld an
Und verließ sie. Da sprangen sie auf und folgten ihm, eilten,
Suchten und fanden ihn nicht. Sie kehrten mit Ruh' zu der Hütte.
M. Ja, wir sehn ihn noch wieder! Ich bin im Himmel, Geliebter,
Nicht auf der Erd', in dem Himmel. Ach, Kleophas! Kleophas sank ihm
An das Herz und schwieg. Darauf umarmt' er ihn feurig,
Hielt ihn lang und umarmt' ihn von neuem. K. Matthias, o, brannte
Unser Herz nicht in uns, da er auf dem Wege von Gott sprach,
Da er die Offenbarung uns aufschloß? Aber wir säumen?
Schon ergriff er den Stab. Auch that's Matthias. Sie gingen.
Unterdeß, da die Beiden von Emaus eilten, besprachen
Petrus und Didymus sich. P. Verbirg es denn ihnen, o Thomas!
Ach, betrübe nicht so, die glauben wollen, und lösche
Diesen schwachen Funken in ihnen nicht aus! Zu dem Himmel
Könnt' er flammen; du löschest ihn aus. Th. So soll ich denn, Simon,
Unseren Freunden nicht mehr, was ich denke, sagen? Verschweigen
Meiner Traurigkeit Angst? Was hilft es ihnen, zu wähnen
Und von dem freudigen Wahne mit desto größerem Trauern
Aufzuwachen, je froher der süß betäubende Wahn war?
P. Nenn' es nicht Wahn, mein Bruder. Bei dem, der ewig lebet,
Ach, bei Jesus, der todt war und ewig lebet, beschwör' ich
Dich, mein Bruder, nenne nicht Wahn, was die Rechte Jehova's
That, nicht dieser erstaunlichen Herrlichkeit Offenbarung!
Heilig ist jene Stätte, wo ich ihn sahe. Da brannte
Mir der Busch, da sah in dem Busch ich die Herrlichkeit Gottes,
Da, da war die Pforte des offenen Himmels. Hier stehn wir —
Schau' die Zeugen um dich! — hier stehn wir Alle, die Neune,
Magdale dann, dann ich. Wir haben den Göttlichen lebend,
Lebend haben wir ihn, nicht todt mehr, Alle gesehen.

Meine Seele bewegt sich in mir vor Wehmuth, in dem ich
Deine Traurigkeit seh', sprach Magdalena Maria,
Deiner grübelnden Zweifel zu qualenvolle Gedanken.
Habe Mitleid mit ihm, mit deinem Jünger, Erstandner,
Mitleid! Er zweifelt aus Angst, dein Jünger, aus Jammer der Seele,
Nicht aus bösem Herzen. Zerstoß' das zerstoßene Rohr nicht!
Lösche den glimmenden Docht nicht aus! Erbarme, Rabbuni,
Seiner dich, wie du meiner dich erbarmtest! Ach, Thomas,
Meinest du, daß ein Engel im Himmel mit dieser Stimme,
Dieser Wonnestimme des ewigen Lebens (die Chöre
Himmlischer Psalmen ertönen nicht so) zu reden vermöge,
Wie der Todtenerwecker, der Auferstandne, beim Namen
Mich, die lechzte, wie du, ihn zu sehn, bei dem Namen mich nannte?
Th. Eurer Entzückungen Ungestüm stürzt mich Verlass'nen noch tiefer
In die Tiefen der Angst, die meine Seele verschlingen.
Blendete sich die Heftigkeit nicht, mit welcher ihr redet?
Thomas sprach es mit innigem Gram, der Thränen zurückhielt.
Simon rang die gefalteten Hände, ward ernster und sagte:
Deine blendet sich nur, mit der du zweifelst. Wir sahen,
Und wir wurden entzückt. Wer ist in dem Himmel und flammet
Nicht in Entzückungen auf? Du siehst nichts, schaffest dir Schatten,
Bange Bilder von Gräbern und Nacht, erschreckende Zweifel,
Redest entflammter davon, als wir von dem Auferstandnen,
Den wir sahen und hörten, und dessen Leib wir berührten,
Der mit aller seiner Erbarmung, die wir an ihm kannten,
Sich uns offenbarte, die du vordem an ihm kanntest.
Geh' zu den Sadducäern zurück und glaube mit ihnen,
Daß kein Engel noch Geist sey noch Auferstehung vom Tode!
Mit den Worten entstürzten dem Auge Didymus Thränen.
Salome sah es und wollt' ihn trösten. Indem sie zu reden
Anfing, sagte der Jünger: Verstoß' mich so nicht, Geliebter!
Ach, ich liebe wie du den gekreuzigten göttlichen Todten,
Simon Petrus! Itzt redete Salome. Lindert, ihr Lieben,
Seinen Schmerz. Ihr sehet, wie viel der Geängstete leidet.
Thomas, mein Bruder, den du den göttlichen Todten nanntest,
Sollt' aus dieser Irre nicht er dir die Seele zu führen,
Nicht aus diesem Jammer das Herz zu reißen vermögen?
Er, deß Todesmuth an dem Kreuze von eben der Hoheit
Zeugte, von der die Unsterblichkeit zeugt, dieß Leben der Engel,
Welchem er auferstand; ja — dieses Leben der Engel?
Sprachen ihre Begleiterinnen. Unsterblichkeit war es;
Diese sahn wir an ihm. Zwar nicht wie Gabriel strahlt' er,
Nicht wie die Engel bei seiner Geburt um Bethlehems Hütte;
Aber Andres, als da er mit uns in dem Leben am Grabe,
Unser Erbarmer lebte, war nun in des Göttlichen Antlitz.
Th. Euch nur erschiene der Herr? Nicht mir? Von mir will ich schweigen;

Nicht der weinenden Mutter? Nicht ihrem Sohne Johannes?
Dem nicht, den er am Kreuz der heiligen Mutter zum Sohne,
Der nicht, die er zur Mutter in seinem Blute dem Sohne gab?
Also sprachen sie unter einander. Die Hörenden rissen
Mächtige Zweifel itzt fort, dann wieder siegender Glaube.
Beide wechselten oft und durchflammten die Seele. Wenn Petrus,
Wenn die freudigen Zeuginnen redten, wenn Magdale redte,
Gingen sie auf dem Meere; wenn Didymus redete, sanken
Sie vor der kommenden Woge. Der zweifelnde Jünger verließ sie
Und Jerusalem, ging zu den fernsten Gräbern des Oelbergs,
Sich im Einsamen dort in seiner Traurigkeit Qualen
Tiefer zu stürzen. Er wollte das nicht; er wollte die müde,
Tiefverwundete Seele durch Ruh' der Einsamkeit lindern.
Einen Becher der Freuden hat in der Rechten, der Linken
Einen wüthenden Dolch die Einsamkeit, reicht dem Beglückten
Ihren Becher, dem Leidenden reicht sie den wüthenden Dolch hin.
In das nächtlichste, tiefste der fernen Todtengewölbe
War jetzt Thomas gekommen, und seiner Traurigkeit Lasten
Wurden schwerer auf ihm, die Gedanken schwärzer, des Herzens
Qualen trostbedürftiger. Ihm arbeitet die Seele,
Sich aus diesen Tiefen, die stets mehr sanken, zu heben,
Und arbeitet umsonst. Hätt' er nicht zu Gott sich gewendet,
Zu der einzigen Stütze des Müden, er wär' erlegen;
Zu dem einzigen Stabe, wenn wir in Finsterniß wandeln
Und an das weichende Rohr nur unserer Tröstung uns lehnen.
Thomas empfand's. So wendet er sich zu dem, der allein hilft:
Gott, Verborgener! Zu dir, wie sehr auch Dunkel die Tiefen
Deines Rathes bedeckt, zu dir nur kann in dem Zagen
Ihrer Traurigkeit meine verwundete Seele sich wenden.
Nacht sind seine Pfade. Der Weg, den ich wandl', ist noch mehr Nacht,
Als die Pfade des Todes. Unauszuforschender Herrscher
Dessen, was ist, und was seyn wird, ach, schau' herab in das Elend,
Schau' auf mich, der ein Wurm in Mitternächten sich windet!
Hätt' ich dich nicht, und starrte mein hülfeverlangendes Auge,
Einziger Fels, nach dir nicht empor, die gerungenen, müden,
Ausgebreiteten Hände nach dir nicht empor; so wär' ich
Lange der Angst erlegen der wüthenden Zweifel, ich wäre
Schon vergangen. Wie sie, die um ihn jetzt blutet, ihn liebte,
Meine Seele, wie sie an ihm hing, das weißt du, Jehova,
Weißt, er war mir Alles. Du hattest ihn, Vater, mit jeder
Deiner Gnaden zu uns gesandt, mit jeder Erbarmung.
Alles war er mir. Den hast du kreuzigen lassen,
Sterben. Ach, er ist todt, mir mehr, wie den übrigen Allen
Todt! O Mitternacht, die ihn deckt auf der Schädelhöhe
Oder in einer noch dunkleren Gruft, die der Erd' Erschüttrung
Nicht zerrüttete, möchtest bei ihm auch mich du bedecken!

Möcht' ich liegen bei ihm und schlummern, müde von Wunden
Meiner Seele! So bin ich ohn' ihn denn? Ich leb', und ich sterbe,
Ach, ohn' ihn? Du schreckliche Nacht, die mich ringsum einschließt —
Wehe mir, ohn' ihn — auf Gebirgen Gebirg', und Abgrund
Dicht an Abgrund, schreckliche Nacht! Mein dunkles Gefühl, ach,
Warum quälest auch du mich: er würde dereinst mir noch mehr seyn,
Als er mir war? Warum durchgräbst auch du mir die Seele?
Bist du unsterblich, o Seel' in mir? Ha, fallt, ihr entflohnen
Schwarzen Zweifel, mit eurem Grimm mich nicht an und wüthet,
Wüthet nicht wieder! O, die du in mir unsterblich bist, Seele,
Tief, zu tief, zu jammervoll ist dein Elend. Zerriss'ne,
Wundenvolle, du bist ohn' ihn. So hättest du keinen
Theil denn an ihm, Elende, solang ich im Staube mich krümme?
Aber vielleicht ist er auch todt, mein Helfer. Wie kenn' ich
Ueber dem Grabe die dunkleren Labyrinthe, die bängern
Schwermuthsvolleren Pfade, zu denen des Todes Thal führt,
Da ich die trüben Wege hier in dem Staube nicht kenne?
Gott auf Ebal, auf Sinai Gott, im Donner, im Sturme,
Vater, wo ist dein Sohn? Wo säumte dein Donner, wo schliefen
Deine Wetter, als nun das hohe Kreuz sich emporhub?
Zwar sie zitterte laut, die Erd' in ihrem Entsetzen,
Warf die Felsen von sich, daß die Himmel schollen, und Aller
Zagende Seele vom Schrecken vor dem, das geschah, zermalmt ward;
Aber da war er todt. Kein Fels erreichte die Würger,
Keine Kluft verschlang ihr Gebein. Allmächtiger Vater,
Gott durch des Engels Gericht, der die Erstgebornen Aegyptus
Schlug, doch die blutbesprengten Hütten in Ramses vorbeiging;
Gott in dem Strome, der stand, daß Israel wunderbar durchzog;
Dann um Jericho Gott, daß deiner Heere Posaunen
Vor sich die hohe thürmende Stadt in das Palmthal stürzten;
Herr, Herr, Gott, barmherzig und gnädig, daß Moses Gebeine
Nicht zu Staube wurden, als er, in die Höhle verborgen,
Mit Anbetung von fern, Gott, deiner Herrlichkeit nachsah;
Gott mit deinem Sohne, daß er auf dem Meere daherging,
Hoch auf der offenen Woge, mit ihm sein glaubender Jünger,
Blinden das Aug' aufthat, daß es sah die Schöpfung, und ihn sah,
Ach, zu dem erstenmal (den todten Geliebten erweckt' er,
Ihn, der schon zu verwesen begann; der weinenden Mutter
Gab er dich, mein Semida, wieder; da weinte sie Freude);
Gott mit deinem Sohne, daß er mit himmlischer Ruhe
Dieser Unterwerfung, die fürchterlichste der Leiden
Aushielt, Schmach auf Schmach, ach, Wunden auf Wunden, auf Tod Tod;
Gott, Weltrichter, wo ist dein Sohn? Erbarmender, wirst du,
Oder wird er mich wecken von dieser Traurigkeit Tode,
Diesem Graun, den Finsternissen der quälenden Zweifel?

Wo, wo wend' ich mich hin? Er liegt und verweset, und, Gott, du,
Ach, du schweigst mir? Ich dürste; kaum bin ich noch, lechze nach Hülfe.
Auferstanden wär' er? An diesem sinkenden Halme
Soll ich mich halten, Verborgner, da alle deine Fluthen
Ueber die Seele mir gehn? So stammelt' er noch, verstummte,
Faltete fester die Händ' und rang sie. Ach, möcht' ich ruhen
Hier in einem der Gräber! Er würde mich nun nicht erwecken.
Und wie möcht' ich zurück in ein Leben kommen, in welchem
Er nicht ist! Glückselige Todte, die neben mir schlummern,
Kanntet ihr Jesus Christus? Wenn ihr den Göttlichen kanntet,
Viel glückseliger noch! Wenn ihr ihn kanntet und liebtet,
Ach, so seyd ihr bei ihm. Allein ihr verstummet mir; Alles
Ist mir verstummt. Verdorrtes Gebein, das hier um mich Staub wird,
Wenn du dereinst die Stimme des Herrn vernimmst und erwachest,
Geht der Tag der Herrlichkeit auf, an dem dich Jehova
Würdiget, dir zu rufen: Ich will dich mit Odem des Lebens
Wieder beseelen; ach, dann erwach' ich mit dir, es erwachen
Seine Gebeine, die zwar der Kreuziger Wuth nicht zermalmte,
Aber die doch in dem Schooße der Nacht und der Erde verwes'ten.
Dann . . O, welche Reihen, vielleicht von Ewigkeiten,
Eh' ich erwache! Doch bis zu dem Tod ist nicht lange. Des Lebens
Zeit ist flüchtig und kurz, ist ein Traum, ein Flug, ein Gedanke;
Aber nur, wenn's vorübergeeilt ist. Liegt auf der Schulter
Seine Last uns noch, wie langsamträg ist das Leben!
Und ein Leben wie meins, gelebt ohn' ihn! O, vernimmst du
Hier aus der Mitternacht, o du, der das Ohr gemacht hat,
Eines Lebenden Jammern, der nach dem Tode dürstet?
Seyd, ihr übrigen Freunde des Todten am Kreuz, mir gesegnet,
Seyd mir zu eurer Ruh' gesegnet! Ihr wähnt ihn erstanden,
Und ihr freut euch nicht minder, obwohl ein Traum euch getäuscht hat,
Ach, ein seliger Traum, wie die Seele Jakobs erquickte;
Zwar so wahr nicht, allein der euch mit Wonne wie ihn labt!
Nein, ich will nicht weinen. O du, der das Auge gemacht hat
Und den Jammer erblickt, der mir in dem Innersten wüthet,
Daß ich mich freute wie sie, war nicht dein göttlicher Wille.
Ich Verlass'ner, wie würd' ich mich freun! Ach, wenn ich ihn sähe,
Sterben, nicht leben würd' ich, mit erschütternder Stimme der Wonne
Ihm entgegen rufen, im Ruf verstummen und sterben.
Aber ich werde ja doch bald sterben. Durch meine Seele
Gingst du ja auch, o Schwert, das durch die Seele der Mutter
Ging. Geheilt wird die Wunde der Mutter, meine blutet.
Ach, so erscheine mir denn, wofern du erscheinest! Erscheine!
Welche Bitte! Zurück von diesem blendenden Wahne,
Meine Seele! Was steigst du empor, um tiefer zu sinken?
Ja, er kann es, er kann aus dem Schatten des Todes heraufgehn,
Wenn er will. Wie kann er es wollen? Sterben, um Stunden

Todt zu seyn, nur wenige Stunden? Er wär' von dem Kreuze,
Hätt' er leben gewollt, triumphirend heruntergestiegen.
Würdest du mir nicht erscheinen, wenn du lebtest? Wer schmachtet
So nach Ueberzeugung, als ich? Du würdest! Du lebst nicht!
Wenn ich dich sehe, so glaub' ich. Ja, wenn ich in deine Wunden
Meine Rechte dir lege. Doch hat ein Erstandener Wunden?
Wenn ich mit bebendem Arm um deine Füße mich winde
Und sie halte, dann will ich glauben. Ich werde nicht glauben;
Denn ich werde mich, Herr, um deine Füße nicht winden
Und sie halten. Denn, ach, du bist gestorben und lebst nicht.
Nur erst einige Stunden, da war er mit uns noch am Kidron,
Dann .. Wie schnell ist die Zeit bis zum Kreuze vorübergegangen!
Und, wie ist mir? Da starb er! Wie schnell! Ach, ist er gestorben?
Ja, er ist gestorben, er ist begraben, und nun schon
Wieder in einer andern Kluft des Todes begraben.
Ach, verlaß mich nicht ganz, o Christus Vater und meiner!
Ich vergehe vor Angst. Er ruft's mit gebrochenen Worten,
Schwankt' und hielt an ein Felsstück sich, so von einem der Gräber
Stürzt', als der Vorhang riß, und der Staub der bebenden Erde
Ueber Jerusalem zog und ihrer Mauern Gebirge
In Entsetzen verhüllte. Der Trauernde hielt an den Felsen
Sich mit ermüdetem Arme noch, da der Finsterniß Stille
Eine Stimme durchscholl, die immer näher herankam.
Wessen ist diese Klage, die aus den Gräbern hervorschallt?
Fiel ein Mörder dich an, und kann ich dir helfen, o Fremdling?
Rede, wo bist du? Ich will dir deine Wunde verbinden.
Didymus redete nicht. U. Wo bist du? Ich hörte die Stimme
Deiner Angst, und ich bin, daß ich dir helfe, gekommen.
Fremdling, ich bin kein Mörder. Ich hörte fern in dem Thale,
Daß du jammertest. Sieh', ich bin dein Retter, wofern dich
Menschen zu retten vermögen. Th. Ich freue mich, sagte Thomas,
Wer du auch seyst, daß du, o Wandrer, ein redliches Herz hast.
Sey gesegnet und geh, wohin dich dein nächtlicher Weg ruft.
Zarte blühende Kinder und ihre liebende Mutter
Warten deiner vielleicht. Du kannst mir nicht helfen. Die Wunden,
Ueber die du mich jammern gehört, sind Wunden der Seele.
U. Wunden der Seele, mein Bruder? antwortet die nähere Stimme.
Strecke die Hand nach mir aus, daß ich dich finde, Geliebter,
Dich umarme! Didymus that's. Sie umarmten einander.
Th. Bist du ein Israelit, o Wanderer? Einer der Männer,
Die zu dem Fest von den Inseln herauf nach Jerusalem kommen?
Und wie heißet dein Namen? U. Ich bin der Söhne von Jakob
Einer. Ich komm' aus fernen, sehr fernen Landen. Mein Nam' ist
Joseph; und deiner mein Bruder? Th. Mein Name, Joseph, ist
Thomas.
J. Aber was weilen wir hier in dem Schauer der Nacht und der Gräber,

Thomas? O, komm' und laß uns aus dieser dunkleren Nacht gehn.
Diese Stille, die Dunkelheit wirft noch schwärzere Schatten
Auf die Bilder der Angst, die deine Seele bewölken.
Th. Diese Still', o Joseph, und diese noch schwärzeren Schatten,
Diese Bilder der Angst, die meine Seele bewölken,
Diese lieb' ich, liebe noch mehr den Tod und die Gräber.
Hätte die Erde mich nur in ihre Hütten des Friedens
Aufgenommen, so wär' ich nicht mehr der Söhne des Elends
Letzter, läge nicht mehr in des Jammers Tiefen der Tiefste.
J. Thomas, mein Bruder, o, heb' aus diesem Staube dein Haupt auf!
Schau' gen Himmel und lerne mit Furcht und mit Zittern klagen!
Freuen sollen wir uns mit Furcht und Zittern; so sollen
Wir auch klagen. Wer ist es, der das Elend uns sandte?
Ist es nicht der, der uns zu dem ewigen Leben gemacht hat?
Sinn' ihm nach, wenn jetzt zu des Allerheiligsten Ohre
Deiner Klagen Geschrei mit seinem Ungestüm aufschrie,
Dann sich unter die Chöre der Dankenden mischt' und die Wonne
Ihrer Freudenthränen und Halleluja entweihte!
Kann denn Gott nicht erretten? Und will denn Gott nicht erretten?
Lerne mit Furcht, ich sag' es noch einmal, lerne mit Zittern
Trauern! Es ist der stets Anbetungswürdige, der uns
Elend sendet. Verehre, mein Bruder, den göttlichen Boten!
Th. Joseph, du bist ein Mann nach meinem Herzen. Indem du
Von dem Ewigen sprichst, wird deine Seele zu Flamme.
Werde mit Freude von Gott und werde mit Schmerz gesegnet,
Aber mit keinem Schmerz, wie meiner ist! Ach, du erlägest
Dann, wie ich erliege. J. So rede denn, nenne die Lasten,
Welche dich niederstürzen! Th. Ja, welche mich niederstürzen.
Kanntest du ihn? Doch was sag ich zuerst, was zuletzt? O, du kanntest
Jesus, den Göttlichen, nicht. Wie lang' verweilst du in Juda?
J. Wenige Tage nur erst. Doch sind stets Boten aus Juda
Nach der Freude Hütten gekommen, in welchen ich wohne,
Und die haben mit uns von Jesus, dem Sohne Jehova's,
Viel geredet. Zuletzt sind wir heruntergekommen,
Jesus sterben zu sehen und auferstehn von dem Tode.
Th. Auferstehn von dem Tode? Wer bist du, Joseph? J. Auch hatt' ich,
Didymus, einen vertrauteren Freund in Juda, von dem ich
Lang' getrennt war; er trennte sich schon in dem Lande des Nilus.
Diesen gab mir der Göttliche wieder, indem er in Schrecken
Und Erdbeben nicht mehr, noch in Finsternissen daherging;
Jünger, indem er vom Kidron in sanftem Säuseln herauskam,
Gab er mir meinen vertrauteren Freund, den lange verlornen
Und nun ewigen Freund. Doch ich muß dich jetzo verlassen;
Aber ich komme zurück, mein Bruder, und sehe dich wieder.
Th. Joseph, bleib'! Wo bist du, Joseph? Wo bist du? Ach, haben

Diesen Namen auch Engel, den süßen Namen des Lieblings
Seines Vaters und Gottes? Nur einen Laut noch, o Joseph,
Deiner himmlischen Stimme nur einen! Aber du schweigst mir! —
Darf ich dich nennen, wie du mich nanntest? — mein Bruder! —
Du schweigst mir?
Wo, wo gehest du hin? wo bist du? Ach, ohne Mitleid
Fährest du fort, mich nicht zu hören. Er ist kein Engel.
Könnte so hart ein Engel sein? Das können nur Menschen.
Aber er wohnt in Hütten der Freude. Boten aus Juda,
Die von dem Göttlichen sprachen; — wer sind die Boten aus Juda?
Sandte sie Gott? Gewiß, der Herr kann Engel aus Juda
Zu den Himmlischen senden. Er kam herab. Von dem Himmel?
Jesus sterben zu sehn. So wußten Boten aus Juda,
Was geschahe, vorher? Und auferstehn von dem Tode.
Aber dieses geschahe ja nicht. Wer kann ihn begreifen?
Jünger nennet er mich. Und dann ist Jesus vom Kidron
Im Erdbeben nicht mehr, ist in sanftem Säuseln gekommen,
Einen vertrauteren Freund ihm auf immer wieder zu geben.
Aber wann? Eh' er starb? Warum denn in sanftem Säuseln?
Auch da säuselt' es sanft, und die Woge schwieg, da von neuem
Unser Leben er uns gab und Jeden dem Andern.
Doch Erdbeben ist nur nach seinem Tode gewesen.
Also hätt' er erst den ganz verlornen und jetzo
Ewigen Freund nach seinem Tod ihm wiedergegeben?
Und so thät' er, auch todt, der Gnade Wunder und Hülfe?
Aber warum denn todt? Auch Leben ward ja verkündet.
Nein, ich begreif' ihn nicht. Sollt' erstehn der Messias, wie wußten's
Engel, eh' es geschah? Auch Gottes geheimstes Geheimniß
Wüßten die Engel? Es hätte vor ihnen der Unerforschte
Nichts Verborgnes? Je mehr ich forsche, je tiefer versink' ich.
Aber wacht' ich auch wirklich? Ermattet' ich nicht an dem Felsen,
Wo ich mich hielt und beinah nicht mehr mir meiner bewußt war?
Ja, ich bin niedergesunken, bin eingeschlummert und habe
Diesen Fremdling im Traume gesehn. Er war ja voll Mitleid.
Warum wär' er auf Einmal geflohn? So entfliehen nur Träume,
Aber kein redlicher Freund, Mensch oder Engel. Nun seh' ich's,
Nun erfahr' ich es selbst, was tiefe Traurigkeit wirket,
Und wie die Jünger sich täuschen, wenn sie Erscheinungen sehen.
Glückliche, die ihr euch täuscht und eure tröstenden Schatten
Wandelt in wahre Gestalt! Doch ich gehe den Weg, den mich
Gott führt.
Sind nur meine Betäubung und ihre Qualen vorüber,
O, so geh' ich den Weg mit Ruhe, den Gott mich leitet.
Finsterniß sey er und Dunkel und Nacht! Er führt; ich gehe.
Also entschloß sich Thomas und horchte nach dem Geräusche
Kidrons, hinunter zu gehn und zu ruhn in Gethsemane's Hütten.

Hinter ihm hatte, da er die Versammlung der Jünger verlassen,
Einer die Thür geschlossen. Als dieser wieder zurückkam,
Sagt' er zu der Versammlung: Ich habe die Thür geschlossen,
Daß wir entrinnen, wofern die Priester senden. Denn glaubt nicht,
Daß ihr wüthender Durst mit Jesus Blute gestillt sey.
Da sprach Kephas: Ich will nicht, daß ihr die Thüren verschließet.
Mögen sie ihre Schaaren doch senden. Der Herr ist erstanden. —
Aber sie haben ja selbst den nun Erstandnen getödtet. —
P. Nun, so will ich sterben, wofern es sein göttlicher Will' ist.
Schließt die Hütte nicht! Kleinmuth wie die entehrt den Erstandnen! —
Müssen wir sterben, Simon, so helfen geschlossene Thüren
Uns ja nicht. Allein, daß zu kühn in Gefahr wir uns wagen,
Ist der Wille des Herrn nicht; und Rettung über die Mauer
Ist in unsrer Gewalt, wenn die Thür die Wüthenden aufhält. —
P. Ist in unsrer Gewalt, wenn der Herr die Wüthenden aufhält;
Sagte Petrus feuriger, ließ die Thüren sie schließen.
Aber nicht lang', so erscholl das Haus von eiligem Klopfen.
Und sie erschraken. Da scholl's von neuem. Jakobus erhub sich,
Eilt' hinunter und fragte. Matthias und Kleophas waren's.
Und er ließ sie herein, die glücklichen Freunde. Sie sanken
Fast vor Müdigkeit, athmeten, standen, gingen langsam,
Trockneten sich die Stirn. Wen flohet ihr? sagte Jakobus.
Und sie lächelten sanft, ermannten sich, eileten, stiegen
Mit Jakobus hinauf und traten in die Versammlung.
Siehe, des Lebenden Mutter und Magdalena Maria
Kamen, mit ihnen der Glaubenden mehr den Beiden entgegen,
Traten um sie und riefen mit freudestrahlendem Auge,
Riefen: Der Herr erstand wahrhaftig, ist Simon erschienen!
Kleophas erhub mit Erstaunen die Hand gen Himmel und sagte:
Heil uns! Er ist erstanden, ist erstanden. Auch wir sind
Seine Zeugen, auch uns ist Jesus Christus erschienen.
Petrus nahte sich schnell: O Christus Brüder und meine!
K. M. Simon, er hat uns also genennt, er nennet' uns Brüder.
Petrus redete weiter: Auch diese, die euch umgeben,
Haben ihn lebend gesehn, nur nicht Maria. Er wird dir,
Hoff' es freudig zu ihm, du seine Mutter, erscheinen.
Magdale sah ihn zuerst und allein; dann sahn ihn die Neune,
Wie ihr zweifelnd vernahmt, als ihr die Versammlung verließet;
Dann erschien er auch mir. Ach, namlos ist die Entzückung,
Welche das Herz uns erschütterte, da wir nun sahn, daß er lebte.
Aber, o, sehet um uns die Trauernden. Unsere Brüder
Trauern, indem wir uns freun. Schon fingen sie an uns zu glauben;
Aber, ach, Thomas, wie elend ist er, wie in Jammer versunken!
Thomas hat sie verwirrt. Der beweinenswürdige Jünger
Ist noch ohne Jesus; er hat sie verwirrt. O, sie freuten
Schon mit unseren Freuden sich. Herr, erbarme dich ihrer

Und vor Allen des grübelnden, tiefverwundeten Thomas!
Aber Johannes erhub sich und trat zu ihnen und sagte:
Mich verwirrte Didymus nicht. Ich traure nur, Simon,
Daß der Lebende mir nicht erscheint. P. Er ist ja, du Theurer,
Seiner Mutter sogar und der deinen noch nicht erschienen.
Sagt's denn, erzählt's dem Betrübten, o Christus Brüder und meine,
Daß ihr lebend, lebend ihn saht. K. Geliebte, wir gingen
Trauernd und angstvoll (ach, ihr seyd's noch) nach Emaus, wollten
Durch des offnen Gefilds Anblick uns erfrischen, den Kummer
Unserer Seele lindern. Da kam ein Fremdling gegangen,
Den wir lieben mußten, sobald wir ihn sahen und hörten,
Der — o, was sag ich zuerst, was zuletzt? – der uns der Propheten
Tiefen öffnete, der des Messias furchtbare Leiden,
Seine Leiden (er war's, ach, er war es selber) uns zeigte,
Wie sie der Vater vorhergesehn und verkündiget hatte,
Seines Todes ganzes Geheimniß. Noch kannten wir ihn nicht;
Fremd war seine Gestalt und verhüllt' ihn uns. Jetzo erreichten
Wir die Hütt' in Emaus. Alles, was er uns sagte,
Weiß ich und kann's nicht erzählen. Wie kann ich sprechen, wie er sprach?
Seine Rede war Sturm, war Flamme. Wir flehten. Er ließ sich
Endlich erweichen und blieb. Ich hatt' aus der Quelle geschöpfet,
Hatte Speise gebracht. Nun.. Ach, noch seh' ich das Brod ihn
Halten, noch hör' ich ihn beten. Da er betete, war es
Jesus Stimme, die betete, waren's die feirlichen Worte
Seines Segens sogar, da war's des Göttlichen Antlitz.
In der Wonne sanken wir nieder, mit anzubeten.
Und er brach und reicht' uns das Brod und blickte noch einmal
Liebend uns an und verließ uns. Wir folgten ihm, suchten ihn, konnten
Ihn nicht finden. Wir säumten nicht lang' und gingen und eilten,
Euch der Wonne Botschaft zu bringen. Lebbäus, von Thomas
Mehr, wie die Andern, erschüttert und noch in Zweifel verloren,
Saß mit hangendem Haupt und blickte starr auf die Erde.
Er, deß Seele so viel, so stark zu empfinden vermochte,
Hatte die frohe Geschichte mit grübelnder Kälte vernommen.
Endlich verstummt' er nicht mehr; er sprach: Ich glaub' euch, Geliebte,
Ja, ich glaube, daß ihr mit einem Manne voll Weisheit
Oder wohl gar mit der Engel Einem nach Emaus ginget.
Sahn die Weiber, und sahet ihr Engel, so sendete Gott sie,
Unsre Traurigkeit über den Tod des Messias zu lindern,
Unsre Traurigkeit, daß uns sogar sein Leichnam geraubt ist.
Gott, der unserer Qual sich erbarmt hat, sendet uns Engel,
Daß ihr himmlischer Anblick uns tröste, mächtig erinnre,
Jesus Seele sey nun in dem Schooße der ewigen Ruhe:
Also leugn' ich euch nicht, der mit euch redte, den habe
Gott gesandt, daß er euch aufrichtete, sey er ein Engel
Oder ein Weiser gewesen. Ich leugn' es euch nicht, daß er tiefer

Sehe, denn wir, in die Offenbarung, und die Propheten
Uns verkündiget haben: es sey der Wille des Vaters
Und des Richters der Welt, daß, ach, den Größten der Menschen,
Siehe, den Unschuldsvollsten der Tod auf Golgatha tödte.
Seht, ihr Theuren, das glaub' ich mit euch. Doch, daß er es endlich
Selbst ward, da er vorher es nicht war, das kann ich nicht glauben.
Sagt, wie konnt' es geschehn, daß ihr ihn zuerst nicht erkanntet,
Eine fremde Gestalt zu sehen glaubtet? Die Freude
Hat euch verführt. Ihr saht, indem der Fremdling das Brod hielt
Etwas Aehnliches mit der Erhabenheit Jesus, womit er
Sonst, eh' wir aßen, das Brod zu dem Himmel dankend emporhielt,
Dieß nur sahet ihr, glaubtet zu schnell, ihn selber zu sehen.
Und nun wurd' es euch leicht, auch Jesus Stimme zu hören,
Als der Fremdling betete. Trübe verfinsternde Zweifel
Ließ in den Seelen, die schon verwundet waren, Lebbäus
Traurige Rede zurück. Doch Kleophas sah ihn mit Wehmuth
Und mit Innigkeit an. Matthias umarmt ihn und sagte:
Jünger des Auferstandnen, als wir den Herrn noch nicht kannten
Und ihn fragten, ob Jesus leb', und ob wir des Heils uns
Freuen dürften, ihn wiederzusehen; da sprach der Erstandne:
Josephs Brüder erkannten ihn nicht. Doch der Wonn' und des Weinens
Selige Stunde kam, und Joseph vermochte nicht länger
Sich zu halten und weinete laut. Mit himmlischer Ruhe
Sprach's Matthias. L. O Jesus, wofern du lebtest, du könntest
Gegen mich dich nicht halten. Lebbäus rief's und verhüllte
Schnell sein bleicheres Antlitz. Ihn sahe Petrus und wurde
Doch nicht traurig. Er konnte nicht trauern; fragte die Beiden:
Als ihr den hangenden Felsen verließt (wir sahn euch vom Söller)
Und zu den Palmen hin euch wendetet, kam der Erstandne
Da zu euch? Sie sprachen: Er kam, der Göttliche kam schon
Bei dem Felsen zu uns. Und Petrus rief in der Wonne:
Meine Brüder, ihr habt den Erstandnen Alle gesehen.
Hört ihr die Zeugen? Ihr habt schon Jesus Christus gesehen.
Thomas auch. Ach, wär' er bei uns! Des Lebenden Mutter
Rief mit gefalteten Händen und süßer Verwundrung: Ich habe
Meinen Sohn lebendig gesehn, lebendig, nicht todt mehr.

Wie ein einsamer Uebriger, der durch den Tod den Letzten
Seiner Freunde verlor, von ängstlichen Träumen, in denen
Er ihn lebend erblickt' und nicht zu erreichen vermochte,
Halberwachend das dunklere Bild des Freundes noch suchet,
Klaget, nicht weiß, ob er schlafe, nicht, ob er wache (das Herz schlägt
Hoch ihm empor, und Flammen durchströmen ihm die Gebeine);
Also waren noch Viele der thränenvollen Versammlung.

Aber der Seraphim, die zu ihnen eilten, der Väter,
Die mit den jauchzenden Engeln zu ihnen eileten, wurden

Immer mehr, und Simon Johanna blickt die Versammlung
Liebend an. Da sieht er es schimmern. Er hielt vor Entzückung
Eine beginnende Thräne zurück und betete schweigend:
O du Verborgner und doch stets Gnädiger, ewig und ewig
Gnädiger, nun, o mein Erbarmer, erbarmst du dich ihrer.
Kephas dankt' und betete noch; da trat der Versöhner
In die Versammlung. Wie Felsen, ein Erstaunen, standen,
Starrten sie All' um ihn. Der Auferstandene sagte:
Friede sey mit euch! Sie sahn ihn und sahn ihn nicht, standen,
Blickten ihn an. Von den Strömen zu vieler Gedanken ergriffen,
Wie in Meeren des Lichts, in denen Unsterbliche sänken,
Sanken sie, konnten sich nicht herausarbeiten und wähnten
Einen Engel zu sehn. Mit der Liebe Stimme, mit seiner,
Sprach der Erstandne: Vor mir seyd ihr erschrocken, ihr Lieben?
Warum kommen euch diese Gedanken in eure Herzen?
Sehet meine Hände und meine Füße, Geliebte!
Denn kein Engel hat Fleisch und Gebein, wie ihr seht daß ich habe.
Und sie bebten herzu. Maria sank vor ihm nieder,
Hielt die Füße des Auferstandnen, sahe die Wunden,
Fasset' ihn bei der Rechten und sah die Wunde der Rechten,
Dann der Linken. Und nun vermochte sie auch in des Sohnes
Antlitz hinaufzuschaun. Wie das Angesicht eines Engels
Wurd' ihr Angesicht, als sie hinaufsah. J. Meine Mutter,
Hier auch wurd' ich durchstochen. Er zeigt' ihr das Mal der Wunde,
Aus der Wasser herab und Blut floß, als ihn des Todes
Nacht umgab. Ihr ward wie das Angesicht eines Engels
Wieder ihr Angesicht. Schon umknieten die Meisten ihn, sahen
Seine Wunden und reicheten ihm die Hände. Die nahmst du,
Sohn des Vaters, und hieltest sie, ließest sie sinken, der Andern
Ausgestreckte zitternde Hände zu nehmen, Erbarmer!
Und, ein Jubelgesang dem Auferstandnen, erhub sich
Mit gebrochenen Worten die Stimme des sanften Weinens.
Jetzt rann über die Wange des Göttlichen eine Thräne.
Lange hielt Johannes die Rechte des Liebenden, lange,
Sah er mit glänzendem Aug' hinauf in sein Antlitz und wollt' ihn
Fragen und fragt' ihn nicht, wollt' ihm sagen, wie innig, wie herzlich
Er ihm dankte, wie tief er ihn anbetet', und that's nicht.
Endlich begann er, doch schnell verstummt' er noch mehr. Denn der Gottmensch
Redet' ihn an. Du standest am Kreuz und bliebst bis zum Tode.
Aber wo ist Lebbäus? Lebbäus lag auf der Erde,
Hielt und küßte den Saum an des Mittlers Gewande. Da stand er
Eilend auf, da die Stimme des Herrn bei dem Namen ihn nannte,
Nahte sich, bleich wie ein Todter vor Freude. Der Göttliche sagte:
Hier ist meine Rechte, Lebbäus, und reicht' ihm die Rechte.
Und Lebbäus streckte verstummend die Hand nach dem Herrn aus;

Aber sie sank ihm nieder. Da beugte Jesus sich vorwärts
Nach dem Jüngling, ergriff die Hand des Sinkenden, hielt sie
Lang' mit Liebe. Die Seele des Freudigerschrocknen, sein Mund nicht,
Stammelte: Gnade bist du, ganz Gnade! Der Kanaanite
Simon, Jakobus der Alphaid' umarmten einander,
Freuten des Herrn sich, blickten umher, sahn sich und den Herrn an.
Auch die Andern begannen vom Herrn auf einander zu blicken,
Sich zu freuen, daß er sie Alle begnadiget hatte.
Und, ein Jubelgesang dem Erstandnen, erhub sich von neuem
Mit gebrochenen Worten die Stimme des sanften Weinens.
Und sie knieten, die früheren Zeugen, Petrus, Matthias,
Kleophas und die begnadigten Weiber, die Heldenseelen,
Sie, die bis zu dem Kreuz hinauf dem Leidenden folgten.
Unter ihnen steht der Ueberwinder des Todes,
Hebt die Augen mit aller seiner Hoheit und breitet
Seine Hände gen Himmel. Noch strahlete zwar die Verklärung
Nicht von ihm; doch war in seinem Antlitz voll Gnade
Mehr, als jemals, Göttlichkeit. Sie vermochten nicht länger
Ihm in das Antlitz zu schaun. Jakobus neigte sich tiefer
Gegen die Erd' und wagt' es und rief mit flehender Stimme:
Herr, Herr, Gott, noch erhebe dich nicht zu deinem Vater!
Ach, erhöre . . Der Göttliche sprach: Ich bleibe noch bei euch,
Kindlein! Er sprach's, und nun ergriffen zu mächtige Freuden
Ihre Seelen. Sie wußten es kaum, was sie dachten und sagten.
Ach, ist es möglich, daß Jesus es selber ist? Engel, ist's möglich?
Rief der Eine. Der Andere rief: O, sind wir im Himmel
Oder auf Erden? Ist Jesus es selbst? Ach, bist du es selber,
Der auf Golgatha blutete, bist du es selbst, du Erbarmer?
Sehen wir, oder verlieren wir uns in süßen Gesichten?
Jesus wendete sich, ging hin zu dem Tische und legte
Auf die verbreiteten Teppiche sich und sagte zu ihnen:
Habet ihr etwas Speise für mich? Sie erhuben sich eilend,
Traten herzu und waren beschäftiget, Speise zu bringen.
Aber Johannes drang sich hervor vor den Andern und brachte
Honigseim und gerösteten Fisch und setzte die Speise
Vor den Herrn; dann trat er zurück mit schweigender Ehrfurcht.
Voll von sanfter Vertraulichkeit sagte der Auferstandne:
Nahe dich mir, Geliebter, wie sonst! Ihr, meine Geliebten,
Nahet euch auch und ruhet um mich auf den Teppichen! Komm' denn,
Meine Mutter, und ruh' bei deinem Sohne! Da kam sie,
Und da kamen die Andern. Er aß. Und über den Anblick
Seiner vertraulichen Liebe, daß sie an einem Tische
Mit dem Göttlichen ruhten, und er vor ihnen wie sonst aß,
Legte sich ihrer Entzückungen Ungestüm. Stillere Freuden
Kamen in ihr besänftigtes Herz und völliger Glaube.
Da er ihre Herzen gestillt sah, sprach der Erbarmer:

Seht, den Zeugen glaubtet ihr nicht, die euch sagten, ich lebte,
Mich, mich hätt' ihr Auge vom Tod erstanden gesehen;
Ihnen, denen ihr sonst in Allem trautet, und deren
Redlichkeit ihr ja kanntet; o, warum glaubtet ihr hier nur
Ihnen nicht? Unbiegsam war eure Seele, Geliebte.
Weinet nicht, Kindlein! Ich habe ja euer doch mich erbarmet.
Aber lernt, wie das Herz des Sterblichen ohne mich sey!
Hatt' ich es euch nicht gesagt, oft wiederholet: gekreuzigt
Würd' ich werden, vom Tode der Tage dritten erwachen?
Hat dieß Moses nicht auch gesagt, die Propheten, die Psalmen
Nicht verkündet? Und hub ich euch nicht die Hülle der Schrift auf?
Was ich sagte, das sagten auch diese Zeugen: getödtet
Müßt' ich werden, vom Tod erstehn. In Jerusalem sollen
Meine Zeugen beginnen, von hier zu den Völkern der Erde
Gehn und ihnen die beiden erhabensten Seligkeiten:
Wiederkehr zu dem, der sie schuf, und den sie verließen,
Und Vergebung der Sünde, des ewigen Lebens Anfang,
Predigen. Brüder des Mittlers, ihr seyd die Zeugen. Ihr sollt mich
Auf der Erde verkündigen. Sieh', des Vaters Verheißung
Will ich euch senden. Ihr sollt, bin ich zu dem Vater gegangen,
In Jerusalem bleiben, bis ihr, mit Kraft aus der Höhe
Angethan, hinwandelt und lehrt: Wer glaubt und getauft wird,
Der wird selig; verdammt, wer nicht glaubt. Der Glaubenden Viele
Sollen Wunder begleiten. In meinem Namen vertreiben
Sie den Satan aus den Besess'nen und reden in Sprachen,
Die sie nicht lernten. Auch Schlangen vertreiben sie. Ohne zu sterben,
Trinken sie tödtlichen Trank. Sie legen die Händ' auf den Kranken,
Und der Kranke genes't. Der Versöhner erhub sich mit Wonne,
Ging dann vorwärts in die Versammlung. Sie drangen um ihn sich
Freudig herum, ganz nah ihn zu sehn. Der Liebende sagte:

Nahet euch, meine Jünger! Die Andern entfernten sich wieder
Nicht nur neidlos; sie freueten sich, wie vollendete Fromme
Sich in dem Himmel des Heils der Mehrbegnadeten freuen,
Ueber die Gnade, die gab der Versöhner den Erstelkornen.
Und der Göttliche stand; um ihn die hohen Apostel.
Auch sie sollten bluten. Er sah in dem Geiste sie bluten,
Und, von inniger Lieb' erschüttert, sprach er zu ihnen:
Friede sey mit euch! So sprach des Göttlichen Stimme,
Und wie Einer, deß Seele der Freuden zu viel belasten,
Athmet' er tiefer herauf und hauchte sie an und sagte:

Jetzt schon empfaht den heiligen Geist! In reicherer Fülle
Werdet ihr bald ihn empfahn. Wem ihr die Sünden erlasset,
Sind sie erlassen; wem ihr sie behaltet, sind sie behalten.

Und sie vernahmen den großen Befehl mit Erstaunen und Demuth
Jetzo däucht' es ihnen, als wollte der Herr sie verlassen.
Und sie standen um ihn und wagten es nicht, ihn zu bitten,

Daß er bliebe; doch zitterten sie, doch fleht' ihm ihr Auge.
Petrus, gefaßt von Gedanken, die seine Seele wie Flammen
Ueberströmeten, warf zu den Füßen Jesus sich nieder,
Hielt sie, küßte sie, rief: Ich kann auf der Erde nicht danken.
Herr, in dem Himmel will ich dir danken. Ich weiß es, Erbarmer,
(Denn so sprach der Gesendete: Sagt's den Jüngern und Petrus!
Denn du erschienest mir, und du erscheinest mir) weiß es, Erbarmer,
Göttlicher Sündeversöhner, du hast mir meine Verleugnung,
Mein Erretter und aller Gefallenen Retter, vergeben.
Aber laß sie, du Liebe, mich dir noch einmal bekennen,
Herr, bekennen vor deinem Antlitz, beweinen, der Gnade
Stimme mich hören, Vergebung aus deinem göttlichen Munde,
Deine Himmelsstimme, daß du in das Leben mich aufnimmst,
Hören, eh' ich von dir zu denen, die du versöhnt hast,
Geh' und in deinem Namen den Sündern Sünde vergebe.
Und er sahe mit vollem Vertrauen und inniger Demuth
In des Liebenden Antlitz. Da sprach der Geopferte Gottes:
Siehe, das weißt du, ich habe für deine Seele gebetet,
Daß ihr Glaube nicht ganz sie verließe. Mich hörte mein Vater.
Simon, steh' auf! Es ist dir deine Sünde vergeben.
Also sprach der Geopferte mit so göttlicher Stimme,
Daß sie ihr Mark und Gebein durchdrang und die innerste Seele.
Aber sie sahn ihn nicht mehr. Da rief der begnadete Petrus:
Herr, wir folgen dir nach in Galiläa. Des Grabes
Engel erschien: Noch seht ihr den Herrn in Jerusalem wieder,
Höret von ihm, wenn ihr in Galiläa ihn sehn sollt.
Und der Engel verschwand mit langsamverlöschendem Schimmer.

Fünfzehnter Gesang.

Einige der Auferstandenen erscheinen. Erscheinungen sehen: Nephthoa, einer der Knaben, die Jesus unter das Volk stellte; Dilean; Tabitha, die Petrus auferweckte; Cidli; Stephanus; Barnabas Joses, der Levit aus Cypern; Portia; Beor, der Blindgeborne, den Jesus sehend machte; Abraham und Moses wollen Saulo erscheinen, Gabriel verbietet es ihnen; Samma, Joel, Elkanan, Simeons Bruder, und Boa zugleich; Maria, die Mutter Jesu; Cidli, Jairus Tochter, und Semida, der Jüngling von Nain.

Komm', die meine Seele mir oft mit sanfterer Wehmuth
Und mit ihrer großen Erwartungen Schauer erfüllte,
Komm', Betrachtung der künftigen Welt! Die künftige Welt war
Auf der Erde, da das geschah, was jetzt mein Gesang ist.
Denn es erschienen Todte der Christen Ersten, zum Himmel
Sie zu berufen, zu weihn die Brüder zum ewigen Leben.
Klein war nur die selige Schaar; doch aus dieser Wurzel
Wuchs ein Schatten, verbreitet in allen Himmeln, ein Baum auf
Voll nie welkender Zweige: Die hundert und vierzig Tausend,

Alle Versöhnte; das Heer ohne Zahl am krystallenen Meere,
Alle Versöhnte. Die Schaar der hundert und vierzig Tausend
Sangen, als sie der Himmlische sah, der bis ans Gericht blieb
Ueber das Schauthal, sangen das neue Lied vor dem Throne,
Welches Keiner zu lernen vermag. Sie waren Erkaufte
Von der Erde, nicht befleckt von der Liebe des Eitlen
Folger des Lamms, wohin es auch ging, die Erstlinge Gottes
Und des Lamms, unsträflich vor Gott in Worten und Thaten.
Siehe, das Heer ohne Zahl, da der Zeuge des Herrn es erblickte,
Rief, wie aus allen Geschlechten es war und Sprachen und Völkern
An dem Throne versammelt, in weißem Gewand, in den Händen
Palmen, es rief mit der Stimme des lauten Jubels: Dem Herrscher
Auf dem Throne sey Heil: Heil unserem Gott und dem Lamme!
Und da fielen auf's Antlitz die Engel und Aeltesten nieder,
Und da rauschte das Meer, da wehten der Siegenden Palmen.
Denn gen Himmel hinauf, aus großer Trübsal gen Himmel
Sind sie gekommen; sie haben gewaschen ihre Gewande,
Hell sie gemacht in dem Blute des Lamms, die seligen Dulder.
Aber itzt war die kleinere Schaar, die Wurzel des Baumes,
Noch nicht einmal berufen. Sie schliefen noch unter den Hüllen
Ihres Gesetzes. Es sollten zum erstenmal sie Erstandne
Wecken; Kephas dann in der Rede der Salbung von Christus,
Und zu deren Gemeine, die selig wurden, hinzuthun
Sie Dreitausend auf einmal. Noch schlummerten selbst, die von ihnen
Sollten Erstlinge werden, verstanden noch nichts von dem neuen
Ewigen Liede der Wonne. Noch schliefen die anderen Sieger
Ohne Palmen und helles Gewand durch Golgatha's Blutquell.

Siehe, das Werk des Erstandnen begann. Die verklärten Gerechten
Schwebeten Tabor hinab, zu erscheinen den künftigen Christen.
Aber, eh' noch der Erscheinungen Schaar nach Salem hinabstieg,
Sammelte sie um sich der Auferstandnen, der Todten
Und der Sterblichen Vater und sprach: Nun sind sie gekommen,
Freuet euch, Kinder, nun sind des Heiles Stunden gekommen,
Da wir gewürdiget werden, die ersten Winke zu winken
Nach dem schmalen Wege, den ersten Durst zu entzünden
Nach des Lebens Quell. Der Stifter der himmlischen Kindschaft
Hat es eurem Gefühl und Erforschungen überlassen,
Auszuwählen, wie es euch dünkt. Ihr wählet, die Kinder
Werden und Erben, ihr wählt der Vorbereitungen Weise.
Aber nicht nur; die ihr der hohen Erscheinungen würdigt,
Sind zu dem Heile berufen. Und, wenn ihr beriefet, die Gott nicht
Auch beruft, so würden die hohen Thronen euch warnen.
Eilt denn, genießt den Wonnegedanken, euch Brüder zu wählen
Zu dem Erbe des Lichts! Ich seh', die werdet ihr wählen,
Welche in ihrer Finsterniß schon die Gnaden empfingen,

Daß sie, wiewohl mit Straucheln, den himmlischen Wandel begannen;
Und ihr werdet sie kennen, die diese Gnaden empfingen.
Tiefsinn war in des Knaben Seele geblieben, den Jesus
Unter die Hörer gestellt und gesegnet hatte. Nephthoa,
Nach der Quelle genannt an Ephrons Gränzengebirge,
Liebete minder seitdem die Gespielen, und Einsamkeit war ihm
Süßer, als alle Freuden der frohen Jahre, geworden.
Blüthe trug er und Frucht, im beginnenden Lenze des Lebens
Reif wie Jünglinge, voll Verstandes und göttlicher Gnade.
Sieben Jahr' entflohen ihm erst, und er hatte das letzte
Betend verlängt, ein Jahr voll reicher Saaten, unkennbar
Denen, die kleine Dinge, verwebt in das Eitle, nur dachten,
Aber mit Segen von Gott zu der Ewigkeit Ernte gesegnet.
Auch in dem achten säte Nephthoa der Ernte. Das hatt' er
Mit dem strahlenden Tage der Auferstehung begonnen.
Und er betete jetzt in der Abenddämmrung, gesunken
Auf seine Knie in den Staub, in einem Winkel des Hauses,
Wo er froh der Verborgenheit war. So flehte der Knabe:
Herr, du hörst mich gewiß, ob ich es gleich nicht erfahre,
Daß du mich hörst. Stets komm' ich von neuem, flehe von neuem,
Daß du mich hören mögest, o aller Kinder im Himmel
Vater und aller auf Erden! Vor deinem leuchtenden Throne
Knien wir Alle; wir Armen auf Erden, denen ihr Erbe
Thränen sind, wir knien in dem Staube; die ausgeweinet
Haben, auf schimmernden Wolken; und Jene, die niemals weinten,
In den Strahlen der Sterne, die ungefallenen Engel.
Alle flehen von dir mehr Seligkeit. Aber mit Ruhe
Flehen sie Jene dort oben; denn sie labt Fülle der Freuden.
Wir, wir flehen weinend dich an um Erlösung vom Bösen,
Ach, Erlösung vom Elend und Segen zum ewigen Leben.
Unvollendet kann der nicht bleiben, den über mich aussprach
Dein erhabner Prophet in jener seligsten Stunde
Meines Lebens, als er in die große Versammlung mich stellte.
Würd' er vollendet, wenn er vergängliche Dinge nur gäbe,
Nur des Lebens Freuden, das schnell, wie die Blume, verblühet?
Nein, du steigest hinauf in die Ewigkeit, himmlischer Segen
Dessen, den Gott nicht nur, die Kranken zu heilen, gesandt hat;
Auch zu heilen die Sünder, hat ihn der Erbarmer gesendet.
Ach, ich kenne noch nicht den Segen zum ewigen Leben,
Weiß es noch nicht, wie mich, der einst mich segnete, leiten,
Welchen Weg er zu gehn mir gebieten wird. Aber ich will mich
Doch auf Gott verlassen. Dein Wille gescheh' und nicht meiner!
Ach, noch ist mir kein Tag in meiner Seele geworden
Jener großen Erkenntniß des Ewigen. Aber ich will mich
Dennoch verlassen auf dich. Herr, Herr, dein Wille geschehe!
Ließest du leuchten auf mich, Gott, deines Antlitzes Freuden,

O, so trüg' ich leichter die Last des Irrens im Dunklen.
Aber ich will mich dennoch auf dich, auf dich verlassen.
Ach, das kurze, das fliehende Leben, die Knospe, die aufblüht,
Wegzuwelken! Wann welkt, mit wenig Erde beworfen
Und verborgen zu werden, auch meins? Was treibt mich für Unruh',
Immer Erkenntniß und Freude durch Gott zu suchen? Ich sollte
Still erwarten, bis ich mich niedersenkte, zu welken
Und verpflanzt ins Gefilde des Lichts und der Ruhe zu werden.
Hier ist doch kein' Erkenntniß und keine Rettung ins Helle
Aus der deckenden Nacht, die unsre Seelen umhüllet.
Sind sie nicht zahllos, die Dinge, die ich nicht kenne? Sie werden
Noch unzählbarer seyn, wenn erst mein Geist sich erweitert
Und ins Höhere schwingt, von reiferem Alter erhoben.
Doch sey ruhig, mein Herz! Den Durst nach seiner Erkenntniß
Stillet gewiß, der dich hat mit diesem Durste geschaffen.
Wenn ich (vergönnst du es mir, der mich zu dem Ernste geweckt hat
Und dem Blicke des Knaben nur sanftes Lächeln gelassen?)
Wenn ich zurück zu meinen Gespielen kehrte, mit ihnen
Blühte wie Rosen, mit ihnen von leichten Dingen nur spräche,
Nicht von der künftigen Welt und jener großen Erkenntniß
Und so wartete, bis mit Weisheit von oben der Vater
Alles Lichts mich erleuchtete? Jesus fand mich ja also,
Da er mich in die Versammlungen rief und segnend mich aufnahm.
Also betet Nephthoa. Sein Engel, der neben ihm schwebte,
Höret' ihn beten und schrieb mit unauslöschlichen Zügen
Flammenschrift in sein Buch, ein Buch des Lebens, das Alles,
Was mit Gnade vernahm der große Hörer des Himmels
In des Knaben Gebet. Indem die schimmernde Schrift flog
Mit der Hand des Unsterblichen, kam Benoni und nahte
Sich dem Beter und ihm. E. Willst du ihm erscheinen, Benoni?
Rief mit Entzückung der Engel und reicht' ihm das wehende Buch hin.
Und der Erstandene las. Der Immerunsterbliche hält sich
In der Freude nicht mehr und umarmt den himmlischen Jüngling.
Ach, Erhörung, Erhörung, von Gottes Throne gesendet,
Rief der freudige Seraph, du bist schon heute gekommen.
Und Benoni nahete mehr. Noch kniete Nephthoa
Und begann von neuem zu beten: Mit herzlicher Freude,
Innigem, ewigem Dank seyst du, o Vater, gepriesen,
Welcher der Gnaden so viele mir gab! Wie hast du mit Huld mich
Ueberschüttet! Du warest es, hast mir des großen Propheten
Segen, du Vater der Ewigkeit, zugesendet, du Vater
Aller Kinder im Himmel und aller Kinder auf Erden!
Wer beginnet, und wer vollendet, genug dich zu preisen,
Herr der Herrlichkeit, dem ich dieß Auge voll Thränen erhebe?
In der Säuglinge Munde sogar hast du dir bereitet,
Hocherhabner, dein göttliches Lob. Auch ich will es stammeln;

Denn du hast dir auch Lob in der Kinder Munde bereitet.
Erst wollt' ihm Benoni wie einer der Pilgerknaben,
Die zu dem Feste wallten, erscheinen. Doch, als er des Preises
Freudenthränen sah, vermocht' er sich so nicht zu halten
Und er erschien Nephthoa in seiner Herrlichkeit. Strahlend
Stand er vor ihm, gekleidet in Morgenwolken des Frühlings.
Aber Nephthoa erschrack nicht; so war die Seele des Knaben
An die Bilder gewöhnet, die von dem Himmel ihm kamen
Oft in Träumen und oft in fast erwachendem Schlummer.
Und er locket das Haar des himmlischen Jünglings und redet
Mit schnellfliegenden Worten: Dich hat der Prophet mir gesendet.
Salems Jüngling, wo schwebest du her? Dich hat mir gesendet
Jesus. Du bist ein Bote des Heils, des Friedens, der Wonne.
Rede, sing's in die schimmernde Harfe, worauf du dich lehnest,
Sage, wo schwebest du her? Erzähl', erzähle von Gott mir,
Sohn des Lichts, erzähle von meinen Todten mir, Erbe
Ihrer Freuden, von meiner entschlummerten Schwester voll Unschuld,
Die mir bei Rosen entschlief, in der Morgendämmerung Düften,
Eine Blüthe sie selbst, da sie nun lange schon todt war!
Bringst du mir keinen himmlischen Gruß von Dimna Kedemoth,
Oder wie sonst in dem Himmel ihr neuer Name genannt wird?
Und was sagte sie dir? Vielleicht: Der Herr sey gepriesen,
Daß ich todt bin, und daß auch mein Nephthoa wird sterben?
Nimm mich mit dir zu Dimna Kedemoth! Verzeih', du Bewohner
Jener Hütten, daß ich es wagte, so lange zu reden!
Ach, du schweigest mir, Bote von Gott? Itzt redte Benoni.
Daß ich, Nephthoa, dich seh' und deiner Freuden Entzückung,
Hat mich schweigen gemacht. Der Herr hat dir mich gesendet.
Jesus war todt, das wußtest du nicht, und ist schon erstanden
Aus dem Grabe. Bald wird er hinauf zu der Herrlichkeit gehen.
Seine Geliebten werden alsdann in Jerusalem zeugen
Von dem Tod und der Auferstehung und von der Erhebung
Jesus Christus. Die höre! Sie werden von Gott dir erzählen,
Was, als einem Sterblichen, dir zu wissen vergönnt ist.
Deine Schwester empfängt dich dereinst in der Lebensbäume
Duftendem Schatten. Doch jetzo muß ich Nephthoa verlassen.
N. Ach, noch nicht, du Himmlischer! Bleib' noch, du Fremdling aus Salem!
Wende noch nicht von dem Sterblichen weg dein schimmerndes Auge,
Diese morgenröthliche Wange, dieß Lächeln der Wonne!
Aber Benoni verschwand. Nephthoa blieb in Entzückung
Stehn und mit ausgebreiteten Armen, das Bild zu umfassen
Seines himmlischen Freundes, das zwar von dem Schimmer entkleidet,
Aber vor ihm, so dacht' er, noch stand. Auch dieses verschwand ihm,
Und ihm sanken die Arme nieder. Da faltet' er betend
Seine Händ' und blickte gen Himmel und lächelte weinend,

Nicht so einsam, wie es ihm dünchte. Noch hatt' ihn sein Engel
Nicht verlassen, noch nicht der unsichtbare Benoni.
Und sie hörten den Knaben den Namen des Gnädigen preisen,
Ihn aus inniger Seele dem Allbarmherzigen danken,
Der die Erscheinung ihm gab und die Hoffnung der großen Erkenntniß.
Dilean war der einzige Freund, den er hatte, gestorben,
Und die Geliebte dazu. Er kannte Gottes Propheten,
War mit brennendem Durste, gewiß zu werden, in Salem
Lange geirrt und hatte geforscht, ob Jesus erwacht sey
Oder noch todt? Die Nacht hing über sein Haupt, die Ströme
Gingen ihm bis an die Seele. Beruhigung sucht' er und fand sie
Auch nicht auf den Gefilden voll Frühling. Er kehrte verspätet
Zwischen den Gräbern am Oelberg um. Verirrendes Dunkel
War sein Führer. Er ging in den tiefen Krümmen und suchte.
Ist das Kidrons Geräusch? Und jenes Wehen, der Palmen
In Gethsemane? Nein, das ist ein Brausen in Klüften.
Sind das Menschenstimmen? Indem erblickt' er Schimmer,
Der beinahe verlosch, geweht von dem Winde. Dem folgt' er.
Und er kam an ein Todtengewölb, aus welchem sie Leichen
Trugen. Ein Reicher kaufte von einem Armen die Felskluft.
Und sie trugen ein ganzes Geschlecht, des Dürftigen Väter,
Aus dem Gewölbe. Dilean blieb an der Oeffnung des Grabmals.
Jene gingen mit ächzendem Schritt' heraus, mit verdross'nem
Langsam wieder hinein, daß bewundnes Gebein sie brächten.
D. Glückliche sind's, die ihr tragt. Gebt mir von den Todtenfackeln
Eine, damit dort hinten ich sie bei den Leichen euch halte!
Und sie gaben ihm eine. Da ging er ins tiefere Grabmal.
Und er hielt die Flamme, gelehnt an den Felsen, und dachte:
Glückliche, glückliche Todte! Die seyd ihr auch, ihr Geliebten,
Die mich verließen. Wenn nun auch eure Leichengewande
Einst veralten wie dieser, so bin ich wie ihr auch glücklich.
Aber jetzt .. Euch hab' ich Verlass'ner verloren, ihr Lieben,
Meine Seligkeit hier, und, meine Seligkeit künftig;
Gottes Propheten verlor ich auch. Ist eine nun künftig,
Da er Tyrannen erlag? Sorgt Gott, sie ewig zu machen,
Ach, für die, bei denen erliegt der Beste dem Schlimmsten?
Bin ich ewig? Oder verstäub' ich? Erstand er? Verwes't er?
Diese sind die bebenden Fragen, die Keiner mir auflös't,
Auch, ihr Stumme da, nicht! Ihr müßt es können, wofern es
Irgend ein Endlicher kann. Nicht diese Gebeine vermöchten's,
Aber der Geist. Wo seyd ihr, ihr abgeschiednen Genossen
Dieser Leichen? Ist euch des Lichtes Wohnung der Freude
Wohnung zugleich, wenn Einer auch nur von eurem Geschlechte
Sich mit diesen Zweifeln die Seele martert? Er dacht' es;
Und nun war von Gebeinen das Grab und von Todtengräbern
Leer. Kaum merkt' er es. Endlich weckt' ihn die tiefe Stille.

Siehe, nun bin ich allein. Ihr abgeschiednen Genossen
Eurer Leichen, wo seyd ihr? Elisa Gebein erweckte
Einen Todten. So war ja bei dem Gebeine die Seele;
Denn der Staub erweckte doch nicht. Wenn auch eine nur hier ist,
Komm' du eine, damit ich lerne, was künftig mein Loos sey,
Komm', ich will mich vor dir nicht entsetzen, Seele des Todten!
Auf, ich beschwöre dich, Seele, bei deinem letzten Erseufzen,
Als mit dem Tode du rangst, bei deiner Hoffnung, unsterblich,
Oder bei deiner erschütternden Angst, vernichtet zu werden,
Als mit dem Tode du rangst! So rief er und sah in das Grabmal.
Thirza war schon um ihn, der sieben Märtyrer Mutter,
Mit den Seelen des Freundes und der Geliebten gewesen.
Diese hatten ihn schon durch der Gräber Thale begleitet
Bis zu dem Felsen, in welchem er war. Darf ich ihm erscheinen?
Sprach die treue Geliebte. Allein würd' er sich nicht entsetzen,
Wenn er mich säh'? Ich will ihm erscheinen, erwiederte Thirza.
Ohne Hoffnung, zu sehn, wonach er verlangte, bemühet
Dilean sich zu schlummern und also sich zu entlasten
Von den trüben Gedanken, die ihn wie Wolken umgaben.
Aber er sucht' umsonst die kurze Ruhe vom Elend.
Wehmuth füllete wieder sein Herz. Euch hab' ich verloren,
Meine Freunde! Dich auch, mein Freund in weiblicher Bildung!
Ach, ihr ließt mich zurück. Nun bin ich allein auf der Erde,
Bin .. Wer tritt da herein? Wer bist du, der sich mir nahet?
Und er ging der dunklen Gestalt entgegen. Auf einmal
Ward zur Unsterblichen Thirza aus einer Sterblichen. Schauernd
Stand er. So schnell ist der Wink, so schnell ermannt er sich wieder,
Ging und betrachtete schweigend die Strahlengestalt, und mit Eile
Redt' er sie an. Wirst du meinen Dank, Erscheinung, verstehen?
Oder bist du ein Dunst der Nacht, den Flammen beseelen?
Oder ein Bild in meinem Gehirn? Ihm lächelte Thirza
Sanft mit der Himmelsgeberde, mit so viel Seel' in dem Auge,
Daß er den flammenden Dunst vergaß und das Bild im Gehirne.
Laut, mit Schnelligkeit rief er: Erscheinung, Erscheinung, wer bist du?
Und melodisch erscholl's in dem wiederhallenden Felsen:
Wer ich sey, vernimmst du hernach. Jetzt lerne, Beglückter!
Halt' dich nicht vollkommner, als Andere, weil du die Gnade
Dieser Erscheinung empfähst. Nicht unvollkommner, als Andre,
War der Blinde von seiner Geburt, dem Jesus den Tag gab.
Daß er ein Zeuge würde der Herrlichkeit Jesus, bedeckt' ihn
Blindheit lange. Daß du wie er zu zeugen vermöchtest,
Sandte mich Jesus zu dir, der Auferstandne vom Tode.
Nicht, weil du mir riefst; dich zum Zeugen zu machen, erschein' ich,
Wäre dir ohne den Ruf erschienen. Dein Zweifeln verdiente
Zwar Vergebung, allein Belohnungen nicht. Und Belohnung
Wär' ich dir, Dilean, wärest du nicht zum Zeugen erkoren.

Was geschehn soll, geschieht, ihr zweifelt oder ihr leugnet.
Zweifelte gleich das ganze Geschlecht der sterblichen Sünder
An der künftigen Welt; sie würden dennoch erfahren,
Daß geschieht, was geschehn soll, erfahren, daß über den Gräbern
Leben wohnt, wie staunend sie auch die Erfahrung erführen.
Jetzo scholl's in der Kluft der Gräber umher mit Posaunen-
Stimmen und Stimmen der Donner, nur daß der Leichenblasse,
Freudige, Selige nicht erblickte, wem der Posaunen
Hall, und wem die Donner entströmten; scholl's ihm herüber
Thronharmonie, hehr, furchtbar und Wonne und seelenverwandelnd:
Was geschehn soll, geschieht, ihr zweifelt, oder ihr leugnet.
Zweifelte gleich das ganze Geschlecht der sterblichen Sünder
An der künftigen Welt; sie würden dennoch erfahren,
Daß geschieht, was geschehen soll, erfahren, daß über den Gräbern
Leben wohnt, wie staunend sie auch die Erfahrung erführen.
Dileau wankte. Sie hatten geendet. Er stammelte: Nein, ich
Unterwinde mich nicht noch mehr zu fragen; ich beuge
Mich im Staube vor dem, der euch von dem Thron mir gesandt hat.
Und er kniete nieder und wandte sich weg von Thirza;
Doch da war die verstummte Kluft, und er schloß sein Auge.
Herr der Herrlichkeit, du, der erstand, vergib mir mein Zweifeln!
Meine Thränen dazu! Du würdest, Göttlicher, wissen,
Was ich bete; vernähmen's auch die nicht, die du mir sandtest.
Herr, der Herrlichkeit, laß das große Ziel mich erreichen,
Das du durch diese Sendung mir zeigst; so wall' ich in Frieden,
Wenn ich sterbe, zu dir hinauf und den Meinen im Himmel.
Weint so und richtet sich auf. Noch schwebte vor ihm die Erscheinung.
Also floß mit lieblichem Wehn der Unsterblichen Stimme:
Siehe, du unterwandest dich nicht, daß du fragtest; ich aber
Will antworten. Ich bin der sieben Märtyrer Mutter,
Thirza. Bei diesem Felsen schwebt die glückliche Seele
Deiner Geliebten an dem des Freundes, die liebend dein warten.
Aber vernimm der Seligkeit mehr. Der Messias erscheinet,
Eh' er zum Thron sich erhebt, in Galiläa den Schaaren
Von fünfhundert Brüdern auf einmal. Da wirst du ihn sehen.
Mit dem Worte verschwand die erhabne Thirza. Ihm däucht' es,
Als ob er dreier Unsterblicher Laut in der Ferne vernähme.
Und er kam der Sonne, die jetzt aufging, aus der Höhle
Freudeweinend entgegen. Noch blieb er dankend am Eingang,
Daß du ihm Fülle der Herrlichkeit gabst und des Himmels Vorschmack,
Ewiger Quell des ewigen Lichts, da er durstet' im Elend,
Daß du ihm halfest, da Menschen nicht mehr ihm zu helfen vermochten.

Mit nachahmender Hand ein Gemälde von Seide zu sticken,
Saß an einem tyrischen Purpurteppich erfindend

Tabitha. Frühwegblühende Mutter Benoni's, dein Grabmal
War ihr ernster Geschäft, als sonst vielfarbige Faden
Unter weiblicher Hand. Sie denkt bei dem Spiele der Nadel.
Auf dem Grabe ruht die bleiche Rahel. Benoni
Kniet bei ihr und stößt mit weggewendetem Auge
Einen Dolch ihr ins Herz. Itzt eben rannen am Dolche
Blutige Tropfen herab, da vom Purpur Tabitha aufsprang,
Eilete und die Ermattete lief zu empfangen, die ankam.
In dem Gewande des Leichengefolgs, mit blässerer Wange,
Trat die Unbekannte zu ihr. Doch die Leiden der Freundschaft
Hatten nicht jede Schönheit der jugendlichen Debora
Auszulöschen vermocht. Gleich einem trüberen Morgen
War sie, doch einem Morgen des Frühlings. Ich komme so sagte
Sie zu Tabitha, hier von dem schweren Gange zu ruhen:
Denn ich vermochte nicht weiter zu gehn. Ach, meine Geliebte
Ruht nun besser, als ich, die Geliebteste meiner Geliebten.
Bleib' du bei deinem Geschäft! Laß mich nur ruhen und weinen!
Und sie saß und lehnte sich sanft auf eine Harfe,
Der ein weinender Laut entklang, indem sich Debora
Auf sie lehnte. Umsonst ward Tabitha dieser Betrübten
Trösterin. Laß mich allein und jene Wunde da bluten;
Meine blute für sich! Und Tabitha ging zu dem Schmerze,
Der sie nun weniger rührte, zurück und versuchte zu sticken.
Aber jetzo ergriff die Unbekannte die Harfe,
Und wie ein fernherweinender Bach, wenn vor dem Gewitter
Todesstille den Wald beherrscht, erklang's in den Saiten
Um die sinkende Hand der grabverlangenden Freundin.
Tabitha hörete nur und vergaß der leidenden Thränen,
Als ihr Gesang, der Saiten Seele, mit ihnen ertönte.
Gott der Götter, belohne du nun die vollendete Todte!
Doch sind Leiden der Zeit der Herrlichkeit würdig, zu der du,
Gott Belohner, erhebst? Sie starb in der Blüthe des Lebens.
Aber was ist die Blume, die sank, von dem Sturme gebrochen,
Gegen die Ceder Gottes, die oben auf Golgatha stürzte,
Die von dem Himmel herab des Allmächtigen Wetter zermalmte,
Daß die Felsen umher und die Gräber der Todten erbebten?
Wie von dem Bilde geschreckt, verstummte Debora. Nur einzle
Starke Schüttrungen rauscheten noch durch die Nerven der Harfe
Weit herunter, bis endlich die hohe Seele der Saiten,
Bis der Gesang von neuem begann. Das Leichengefolge
Deß, der auf Golgatha starb, war ein kleiner weinender Haufen
Sterblicher, waren, verloschen an Schimmer, Himmelsbewohner,
Und der Todtengesang der unsichtbaren Begleiter
Scholl wie der Sterbenden Weinen am siebenarmigen Strome,
Als von der niedrigsten Hütte der Würger hinauf zu dem Thron stieg.
Ach, ein Schlag des Verderbers, dann ein Seufzer, der Tod dann!

Hörerin ihres Gesangs war nicht die Erde; die Sterne
Waren Hörer. Orion und du, des Richtenden Wage,
Die vernahmen sie nur. Da ward ein Felsen gewälzt, schloß
Dumpferschütternd sein Grab; da stieg mit des sinkenden Felsen
Dumpfem Schall zu dem Himmel Staub; da ruhte der Todte.
Schneller eiltet ihr fort, ihr Sterne Gottes. Der Todte
Schlief nicht lang'. Mit Herrlichkeit, Halleluja, erwacht' er.
Halleluja, mit Herrlichkeit! Ihr waret nur Schritte,
Du Orion, und du, des Richtenden Wage, gestiegen,
Als er erstand! O, feiert's in allen Himmeln, ihr Zeugen,
Daß er erstand. Die hier auf dem einsamen Grabe blutet,
War auch Zeugin, und Zeuge, der ihr den Dolch in das Herz stößt.
Wähnest du, Sterbliche, daß der Schlaf der Verwesenden ewig,
Daß auf immer daure der Schlummer im Schooß der Erde?
Tabitha sah zur Prophetin hinauf und verstummte zu fragen.
Irr' und wundernd hielt sie sich an den Rahmen des Teppichs.
Aufstehn wollte sie, wollt' hingehn zur Prophetin; vermocht's nicht.
Und Debora stützete sich auf die Harfe. So sprach sie:
Lerne! Denn viel mußt du von der Auferstehung der Todten
Lernen. Du brauchst viel Trost des Todes. Denn, Tabitha, zweimal
Ist dir zu sterben gesetzt. Der Erstgeborne der Todten
War und ist dereinst der Entschlafnen allmächtiger Wecker.
Nur mit leiser Klage, daß du zu der Erde zurückkehrst,
Und mit süßem Erwarten der zweiten Schöpfung aus Staube
Mußt du dich niederlegen und sterben. Den schreckt nicht des Grabes
Offene Nacht, nicht Erd', auf den Leichnam mit dumpfem Getöse
Niedergeworfen, nicht Stille verlassener einsamer Gräber,
Noch der Verwesung-Bild, wer, wenn dieß Alles sein wartet,
Weiß, daß Gott ihn dereinst in seinen Himmel hinaufruft,
An dem Tage der großen Geburt in das Leben der Engel.
Also sagte Debora und nahm die Harfe von neuem,
Und sanftlispelnder Laut und unsterbliche Stimmen entflossen
Ihrer fliegenden Hand und ihrem lächelnden Antlitz.
Was empfand ich, als nun das neue Leben mich aufhub
Aus der blumigen Gruft, mein Staub Unsterblichkeit wurde,
Aus der Cherubim Chören zu mir die Verklärung herabstieg!
Wie erbebt' ich! (Sie bebte von neuem und ward zu Schimmer.)
Welcher Seligkeit Schauer durchströmte mein innerstes Leben?
Welcher Glanz war mein Glanz? In welcher Herrlichkeit Lichte
Wohnte mein ewiger Geist? Ich wandte mein Antlitz und suchte
Dessen Thron, der von neuem mich schuf. Er war mir nicht sichtbar;
Leises Wehen nur, Säuseln der Gegenwart Gottes umgab mich.
Ihre Himmelsstimme verlor stets sanfter dem Ohre
Sich, dem Auge der Schimmer. Da blieb voll Blässe der Freude
Tabitha stehen; und nun schwieg auch der Harfe Nachlaut.
Gedor, von sanftem Herzen und gleich empfindlich der Freude

Und der Traurigkeit, aber auch festes Entschlusses, dem Geber,
Ruhe geb' er ihm oder Schmerz, sich zu unterwerfen;
Gedor lebte verborgen und glücklich mit der Gefährtin
Dieses Lebens nicht nur, auch jenes ewigen Lebens.
Wie sie sich liebten, wußten nur sie und wenige Freunde.
Weggewandt von dem Leben am Staube, besprachen sie oft sich
Von der künftigen Welt und von der näheren Trennung
Oder noch fernen auf der Reise zur Heimath im Himmel.
Liebend wünschten sie sich, doch wagten sie das nicht zu hoffen,
Was so Wenigen ward, mit einander hinüber zu wallen.
Herr, ihn hattst du ersehn, zu des dunkelen Thales Eingang
Sie zu geleiten. Sie lag zu sterben. Das glaubt' er zu sehen;
Aber er wußte, daß du aus großen Gefahren erretten,
Tödten könntest in kleinen. Itzt kam, der eilende Tod kam
Näher und wurde gewiß. Sie richtet von Gedor gen Himmel
Ernst ihr Auge, dann wieder auf ihn von dem Himmel herunter,
Wieder gen Himmel von ihm. So erhub sie zweimal ihr Auge.
Niemals sah er Blicke wie die; es wurden ihm Blicke,
Gleich den ihrigen, nie beschrieben, voll fei'rliches Ernstes
Und der innigsten Wehmuth und mächtiger Ueberzeugung
Jenes ewigen Lebens. Ich sterbe, verlasse dich, gehe
Zu der namlosen Ruh', war's, was sie redeten, war's nicht:
Stärker war's, unaussprechlich. Hier mußt' er der Menschheit erliegen;
Oder ihn mußte mit mächtigem Arm der Helfer erheben.
Und der Erbarmende that's. Der schwache Sterbliche fühlte
Sich der Erde gewaltig entrissen und nahe dem Eingang
Zu der Herrlichkeit, welche sich seiner Cidli schon aufthat.
Und er trat zu ihr hin mit mehr, als Ruhe, mit Freude;
Legt' auf ihre Stirne die Hand und begann sie zu segnen:
Wandl' hinüber im Namen des Herrn, der Abrahams Gott war,
Isaks und Jakobs, im Namen des angebeteten Helfers!
Ja, sein Wille gescheh', es gescheh' sein gnädiger Wille!
Und sie sprach mit der Stimme der Zuversicht und der Freude:
Ja, er mach' es, wie er es beschloß! Gut wird er es machen.
Gedor hielt ihr die Hand: Wie ein Engel hast du geduldet.
Gott ist mit dir gewesen. Mit dir wird Gott seyn. Gewesen
Ist mit dir der Allbarmherzige. Dank sey und Preis sey
Seinem herrlichen Namen! Er wird dir helfen. Ach, wär' ich
Elend genug, ihm nicht zu dienen, so dient' ich ihm heute.
Sey mein Engel, läßt Gott es dir zu! — Du warest der meine,
Sagte Cidli. — Sey nun, du Himmelserbin, mein Engel,
Läßt der Herr dir es zu. — Und liebend erwiederte Cidli:
Gedor, wer wollt' es nicht seyn? — Voll Mitleid, mit freudigem Tiefsinn,
Schwebete Rahel um sie, die Geliebte des Pilgers aus Kanan
Und die Mutter des Sohns der Schmerzen. Sie war dir, Cidli,

Noch unsichtbar. Allein, da dein Haupt zu dem Tode dahinsank,
Sah dein lächelndbrechender Blick die Unsterbliche stehen,
Und du machtest dich auf, zu deiner Gespielin zu kommen.
Doch mir sinket die Hand, die Geschichte der Wehmuth zu enden.
Späte Thräne, die heute noch floß, zerrinn' mit den andern
Tausenden, welch' ich weinte! Du aber, Gesang von dem Mittler,
Bleib' und ströme die Klüfte vorbei, wo sich viele verlieren;
Sieger der Zeiten, Gesang, unsterblich durch deinen Inhalt,
Eile vorbei und zeuch in deinem fliegenden Strome
Diesen Kranz, den ich dort an dem Grabmal von der Cypresse
Thränend wand, in die hellen Gefilde der künftigen Zeit fort!
Unter Moria's Schatten erhub ein schallendes Haus sich
Ueber die andren empor, einst fürchterlicher zu stürzen
Jenen verkündeten Tag der großen Adlerversammlung.
Auf den stilleren Söller war der reichen Bewohner
Einziger Sohn gestiegen. Er war in der Blume des Lebens,
Aber ein Jüngling voll Ernst, die Freude seiner Gespielen
Und der Mutter Entzückung. Der Mond, enthüllt vom Gewölke,
Ging jetzt über der hohen Jerusalem und dem Moria
Ruhig einher und schimmerte sanfte Gedanken herunter
Denen, die noch im Schlafe, dem täglichen Tode, nicht lagen,
Dir vor Allen, o Stephanus, Jüngling voll Tiefsinn. Er wallte
Leis' in den Labyrinthen umher, die des Sehers Geschichte,
Welchen Bethlem gebar, um seine Seele, je mehr sie
Forschte, je größer ihm und unausgänglicher herzog.
Lockig lag sein dunkleres Haar auf dem leichten Gewande,
Das ihn umfloß, und auf der gedankenstützenden Rechten.
Als er so nachsann, trat ein Fremdling herauf: Sie haben
Mir die Quelle geschöpft, mich gesalbt (Arabiens Stauden
Duftet' er), haben mich schon durch leichte Speisen erfrischet.
Keiner Erquickungen mehr, nur dieses heiteren Abends,
Dieser Ruhe bedarf ich noch. St. Sey mir, o Pilger, gesegnet!
Unserer Hütte Friede sey dein! P. Geliebterer Aeltern
Einziger Sohn, ich bin von dem Meere herüber gekommen,
Habe Vieles erlitten. St. Eh' du mir, redlicher Fremdling,
Was du littest, erzählest, muß ich dich fragen: Vernahmst du
Schon von Jerusalems großem Propheten die ernste Geschichte?
Ihm antwortet Jedidoth mit schneller, geflügelter Stimme:
Ach, von dem heiligen Mann, der gestorben ist wegen der Wahrheit,
Wegen der höheren Wahrheit, die er, nicht Moses uns lehrte?
Der (es verbreitet eilender stets in Salem der Ruf sich),
Der von den Todten erstand, noch mächtiger sie zu beweisen?
St. Fremdling, Staunen befällt mich bei deiner Rede. Der Wahrheit
Märtyrer, wär' er gestorben? Das sagst du und kommst doch von fern her,
Kommst, ein Waller des Meers? Wurd' euch denn, was er uns lehrte,

Auf den Inseln erzählt? J. Wo, was er lehrt', uns erzählt ward,
Sag' ich hernach. Jetzt laß mich dich auch, o Stephanus, fragen:
Wenn du nun wüßtest, daß er, nicht nur ein Zeuge der Wahrheit,
Daß er, ein Größerer noch, ein Versöhner der Menschen, gestorben
Und von dem Tod erweckt sey; o, würde dein blühendes Leben
Dann zu theuer dir seyn, die große Wahrheit zu zeugen?
Würdest du bis an den Tod, wenn unsere grauenden Häupter
Durch die leise Hand der Natur zu dem Grabe sich neigen,
Würdest du dieß dein Leben so lang, o Stephanus, lieben
Oder es früher geben für den, der das Seine zuerst gab?
St. Was ich thäte, weiß Gott; was ich aus innigster Seele
Und mit jedem entflammten Verlangen wünsche, das weiß ich.
J. Und was wünschest du denn, du edler Jüngling. St. O, nenne
Mich nicht edel, den schwachen und sündigen Jüngling, du Pilger,
Der so erhabene Dinge mich fragt: wie ich den Erretter
Lieben wolle? wie ich entschlossen sey zu beginnen
Jenes ewige Leben? Ach, der mein Herz mir erschüttert,
Meine Seele beseelt, du Wunsch voll süßer Entzückung,
Würdest du mir gewährt, so strömte, von Jesus zu zeugen,
Dieß mein jugendlich Blut aus allen Quellen des Lebens.
J. Nicht, dich mehr zu entflammen, ach, dich zu belohnen, du lieber,
Künftiger Märtyrer, höre des siebenten Jünglings Geschichte.
Ihn, ihn lockt Epiphan mit jedes Glückes Verheißung,
Mit den Größen der Welt, umsonst. Er sandte vergebens
Seine Mutter, die Heldin, zu ihm. Die sprach zu dem Sohne:
Ach, du Lieber, du Jüngster, du einziger Uebriger, den ich
Unter meinem Herzen getragen, gesäugt drei Jahre,
Mütterlichmühsam erzogen, mein Sohn, erbarme dich meiner!
Und, o, schau' zu dem Himmel empor, herab auf die Erde!
Alles dieß hat der Herr, er hat den Menschen geschaffen.
Darum erbarme dich meiner und stirb! Entschlossen zum Tode,
Rief er, als seine Mutter noch sprach: Was harret ihr, Wüther?
Und, Epiphan, du entsetzlicher Mann, wirst du dem Gerichte,
Du dem Allmächtigen denn entkommen? Das ewige Leben
Haben meine Brüder nun schon, die nicht lang' und wenig
Litten. Er starb. Dem Erzählenden waren sein Angesicht Schimmer,
Strahlen die Augen geworden. Und Stephanus zittert und weinte.
J. Werth sind deine Thränen mir, Jüngling! Ich zählte sie alle.
St. Eines Sünders Thränen? so rief der Jüngling und bebte.
J. Eines Sünders; allein den Jesus Opfer entsündigt
Und in das Allerheiligste führt. Jetzt blickt' auf die Beiden
Jesus, der Auferstandne, vom hohen Tabor herunter,
Sah den Sterblichen stehn in des Mondes Schimmer, im eignen
Dich, Unsterblicher. Schnell, da zu sinken Stephanus anfing
Und der Erscheinung erlag, rief noch Jedidoth herüber:
Ich war's, himmlischer Bruder, der sich der Mutter erbarmte.

Dort (schon schwebt' er empor), dort lernt' ich, was Jesus euch lehrte.
Und er stieg zu dem Himmel hinauf und verschwand in den Wolken.
Barnabas Joses, ein Levi von Cyprus fernem Gestade,
Ging zu dem Jordan hinab, den Acker, den er dort hatte,
Anzusehen, wie weit den Keim der Frühling getrieben,
Welcher Fruchtbarkeit Hoffnung die schwellenden Saaten ihm gäben.
Und er wallet' allein. Nicht lange, so kamen Saphira
Und Ananias zu ihm und wurden seine Gefährten.
Auch sie rief die keimende Saat in des Jordans Gefilde.
Und sie kamen zum Cedernbache. Die schöne Saphira
Setzet ihren versuchenden Stab mit wankenden Händen
Oft an die glatten Kiesel, eh' sie hinüber zu gehn wagt.
Und schon ruhet sie aus auf einem Stein an dem Bache.
Neben ihr saß Ananias auf einem andern, und Joses
Stand vor ihnen. Sie saßen an ihren künftigen Gräbern.
Ach, ihr wüßtet es nicht, daß bald nun auf diesen Steinen
Eurer Leichname Träger, erschrockene Jünglinge, ruhen,
Weggehn würden, ohn' euch zu der Auferstehung zu segnen.
Aber er wußt' es, der jetzt mit dem großen Täufer des Mittlers
Schwebend neben euch trat, Elisa. Er stand ungesehen
Mit Johannes bei ihnen. O, wär' in dem Wehen des Kidron
Seine Stimme gekommen und hätte die Armen, auf Zukunft
Deutend, gewarnt durch das Donnerwort des hohen Apostels:
Menschen würdet ihr nicht, Gott würdet ihr lügen! so wäre
Hier vielleicht ihr Grab nicht gewesen. Doch, Hülle vor Gottes
Wegen, du hängest herab, und dich hebet einst das Gericht nur.
Ruhend brach Saphira von ihrem Grabe des Frühlings
Erste Blumen und gab sie dem erntesinnenden Manne.
Und sie kamen hinab zu ihrer Saat. Ananias
Sprach von der Fülle der Aehren und ihrer Fruchtbarkeit Werthe.
Joses freute sich der Ernter Freuden, wenn ihnen
Endlich der Abend lächelt, und sie in der Kühlung sich letzen,
Wenn sie, mit blauen Kränzen, die unter dem wankenden Halme
Wachsen, bekränzt, in muthigem Reihn, beschattet vom Oelbaum,
Jauchzen, daß sie die Last und des Tages Hitze getragen.
Und Johannes begann: Auf, laß uns ihnen erscheinen!
Ihm antwortet Elisa: Wem willst du erscheinen? Der großen
Felder Besitzer, oder des schmalen steinigen Ackers?
J. Beiden. E. Und ich, antwortet' Elisa, erscheine nur Joses,
Dem im bergigen Acker die Saat der Kiesel erdrücket.
J. Wird Ananias ein Christ? Das frag' ich dich, theurer Elisa!
E. Ja, das wird er. J. Wohlan, laß uns dem Christen erscheinen!
Denkt er weniger gut, so bedarf er, geleitet zu werden,
Mehr, als Joses. E. Ich sah: er ward gewogen, und sahe
Seine Wagschal' fürchterlich steigen. Wir würden ihm häufen
Sein Gericht' und zu größerem Zorne Gottes ihm werden

An dem Tage der schreibenden Hand, wenn wir ihm erschienen.
J. Würden wir ihn nicht erretten? erwiederte leise Johannes.
E. Komm' denn, sprach Elisa, und laß uns dem Christen erscheinen;
Aber nicht als Erstandne des Herrn. Sie schwebten nach Salem.
Ananias und Joses und ihre Begleiterin gingen
Auch nach Salem zurück. Da sahen sie nah an dem Tempel
Einen blinden und Lahmen in stiller Traurigkeit sitzen.
Und die Armen redten sie an, zwar voll von Wehmuth,
Aber nicht mit Ungestüm, mit Würd' in der Bitte.
Sanft gab Joses und ließ die Gabe die Linke nicht wissen;
Mehr Ananias und weniger doch. Das Mindere warf er
Noch dazu mit Verdruß vor den Fuß der leidenden Armen.
Und sie waren vorübergegangen. Du siehest nun, sagte
Zu dem Lahmen der Blinde, daß er der Erscheinung nicht werth ist.
Und der Größte derer, die Weiber gebaren, der Größte,
Weil er der Menschlichste war, als er Elisa vernommen,
Schwieg. Jetzt hatt' er vollendet des furchtbaren Schweigens Urtheil,
Und er sprach zu Elisa: Du sahest ihn wägen; was sahst du?
E. Christen sah ich versammelt und Kephas unter den Christen.
Jeder der himmelnahen Versammlung verkaufte sein Erbe,
Gab es zu Aller Gebrauch. Und ihrer Einer war Joses;
Er verkaufte den Acker, den wir gesehen, und legte
Zu der Apostel Füßen das Silber. Auch kam Ananias,
Aber er brachte nicht Alles. Da sprach zu dem Täuschenden Kephas:
Warum erfüllete Satan dein Herz, Ananias, dem Geiste
Gottes zu lügen und dir von des Ackers Silber zu nehmen?
Dein war er, und du konntest ihn behalten; gezahlt war
Auch das Silber noch dein. Warum erkühnte dein Herz sich
Dieser That? Nicht Menschen hast du, Gott hast du gelogen.
Als Ananias von Petrus die Donnerworte vernommen,
Stürzet' er nieder und starb; und Schrecken befiel, die es sahen.
Jünglinge nahmen ihn auf und trugen ihn weg zum Begräbniß.
Wenige Stunden, da kam das Weib des Ananias, Saphira,
Und sie hatte von dem nicht gehört, so vor kurzem geschehn war.
Petrus fragte sie: Habt ihr das Feld so theuer verkaufet?
Ja, so theuer, erwiederte sie. Da sprach zu ihr Kephas:
Warum verbandet ihr euch, den Geist des Herrn zu versuchen?
Siehe, schon sind die Jünglinge, die Ananias begruben,
Vor der Thür und bereit, auch dich zu dem Grabe zu tragen.
Sterbend sank sie vor Kephas nieder. Die Jünglinge kamen,
Fanden sie todt und trugen sie weg, daß sie neben dem Manne
Sie begrüben. Entsetzen befiel die ganze Gemeine,
Und wem sonst die Geschichte der ernsten Gerechtigkeit kund ward.
Joses hatte sich jetzo von den Gefährten gesondert.
Und er eilte zurück nach seinem Hause. Johannes
Kam im Gehen zu ihm. Jh. Woher bringt, Joses, dein Weg dich?

J. Von den Saaten am Jordan. Ich habe dort Acker. Sie traten
Mit den Worten ins Haus. Und an des kommenden Vaters
Hals und Armen hingen die Kinder. J. Segne die Meinen,
Sprach zu dem Fremdling der Vater und bracht' ihm die freudigen Knaben.
Dieser wendete sich zu den Knaben mit einer Hoheit,
Die mit Bewundrung das Herz des ernsten Vaters erfüllte.
Jh. Seyd auch Zeugen des Herrn, ihr Kinder Joses! Dein Acker
Wird von jetzt noch weniger Garben der Ernte dir geben.
J. Wird mich der Herr denn verlassen? Und diese Waisen verlassen?
Jh. Das ist ferne von Gott, der mehr, wie das sterbliche Leben
Nur, erhält. Er gibt und nimmt von dem Irdischen, nimmt nicht,
Ewiger Theil, von dir. Der Täufer sprach's, und sein Ansehn
Wurde stets erhabener. Joses hatte noch Blicke
Niemals wie diese gesehn, noch keine Stimme vernommen,
Die mit dieser Feierlichkeit von Gott sprach. Schweigend
Hört' er ihn reden. Und also begann von neuem Johannes:
Der — du kanntest ihn doch — zu dessen Füßen Maria,
Lazarus Schwester, den besseren Theil, die Ewigkeit, wählte,
Der Jairus Tochter — im Tode schlief sie — der Nains
Todten Jüngling und dann der ewigkeitwählenden Schwester
Himmlischen Bruder erweckte; der ist nun selbst von den Todten
Auferstanden. Sein Zeuge bin ich. Sein Zeuge sollst du nun
Bald auch werden. Er sprach's mit Hoheit, die zur Verklärung
Sich zu erheben begann. Schon bin ich Zeug' ihm gewesen,
Als er hinab in den Strom, auf ihn vom Himmel der Geist stieg,
Als von ihm in der Wolke scholl die Stimme des Vaters.
Und er sprach die Worte mit einem so himmlischen Anschaun,
Daß ihm ein kurzer Uebergang zur Verklärung nur fehlte.
Eilig wendet' er sich und ging, und von dem Gewandten
Kamen Schimmer, die wurden blässer, entfernten sich, schwammen
Wie in Dämmrung dahin. Jetzt war die Erscheinung verschwunden.
Vater, riefen die Knaben, es blitzte. Da sank an den Stufen
Dämmrung hinab. Wo aber ist der, mit dem du hereinkamst?
Und der fünfte nach dir, du Morgen der Auferstehung,
Stieg, des schönsten Tages Verkündiger, über die Hügel
Juda's röthlich empor, und Portia wachte mit ihm auf,
Mehr von Träumen, als Schlafe. Sie ging hinab zu der Blumen
Frühen Gerüchen; allein sie dufteten ihr vergebens.
Wieder ein Morgen erlebt, ein Tag der Erde! Doch trüb ist's
Immer mir in der Seele noch, immer noch Nacht; da erwachet,
Geber des Lebens, kein Tag. Noch immer träum' ich im Dunklen,
Lieg' und schmachte, dich zu erkennen und den zu erkennen,
Den wir in seinem Grabe nicht finden. Ach, wenn die letzte
Meiner Sonnen nun kommt, wird es Nacht auch dann noch in mir seyn?
Tag erst, wenn sie hinab in die Oceane sich senket?

Oder gar noch trübere Nacht? Das Volk der Erwählung
Nennet den Weg zu dem Grabe, vor dem auch sie sich entsetzen,
Einen Weg durch ein finsteres Thal. So tragen denn Alle
Ihre Lasten, die Gott erleuchtet, und die er sich selbst läßt?
Aber laß mich nicht mir und erleuchte mich! Schrecken des Todes
Schrecken mich nicht, wenn du mit deinem Lichte mir leuchtest.
Nun, du Fels in Meer, in dem tiefen Meere der Zweifel,
Du Gedanke: Der Wille gescheh' des Ersten der Wesen!
Sey auch jetzo, wie oft du schon warst, mir Geängsteten Zuflucht
Werde denn sanft, zu verlangende Seele! Heitert mich, Düfte,
Und, ihr Farben des Frühlings, mich auf! Doch neben dem Grabe
Dessen, welcher vielleicht nicht unter den Todten mehr schlummert,
Lächelt der Frühling ja auch. Was säum' ich, mich dort zu erfrischen,
Wo mir ein wenig Schimmer von fern der Fragenden etwa
Einer, der dort um ihn weinete, zeigt? So denkt sie und winket,
Ihr von weitem zu folgen. Sie ging schon gegen das Grabmal
Aus der thürmenden Stadt. Sie sahn zu dem Felsen herüber
Rahel kommen und Jemina, Hiobs, des Ausgeprüften
Und des Wiedergesegneten, Tochter. Die Seligen sprachen
Unter einander: J. Sie kommt, auf die wir warteten, Rahel,
Die zu dem Himmel hinauf aus ihrer Nacht arbeitet.
Laß sie uns leiten. Dein führender Engel, Portia, sah sie
Menschen werden wie wir, zwo Pilgerinnen des Festes.
Griechinnen schienen sie nun und waren herüber gekommen
Von den Inseln, der Töchter des Archipelagos Einer.
Und sie kamen einher mit leichten Stäben, und Purpur
Flocht ihr ruhendes Haar. Sie gingen die Römerin, langsam
Und in Gedanken vertieft, vorüber. Doch Portia wandte
Sich nach ihnen herum und sprach: Verweilt, wenn ihr dürfet,
Pilgerinnen! Ihr irrtet an diesem Grabe mit Tiefsinn.
Kanntet ihr, den es vor wenigen Tagen noch deckte?
R. Wer bist du,
Die du uns fragest? Du scheinst mir der Israelitinnen Keine.
Bist du vom Capitol, dem schrecklichsten Hügel der sieben,
Eine der Herrscherinnen, so laß uns und spotte nicht unser,
Römerin! P. Dessen spotte der Hocherhabne des Himmels,
Welcher sich unterwindet zu spotten der redlichen Unschuld!
Kennet mich mehr! Zwar bin ich Pilatus Gattin; doch würd' ich
Tief erniedrigt mich sehn, wenn ich euer zu spotten vermöchte.
Seyd ihr nicht, anzubeten, vom fernen Meere gekommen?
Und ich sollte mit niedrigem Spott die Frömmigkeit lohnen?
Redet mit mir, damit ihr mich kennet! Dieß Grab des Todten,
Ueber eure Vermuthungen ist es mir theuer und heilig.
Kam der Ruf auch zu euch: er sey erstanden vom Tode,
Den es deckte? J. Du denkst von Jesus — Jemina redte —
Als wir Keine von euch, die Götter glauben, noch fanden,

Und du verdienest von uns, daß wir mit der offensten Einfalt
Zu dir reden und ruhig erwarten, wie du es urtheilst.
Mehr noch kam, wie nur Ruf, zu uns, und meine Gefährtin
Hier hat Eine der Frommen gesehn, der war er erschienen.
P. Red', o Glückliche, welche die mehr noch glückliche Fromme,
Seine Begnadete, sah. Ist sie noch in dem Leben des Elends?
Hat er sie nicht hinüber ins bessere Leben genommen?
R. Magdalena Maria, so heißt der Begnadigten Name,
Lebet noch hier. Sie sucht' ihn im offenen Grabe vergebens,
Irrt' und weint' und erblickte, wie es ihr dünchte, den Gärtner;
Denn die werdende Morgendämmerung deckte die Bäume.
Aber, wie kann ich die freudigen Schrecken der Frommen beschreiben?
Sieh', er wendete sich und nannte mit himmlischer Stimme
Sie bei ihrem Namen, mit seiner Stimme: Maria!
Nieder sank sie zur Erde. Rabbuni! bebte sie ihm zu,
Lag und hielt mit Thränen und küßte des Göttlichen Füße;
Und er gab ihr Befehl. P. Hör' auf! Mir werden der Freuden
Sonst auf einmal zu Viel', und ich unterliege. J. Du siehest,
Rahel, sie bebt; hör' auf! P. Ist der dein Name, Geliebte?
Rahel, so heißest du? Rahel, wie hast du mein Elend gelindert!
Ach, erschienen? Genannt bei ihrem Namen Maria,
Und mit himmlischer Stimme, die Auserwählte der Wonne?
Wer empfindet ihr nach, wie selig er sie gemacht hat!
Bringt sie mir her, damit ich zu ihr aus meinem Schmerze
Mein ermüdetes Haupt erheb' und sie weinend bewundre;
Weinend, denn von der Quelle der Ruh', die über sie strömte,
Wird kein Tropfen mich kühlen. Zu Abrahams Volke gehör' ich
Heidnische Römerin nicht, viel minder zu jenen Geliebten
Unter den Töchtern Jerusalems, denen der Sieger erscheinet,
Siehe, der große Sieger des Todes. Warum belohnt ihn
Kein Triumph, kein hoher Triumph, daß Jerusalem halle,
Daß der Sion davon und des Tempels Wölbungen beben?
Warum tragen sie nicht vor ihm her die Bilder der Väter?
Ganz Judäa, auf goldenen Stäben, Abrahams Bildniß,
Daniels, Hiobs und Moses und deins, der Jünglinge Kühnster,
Der zu der Erde den Riesen, von Israels Nacken das Joch warf?
Warum weint ihm nicht nach, wer lahm war und gehet, wer taub war,
Höret, blind war und sieht, dem Wunderthäter, wer todt war
Und nun lebet, daß nie ein Triumph wie der seine gesehn sey,
Keiner, der stolz die siegenden Hügel umzog und den Lorbeer
Niederlegt' in dem Capitole bei Jupiters Donner?
Doch, wo verlier' ich mich hin? Sein Reich, das hört' ich ja selber,
Ist nicht von dieser Welt. Entsunken dem schwellenden Wunsche
Nach Triumphen, wie jene, die Blutvergießer belohnten,
Schwung sie sich auf in erhabnere Höhn und schwieg, voll Betrachtung

Eines Reichs der künftigen Welt. Da sie Jemina sahe,
Wie sie in diese Betrachtung versank mit des freudigen Ernstes
Heller Geberde, vergaß sie beinah in ihrer Entzückung,
Daß sie, Sterbliche noch, bei einer Sterblichen stünde.
Denn die Schönheit der Abendröthe glänzt' auf der Wang' ihr,
Und ihr Lächeln im Blick. Allein, da sich Portia wandte
Und sie zu sehen begann, verließ der Schimmer sie, wurde
Schnell sie zur Pilgerin wieder und lehnte sich ruhebedürftig
Auf den stützenden Stab. Doch ließ die Wonne, aus der sie
Hin in Müdigkeit sank, in der hohen Portia Seele
Ein Erstaunen zurück, daß sie zu fragen verstummte,
Sanftes Erstaunen und Zittern und schnelleres Athmen und Tiefsinn;
Und sie schwieg noch immer. J. Wie freut' ich mich deiner Betrachtung
Ueber das Reich der künftigen Welt, und daß dir Triumphe
Dieser Erde zu klein für den Herrn der Herrlichkeit waren!
Du, die traurig nicht mehr, nicht mehr ein Spiel der Verirrung
Seyn, die sich freuen sollte, daß wir dir sagen, der Todte
Sey erstanden, und dir vielleicht die Zeuginnen selber
Sagen werden, sie hätten den Herrn des Todes gesehen.
Jemina sprach's und sah ihr mit glänzendem Lächeln ins Antlitz.
P. Mir? so athmete Portia sanft, mit leiserem Laute.
J. Weichet, Zweifel, von ihr! Der Ewigkeiten Beherrscher,
Der von dem Anbeginne das Reich der Himmel beseligt,
Sey dein Gott! Er, der dich geschaffen hat, sey dein Erbarmer!
Denn du brachst mir mein Herz; Jehova sey dein Erbarmer!
Thränen stürzeten, daß ihr die Stimm' erstarb, von ihr nieder,
Als ihr auf die Stirne die Hand die Unsterbliche legte
Und sie segnete. Portia sprach, da die Stimm' ihr zurückkam:
Leite mich, wer du auch bist, der begnadeten Sterblichen Eine
Oder Eine der Himmlischen, die den Menschen erscheinen,
Leite! Was soll ich thun? O, führe du mich zu Gott hin!
R. Hörtest du, Portia, schon, daß Todte mit Jesus erstanden?
Fragte mit ruhiger Stimme sie Rahel, mit schneller die Heidin:
Ach, was sagest du mir? Erstanden Todte mit Jesus?
R. Ja, der Ruf beginnt zu erschallen, es hätten mit Jesus
Todte das Grab verlassen, und die erschienen den Frommen,
Die den Göttlichen liebten. P. O, lasset mich meinem Erstaunen
Mich entreißen und mich besinnen! Zu viel der Entzückung
Schwindelt um mich. Erstanden ist er? Erstanden noch Todte?
Er erscheinet, und sie? O Tag des Lebens, an dem ich
Diese Wunder Gottes erfahre! R. Wir wollen dich leiten,
Portia. Suche sie nicht, die Christus sehen; du findest
Doch sie nicht auf. Er wird, wen er dir senden will, senden,
Daß sie dir zeugen von ihm. In Galiläa erscheint er,
Außer der Zeugen Ersten, noch Andern; in Salem nur ihnen.

Diese geheiligten Erstlinge werden umher auf der Erde,
Was er that und lehrte, verkündigen, werden ihr Zeugniß
Freudig mit ihrem Blute bestätigen, dann der Treue
Ewigen Lohn empfahn an dem Throne des großen Belohners.
Eile nach Galiläa! Wenn du ihn selber nicht siehest,
Wird er dir doch von denen, die er begnadete, senden.
Und nun müssen wir dich (sie lächelten Liebe) verlassen.
P. Ich beschwör' euch bei Gott, der auch mich begnadete, bleibt noch!
Ach, verlaßt mich noch nicht und sagt, o, saget: Wer seyd ihr?
Zwar ein Gefühl, wie keins mir noch ward, erfüllt mich mit Ahnung,
Hebt mich empor und umgibt mich mit süßer Vermuthungen Schimmer,
Daß ihr Unsterbliche seyd! Allein, ach, sagt es mir selber,
Daß ihr es seyd, damit auch nicht ein Wölkchen mir bleibe,
Welches den werdenden Tag in meiner Seele verdunkle!
Gott belohn' euch dafür mit seines Himmels Gewißheit!
Und sie blickten vor Freude sich an und blieben. Wir wollen
Beten dich lehren; und knieten mit ihr an das Grab des Erstandnen.
Vater unser im Himmel, dein Name werde geheiligt!
Zu uns komme dein Reich! In dem Himmel geschehe dein Wille
Und auf der Erde! Verleih' uns unsere tägliche Nahrung!
Wie dem Schuldiger wir vergeben, vergib uns die Schulden!
Führ' uns nicht in Versuchungen, sondern erlös' uns vom Bösen!
Denn das Reich ist dein und die Macht und die Herrlichkeit. Amen.
Als sie endeten und: Dein ist die Herrlichkeit, riefen
Und zu dem Himmel erhuben die ausgebreiteten Arme,
Hüllten sie schnell in Schimmer sich und entschwebten dem Grabmal
Leicht in den Schatten der Bäume dahin. Sie sahen mit Lächeln
Oft sich noch um nach Portia, wonnevoll über der Heidin
Sprachlose Freude. Sie blieb in dem Staube knien und streckte,
Unvermögend sich aufzurichten, nach ihnen die Arm' aus.
Jemina war, und zuletzt auch Rahel verschwunden. Vom Auge
Portia's rann die Freude nun über die röthere Wange,
Und sie erhob sich, leicht wie ein Laub, das Athmen der Luft hebt.
Vater, das Reich ist dein und die Macht und die Herrlichkeit. Amen.
Also eilte sie betend hinab zu Jerusalems Thoren.
Eine der schwermuthsvolleren und zu empfindlichen Seelen,
Die, des Guten, das sie empfingen, schnelle Vergesser
Und Vergrößerer oder auch gar Erschaffer des Elends,
Dieß nur denken, in dieß mit grübelndem Ernst sich vertiefen,
Beor hatte sich von den Menschen gesondert und lebte
In der Einsamkeit. Wie der Frohgeschäftige gerne
Mit dem kommenden Tag aufwacht, so scheucht' er den Schlummer
Gern um Mitternacht. An der Hütte fernem Eingang
Nährt' er ein wenig Schimmer, wie Todtenlampen in Gräbern.
Jetzo hatt' er gegessen sein Brod, sein Wasser getrunken,
Sich zu dem Grübeln gestärkt. So sinke dahin denn wieder,

Wo du so oft schon warest, hinab, zerrüttete Seele!
Muß nicht Elend seyn? Und müssen's nicht Einige tragen?
Ja, es muß, weil es ist. Und müßten's die Himmel nicht tragen,
Läg's nicht auf uns? Denn da muß es seyn; sonst wär's nicht geworden.
Aber warum? So oft ich frag' antwortet mir Keiner,
Nicht im Himmel und nicht auf der Erde, und so verschwindet
Mir der Trost, daß es seyn muß. Allein bei dem wankenden Troste
Darf mein belastetes Herz doch ringen nach dieser Antwort:
Warum sondert es einige Menschen sich aus und faßt sie
Eisern an und hebet sie hoch aus dem Strome und trifft sie
Mit zermalmendem Arme? Mich mit zermalmendem Arme?
Ward ich nicht blind geboren, und lebt', ein Blinder, so lange?
Zwar gab er dem Auge den Tag, auch meiner Seele
Einige Dämmrung von sich; doch Nacht ist diese geworden
(Denn er ist todt) entsetzliche Nacht. Was hilft mir des Auges
Kurzer Tag, da in Dunklerem wallt, als selber des Todes
Thal ist, meine Seele? Des Auges Blindheit, o, kehre
Du nur wieder! Ich kann mich nicht mehr des Anblicks der Schöpfung,
Nicht des Strahls mehr freuen, der Sarons Blume beseelet
Und die Ceder Gottes. Die Abenddämmrung versenkt mich
Nicht in Empfindungen mehr, die sanft, wie sie selber ist, waren.
Ach, der bin ich geworden, obwohl aus dem nächtlichen Grabe
Meiner Blindheit erweckt? Ja, der, der bin ich geworden?
Denn umnachtet ist mir die noch viel blindere Seele,
Als mein Auge sonst war. Denn, ach, ihr Engel (verdankt es
Unserm Geschlechte, daß wir die Unglückseligen wurden),
Denn, ihr Engel, ist er nicht todt? Ein ermüdeter Greis trat
Zu dem Klager herein. G. Gib mir, o Beor, den Becher!
Ich bin älter, als du, und duldete größere Leiden.
B. Größere Leiden, als ich? Nur älter bist du. Da nimm dir
Meinen Becher. Ich kann zu der Quelle leichter mich bücken.
G. Hast du auch Speise für mich, den wankenden Alten zu laben?
B. Nimm den Brosam und iß. G. Du bist, deß freu' ich mich, Beor,
Gegen Andre nicht hart; nur gegen dich selber verhärtest
Du dein Herz und willst dich nicht trösten. Dich ja nicht zu trösten,
Forscht dein Verstand und strebet dein Herz. Ich kenne dich, Beor,
War zugegen, als du die Schöpfung das erstemal sahest.
B. Wenn du mich kennest, so kennst du den Schwermuthsvollsten der Menschen;
Desto schwermuthsvoller, je mehr die Kraft mir versagt ist,
Das in mir zu beherrschen, was mich zu der Traurigkeit hinreißt.
Aber wähne nur nicht, daß es mir an des Trauerns Ursach
Mangle! Den Heitersten stürzt ein Elend wie meins zu der Erde.
War ich nicht blind seit meiner Geburt und lang' und des Lebens
Beste Zeit? Bin ich nicht an Einsicht blinder, den großen

Göttlichen Mann zu erkennen, der, Wunder zu thun, von Gott kam?
Und wird etwa sein Tod zu neuer Erkenntniß mir Licht seyn?
Kennest du nun ein Elend, wie meins ist? Und müssen nicht fürchten,
Immer elend zu seyn, Elende von ihrer Geburt an?
Ist nicht unablassender Gram des künftigen Bote?
Ach, und straft der Gerechte nicht mehr, als Anderer Sünden,
Meine Sünden? Ich fluche dem Tage meiner Geburt nicht;
Aber ich wünsche beinah, nicht zu seyn. Hier endete Beor.
G. That er dir nicht auf einmal, als du es am wenigsten hofftest,
Seines Allerheiligsten Vorhof, die herrliche Welt, auf?
Ihre Fülle der Segen, von seiner Sonne bestrahlet?
Freuden hattest du da, wie der Immersehenden Keiner
Jemals empfand. Und öffnet' er dir in die künftige Welt nicht
Einen Blick, als er sich den Sohn des Ewigen nannte?
War dieß, Beor, auch Elend, auch Sündenstrafe? Die Sünde
Rügt er an dir nicht mehr, wie an Andern. Die Herrlichkeit Gottes
Wollte strahlend an dir, du Elendbeseligter, Jesus
Offenbaren. Du warst, daß ihr Zeuge du würdest, erkoren
Schon vor deiner Geburt. So dachte der Ewige deiner.
Beor rief: Du verführst mich in neue Tiefen des Grübelns.
Laß mich! Tief genug ist es da, wo ich liege! Mein Abgrund
Tief genug! Ha wärest du ein Engel Gottes und sprächest,
Wie du sprichst; doch fragt' ich dich: wie, was Gott im Geheimsten
Seiner Verborgenheit thut, du, obwohl ein Unsterblicher, wüßtest?
Denn ersinne mir etwas, das weiter aus dem Gesichtskreis
Aller Erforschungen liege, das mehr den Herrscher verberge,
Als: Elende zu machen, um herrlich durch sie zu werden!
Und wie weißt du, Sterblicher, denn, des Ewigen Rath sey,
So zu handeln? Wenn ein Engel mir's sagte, so glaubt' ich's;
Aber, er schau' hinab in die ganze Tiefe, das würde
Selbst ein Engel umsonst mir sagen. Der Greis anwortet:
Ist denn kein ewiger Lohn, du Zweifler? Und sind denn nicht Stufen
Dieses ewigen Lohns, die hinauf in die Himmel der Himmel
Steigen? Und kann, wen er um seinetwillen betrübte,
Den denn Gott nicht belohnen? Der unerschöpfliche Geber
Aller Seligkeit nicht auch den? Du stehst an dem Meere,
Sieh', ein Tropfen kann dich, du Staub, mit Fülle beströmen.
B. Du erquickest mein Herz, ehrwürdiger Alter. Doch, wenn auch
Gott so handelt, wie darf so hoch ich wähnen, ich sey
Der Glückseligen Einer, die Gott mit Elend belastet,
Sich zu verherrlichen, sie mit ewigem Lohn zu belohnen?
G. Einer von diesen bist du; das weiß ich. Mit Ueberzeugung
Wirst auch du nun bald es erfahren. Denn Tag in der Seele
Wird es dir — freue dich — werden. Der Morgenröthe des schönen
Lichten Tages, ich sehe schon ihre Schimmer von ferne.
Laß, eh' er kommt, uns beten, damit er betend dich finde,

Gottes Tag! Sie sanken hin und knieten in Staube,
Hiob vorwärts an Beor. Und Beor stammelte weinend:
Herr, Herr, Gott, barmherzig und gnädig, bin ich der Erkorne,
Elend zu seyn, damit du noch mehr dich meiner erbarmest;
So erheb' ich mit Danke mein Haupt, mit Danke gen Himmel,
Daß du dem Auge Blindheit und Nacht der Seele voll Schwermuth,
Dieses, Erbarmender, gabst, mit ewigem Danke. Denn ewig
Soll mein Jubel erschallen, daß Gott, Gott so sich erbarmt hat.
Hüter des Menschen, ist sie nun bald vorüber, der Seele
Nacht? O Hoffnung, du neue, du himmelerhebende Hoffnung,
Dich empfang' ich vom Herrn. Gepriesen, Vater, gepriesen
Sey dein herrlicher Name, des Gnadenvollen Erbarmung,
Diese Mutter des hülflosen Kindes! Und, wenn sich des Sohnes
Auch das Weib nicht erbarmte, so wird doch Gott sich erbarmen.
Herr, Herr, Gott, barmherzig und gnädig, gepriesen auf ewig
Sey dein herrlicher Name, daß du mir von der Geburt an
Blind zu seyn gebotest, daß du mir Leiden die Fülle
Gabest und Thränen und deinen göttlichen Boten, das Elend,
Mich zu lehren, mir sandtest, mir Zweifel und Schwermuth der Seele
Sandtest, damit ich, wie sehr ich deiner Hülfe bedürfe,
Tief in das Leben hinein, in meinem Innersten, fühlte!
Aber soll ich nicht dir auch danken, Gesendeter Gottes,
Helfer in Juda? Allein (hier wurde die Stimm' ihm schwächer)
Er ist todt! Er lebt, rief mit gewendetem Haupte
Und mit strahlendem Angesicht Hiob, er lebt. Und mit Eile
Stand er auf und war ganz Herrlichkeit jenes Lebens.
Sieh', er ist nicht todt mehr, er lebt, und Einer der Zeugen,
Daß er lebe, bin ich, den er von dem Tode geweckt hat,
Hiob. Ich litt (das glaubst du doch nun?) viel größere Leiden,
Als du littest: allein wie hat er auch mein sich erbarmet!
Beor wollte die Hände gen Himmel falten, vermocht's nicht.
Wie sie Moses am Tage der Schlacht die Hände gen Himmel
Hielten — gesunken brachten sie Tod, und Leben erhoben —
Also hielt sie ihm Hiob empor. Jetzt schied er mit Wonne
Von dem Erstaunenden, welcher ihn blaß und sprachlos ansah.
H. Siehe, der Todte, der ewig lebt und bald nun hinaufsteigt
In die Höhe der Höhn (er wies mit der glänzenden Rechten
Fei'rlich gen Himmel), er selbst hat es über dich ausgesprochen:
Nicht der Blinde, noch die ihn gebar, noch der, so ihn zeugte,
Haben gesündigt. Er ist ein Zeuge der Herrlichkeit Gottes.
Also verließ er Beor, der kaum den Abschied aushielt.

Abraham schweben und Moses am hohen Tempelgewölbe,
Schaun auf des Festes Feier hinab und forschen betrachtend,
Einen darunter zu finden, der ihrer Erscheinungen werth sey;
Aber sie suchen lang' vergebens. Endlich erblicken

Sie an einem der palmenbewundenen Pfeiler voll Ernstes
Einen Jüngling und voll der tiefanbetenden Andacht.
Feuer strömt' ihm herab aus jedem Blicke, geheiligt
Dem, deß großen Namen die hohe Posaune jetzt hallte,
Sie der Schlacht, des Triumphs und der Halleluja Gefährtin.
Milder wurde sein Blick und von werdenden Thränen beschimmert,
Als ihr Donner schwieg, und nun mit sanftem Gelispel
Korahs Gidith erklang, und die Harfe, Davids Gespielin,
Und die Stimme des Menschen, vor allen Saiten und Erzen
Unerschöpflich, die mächtigste Herrscherin über die Herzen.
Also scholl es hinauf in den himmelsteigenden Tempel:
Auf den heiligen Bergen ist sie, die Feste, gegründet.
Sions Thore, viel mehr, als alle Wohnungen Jakob,
Liebt sie der Herr. In dir, du Stadt des Allmächtigen, werden
Herrliche Dinge verkündet, verkündet herrliche Dinge.
Mit anhaltender Andacht Ernst erhoben zum Geber
Aller Gaben, zu dem, der ewig lebet und herrschet,
Kniete Saulus. Und aus der großen gedrängten Versammlung
Koren ihn Moses sich aus und Abraham, ihm zu erscheinen.
Als der Jubel schwieg, und des Festes Feier zerströmten,
Schwebten sie, ihn zu begleiten, ihm nach. Mit Eile, die strahlte,
Kam, da sie folgten, herab von des Tabor wolkiger Höhe
Gabriel ihnen entgegen, und schnell erflog er ihr Schweben.
G. Väter, erscheinet ihm nicht! Der Herr will ihm selber erscheinen.
M. Bote Gottes, wer ist der erhabne Sterbliche, dem wir
Nicht erscheinen dürfen, dem Jesus selber erscheinet?
G. Dort erblickt ihr Damaskon. Er eilt in diesen Gefilden,
Dein entflammter Verfolger, Gemeine Gottes! Er wüthet,
Sammelt Schaaren um sich. Die wüthen wie er und morden.
Aber plötzlich umstrahlt ihn ein Licht von dem Himmel, zur Erde
Fällt er nieder und hört in der hohen Wolke die Stimme:
Saulus, was verfolgst du mich, Saulus? Da ruft er gen Himmel:
Herr, wer bist du? Und ihm antwortet die schreckliche Stimme:
Ich bin Jesus, den du verfolgst. Schwer wird dir es werden,
Wider den Stachel zu lecken. Er ruft mit Zittern und Zagen:
Herr, was gebietest du, was soll ich thun? Der Wecker vom Himmel,
Jesus, der Thronende zu der Rechten des ewigen Vaters,
Gibt ihm Befehl. Den thut er, obgleich geschlagen von Blindheit.
Sieh', es leiten ihn seine Gefährten, die neben ihm zagen,
Nach Damaskon zum Seher. Ein auserwähltes Rüstzeug
Ist er dem Herrn. Verkündigen soll er des Göttlichen Namen
Vor den Heiden und ihren Beherrschern und Israels Söhnen.
Zeigen will ihm der Herr, wie viel er um seinetwillen
Leiden soll. Er empfäht den heiligen Geist, und die Blindheit
Läßt ihn. Er wird getauft und predigt des Göttlichen Namen:
Daß der sey des Ewigen Sohn, der todte Messias,

Der erstandne, verherrlichte, himmelerhobne Messias.
Gabriel schwieg, und Abraham rief mit gefalteten Händen:
Daß du bist der Vollender vom Anbeginne der Welten,
Daß sich beugen sollen in deinem Namen die Knie
Aller im Himmel und auf der Erd' und unter der Erde,
Aller Zunge bekennen, des Ersten am ewigen Throne
Und des Letzten am Grabe: du seyst zu der Ehre des Vaters
Herr, du Eingeborner zur Herrlichkeit, Halleluja!
Und sie schwiegen lang' vor inniger Wonne. Zuletzt sprach
Moses und weihete so den ernsten Jüngling: Die Liebe
Christus bringe dich und der Brüder! Sey denn gerüstet,
Niederzustürzen die Höhn, die gegen den Herrn sich erheben!
Lehr' ihn, Redner wie Menschen, und lehr' ihn, Redner wie Engel;
Aber habe die Liebe zugleich, die Liebe zu Christus,
Die den Geliebten der engen, der dunklen Wissenschaft vorzieht,
Und der Brüder Liebe, die freundliche, duldende, sanfte,
Die nicht eifert, nicht spottet, von keinem Stolze sich aufbläht,
Die kein Zorn entstellt, die nicht das Ihrige suchet!
Nie zu erbittern, trachtet sie nie, dem Bruder zu schaden;
Ungerechtigkeit freuet sie nicht, sie freuet die Wahrheit;
Alles glaubet sie, trägt sie und hoffet Alles und duldet
Alles, ist nie zu ermüden, sie dauert ins ewige Leben.
Diese Liebe sey dein, du Jüngstgeborner der Gnade
Unter den heiligen Boten, dem Jesus selber erscheinet!
Denn die, welche du liebst, sind Glieder der hohen Gemeine,
Und ohne Flecken und Tadel ist die hohe Gemeine,
Ist des Bräutigams Braut, und in seinem Blute gewaschen,
Jenem, das lauter ruft, als Abels, und nicht um Rache,
Heil euch, und lauter, als rief von dem Berge des Schreckengeheges
Sina, der Donner, der Cherubim Schaar, die Posaun', und um Fluch nicht.
Hinter Stephanus ging, von dieser Weihe begleitet,
Saulus hinab. Die Heiligen schwebten nach Tabor hinüber.
Simeons Bruder, Elkanan, mit ihm sein kindlicher Leiter,
Waren zu Samma hinein den traurigen Abend gegangen,
Da sie das alternde Grab voll stilles Mooses verließen.
Samma hielt sie bei sich süßüberredend, ein heitrer
Freundlicher Wirth, obwohl viel Schmerz die Seel' ihm bewölkte,
Jetzt der neue: todt sey Christus, und seines Erwachens
Ruf bezeuge noch Keiner. Das klagt' auch Elkanan und Boa,
Joel, mit dir. Sie sandten umher, und sie konnten die Jünger
Dessen, der leben sollte, nicht finden. Sie saßen in Joels
Duftender Laube, die ihm in dem Garten sein Vater gegeben.
Nur der wandelnde Mond war, wie sie glaubten der Hörer
Ihrer Klagen. Allein auf einer silbernen Wolke,
Die ihn leise bedeckt, versammeln sich andere Hörer,

Andere Zeugen, wenn ihr Gespräch im Schmerze verstummet,
Simeon und Benoni und du, vollendete Fromme,
Lazarus Schwester, Maria. B. Nun kann ich mich länger nicht halten,
Muß mich meinem Vater, mich meinem Bruder entdecken.
Sag' es, Simeon, selbst, sind, ach, nicht genug des Jammers
Thränen geweint, genug der bitteren Kelche getrunken
Ihrer Leiden? Ist nicht an der Laufbahn Ziele die Prüfung?
Wollen wir ihnen die Krone nicht bringen? S. Wir wollen, Benoni.
Folg' unsichtbar uns nach und geneuß der Wonne, Maria,
Ihre Freuden zu sehn. Und du, Benoni, enthülle
Dich in der Fern' mit milderem Glanze, daß sie der Erscheinung
Nicht erliegen. Sie schwebten hinab. J. Bei meines Benoni's
Grabe war ich, bei Simeons du; ach, wären wir Armen
Auch bei dem Grabe des Herrn gewesen, so hätten wir ihn dort
Auferstehn vielleicht, ist er auferstanden, gesehen,
Hätten .. O Gott der Götter, was schimmert dort in der Ferne?
Samma sank, rief: Herr, Herr, Gott, barmherzig und gnädig!
Sieh', ein Bote des Himmels! E. Was sahest du, Knabe? Was sahst du,
Samma? Führet mich hin, daß ich der Erscheinung begegne,
Mit ihr rede! J. Wir beben, Elkanan, können nicht führen.
E. Führet mich! Boa, was siehest du? Führe du mich! Der Knabe
Hielt sich erstarrt an die Laube. So redet denn, saget: Was seht ihr?
J. Eine leuchtende Jünglingsgestalt, die unter Benoni's
Bäumen wandelt und gegen uns lächelt. E. Erscheinung, Erscheinung,
Rief Elkanan, wer bist du? Melodisch erscholl's in der Laube:
B. Einer Seligkeit Bote, die größer, als ihr vermuthet,
Viel entzückender ist. J. Ach, wessen Stimm' ist die Stimme,
Rufte Joel, und weß Antlitz des Nahenden Antlitz?
Gott der Götter, Benoni! Er sank. Schon hielt ihn Benoni's
Helfender Arm und richtet ihn auf. B. Mein Bruder! Benoni
Rief's in der Wonne. J. Mein himmlischer Bruder, stammelte Joel.
B. Samma, mein Vater! — und sank ihm ans Herz und erhielt ihm das Leben,
Daß der Greis in der stürmischen unnennbaren Empfindung
Nicht entschlummerte, nicht in der thränenlosen Entzückung
In die Nacht des Todes sein Aug' hinstarrte. Nun leitet
Er den verstummenden Alten zu einem moosigen Sitze.
Bring' Elkanan zu mir, so sprach er zu Boa, damit er
Näher mich höre. E. Nun wall' ich hinab mit Ruh zu dem Grabe,
Sprach Elkanan. Denn, ob dich mein Auge gleich nicht gesehn hat,
Hat dich mein Ohr doch gehört, Unsterblicher! Rede denn, lehr' uns,
Bote von Gott! B. Euch wird ein Größerer lehren, sobald ihr
Ruhiger seyd und zu tragen vermögt des Erscheinenden Ankunft.
Joel hatt', indeß da er redete, still sich genähert,

Blumen geküßt und sie in des Bruders Tritte gestreuet.
B. Sagt, vermögt ihr's, (er sah mit dankenden Blicken auf Joel),
Haltet ihr's aus, daß Simeon komme? E. Simeons Seele,
Rief Elkanan, schwebet um mich? Ach, laß sie erscheinen,
Bote der Wonne! Seyd stark, du Samma, Joel du, Boa,
Hindert sie nicht! Schon hört dir mein Ohr, mein Bruder, entgegen.
Simeon, Simeon, komm'! Mein Auge wird dich nicht sehen,
Theurer Bruder; allein nicht lang, und ich werde dich sehen,
Wenn die Nacht des finsteren Thals zu dem Lichte mich aufweckt.
Simeon kam in des Mondes Schimmer, mit himmlischem Glanze
Ueberkleidet, einhergegangen. Mit sanfterem Schrecken,
Als Benoni's unangekündetes Schimmern, erblickten
Sie die Strahlengestalt, allein mit größerem Staunen.
Also floß von der Lippe des hohen Engels die Stimme:
Jesus Christus ist auferstanden. Viele der Frommen
Haben auf seiner Allmacht Wink die Gräber verlassen.
Er scheint, und wir erscheinen. Ihn sehn nur die Zeugen,
Die er zu lehren beruft und Wunder zu thun und zu bluten.
Derer warten im Himmel der Erstlinge Kronen und Palmen
Und ein Thron im Gericht. Doch, eh' der Versöhner zu Gott geht,
Eh' mit Jauchzen und heller Posaun' er gen Himmel emporsteigt,
Werden auf einmal ihn noch fünfhundert Glaubende sehen.
Jesus segn' euch und nenne mit dieser Begnadeten Namen
Eure Namen! Ja, segne sie, Herr mit dieser Erbarmung!
E. Simeon, auferstanden bist du vor dem Tage der Tage?
Ach, wie dürstet mein Herz, dich zu sehn! Doch ich würde ja Jesus
Selber nicht sehen. Nie hat mich schwerer die Blindheit belastet.
Schmerz, verstumme du! Die Stunde, da Simeon mich sieht,
Ich ihn reden höre, soll keine Klage bewölken,
Da er von Jesus mit mir und seiner Herrlichkeit redet.
Ach, Fünfhundert auf einmal! Wenn ich zu ihnen gehörte,
Würd' ich dennoch mich freun; sie würden Entzückungen reden.
Darfst du von eurem Himmel und seinen Geheimnissen sprechen,
Simeon? S. Nicht zu Bewohnern des Staubs. So hat es geordnet,
Der auf Stufen erhöht und nach der Prüfung belohnet,
Der die Welten gesondert von Welten und doch sie vereint hat,
Der in seinem unendlichen Plan der Seligkeit Aller
Alle Gränzen und Arten der Seligkeiten vereint hat.
Gegen dich, lichtheller Entwurf des Glückes der Geister,
Ist die sinnliche Schöpfung nur Schatten. Er bauet auf Elend
Freuden empor, die Keiner der Immerglücklichen kennet.
Lernet noch dieß: Nichts Größeres haben die Ewigkeiten,
Nichts, das unerforschlicher und empfindbarer wäre,
Als, daß eine der Höhn der Erhebung des Gottversöhners
Auf der Erniedrigung steht. Der ernste Gedanke vertieft euch.

Sinnt ihm zu eifrig nicht nach! Er ist selbst Engeln Erstaunen.
Kennet eure Seligkeit ganz, die hier schon euch Gott gab!
Nicht nur wir sind um euch; die schöne Seele Maria's,
Lazarus Schwester ist auch an dieser heiligen Hütte.
Siehe, sie freuet sich eurer Freuden. Da riefen sie Alle:
Lazarus Schwester ist todt? Und freuet sich unserer Freuden?
Rief der glückliche Samma. Wir freuen der deinen uns, Mirjam!
Ach, wie trocknest du die Thräne mir, Vater des Schicksals!
Meinen Benoni sendest du mir und Elkanan den Bruder;
Und auch Joel den Bruder. So sprach der zärtliche Joel.
S. Gott, wie endetest du mein Schicksal! Wie konnt' ich es wagen
Das zu hoffen, als meine verfinsternde Schwermuth, dieß Elend
Ueber alles Elend, begann, ich mir mein noch bewußt war
Und nur Nächt' erblickt' um mich her, Labyrinth und Abgrund,
Nichts im Künftigen sah, als schwarze Schrecken! Nun wich mir
Meine Vernunft. Ich zermalmte dich, Sohn, an dem blutigen Felsen.
Ach, zu durchweinen, so dacht' ich bis heut, mein übriges Leben.
Und dieß Alles endiget sich mit der Wonne der Himmel,
Mit dem süßesten Wiedersehn, das jemals erlebt ward?
Sohn, Benoni, mein Sohn, an dem blutigen Felsen zerschmettert,
Wie hat der dich begnadet, der mein durch dich sich erbarmt hat!
Sieh', ich weiß es, du gehest von mir; doch es soll mir kein Abschied
Seyn, wenn du gehest. Ich werde vor mir dich immer erblicken,
Wie du, ein Erbe des Himmels, in deiner Herrlichkeit dastandst.
Kaum, daß es Wiedersehen ganannt darf werden, wenn drüben
Ueber den Gräbern ich dich in deiner Herrlichkeit sehe.
Eins noch bitt' ich dich: Gib mir deinen Segen, Benoni,
Eh' du dich wendest! B. Ich dich segnen? Der Sohn den Vater?
Und dein jüngster? S. Mein Erstling nun, und älter, als ich bin,
Alt an den Tagen der Ewigkeit. Sie ist wirkliches Leben.
Dieses Leben ist Schlaf, aus dem ein letzter uns aufweckt.
Da erhub Benoni die festgefalteten Hände,
Ward, indem er redete, strahlenvoller und sagte:
Bald denn komme dein letzter und sanft, wie Simeons Tod kam,
Theurer Vater! So segnet' er ihn. Jetzt redete Joel.
Ach, ich bäte dich auch um deinen Segen; allein ich
Fürchte, Benoni, daß du mit langem Leben mich segnest.
B. Jüngling, du fürchtest größeren Lohn. Je tiefer des Guten
Leben hier wurzelt, je höher wächs't sein Wipfel im Himmel,
Und je ausgebreiteter schatten die volleren Zweige.
Soll ich dich nun, mein Bruder, mein Joel, segnen? Da kniete
Joel nieder vor ihm. Benoni legte die Hand ihm
Auf die glühende Stirn. Nimm hin den Segen der Segen
Und das ewige Leben! Der Gott, der Jesus erweckt hat,
Führe zu Jesus dich! Sie verschwanden der Betenden Auge.
Schnell rief Boa: Sie sind verschwunden, Elkanan! Und Joel

Richtet sich auf und sagt mit dem leisen Laute der Freude:
Wenn du hier noch verweilst, du schöne Seele Maria's,
O, so bringe du ihnen von uns den stärksten, den frohsten,
Feurigsten Dank, daß sie uns der Erscheinung gewürdiget haben,
Ihrer Gespräche von Gott und ihrer himmlischen Segen!
Also sagte der Jüngling und sank in die Arme des Vaters.
Christus Mutter saß auf dem hohen Söller. Die Sonne
War gesunken, der Abendstern entstrahlte dem Himmel.
Neben ihr ruhte die Tempelharfe. Sie sahe (das däucht ihr)
Ueber den Bach der Pilgrinnen Eine, nicht gehen,
Sahe sie schweben und werden, indem sie herüberschwebte,
Himmelsgestalt. Also wird That ein großer Gedanke.
Und schon stand die lichte Gestalt bei ihr auf dem Söller.
Christus Mutter staunte nicht mehr. Es war ein Erstandner
Oder ein Engel. Sie hatte gesehn erstanden vom Tode
Ihren Sohn. E. Ich verhülle vor dir mich, Mutter des Herrn, nicht.
Warum sollt' ich? Du strahlest mit mir nun bald an dem Throne.
Mirjam, auch ich bin Mutter. M. Vielleicht des gehorsamen Opfrers
Oder deß, der das Grab nicht kannte, des himmlischen Henochs?
E. Abrahams auch und Henochs. Ich bin, o die du der Unschuld
Wiederbringer gebarst, ich bin die Mutter der Menschen!
M. Dich, dich seh' ich, o Wonne des offenen Himmels! Die Mutter
Abels seh' ich? E. Auch Kains. Ich bin herübergekommen,
Daß ich mit dir den Sohn, den Mann Jehova, o Mirjam,
Preise mit dir. Wohlan laß unsere Harfen beginnen!
M. Ich mit dir, der Unsterblichen? Ich mit der Mutter der Menschen,
Die ich sterblich noch bin? Allein wir singen dem Mittler.
Eva, beginn' und lehre mich dem Erhabenen singen!
E. Zweimal ward ich geschaffen; er rufte mich zweimal ins Leben,
Den du, Mirjam gebarst. O Mutter, er wurde geboren,
Der dich schuf und mich, der alle Himmel gemacht hat.
M. Der die Sonne, den Mond, der alle Sterne gemacht hat,
Der dich schuf und mich, er wurd', o Eva, geboren.
Hast du den hohen Gesang der Engel Gottes vernommen,
Die ihm sangen, als er geboren ward in der Hütte?
E. Da nach Sion zurück des Preisgesanges Triumph kam,
Bebten vor seinem Donner die Wipfel der Lebensbäume,
Sanken, wo er tönte, die Himmlischen vor dem Gebornen.
M. Und er weint' in Bethlehems Krippe. Doch hatten schon Engel,
Eh' er weinte, den Namen des Wiederbringers genennet.
Jesus! hatte die Ceder, die Palme Jesus! gehöret,
Jesus! Tabor, Jesus! gehört, ach, Golgatha Jesus!
E. Nennen hörte den Gottesgesalbten der Thron, von dem er
Niederstieg, der Unsterblichen Heer den Gottesgesalbten.
M. Hast du ihn sterben gesehn? E. Ich hab' ihn sterben gesehen.

M. Du hast die blutige Krone der Schmach um die Schläfe des Mittlers
Triefen, o Mutter Abels, gesehn? E. Ich sahe die Krone
Um sein Haupt und sah wie in Dämmrung erlöschen der Engel
Antlitz, in trübere derer Antlitz, die er versöhnte.
M. Hast du die Todesstimme des Gottversöhners vernommen?
Jene, da Christus rief: Es ist vollendet! und jene:
Vater, in deine Hände befehl' ich meine Seele!
E. Ach, ich habe vernommen die Worte des ewigen Lebens,
Habe wie Psalmen gehört der Harfenspieler, wie Chöre,
Als ob sie an dem Throne dem Hocherhabenen sängen,
Da er sein Haupt emporhub, rief: Es ist vollendet!
Da sein Auge schaute mit Gottesblicken gen Himmel:
Vater, in deine Hände befehl' ich meine Seele!
M. Und doch litt' ich, die Sterbliche, wie die Mutter Abels
Niemals litt. Allein Preis sey dem Sohne, des Leidens
Geber! Denn, ach, wie erhöhet mir nun die nächtliche Stunde,
Siehe, die Stunde der Angst, die Stunde des Schwerts in der Seele
Meine Wonne! E. Ich habe wie du nicht gelitten, ob Abel
Gleich zu der Erde gestürzt ich liegen sahe, der Todten
Ersten und meinen Sohn; die Stirn' ihm zerschmettert, des Fluches
Frühes Opfer, in Blut, und meinen Sohn. Es vergingen
Erd' und Himmel um mich, so schreckte der Todte die Mutter.
M. Arm des Allmächtigen, du, ja, du nur hieltest mich, Gottes
Arm, da hinaus in die Nacht vom Gerichtaltare der Sohn rief:
Mein Gott, mein Gott, warum hast du mich verlassen?
E. Mutter Christus, ich hört's den Geopferten rufen. Ich sah dich
Nun nicht mehr. M. Heil dir, o der Menschen Mutter! Du warest
Da bei dem Kreuz, da das tiefe Geheimniß Christus zu Gott rief.
Selig bin ich; ich habe den Mittler Gottes geboren.
Selig auch du; du bist die Mutter seiner Versöhnten.
E. Selig bin ich; aus Adams Gebein erschuf mich der Schöpfer
In dem Paradiese, mich schuf aus Verwesungsstaube
Tief im zertrümmerten Paradiese der Todtenerwecker.
Heil mir! Die Mutter bin ich der Gottversöhnten, bin, Mirjam,
Deine Mutter. M. O du, die Eden zweimal geboren,
Tochter der Schöpfung (ihr Leben verging) und der Auferstehung
Tochter zum ewigen Leben, ach, Eva, er stammet von dir auch,
Der von Ewigkeit ist, und den die sterbliche Mirjam
In der Hütte gebar. O du der Gebärerin Mutter,
Himmelsfreuden sind die Freuden, die über mich kommen,
Und die dennoch, wie tief sie auch oft in dieser Begeistrung
Strömen versinkt, zu empfinden vermag die sterbliche Mirjam.
Segne zum ewigen Leben, ich bin die Erlös'te des Bundes,
Eva, segne die Himmelserbin zum ewigen Leben!
E. Zwar bist du noch sterblich, und ich unsterblich; doch kann ich

Dich nicht segnen. Es hat dich schon der Stifter des Bundes,
Siehe, das Todesopfer auf Golgatha's blutigem Altar,
Seine Mutter, zum ewigen Heil der Vollender gesegnet.
M. Eh' am Throne mein Lied von dem Segen des Liebenden ausströmt,
Werd' ich noch einmal ihn sehen hier in der Gräber Gefilden.
Gabriel stand und strahlt' und verhieß, wir sollten noch einmal
Christus sehn. O, singe mir, Abrahams Mutter und meine,
Von der Auferstehung des Sohns, da am hohen Kreuze
Nun nicht mehr in die Nacht sein Haupt sich senkte, die Augen
Ihm nicht mehr erloschen, nicht mehr die Krone von Blute
Ueber sein Antlitz troff, da den Donnergang der Entscheidung
Gott ging. E. Also erscholl's: Es werde Licht! und das Licht ward.
Also erstand er. Die Harfe sank, und die Palme sank uns;
Jubel ruften wir aus. So singen die Lieder am Thron nicht;
Meere rauschen, wie wir das Halleluja dem Mittler
Gottes ruften. Doch schnell ward Alles staunende Stille.
Himmel und Erde schwiegen, und wir, bis endlich Triumphe
Märtyrer sangen, bis endlich zum Mittler Adam herabkam,
Laut ausrief: Ich schwöre bei dir, der ewig lebet,
Daß nun Tod nicht länger der Tod ist, und daß an dem Tage
Deiner großen Vollendung sie All' erwachen, die schlafen.
M. Ach, sein Wonnausruf durchdringet die Mitgenossin
Seines Erbes, bestreuet mein Grab mit den Blumen der Ernte.
Saat, dich säte der Herr, ich hör', ich höre das Rauschen
Deiner Aehren, ich hör' in dem Himmel das Rufen der Ernter.
E. Lege bald zu des Todes Schlaf, o Mirjam, dich nieder,
Daß ich die Mutter des Herrn in dem Thale des Friedens empfange!
M. Daß wir singen dort in dem Thale des Friedens dem Sohne,
Wenn er nun an dem Thron die Thränen trocknet der Christen
Und zu verstummen gebeut der sanften Klage der Wehmuth.
Siehe, der trug die Sünde der Welt, ist die Liebe, der Adams
Lasten nahm und hinauf nach Golgatha ging, ist die Liebe,
Der die Liebe, der, nicht gekennet, ach, ungeliebet,
Sich, da schwiegen die Himmel der Himmel, erkor, sich hingab
Diesem schrecklichen Tode zum Opfer. E. Zum Opfer, zum Opfer
Für die Sünde, da selbst Erzengel verstummten, die Hölle
Laut anklagt', und, zu wandeln, den eisernen Tritt das Gericht hub.
Also sang sie und wendete sich. Ihr sahe Maria
Lange nach, da gen Tabor in Himmelglanze sie schwebte.

Jetzt begannen zurückzukehren der Heiligen Schaaren
Nach der Verklärung Gebirge, dort mit einander der Freuden
Sich zu freun, die erscheinend den Auserkornen sie gaben.
Und sie strahlten herauf von Jerusalem, Viele der Wonne
Voll, die sie hatten gegeben, und Viele der künftigen Wonne,
Die, noch verborgen im bruderliebenden Herzen, itzt keimte,
Trieb, arbeitet' und wuchs, zu der Ruhe Schatten zu werden

Ueber der Wanderer Haupt in dem heißen Pfade des Elends.
Wie ein Stern und noch einer und wieder einer hervorgeht
Aus der gränzlosen Tiefe der schauererfüllenden Schöpfung,
Wenn der kommenden Nacht die Abenddämmerung weichet:
Also versammelten sich die Erscheinenden Gottes auf Tabor;
Wenige spätere nur empfing noch der heilige Berg nicht.
Cidli, die Tochter Jairus, saß vor der Laube des Söllers
In dem Schimmer der Morgenröthe. Sie sah den Geliebten,
Seit er zu seinem Grabe von ihr in der Traurigkeit eilte,
Ihren Semida nicht. O Liebe voll Unschuld, ich darf dich,
Meine Liebe, so nennen, wann wirst du mich endlich verlassen,
Wann wegrufen den Schmerz, der Alles in trübe Bilder,
Alles in Thränen um mich verwandelt? Gehör' ich der Erde
Viel zu wenig, ihr sterbliche Söhne zu geben, erstand ich,
Gott mich auf diese Weise zu widmen; was weilest du, Liebe,
Zwar mir bitterer Schmerz, doch Liebe voll Unschuld, was weilst du
Unnachlassend in mir? Doch, wenn dein Weilen mir zeigte,
Daß ich, also dem Herrn mich zu widmen, vom Tode nicht aufstand?
Ach, wer führt mich heraus aus dieser Tiefe des Schmerzes,
Dieser Irre des Grübelns heraus? Zwar bin ich erstanden;
Aber sterblich bin ich. Ich leb', und ich leide, wie Andre,
Leide viel mehr, wie Andre, die so voll Unschuld nicht lieben.
Wär' ich nur sterblicher auch! Du, Klage, warest zu heftig.
Sterblicher will ich nicht seyn. Sie erhebt sich und trocknet mit Eile
Ihre Wange. Da stieg der Pilgerinnen des Festes
Eine den Söller herauf, von der Mutter Cidli's begleitet.
P. Lange wallt' ich umher, Jairus Tochter zu sehen;
Endlich find' ich dich auf. Du hast von deines Erweckers
Hohem Triumph doch gehört? C. Ich habe von meines Erweckers
Hohem Triumphe gehört; doch seiner Herrlichkeit Zeugen
Hab' ich noch nicht gesehn. Maria, Lazarus Schwester
(Denn ihn kennst du wohl auch, da du mich zu suchen umherwallst?)
Ist entschlafen, und, ob die Mutter des Göttlichen lebe,
Weiß ich auch nicht. P. Sie lebt und hat den Erstandnen gesehen.
C. Hat ein Engel dich mir, o Pilgerin, zugesendet
Daß du mir diese Botschaft von Jesus Herrlichkeit brächtest
Und den Freuden der Mutter? P. Ich suchte der Auferstandnen
Eine, von denen Eine, die Jesus Herrlichkeit zeugten,
Als er noch in der Niedrigkeit war. Vernahmest du, Cidli,
Nichts von den neuen Zeugen und Zeuginnen nun, da er herrschet
Mächtiger über den Tod, als da er den Bruder Maria's
Und den Vaterlosen aus Nain und dich erweckte?
Kam der Ruf nicht zu dir: viel' Heilige wären erstanden,
Als er am Kreuz entschlief, und die erschienen den Frommen,
Die ihn liebten? C. Ich lieb' ihn, ich lieb' ihn; o Pilgerin, rede!
Ist der Ruf denn gewiß? P. Nicht lange, so wird es sich zeigen.

Viel' erzählen, daß sich die auferstandnen Gerechten
Auf der Verklärung Gebirg versammeln. Auf Tabor zu steigen,
Ist daher mein Entschluß. Doch in einer Erstandnen Begleitung
Wallet' ich lieber dahin, als allein zu den neuen Erstandnen.
C. Pilgerin, zwar bin ich auferweckt von dem Tode, doch bin ich
Sterblich wie du. Die Erstandenen sind vollendete Fromme,
Wenn sie erscheinen. Doch geh' ich mit dir, wofern du mich leitest
Und die Sinkende hältst, wenn wir Erscheinungen sehen.
Und sie machten sich auf, nach Tabor zu gehen, die Mutter
Und mit Cidli die Pilgerin. Der Jüngling aus Nain,
Semida, hatte so viel von deinem Erwachen, Versöhner,
Endlich erforscht, daß er sein Herz beruhigen konnte,
Glauben konnte, du seyst wahrhaftig vom Tod erstanden.
Nun erwachten von neuem mit tiefverwundender Wehmuth
Seiner Liebe Schmerzen in ihm. Noch war für ihn immer
Cidli geschaffen. Das fühlt' er zu mächtig; unüberwindlich
War der Sieger, dieß starke Gefühl, in dem innersten Herzen.
Nacht vor mir, wer führt mich durch dich, wer hindurch zur Gewißheit,
Ob, die ich mir erkor für die Ewigkeit, wieder mich liebe?
Oder auch nicht? Wer bringt mich hinauf zu den Höhen der Freude
Oder hinab in das sinkende Thal der bittersten Schmerzen?
Auferstanden bin ich, doch nicht unsterblich geworden.
Wären wir dieß, so wären wir lang' hinüber gegangen
In der Ruh' Gefilde, wo nichts die Liebenden trennet.
Und dort liebte mich Cidli gewiß. O Cidli, Gewählte,
Die ich liebe, wie Wenige nur zu lieben vermögen!
Doch verstumme du, Schmerz! Noch sterblicher machst du mich, trüber
Bitterer Schmerz! Wie sonderbar ist mein Schicksal! Ein Jüngling,
Munter und froh, der war ich und starb und kehrt' aus Gefilden
Dunkler Empfindungen wieder, allein die Freude mir waren,
Wurde — was wurd' ich? — Mir däucht's bei dem Wiederkommen, ich wäre
Nun ein Unsterblicher. Aber wie bald empfand ich, ich wäre
Wieder sterblich und, was ich nicht war, eh' zum Tod ich hinsank,
Elend, elend dadurch vor Allem, daß ich die Wonne
Meines Lebens, die Weisheit deß, der todt war und lebet,
Nicht, wie ich sollte, genug mir machte zu Saat für die Zukunft,
Dann zu ernten, wenn nun das erste Leben entflohn ist.
Herr, von dem Tod Erstandener, eh' zu dem Vater du hingehst,
Rufe zu dir mich, damit ich von dir das Eine, das noth ist,
Mehr noch lerne! So dacht' er und schwieg mit gefalteten Händen.
Und zu ihm trat ein Fremdling herein. F. Du kannst mir, o Jüngling,
Helfen, wofern du willst. An dem Fuße von Tabors Gebirge
Liegt ein verwundeter Mann, den haben Mörder verwundet.

Auf dem Wege zu dem sitzt Einer, der blind ist und durstet.
Keine Quelle war da; er wußte mir keine zu nennen.
Sieh', er durstet und ruft nach Hülfe, die ihm versagt wird.
Auf dem Wege zu ihm wehklagt ein ermatteter Alter,
An die Felsen gesunken. Ich konnt' ihn nicht führen, und laben
Konnt' ich ihn auch nicht. Ich selber, ach, bin dürftig und kraftlos.
Semida rief mit Schnelligkeit: Nimm und stärke dich! Nimm dann
Dieses für sie und dieß. Ich nehme das Andre. Sie gingen,
Kamen zum Greise. S. Geh' du voraus mit dem zu dem Blinden!
Nimm, mein Vater, und iß und trink' dieß Labsal der Traube!
Sprach's und kam dem Pilger zuvor und früher zum Blinden.
Den die Sonne nur wärmt, o, nimm die Stärkung! Ich komme
Wieder zurück. Dann gehst du mit mir nach Jerusalem. Eilend
Ging er weiter. Die Sonne begann, seitdem sie die Thore
Salems verließen, das erstemal über die Berge zu steigen.
Und sie eilten dahin, leicht wie der kühlenden Frühe
Athem. Da Tabor sie nahten, erblickte Semida Cidli
Zwischen der Pilgerin und der Mutter. Schrecken der Freude
Stürzten auf ihn; allein er blieb bei dem führenden Fremdling.
Und sie kamen zum Manne, der bleich, als stürb' er, im Blute
Lag. Sie verbanden ihm sorgsam die Wunden und legten ihn schonend
Auf sanftkühlendes Moos. Da wandte sich Semida endlich,
Sahe Cidli herum an dem Berge kommen, doch ferne.
Jetzo kam sie näher und sah es und stand erschrocken.
Aber, als sie erkannte, daß jenem Verwundeten Hülfe
Durch die Männer geschäh', da wagte sie weiter zu gehen.
Semida säumte nicht lang'; er lief mit zitternder Eile
Cidli entgegen, doch nah, verstummten sie beide vor Freude
Und vor Wehmuth. Die Pilgerin bat, nicht lange zu weilen;
Denn sonst würden am Berge sie noch die Strahlen des Mittags
Treffen. S. So nehm' ich von dir schon wieder Abschied? Auf immer,
Meine Cidli? Sie weint' und folgte der führenden Fremden.
Semida blieb bei dem Blutenden mit dem Gefährten und stärkt' ihn.
Als sie sich unterredeten, wo sie ihn bärgen, erreichten
Sie zween Männer. Die waren des armen Leidenden Brüder.
Und nun schieden sie mit Dank und mit Ruh' von einander.
Wenn du, sagte der Fremdling, mich über Tabor begleitest,
Gehet dort ein kürzerer Weg, als Jene sich wählten,
Und wir kommen zu ihnen, sobald sie den Gipfel erreichen.
Denn es fließt der kleinere Weg mit dem großen zusammen.
S. Ja, ich bin dein Gefährt'; doch mußt du zurück mit mir kehren.
P. Nicht zurück mit dir. S. Welch' ist die Heimath, o Pilger,
Die dein wartet? P. Mein warten in meiner glücklichen Heimath
Himmlische Freunde. S. So bist du nicht arm, wenn redliche Freunde
Dir dein Leben erheitern. O, nenne mir ihre Namen.
P. Ihre Namen? Du wirst erstaunen, daß ihrer so Viel' sind.

S. Viele Freunde! Das macht mich erstaunen; doch nenne sie. Freudig
Sah der Pilger ihn an und begann die Namen zu nennen:
David, Abraham, Noah, Melchisedek; Josua, Hiob
Rahel, Joseph, Debora! Und Semida sah ihn erstaunt an.
Doch bald staunt' er noch mehr. Denn des Pilgers Angesicht wurde
Röthlich und schimmernd; doch war's erst wenige Dämmrung von
Schimmer.
Auch schien Jonathan schwebend zu gehn. Je heller er wurde,
Desto bläßer vor Freud' und vor Furcht ward Semida's Antlitz.
Aber ihn stärkte sein Freund und führte den Bebenden weiter.
Auf dem anderen Wege stand auf einmal der Reise
Frohe Gefährtin, die Pilgerin, still und sprach zu der Mutter:
Weiter folge du nicht! Die Auferweckte des Mittlers
Sieht die höhern Erscheinungen nur. Sie glänzte verwandelt.
Nimm jetzt Abschied! Sie sagt' es der sinkenden Mutter und hielt sie.
M. Abschied von meiner Cidli, von der ich niemals mich trennte?
Komm' bald wieder, o himmlische Tochter, und sage mir Armen,
Was du sahst! Gott segne zu dieser Erscheinungen Heil dich!
Geh' nach Salem hinab, so sprach zu der Mutter Megiddo;
Denn du siehest so bald die glückliche Cidli nicht wieder.
C. Meine Mutter! Der Herr geleite dich, meine Mutter!
Himmlische Freundin, laß bald mich wieder die Mutter umarmen!
Und sie verließen die Arme, die weinend den Scheidenden nachsah.
Als sie erstiegen die Höh', und vor Staunen Cidli kaum fragte,
Sahe sie fern in dem Cederschatten Semida kommen
Mit dem Pilger, der nun in seinem Schimmer auch glänzte.
Semida sah auch sie. Die beiden Sterblichen standen,
Gingen, zitterten, ruhten. Auf jeder Seite begannen
Strahlengestalten um sie zu schweben und ihnen zu lächeln.
O, wie glänzten, noch Unerkannte, der Greis und der Blinde
Und der verwundete Mann und seine kommenden Brüder!
Immer wurden der Himmlischen mehr und leuchtender immer.
Wer vermag die Entzückungen alle mit Namen zu nennen,
Welche die Beidsn ergriffen, wie sie mit gefalteten Händen
Staunend umhersahn, wieder den Blick zu der Erde senkten,
Fragen wollten und in der bebenden Frage verstummten!
Wie, von Strahlen umgeben der nahen Unsterblichen, wie sie,
Dann von Schimmer und sanftzulispelndem Segen umgeben,
Freudig waren und bang! Sie kamen sich näher. Da schwanden
Ihre Gedanken, und sie, die beiden Glücklichen, wurden
Schnell verklärt. Sie schwebten daher und umarmten einander,
Ach, das erstemal dort und nicht in den Hütten der Trennung.
Wiedersehen, o du der Liebenden Wiedersehen,
Wenn bei dem Staube des Einen nun auch des Anderen Staub ruht,
Selbst der Gedank' an dich ist nur ein Traum von den Freuden
Cidli's (nun weinten sie andere Thränen) und Semida's Freuden!

Klopstocks
ausgewählte Werke.

Dritter Band.

Stuttgart.
G. J. Göschen'sche Verlagshandlung.
1869.

K. Hofbuchdruckerei Zu Guttenberg (Carl Grüninger) in Stuttgart.

Der Messias.

Dritter Theil.

Sechzehnter Gesang.

Der Messias hat die Auferstandenen und Engel auf Tabor versammelt. Er offenbart sich ihnen als den Richter und als den Beherrscher der Welt. Er hält über die Seelen derer, die vor kurzem gestorben sind, das erste Gericht. Bald werden ganze Schaaren und bald einzelne Todte gerichtet. Indem dieß Gericht gehalten wird, kommt der Schutzengel eines Sterns, der verwandelt werden soll, und bittet, daß er die Verwandlung beschleunigen dürfe. Nachdem das Gericht wieder einige Zeit gedauert hat, wird ein Jüngling von dem Geschlechte der unschuldigen Menschen, der aber gesündigt hatte, vor den Messias gebracht. Das Gericht währt fort. Der Messias steigt zur Hölle hinunter, und bestraft die gefallenen Geister.

Der mißkennet den ewigen Sohn, den Herrlichen Gottes,
Der es nicht weiß, daß durch ihn und für ihn der Vater die Schöpfung
Schuf, und daß er der Schaarenheere, die zählbar nur ihm sind,
Jener, die macht der Verstand und die Wahl glückseligkeitsfähig,
Herrscher ist so lange, bis einst aus den Labyrinthen
Aller Welten die Wege des Ewigen alle zu einem
Großen Ziel, zu der Seligkeit Aller, herüberkommen.
Hätte der Herrliche Gottes nicht an dem Kreuze gerufen,
Nicht in dem Tode der Allversöhner: Es ist vollendet!
O so könnte das Heer ohne Zahl der Erschaffenen, ganz dann
Selig, dereinst durch die Himmel: Es ist vollendet! nicht rufen.
Aber, als er zu schaffen beschloß, beschloß er zu sterben.
Jesus Christus, der göttliche Sohn des ewigen Vaters
Und der Mensch, stieg wieder hinauf zu der Höhe des Berges,
Welcher, bis er sich zur Rechten des Vaters erhübe, sein Thron war,
Sieh', ein Thron auf der Erd' und doch des Beherrschers der Welten!
Unter ihm bebt' und leuchtete Tabor. Die Auferweckten
Standen um ihn, und ferner, als sie, die Cherubim Gottes.
Dieser hehre Kreis war offen gegen des Himmels
Allerheiligstes. Christus stand in der Mitte und lehnte
Sich an einen bemoos'ten Fels, der neben ihm ruhte,
Nicht der Leidende mehr. Vor ihm erloschen der Väter
Und der Cherubim Schimmer in werdende Dämmrung, Eloa's
Lichtausgießende Morgenröthen in Sommermondnacht.
Aber so oft sein Auge voll Gottheit blickte, so faßte
Alle süßes Gefühl der Endlichkeit, standen sie Alle
Gern auf ihren Stufen, auf die in der Reihe der Wesen
Er sie gestellt, so fühlten durch ihn sie Alle sich selig.

Siehe, der Cherub verstand den Wink im gewendeten Antlitz
Christus und schwebte dahin. Bald kam er mit Seelenschaaren
Wieder, ihr Führer, der Todten, die seit des göttlichen Sohnes
Auferstehung waren gestorben, und die zu bestatten
Gräber hier Weinende gruben, dort dem Staube die Urnen
Mit der Cypreff' umwanden. Die Blume blühet, mit welcher
Einiger Gräber Geliebte nun bald bestreuen; und dennoch
Sprach nicht los das Gericht den Todten im blumigen Grabe.
Christus Gesendeter führte die Seelen nach Tabor. Sie kamen
Wie der Gewitterregen in Sonnenstrahlen hier heller,
Trüber dort, wo es mehr sich wölkt, von dem Himmel herabfällt,
Oder wie wenn in einer erhabneren feurigen Seele
Leidenschaft kämpft und Vernunft, sie Gedanken zu Schaaren umströmen,
Wahre Gedanken und falsche, doch die mit Geberden der Wahrheit
Täuscher, darein von der Leidenschaft Zauberstabe verwandelt.
Nahe waren dem ersten Gericht die Seelen gekommen.
Und sie schwebten vor Christus und riefen schnelles Erstaunen
Freudig aus und bang, als sie den Gott in der Mitte
Und die Götter um ihn erblickten. Der Herrscher der Welten
Sprach: Wer seyd ihr, Seelen? Und dumpfes vermischtes Geschrei rief,
Wer sie wären, bescheidenes Urtheil über sich selber,
Stolzes mehr. Allein in dem Antlitz des Strahlenvollsten
Unter den Göttern sahen sie bald, daß ihm sie vergebens
Sich verbürgen. Jetzt sondern der Götter Einige Seelen
Aus dem Haufen und bringen sie näher dem obersten Gotte.
Christus hielt Gericht, und schnelle Worte geboten,
Schnellere Winke den Engeln. Die Engel zeugten, enthüllten
Flammenschrift. Bald rollten sie wieder die Bücher zusammen,
Streuten nur wenig umher des furchtbaren Glanzes. Die Seelen
Redeten, schwebten verstummt. Kurz war des Richtenden Urtheil,
Traf gleich Blitzen, umstrahlte mit Wonne wie Glanz des Tages
Den, der blind war, oder sein Wink gebot auch den Engeln
Nur den Weg, den hinauf die Seelen oder hinunter
Wandeln sollten. Es führen der Wege viel in den Abgrund,
Viel zu dem Himmel; einige währen Aeonen, und Stunden
Einige. Dort entdecken es ihnen der Welten Bewohner,
Lassen es hier die Seelen selbst erforschen, warum sie
Sich hinauf zu dem Throne des Ewigen schwingen, warum sie,
Ach, hinab in den Abgrund sinken. Der näheren Seelen
Viele riefen und stürzeten sich in den Staub des Gebirges,
Riefen: Jupiter, Gott des Donners, erbarme dich unser!
Brama, Tien, Allvater, wir fehlten, sündigten, irrten!
Zeus Kronion, Götterbeherrscher, erbarme dich unser!
Aber den wartenden Cherubim gab der Erlöser Befehle:

Der vom Euphrates steigt von des Libanons äußerstem Sterne
Bis zu der siebenten Ceder hinauf des Haines. Gesündigt

Hat er viel; allein stark war die Reizung, und heftig
Seine Seele. Wenn er des Phiala Strahlen sich nähert,
Soll der Bewohner des Sterns des Versöhners Namen ihm nennen.
Dieses vom Ganges Seele war trüb' und weich; zu Gewißheit
Kam er nicht. Er steiget hinauf bei dem Hermon. Den Richter
Nennt ihr ihm nie und früher, als Jenem, den Sündeversöhner
Bei dem Schimmer Engeddi's. Was neigst du so tief in den Staub dich?
Bis zur Unmenschlichkeit stolz war dieser. Führt ihn zur Hölle,
Eh' ich des Oelbergs Gipfel betrete. Jupiter, höre!
Zürne nicht so! Er sank in schnellen Betäubungen nieder.
Hättest du deinen Freund nicht verrathen, so führte der Engel
Dich nicht hinab. Zween Winke noch lehrten den führenden Cherub.
Gebt dem redlichen Manne die Palme früher, sobald er
Neben der Quelle Bethlehems schwebt. Du glaubtest, Allvater
Lohne. Größer ist Gott, als du ihn, Redlicher, dachtest.
Stand er zu Schlachten nicht auf, und legt' er zu Träumen von Schlachten
Sich nicht nieder? Schnell war der Blick des Gebieters, und schnell war,
Der den Blutigen führte. Dem stillen Verleumder, daß diesem
Jeder schlangenzüngige Lästrer der Höll' entgegen
Zische, stürzet ihn, Engel, hinab in die unterste Hölle!
Eilend kam ein Cherub herab aus der Ruhstatt Gottes,
Und, wie die wehenden Locken ihm flogen, die Wang' ihm entglühte,
Sank er vor Jesus Christus, dem Weltbeherrscher, zur Erde.
Mittler, der Stern, deß Hüter ich bin, erhebt zu dem Ziele
Seiner Wandlung sich bald. Des hohen Sternes Bewohner
Haben schon Vorempfindung von ihrem Schwunge zum Urlicht;
Aber sie halten den Durst, aus seinen Strömen zu schöpfen,
Kaum noch aus. Zwar ist ihr Gefühl der Seligen Gottes;
Dennoch ist es Begnadung, wenn du sie früher hinaufführst.
Darf ich Gethsemane rühren und seine Palmen, zu zittern
Wankender meine Pole, so sinken die Pfeiler der Tiefen
Eh', und mit ihnen hinab die Paradiese des Sternes.
Rühre Gethsemane, Cherub, und seine Palmen. Der Engel
Eilte dahin, das Gestirn, daß es früher ende, zu rühren.
Kermath kam sein Engel entgegen, lächelt' ihm Liebe,
Sagte: Du warst für die Menschen, mit denen du lebtest, zu edel,
Guter Kermath! Das war's, daß sie dich verkannten und haßten.
Trockne sie nun, die Zähren, die du mit innigem Schmerze
Wegen dieser Verkennung in deiner Einsamkeit weintest!
Komm', den Lohn zu empfahn, den diese Güte des Herzens,
Diese Geduld dir erwarb! Blick auf (er wies nach dem Sterne)!
Dort wirst du auf der ersten Stufe der Seligkeit stehen:
Aber du steigst die Ewigkeit durch von Stufe zu Stufe,

Stets von Helle zu Licht, von Freude zu Wonne. Sie schwebten
Mit einander empor zu der ersten Stufe des Frommen.
Einer von Indiens Königen war gestorben. Die Seele
Wallte, noch ganz nicht wach von dem letzten Schlummer des Todes,
Säumte, däucht's ihr, in langen nicht absehlichen Gängen.
Jetzo erwacht von dem Schlummer der Todte, von seiner Größe
Wahne noch nicht, von ihrem Taumel noch immer ergriffen.
K. Aber wo sind die Seelen der Sklaven, deren Gebeine
Aus der Asche duftender Stauden die Lebenden lasen,
Weineten, daß man ihr Gebein nicht läse, wo sind sie,
Daß sie den todten Satrapen, ihr Herrscher komme, verkünden?
Einsam wallt' er hervor aus dämmernder Gänge Gewölben
In die Freie des Himmels und sah dann gegen sich über
Einen Unsterblichen stehn, deß Recht' ihm winkte zu weilen.
Auf den Verwunderten sah der himmlische Jüngling mit Lächeln,
Doch mit beginnendem nur, herunter. Folge von ferne,
Sprach zu dem Herrscher der Engel, dem Schimmer, welchen du sehn wirst
Hinter mir sich verbreiten! Er mußte folgen, und bald stand
Er in der Seelen dichtestem Drang und wurde gerichtet.
Ach, hier find' ich gewiß, hier find' ich Rettung. Denn Götter
Seh' ich hier; und ihr seyd gerecht, ihr ewigen Götter!
Menschen sind das nicht, sind Hasser, Verfolger der Unschuld,
Blinde, verkennen, wer redlicher ist, wer besser als sie ist;
Rief ein abgeschiedener Geist und wurde belohnet.
Gelimar lag auf dem Sterbelager, ein feuriger Jüngling,
Recht in der vollen Morgenröthe des Lebens. Sein Freund stand
Neben ihm, reicht' ihm Kühle des Quells in brennendem Durste.
Gelimar sprach: Auf ewig (was wähnest du anders?), auf ewig
Ist es, daß wir uns trennen. So sind die Loose gefallen
Jenes Baums und der Blume dort, des sterbenden Jünglings
Hier, den du liebest, und deins und Aller, die Sterblichkeit athmen.
Alles ist aus, vorüber, wenn wir hinwelken, verdorren,
Sterben, Alles vergangen, als wär' es niemals gewesen.
Jüngling, was soll der weinende Blick voll Trostes? Du willst mich
Doch nicht etwa trösten? Was soll mir Tröstung? Ich sterbe.
Tröste dich, daß du leben mögest! Ich fürchtet' es lange,
Aber ich dacht' es nicht oft in der Freude der blühenden Jahre.
Ach, nun ist es gekommen, und ich muß wallen, hinunter
Etwa ins Grab? Ich walle nirgends hin; denn ich bin dann
Aufgelöset, ein Nichts. Du wirst dem verwesenden Leichnam
Doch wohl den Namen des Freundes, der dich liebte, nicht geben?
Ehmals schonet' ich deiner Thränen; itzt kenn' ich kein Schonen,
Selber deiner Thränen nicht mehr. Mit eisernem Arme
Fasset der Tod, und eisern wird des Sterbenden Seele.
Ha, er ist voll des Entsetzens, der schwarze Gewittergedanke,

Daß ich sterben muß, hinstürzen muß und verwesen.
Höre, vernimm, bewahre des Scheidenden Wort, du Geliebter,
Wie ein Krieger den Schild: Ach, daß ich sterbe, vergehe,
Klag' ich die Götter nicht an. Wir Arme sind zu geringe
Zu der Unsterblichkeit. Eile nun hin und schöpfe der Quelle
Ganzen Strudel mir aus, damit ich noch einmal mich labe
Oder, wird es mir Tod, gleich sterbe! Der Freund gebietet,
Und sie bringen ihm dar die volle Schale des Todes.
Bleicher ward er und schwindelt' und zittert' und starb. Die getrennte
Seele schlummerte fliehenden Schlaf von der letzten Erschüttrung.
Ach, sie schwung sich empor. Schon strömte des lauten Erstaunens
Donnerruf, schon floß der freudigen süßen Verwundrung
Silberstimme. Ihr Götter, unsterbliche Götter, ist's möglich?
Götter der Sonn' und des Mondes, ist's möglich? Ich lebe? Der todt war,
Lebet? Ihr Götter der Erd' und des Himmels und aller der Sterne!
Ach, ich bin (kein letzter Traum des sterbenden Leibes
Ist es), ich bin, und dieser kein Leib, so wie Blumen verwelket.
Heilige, heilige Götter, der Sonne Götter, des Mondes
Und der Sterne, die dort mir immer herrlicher strahlen,
Gute, wo seyd ihr? Wo such' ich euch auf? Wo stürz' ich mich nieder,
Weine Dank, daß ich bin? Und nun auf immer, ihr großen
Ewigen Götter? Wo klaget mein Freund? Zu weit von der Erde
Schweb' ich. Wo jammert des Leidenden Herz, er werde vergehen,
Wie, den er liebte, verging? Vergehn, du Treuer, du Guter?
Warum starb er nicht auch? Vergehen meinst du, du Treuer?
O, die erhabenen heiligen Götter, die Schöpfer des Todes
Und des Lebens, die ewigen Götter meinen es anders.
Darf ich hinuntersteigen, den Hain besuchen, in dem er
Mir mein Grab aufgräbt? Mit einer Labung zum Tod ihn
Letzen und ihn mit mir herauf zur Unsterblichkeit führen?
Jetzo erblicket' er Wesen, die gleich ihm waren; sie schwebten
Nieder nach Tabor. Auch andere sah er, welch' ihm nicht glichen,
Und die däuchten ihm Götter zu seyn. Er eilet zu diesen,
Sinkt anbetend nieder und rufet: Ich bin; ach, ich dank' euch,
Preis' euch, lieb' euch, bet' euch an, ihr ewigen Götter,
Daß ich bin. E. Wir sind Erschaffne. G. Gestorben wie ich? Lebt
Nach dem Tode wie ich? E. Gott ist nur Einer. Er schuf uns,
Aber unsterblich. Folg' uns jetzt! Bald gibt dir Erkenntniß,
Der die Sonnen, die Cherubim schuf und die Seelen der Menschen.
Und er kam zum Versöhnenden, ruft' ihm die ersten Jubel,
Folgte dem Führer den Pfad hinauf, den Gott für ihn auskor.
Sonnen gingen auf und Sonnen unter, und immer
Währte Christus Gericht. Wie wechselnde Regenschauer,
Kamen die Seelen, itzt dicht aus der Wolke stürzend, itzt träufelnd,
Trockneten weg in dürren Gefilden oder entflossen,

Silberquellen, blumigen Hügeln. Der Himmlischen Wehmuth
Oder Wonne begleitete stets die Seelen, nachdem sie
Aufstieg oder sank, die schicksalentscheidende Wagschal'.
Fließe mir jetzt ein rieselnder Bach in den Strom des Gesanges,
Den vollendend ich der Erlebungen seligste fühlte!
Hundert Monde sind vorübergewandelt, seitdem ich
Sang von des Mittlers erstem Gericht. Mich umleuchtet' auch damals
Hoffnung zu meinem Erlöser: vollenden würd' ich! Doch zog einst
Trübes sich um den himmlischen Strahl. Da war's der Gedanken
Er mir allein: mich in Allem zu unterwerfen! Sie kamen,
Schonten mein nicht und redeten laut von dem Tod und vom Leben;
Etliche schwiegen und redeten so noch lauter vom Tode.
Doch ich verbot den Schauer mir, sträubte mich gegen sie, litt's nicht,
Lebte, vollendete. Preis auch heute dem Herrn, dem Erhalter,
Inniger, heißer Dank! Sie stärket uns, zögert des Todes
Gang, die mächtige Freude. Zuletzt vermag sie's nicht länger,
Und wir wallen zur Heimath. O tiefer Genuß, wenn auch ich nun,
Einer der kältesten Forscher des menschlichen Denkens und Schicksals,
Drüben steh' und schaue, wie sie herüber mit jedem
Winke der Zeit in Schaaren zu uns, der Gestorbenen Seelen,
Kommen, Zweifler und Leugner und Christen, der Freund, dem vor kurzem
Um den Freund die heilige Thräne noch rann, die Geliebte,
Lange schon Wittwe, vor Wehmuth lang' verstummt, in der nahen
Fliegenden Wolke der kommenden Todten, und Aller Schicksal
Aufgekläret, umstrahlt, nichts unenträthselt gelassen,
Jeder Staub gewogen, verweht Gebirge der Täuschung!
Wer, dem jemals die Wollust ward des Grübelns und Wissens,
Dürstet nicht hier, auch drüben zu seyn? Nur menschliches Schicksal
So zu lernen und stets in neuer Irre des Ausgangs
Faden zu finden, schon das ist Fülle der Seligkeit. Eil' itzt,
Bach, und riesl' in den Strom, des neuen Bundes Gesang, hin!
Eines Königes Burg war eingesunken. Die Todten
Kamen. Lüstlinge waren sie oder Tyrannen gewesen.
Einer nur hatt' ein Herz. Der Schwarm umringt' ihn, verbarg ihn,
Und er ließ sie's. Nicht lang', und er stand vor den Engeln allein da.
Wie ein redlicher Mann, den Verleumder umwölken, verachtet
Sich zu vertheidigen, schweigt; denn bald verzieht das Gewölk sich.
Ach, noch rauchet sein Blut, noch rollt er das Auge, noch starrt es
Ganz nicht hin, noch zuckt sein Gebein. Nun streckt er dem Grabe
Völlig sich aus und entschläft. Er hatt' in der Wuth der Verzweiflung
Gegen sein Herz gerichtet den wankenden Dolch, zu der Erd' ihn
Niedergeschmettert, ihn wieder gefaßt, mit furchtbarer Lache
Blinken gesehn den Verderber, hatt' Ahnung gehabt von Blute,
Schwarzem eigenen Blute, mit Kälte den Dolch auf den Herzschlag
Angesetzet, ihn langsam zurückgezogen, mit hohem

Arme gezielt und gestoßen, daß dumpf die eherne Brust ihm
War erschollen, unter des fallenden Last erschollen
War die Erde. Sein Geist stand jetzt vor dem Richter, besann sich
Kaum noch, was jene Wolken, vom vollen Monde gehellet,
Wären, was wäre jenes Gestirn, so die Wolken ihm hellte.
Ach, und diese Götter! Das weckt' ihn. Die Himmlischen alle
Schauerten, zweifelten. Aber der Richter lächelt' ihm Gnade.
Allmacht war sein Lächeln, schuf um zu Wonne das Elend.
Endlich hatt' Elisama sein graues Haupt in die Grube
Niedergelegt, ein dürftiger Greis, der wankend am Stabe
Vor der Thür der Reichen sein Brod erflehte, sein Wasser
Schöpft' aus den Quellen. Er war empfindliches Herzens gewesen,
Aber geduldig. Ein Held, wie Wenige, hatt' er des Lebens
Größte Trübsal nicht nur ertragen, hatte den Schöpfer
Aller Dinge, den Geber der Freud' und des Schmerzes, gepriesen.
Könige konnt' er ehren und wurde sogar von den Letzten
Unter dem Volk verachtet. Er lag schon lang' auf dem Lager
Todt, und noch kam Keiner, der ihn begrübe. Da leckt' ihm
Einmal sein Hund noch die kalte Hand, und starb. Elisama
Stand vor dem Richter. Ihm bracht' ein freudestrahlender Cherub
Eine Krone vom Richter. Im weiten Kreise der Engel
Und der Erstandnen walleten leisere Lispel, der Freude
Stimmen umher, da der Cherub die Krone dem Duldenden brachte.
Manches Gesetz, weil es leicht ihm wurd', und in seiner Seele
Keine Neigung nicht war, die sich dawider empörte,
Hatte Zadech erfüllt, und stolz war dieser Getäuschte
Auf den kümmerlichen Besitz, den er hatte, geworden,
Auf den Brosam grünliches Brod, den hölzernen Becher,
Aus der stehenden Lache gefüllt, die sinkende Hütte
Und den kupfernen Scherf. Wer solche Arme verachtet,
Weh' dem! Aber auch weh' dem Mann des Elends, der stolz ist
Auf ein wenig leichtere That, und selber dem Reichen
An weit schwererer, wenn er dabei mit stolzer Erwartung
Sich einschläfert und Kronen des Lohns an dem Ziele der Laufbahn
Ohne Demuth sich träumt! Den dürftigen Zadech versenkten
Seine Genossen ins Grab. Die Seele stand vor dem Richter.
Steig' hinunter mit ihm! Der Cherub begann ihn zu führen;
Aber er sträubte sich, wandte sich, wollt' entfliehen, vermochte
Nicht zu entfliehn, rief, redete, schwieg. Mich, welcher so vielen,
Allen Gesetzen gehorchte, der ich Belohnung erwarte?
Mich? Wer bist du, o du mit den blutigen Strahlen, der diesen
Schrecklichen Pfad mich führt? Verstandest du den Befehl auch,
Welcher dir ward? Ha, wüthe nicht so! Ich fühle die Wendung
Deines Schwunges, fühle das Drohn der tödtenden Augen.
Ungerechter, du zwingst mich? O, möchte Nacht dich verschlingen,
Flammen dich überströmen und deine Strahlen vertilgen!

Ha, wer bist du? Weiche von mir! Rief's, trieb nach dem Cherub
Dunkles Gewölk. Schnell leuchtender Nebel, schneller noch Duft, schwand
Vor des Cherubs Glanz das Gewölk. Der Führende schwebet
Vorwärts. Die Seele fühlet die Kraft des Unsterblichen, sträubt sich
Gleichwohl, empört sich noch. Es gelang ihr, in eine der Klüfte
Drei Berghöhen hinab sich zu stürzen. Nun schonte der Cherub
Länger nicht mehr. Sein Ruf war Donner geworden. Die Seele
Kam aus dem Abgrund bebend herauf und flog mit dem Führer.
Heere schlugen. Die Führer der Heere, Eroberer beide,
Sanken. Umher im verstummten Gefilde lagen die Leichen
Lagen die Wundenvollen gestreckt, und die Wolkenbrüche
Strömten die Geister der Todten herzu, mit ihnen der Führer
Geister. Der Richter der Welt erhub die Rechte; da stürzten,
Schmetterten Donner herab auf die beiden großen Verbrecher.
Lange hallt' es den Hochverräthern der Menschlichkeit nach, dumpf,
Weit hallt's nach, voll Entsetzens nach in die Klüfte Gehenna's.
Und nun ruft' es empor von dem Abgrund schicksalverwünschend,
Schwirrt' es als Geißlung. Der eben erst gemordete Kriegsknecht
Geißelte, schrie: Auch hier wird Schlacht geschlachtet, und schwung dann
Höher, ergrimmter den Arm. Der Eroberer Kettengeklirr scholl
Langsam, zuckend, und grauser noch Hohngelächter der Hölle.
Melodien, der süßesten Wonne Gespielinnen, stiegen
Mit dem Lispel empor der Engelharfen. Denn erdlos
Kamen vom Ganges, vom Rhein, dem Niagara und Nilus
An den Cedern einher auf Tabor Seelen der Kinder.
Wie, gesondert von vielen und großen Heerden, an einem
Langen Hügel hinab, genährt vom Frühlinge, Lämmer
Weiden, so kamen einher an des Tabor Haine die Seelen.
Aber der Richter richtete nicht. Sie wurden der Wege
Viele geführt, von Sterne geführt zu Sterne, bevor sie,
Himmlische Jünglinge nun, erhabnere Pfade betraten.
Manches sahn sie zuvor auf ihren Wegen und lernten
Manches, umtanzt von fröhlichen Stunden. Mich däucht, es ertönte
Einst von diesem mir auch die vielbesaitete Harfe:
Irgendwo in Gefilde der Ruh' wird eines Säuglings
Seele geführt. Auf einem der Blumenfelder begegnet
Ihr die Seele des einzigen Freundes, den Elisama
Uebrig behielt, und der dem entschlafnen Greise die Hand noch
Leckt' und starb. Die Seele des treuen Hundes gesellet
Sich zu der Seele des Säuglinges, folgt ihr und will sich nicht trennen.
Dieser verstößt sie nicht. Bald aber wird sie sich dennoch
Trennen müssen, wenn er nun hinauf in höhere Sterne
Steigt; doch gesellt sie sich gern zu neuankommenden Seelen.

Freuderufend erhob sich die Seele Geltors und schwebte
Mit dem führenden Engel. Als sie der wallenden Monde
Rauschen nicht mehr vernahmen, nicht mehr der beschweiften Kometen
Fliegendes Donnergetös' und die stille Heitre des Himmels,
Näher den nicht begleiteten Sonnen, erschwebten; Gestalten
Stiegen da auf um Geltor, nicht des sinnenden Geistes
Bildern, nicht Traumerscheinungen gleich; er sah, und er hörte,
Was er Gutes im Leben, das nun gelebt war, und Frommes
Hatte gethan; er lebt' es wieder, doch ohne den Anblick
Seiner Fehle und voll von dem Himmelsgefühle, daß Gott es
Ihm belohne. Mit hochgefalteten Händen des Preises
Sieht er um sich die Dürftigen, welch' er labte, die Waisen,
Die er zu taugenden Männern erzog, die Bräute, die Freunde,
Schaaren der Freien, für die in der Schlacht, sie zu retten, sein Blut floß;
Und er wallt' in der Heerschaar fort, mit freudigem Rufen
Und noch froherem Dank des süßen Lächelns gesegnet.
Sonnen gingen auf, und Sonnen unter, und immer
Währte Christus Gericht. Wie wechselnde Regenschauer,
Kamen die Seelen, itzt dicht aus der Wolke stürzend, itzt träufelnd,
Trockneten weg in dürren Gefilden oder entflossen,
Silberquellen, blumigen Hügeln. Der Himmlischen Wehmuth
Oder Wonne begleitete stets die Seelen, nachdem sie
Aufstieg oder sank, die schicksalentscheidende Wagschal'.
Hagid und Syrmion zuckten ihr Schwert auf einander und beide
Taumelten hin in ihr Blut und hauchten mit Zorne den Geist aus.
Ihnen klirrten aus sichtbarer Nacht diamantene Ketten
Fürchterlich, dumpf, fernher (sie mußten nahen) entgegen.
Einem Geiste der Hölle gebot's ein Cherub; der fiel sie
Wuthvoll an und kettete sie an einander. Des Abgrunds
Kluft, in welche sie stürzten, erscholl von der Rufenden Falle.
Toa, ein Jüngling auf jener Erd' in der Ruhstatt Gottes,
Wo die Sünde nicht ist und der Tod nicht, schaute dem Cherub,
Der ihn trauernd verließ, mit Erstaunen nach. Doch es wurde
Bald sein Erstaunen zu Schrecken. Er hatte wider den Schöpfer
Und den Mittler Klage geklagt, mit der Klage begonnen,
Mit der Empörung geendet: daß denen Leiden des Todes
Bliebe, die doch aus dem Grabe zur seligen Ewigkeit kämen.
Und er schaute bestürzt umher und erblickt' in dem Thale
Chöre Feiernder, welche, mit junger Blüthe gekränzet,
In den mächtigen Strömen der himmlischen Harmonien
Fortgerissen, von lieblichen Reihn der Wonne beflügelt,
Gottes Pfad in dem Labyrinth der Beseligung sangen.
Und er wallet' hinab, von seinen Thränen zu reden;
Aber er stand bald still. Im winkt' ein anderer Engel,
Und er mußte folgen. Verwundernd fühlt' er sich schweben.

Ach, nicht lang' und er sah in weiter Fern' sein Geburtsland
Hinter sich leuchten; er sah's, wie andere Sterne der Schöpfung,
Sah es (ach wie erstaunt' er) bei einer Sonne verschwinden.
T. Engel des Herrn, wo führst du mich hin? Der Engel des Herrn schwieg.
T. Engel des Herrn, was hab' ich beweint? Der Engel des Herrn schwieg,
Und des Unsterblichen Feuer verlosch auf der blühenden Wange.
T. Engel Gottes, ach, hilf mir! E. Ich kann nicht helfen. Sie flogen,
Wie auf Flügeln des Sturms, und lange verstummten Beide.
T. Wer gebot dir, mich wegzuführen? E. Der Richter. Sie sahen
Jetzo die Erde, zwar ferne, doch schon noch lockere Gräber.
T. Ach, das sind die Hügel der Todten. E. Das sind der Aussaat
Stätten. T. Und jener viel höhere dort mit den blutigen Kreuzen
Bei den Hütten? E. Ist Golgatha? T. Golgatha? Seraph, ich sehe
Sterbliche dort; allein wo ist, der den Sterblichen Leben
Gab? E. Du siehst es glänzen. Du kennst uns. T. Ach, ich erblicke
In der Cherubim Mitte den Hocherhabnen des Himmels.
E. Ja, du siehest den Richter der Welt. T. Und, wehe mir, meinen!
Führst du zu ihm mich? E. Eile! Sie kamen hinab zu der Erde,
Schwebten nach Tabor hin. Mit Seelenschaaren erreichte
Toa den Berg des Gerichts, der zweiten Verklärung des Mittlers.
Also kommt, wenn ein Sturmwind braus't, mit gewelkten und frischen
Blüthen auch eine der schon gebildeten Früchte geflogen.
Als er unter den Seelen sich sah und mit ihnen herüber
Kam zu dem schreckenden Berge, da wär' er gerne geflohen;
Aber ihn hielt verborgne Gewalt. Er stand vor dem Richter.
Cherubim traten herzu. So schweigt der benachtete Himmel,
Ehe der Donnersturm sich erhebt; so war die Versammlung.
Kurzer, geschleuderter Schlag schlägt hoch herunter; so klagten
Ihn die Cherubim an. Die Kläger hatten gesprochen,
Und die Strahlen Eloa's, der Christus schaute, verloschen
Schnell in Schimmer; es bebten die Auferstandnen, die Engel,
Toa, die Seelen bebten. Auf einmal ergoß sich die Bläſſe,
Kam die Geberde des Todes, und mit des ernsten Erstaunens
Lautem Ruf sank Toa und starb. Der Arm der Allmacht
Wandelte bald die Verwesung in Staub, gab bald den getrennten
Staub den verwehenden Winden, und, ach, der Seele des Todten
Wurde kein Leib aus der Heitre geschaffen. Sie war allein, war
Ganz von allen Wesen verlassen, war nicht in der Schöpfung,
Nicht auf der Erde der Sterblichen, nicht auf ihrer. Sie sahe
Keines Unsterblichen Antlitz, vernahm, in der bitteren Wehmuth,
Keines Himmlischen Stimme. Sie dachte wie ehmals. Auch konnte
Sie sich bewegen; doch blieb, auch bewegt, sie stets in der Oede.
Wehe! Vor ihr war jeder Schauplatz neuer Erkenntniß

Weggesunken; sie hatte nur Voriges und sich selbst, war
Freundelos, ohn' einen Laut Antwort auf die bange
Frage: wann sein Gericht der Richter endigen werde?
Nur, daß ihr aus den alten zuweilen Gedanken entstanden,
Welche (doch dieses wußte sie nicht) die ihren nicht waren.
Zu der Schaar der Todten ward der Stolzesten Einer
Unter den Menschen geführt. Der aufgeschwollne Verbrecher
Hatte seinem Volk die heiligen Rechte der Freiheit,
Sie mit Schlangenentwürfen und Klaun des Löwen entrissen.
Da verraucht war das Blut der Unterjochung, und ganz nun
Ueber die Fesselbeladnen ihr Haupt die Herrschsucht aufhub,
Schwelgt' er und zischete Spott den Verstummten; kaum waren sie Menschen,
Er ein Gott. Bald kroch der Wurm zu der Leiche des Gottes.
Als, dem Richter schon nah, ihr Führer, ein himmlischer Jüngling:
Folge! noch einmal der Seele gebot, und sie von des Todes
Schrecken nun ganz sich ermannete, hielt sie im Schweben. Der Seraph
Sah's, und ein wenig Feuer, wie uns der Sirius funkelt,
Schimmerte ihm von der Wange. Noch säumte der Todte. Da wandte
Sich der Jüngling, und mit der leisen Bewegung der Urkraft,
Wie in dem Himmel sie Gott anschuf, berührte des Engels
Wehen, indem er sich wandte, den Todten. Da folgt' er, als rissen
Stürme dahin, als wirbelten ihn Orkane wie Meerschaum.
Und er war, zu beginnen ein Hohngelächter, in Arbeit;
Aber es wurde Geheul. So stürzte der führende Seraph
Ihn vor des Richtenden Fuß in den Staub. Der Göttliche sagte:
Seele, wer bist du? Da hub der Todte sich: Bist du der Götter
Einer des Himmels, so wisse, daß ich von den Erdegöttern
Einer bin, und daß dem Gotte kein Gott gehorchet!
Christus sah umher in der Schaar, die um ihn herumstand;
Samed war's, den der Wink des Versöhners erkor. So gebot er:
Richt' ihn, Samed! Da ging in Sameds Angesicht Freude
Wie ein Morgen des Frühlinges auf. Schon wußte des Knaben
Seele, wie kühn der bitten dürfe, den, über die Todten
Auszusprechen Entscheidung, der Gottesversöhner erwählte.
Und er sank und betet' und ward erhöret. Da wandt' er
Sich zu dem Todten und sprach: Des Abgrunds niedrigsten Sklaven
Sollst du dienen, Empörer! Wer tief an die untersten Stufen
Deines Throns sich stürzte, von dort wegschlich und mit Wuth trat
Auf den Nacken der Unterjochten, der leidenden Guten,
Diesem! Sein zweifelnder Wink schon soll den Fuß dir beflügeln,
Dich anklagen der Säumniß die wahnsinntrunkene Fordrung!
Und der Gerichtete fühlt' auf einmal sich schwerer und sank, so
Ueberlastet, hinab, wo der Sklaven Wink auf ihn harrte.
Zoar hatte, vereint in langer dauernder Freundschaft
Bunde mit Seba gelebt. Und jetzt ward ihnen, was selten

Freunden ward. Sie starben zugleich, mit sichrer Erwartung
Jener Herrlichkeit; Seba, indem er sich selber die Krone
Als dem Würdigen, gab; mit Reu' und Befürchtung und Demuth
Zoar. Anders sinket und steigt des Richtenden Wagschal',
Als des Menschen. Da sie zum Gericht ein Unsterblicher führte,
Sprachen sie unter einander: S. O, Loos des himmlischen Lebens,
Ach, wie ist uns so lieblich das Loos des himmlischen Lebens,
Zoar, gefallen! Z. Auch hier vereint uns beide die Freundschaft;
Ewig ist nun, o Seba, ihr Bund. Der Unsterbliche hört' es,
Schwieg. Sie standen vor Tabors Gericht. Dem Unsterblichen sagten's
Winke des Richters. Er führte. Nicht lang, und es kam aus den Fernen
Einer Oed' ein Engel des Todes. Er wandelte langsam,
Aber gerad' auf sie zu. Des schrecklichen Unbekannten
Richtung und Gang schien, wünschte man ihm zu entfliehen, unentfliehbar.
Noch war zwischen den Dreien und zwischen dem Todesengel
Weite wie Meere. Doch Zoar, als er die Eile des Seraphs
Sah, des Geleiters, der sie aus jener ernsten Versammlung
Hatte geführet, weg sie geführt von dem Antlitz des Einen,
Welcher vor Allen ihm schien ein Hocherhabener, Zoar,
Als er des Todesengels Herüberschauen erblickte,
Ueberströmt' es wie Schrecken. Er säumte. Der Todesengel
Stand vor ihnen und hielt die hohe Flamme gen Himmel:
Du bist angenommen, und du verworfen! Er wandte
Sich mit dem Donnerworte zu Seba. Als dieser zu hören
Wieder vermocht', erscholl das zweite Wort des Verderbers:
Scheidet! S. O Himmel und Erd' und Alles, was heilig ist, Menschen,
Engel und all' ihr Wesen der ewigen Dauer, verworfen?
Scheiden? Verworfen, hast du, hast, Donnerer: Scheidet, gerufen?
Macht der Mächte, wer bist du? Z. Ach, Seba, Seba, Geliebter,
Auserkorener, vor Allem mir auserkoren, so lange
Theuer mir, so lange mein Freund! S. Mein Zoar! Auf ewig,
Donnerer eines Gerichts, das meinem Forschen zu hoch ist?
T. Ob auf ewig, fragest du mich? (Indeß war des Führers
Glanz in Dämmrung erloschen). O, frage mich nicht! Den Seraph,
Der euch führte, den frag'! Er kommt von dem Richter des Himmels
Und der Erde. S. War der, der so vor den Cherub im allen
Strahlte, der Richter der Welt? Und hat er diese Verwerfung'
Diese Scheidung geboten? Unsterblicher, welcher uns führte,
Meinen Zoar und mich, du Engel Gottes, auf ewig?
In noch trübere Dämmrung gehüllt, antwortet der Führer:
Er hat Alles geboten. Gehorch' und scheide! S. Geboten
Er, der auf mich nicht niederschaute? Der Anderer Schicksal
Zwar entschied, doch auf mich mit keinem Blicke nicht schaute?

Zoar sprach: Er blicket' auf dich; es däuchte mir, ernstvoll
Blickt' er auf dich. S. Du zeugest wider mich, du Geliebter?
Weh' mir! In dieser Stunde des Grauns? Und an diesem Abgrund?
Z. Ach ich zeuge nicht wider dich. Du weißt ja, ich konnte
Nie die Wahrheit verhehlen. Umarme deinen Getreuen,
Seba! Ich zeuge nicht wider dich. Der Engel des Todes
Hatte sich weggewendet und niedergesenkt zu der Erde
Seine Flamme, gemildert ihr Drohn. Denn Zoar umarmte
Seba; denn Zoar weint' und Seba blutige Thränen.
Aber der Sonderung Stunde war da, die schreckliche, bittre,
Stumme Stunde war da. Der Verderber mußte die Flamme
Wieder erheben, wieder mit ihrem Schrecken sie waffnen.
Ach, er flammt' und er schaut' herunter und ruft', und Entsetzen
War die eiserne Stimme des Rufenden. Scheidet! Sie schieden.
    Cerda, ein kenntnißbegieriger Jüngling, lag auf dem letzten
Lager und war mit dem doppelten Segen des vollen Bewußtseyns
Und der Todesgewißheit gesegnet. Heiß vor Erwartung
Dessen, das kommen werde, genoß er so mächtiger Freuden,
Daß er mit Drücken und Küssen und heftigem Schütteln der Hände
Jeden empfing, der ihm nahte, den Freund und den Feind. Da er todt war,
Durfte sein Engel, bevor er ihn brachte zum richtenden Mittler,
Ihn in die Tiefe, die Höh', in die Freie der Himmel ihn führen.
O des Todes, der Gottesgabe! Nun schwebet' er, kreis't er,
Schauert' er in den Weiten des Unermeßlichen, sahe
Gottes Gestirn' und hört' in der Ferne sie wandeln,
Selber die Gottesgestirn' in der Straße des Lichts und auf ihnen
Ihre Bewohner, die Namen nicht nennen, Zahlen nicht zählen.
Schaarenheer' umringten ihn jetzo, welche der Schöpfung
Fest begingen. Nun hielt er es länger nicht aus, sank nieder
Auf ein röthlich Gewölk am Wasserfalle. Wie schlummernd
Lag er, erblaßte zu Schimmer; ihm däucht's, er stürbe noch einmal.
    Schaaren wurden herzugeführt; in dem dichten Gewimmel
Rief's: O des rollenden Donners Gott, der weit den Olympus
Aus der schwarzen Wolk' erschüttert, wir brachten dir Farren,
Sie mit Blumen der Thale geschmückt; wir brachten dir Widder,
Sie mit Laube! Was thaten wir Sterblichen? Zürne nicht, Vater
Aller Götter! Ihr Götter um ihn, ach, zürnet auch ihr nicht!
Du mit der furchtbaren Urne, du hast sie versenkt, sie verborgen
Irgendwo dort in der Nacht. Laß, Minos, nicht fallen, nicht fallen
Deine wüthenden Loose! Verbirg auf ewig die Urne!
Brama, wir haben uns ja ... Laß, Minos, die Loose nicht fallen!
Brama gefesselt, verwundet, gedorrt an der Sonne, verschmachtet
Sind wir, Brama, vor dir! Ha, Gott der Haine, du zürnest,
Wodan, doch nicht? Allvater, doch nicht? Dir floß ja, dir floß ja,
Krieger, der Jünglinge Blut in der Schlacht. Gefesselt, verwundet,

Brama, gedorrt! Wir sind der Feigen Tod nicht gestorben,
Sind in der Schlacht... Verbirg, o Minos, die Urne, zerschmettre
Sie! Laß wehen hinab in das Chaos die wüthenden Loose!
Sind in der Schlacht an tiefen, an brennenden Wunden gestorben,
Sind ... Mit kränzenden Blumen geschmückt, und die Widder mit Laube!
Hebe die Rechte nicht, sammle nicht, Zeus, die erschütternden Wolken!
Zeus Kronion, erbarme dich unser; laß schlummern die Donner!
Sind für Freie, für Freund und Braut in Blute gestorben, —
Rufsten die Seelenschaaren und wurden mit Gnade gerichtet.
Jesus wandte sich, sprach: Komm', Engel der Erde! Eloa
Folgte. Schon that vor ihnen der Schöpfung Weite sich auf; laut
Scholl's in dem Unermeßlichen. Lichtglanz strömten die Sterne
Aus den Meeren und von den Gebirgen. Die Pole der Himmel
Schauerten sanft. Nur leise berührete sie in dem schnellen
Gang der Allmächtige. Da den Versöhner kommen er hörte,
Sahe, da schwebt' in der Wonn' hinaus in die Oede, da eilte
Abdiel wieder zur Pforte der Hölle, ruft es dem anderen
Hüter, eröffnete wankendes Ungestüms, daß die Riegel
Klangen hinab und die Angeln ins ewige Grab. Die Verworfnen
Sahn wie in Flammen den Seraph, und hörten es stets noch, als rollte,
Schmettert' ein Donnerwagen auf tausend Rädern herunter.
Jesus trat in das offene Thor der Hölle. Die Hüter
Waren nieder vor ihm auf ihre Stufen gesunken,
Und sie erhoben sich, sahen anbetend dem Richter der Welt nach,
Sahen, wie er hinunterstieg in die Tiefe der Tiefen,
Und wie die Satane weit umher zu Felsen erstarrten.
Stürmendes Fluges (ihm strömet zurück sein Schimmer, des Schwertes
Flamme zurück) ereilt den Messias der Todesengel
Erster. Ihn hatte zur Hölle gesandt der Vater. Er sollte
Jenes Gericht, das er sehen würde, den Himmeln erzählen.
Jesus ging nach dem Throne des Abgrunds zu, der erhöhter
Auf den steigenden Tempel des Hassers Gottes und Satans
Schreckliche Schatten warf. In des kommenden Mittlers Geberde
War, in dem Antlitz des Ueberwinders, mit göttlicher Ruhe
Ueberstrahlt (Urkräfte begannen durch sie), war Allmacht.
Unter des Wandelnden Fuß ward Eden; hinter ihm wurde
Eden wieder zur Hölle. Der Furchtbare stand auf des todten
Meeres Gestade, schwieg. Fliehn wollten die Satane; fliehn war
Ihnen versagt. Ha, sterben; kein Tod erbarmte sich ihrer.
Neben dem Mittler stand mit weitumschauendem Auge
Heißer Erwartung voll, Eloa. Gedanken der Engel
Denken nicht schneller: so stürzt' auf einmal der Thron des Abgrunds
Trümmer hin.. Dampf, Flammen entstiegen der liegenden Trümmer,
Schossen, wallten empor, und weit umher in Gehenna
Krachten tausendmaltausend der Wiederhalle. Der Tempel
Stürzet', und keine Trümmer war des Gewesenen Zeugin.

Du, Eloa, wurdest gewahr in dem Antlitz des Mittlers
Ein Hinschaun, daß du nieder bei ihm mit dem vollen Gefühl sankst
Deiner Endlichkeit. Dumpf brüllt' auf der Satane Rufen,
Dumpf scholl's her mit der Woge des Meers zu dem hohen Gestade:
Ha, was bin ich geworden? Was du geworden? Und dennoch
Leb' ich. Wehe mir, lebe? Lebst du auch? Ha, was säumet
Denn sein Donner noch? Wird länger nicht säumen, nicht säumen.
Niedergeschleudert, daß mit die Hölle vergeht, daß die Lasten
Ihrer Gebirge, wird bald . . S. Ha, rufet es, brüllt es mir zu: Wer,
O, wer seyd ihr geworden? Ich lieg', hier lieg' ich (Satan
Zittert' es, stammelt' es) lieg' an dieser Verwüstung und starre
Weit hinunter gestreckt! Wo der Tempel der goldenen Tafel
Hatte gestanden, auf dieser geebneten Oede Gefilden
Lag Adramelech und rief, daß der Andren Stimmengetöse
Niedersank: Hier lieg' ich, du Weh' des Wehes! Gericht du,
Dem selbst sie verstummen, die Donner Gottes! Hier starr' ich,
Last' ich die Höll', ein Todtengeripp! Da der Engel der Erde
Ihre furchtbare Täuschung vernahm, mit der sie sich täuschten,
Bebt' er zurück. Die verworfenen Seelen, mit ihnen die Seele
Philo's, Ischariots Seele mit ihnen, waren, wie Wolken
Aus den Fernen, herüber zum todten Meere gezogen.
Jetzo sahn sie den Richter nicht mehr, sahn über dem offnen
Schreckengefild weit ausgebreitet Todtengerippe,
Engelgebein, und von ihnen umringt in seiner Gestalt stehn
Abbadona; allein auch er erblickte Gerippe.
Täuschung hatte sich über die ganze Hölle verbreitet;
Nur der eignen Verwandlung entsetzliche hatte der Seelen
Und des Engels geschont. Der feurige leuchtende Klumpen
Stand in der Mittagsgluth hoch über dem Meere des Todes
Erst entstellter, als sonst, von schwarzen Beulen des Urstoffs
Aufgeschwollen. Allein die öffneten sich und ergossen
Lichteren Brand, aus jedem der furchtbaren Rachen ein Gluthmeer.
Weißer ward das Schreckengefild bis hin, wo kein Auge
Mehr von einander vermochte die Grabgestalten zu sondern.
Aber auch da, wo die Seelen sie unterschieden, erkannten
Sie doch Keinen, als nur an seiner Stimme Gebrülle.
Denn, wie sonst die Stimmen herauf mit dem Ocean braus'ten,
Wie von dem Felsen herab sie schmetterten, schollen sie jetzt auch,
Jetzt nur dumpfer vor Qual, vor Wuth, vor Entsetzen gebrochner.
Satan richtete sich zuerst ganz auf, und allein stand,
Hoch stand Satan unter den Todten, schlug, daß es furchtbar
Wiederhallt' aus den Trümmern des Throns, mit der Hand an den Schädel,
Rufte der Klippe, die lang aus den Wolken schwindelnd herüber
Hing, das Entsetzen des fliehenden Wanderers, und dem Damm gleich,
Der in dem widertönenden Walde den Strom noch zurückzwang,
Welche zugleich jetzt stürzen; so brach sein wüthender Schmerz aus.

Ja, ich weiß, was es ist, daß diese Gestalt euch belastet.
Daß ihr ihn an dem Kreuz, bei den Schädeln tödtetet, würgtet,
Mordetet, ihn in das Grab eingrubt; das ist's, ihr Verruchten
Das, ihr Geripp', ihr Gräul, wovon die Verwesung, des Nagens
Müd', aufstand. Ha, ihr Ungeheuer, welche der Donner
Gottes zerstreu', und des Abgrunds Beben wieder vereine,
Wieder zusammenwerfe der Sturm, und das Meer in Empörung
Gegen den fliegenden Sturm, wenn es seine Ströme dahergeußt!
Ruft' es und schwankt' und lag, und strömte sich Flammen ins Antlitz.
Belielel klagete so in der Jammeröde:
Habt ihr die Blumen gesehn, die vor ihm (ach, Eden des Himmels,
Dich erblickt ich), vor ihm aufsproßten, hinter ihm schleunig
Welkten, dorrten, vergingen? Wir dorren ewig, vergehn nicht.
Ach, vergehn nicht. Er rief's und wünschte, daß unter ihm neue
Tiefen sich öffneten, ihn in ihren Gräbern zu bergen.
Endlich raffte sich auch Adramelech auf, ein Entsetzen
Aller Stolzen. Denn schnell entsank ihm die Kraft, und er stürzte
Nieder, daß laut das Gebein ihm hallt', und dunkel die Asche,
Dickgewölkt von dem Fallenden stieg. Lang' lag er Geripp da,
Als von der Täuschung genesen die Hölle war. Moloch strebte
Aufzustehen. Er saß, gestützt auf die dorrende Rechte,
Sprach zu Magog: Mir schwanken vom Wirbelwind die Gebeine,
Und mir heult der Orkan in dem Schädel; aber ich will es,
Aufstehn will ich. Es lieg' Adramelech! Er thut's, steht, fasset
Magog und reißet ihn auf. Nun standen sie, gingen sie. Magog
Rief: Den schrecklichen Leib, wenn es anders ein Leib ist, wir wollen
Ihn uns, Einer dem Andren, zerstören. Zermalm' das Gebein mir!
Ich zermalme dir deins. Das Uebrige, wenn wir nun sinken,
Werden die Donnerstürme zerstreun. Sie faßten einander,
Wollten zermalmen; allein wie in Felsen Orions gebrochen
War ihr Gebein. Sie stürzten von thürmenden Bergen sich nieder.
Aber als wär's in den Klüften der sieben Sterne gehärtet,
War der Hingestürzten Gebein. Sie mußten im Abgrund
Liegen bleiben, wie sie von der Höh' sich hatten gestürzet,
Liegen gestreckt, unbeweglich und stumm. Unnennbares Grausen,
Gleich aus wolkenbeladnem Gebirg herschäumenden Wassern,
Ueberströmete, so wie er lag in dem weißen Gefilde,
Gog und drang ihm hinab in des Geistes gesunkensten Abgrund.
Sieh', er krümmte sich, wand vergebens sich, nun noch zu leugnen,
Daß Gott sey; er brüllet' es, heulet' es, rang nach Vernichtung,
Winselte, ras'te nach ihr, griff aus mit der Sterbenden bangem,
Furchtbarem Greifen nach ihr und war. — So fühlte, wer der sey,
Der auf Golgatha starb, die unterste Hölle. So warnte
Neues Gericht sie mit schrecklicher Warnung: nicht aufzuhäufen
Auf Empörung Empörung dem letzten Gericht des Versöhners.

Siebenzehnter Gesang.

Der Messias erscheint Thomas. Er steigt mit Gabriel hinunter zu den Geistern derer, die in der Sündfluth umgekommen waren, und entscheidet ihr Schicksal. Viele Auferstandene erscheinen bei dem Grabe des Erlösers, vielen Frommen auf einmal. Lazarus ladet Freunde und Pilger, die zum Feste gekommen waren, zu einem Mahl in seinen Garten ein. Unter den Pilgern sind Auferstandene. Einige davon erscheinen. Erscheinungen sehen: Zwei, die nicht genannt werden; und Sebida, ein Zweifler. Lazarus redet von den Leiden des Versöhners, und geht hierauf zu dem Grabe Maria's, deren Seele dort ist. Erscheinungen sehen ferner: Eneus; Bethoron, der reiche Jüngling, der Christus nicht nachfolgen wollte; und Versebon, der dankbare Aussätzige.

Didymus hatte sich lang' von seinen Brüdern gesondert.
Jetzo kehrt' er zurück und kam zu der Hütt' an dem Tempel.
Aber er säumet' und ging nicht hinein und wandelt' am Eingang
Unter den Palmen. Er ging jetzt, lehnte sich jetzt an der Palmen
Eine. Bald hört' er sie singen. Da kam er und blieb an der Pforte
Stehn. Sie sangen ein Lied der Auferstehung, der neuen
Lieder eins, wie am Throne die Seelen der Märtyrer singen.
Jesus Christus erstand. Er wird die Seinen erwecken.
Seine Kindlein werden im Schooß der Erde nicht ewig
Liegen, entstellt von der Hand der Verwesung. Die Stimme des Segens
Wird ertönen, vor ihr verstummen des Fluches letzter
Laut. Erzengel werden sich freuen und leuchtender strahlen
Von den süßen Entzückungen über die Todten, die leben.
Ach, daß jetzo nicht mehr das Grab ist, nicht mehr die Verwesung
Herrscht, noch in Grüften zerstört der hohen Seele Genoß liegt.
Wehet, Winde, vom Morgen und bringt den Staub der Zerstörung!
Bringt der Zerstörung Staub, ihr wehenden Winde, vom Abend!
Brause, Sturm der Mitternacht, und bringe die Trümmer!
Jesus Christus erstand. Er wird die Seinen erwecken.
Seine Kindlein werden im Schooß der Erde nicht ewig
Liegen, entstellt von der Hand der Verwesung. Wie Träumenden wird es
Dann uns seyn, wenn wir wiederkehren ins Leben der Engel.
Wehet, Winde, vom Morgen, daß wir in das Leben des Engel
Wiederkehren! O, säus'le die Todten Gottes herüber,
Mittagswind, zu dem neugeschaffenen Paradiese!
Sieh', an der Pforte des ewigen Edens schrecket des Cherubs
Schweigen nie, droht nie die hohe Flamme des Schwertes.
Denn wir halten das Mahl mit dem Sohn in der Lebensbäume
Kühle, das Mahl, in dem Säuseln um uns, der Gegenwart Gottes.
Denn erstanden ist er, der bis zu dem Tode die Seinen
Liebte, bis zu dem Tod am Kreuz. — So hatte sie Thomas
Preisen gehört und war auf die Schwelle gesunken. Er deckte

Mit der Hülle sein Antlitz. Ihm floß die Thräne, wie Blut dem
Fließt, der am Leben verzweifelnd im Kämpfgefilde gestreckt liegt,
Und, ihr Gefährt', den Siegsruf hört der Streiter für Freiheit.
Noch vermocht' er nicht aufzustehn. In das müde Gebein drang
Strömender Duft ihm der Mitternacht. Er fühlt' ihn nicht, weinte,
Weinete laut mit der Wehmuth Schauer auf Wehmuthsschauer,
Daß ihm die ganze Seele zerfloß. Er riß sich mit Eil' auf,
Ging zu den Brüdern hinein. Nun sahen sie endlich wieder
Thomas, ihren Bruder, und kamen mit ihrer Wonne
Lebenswort ihm entgegen. Er hört's, und lange verstummt' er.
Aber es kehrete bald in die Seel' ihm wieder des Leidens
Furchtbare Kälte, senket' auf ihn den lastenden, starken,
Eisernen Arm, und er rufte: Seh' ich ihm in den Händen
Nicht die Male der Nägel, und leg' ich in diese Male
Meine Finger ihm nicht und nicht in des Lebenden Seite
Meine Hand; so glaub' ich es nicht. Der Hörenden Wange
Glühete, wurde bleich. Schon rauschten der Cherubim Flügel
Unter der Hütte Palmen, schon träufelt' ihr Auge von Wonne,
Schon erbarmete sich des Gottversöhners Erbarmung,
Und der Göttliche stand vor seinen Jüngern. So schöpfen
Christen, welche des Todes Graun erlagen, entschlafen
Nun, aus den Strömen des Lichts; so stürzete vor den Erstandnen
Thomas sich nieder. Der Göttliche sprach zu den Zeugen mit seiner
Herzlichkeit: Friede sey mit euch! Dann sagt' er zu Thomas:
Lege mir deine Finger hierher, sieh' meine Hände!
Lege mir in die Seite die Hand und sey ungläubig
Nicht, sey gläubig! Der bebende Zeuge des Auferstandnen
Rufte: Mein Herr und mein Gott! Da sprach der ewige Mittler:
Siehe, du sahst und glaubetest. Der ist selig, der nicht sieht,
Aber dennoch glaubt. Und jetzt war seiner Gemeinen
Herr und Gott vor dem Auge der ersten Zeugen verschwunden.
Thomas betet' ihm nach, stand auf und ging zu den Jüngern
Und zu den anderen Brüdern umher und bat um Erlassung
Seiner Schuld. Die Liebenden hatten lang' ihm vergeben.
Und der Selige sprach von dem Märtyrertode, dem Kleinod
An der Laufbahn Ziel. Sie sprachen mit ihm von des Blutes
Zeugniß, der Krone der Ueberwinder am Ziele der Laufbahn.
Aber itzt ward ihr Himmelsgespräch wie von selber zum Liede.
Seyd in der Zukunft Ferne gegrüßt, Gemeinen des Mittlers!
Seyd, o Brüder, gesegnet mit seines Todes, mit seiner
Auferstehung Segen, o, die ihr im Leben der Prüfung
Ihn nicht seht, erst jenseit der Gräber den Göttlichen sehet,
Aber dennoch glaubt! Glückselige, wandelt des Himmels
Wandel und legt hier eine Gemeine zum Tod euch nieder
Und zu dem Schaun, legt eine dort euch nieder zum Tode
Und zu dem Schaun! — Es werden einst euer Einige wandeln,

Ach, in schrecklichen Zeiten, den Wandel zum Tod und dem Schauen.
Kämpft — er kräftiget euch — kämpft dauernden Kampf! Uns, Brüder,
Höhnten und tödteten sie; euch höhnen sie nur, und dennoch
Kürzt der eure Zeiten, wie er die unsrigen kürzte,
Der, für uns und für euch von dem Anbeginne geopfert,
Bis an das Ende der Welt bei denen wird seyn, die er liebet.
Seraphim waren seit Christus Geburt hinab zu den Geistern
In dem Gefängniß gestiegen, den Seelen derer, die damals,
Da der Wasser Gericht der Erde nahte, nicht glaubten,
Waren gekommen und hatten den Geistern viel von des Mittlers
Heile verkündet; es hatte geweissagt Gabriel: Höret,
Geister, Bewohner vordem der jüngeren Erde! Des Menschen
Sohn wird selber zu euch, eh' er zu dem Himmel zurückkehrt,
Nieder in euer Gefängniß, in seiner Herrlichkeit, steigen.
Wenn in der weiten Fern' des Himmels Gethsemane bebet,
Und ihm die Palmen wanken, alsdann wird der Göttliche kommen.
Unter den Geisterschaaren der untergehenden Erde
Hatte seit Christus Geburt der Unsterblichen Botschaft Gedanken
Tausendfacher Gestalt hervorgebracht und vernichtet,
Wandlung auf Wandlung, bis sie zuletzt Gewißheit erblickten;
Etliche nur, — denn Unzählige wallten umher in der Irre,
Aber ohne des Heiles Verlust, wenn das Herz nicht verführte.
Neuer Anblick des Künftigen; Licht voll Dämmrung; geglaubtes
Licht und dennoch Nacht; Verlangen, heiß, wie getrennte
Seelen allein es zu haben vermögen; Wünsche, gen Himmel
Jetzt auf Flügeln erhoben, itzt niedergestürzt von dem Himmel;
Hoffnung, ach, Hoffnung; Zweifelt, nicht nur, ob dereinst Genuß sie
Endigen werde Zweifel auch an der rechten Erkenntniß
Deß, was die Engel von dem verkündeten, welcher ein Mensch sey
Und ein Versöhner Gottes; Empörung, von neuem sich sträubend
Wider das Schicksal oder die Vorsicht; Wehmuth, daß selber
Diese Rettung sie nicht erretten würde, vergrämte,
Bittere Wehmuth; Stolz, vor den Wiedergerufnen der Ersten
Pfad zu betreten; vor ihnen die hellste Palme zu tragen;
Wuth, kein Erbe zu haben im Reich der Freien, kein Erbe
Dort, wo die Nacht nicht mehr und die Ungewißheit umwölke; —
Dieß, dieß Alles umgab, durchdrang die langebestraften,
Langgeprüften Geister der untergehenden Erde.
Und sie hatten empor aus ihrer Tiefe zu Schaaren
Späher gesandt, die hinüberschaun nach Gethsemane sollten
Und den Palmen umher und kommen dann und verkünden:
Siehe, Gethsemane bebt, und es wanken des Sternes Gefährten.
Einige Todte ruften von Klüften zu Klüften: Die Zeit naht!
Und: Die Zeit naht! schollen die Wiederhalle des Abgrunds.
Haufen sonderten sich und schöpften voll aus dem trüben
Feuerstrome die Schalen und hielten sie hoch und suchten

Pfade sich, fehlten und fanden den Ausgang; kehreten wieder,
Ruften: noch bebe der Stern nicht! Die anderen Haufen entdeckten
Nun den Ausgang auch und kamen nicht wieder. Da strömt' es,
Hoch die Flamme, den Haufen in Schaaren nach. So empört sich,
Heben sich Stürme, das Meer; erst rauschen Wellen wie Hügel,
Aber nicht lang', und es brausen Wogen wie Berg' ans Gestade.
Etliche kehrten zurück. Denn immer wallten die Sterne
Ihres Weges noch fort. Doch weit hinab an dem Strome
Standen, die Flamme bereit zu schöpfen, unzählbare Todte,
Daß sie eilten und schauten, wenn nun der Verheißne des Engels
Käme, wenn nun die Erscheinung des lebenden Todten erschiene.
Jesus sprach zu Gabriel: Eile voran! Und der Seraph
Schwebte nicht lang', so trat er, wie sie noch niemals ihn sahen,
Ganz mit Herrlichkeit überkleidet, mit Strahlen des Urlichts,
In des Gefängnisses Thor. Da wurde Gethsemane stärker,
Nun noch stärker erschüttert, so sehr, daß die wartenden Haufen
Endlich sahn, wie der Stern mit wankenden Pol aus der Bahn wich.
Schaaren eilten hinab, zu verkündigen, sahen den Seraph
Kaum, der vor ihnen in der Herrlichkeit stand. Der Versöhner
Kam, und Tag ging auf vor dem Göttlichen, leuchtet' hinunter
In des Gefängnisses tiefes Geklüft, auf die Felsenhänge
Voller trüber Quellen, hinab in die fernsten Gewölbe
Unter den Felsenhängen, wo etliche Todte mit dumpfem,
Jetzo schnellem Geklirr diamantne Ketten bewegten.
Erst erschütterte Staunen, alsdann entflammtes Verlangen,
Endlich enthüllt ihr Schicksal zu sehn, die Versammlung der Todten;
Nur enthüllt, — so dürsteten Einige, was für ein neues
Schicksal auch hinter der Nacht, die jetzt sie umgäbe, sich hätte
Aus den Tiefen erhoben des unerforschlichen Richters.
Gabriel blies die Posaune: Wir haben von seiner Geburt an
Euch den Versöhner verkündet. Er forschet Alles, er weiß es,
Wie ihr seitdem bis jetzo von Gott und von ihm gedacht habt.
Nicht, wie ihr nun, da ihr ihn in seiner Herrlichkeit sehet,
Aber, wie ihr zu der Zeit der Verkündigung dachtet und wünschtet,
Wird euch der Allgerechte und Allbarmherzige richten.
Feierlich kamen die Engel, die einst des Versöhnenden Boten
An die Geister waren, herab, und sie standen vor Christus,
Heller vom Tage, der war vor dem Göttlichen aufgegangen,
Standen die Cherubim da, das Entsetzen Vieler und Vieler
Wonnanblick. In furchtbarer Schöne begannen die Engel
Aufzusteigen, zu schweben, so weit die Gefilde der Tiefe
Sich ausbreiteten unter den Todten, und niederzuschauen.
Nahe war die Entscheidung herzugekommen, und Grauen
Vor dem erschütternden Donnerschlage befiel die Versammlung.
Stiller ward die Stille. Bald aber erscholl's in den weiten
Trauergefilden hier aus einem Gedräng und aus einem

Dort von Rufen, von schnellem, gebrochenem, flehendem Rufen
Um Erlösung. Der Allbarmherzige, Allgerechte
Hörte mit diesem Rufen, was sonst kein Unsterblicher hörte,
Selbst der Seelen leises Gebet, die mit Demuth von ferne
Standen. Da schwebten hinab der Botschaft Engel und gingen
Unter den Schaaren umher und sonderten. Stunde der Wonne
Und der Thränen (der Wonne war mehr), wo tönet die Harfe,
Welche von dir zu singen vermag? O, rührt' ich sie, sänge
Sie von den Thränen auch, und, wär' ich gelehrt durch den Engel,
Der sie mir hätte gebracht, auch von dem künftigen Heile
Derer, die weinten, viel mehr, als weinten, belastet von Elend
Wider die Vorsicht murrten und, ach, erblos in dem Lichtreich,
Wie sie wähneten, ewig nun und von der Verzweiflung
Strom ergriffen und Strudel gedreht und Sturm, sich empörten.
Jetzo war die Sondrung vollbracht. Die Schaaren der Freien
Steigen verklärt aus der Tief' empor und folgen den Engeln,
Die sie führen. Die Führenden sind zu der weiten Wallfahrt
Durch die Welten umher mit hellen Gürteln, als hätte
Sie die Morgenröthe gewebt, begürtet und tragen
Goldene Stäbe, mit denen sie oft, wie sehr auch der Reise
Durch die Welten die Pilger sich freuen, gen Himmel weisen.
Als die letzte Schaar der Freien die Tiefe verließ, kam
Schnelle Dämmerung, ging noch schneller unter der erste
Ihrer Tage. Gehüllt in dauerndes Dunkel wie vormals
Blieb drei Erdewendungen lang die Versammlung der Geister
Sprachlos stehn; an der vierten erhoben sich Etliche, gingen
Hin zu dem Feuerstrom und schöpften mit wankender Schale
Wenig Schimmers, umher in den Klüften ihrer Genossen
Stätte zu suchen. Sie fanden der Stätten viele verlassen,
Wendeten aus der Oede sich weg und klagten, des Jammers
Voll, den Genossen, der Bruder dem Bruder, dem Freunde der Freund
nach.

Auf der Erde schon sind Freuden, in denen des Grabes
Erbe die künftige Wonne vorausempfindet. Ach, frühe
Blüthen, welken sie schnell; doch blühete also des Lebens
Baum in Eden. Nephthoa befiel nach einem der frohsten
Seiner Gebete süßer Schlummer. So träuft auf des Lenzes
Erstlingsblume der Thau. Bald hört' im Traum er die Stimme:
Schlummerst du noch und gehest nicht hin, zu erzählen den Frommen,
Daß dir ein Bote Christus erschien, im Strahlengewande
Einer, den Gott dir sandte, der Heimath Einer des Himmels?
Und er eilt nach Golgatha's Grabe. Die Seinen — so denkt er —
Weilen gewiß dort oft. Sie wallen von Salem zum Grabe,
Sehen's und sich und wandeln zurück, bald wiederzukehren.
Auf dem Wege des Grabes und in dem Garten, wo Christus
Todesstätte war, da, neben dem Felsen versammelt,

Find' ich seine Treuen. Der junge, noch sterbliche, frohe
Himmelsbote verließ mit dem werdenden Tage die Thore
Salems, und schon betrat er den Weg, so nach Golgatha führte.
Ihm begegneten Jünger des Mittlers, die von dem Grabe
Kamen. N. Verließet ihr Jünger im Garten der Auferstehung?
Kehret denn wieder zu uns und bringt der seligen Zeugen
Mehr in der Palme Beschattung! Ich habe der himmlischen Botschaft
Viel für euch und für sie. An des Gartens nahem Gehege
Spieleten Knaben. Er sonderte neun der freudigen Knaben.
Fünfe hatte mit ihm einst unter dem Volke gesegnet
Jesus, unser Erbarmer, der Säuglinge Gott und der Kinder.
Und Nephthoa erkor die andern. Ihn leitete Christus
Weisheit. So leitet Engel, indem sie sich Erben des Himmels,
Sie zu schützen, erwählen, die Weisheit Christus. Die Knaben
Kamen zum offenen Grabe, beschauten die furchtbare Tiefe
Und die Felsenlast, die weggewälzt vor ihr dalag.
Freudig schauerten sie, doch auch mit Schrecken, indem sie
Ueber sich der alternden Bäume Wipfel erblickten.
Und sie irrten umher in dem Schatten des dichteren Laubes
Und des helleren, welches der weiße Lenz mit dem Brautschmuck
Seiner Blüthen durchwebte. Sie fanden gegen des Grabes
Eingang über im Glanz des lieblichen Morgens auf weichem
Jungen Grase, beströmt von dem Duft der Blüthengerüche,
Heilige Gottes und sie in sanfte heitere Ruhe
Ausgegossen und sie mit der Freudenthrän' in dem Blicke,
Eine selige Schaar, der Auferstehung des Mittlers
Einst Verkündiger, Feirer jetzt. Sie sahe Nephthoa
Ehrfurchtsvoll; doch er war auch der göttlichen Boten
Einer und an sie. Viel' Heilige kannten den Knaben,
Kannten seine Gespielen. Er säumt zu reden; doch alle
Sehen's an ihm, daß Stimmen des Heils auf den Lippen ihm schweben.
Aber er säumte nicht lang'; denn schon begann zu dem Grabe
Jener begegnende Haufe mit neuen Haufen zu kommen.
Da erscholl von Benoni's Erscheinung die Stimme Nephthoa's,
Wie er ihm lockte sein goldenes Haar, wie Benoni von Christus
Sprach, der Auferweckte vom auferstandnen Vollender.
Und die neuen Freuden ergriffen die Hörenden, brachten
Sie noch näher dem Himmel. In dieser süßen Begeistrung,
Dieser Vorempfindung der ewigen Wonn' an dem Throne,
Strömte das Herz der Heiligen aus, und sie sangen dem Sieger,
Der zertrat. Ihm blutete nun nicht mehr von der Schlange
Wuth die Ferse. So wie der Gesang in Strömen dahinfloß,
Tanzten die Knaben den heiligen Reihn zu dem Siegesgesange.
Siehe, der Himmelsbogen erhob nach furchtbaren Wettern
Sich in der Wolke. Der Bund ist ewig, der Auferstehung
Bund ist ewig. So wie der Gesang in Strömen dahinfloß,

Tanzten die Knaben den heiligen Reih'n zu dem Siegesgesange.
Und die Mütter bekränzten mit Frühlingslaube die Knaben.
Siehe, die Thränen alle, sie wurden alle getrocknet,
Da das geopferte Lamm versöhnet hatte, nicht Tod mehr
War der Tod. So wie der Gesang sich in Strömen dahingoß,
Wandten die Knaben im heiligen Reihn nach Golgatha's Höh' sich.
Und die Mütter brachten den Knaben Sprosse der Palme.
Ach, der Lebende sprach mit seiner Stimme: Maria!
Und sie lag zu den Füßen des Gottversöhners und rufte,
Rufte: Rabbuni! So wie der Gesang sich in Strömen dahingoß,
Tanzten die Knaben den heiligen Reihn zu dem Siegesgesange.
Rief: Mein Herr und mein Gott! Er hatte die Male gesehen
Seiner Wunden, hatte die Hand in des Auferstandnen
Seite gelegt. So wie der Gesang in Strömen dahinfloß,
Tanzten die Knaben den heiligen Reihn zu dem Siegesgesange.
Ach, auch wir erwachen dereinst von dem Tod; es erwachen
Alle bis hin zu dem Ende der Erde, die liegen und schlafen,
Todte Gottes. So wie der Gesang in Strömen dahinfloß,
Tanzten die Knaben den heiligen Reihn um eines der Gräber,
Warfen die Kränze darauf und tanzten zum Siegesgesange.
Schleunig lassen sie sinken die Palmen. Denn auf des Felsen
Höhe, des Grabes, das leer nun war, erschienen Erstandne;
Und der Siegesgesang verstummet. Drei der Erwachten
Standen in ihrer Herrlichkeit da, und es schwebte wie Wolken
Bei den Erscheinenden. Jetzo trat aus dem Silbergewölke
Asnath langsam hervor und ward zu Glanze. Debora
Hub ihr Antlitz und hub die gefalteten Hände gen Himmel
Aus der Wolke, bis endlich auch sie, ganz Schimmer, dastand.
Aber Jedidoth schwebte daher, als käm' er aus jener
Fern', wo nieder des Himmels Gewölbe sich senkt; doch auf einmal
Stand er neben Debora. Und Isak begleiteten Engel
Und bewunderten ihn, den Schönsten der Auferstandnen.
Rahel weht die goldene Locke, da sie aus dem weißen
Dufte Benjamin führt mit einer Liebe, daß alle
Mütter die Mutter erkannten. Da kam in der Sterblichen Seele
Sanftere Freude, da fingen sie an, dem bangen Erstaunen
Sich zu entreißen. Nicht lang', und es traf sie neues Erstaunen.
Denn nun stand Jesaias und Abraham da und Hiob,
Strahlengestalten. Die Sterblichen bebten. Nun kamen des Mittlers
Täufer und Seth und Abel, kam mit Gabriel Adam,
Blitze Gottes. Die Sterblichen sanken. Der Fels wankt' ihnen
Und das Gefild umher. Doch die Seele der Sterblichen wurde
Wieder entlastet. Denn Eva kam mit milderer Schöne,
Trat einher und führte, wie sie der erfrischenden Mondnacht
Schimmer umgab und des Himmels Bläue, den Jüngling Benoni.
Da erhuben die Zeugen sich wieder und sahen des Himmels

Erden mit Seelenerquickung, mit unaussprechlicher Wonne,
Fühlten es ganz, wie selig sie waren. Schnelles Entschlusses,
Näherte sich Nephthoa dem Fels. Er hatte die Palme
Wieder genommen; er hielt sie gegen Benoni und sagte:
Ach, dich kenn' ich; allein die hohen Strahlengestalten,
Deine Gefährten, kenn' ich nicht. Gesendete Gottes,
Siehe, der euch mit diesem Glanz, der Herrlichkeit Lichte,
Segnete, segnet' auch mich. Zwar bin ich noch Erd', und es muß noch
Dieser Leib mir verwesen; allein ich bete wie ihr den,
Der versöhnet hat, an. Auch waret ihr vormals, wie ich bin,
Sterblich und truget die Last des gefürchteten Todes, bis nieder
Euch des kommenden stürzte. Vergönnt, vollendete Fromme,
Mir, den Christus segnete, daß ich dem furchtbaren Felsen
Näher trete, noch näher schau' der Himmlischen Antlitz!
Eva wendete sich zu Adam: Der freudigen Ahnung,
Adam! Nicht lange, so bricht die Blume der Tod. Und sie stand schon
Bei dem Knaben und führet' ihn hin zu Benoni. Doch jetzo,
Da er mitten im Kreise der Himmlischen war, und ihr Lächeln
Seinem erhobenen Blicke begegnete, zitterten Schauer
Durch des kühnen Knaben Gebein. Ihm hüllte Debora
Sich in Dämmrung und sprach mit ihm: Du hörtest die Zeugen
Christus singen. Sing' uns ihr Lied! Da begann er mit leiser
Stimme der Zeugen Lied, und der Seligen Harfen beseelten's:
Siehe, der Himmelsbogen erhob nach furchtbaren Weitern
Sich in der Wolke. Der Bund ist ewig, der Auferstehung
Bund ist ewig. So wie sein Gesang, beseelt von den Harfen,
Hinfloß, schwang er den Palmenzweig und wies auf des Herrn Grab.
Siehe, die Thränen alle, sie wurden alle getrocknet,
Da das geopferte Lamm versöhnet hatte, nicht Tod mehr
War der Tod. Was säumet ihr, sprach in sanfterem Lichte
Asnath, dem Knaben der Psalmen den Kranz von dem Grabe zu bringen?
Magdale Mirjam kam und bekränzte den Knaben der Psalmen.
Ach, der Lebende sprach mit seiner Stimme: Maria!
Und sie lag zu den Füßen des Gottversöhners und rufte,
Rufte: Rabbuni! So wie sein Gesang, beseelt von den Harfen,
Tönete, träufelten ihm von dem hellen Auge die Thränen,
Rief: Mein Herr und mein Gott! Er hatte die Male gesehen
Seiner Wunden, hatte die Hand in des Auferstandnen
Seite gelegt. Da so sein Gesang, von den Harfen beseelet,
Strömete, hielt sich nicht mehr die wonnevolle Versammlung
Bei dem Felsen; sie stiegen hinauf zu den Seligen Gottes,
Und sie traten hinein in den strahlenden Kreis und begannen:
Ach, auch wir erwachen dereinst von dem Tod; es erwachen
Alle bis hin zu dem Ende der Erde, die liegen und schlafen,
Todte Gottes. So wie ihr Gesang den Flug des Triumphs flog,

Hoben die Harfen den Schwung wie am Thron zu dem Wonnegesange.
Jetzo ward ein Chor die Versammlung der sterblichen Christen
Und der Vollendeten. Alle sangen dem Sohn, mit der Stimme
Lautes Jauchzens die Himmlischen, leises Stammelns die Menschen:
Preis und Ehre dem Ueberwinder, dem Löwen aus Juda
Und dem Lamm auf Sion, der hohen Aehre von Jesse!
Aber am Golgatha lag sie gesenkt; hub schnell an des Blutes
Hügel wieder sich auf, die erste der Ernte. Den Völkern
Allen schattet sie einst, und das Labsal des göttlichen Schattens
Wird in Ewigkeit laben. Da ruften die Schnitter nicht, sanken
Aus der Cherubim Hand die Posaunen, da Jesus Christus
(Preis und Ehre dem Ueberwinder!) da Jesus Christus
Auferstand. Die Stimme des Seligen Gottes verlor sich
In der Entzückung; ihr Glanz erlosch. Die Todten verschwanden.
Lazarus Hütte lag und Martha's in schattigen Gärten,
Die ein luftiger Bach durchfloß und mit einem der Gänge
Leise zum Grabe Mirjams kam. Aus eben dem Grabe
Hatte den Bruder herauf der Todtenerwecker gerufen.
Aber die himmlische Schwester schlief den eisernen Schlaf fort,
Jetzo ohne Klage der Nachgelass'nen; denn Jesus
War erstanden, zu ihm die himmlische glückliche Mirjam
Hingegangen. Aufs Grab der Hingegangenen streute
Martha mit jeder kommenden Sonne des nährenden Baches
Hellste Blumen, wie sie von der Zähre der süßen Hoffnung
Troffen, der Hoffnung des Wiedersehns, wenn sie bei der Schwester
Bald nun läg' und schlief den eisernen Schlaf in der Erde,
Blind den Blumen und taub dem sanften Falle des Baches;
Aber die Seele bei Mirjams Seele. Sie kam von dem Grabmal
Eben zurück, als Lazarus ihr begegnet' und sagte:
Martha, ich sendet' und lud der Brüder ein, der Versöhnten,
Auch der Pilger vom siebenarmigen Strom und den Inseln
Griechenlandes zum Mahl in dem Schatten und Weste, zum Liede
Unserer lieben Sänger im Busch und der Harfe Gesange.
Martha eilet' und war geschäftig, das Mahl zu bereiten.
Lazarus ging und streuete Blumen und thaut' in der Lauben
Kies aus dem kühlenden Quell und bog die Zweige, des Schattens
Mehr zu geben und mehr dem Sonnenstrahle zu wehren.
Und, ob er wohl bei dem frohen Geschäft, die Lauben zu schmücken
Und zu kühlen, am Grabe der himmlischen Schwester vorbeikam,
Troff ihm die Thräne doch nicht der Todeserinnrung: Ich sehe
Bald sie wieder! und brach der Blumen selbst auf dem Grabe.
An dem Bache hatten sich schon mit der Harf' und der Gidith
Seiner Jugend Gespielen um eine Palme gelagert,
Mit der Asoor, der Cymbale, dem Horn und jener Posaune,
Die den Donner nicht hallt und von hellem Tone nur zittert.
Sie empfanden voraus der Lieder Freude, die, käme

Nun der Abendstern und der silberne Mond mit dem Sterne,
Von der Palme sich sollten umher in die Lauben ergießen.
Jetzo war nach und nach der Geladnen Versammlung gekommen.
Und sie saßen umher in den luftigen Lauben und fühlten
Freude, die nun nicht mehr voll Ungestümes die Seele
Ueberwältigte, die, gleich leisen Bächen, das Innre
Ihres Lebens durchwallte. Was hatten sie nicht von des Mittlers
Zeugen gehört, was selber gesehn, was durften zu hören
Sie nicht noch und zu sehn erwarten, die Söhne des Bundes,
Ach, des neuen, welcher auf sie mit Herrlichkeit strahlte,
Der, gestiftet durch Tod, durch Auferstehung gestiftet,
Ihnen zum fröhlichen Tage das Leben und heiteren Abend
Machte (Wenige nur sahn, trübe den Blick, in die Zukunft)
Und zum süßen Schlummer den Tod! Kein Zweifel bewölkte
Ihre Seelen; nicht jene Belastung der Ungewißheit,
Die in der Trübsal Stunde sogar auf Fromme sich stürzet,
Drückte sie nieder. Sie waren beinah schon über dem Grabe,
Neideswerth, wenn dem Bruder ein Christ es könnte beneiden,
Daß von dem Allbarmherzigen ihm der Begnadigung mehr ward.
Silberfarben wallte der Mond, der Stern, sein Gefährt', stand,
Funkelt am weißlichen Himmel. Die frohe Versammlung zerstreute
Sich aus den Lauben umher und genoß des kühlenden Abends.
Von Gespräch zu Gespräch kam Dimnot, ein Pilger aus Samos,
Endlich dahin, daß er sagte zu dem, mit dem er der neuen
Freundschaft erstes Gefühl, die Lust der Edleren, theilte:
Ach, du meinst noch, der Tod vernichte? Muß denn das Saatkorn
Nicht aufschwellen, bevor zum lebenden Keim es sich hebet?
Muß die Wolke zu Nacht nicht werden, eh' sie in den schnellen,
Zückenden Blitz, in den Rufer Gottes, den Donner, sich wandelt?
Soll die hohe Seele denn stets in dem sterblichen Leibe
Wohnen, des Daseyns erste Bahn auf immer betreten?
Dieß nur sagt' er und handelte schnell. Mit Strahlen umgeben,
Stand er vor seinem Freund auf einmal da und erweckt' ihn
Mächtig erschütternd vom ängstlichen Traum der geglaubten Vernichtung.
Von Gespräch zu Gespräch kam Kerdith, ein Pilger vom Nilus
Endlich dahin, daß er sagte zu dem, mit dem er der neuen
Freundschaft erstes Gefühl, die Lust der Edleren theilte:
Glücklicher, der es nicht weiß, wie sehr er es ist, dich ergreift noch
Stets der Gedanke, es sey auf dieser Erde des Elends
Mehr, wie der Freude. Bald wird sich der Schmerz des trüben Gedankens
Lindern, viel mehr, als lindern, wird dich auf immer verlassen.
Glücklicher, der es nicht weiß, wie sehr er es ist, und wie sehr sich
Das ihm nahet, was ihn schon in dem Leben am Grabe
Ueber das Grab wird erhöhn, des Todes furchtbaren Abruf
Ihm in Himmelsgesang, das Bild der nahen Verwesung

Ihm wird wandeln in trunknes Gefühl, in Ahnung verklärter
Zukunft voll: es entkeime dereinst dem gesunknen Gebeine
Auferstehnng. Mir ist, mein Bruder, durch den, der uns Alle
Schuf, uns Alle versöhnte, schon Auferstehung geworden.
Ach, er rief's mit dem Tone der innigsten Wonne dem Freunde,
Stammelt's ihm zu und strahlte die Morgenröthe des Urlichts
Auf den Erstaunenden, säumt' und säumte, sein leuchtendes Antlitz
Wegzuwenden, blieb vor ihm lang' in der Schönheit der Engel
Stehen, that dem Bebenden, that dem Verstummenden froher
Eilender Fragen Viel', wich seitwärts wie Dämmrung, da dieser
Hinzusinken begann in die Blumen um ihn; doch enthüllt' er
Wieder sein Licht und kam zu dem Hingesunkenen wieder.
Endlich sahe den nicht Verschwundnen, vom Schrecken der Freude
Uebernachtet, sein Freund nicht mehr. Sie fanden mit bleicher
Wang' ihn liegen und huben ihn auf und reichten ihm Labsal.
Finster und scharf war Sebida's Blick. Er saß auf dem Moosstein,
Und ihm glühte vom Denken die Stirn: Ich, der der Gewißheit
Lang' entsagt hat in Dingen des künftigen Schicksals, dem Zweifel,
Wie er das Herz auch belaste, sich lange schon unterworfen,
Ich soll glauben, der Pilger Etliche, die ich vor kurzem
Hier noch sahe, Sterbliche sah, die sey'n Erstandne?
Die erscheinen? Und soll nicht glauben, der Sehenden Seele
Werd', indem sie Gedanken von Auferstehung entflammen,
Durch Vorstellung getäuscht, der Wirklichkeit mangelt? Erscheint denn,
Todte, dem forschenden Untersucher, der Wesen vom Bilde
Sondert, erscheinet, Todte, die leben! Denn Wirklichkeit kenn' ich;
Leben auch. Ich schau' um mich her, und ich flehe vergebens.
Japhet, ein Pilger aus Tenedos, kam heran zu dem Zweifler,
Stand, von der Helle des unbewölkten Mondes umgeben,
Nahe vor ihm und sprach mit ihm von der doppelten Täuschung
Bald der gewöhnten Gewißheit und bald des ergrübelten Zweifels,
Alles, nachdem der Geist zu der Ueberzeugung sich neige
Oder wieder sie sich sträube. Der Weisere köre
Dinge sich aus und Beschaffenheiten der Dinge, die sichtbar
Vor ihm lägen, und die er zu übersehen vermöchte;
Böten aber sich ihm aus weiteren Kreisen der Kenntniß
Andere dar, so erforschet' er sie wie die aus den engern,
Sähe wie sonst, verdrehte bei Ueberschauung des Höhern
Nicht den Blick und täuschte sich nicht durch ergrübelte Zweifel.
Ernstvoll sagt' es der Pilger und kalt, und auf einmal verschwand er.
Ist verschwunden, verschwunden und nicht erschienen? Allein er
Ist ja erschienen, nur nicht in seiner Herrlichkeit. Sehen
Soll ich wie sonst. Ich sehe wie sonst. Er ist mir verschwunden;
Ist mir also erschienen. Wer sendet' ihn? Kam er von selber,
Oder sendet' ihn Gott? Ist er auch von selber gekommen;
O, so ist er immer doch Einer, dem es bekannt war,

Daß ich Belehrung bedurfte, und der mich mächtig belehrt hat.
Wär' er nun gar ein Bote von Gott? So entrann ich dem Meer denn
Dieser Zweifel, worin ich versank. Entronnen, entronnen
Bin ich, ich bin durch einen Sturm ans Gestade gerettet,
Steh' und schaue freudig hinab und höre die Woge
Tod herrauschen und fürchte nicht mehr die wüthende Woge.
Aber ihm ward der Gnade noch mehr. Der verschwundene Todte
Kam in seiner Herrlichkeit wieder. Es sah in dem Schatten
Einer Palme den Strahlenden Sebida kommen, darauf ihn
Näher schweben, zuletzt in dem Glanze gemildertes Lichtes
Gegen ihn über, als wollt' er daselbst der Ruhe genießen,
Nieder auf einen Fels sich setzen. Frei, wie der Heitre
Lüfte, gelös't von den Banden allen der Zweifel, von allen
Ihren Bürden entlastet, befragte jetzt die Erscheinung
Sebida, hörte von ihr die süße Stimme der Antwort
Ueber Vieles von diesem und jenem Leben und beider
Nahem Verhalt, und wie Gott es Alles mit Herrlichkeit ende.
Endlich rief er: Wer aber bist Du, Erscheinung vom Himmel?
Ja, Erscheinung vom hohen Himmel, doch auch aus dem Grabe, —
Ich bin Joseph. Dir lebt dein alter Vater noch. Eile
Und erzähl' es ihm, daß der redliche Greis auf des Sohnes
Wangen fühle die Freudenthräne des Sohns und ihn segne!
Unterdeß stand der Versöhner auf Tabors Höhen und legte
Richtend That, Absicht auf die Wagschal', wog; auch sah er,
Welche Seligkeit denen ward, die bei Lazarus weilten.
Lazarus redte mit Ernst und unwiderstehlicher Anmuth
Von den Lehren des Mittlers, wie er jetzt tiefere Weisheit,
Nahrung sie und Leben des Menschen, enthüllet mit Einfalt,
Jetzo von fern nur hätte gezeigt des Sterblichen Auge.
Sind hinüber, so sagt er, die kenntnißbegierigen Wandrer
Ueber das Grab gegangen; so wird die Ferne zur Nähe,
Und sie lernen zugleich, warum dieß nicht früher geschahe.
Viele Fragende standen um Lazarus her, und Antwort
Hatt' er schon vielen gegeben. Itzt sagt' er Einem der Pilger,
Der ein Unsterblicher war, kein Pilger mehr auf der Erde:
Unseres Mittlers Erniedrigung?... Ist für den schärfsten der Blicke
Abgrund, wo am unmerklichsten sich die größten der Thaten
Zeigen. Denn dort, wo sie sind, sinkt am tiefsten die Tiefe.
Lasset uns menschlich reden von göttlichen Dingen; denn anders
Können wir nicht. Ein Mensch, der edler ist, handelt; verkennet
Wird er, ist voller Gefühl, empfindet es, daß er verkannt wird,
Leidet. Was ist er? Ein irrender sterblicher Mensch, der ein wenig
Besser ist, als die Andren. Und dennoch weinet er, hält er
Bittere Thränen zurück, die gerecht ihm scheinen. Und Christus
Unser Mittler? Wir stehen an der Tiefe. Vergleicht; vergleichet
Aber auch nicht. Sonst muß ich schweigen. Der Mittler ist Gottes

Sohn, ist Gott. Hier schwindet zu Nichts das Bild vor dem Urbild.
Und er handelt. Auch hier wird es Schatten. Verkennet? In Allem
Ganz verkannt! Und die Thränen, die der Erhabne zurückhielt?
Wären gerechtere jemals geweinet worden? Doch Alles,
Was der Mensch durch sich selbst sich erklärt, ist fern von dem Leiden,
Das der Heilige litt, ist fern vom Gefühle, mit welchem
Er es litt. Verkannt nur in Allem ganz? Voll stärkres,
Tiefres Gefühls, wie ein Mensch empfunden, empfunden ein Engel,
Wurd' er gehöhnt mit der Hölle Hohn, wurd' unter lautem
Schlangengezisch in Purpur gehüllt, ein Rohr ihm gegeben
In die Rechte zum Zepter, aus Dornen dann um die Schläfe
Eine Kron' ihm gewunden; er ward geführt zu der Schädel
Höhe, geheftet ans Kreuz; nach Labsal ruft' er, mit Galle
Wurd' er gelabt, an dem Kreuz mit langsamen Tode getödtet.
Lazarus endete so und ging aus der Laube. Zuletzt war
Er allein zu der frommen Maria Grabe gekommen.
Und er setzete sich auf die Ruhestätte der Todten,
Senkt' in frohen Gedanken und wehmuthsvollen sein Haupt: Da,
Ach, da reift sie der Auferstehung. Vom todten Messias
Hörtest du nur, da du starbest, und nicht vom Erstandnen; allein du
Weißt es Alles und bist (mich täuschten ja Engel, wär's anders),
Bist bei ihm. Noch segn' ich dir nach, du Schlummernde Gottes!
Doch die Unsterbliche war bei ihrem Grabe. M. Was hätt' ich
Ihm zu erzählen, könnt' ich mich, wie die Erstandnen des Mittlers
Sich den Zeugen entdecken, ihm auch entdecken! Allein er
Wird ja vielleicht, wie es schon sein Semida ward, wie es Cidli
Wurde, verklärt. L. O Abend, den Gott mich erleben in diesem
Zweiten Leben läßt, glückseliger Abend, wie machen
Dich mir festlich die Pilger des Herrn! Wie würde Maria,
Lebte sie, deiner sich freun, wie forschen, wer wirklich ein Pilger,
Wer ein Unsterblicher sey, schon Einer der Heimath des Himmels!
M. Könnt' ich dir nur erscheinen! Ich wollte, du Theurer, sie Alle
Dir entdecken, wer in dem Staube noch wallet, und wer nur
Erdebewohner euch scheint. Die Unsterblichen, Lazarus, haben
Eine Hoheit, die sie nicht stets zu verbergen vermögen,
Schaun bisweilen wie Engel auf euch. Wer Acht hat und sehn kann,
Sieht es. Ich rede ja da, als wär's mit dem Bach und dem Grabe.
Lazarus höret mich nicht; mich hören der Bach und das Grab nicht.
Doch will ich mich, mein Bruder, der süßen Täuschung, als könnt' ich
Mit dir reden, noch überlassen. Der Greis mit dem schönen
Blüthenhaar und dem röthlichen Wanderstab an der Palme
Ist Husai. Der Jüngling, der dort an der Krümme des Baches
Erst das Auge gen Himmel erhebt, ist Jethro, der Schäfer
Midians. Siehe, sie ist in einen Schleier, dem Duft gleich,
Eingehüllt und mit Golde gegürtet, die sanfte Megiddo,
Jephtha's Tochter. Es war der itzt Schweigenden Blick zu des Mittler

Auferweckten noch immer gewandt. Noch immer voll neuer
Süßer Verwunderung über die Welt, in welcher sie jetzt war,
Spähte sie Alles darin bis zu kaum sichtbarer Aendrung
Mit des wärmsten Gefühls Theilnahme. Jetzo bemerkt sie,
Wie mit leiserer Senkung die vielbesaitete Harfe
Korah an einen Oelbaum lehnt; jetzt, wie sein Jedithun
Ihm an die Harfe den Blumenkranz voll frischeres Dufts hängt;
Nun, wie weiter hinauf an der Ulme Rahel den Epheu
Windet; und nun, wie zu Rahel sich Jemina nähert, als wollte
Sie ihr helfen, und doch auf Erscheinungen sinnt. Da bei Bethlem
Einst der Hirt Zalmona das Lied der Unsterblichen hörte,
Da sie sangen von dem, der geboren war an der Krippe,
Starb er vor Freude. Der war erstanden. Ihn sahe Maria
Neben Bethlehems älterem Hirten, dem Sohn Isai's.
Beide trugen Stäbe der Weide, waren vom Felde
Beide gekommen und forschten der Auferweckung der Frommen,
Ihren Erscheinungen nach und ließen sich's Alles erzählen.
Jetzo wandte zu Lazarus sich Maria von neuem:
Sieh', er machet sich auf und will dem Jüngling erscheinen,
Der so innig trauert' um dich; an dem glänzenden Auge
Seh' ich es, Eliphas will dem glücklichen Jüngling erscheinen.
Ach, wie nah (o, wende nach ihm die Blicke!), wie nahe
Kommt er zu uns! Er setzet ans Grab sich neben dir nieder.
Aber nun sieht ihn das Auge nicht mehr. Wie schnell war die Wandlung,
Als er der Menschen Gestalt ablegte! Er will sich gen Tabor
Wieder erheben. Verweil', o Heman, bei uns und erscheine
Meinem Lazarus hier! O, laß sein frohes Erstaunen
Ueber die Himmelsgestalt, laß seine Thräne mich sehen!
H. Ihm erscheint der Versöhner, und, wenn der Versöhner zu Gott geht,
Wird dein Bruder verklärt. M. Ihr Unsterblichen Gottes! Verklärt wird
Lazarus, wallet mit uns hinauf zu den ewigen Hütten,
Ach, zu dem Erbe des Lichts, den Tausendmaltausend, der Schöpfung
Erstgebornen, zu allen den Schaaren der Mitanbeter?
Aber du gehest von mir, mein Bruder. Lazarus wandte
Sich von dem Grabe Maria's und kehrte zurück zu den Lauben.
Eneus saß allein auf kühlendem Moose. So dacht' er:
O ihr Glücklichen, die das Alles sahen, erscheinen
Auferstandene sahn, selbst Worte der Ueberzeugung
Von der künftigen Welt durch die Boten Gottes vernahmen!
Aber glücklich auch ich, dem sie dieß Alles erzählten!
Thorheit wär' es, noch jetzt zu zweifeln, täuschende, blinde
Thorheit. Allein, was soll ich thun? Dem Eroberer ferner
Dienen? Dem Gott des Olympus, dem Donnerer opfern? Bei Adlern
Schwören, das Blut unschuldiger Unterjochter, gerechtrer
Menschen Blut vergießen? Und, ist es vergossen, des Feldherrn
Stolzen Triumph begleiten und mit den Siegern in Rom dann

Schweigen? Das? da mir ganz andre Gedanken des Menschen
Schicksal in dieser und jener Welt ganz anders erklären!
O, gehabt euch allzumal wohl, ihr Triumph' und Erobrer
Und ihr Götter! Ich weihe mich dem, deß Wahrheit mich lehret,
Hohe, himmlische Wahrheit, die Menschenschicksal dem Menschen
Aufschleußt, Künftiges uns und Entwicklung im Künftigen zeiget.
Gott der Götter, sey du mit mir und leite mich ferner!
Wunderbar wurd' er erhört. Er sah die Erscheinung Elihu's
Vor sich stehn und hörte von Gottes Heile sie reden.
Und Erstaunen befiel den frommen Eneas, daß seiner
Selbst mit dieser so großen Erbarmung Gott sich erbarmte.
Lange (sie war verschwunden, schon wieder hinübergegangen
In der Geister Welt, die Erscheinung), doch blickt' er noch lange
Nach der Stätte, wo sie vor ihm stand, und hörte noch immer,
Was die Erscheinung sprach, noch immer Worte des Lebens.
Innig gerührt, gerühret in seiner ganzen Seele
War Bethoron. Er hatte gehört, ihn liebte der Mittler
Dennoch, obwohl er vordem sich weigerte, Jünger zu werden,
Jünger dessen, der nun war auferstanden, Erstandne
Sendete seinen Geliebten, die sie mit den Freuden des Himmels
Ueberschütteten. Ich noch jetzo geliebt? Das könnt' ich,
Das, das wähnen? So blutet sein Herz. In einsamer Laube
Sah ihn Lazarus sonder Trost und konnt' ihn nicht trösten.
Aber Bethoron verließ die Laube und ging in des Gartens
Gängen mit Pilgern umher, in des Wäldchens Gängen mit diesen
Unbekannten, die Sterbliche seyn, Unsterbliche konnten
Seyn und erschienen, erscheinen wollen den übrigen Allen,
Aber ihm nicht. Er sprach mit Einigen, wandte sich wieder
Weinend weg und hörte nur an, was mit Andren sie sprachen.
Jetzo ging er mit Gerson aus Paros; der war Elihu,
Hiobs Freund. Bethoron erzählt (so wollt' es Elihu)
Von den Thaten des Herrn, da er noch in dem Leben die Lehren
Gottes lehrte, bestätigte noch durch Wunder die Lehren
Gottes. Und einmal rief Elihu: O Selige, die er
Sich zu Zeugen erkor! Bethoron durchdrang es die Seele,
Und er glaubt' an Gerson zu sehn, er wäre kein Pilger.
Gerson wendete sich zu seinen Gefährten. Die Blicke,
Dachte Bethoron bei sich, und diese Stimme, zuweilen
Voller Laute, wie sonst ich keine Laute nicht kenne!
Diese Worte der Kraft, der Wahrheit! Aber was sinn' ich
Ueber ihn nach und quäle mein Herz? O, sey nur, du Fremdling,
Sey ein Sterblicher, sey, ach, kein Unsterblicher! Gerson,
Kehre wieder! Er kehrt nicht wieder. Er will mir Verlass'nen
Nicht erscheinen. Bethoron war unvermerkt an dem Bache,
Welcher das Grab Maria's umfloß, hinuntergegangen.
Und dem Einsamen kam ein anderer Fremdling entgegen,

Nahm ihm die Hand und wurde sein Freund. Da ergoß sich Bethorons
Trauernde Seele; da sprach er von Christus Beruf und von seiner
Weigerung, sprach von Allem, was ihm sein Innres durchdränge.
Ob der Mittler ihn wohl noch liebte? Das nicht! Ihm vergäbe?
Und, wenn er ihm vergäbe.. Wer bist du, Pilger? Wofern du
Einer der Himmlischen bist, ach, Einer der Seligen Gottes,
Die des Versöhners Zeugen erscheinen; so (laß dich erflehen!)
Wende nicht weg dieß Auge voll Liebe, so habe du Mitleid
Mit mir Armen (ich flehe dich nicht um himmlischen Lohn an;
Aber um Mitleid fleh' ich dich an) so erbarme dich meiner,
Bote Gottes, erhabener Jüngling, mein Freund (o, du sagtest
Mir ja selber, du wärest mein Freund), kaum wag' ich, es endlich
Auszusprechen, warum ich dir fleh': so erscheine mir, Bote
Dessen, der auferstand, und der mich Armen zum Jünger
Auserkor, und dem ich nicht folgte! Jedidoth vermochte
Länger sich nicht zu halten; er fiel um den Hals ihm und weinte
Lange mit ihm, bis endlich Bethoron mitten in Strahlen
Niedersank, und Himmel und Erd' um den Glücklichen schwanden.
Semida kehrte mit Cidli zurück von dem Hesperus. Engel
Leiteten sie zu dem Grabe der schlummernden Freundin, zu Mirjams
Blütenumduftetem Grab, und den Lauben des himmlischen Bruders.
Bald versammelten sich um die wiedergekommenen Wandrer
Auferstandene. Singet uns, rief der Glücklichen Einer,
Neuen Gesang von der Wonne des Liebenden und der Geliebten!
Ton wie der Laute klang nun und Ton wie der Flöte. Die Pilger
Höreten Hall aus der Fern' und wußten nicht, was sie vernahmen.
Säuseln im Laube war es doch nicht, nicht rieselnde Quelle;
Schien es gleichwohl bisweilen zu seyn. Sie zweifelten, riethen,
Zweifelten wieder und winkten sich zu und geboten sich Stille;
Kaum erhob sich noch mit leisem Wallen ihr Athem.
S. Cidli, wie froh bist du! Ich ahnet' es wohl, daß die Zukunft
Freuden strömte, wie wir, verwandelt, zuerst sie empfanden.
Schön ist die Welt, ist schöner mir, wenn du es, Cidli, wie ich fühlst.
C. Schön ist der Abendstern, ist schöner mir, wenn du's wie ich fühlst,
Semida; schöner sind mir alsdann die steigenden Tage
Und die sinkenden, schöner die unbegleiteten Sonnen.
S. Sterne sind (ich beginne schon es zu hören) im Einklang;
Reiner ist die Musik der Unsterblichen, als wir sie kannten,
Ist erschütternder ist Erschafferin der Entzückung:
Cidli und Semida hat Harmonie zu Wonne vereinet.
C. Auch dem Hesperiden ward die Begeistrung der Liebe;
Aber wie Semida kann er nicht und wie Cidli nicht lieben.

S. Hesperid', es erwachen dir viel der seligen Tage;
Aber du hast dich noch nicht von der ersten Bildung erhoben.
Deine Seele vernimmt durch sieben Sinne; der unsren
Thut die Schöpfung weiter sich auf durch mehr der Gehülfen.
Und ward deinen Sinnen die Kraft, die unsre beseelet?
Kannst du so ferne wie wir die Blume sehen, so ferne
Rauschen hören den Bach, der die Wurzel tränket des Laubes?
C. Als mit der Sterblichen Aug' ich die Blumen noch sahe, da weint' ich
Leidende noch, ich weinete mich und die Blume, die welkte.
Aber, als Semida nun, zum Frühlingsmorgen erschaffen,
Mich umarmte.. Sie schwieg. Denn an einer entblätterten Palme
Sahe sie ihre Mutter, die, überlastet von Kummer,
Niedergesunken war. Die Tochter hielt sich nicht, strahlte
Schnellerscheinend zu ihr hinunter in ihrer ganzen
Herrlichkeit. Eben so schleunig starb vor Freude die Mutter.
Sehr glückselig würden auch mich, antwortete Semno,
Säh' ich sie, Todtenerscheinungen machen; allein; daß der Mittler
Auferstand, davon mich zu überzeugen, bedarf ich
Ihrer nicht. Ich weiß es. Ich kenne, sprach der Erstandne,
Aber der jetzt ein Pilger nur war, die feste Gewißheit
Deines Geistes, die Stille, mit der du Dinge, bei deren
Anblick uns wie im Sturme das Meer die Seele sich hebet,
Untersuchst. Der Unsterbliche schwieg. So entschloß er zuletzt sich:
Nein, ich enthülle mich nicht. Ihn möchte, wie stark auch sein Geist ist,
Dennoch mit ihrem Himmel zu sehr die Erscheinung erschüttern,
Und er verlöre vielleicht, durch weniger seliger Stunden
Wonnetrunknen Genuß, die Ruhe des längeren Lebens.
Unterdeß stand der Versöhner auf Tabors Höhen und legte
Richtend That, Absicht auf die Wagschal', wog; auch sah er,
Welche Seligkeit denen ward, die bei Lazarus weilten.
Versebon, einer der Zehn, die der Mittler heilte vom Aussatz,
Aber der dankbar allein zurückkam, hörete, näher
Jener umlagerten Palme, der Gidith Stimme, der Harfe
Und der vereinten Asoor. Mit trunkenem Ohre, mit süßer
Ueberwallung der Freude vernahm er der innigen Töne
Gang und Verhalt, und schnelle geflügelte Bilder umschwebten
Ihm die Seele. Bald aber erblicket' er, sehendes Auges,
Bei der Palme, doch sie wie in helle Nebel gehüllet,
Leuchtende Menschengestalten, und immer, da er sie sahe,
Wurde das Harfengetön ihm lieblicher, himmlischer immer,
Schrecken der Freude faßt' ihn, als eine der edlen Gestalten
Ihm sich nähert' und ihm die Hand ergriff und ihn führte
In das helle Gewölk. Da er in dem Gewölk ist, eröffnet
Ihm sich weitres Gefild, und Licht, wie er niemals noch sahe,

Schwebt auf dem frohen Gefild. Ein Unsterblicher redete, sagte:
Brich uns von jenen Palmen! Er ging und zittert' und brachte
Jedem einen wehenden Zweig. Der Unsterblichen Einer
Gab ihm den Seinigen. Da verließ das Schrecken der Freude
Versebon, und er redet': Ihr seyd von dem Himmel gekommen?
U. Sind aus Gräbern gekommen. Wir sind erstandene Todte.
V. Hat euch der aus dem Grabe geweckt, der mich von dem nahen
Tode zurückrief? U. Christus hat uns, da er starb, aus der Erde
Zu dem unsterblichen Leben gerufen. V. Weilt ihr noch lange
Auf der Erde? U. Nicht länger, als der, so vom Tod uns erweckte.
V. Geht ihr mit Christus gen Himmel? U. Wir gehn mit Christus
gen Himmel.
V. Wird der Versöhner Gottes nun bald die Erde verlassen,
Bald sich gen Himmel erheben? U. Wir wissen es nicht. V. O,
verzeiht mir,
Himmlische, daß ich noch immer mich unterwinde zu fragen!
Sterb' ich bald? U. Wir wissen es nicht. V. Wie war, da vom Tode
Ihr erwachtet, wie war es euch da? U. Wie es Adam die Stunde
Seiner Schöpfung war. Einst rufet auch dir die Posaune.
Mit den Worten verschwand die Todtenerscheinung, und sprachlos
Blieb er noch lange stehn und sah noch immer sich weit um
Nach den Todten und sah die Palme nicht wehn, wo die Harfe
Scholl und die Gidith, vernahm der goldenen Saite Gesang nicht.
Also feierten sie in Lazarus Garten der Freundschaft
Fest, Unsterbliche fei'rten es so mit ihnen. Sie dachten
Sich zu erheitern, und da ward ihnen Freude des Himmels.
Wenn wir sterben, empfahen wir so. Wir hoffen vom Elend
Auszuruhen, und uns wird Wonne Gottes gegeben.

Achtzehnter Gesang.

Ein Gebet Adams an den Messias, daß er ihm einige Folgen seiner Versöhnung zeigen wolle, wird dadurch erhört, daß er in einem Gesichte etwas von dem Weltgerichte sieht. Selbst von diesem wenigen kann der Dichter nur etwas sagen. Adam erzählt den Auferstandenen und Engeln, daß er Gericht halten sah: über die christlichen Verfolger; die Verächter der Religion; die Unterdrücker der Rechtschaffnen; die Stifter des Götzendienstes, und über die bösen Könige.

Adam sank zu den Füßen des Mittlers nieder und fleht' ihm:
Hab' ich Gnade vor dir gefunden, so laß, o Messias,
Einige Blicke mich thun in die Folgen deiner Erlösung!
Adam, im Weltgericht vollend' ich es Alles. Entferne
Dich in jene Schatten der Cedern. Du sollst von der Tage
Letztem dort der milderen Schimmer einige sehen.

Adam ging in die Cederschatten, und Schlummer wie ehmals
In dem ruhigen Schooße des Paradieses befiel ihn,
Und er sah ein Gesicht. Er kam, von Erstaunen belastet,
Langsames Schrittes zurück zu den Cherubim und den Erstandnen.
Sie umschwebten den Vater der Menschen, sanftes Verlangens,
Von dem milderen Schimmer des letzten Tages zu hören.
Adam setzte sich nieder auf einer der Höhn, und sie setzten
Sich an des Hügels Fuß vor Christus Begnadigten nieder.
Einst am Tage des Herrn, als auf der kommenden Dämmrung
Flügel vor mir die einsamen freudigen Stunden vorbeiflohn,
Und ich forschete, kam die heilige Sionitin
Gegen mich her. So war mir noch nie die Prophetin erschienen,
So viel Ewigkeit hatte noch nie ihr Antlitz getragen.
Und sie sang mir Adams Gesicht. Sie selber verstummte
Oft, da sie sang. Die Wange glüht' ihr, es stieg zusehends
In die glühende Wang' ihr schnelle Blässe. Die Lippe
Rufte stammelnde Donner, und ernst her schaute das Auge.
Fast entsank die Harfe der starrenden Hand, und die Krone
Bebt' um ihr fliegendes Haar. Dann erhob sie sich wieder, dann kam ihr
Jedes Lächeln der ewigen Ruh' in ihr Antlitz herunter.
Dann, mit hundert Flügeln geflügelt, mit Schwingen des Sturmes,
Stiegen die Erstgebornen der Seele, die wahrsten Gedanken
Auf zu Gott. So sah mein Auge sie, starrt' in die Nacht hin.
Mit der Linken berührt' ich die Erde, mein Grab, und die Rechte
Hub ich gegen den Himmel empor. Der Erde Bewohner
Oder des Grabes, was ich vermag, das will ich euch singen.
Tausend Gedanken erflog mein Geist nicht, zu tausenden fehlt mir
Stimm' und Gesang, und tausendmaltausend verbarg sie dem Hörer.
Adam begann. So strömten die Lippen des Erstgeschaffnen:
Schnell (der Cherub denket so schnell) so wurd' ich geführet
Unter die Schaarenheere der auferstandenen Todten.
Gränzlos war das Gefild der Auferstehung. Sie waren's
Alle, meine Kinder. O ewiger Vater der Wesen,
Welch ein Anschaun war es, und welches das Anschaun dessen,
Der auf dem Throne saß, die Kinder Adams zu richten!
Väter des Mittlers und ihr, o Engel, wie mächtig empfand ich,
Was die Unsterblichkeit sey! Das Alles erblickt' ich und lebte.
Siehe, der Tag wird kommen, dann werdet ihr Alle das Heer sehn,
Welches ich sah, und dann wird die Ewigkeit kommen, und Keiner
Unter euch Allen wird dann das auszusprechen vermögen,
Was er sah. Ach, er schaute dann auch auf dem Throne den Richter.
Adam senkte zum Wonnegebet zu der Erde sich nieder:
Jesus Christus, du hast mich erhört, und ich habe gesehen
Deines entscheidenden Tages der Strahlen einige leuchten,
Einige Donner deines Gerichts, Sohn Gottes, vernommen!
Und der Vater der Menschen erhub sich wieder und sagte:

Lange, so däucht' es mir, dauerte schon die Zeit der Entscheidung;
Tausende waren schon, als ich mich nahte, gerichtet.
Sieh', es war nicht ein Tag der Sonne; die war erloschen
Oder verhüllet. Der Glanz des Thrones überstrahlte
Schön und schrecklich der Auferstandenen weites Gefilde.
Christen gebot, die, Christen verfolgend, wegen der Lehre
Von dem getödteten Menschenfreunde, von herzlicher Liebe
Zu den Brüdern, die Brüder erwürgten (mein Innerstes zittert,
Und mein starrender Blick sieht wieder am Opferaltare
Abel in seinem Blut, erwürgt von dem Bösen den Guten),
Diesen gebot die Posaune, vor Gott zu kommen. Der Cherub,
Welcher sie rief, stieg nieder vom Thron zu dem offnen Gerichtsplatz,
Stand auf seinen Höhn und goß zwo strömende Schalen
Auf die Erde, voll Thränen die ein' und die andre von Blut voll.
Da das Blut in die Thränen herabfloß, wandt' er sein Antlitz
Um zu dem Thron und rufte: Du hast sie alle gezählet,
Ruh' der blutenden Unschuld, die diese Thränen geweint hat.
Schauer ergriff die Engel, und alle Seelen der Frommen
Schauer, als auch der Richter sich wandt' und mit Blicken der Liebe
Auf die Getödteten sah, mit Blicken, welche nicht Psalmen,
Nicht der Jubel Gebet ganz auszusprechen vermögen.
Aber die Schaar der Getödteten schwieg, noch immer voll Mitleids,
Wie sie starben. Allein Mitleid nicht, nun kein Erbarmen
War in dem Blick des Heiligen, der sich erhob, der Erwürgten
Asche zu rächen und, eh' es dem Todesschlafe sich zuschloß,
Ihr gen Himmel gerichtetes Auge, das brechend um Gnade
Für die Mörder noch bat, dann still entschlummerte. Heil sey,
Rufte der Menschenfreund, Anschauen der Ewigkeit Allen,
Die an des göttlichen Opfers Altar, auch Opfer, sich legten,
Nun nach kurzer Jahrhunderte Rast in das Leben erwacht sind!
Aber Entsetzen nud Qual und aller unnennbare Jammer
Jedem Lästerer Gottes, der über den Opfern des Mordes
Schwert erhub und Tod auf die Zeugen des Ewigen zuckte
Oder ihr sinkend Gebein zu heiligem Staube verbrannte!
Warum die hohe Fahne des Kreuzes, des Liebenden Zeugin,
Warum wehte sie da, wo ihr die Brüder erwürgtet,
Und ihr wagtet, den festlichen Namen, vor welchem die Höhe
Und die Tiefe sich bückt, deß Namen, der für die Menschen,
Seine Brüder, Erbarmung vergoß, den da noch zu nennen,
Wo mit lautem Rufe der Donner euch niedergeschmettert,
Oder, euch tief zu begraben, sich hätte die Erde geöffnet,
Wär' euch auf diese Stunde der Angst nicht Vergeltung gesammelt?
Schaut nun wieder zurück, zurück durch die Thäler des Todes
Hinter dem Rücken ins Leben, als ihr noch träumtet im Unsinn,
Sichrer mit Händen voll Blut nach des Himmels Krone zu greifen!

Sieh', ihr Antlitz, welches ihr saht mit dem Tode sich färben,
Und das Beben der starken Natur, durch der Christen Gebeine
Hingegossen, nicht durch den Geist, der mit herrschender Ruhe
Von dem sinkenden Staube sich wand und willig den Winden
Seine Trümmer vertraute, doch einst sie wieder zu fodern;
Dann in den Flammen ihr Lied, bis ihnen die Wuth der Flammen
Gottes Preise verbot; das Alles, welchem ihr zusaht
Mit unmenschlicher Ruh', was ist es jetzo geworden?
Dank, Anbetung und Feier und laute Wonne dem Herrscher
Aller Himmel Himmel und seiner Märtyrer Bruder,
Daß der Tod nicht mehr ist, statt seiner drohenden Schauer,
Süße mächtige Schauer die Auferstehenden faßten,
Da die Winde den Staub, die Verwesungen alle der Todten
Brachten, und durch die Natur die neue Schöpfung einherging,
Da das stammelnde Lied, nun Halleluja, heraufstieg,
Statt des Gebets um Erbarmung, ihr festliches Heilig ertönte
Und im Jubelgesange den Unaussprechlichen nannte!
Also klagt der mächtige Kläger. Ein Anderer folgt' ihm,
Trat gefürchtet hervor und sprach: Getödtete stehn dort,
Sind wie ihre Mörder verworfen. Ihr Leben, der Endzweck,
Der sie entflammte, die Höhn der Religion zu ersteigen,
Hat sie gerichtet, wie tief sie auch den Gedanken des Stolzes
Senkten ins Herz, und wie sehr geschmückt mit dem Marmor dieß Grab war.
Dieses sah der Seher von seinem Himmel; doch ihr nicht.
Aber, auch wenn ihr es saht, so durftet ihr den doch nicht tödten,
Der unedel nur war, wenn ihr unmenschlich ihn würgtet.
Lernet von mir, was ihr thatet! Im Heiligthume war Keiner
Außer dem, der ewig ist, Richter. Wenn Christen die Hoheit
Ihres Glaubens entweihten, wenn Sünder in der Gemeine
Ohne tiefes Gebet, zu sehr dem Sohne sich nahten
Und, voll Wahns, in dem dunklen Wort von Antlitz zu Antlitz
Ihn schon anzuschaun, ganz ihres Staubes vergaßen,
Dann zurückgeblendet nur noch in Träumen ihn sahen
Und sich täuschten, er sey's, ein Bild, seit gestern geboren
In zu heißem Gehirn, sey das Opfer der Schädelstätte;
So war er, der für uns zu dem Allerheiligsten einging,
Seinem Heiligthume zu nah, die Sünder zu richten,
Als daß Besitzer des Augenblicks von dem Rande der Gräber
Kommen durften als Helfer, ihm seine Donner zu tragen.
Das erkühntet ihr euch. Anstatt mit Zittern zu ringen,
Selber selig zu werden, erhobst du die eiserne Stirne
Unter den Würmen, kamst, stahlst ihre Qualen der Hölle,
Deine Brüder zu quälen, und, kaltes, finsteres Grimms voll,
Hieltest du Blutgericht. Wer kann nun nennen den Jammer,
Wer den Zorn der Qualen, die eure Häupter itzt treffen?

Mache dich auf und rufe mit lautanklagender Stimme,
Nenne du sie, vergossenes Blut! Er sitzt auf dem Throne,
Deine Stimme zu hören und jede Wunde zu rächen,
Welcher du entflossest, mit dir der Unschuldigen Leben.
Als er geendiget hatte, da trat aus dem leuchtenden Kreise,
Welcher nahe den Thron umgab, der Aeltesten Einer
Tiefnachdenkend hervor. Ihr habt den menschlichen Jünger
Unter den Jüngern gesehn. Sein Namen, eh' er zu Gott ging,
Hieß Lebbäus; sein Name, der neue, wird Elim genennet
Nach dem Namen des Engels, der auf der Erd' ihn beschützte.
Also sprach er: Ich wende mich weg von des Lebens Anblick,
Das ihr lebtet. Es trieft von Blut. Viel' Tode der Unschuld
Zeichnen seinen entsetzlichen Pfad. O Stunden der Schöpfung,
Die ihr Seelen dieses Gefühls in das Leben hervorriefst,
Trübe, dunkle, zu schreckliche Stunden, wie soll ich euch nennen?
Waret ihr Zeuginnen schon des Gerichts gewesen, als Eden
Gottes Fluch vernahm, der erste Tod dann, das erste
Laute Geschrei der Natur den Fluch vollführten? Und kehrtet
Ihr nur wieder zurück zu der fluchbelasteten Erde,
Ach, Verkündigerinnen des letzten Tages zu werden,
Ihr, die Seelen, von Menschlichkeit leer, der Ewigkeit brachtet,
Diese Seelen? Doch nicht die Schöpfung verschuf sich; sie selber
Schufen sich also. Sagt's nicht am Thron, verschweigt's in den Hütten,
Wo die Glücklichen wohnen, daß sie so elend sich schufen!
Aber bewein' ich sie noch? Sie nicht! Die Hoheit des Menschen,
Die sie zu weit, ach, zu weit von dem Zwecke der Schöpfung entfernten,
Diese bewein' ich. Kein Mitleid? Und, ach, ihr saht doch den Jammer
Ihrer Seele, vernahmt das tiefe Röcheln des Todes.
Selbst ihr letztes Jammergeschrei vermochte die zarte
Zitternde Nerve bei euch nicht zu rühren, die Andren beim Anblick
Einer bittenden Thräne die ganze Seele bewegte?
Zwar ich fordre von euch nicht, durch süßen heiligen Schauer
Bei der leidenden Unschuld Anblick erschüttert zu werden
Litte die Unschuld noch, so wär' der diesen Gerechten
Eine Seligkeit mehr); doch fordr' ich Spuren der Menschheit,
Schwache Dämmerung doch von einer unsterblichen Seele.
Weh' euch! Kein Mitleid? Ihr konntet den Wurm auf der Erde nicht anschaun,
Ohne den Schöpfer voll Huld in des Wurmes Freude zu sehen?
Euer Auge konntet ihr nie zu dem Himmel erheben,
Ohne den großen Erbarmer zu sehn? Ihr habt es gen Himmel
Niemals erhoben, nie habt ihr geweint, ihr habet euch niemals
Eines Menschen erbarmt. So hört denn die Rache, die säumte,
Aber itzt eilt: Der Richter der Welt erbarmet sich auch nicht.
Elim sprach noch, als sich auf dem Throne der Richtende wandte;
Sieh', er wandt' auf einmal sein schreckentragendes Auge

Gegen Einen der Todesengel. Wie kann ich sein Umschaun,
Wie aussprechen den Zorn, der ihm von dem Angesicht ausging,
Und die Stimme, mit der er rief! So gebot er dem Seraph:
Steig' herunter und rühre sie an! Geuß träumende Schrecken
Ueber sie aus, daß vor ihrem erschütterten Geiste vorbeigeh'
Ihrer nahenden Qual Anschaun, und Vergeltung beginne!
Also sprach der Richter Entsetzen. Gleich dem Gedanken,
Eilte der Todesengel, goß aus vor der Schaar der Verfolger
Eine Mitternacht, naht' ihnen. Sein donnernder Ruf war:
Folgt und seht! ging eilend voran, sah nach den Verfolgern
Drohend sich um, trat hin in die Nacht. Die furchtbare Tiefe
That vor dem Seraph sich auf. Mir wurden die Augen geöffnet,
Daß ich sah, was sie sahn. Sie wollten ihr Angesicht wenden;
Aber sie hielt des Sohns Allmacht wie starrende Felsen.
Und sie standen und schauten. Da lagen Todtengebeine,
Und ein Sturmwind braust' in dem langen Jammergefilde;
Der ergriff die Gebein', und sie bebten. Jedes Gebein sprach
Seine Stimme; die Stimme war Fluch. Da hub ich mein Auge
Von dem Gefild empor und betete zu dem Erbarmer
Derer, die sich erbarmten. Als ich noch betete, kamen
Aus der Schaar der Getödteten Hundert in weißem Gewande,
Hundert Jünglinge, jeder ein Frühling in Eden geboren,
Jeder ein Morgen der Auferstehung. Ihr freudiger Flug klang,
Da sie kamen, melodisch einher. Wie süß war ihr Anblick,
Da sie kamen, die Brüder Abels! Sie legten die Kronen
Nieder am Thron und sangen. Sie sangen dem, der Gericht hielt:
Wer ist der, so vom Kidron herauf im blutigen Schweiß kommt,
Hosianna! auf Salems Gebirg mit Wunden bedeckt wird,
Schön mit Wunden? Ich bin's, der für die Menschen erwürgt ist.
Warum sinkt dein Gebein, von diesem Tode belastet?
Warum trieft dir die Stirne von Blut, wie der Streitenden Stirne?
Warum rufst du so laut: Ich hab' allein gestritten,
Und es ist Keiner mit mir von den Söhnen der Erde gewesen?
Amen, Amen! Du bist der Vollender, der Erst' und der Letzte.
Hosianna! Du hubst mit Eile den Fuß aus dem Grabe,
Stiegst auf den Thron. Nun sitzest du, Herrscher, und richtest die Todten,
Die aus der Erde du riefst. Ja, die Todten hast du gewecket,
Streiter, der von dem Kidron herauf in blutigem Schweiß kam
Und auf Salems Gebirg mit schönen Wunden bedeckt ward.
Wunden gabst du auch uns, daß wir deine Märtyrer würden;
Denn auch wider uns stritt Gottes Hasser. Da starke
Eiserne Fesseln in der Gefängnisse Tiefen uns hielten;
Da der Tod mit der Flamme daher, der Tod mit der Schärfe
Ihrer Schwerter, der Tod aus der Droher wüthendem Blick fuhr

(Fluchet den Mördern! so sprach, wer Menschlichkeit hatte, und ruh' du,
Ruhe, stilles Gebein!); da wir den Geist der Propheten
Und den Muth zu sterben empfingen; da (jauchzt dem Vollender!),
Da wir starben; da war durchlaufen auch unsere Laufbahn,
Kamen wir hin zu dem himmlischen Ziel, da trugen wir Kronen,
Da war hinter uns wie der Staub vor dem Winde das Leben.
Wie ein kurzes Gespräch des Lebens Mühe verschwunden.
Kurzes Leben, du Blick in der Schöpfung, doch also belohnet
Von dem Tage der Tage, doch dieser Kronen gewürdigt,
Dieser Ewigkeiten Genoß! Schall' ewig, o Lob, schall
Ewig fort! Erhebe den Schwung, fleug Flüge, Begeistrung,
Und verkünde, verkünd' es! Frohlocken werde die Stimme,
Werde Jauchzen und schwebe dahin in die Chöre des Thrones!
Lob, Anbetung und Preis und Ehre dir, du Beherrscher
Aller Himmel Himmel und aller Leidenden Tröster!
Da noch der Staub nicht war, noch nicht, den Staub zu beleben,
Diese Seele, da warest du schon und dachtest dich selber,
Dachtest den Gottversöhner, den Wiederbringer der Unschuld.
Jetzo trat der Erste der Todesengel, als wär' er
Heerschaar, näher zum Thron den tausendsten Schritt. Die Posaune
Klang, da er stand. Und sie schwieg, und der Seraph redete. So sprach er:
Daß die Spötter des Todten, der lebt, aus den Tiefen heraufgehn,
Auf den Gekreuzigten schaun und, wer sie gewesen sind, lernen!
Sie erschienen, vermochten die menschenfeindliche Seele
Unter des Lächelns Truge nicht mehr zu decken. Ihr Herz war
In ihr Antlitz hinauf mit jeder Bosheit gezeichnet.
Und sie standen, gesehn von den Richtern. Es schauen die Richter
Unter einander die Reihn der goldenen Wolken hinunter
Forschend sich an: wer aufstehn soll, die Feinde zu richten?
Tief in der Ueberwinder Schaar, mit schimmernder Wange
Und mit morgenröthlicher Freude des Lebens gekränzet,
Stand ein Jüngling. Die Todesblässe der sprossenden Jahre
Und die Geduld, in der Blüthe sich langsam sterben zu sehen,
War mit anderer Schöne belohnt, als jene, die vormals
Den noch Sterblichen schmückte, mit Schöne der Engel, so mächtig,
Durch lautredende Züge die ganze Seele zu bilden.
Und der Erstling der Märtyrer kam von des Richtenden Throne,
Stephanus, dem in der Blüthe der Tod auch den lächelnden Blick schloß,
Zu dem Jüngling herab. Die Botschaft enthüllte die Demuth
Seines sinkenden Blicks; er zitterte sanft und erhub sich
Strahlenhell und stand, mit jedem Frieden der Unschuld
Und mit allen Reizen des ewigen Lebens umgeben.

Saitengetön erklang von des Jünglings Lippe: Die Wehmuth
Soll wie vordem mein Leben nicht mehr mit Trauern bewölken?
Ja, ich nenn' euch und bebe nicht mehr, o Namen, mein Vater,
Ach, mein Vater, mein Bruder ist auch in jenem Gedränge.
Vater bist du nicht mehr, du Bruder nicht mehr. Was that euch,
Rede, was that dir dein Sohn, zwar sanft, doch unüberwindlich,
Was der schweigende Mund dir und jene verblühende Wange
Deines Bruders, daß ihr, durch Schlüsse wie Schlangen gewunden,
Grausam strebtet, des Sterbenden einzige Ruh' mir zu rauben,
Meiner Unsterblichkeit Heil, die letzte, nicht täuschende Hoffnung,
Den am Kreuz? Zwar blutet' er, aber er blutete Gnade.
Jenes Erwachen des großen Morgens, der ringenden Seele
Mächtigsten Trost, da sie sinken die Erde ließ, das auch euch nun
Weckte, doch nicht mit Jauchzen, mit keines Lebens Empfindung,
Und zu dem Erstling vom Tode mit keinem Jubelgesange?
O, sie war euch zu mächtig, des Jünglings betende Seele,
Sie empfand sich zu sehr, sich von der Unsterblichkeit Hassern
Ihre Krone rauben zu lassen. Mit freudiger Hoffnung
Gab zu Staube sie Staub und wußte, daß sie nicht Staub sey,
Daß sie mehr sey, als Himmel und Erde. Schauet die Blicke
Und den Sieg der Unsterblichen an! Ihr sahet sie vormals
Brechen im brechenden Aug' und mit dem Athem verröcheln;
Schauet sie nun, wenn euch ihr Triumph nicht ewiger Tod ist!

Also sprach er, und sichtbar erhob der Schimmer des Jünglings
Sich zu der Schönheit der Ersten der Engel. Ihn nannten mit neuen
Namen die Sieger, als er in seiner Herrlichkeit dastand.

Aber ein Weiser, der aus der Natur labyrinthischen Tiefen
Bis zu dem Throne des Sohns sich erhub (auf steigenden Flügeln
Trugen ihn Orionen empor; noch mächtiger hub ihn
Tiefe Kenntniß vom Thun des Menschen, zuletzt das Gewissen,
Das stets ringt, zu entkommen der Erde stammelndem Urtheil,
Gern zu dem Licht empor, zu der Wage des Richters der Welt steigt),
Dieser Weise kam. Wie ein Quell von dem Hange sich hingießt,
Bald ein Strom wird, so redet' er, sprach mit richtendem Blicke:
Langsam, in tausend Krümmen (doch war ich ein redlicher Forscher)
Ging zu dem Sohne mein Weg. Glückseliger waret ihr, weitre
Höhere Seelen, die ihr, da Licht ihr saht, zu dem Lichte
Sprachet: Du bist Licht! und zu des Geopferten Blute:
Du bist heiliges Blut! und, als sein Haupt in der Nacht hing:
Du bist ewig! Zu lange weilt' ich im Schatten der Schöpfung,
Gott zu suchen; doch war er mir Schatten voll heiliges Grauens.
Wenn mir etwas wie Wahrheit begegnete, schaut' ich ihm richtend
Und langforschend ins Antlitz, und spät erst wagt' ich zu sagen:
Das ist Wahrheit! Und, wenn ich in jener Irre des Wissens
Spuren, wo Gott einst wandelte, sah, so betet' ich laut an:
Das ist heiliges Land, hier ist die Pforte des Himmels!

Lange naht' ich mich nur des Himmels Pforte; doch endlich
That sie sich einst, da ich betete, mir mit göttlichem Glanz auf,
Und ich sahe den Sohn in seiner Schönheit. Da ging ich
Meinen gewandelten Weg zurück. Nun sah ich der Schöpfung
Schatten heller, im Bild enthülltere Züge des Urbilds,
Fand ihn wieder am Kreuz, den ich in dem Himmel zuvor sah,
Sah ihn gern so und wußte, daß, der sein Haupt jetzt neigte,
Da er entschlief, dem Grabe gebot, ihm Todte zu senden.
Habt ihr also geforscht? Seyd ihr diese Wege gewandelt,
Als ihr, die Tochter Gottes, die freie Wahrheit zu suchen,
Stolz vorgabt? O, nennt den Namen (ihr seyd es nicht würdig),
Ihren festlichen Namen nicht mehr, damit sie nicht eilend
Wecke den himmlischen Zorn und mit Allmachtsblick euch vertilge!
Helden würgten das Menschengeschlecht, und Priester der Christen
Christen bei den Altären; allein am Altar, auf dem Schlachtfeld
Floß aus der Wunde nur Blut. Ihr habt unsterbliche Seelen
Durch geheimes Würgen vertilgt. Da floß aus den Wunden
Zwar der Tod nicht, welcher zum Leben die Menschen ins Grab warf,
Aber ewiger Tod. Ihr habt die schäumenden Becher
Eurer Gifte, die Wollust kränzt' und die Lache des Hohnes,
Unter die Leute getragen, noch öfter in die Paläste,
Daß von dem Zaubertrunke der goldne Tyrann hintaumelnd
Tod und Menschlichkeit leichter vergaß und über den Gräbern
Jenes Gericht, das nun sein tausendäugiges Antlitz
Gegen alle Thränen gewandt, die hangenden Wolken
Alle gen Himmel empor gehoben und Jesus enthüllt hat.
Stille war in den Himmeln; bald aber traten die Väter
Von dem erwählten Geschlecht in glänzende Kreise zusammen,
Auch viel' Zeugen aus denen, die noch von diesem Geschlechte
Vor dem Abend des Weltgerichts zu dem Sohne sich wandten.
Und wie Wolkenheere, die Flamm' in dem Schooße, so wallten,
Furchtbar zu schaun, die Zeugen hervor; und Einer erhob sich,
Alle begleiteten seine Geberde mit Beifall, sprachen
All' ein Todesurtheil mit ihm. Der Gesendete sagte:
Als er der Menschen Leben noch lebte, da rief er zu Zeugen
Seiner Gottheit Todte herauf; da beschlossen der Spötter
Erstgeborne, die Zeugen zu tödten. Nun ward, daß es zeugte,
Abrahams unaussterbliches Volk von neuem erkoren,
An dem schrecklichen Tage des Grimms, da es selber des Sohns Blut
Ueber sich rief und vor des Gerichts umnachteten Altar
Als ein fei'rliches Opfer trat, dort ewig zu bluten.
Also geheiliget, wurden wir unter die Völker der Erde
Schaarenweise versandt, von des Richters Blute zu zeugen.
Schaut, hier stehn wir, und dort stehn unsre gerichteten Brüder!
Alle wir lebten einmal. Kann mit allen Sonnen der Himmel
Lauter reden von dem, der ihn schuf? Und konnt' es die Erde

Mit des tausendfarbigen Frühlings unzählbaren Kindern,
Als dieß Volk ohne Zahl von dem Mittler Gottes geredt hat?
Kamen Todte zu euch; ihr verwarft die kommenden Todten,
Da euch diese Zeugen nicht zeugten. So tief herunter
Habt ihr des Menschen Vernunft, die Gottes Bild ist, entweihet,
So viel trautet ihr euch so wenig trautet ihr Gott zu,
Daß die verworfenen Götzensklaven ihr Angesicht wenden,
Dieser Christen Antlitz nicht schaun, das ernste Gewissen
Aus dem Staube, wohin sie es traten, zur Ewigkeit aufsteh'
Und nun anders zeuge von dem, von welchem wir zeugten.
Jetzt — wie soll ich ihn nennen? Ihr sahet ihn, der die Gemeinen
Erst verfolgte, darauf ein goldener Pfeiler des Tempels,
Der ganz Allerheiligstes ist, zu dem Himmel hinaufstieg,
O, wie soll ich ihn nennen? Es ist sein Name, der neue,
Der ihn nennt, unaussprechlich. Auch du, du stammest von mir ab,
Heiliger Mann! Noch segn' ich den Staub, aus dem ich gemacht ward.
Also sprach er: Ach, ewig, ja, ewig richtet mein Auge
Nach den Leiden sich hin, die ich jenen Schaaren zu zeigen
Laut von dem Himmel durch den, den auch ich verfolgte, geweckt ward.
Engel, ihr Nam' ist: Heil! und Hosianna die Stimme
Derer, die überwanden. Ich schweig', und ich hülle die Feste
Unserer Ewigkeit ein vor jenen Verworfnen; ihr Nam' ist:
Tod! Da jetzo mein Blut, auch Märtyrer, strömte, da weint' ich
Ueber die Feinde des Kreuzes nicht mehr; da wurd' ich ihr Richter,
Sah ihr Ende; das ist nun, es ist ihr Ende gekommen.
Wie erniedert, wie klein, wie von Schattenweisheit umnachtet,
Wie von Stolze gequält, wie elend waren die Seelen,
Die in dem Antlitz des Sohns des Vaters Klarheit nicht sahen!
Hoch verachtet euch meine Seele. Kaum seyd ihr würdig
Vor der Versammlung des Menschengeschlechts gerichtet zu werden.
Wie erhaben und schön und welcher Aussicht an Aussicht
Immer ins Ewige, welch' ein steigender Tempel, wo Gott war,
Ueber die Sonnen hinauf zu dem Throne gebaut, doch ruht' er
Auf der Natur! Sein Opfer war Blut für alle Gefallnen,
Laute Wonne sein Lied, sein Heil der unsterblichen Seele
Ganz, wie sie denkt und empfindet, die Fülle des ganzen Verlangens.
Dieses war die Religion, die ihr Thoren verkanntet,
Ach, nicht kennen wolltet, mit bitterem Spotte verwarfet.
Fühllos habt ihr gehört sein letztes Rufen am Kreuze;
Aber es sind Aeonen vorbei, daß sein Auge sich aufschloß,
Und der verstummende Mund Entscheidung des Richters der Welt sprach.
Meldet's im Thore des Todes, sagt's an in den Pforten der Hölle:
O, wie sind sie gefallen, die Höhn, die himmelan drohten!
Bald wird jeder gerichtete Droher dort in dem Abgrund
Jammern, sein Antlitz erheben und zu dem andren sich wenden:

Weine mit mir um unsre Geburt, um die Stunde der Schöpfung,
Die uns dieser Ewigkeit schuf! so werden sie sagen.
Denn der Getödtete sitzt auf dem Throne, die Lästrer zu richten;
Dieses sagt' er. Itzt sprach mit stiller Hoheit der Richter:
Nach den Stunden, der Erde bestimmt, ist am Abend die Stunde,
Welche richtet, gekommen. Ihr hieltet Wahn sie; sie aber
Ist gekommen. So wähnte der Wurm, seit gestern Bewohner
Eines Staubs, daß sich droben im Himmel der Donner nicht rüste;
Also krümmet ihr euch in eurer Enge. Die Stunde
Ist gekommen und hat die Hasser der ernsteren Tugend
Alle gewogen und sie zu leicht auf der Wage gefunden.
Du, der schlagendes Leben für Seele, sie Erbin des Grabs hielt,
Sünder, sie starb nicht; und, der dir am Kreuze zu blutig verstummte
Er ist ewig. Das war er, eh' du, dazu nicht geschaffen,
Dich erhubest, zu schmähn den versöhnenden Todten. Jehova,
Gnädig und geduldig, der sich des Menschen erbarmte,
Noch, wenn er rang mit dem Tod, und wer er gewesen war, fühlte,
Tilg', o Vater, aus deinem Buch der Lästerer Namen!
Sie sind meine Brüder nicht mehr. Sie haben den Mittler
Deines Bundes, sein Blut, die Todesangst, die gebrochnen
Starren Augen am Kreuz, die Auferstehung und Auffahrt,
Jede Wonne des Sohns und jede Thrän' entheiligt.
Ja, um meiner Leiden, um meiner Menschlichkeit willen,
Meines verstummenden Todes, der Auferstehung vom Tode,
Meiner Erhebung zum Thron, um meiner Herrlichkeit willen,
Gehet von meinem Antlitz und seyd's, wozu ihr euch selbst schuft!
Also sprach er ihr Todesurtheil, das drang in die Tiefe
Ihrer Seelen und waffnete gegen sie mit der Flamme
Ihr Gewissen. Sie wollten zu ihm aufsehen; vermochten's
Nicht und sanken dahin. Denn aus den Wunden des Sohns rann
Blut nicht mehr, der donnernde Thron war Golgatha's Höh' nicht,
Und die Stimme vom Thron nicht Ruf um Gnade. Doch Einer
Riß sich vom Staub empor und wagt's, auf den Richter zu schauen,
Warf die Arm' aus einander und rufte, daß die Gefild' es
Ringsumher und die Himmel vernahmen: Weil denn die Erbarmung
Also begränzt ist, so sey's nicht die Allmacht! Nimm, o du Rächer,
Deinen Donner und tödte mich ganz, wenn dein Donner auch Seelen
Zu vernichten vermag, daß ich Flamm' und Staub sey und sterbe,
Noch mit sinkender Hand, noch Asche der offenen Wunde
Wüthend nehm' und gen Himmel sie streue, daß mir die Seele
In verwehende Trümmer gebrochner Gedanken versinke,
Dann entflieh in die unergründbaren Räume des Undings!
Also ruft' er gen Himmel. Wir huben gefaltete Hände
In die Wolken empor. Denn wir sahn die Gerichtsposaune
Aus den Händen sinken der Todesengel, Eloa
Schnell sich verhüllen, wir sahn, daß der Richter sich wandte. Er streckte

Seinen Arm aus, warf, warf einen flammenden Donner,
Daß die Höhn und die Tiefen bis in die Gewölbe der Hölle
Laut ertönten, daß seinem Haupt der hohe Gerichtsplatz
Hundert Hügel entstürzte. Die Trümmer zitterte, dampfte,
Krachte, wie im Gebirg Erdbeben dumpfes Getös wälzt,
Nach, da sie lag, von der Donnerflamme. Mit fliegendem Blicke
Sucht' ich den Lästerer in der Zerrüttung. Ich sah ihn heraufgehn,
Und er zuckt'. Ihm hatte der rächende Donner das Leben
Zu geschärfterm Gefühl entflammt, der Empfindung des Herzens
Schwerter gegeben und dem Gedanken tieferes Grübeln,
Schnelleres, das wie in Kreisen die Ungewißheit umhertrieb.
Und wir hörten herauf von dem Schreckengefilde die Stimme
Seiner Verzweiflung erschallen: Laß ab, du Bote, du Rächer,
Donner des Richters, laß ab! Dich hör' ich ewig; ach, ewig
Stürzen die dampfenden Hügel auf mich. O, wär't ihr zu Gräbern,
Lastende Felsen, geworden, damit ich tiefer ihn hörte,
Seinen unsterblichen Rufer! Verflucht sey der Mund, der sich aufthat,
Seinem Gericht zu flehn, daß es noch entsetzlicher würde!
Fluch dem Tod und dem Leben und Allen, die jemals dem Schooße
Einer Mutter, dem Schooße des Grabs in das Leben entflohn sind!
Jetzo ward mein Gesicht zu dunkeln Gestalten, die fliehend
Kamen, fliehend verschwanden. Nun höret' ich Donner, nun Harfen,
Dann die Stimme der Rufer am Thron. Doch der Stimme Gedanken
Konnt' ich nicht fassen; denn einzelne Halle nur hört' ich vernehmlich,
Und die andren versanken im rauschenden Strome der Donner.
Klagestimmen versinken so, wenn bebend die Erde
Städt' einstürzt, und der Staub der gestürzten gen Himmel emporsteigt.
Immer noch neue Gestalten, nie ganz enthüllet, Entstehung
Stets noch und Untergang. Mir entflog bald schnelleres Fluges,
Bald entschlich mir säumend die Zeit. Es däuchte mir Jahre,
Was mir also verschwand. Ein Auftritt ward mir enthüllet.
Kain sah ich in Riesengestalt, in Riesengestalten
Helden; die hatte Kain mit lastendem Eisen gefesselt,
Und der Fesseln dumpfes Geklirr verstummte die Donner.
Endlich waren vor mir die bewölkten Erscheinungen alle
Weggesunken, und, sieh', ich sahe wieder Gesichte.
Weit umher verstummten die Schaaren. Jetzt kam Eloa,
Freute sich laut, da er ging, den großen Befehl zu vollführen.
Könnt' ein Engel vom Tod erwachen, so würd' er erwachen,
So in Entzückung verloren, mit diesem Gange der Wonne,
Dieser Geberde des hohen Triumphs. Er ging, aus den Schaaren
Heilige zu dem Throne des Gottversöhners zu führen.
Als ich die Kommenden sah, da waren's die Besten der Menschen,
Ehren meines Geschlechts. Ich stand vor ihrem Verdienst auf,
Da sie kamen, und trunken vor voller wallender Freude,
Rief ich, von ihrer Herrlichkeit trunken: O, dort will ich Palmen

Streun, wo ihr wandelt, ja, Palmen, daß ihr so starbt, so lebtet,
Werth des Lebens und Todes. Ich rief's; sie aber, bewundert
Selbst von den Seraphim, standen in ihrer Hoheit am Throne.
Nun erklang die Posaune: Erscheinet, Schande der Menschheit!
Ob ihr moosige Hütten, ob Goldpaläste bewohntet,
All' ihr niedrigen Menschen, erscheint, die das stumme Verdienst, ihr,
Welche die besten eures Geschlechts unedel entehrten!
Auf den gebietenden Ruf erschien Gewimmel. Sie stiegen,
Schwer mit sich selber belastet, herauf und wurden gerichtet.
Heman richtete sie. So sprach der Heilige Gottes:
Zwar es wurde verdunkelt in uns, das Bild der Gottheit,
Und des Schaffenden Spur in der Erde Bewohnern unkennbar;
Gleichwohl sendete Gott noch jedem Jahrhunderte Menschen,
Deren höhere Seel' es empfand, wozu sie gemacht sey,
Gute Menschen, heilige Trümmer des Paradieses,
Euch an euch selbst zu erinnern mit lauter mächtiger Stimme,
An die Hoheit der Seele, den Tag der Schöpfung in Eden,
An den Menschen, der Gott nicht zu klein war, ihn ewig zu machen,
Euch an Gottes Gericht, die über Gräber nicht dachten.
Diese Gesendeten Gottes verwarft ihr; sie aber, zu standhaft,
Sich von denen, die sie verkannten, erschüttern zu lassen,
Thaten ihr Wunder. Ihr Wunder war: von dem Ersten der Wesen
Groß zu denken; Bescheidenheit, sich mit dem Maße zu messen,
Welches Sterbliche maß; Anbetung; keine Verdienste
Vor dem Gott der Götter; nicht halbe Menschlichkeit, volle
Handelnde Menschlichkeit; Ruh', wenn er, wenn Gott sie nur sähe;
Stille geheimere Tugend; Enthaltung, da noch zu schweigen,
Wenn sie auch selbst das Urtheil des Tugendhaften verkennte;
Flammende Freuden, auch unter den sanftesten Ruhen des Lebens
Auf das Höhre zu schaun und bald dem Tode zu lächeln.
Die verwarfet ihr. Statt vor ihrem Werth euch zu neigen
Und von ihnen zu lernen, warum die Freude der Erde
Viel zu gering für Unsterbliche sey, warum in der Stunde,
Wenn die ganze Seele sich fühlte, die bebende Seele
Tugend anderer Unschuld und tiefere Ruhe verlangte;
Statt euch ihnen zu nahn, so wurdet ihr ihre Verfolger,
Haßtet die Besten der Menschen, bewarft ihr Thun mit dem Staube
Eurer schleichenden dunklen Verleumdung und lästertet Engel.
Heilig ist der, der richtet. Bei seinem Namen: Er schaut' auch
Auf die Frevler herab, die seine Geliebteren quälten;
Aber mit anderen Blicken, mit diesen, die jetzo euch treffen
Und mit allmächtigem Feuer in jene Tiefen euch heften,
Daß ihr niedrig auf ewig dort seyd. Er schwieg, und ein Jüngling
Von den Jünglingen, die vor dem Tage der Reife verblühten,
Selbst der Tugend künftige Märtyrer wären die Menschen
Anderer Märtyrer würdig gewesen, er sprach: Da die Tugend

Litt und ins Einsame floh mit unbewunderten Thränen,
Da errieth mein Gewissen das kommende Todesurtheil
Ueber die Dränger. Ich wandte von ihren Thaten mein Antlitz,
Fluchte dem Flucher, entriß, von der Jugend Feuer ergriffen,
Jedem Arme mich, stampft' auf den Boden, wo Lästerer wohnten,
Legte mich nieder und starb, ihr Todesurtheil zu wissen.
Und nun weiß ich's; so lautet's: Der seyn wird, lächelte segnend,
Da die Unüberwindlichen litten; der starb und lebt, sah
Ihren Weg voll Palmen und Elend. Er wird sie belohnen.
Schnell entschied der Richter das Schicksal der Unterdrücker;
Flammenwort der Entscheidung erscholl, und sie flohn vom Gerichtsplatz.
Noch entflohn sie; da kam ein Cherub mit eilendem Schritte
Durch die Wolken. Die wehten vor ihm, da er ging mit dem Schrecken
Seines Zornes, der Cherub. Von jedem mächtigen Fußtritt
Rauschet' ein Sturm. Nun stand er und streckte den drohenden Arm aus,
Schwieg, hielt eine Schale voll Flammen herab durch die Himmel,
Daß die Schatten des drohenden Arms die Erstandnen zu Schaaren
Ueberschatteten, wendete schnell die tönende Schal' um,
Goß von dem Himmel die Flammen. Noch klang die Schale, noch strömte
Auf den Gerichtsplatz Gluth herab; da schwur der Verderber
Laut durch die Himmel: Bei seinem Namen, er heißet Jehova,
Rächer heißet er auch, und Liebe jenen Gerechten!
Er erschuf die Religion und gab sie den Menschen.
Er nur wußte, wer Gott sey. Erscheint, zu stolze Betrüger,
Götterschöpfer, erscheint, die den Hocherhabnen des Himmels,
Die ihr den Liebenswürdigen also den Menschen entstelltet
Oder Gehülfen ihm gabt, daß sie Götter neben ihm würden!
Sie erschienen. Es richtete sie der göttliche Stifter
Jener Religion, die des Sohnes große Prophetin
Und noch Zeugin von ihm bis zum Abend des Weltgerichts war.
Er, als ein sterblicher Mann schon gewohnt, an der Rechten des Donners,
Dicht an dem Hall der Posaune zu stehen, er sprach: Ich sehe
Alle Gefilde der dampfenden Erd', ich seh' sie mit Bildern
Wunderbarer Erfindung bedeckt. Die waren euch Götter?
Diese sollten ein Bild seyn deß, den die Himmel nicht bilden?
Kaum sind diese sein Schatten! Ihr fühltet es, bliebt so geschaffen,
Wenn ihr von eurer Höh' euch auch am Tiefsten herabwarft,
Daß der Wurm auf dem Felde der hohen Wolke nicht rufe,
Noch das Thier in der Fluth die Thräne des Leidenden trockne,
Daß die steigende Sonne nicht Herzen menschlicher mache
Und nicht heilig den dürstenden Geist nach Ruh' und nach Unschuld,
Ob auch auf dem Altar Räuchwerk und festliches Feuer
Ewig glüh', und ströme der Lobgesang zum Altare.

Ja, das fühltet ihr; doch ihr waret zu voll von euch selber,
Vor dem Erhabenen euch zu neigen, vor welchem ihr Staub war't,
Machtet euch elend genug, darin noch Größe zu finden,
Stifter des neuen Wahnes zu seyn und Führer der Menschen,
Solltet ihr auch Unsterbliche lehren, das Thier zu vergöttern,
Das kaum Tage kroch. So wißt denn: Er hat es vernommen,
Euer Opfer Gepräng und ihr Getöse, der Hörer
Ueber den Himmeln, wenn euch das umtönte Bildniß im Haine
Oder zu taub der Orion war und die Rosse nicht anhielt.
Ihr, die zum tiefsten Elend hinab die Menschen betrogen
Und sie mit Göttern täuschten, er hat ihr Elend vernommen,
Hat die Lüfte des schwelgenden Tempels, in welch' ihr sie stürztet,
Hat vernommen den Jammerlaut der Knaben im Arme
Eurer glühenden Götzen, den jauchzenden Schall der Drommete,
Der das geheime Geschrei des Gefühls vergebens betäubte.
Siehe, dem Hörenden wurd' es lauter, je mehr es die Mütter
Bleich im brechenden Herzen erstickten, unmenschlich gezwungen,
Ohne des deckenden Schleiers Gnad' in dem Blute zu stehen
Und der Knaben Tode zu lächeln. Nun fordert er wieder
Ihr hinströmendes Blut; nun wird die Sünde gerochen,
Welch' ihr mit euren Göttern erfandet, und jede verlorne
Bessere That, die sie hätten gethan, wenn ihr sie zum Unsinn
Nicht verführt und unter sich selbst erniedriget hättet.
Als er redete, ward zusehends sein Angesicht heller,
Und es sahn's die Erstandnen in seiner Herrlichkeit strahlen,
Ohne Hülle. Nach ihm erhub sich Henoch, und, siehe,
Eine Morgenröthe mit ihm. Der Göttliche sagte:
Da ich das kleine Leben noch lebte, da noch die Stunde
Meiner neuen Herrlichkeit säumte; da saß ich oft einsam
Unter der Ceder im Hain; dann rauscheten wallende Lüfte
In der Ceder ihr Leben, es fühlten sich alle Naturen
Um mich herum; ich aber empfand die unsterbliche Seele.
Damals, o, da schon ergriff mich in Stunden, welch' ich noch segne,
Oft mit so unaussprechlicher Neuheit und Wonne der beste
Aller Gedanken, ach, der Gedanke vom Ersten der Wesen,
Daß zu der tiefsten Bewundrung die Seele vor seinem Anschaun
Schauernd hinuntersank; so neu, so ganz nicht empfunden
War sein Gefühl mir. Ich rief (der zitternde Mund nicht, der starrte;
Jede Stimme war todt; kaum hauchte der Athem; das Leben
Stutzt', hielt inne; die Zeit stand still), doch laut aus der Tiefe,
Laut mit allen Empfindungen rief die betende Seele:
O, wer bist du, wer bist, du der Wesen Wesen, wer bist du?
Gott, unendlich, der Erste! da war es einsam; du Schönster,
Wesen ohn' Ursprung! ewig war es nicht einsam, du Liebe!
Ach (nun kam mir die Stimme zurück, nun flossen die Thränen),
Ach, mein Schöpfer, mein Gott, ich vergeh' in den mächtigen Freuden.

Dicht — denn dicht um mich her strömt deiner Allgegenwart Fülle —
Einst (o sey du mir, Tag, mit lautem Jubel genennet!)
Ging ich zu ihm, der mich schuf, doch nicht durch des Todes Gefilde,
Hoch bei dem Grabe vorüber, zu Gott. Er sendet mich heute,
Euch zu richten, ihr Weisen voll Wahns, die, trotzend auf Grübeln,
Auf die kleine Seele zu stolz (ihr ließet sie Gott nicht,
Sie zu erhöhn), unsterblich sich glaubten und hoch von sich hielten,
Wenn sie das Wesen der Wesen nach ihrer Weisheit enthüllten,
Und in das furchtbare Dunkel hinauf, von Träumen geflügelt,
Drangen und den, der ewig ist, ganz, wie er Gott war, entdeckten,
Seine Vollkommenheit theilten, mit Menschenmaß sie bemaßen,
Gott von Ewigkeit wußten. Ihr hättet besser im Staube
Seinen Engel, den Tod, euch das Dunkle zu hellen, erwartet;
Besser mit frommer Bewunderung angebetet, der, höher
Als eu'r schwindelnder Geist, sich ganz in dem Schatten verkannte,
Den ihr von seinem Wesen erschuft und edlere Seelen
Um das Thun der Tugend betrogt und die große Belohnung.
Also sprach der Mann, der göttlich lebte. Noch standen
Unter der Schaar der Gerufnen in banger wartender Stille
Andere Göttererfinder. Die waren noch nicht gerichtet,
Und die waren Christen gewesen. Die Reihn der Richter
Warteten auch und schwiegen. Nicht fern von dem Thron, mit den Schaaren
Aller der Erstgebornen zum Erb' in dem Himmel umgeben,
Stand die Mutter des Menschensohns. Ein weißes Gewand floß
Ueber der Göttlichen Fuß; das war mit Blute besprenget.
Und sie schaute mit stillem und sanftem Auge voll Demuth
Vor sich nieder. So ging sie und führte die schweigenden Schaaren
Nah an den Thron. Ich erstaunte vor Freude. So schön war ihr Anschaun,
So viel Wonne der Seligen war in ihrer Geberde.
Da sie so vor dem Richter stand, da erhub sie ihr Auge,
Schauet' ihn an mit tiefem Gebet, sank hin und legte
Still zu seinen Füßen die Krone nieder. So lag sie
Vor dem Sohn, und es kam von jeder feiernden Harfe
Leiser ein Laut wie des Halleluja. Die Märtyrer alle
Warfen um ihre Geleiterinnen sich auf das Antlitz und legten
Ihre Kronen vor dem, der starb und ewig ist, nieder.
Jetzo sprach der Versöhner: Erhebet euch, Kindlein, und liebt mich,
Wie ich euch liebte, da Blut aus diesen Wunden herabquoll,
Und Maria mich sah. So sprach der Richter. Maria
Weinte. Dann breitete sie die offenen Arme zum Thron aus,

(Noch standen . .) Diese Stelle wurde 1753 gemacht, aber aus der Ursache weggelassen, weil der Verfasser befürchtete, sie würde, selbst bei den Besten unter seinen katholischen Lesern, den moralischen Wirkungen hinderlich seyn, welche sein Gedicht haben könnte. Er glaubt nicht, daß dieses noch jetzt zu befürchten sey.

Schwebete schimmernd empor und sang, daß es rings die Erstandnen
Alle hörten, und Freud' ohne Namen die Himmlischen faßte.
Hosianna! Nur dir, nur dir sey es ewig gesungen!
Siehe, du trafest den Tod bis zu der Vertilgung. Die Sünde
War umsonst Verklägerin an dem donnernden Throne.
Trockne nun, heilige Zähre, die selbst in der ewigen Ruhe
Oft mein Auge vergoß, wenn mich die Christen verkannten
Und wie dem Sohne mir dienten; verstumme nun, Thräne des Mitleids!
Denn die Erd' ist zerrüttet, und in den Trümmern der Erde
Liegen sie alle verstäubt, die beglänzten Altäre, von denen
Mir Anbetungen schollen, so viel Verleugnungen Gottes,
Nicht vernommen von mir. Er aber hat sie vernommen,
Der nun diesen furchtbaren Tag, nun Seelen vom Ersten
Aller Geister, Erschaffne vom Unerschaffenen sondert.
Preis dir und alle Kronen und alle Palmen, du Gottmensch,
Du Vollender, allein anbetungswürdiger Herrscher!
Da noch der Staub nicht war, noch nicht, den Staub zu beleben,
Diese Seele, da warest du schon und dachtest Versöhnung,
Zu versöhnen, die deiner Begnadigung Märtyrer wurden,
Zu versöhnen, die ich gebar, sie mit zu erwählen,
Daß sie am hohen Kreuz dein letztes Rufen vernähme,
Heut die Stimme der Sieger und deine göttliche Stimme,
Daß wir erlös't sind und in das Gericht der Verwerfung nicht kommen.
Hosianna Bethlehems Kinde, dem Dulder, dem Todten,
Der erniedriget, in der Krippe den ersten Schlaf schlief
Und den letzten am Kreuz; dem Wunderbaren, dem Hohen,
Den kein Name, die Thräne nicht nennt; dem großen Erfinder
Seiner Erlösung, des ewigen Lebens; der Sterblichen Sohne
Und Jehova's; dem Allerheiligsten Hosianna!
Aber itzt ward mein Gesicht zu dunklen Gestalten, die fliehend
Kamen, fliehend verschwanden. Nun höret' ich Donner, nun Harfen,
Jetzo die Stimme der Rufer am Thron; doch der Stimme Gedanken
Konnt' ich nicht fassen; denn einzelne Halle nur hört' ich vernehmlich,
Und die andren versanken im rauschenden Strome der Donner.
Immer noch neue Gestalten, nie ganz enthüllet, Entstehung
Stets noch und Untergang. Mir entflog bald schnelleres Fluges,
Bald entschlich mir säumend die Zeit. Es däuchte mir Jahre,
Was mir also verschwand. Ein Auftritt ward mir enthüllet.
Leidende sah ich belohnt. Der großen, unschuldigen, edlen
Leidenden waren's, die Last auf Last das Elend ertrugen,
Ganze Leben durch erduldeten, göttliche Männer.
Kronen aus Urlicht kröneten sie; sie geleiteten Engel.
Endlich waren vor mir die bewölkten Erscheinungen alle
Weggesunken, und sieh', ich sahe wieder Gesichte.

Ach, auf einmal erhub sich vor mir des ewigen Todes
Fürchterlichste Gestalt. So hat kein Gedanke den Umkreis
Eines unsterblichen Geistes und jede geheimere Tiefe
Seiner Empfindung erschüttert, als dieses Grauen mein Herz traf.
Denn die Entehrtesten aller Gefallnen, der kriechenden Menschheit
Erste Schande, die Tiefsten des Staubs (Gott schwur ihm in Zorne,
Daß er Staub sey), die bösen Könige kamen, das Urtheil
Ihres Todes zu hören. Sie ruften nicht Donner vom Throne
In das Gericht, nicht der Hall der Posaune; röchelndes Jammern
Wie von dem Schlachtfeld her, noch sterbendes Seufzen der Sünder,
Die, ins Elend hinuntergestürzt, sie zu sündigen zwangen,
Rief sie mit tausendmaltausend Stimmen, vor Gott zu erscheinen.
Und sie kamen. So wölkt sich die Nacht. Ein Mann, der im Leben
Elend durch ihrer Einen ward und dennoch gerecht blieb,
Stand von seinem Stuhl auf, schwur zu dem Richter: Ich lebte;
In drei Söhne verbreitet, entfloß mir mein niedriges Leben
Dennoch heiter, bis jener unmenschliche, lächelnde Mann kam,
In sein Gold sich setzte, die leidenden Guten verkannte,
Daß sie wurden wie er. Da starb ich. Du hast sie gerichtet.
Richter verwirf ihn von deinem Antlitz! Er raubte mein Blut mir,
Schuf es nach seinem Bild und entriß es dem Arme der Unschuld.
Richt' ihn, richt' ihn, du Mann der ersten Unschuld! Es komme
Ueber ihn aller Verworfenen Qual, die er elend gemacht hat!
Aber aus ihrer Herrlichkeit standen mit schreckenden Wunden
Sieben Märtyrer auf: Wir heißen Hundertmalhundert!
Eurem wüthenden Auge war's Lust, uns sterben zu sehen;
Und wir sündigten nichts. Der sichere Vogel im Walde
Sang dem Schöpfer sein Lied; wir aber durften's nicht singen.
In der Gebirge verödete Kluft, zu den Gräbern der Todten,
Wo mit bethränter Blume Gebein der Brüder begraben
Lag und reifte dem Tag der Tage, folgten die Boten
Eurer Wuth uns und ließen nicht ab, mit der Christen Blute
Ihre Schwerter zu tränken, bis ringsumher der Erschlagnen
Stumme Lippe, des Todes entsetzliche Stille, noch Blicke
Sanfter gebrochener Augen zuletzt die Unmenschlichen schreckten,
Daß die flohen, und ihnen die leisen Lüfte der Wälder
Stürme wurden, und Mitternacht der schwebende Schatten.
Aber ihr zittertet da noch nicht auf dem blumigen Lager
Eures Schwelgens, und dicht vom unmenschlichen Schmeichler umräuchert.
Schaut nun empor und seht! Die Alle habt ihr getödtet.
Schaut auch gegen ihn auf, den Erstgebornen vom Tode,
Wenn ihr vermögt der Gottheit allmächtiges Schrecken zu schauen!
Jesus heißet sein Namen. Ihr hörtet vormals den Namen
Auf der Erde; da tönt' es noch nicht mit der Stimme der Donner,
Wenn ihr hörtet den Namen, den alle Himmel itzt nennen.

Also sprachen die Zeugen voll schöner Wunden. Nach ihnen
Hob ein gerechter König sein seliglächelndes Aug' auf,
Blickt' auf die Frommen umher: Wie kann ich mit Namen sie nennen,
Diese Ruhe, die jetzo mein Herz mit Seligkeit füllet?
Wie aussprechen den festlichen Lohn, nur, daß ich ein Mensch blieb,
Nie, von dem Glanze der Größe geblendet, vergaß, daß ich Staub war,
Auch dem Tode bestimmt wie Jene, welch' ich beherrschte?
Seyd mir gesegnet, ihr sanften und süßen, ihr seligen Stunden,
Da mein Herz bei der Angst Anblick, die Verlassene fühlten,
Gerne menschlich zerfloß und dann dem Ende des Kummers
Eilend rufte! Schon war es Belohnung, ihr dankendes Auge,
Voll von dem heiligen Schauer der Menschlichkeit, vor mir zu sehen,
War schon Kronen genug, das anzublicken; doch gibt mir,
Siehe, der Herrschende, welcher unendlich belohnt, wie er selbst ist,
Seiner Freuden noch mehr und Ewigkeit zu den Freuden.
Nun erhob der Verworfenen Einer sein Antlitz vom Staube,
Wo er gerichtet stand, und streckte die zeugende Rechte
Nach den Königen aus. So sprach der Verworfne: Mein Leben
Ist mit Schande bedeckt, ich bin ein gerichteter Sünder,
Kenne der Seele Hoheit nicht, die jene Gerechten
Ueber den Staub der Erd' erhob; und dennoch empfind' ich's,
Daß ihr der Menschheit Erniedrung, vor allen Erdegebornen
Ihr die Unheiligsten seyd, so lang die Sünde geherrscht hat,
Und sein Gericht das Gewissen nur noch im Stillen gehalten,
Aber das nun an dem Tage der Rache nicht mehr betäubt wird.
Also sagt' er. Es hatte sich lang mit tödtendem Schrecken
Seraph Eloa gerüstet. Die Rache glüht' in dem Aug' ihm.
Sein gefürchtetes Buch hing durch die Himmel herunter,
Und er rollt's aus einander; da rauschet' es Rauschen des Sturmes.
Also sprach er: Es ist mit keinem Maße gemessen,
Euer Elend; die Zahl zählt's nicht, ihm fehlen die Namen.
Weh' euch, daß ihr geschaffen seyd! Weh' und Verderben ohn' Ende
Euren Seelen! Ihr habt der Menschheit heiligste Würde
Tief herunter entweiht. Sie hätten Engel mit Jauchzen
Und mit weinendem Dank von der Könige König empfangen.
O, ihr standet erhaben; um eure Throne versammelt,
Stand das Menschengeschlecht. Weit war der Schauplatz, der Lohn groß,
Menschlich und edel zu seyn. Die Himmel sahn euch. Es wandten
Alle Himmel ihr Angesicht weg, wenn sie sahn, was ihr thatet;
Wenn sie sahen den mordenden Krieg, des Menschengeschlechtes
Brandmal alle Jahrhunderte durch, der untersten Hölle
Lautestes, schrecklichstes Hohngelächter, den ewigen Schlummer
Eurer Augen, daß neben euch drückte der kriechende Liebling,
Keine Tugend belohnt, und keine Thräne getrocknet.
Geh' nun, du füllteſt dein Ohr mit der süßen Unsterblichkeit Schalle!

Geh', du hast sie erlangt; doch die nicht, welche du träumtest!
Ewig ist euer Name, vom untersten Pöbel der Seelen
Mit den wildesten Flüchen der Hölle genannt zu werden.
Eure Thaten sind in des Abgrunds eherne Berge,
Dort in langen unendlichen Reihn mit Feuer gegraben,
Alle zu kennen an der eigenen unsterblichen Schande.
Da, da ist kein Tempel des Ruhms, da sprosset kein Lorber,
Eures Hauptes Krone zu werden; da tönt kein Triumphlied,
Euch mit Ehrevergeudung, mit hohes Preises Ergusse,
Jedem Zauber des Stolzes, durch Siegesbogen zu singen.
Aber Jammergeschrei und schreckliche Stimmen des Blutes,
Das ihr vergoßt, und Wuthausruf und Verwünschung zu neuer
Größerer Qual erschallen vom Ueberhange der Berg' euch,
Euch aus der ewigen Nacht herdrohenden grausen Gewölben,
Daß die Wolk' am Throne mit ihrem Donner sich waffne,
Und mit eisernem Gang die Todesengel herabgehn;
Daß die Gerichteten alle die starrenden Augen erheben,
Nach dem Thron schaun; — denn die Entscheidung fasset die Wage;
Bald, bald schwebt in die Himmel hinauf die steigende Schule.
Also ruft' er: Allgegenwärtige schauernde Stille
Hatte sich über die Erd' und über den Himmel gebreitet.
Heilig und hehr und schrecklich war des Richtenden Herschaun.
Allmacht strahlt' er und Zorn. Er blickt' auf die Könige nieder,
Wandte sein Angesicht, schwieg. Als er sein Angesicht wandte,
Schauert' es unter der Könige Fuß in den Felsengebirgen,
Kam ein Sturm von dem Thron, und in den Nächten des Sturmes
Alle Todesengel herab. Die Könige flohen.
Kein Erdbeben erbarmte sich ihrer, sie vor dem Anschaun
Und dem kommenden Schweben der Todesengel zu decken.
Ein Gedank', und wir sahn die umleuchtete Stätte verlassen
Ihres Gerichts; noch einer, so hörten wir donnern die Hölle,
Welche sich öffnete, schloß. Schon kamen am äußersten Himmel
Um den Gerichtsplatz her die Todesengel. Sie hielten
Schwarze Wetter empor und sangen Jubelgesänge.

Neunzehnter Gesang.

Adam schweigt von einem Anblicke des Gerichts. Die geistlichstolzen Halbchristen. Abbadona's Schicksal wird entschieden. Die Seligen erheben sich gen Himmel. Die Aeußersten der Heerschaar sind die, welche in der Sündfluth umgekommen waren. Die Erde wird verwandelt. Das Gesicht hört auf. Jesus erscheint einigen Jüngern am See Tiberias; mehr als Fünfhunderten auf Tabor; Jakobus allein am Tabor; und den Zwölfen und Siebzigen in einem Palmenwäldchen. Johannes hat eine Offenbarung von der Ausgießung des heiligen Geistes. Die Zeit der Himmelfahrt ist gekommen. Lebbäus Wehmuth über den nahen Abschied von Jesus. Thomas führt die Jünger nach Gethsemane. Jesus kommt zu ihnen und geht mit ihnen auf den Oelberg. Auf demselben sind die Triumphbegleiter, Seelen, Auferstandene, und Engel unsichtbar gegenwärtig. Indem Jesus die Jünger anredet, verklärt er Lazarus. Dieser wird von seinem Engel auf den Oelberg geführet. Jesus segnet die Jünger und fährt gen Himmel. Eloa, der als Schutzengel der Erde zurückgeblieben war, und Salem reden mit den Jüngern. Diese kehren nach Jerusalem um, und erwarten die Ausgießung des heiligen Geistes.

Einen Anblick des ernsten Gerichts verhüllte der Menschen
Vater durch Schweigen. Er sah in der Mitte des großen, gedrängten,
Unabsehlichen Heers der auferstandenen Todten
Eva auf einem Hügel stehn und mit fliegenden Haaren,
Ausgebreiteten Armen, mit glühender Wange, mit vollen
Innigen Tönen der Mutterstimme, wie nie noch ein Mensch sie
Oder ein Engel vernahm, um Gnade (sie lächelte weinend)
Flehn für die Kinder, um Gnad' empor zu dem Richter, um Gnade
Aber auf einmal verschwand ihm der Schaueranblick; er hörte
Einigemale nur noch sanft Lispeln der himmlischen Harfen.
Mitleid däucht' es ihm erst, dann däucht' es ihm Freude. Doch jetzo
Hatt' auch dieß sich verloren. Er sah von neuem Gesichte.
 Als erwach' er aus tiefen Gedanken, beginnet er wieder:
Nunmehr sah ich die Schnitter der Ernte die Schaaren hinauf gehn
Und hinab. Sie gingen mit scharfer Forschung Geberden
Langsam vorüber und schauten voll Ernst in die Schaaren und riefen:
 Komm'! Dann führeten sie die Gerufnen, wie trübe Gedanken,
Stumm sie alle, wie Bilder am Grab, als Gräber noch waren,
Auf den Gerichtsplatz hin. Da ward ein Seraph gesendet;
Der trat langsam hervor und brachte den hohen Befehl mit:
 Fallt auf das Angesicht nieder und hört das Urtheil, das vormals
In dem Leben der Stunden, allein für sich nur, der Fromme
Ueber euch sprach und sich zitternd warnte, selbst selig zu werden!
 Ach, ich sah sie erblassen und niederfallen zur Erde.
Und sie lagen und hielten zertrümmerte Felsen. Der Seraph
Trat stillschweigend zurück. In dem Glanze der reineren Tugend,
Mit der Hoheit der Religion, die er drüben am Grabe
Schon in ihrer Göttlichkeit sah, erhob sich der beste
Und der liebenswürdigste Jünger, der fromme Johannes.
Und die Aeltesten standen um ihn. Er erhob sich, die Stolzen,
Welche zur Erde niedergesunken auf dem Gerichtsplatz
Lagen, die zu enthüllen, ihr Thun dem Tage zu zeigen.
Gleich dem Wetter des Mächtigen, traf er nicht jede der Tiefen,
Jede Höh' nicht, berührete nur hier Gipfel, dort Abgrund;
Ließ dann schweigen die schreckende Wolke. So sprach er: Ihr schuft euch
Eigene Tugend und stelltet den Abgott über den Thron hin,

Wo des Richters Gesetz und neben dem ernsten Gesetz stand
Euer Gewissen. Der Heilige, der das zarte Gefühl selbst
Nach des Ewigen Richtschnur maß und doch um Erbarmung
Weinend flehete, war sich nicht rein und wußte, wer Gott sey;
Aber ihr waret euch rein; kaum, daß ihr die große Versöhnung
Auch annahmet. Und dennoch habt ihr die edle Begierde,
Welche zur Ehr' euch rief, zu dem Stolz herunter erniedert;
Habt mit Strenge zu richten gewagt, wer besser, als ihr, war,
Wer einfältiger, weiser und tiefer drang in die Irre
Schwerer Pflichten, in sich geschärfter Gefühl des Guten
Weckte, dieß Feuer nährte, mit Wahn und mit Strenge zu richten;
Euch unheilig erkühnt, die schweigende Tugend dem Schalle
Ihres Namens, dem Schimmer von ihr in der Könige Hütten
Oder auf anderer Höh' der Schattengröße des Menschen
Gleich zu halten. Ihr bautet euch selbst Glückseligkeiten,
Tempel eurer Erfindung, auf schmeichelnder Ruhe gegründet,
Aber nicht auf der heiligen Pflicht. Den Namen der Vorsicht
Nanntet ihr zwar; doch trautet ihr mehr dem Wege des Menschen,
Eurem Wege. Den höheren Geist, den euch die Natur gab,
Habt ihr weit von dem Zwecke verleitet, zu dem ihr gemacht war't;
Habt der herzlichen, edlen, der frommen Menschlichkeit sanfte
Liebestöne so oft mit rauhem Klange vermischet.
So schien zwar nicht die That, des Gedankens Mißbild; so war
Aber das Herz im Verborgnen. Dort war es euch Nacht; der Friede
Kam nicht in euer Herz, dem Feinde ganz zu verzeihen,
Ihn im Stillen zu segnen. O, durft' auf die Krone denn hoffen,
Wer nicht rein war vor Gott? Sogar vor dem eignen Gefühl nicht
Rein in der Stunde der Angst, traf's mächtiger ihn, daß er Mensch sey?
Wer sich selber nicht mehr entrann und doch um Erbarmung
Zu dem erhabnen Versöhner nicht rief, und doch zu dem Stolze
Wiederkehrte, zur eigenen Größe, sich selbst versöhnte?
Arme Ruhige, Sünder von Sündern, der letzte der Tage,
Konnte nur er euch an euch mit seinem Schrecken erinnern?
Und euch konnte doch jede der Stunden des fliehenden Lebens
Mächtig lehren, daß über dem Grab ein Anderer richte,
Als ihr selbst. Erhebt euch und seht die Ruhigern alle!
Schaut nun, welches Ziel ihr verfehltet! Ein anderer Weg ging
Nach dem Ziel. Demuth, mehr Menschlichkeit, heißre Gebete
Haben bis hin zu der Krone den Schritt der Sieger geleitet.
Ihr habt niemals wie sie in Stunden wacherer Nächte
Weinend gerungen in tiefem Gebet. Ihr habet euch niemals
Ganz des Elends erbarmt. Ihr habt die höchste der Freuden
Unter den Freuden der Menschen und Engel niemals empfunden,
Jene Freude, den Seher des Himmels allein zum Zeugen
Unserer Thaten zu haben, nur ihn; uns frömmer zu achten,
Seliger, wenn den Menschen die That, so wir thaten, verhüllt war.

Niemals habt ihr genug des Hocherhabnen, des Ersten,
Gottes Größe gekannt. Das ist es, daß ihr von Ruhe
Lächelnd träumtet, allein bis zu jenem Frieden nicht kamet,
Der in der Thräne des Büßenden rann, die um Gnade nur flehte,
Nur um Gnade, durch Thränen und Blut des Versöhners erworben.
Also sprach er. Die Wag' erklang. Die leichtere Schale
Stieg nicht völlig empor. Der Gerichteten Schicksal ward Dämmrung;
Nacht nicht. Vielleicht, daß dereinst auch früher der Tag für sie aufgeht.
Graunvoll stand das Heer zu des Richters Linken. Vom Throne
Schwebten die Todesengel herab, daß Verworfne sie führten
In die Wohnung der ewigen Nacht. Sie trugen die Schrecken
Des auf dem Thron im richtenden Blick. Zu Tausenden wälzten,
Da sie schwebeten, Donnerwolken des hohen Gerichtsstuhls
Ihrem eilenden Fluge sich nach. In einsamer Stille,
Und mit sterbendem Blicke starr in die Tiefe gesenkt, stand
Abbadona. Ihm kam der Engel Einer des Todes
Immer näher und näher. Er sah den Cherub, erkannt' ihn
Und erhub sich zu sterben. Er schaute mit trüberem Auge
Auf den Richter und rief aus allen Tiefen der Seele.
Gegen ihn wandte das ganze Geschlecht der Menschen sein Antlitz
Und der Richter vom Thron. So sprach anbetend der Seraph:
Weil nun Alles geschehn ist, und auf den letzten der Tage
Diese Nacht der Ewigkeit folgt; so laß nur noch einmal
Du, der sitzt auf dem Throne, mit diesen Thränen dich anschaun,
Die seit der Erde Geburt mein brechendes Auge geweint hat!
Schaue vom Thron, wo du ruhst (du hast ja selber gelitten),
Schau' in das Elend herunter, wo wir Gerichteten stehen,
Auf den Verlassensten aller Erschaffnen! Ich bitte nicht Gnade;
Aber laß um den Tod, Gottmensch Erbarmer, dich bitten!
Siehe, diesen Felsen umfass' ich; hier will ich mich halten,
Wenn die Todesengel von Gott die Gerichteten führen.
Tausend Donner sind um dich her; nimm einen der tausend,
Waffn' ihn mit Allmacht, tödte mich, Sohn, um deiner Liebe,
Deiner Erbarmungen willen, mit denen du heute begnadigst!
Ach, ich ward ja von dir auch mit den Gerechten erschaffen;
Laß mich sterben! Vertilg' aus deiner Schöpfung den Anblick
Meines Jammers, und Abbadona sey ewig vergessen!
Meine Schöpfung sey aus, und leer die Stätte des Bängsten
Und des Verlassensten aller Erschaffnen! Dein Donner säumet,
Und du hörest mich nicht. Ach, muß ich leben, so laß mich,
Von den Verworfnen gesondert, auf diesem dunklen Gerichtsplatz
Einsam bleiben, daß mir's in meinen Qualen ein Trost sey,
Tiefnachdenkend mich umzuschaun: Dort saß auf dem Throne
Mit hellglänzenden Wunden der Sohn; da huben die Frommen
Sich auf schimmernden Wolken empor; hier ward' ich gerichtet!

Abbadona sank an den Felsen. In eilendem Fluge
Standen die Todesengel und wandten ihr Antlitz zum Richter.
Feierlich schwieg das Menschengeschlecht. Die Donner verstummten,
Die unaufhörlich vorher von dem Throne des Richtenden schollen.
Abbadona erwacht' und fühlte die Ewigkeit wieder.
Gegen ihn kam durch die wartenden Himmel die Stimme des Richters:
Abbadona, ich schuf dich. Ich kenne meine Geschöpfe,
Sehe den Wurm, eh' er kriecht, den Seraph, eh' er empfindet;
Kenn' in allen Tiefen des Herzens alle Gedanken.
Aber du hast mich verlassen, und jene Gerichteten zeugen
Wider dich auch; du verführtest sie mit. Sie sind unsterblich.
Abbadona erhub sich und rang die Hände gen Himmel.
Also saget' er: Wenn du mich kennst, und wenn du den Bängsten
Aller Engel gewürdiget hast, sein Elend zu sehen;
Wenn dein göttliches Auge die Ewigkeiten durchschaut hat,
Die ich leide; so würdige mich, daß dein Donner mich fasse,
Und dein Arm sich meiner erbarme, vor dir mich zu tödten!
Mittler, ich sinke betäubt in des Abgrunds furchtbarste Tiefe,
Und mein bebender Geist entflieht der Ewigkeit Schauplatz,
Stürzt sich hinab und ruft dem Tode, so oft ich es denke,
Daß du mich schufst, und ich es nicht werth war, geschaffen zu werden.
Schau', wo du richtest, herab und sieh', du Erbarmer, mein Elend!
Laß nur einmal noch den erhabnen Gedanken mich denken,
Daß du mich schufst, daß auch ich von dem Besten der Wesen gemacht ward,
Und dann tilg' auf ewig mich weg von der Schöpfungen Schauplatz!
Sey mir, Gedanke, gegrüßt, vor dem nahen Abschied von Allen,
Die Gott schuf, und dem Unerschaffnen der letzte Gedanke!
Da der vollendete Himmel in seinen Kreisen heraufkam,
Und der erste Jubelgesang die Unendlichkeit füllte;
Da mit einer großen Empfindung, die von dem Schöpfer
All' auf einmal ergriff, die werdenden Engel sich fühlten;
Da der Einsame sich vor Tausendmaltausend enthüllte,
Wie er von Ewigkeit war, und zuerst der höchste Gedanke
Nicht allein mehr von Gott gedacht ward; da schuf mich mein Richter.
Damals kannt' ich kein Elend; kein Schmerz entweihte die Hoheit
Meines Geistes. Vor Allen, die ich, sie zu lieben, mir auskor,
War mir der Liebenswürdigste Gott. Mit schattendem Flügel
Deckte mich ewiges Heil. In jeder Aussicht sah ich
Seligkeiten um mich. Mir jauchzt' ich in meiner Entzückung,
Daß ich geschaffen war, zu. Ich war, geliebet zu werden
Von dem Besten der Wesen. Ich maß mein dauerndes Leben
Nach der Ewigkeit ab und zählte die seligen Tage
Nach der Zahl der Erbarmungen Gottes. Nun muß ich vergehen,
Länger nicht seyn, nie wieder mit tiefer Bewunderung Gott schaun
Und an dem Throne des Sohns kein Halleluja mehr singen.

Werde denn, ewiger Geist, werd' aufgelöset! Vollendet
Ist der Zweck, zu dem du geschaffen wurdest! Hier steh' ich,
Bete zum letztenmale dich an, o, der auf des Schicksals
Nächtlichste, furchtbarste Höh' mich stellte, dort mich zum Zeugen
Erst der Huld, der Rache, der unerbittlichen, dann mich
Auserkor, daß Aeonen es sähn und ihr Antlitz verhüllten.
Also saget er, sinkt vor dem Richter aufs Angesicht nieder
Und erwartet den Tod. Und tiefe fei'rliche Stille
Breitet noch über den Himmel sich aus und über die Erde.
Damals erhob ich mein Auge und sah die Himmel herunter,
Und ich sah auf den goldenen Stühlen die Heiligen beben
Vor Erwarten der Dinge die kommen sollten. Ich sah auch
Vor dem Heer der Verworfnen um Abbadona, erwartend,
Glühender Stirn (es lagen um sie die nächtlichen Wolken
Unbeweglich) so sah ich die Todesengel. Sie wandten
Starr von Abbadona den Blick zu dem Throne des Richters.
Hier verstummte der Vater der Menschen. Die Heiligen sahn ihn,
Als ob er unter ihnen noch einmal vom Tod erwachte,
Da er wieder begann: Zuletzt wie die Stimme des Vaters
Zu dem Sohn, wie der Jubel Nachhall scholl von dem Throne
Diese Stimme: Komm', Abbadona, zu deinem Erbarmer!
Adam verstummte von neuem. Da ihm die Sprache zurückkam,
Da er mit feuriggeflügelten Worten zu reden vermochte,
Sagt er: Schnell wie Gedanken der himmelsteigenden Andacht,
Wie auf Flügeln des Sturms, in dem der Ewige wandelt,
Schwung sich Abbadona empor und eilte zum Throne.
Als er daher in dem Himmel ging, da erwachte die Schönheit
Seiner heiligen Jugend im betenden Auge, das Gott sah,
Und die Ruh' der Unsterblichen kam in des Seraphs Geberde.
So hat Keiner von uns an der Auferstehungen Tage
Ueber dem Staube gestanden, wie Abbadona daherging.
Abdiel konnte nicht mehr aushalten des Kommenden Anblick,
Schwung sich durch die Gerechten hervor; mit verbreiteten Armen
Jauchzet' er laut durch den Himmel. Die Wange glüht' ihm; die Krone
Klang um sein Haupt; er zittert' auf Abbadona herunter
Und umarmt' ihn. Der Liebende riß sich aus der Umarmung,
Sank dann zu den Füßen des Richters aufs Angesicht nieder.
Nun erhob sich umher in dem Himmel des lauten Weinens
Simme, die Stimme der sanfteren Wonne. Der leiseren Harfen
Jubel entglitt den Stühlen der vierundzwanzig Gerechten,
Katm zu dem Stuhle des Sohns und sang von dem Todten, der lebte.
Wie kann ich reden die Worte, die Abbadona gesagt hat,
Da er am Thron aufstand und zu dem auf dem Throne sich wandte?
Also sagt' er und lächelte Wonne des ewigen Lebens:
O, mit welchen festlichen Namen, mit welchen Gebeten
Soll ich zuerst dich nennen, der mein sich also erbarmt hat?

Kinder des Lichts, die ich liebte, zu euch bin ich wiedergekommen.
Erstgeborene der Schöpfung und ihr durch die Wunden des Sohnes
Erben des ewigen Lebens, wohin bin ich wiedergekommen?
Sagt mir, o, sagt mir, wer rufte mir? Weß war die Stimme vom Throne,
Die bei dem Namen mich nennte? Du bist die Quelle des Lebens,
Fülle der Herrlichkeit, ewiger Quell des ewigen Lebens.
Heil ist dein Name. Du bist der Eingeborne des Vaters,
Licht vom Licht, bist der Allversöhner, das Lamm, das erwürgt ward.
Richter heißest du auch. Ich will die Liebe dich nennen.
Gott hat am Abend des Weltgerichts noch einmal erschaffen;
Denn ich war Einer der Ewigtodten. Den letzten der Tage
Schuf er mich um und rief mich aus meines Todes Umschattung
Wieder zum ewigen Heil, das unaussprechlich wie Gott ist.
Halleluja, ein feierndes Halleluja, o Erster,
Sey dir von mir auf ewig gesungen! Du sprachst zu dem Elend:
Sey nicht mehr! zu den Thränen: Ich hab' euch alle gezählet.
Freudenthränen und Dank und Anbetung sey dem auf dem Throne!
Jetzo ward mein Gesicht zu dunklen Gestalten, die fliehend
Kamen, schwebten und fliehend am fernen Himmel verschwanden.
Endlich waren vor mir die dunklen Erscheinungen alle
Weggesunken; Gesicht war wieder, was ich erblickte.
Aber Jahre waren, so däucht' es von neuem mich, waren vergangen
Zwischen dem letzten Anblick und diesem, der nun vor mir aufging.
Schöner leuchtet' herunter und schrecklich nicht mehr des Thrones
Glanz und überstrahlte der Auferstehung Gefilde.
Weit, wie niemals mein Auge sah, in unendlicher Ferne
Sah ich die Schaarenheere der Ueberwinder gen Himmel
Wallen; die äußersten nur erkannt' ich. Es waren der ersten
Erde Kinder, die einst zum Meere wurde, da Gottes
Wagschal' auch erklang, und gewogen ward, wer von Adam
Sterblichkeit erbt', und die Seelen der Todten hinuntersanken
In ein furchtbar Gefängniß. Die waren jetzt von der Fessel
Alle befreit und wallten hinauf mit den Siegern gen Himmel.
Segnend schaut' ich den Seligen nach. Auf einmal erhub sich
Hinter mir Donnerton, und ich sah verwandelt die Erde
Werden, ihr Engel des Allerheiligsten und ihr Gebornen,
Sahe weit um mich her die Fluchbeladne zum Eden
Werden. Also erstand ich aus Staube; so ward die Erde
Eden aus Trümmer. Die Schöpfung erscholl umher, und die Sterne
Leuchteten heller. Noch hört' ich der Schöpfung Donner, noch strahlt' es
Mir von dem Himmel, als ich zu euch nach meinem Gesicht kam.
Jesus war von dem Tabor herabgekommen und stand jetzt
An dem Gestade des Sees Tiberias, neben ihm Engel,
Nur gesehen von ihm. Sie brachten Botschaft aus Welten;
Höreten schnelle Befehle, die Weltenschicksal entschieden.
Andere traten herzu, und Andere wandten sich, eilten,

Mit Befehlen belastet, darüber sie staunten, darüber
Einst auch wir, wenn gesunken uns ist die Hülle des ersten
Lebens, der Geist der schlummernden Todten die Heitre durchwallet,
Staunen werden. Herauf war die Morgendämmrung gestiegen,
Und den Strahl des werdenden Tages milderte lichter
Nebel, ein Schleier, aus Glanz und weißem Dufte gewebet.
Ruh' war auf die Gefild' umher, sanftathmende Stille
Ausgegossen. Ein Nachen entglitt da langsamsichtbar
Voll von Freunden dem lieblichen Duft des werdenden Tages.
Nackt bei dem überhangenden Netz stand vorn in dem Nachen
Kephas. Es saßen umher, mit silberhaarigem Haupte
Bartholomäus, Lebbäus, gelehnt auf ein Ruder, mit vollem
Freudeglänzenden Blicke der Zwilling, mit lächelnder Heitre
Selbst Nathanael, saßen die Zebedäiden, Jakobus
Mit den Gedanken im Himmel, Johannes beim Herrn auf der Erde.
Da sie näher heran zu dem Ufer kommen, erblicken
Sie den Mittler, allein sie erkennen ihn nicht; doch verehren
Sie den ernsten Fremdling, der dort des Morgens, in sanfte
Ruhe versenkt, und seiner Gedanken sich freut. J. Von den Pilgern
Allen, welche die Götzen des Griechen oder der sieben
Mündungen Strom und seine Gebilder ließen, des Passah
Feier mit uns zu begehn und des Tempels Psalmen zu hören,
Sah ich Keinen so voll von Hoheit der Seele. Jakobus
Sagt' es; und Didymus sprach: O wär', den wir sehen, der Pilger
Einer der Auferstehung und jetzt mit dem Morgen gekommen,
Strahlender uns zu erscheinen, als leuchten Tage der Erde
Können, Sonnen es können! Mit scharfem Blicke Lebbäus,
Siehst du ihn an mit unabwendbarem Auge des Forschers.
L. Ach, die Geberde des Sterblichen, der ein Himmlischer ist, die,
Die betracht' ich, o Thomas, erwarte den Flug, den die Wandlung
Nehmen wird, so eilend vielleicht, daß mein Aug' ihn nicht siehet.
Aber der Fremdling redet mit ihnen: Habet ihr Speise,
Meine Kinder? Sie hatten die Nacht vergebens gefischet,
Hatten der Speise nicht. Da sagte der Unbekannte:
Werfet das Netz zu der Rechten des Schiffs, so werdet ihr finden.
Und sie warfen es aus und konnten's nicht ziehn vor der Fische
Menge. Mit mehr Erwartungen richtete jetzo Lebbäus,
Richtete Thomas den forschenden Blick auf den Unbekannten.
Aber der Zug, so das Netz da, wo der Fremdling es sagte,
Und so schnell belastete, zeigt Johannes den Mittler.
Freudig ruft' er: Es ist der Herr! Da Kephas vernommen,
Daß es der Herr sey, eilet' er, gürtete sich mit dem Hemde,
Warf sich ins Meer, schwamm schnell heran zum Gestade voll Unruh',
Christus näher zu sehn. Er sah ihn, erkannt ihn. Die Andern
Eilten im Nachen, zogen das Netz mit den Fischen herüber,
Traten ans Land und erkannten, vor Wonne verstummt, den Versöhner.

Brod und Kohlen und Fisch' auf den Kohlen lagen vor ihnen
An dem Ufer. Der Göttliche sprach: Bringt auch von den Fischen,
Die ihr finget. Und schnell sprang Kephas wieder ins Wasser,
Zog das schwere Netz voll großer Fische, das dennoch
Nicht zerriß, auf das Land, und Leben wimmelt' im Netze.
J. Kommt und haltet das Mahl! Sie hielten's. Vertraulich, mit Liebe
Saß er am Ufer unter den Wonnevollen und reichte
Ihnen Speise. Jetzt war das zweite der frohen Mahle
Nach dem traurigen Mahl vor seinem Tode, geendet.
Und sie wandelten hin am Gestade. Der Göttliche sagte:
Simon Johanna, liebst du mich mehr, als diese mich lieben?
Schnell tritt Petrus näher zu ihm, antwortet: Du weißt, Herr,
Daß ich dich liebe. Mit inniger Huld sparch Jesus: So weide
Meine Lämmer! und schwieg nicht lang' und fragte noch einmal:
Simon Johanna, liebest du mich? In dem innersten Herzen
Fühlet es Kephas: noch trauert er nicht, antwortet: Du weißt, Herr,
Daß ich dich liebe. Mit inniger Huld spricht Jesus: So weide
Meine Schafe! und steht nnd fragt den Gerührten noch einmal:
Simon Johanna, liebest du mich? Da kam in des Jüngers
Seele Traurigkeit, daß ihn der Herr zum drittenmal fragte.
Und mit der Stimme der Wehmuth erwiderte Petrus: Du weißt, Herr,
Alle Dinge, du weißt, daß ich dich liebe. So weide
Meine Schafe! sprach der Versöhner. Du warest ein Jüngling,
Kephas, und gürtetest dich und wandeltest hin, wo du wolltest.
Wenn das Alter dir kommt, dann wirst du die Händ' ausstrecken;
Andere werden dich gürten, dich Andere führen, dich führen,
Wo du nicht hin willst. Folge mir nach! Der Jünger verstand es,
Welche Führung dieß sey, und mit welchem Tod er, ein Zeuge
Deß, der erstand, Gott preisen würde. Jetzt wendete Kephas
Sich und sahe den Jünger auch folgen, den Jesus liebte,
Der an der Brust ihm lag bei dem traurigen Mahle der Scheidung.
Kephas sprach: Was aber soll der? Der Erlöser erwidert:
Wenn ich will, daß er bleibe, bis ich komme, was geht dieß
Dich an? Folge du mir nach! Nun sahe der Jünger
Auge den Auferstandnen nicht mehr. So erhebet das Meer sich,
Und so senkt es die Woge nieder und wird zur Ebne,
Wie vom Erschienenen unter einander die Einsamen sprachen.
Ja, ich folg' ihm nach, rief Simon, ich sterbe, wie er starb.
Gürtet und führt! Ich sterbe, wie er. Du aber, Johannes,
Stirbst nicht, wie er; du bist unsterblich. J. Du bist unsterblich,
Rief Jakobus und hub zu dem Himmel sein Auge, vor Wonne
Trunken. Jh. Ich unsterblich? Das sagt' er ja nicht. L. Bis er komme,
Bleiben; was sagt' er denn anders? Du bist, o Jünger der Liebe,
Bist unsterblich. Erkoren hat er für deine Treue
Diesen Lohn, die Krone! Du bist unsterblich, Johannes.

Freudig sagt' es Lebbäus, fuhr fort: Das wurde noch Keinem.
Heil dir, Seliger Gottes, zu deiner großen Belohnung!
Eins nur ist mir Zweifel. Wir sterben und gehn zu dem Mittler,
Und du bleibest zurück? Doch, er ist ja bei den Seinen
Bis zu der Tage letztem, bei ihnen im Himmel, bei ihnen
Auf der Erde. Du stirbst nicht, Johannes! Sie wandten sich, gingen,
Voll der künftigen Welt, zurück zu des Lebens Geschäften,
Ruderten hin und wieder und theileten aus, in der Freude
Ihres Herzens, das volle Netz, wo etwa ein Nachen
Lag, der auch bis zur Frühe, wie ihrer, vergebens umherglitt.
Sonnen gingen auf und gingen unter, und immer
Währte das erste Gericht des Versöhners. Schnelle Worte,
Schnellere Winke geboten den Engeln. Die zeugten, enthüllten
Flammenschrift. Bald rollten sie wieder die Bücher zusammen,
Streuten nur wenig umher des furchtbaren Glanzes. Die Seelen
Redeten, schwebten verstummt. Kurz war des Richtenden Urtheil,
Traf gleich Blitzen, umglänzte wie Strahlen des Tags mit Wonne.
Lange hatte sich schon und weit der Ruf von des Mittlers
Auferstehung verbreitet, und daß die Jünger ihn sähen,
Und daß himmlische Zeugen aus jenen Hütten des Friedens
Zu den Sterblichen kämen, und er, von welchem die Todten
Zeugten, sey wieder hinab nach Galiläa gegangen,
Daß er von neuem sich offenbare. Gesendete Freunde
Eilten umher und verkündeten freudig: Auf dem Gebirge
Tabor sammeln sie sich, die der neuen Offenbarung
Herrlichkeit harren. Sie stehn in der Ceder Schatten und laben
Nicht an der Quelle sich, brechen kein Brod. So riefen die Boten
Und verließen mit Eil' des Einen Hütte, zu kommen
Nach der Hütte des Andren. Der Göttliche wird sich noch einmal
Offenbaren. Er hat auch diese Gnade verheißen.
Auch ward dieß dankweinenden Frommen von Vielen der Todten,
Die erstanden, verkündet. O, eilt nach Tabor, wenn's anders
Theuer euch ist, schon hier euch, wie Engel Gottes, zu freuen!
Lazarus stand auf Tabor im Cederschatten und sagte:
Vielen will er Seligkeit geben! er würde so lange
Sonst nicht säumen. Wir sind nur erst Zweihundert versammelt,
Und mehr sollen es seyn, die er mit dem ersten Genusse
Seines Erbes erquicken, auf die er von ferne den Schimmer
Jenes Glanzes am Thron, die Morgenstrahlen der Tage
Seiner Ewigkeit ausstreun will. So harret denn, Brüder,
Dieses reicheren Maßes der himmelvollen Erbarmung,
Harret sein, wie sie droben am Thron des Göttlichen harren!
Preiset seinen Namen und singet ihm, Psalmen des Tempels
Nun nicht mehr, singt Psalmen der Erben dem göttlichen Sohne!
Wen das Feuer des Himmels entflammt, der singe dem Sohne,

Daß uns preisend finde, wer kommt, sein Antlitz zu sehen,
Daß den Erscheinenden Jubel der neuen Lieder empfangen!
Und die Mutter des Todten, der lebte, begann! Ich lernte,
Wenn nicht Eva zu sehr der Sterblichen nahte, des Thrones
Jubeltöne; doch auch mit des Menschen Stimme, dem Laute
Seiner Brüder auf Erden, will ich dem Erhabenen singen.
Komm' und singe mit mir, die in Magdale's Thale zum Leben
Gott schuf! Mg. Ich mit der Mutter des Hocherhabnen ihm Lieder
Singen, die Ungeweihte von Gottes Flamme? Dem Sohne
Preis ich stammeln? Wohlan, ich folg' in der Ferne der Mutter;
Denn ich lieb' ihn. Du hast der Engel Gottes Triumphlied
Ueber der Krippe, du hast mit Eva's Harfe des Thrones
Jubeltöne gehört und bist des Göttlichen Mutter;
Aber ich lieb' ihn auch. Beginn', o Mutter des Todten!
Mirjam ergriff den Psalter und hub ihr Auge gen Himmel;
Schon entströmte Begeistrung der sanfterschütterten Saite.
M. Da die Engel des Throns um die Hütte Bethlehems sangen,
Weinet' er; aber es ward der Preisenden Halleluja
Fei'rlicher, als sie rinnen die Thräne des Göttlichen sahen.
Mg. Ich, die Sünderin, sank zu seinen Füßen mit stiller
Reu', und er erbarmte sich mein, dem in Bethlem der Thränen
Mitleid floß, der mit Gnade den Preis der Himmlischen hörte.
M. In Gethsemane flossen dem Gottversöhner nicht Thränen;
Schweiß und Blut floß. Laut hat auch dieses um Gnade gerufen.
Mg. Als er Jerusalem sah, da weinet' er über ihr Elend.
Sammeln wollt' er die Armen, wie eine Henne die Küchlein
Unter ihre Flügel; allein sie wollten nicht kommen,
Wollten des Liebenden nicht und ruften in Gabbatha's Hallen:
Ueber uns komme sein Blut und über unsere Kinder!
Ach, es floß, und auch für sie, auf dem hohen Altare
Golgatha. Wandte nicht da von ihm das Gericht sein geschrecktes
Antlitz weg und floh? Scholl da die Hölle nicht dumpf auf,
Voll des Entsetzens vor ihm? Ward da sein Eid nicht erfüllet,
Den er dem Ewigen schwur: Ich will die Menschen erlösen?
Hat den Vollender nicht Gott mit Preis und Ehre gekrönet,
Seit er am Kreuze sein Haupt in die Nacht des Todes geneigt hat?
Ach, zu seiner Herrlichkeit schaut mit Wonne mein Blick auf.
Aber dennoch wend' ich ihn oft zu dem blutigen Altar
Wieder hin und beweine den, deß Haupt in die Nacht sich
Neigte, gekrönt mit der Krone der Schmach auf der Schädelstätte.
M. Komm', wir harren dein! Uns lasten der süßen Erwartung
Freud' und Unruh'. Komm', du, den nicht mehr auf dem Hügel
Krönet die Krone der Schmach, nicht mehr der Felsen des Grabmals
Hüllet in dunklere Nacht, als über Golgatha schwebte!
Mg. Komm', du Toderwecker, du Mächtiger, komm', der das Leben
Wiederbrachte, gesegnet mit allen Segen des Vaters!

Komm'! Wir schauen nach dir hinab in die Thale, gen Himmel,
Auf die Gebirg' umher, mit innigem Blicke der frommen,
Süßen Erwartung. O, komm' zu deiner ersten Gemeine!
Siehe, so wartet, die Freud' in dem Blick, und geschmückt mit der Unschuld
Schmucke, die Braut des Bräutigams, wie der Gemeinen Erste
Deiner wartet, der auferstand, zu erwecken die Todten.
Wallt, Gemeinen der Enkel, mit frohem Tritt zu der ersten
Grabe. Sie wird, euch wird der Herr des Lebens erwecken.
Wallet herzu, die Blume der Ernt' in der Hand und die Lippe
Seines Preises voll, zu eurer Väter Gebeinen!
Magdale unterbrach den Gesang durch Rufe der Freude:
Ach, sein Häuflein! Die erste Gemeine mehret sich immer.
Seht ihr, o Zeugen, kommen die neuen Zeugen auf jedem
Wege, der aus dem Thale nach Tabors heiliger Höh' steigt?
Ach, wie auf allen Pfaden zur Wonne schneller des Pilgers
Stab sich bewegt, und dunkler der Staub der Füße sich wölket!
Ach, es eilen der Glücklichen Viele, Viel der Erkornen
Christus herauf, ihn wieder von Gott verkläret zu sehen!
Aber Mirjam ließ den Gesang und die Saiten ertönen:
Ja, verklär' ihn, auch mit dieser Klarheit, o Vater,
Daß das Antlitz des Menschensohns die erste Gemeine
Sehe mit Himmelswonne, sie seines Lichtes Ströme
Trinke, dadurch auf immer gelabt, und nach Troste nicht dürste,
Dann nach Erquickung nicht lechze, wenn nun das Schwert der Tyrannen
Ueber sie kommt, und sie, ihr letztes Zeugniß zu zeugen
Von dem Sohne Gottes, heran zu dem blutigen Tode
Gehen! Laß dann nicht säumende Qual die Nahen am Ziele
Ueberlasten und bald ihr Blut, o Erbarmender, reden!
Mg. Bin auch ich erkoren, das große Zeugniß zu zeugen,
Ich gewürdigt, zu gehn den blutigen Weg zu dem Grabe,
Sohn des Vaters; so wende nicht ganz, wenn ich langsam sterbe,
Dich von der Sinkenden! Mir genügt ein Brosam des Trostes.
M. Dir genüget, nicht ihm, der dein so sehr sich erbarmt hat,
Brosame nur zu geben. Wenn er zur Zeugin dich rufet,
Siehe, so ist dir keine der Qualen alle so sehr Qual,
Daß du nicht wieder hörest die Himmelsstimme: Maria!
Und nicht wieder sinkst zu seinen Füßen. Am Grabe
Weilet er dann nicht mehr; er sitzt auf der Herrlichkeit Throne,
Herrscht an des Vaters Rechten, zu dessen Füßen du dann sinkst.
Mg. O du, der uns geliebt von dem Anbeginne der Welt hat,
Meine Seele verlanget nach dir. Gib Fülle der Gnade
Dann und jetzt! O, erscheine, Versöhner, und stärke die Zeugen
Zu dem blutigen Gange nach jenem Ziele, wo Palmen
Wehn, und Kronen des Lohns den Ueberwindenden strahlen!

Also sangen Maria und Magdale. Viele der Engel
Und der Erstandenen waren herauf zu den Zeugen gekommen,
Und mit ihnen auch andere Zeugen. Da lehnt' Eloa
Sich auf die goldene Harfe und hörte des Göttlichen Mutter
Singen. David schwebete näher und hörte der Mutter
Freudeweinendes Lied. Da die nahenden Frommen vernahmen,
Daß mit dieser Wonne sie sang, da eilten sie schneller.
Also sprachen sie unter einander: Ihr höret, wie freudig
Sie den Göttlichen preis't. Vielleicht erblickt ihn ihr Auge
Schon auf der Hügel Einem des Tabor? Vielleicht erhebt er
Dort bei einer der Cedern den Fuß, zu der Mutter zu gehen?
Aber sie sahen ihn nicht. Noch folgten Andre, der Siebzig
Viele, mit ihnen sie Alle, die einst ihn verließen, und weinend
Diese, der Lahmen und Blinden noch Viel und der Tauben, die Christus
Hatte geheilt, und Todte, die er in das Leben gerufen;
Beor und Dilean auch, mit Joel Samma, Elkanan,
Cherubim auch, unsichtbar sie, und die Märtyrerkrone,
Bersebon und Bethoron, und Engel mit Märtyrerkronen,
Tabitha, Stephanus, Joses und Portia. Neben ihr spielte,
Streute Blumen ihr in den Weg der Knabe Nephthoa,
Junge Blumen und Sprossen mit halbgebildetem Laube.
Vielmal sah er sie an und lächelte vielmal ihr Unschuld.
N. Portia, so ist der Weg zu dem Himmel, und ich bin der Engel,
Der dich führet. Es stürzet' ihr oft die Zähre der Freude
Ueber die Wange. Sie war nicht Mutter; aber ein Knabe,
Nah den ewigen Hütten, geleitete sie zum Versöhner.
P. Knabe, der Weg zu dem Himmel ist schön, und ich liebe den Engel,
Der mich führet. N. Ich liebe dich auch; doch lieb' ich noch mehr einst
Da dich, wo an dem Ende des Blumenweges uns andre
Cedern schatten und Palmen, der Frühling ewig uns schimmert.
Joseph und Nikodemus erreichten die Beiden. Sie hörten
Erst ihr Gespräch und grüßten sie dann mit dem Gruße des Friedens,
Christus Gruße, so oft er den Seinen sich offenbarte.
Und sie traten zu Magdale hin und der Mutter des Mittlers.
Mirjam sah die Heidin, und Freude befiel und Verwundrung
Sie, daß Christus schon itzt in den Himmel Portia rufe.
Und sie rührte die Harfe der neuen Jerusalem wieder:
Sohn des Vaters, noch mehrest du stets der Erben des Lebens,
Deiner Seligen Schaar. Viel' hast du heut dir versammelt
Daß sie dein Antlitz sehn, den Gott von dem Tode geweckt hat.
Fest wird sie auf den heiligen Bergen gegründet, gegründet
Hoch auf dem Gipfel, der über die Sterne raget, des neuen
Bundes Salem. Ja, eile nur vor und verlier' in die Zukunft
Dich, mein Blick! Wonn' ist es zu sehen den Auferstandnen;
Aber Wonn' ist es auch, hinab zu schauen die Reihen

Jener Zeiten, in welchen die kleine Quelle, das Häuflein,
Heerschaar strömt. Du Herrlicher, wie begannest du! Einer
Schwachen Sterblichen, die um dich weint', erschienst du zuerst; dann
Deinen hohen Aposteln, auf welche Geißel und Bande
Warten und Thron' im Gericht, und mehr als einmal, daß stark sie
Würden, eh' sie hinaus aus dem Lager gingen, zu tragen
Deine Schmach mit dir; dann dieser kleinen Gemeine.
Und wie fuhrest du fort! Der Baum des Erkenntnisses Gottes
Wuchs und breitet' über die Völkerheere der Erde
Lebenschattend sich aus. Und wie vollendest du's jetzo,
Sohn des Vaters, geopfert vom Anbeginne, der Söhnung
Lange zuvor geweiht, eh' das Häuflein war und die Heerschaar!
Engel Gottes, ach, sie zerreißt, die Hülle zerreißet
Vor des Himmels Allerheiligstem. Werfet die Kronen
Nieder vor ihm, dem Thäter der Gottesthaten, die Palmen
Nieder vor Jesus Christus, dem Allvollender, und singet,
Singet das Halleluja der tausendmaltausend Schaaren!
Aber sie ließ, in Erstaunen verloren, die Harfe sinken.
Lazarus, da er sie jetzt mehr, als Fünfhundert, gelagert
Sah vor der Mutter Christus und sich und wußte, sie wären
Erben des Heils und Erstlinge Gottes, die näher am Thron einst
Kronen trügen und wallten, im Labyrinthe der Vorsicht,
Wie den gebahnten Weg in der Morgensonne der Wandrer;
Freut' er sich innig und ward von seiner Wonne Gedanken
Wie auf Flügeln getragen. Er stieg den Hügel, an dem er
Ruhet', hinauf und übersah noch einmal der Erben
Betende Schaar und blickte mit stillem Danke gen Himmel.
Aber nun trat er vorwärts, erhub die Hand und begann so:
Christus hat uns versammelt, die Lahmen, Blinden und Tauben
Und die Todten, versammelt die Geistesarmen, die Gottes
Hülfe nur kennen und keines Menschen Hülfe nicht kennen.
Ihr, zukünftige Zeugen des Auferstandenen, wißt es,
Daß er euch auf den Berg der Verklärung sandte, damit ihr
Seine Herrlichkeit säht und einst von der Herrlichkeit zeugtet,
Siehe, des Eingebornen des Vaters voll Wahrheit und Gnade,
Christus, welchem von Ewigkeit sey zu Ewigkeit Ehre
Und Anbetung! Ich hebe mein Haupt mit der Freude des Himmels
Ueber euch auf und fleh' von dem liebevollen Erbarmer
Jetzo keinen Segen für euch; euch hat der Versöhner
Schon gesegnet, Christus euch, der Erstandne, gesegnet
Mit der Verheißung, sich euch auf Tabor zu offenbaren,
Euch dadurch gesegnet (ihr blickt wie ich in der Zukunft
Fernen hinaus) mit Schmach um seines Namens willen
Unter Verfolgern, mit Arbeit und Schweiß in der mühsamen Laufbahn
Und mit Märtyrerblute. Denn droben lohnet die Arbeit,
Lohnet die Schmach und das Blut des Lebens Krone den Duldern.

Sehr bin ich begnadiget worden, habe der Heile
Gottes viel' empfangen und danke weinend dem Geber.
Aber mein Blut fließt nicht, von Jesus Christus zu zeugen;
Denn ich gehe früher hinauf, zu umpflanzen der Streiter
Hütte mit Kühlung. Gepriesen sey, der voran mich führet,
Euch nachsendet, hinauf zu dem ewigen Lohn, durch die enge
Pforte, den schmalen blutigen Weg, gepriesen des Mittlers
Heiliger Namen, ach, hochgelobt in Ewigkeit Christus
Herrlicher Namen! O, duldet die Schmach und den bitteren Hohn gern
Derer, die Christus Herrlichkeit leugnen, nicht kennen des Himmels
Herrn und der Erde! Denn sie, die euer Zeugniß zu Gott bringt,
Aber deren Auge den Auferstandnen nicht sahe,
Werden auch die Schmach und den Hohn der Christusleugner
Dulden, den Dolch, so vom Blute nicht rauchet und dennoch tödtet,
Werden glauben und schaun. Gott gehet unter den Menschen
Seinen verborgenen Weg mit stillem Wandeln, doch endlich,
Wenn er dem Ziele sich naht, mit dem Donnergang der Entscheidung.
Also sagt' er und blicket' umher und sah in dem Schatten
Eines Hügels Gefäße mit Speis' und Tranke, des Halmes
Frucht und der Rebe stehn. Schon redete Lazarus wieder:
Sondert Brod und Wein des Brudermahles und setzet
Vor den Zeugen es nieder, damit es geheiliget werde.
Ihr, die ihr harret seiner Erscheinung, lasset sein Mahl uns
Halten, das heilige Mahl zu seines Todes Gedächtniß!
Und sie hörten es freudig ihn sagen und sendeten sieben
Jünglinge, Brod zu sondern und Wein, und lagerten näher
Sich an einander. Schon begannen Viele zu knien,
Viele die Hände, mit Thränen im Blick, gen Himmel zu falten.
Und die Jünglinge brachten das Brod und den Wein, und sie setzten
Vor der Versammlung es nieder. Als Lazarus aber hinzutrat,
Stand und mit denkendem Blick die festgefalteten Hände
Hoch gen Himmel erhob und zu reden jetzo beginnen
Wollte; da drangen ringsumher mit Schauer der Wonne
Und mit ihren Thränen die Cherubim und die Erstandnen
Zu der Gemeine Christus herzu. Und Lazarus sagte
Feierlichernst, und als fleht' er zugleich dem Geopferten Gottes:
Jesus Christus, unser Versöhner, in seiner Leiden
Schrecklichen Nacht, da er verrathen wurde zum Tode,
Nahm er Brod und danket' und brach's und gab es den Jüngern:
Nehmet und esset! Das ist mein Leib, den ich für euch gebe.
Dieses thut, so oft ihr es thut, zu meinem Gedächtniß!
Jesus Christus, unser Versöhner, in seiner Leiden
Schrecklichen Nacht, da sein Schweiß und sein Blut in Gethsemane träufte,
Nahm er den Kelch und danket' und gab ihn den Jüngern und sagte:
Trinket All' aus dem Kelche des neuen Bundes, gestiftet

Durch mein Blut, das ich für eure Sünde vergieße!
Dieses thut, so oft ihr ihn trinkt, zu meinem Gedächtniß!
Sie empfingen das Mahl des Versöhners mit inniger Demuth
Und mit festem Entschluß, treu bis an das Ende zu bleiben.
Und, indem sie sich näherten oder wieder sich wandten,
Stärkten sie sich und riefen sich zu: Stets weiter im Wege,
Welcher zu Gott uns leitet! Am Ziel der erhabenen Laufbahn
Ist das Kleinod erst... Schmach hat er selber geduldet,
Hat gelitten, wie Keinem von uns zu leiden gesetzt ist...
Hochgelobet im Himmel und hochgelobet auf Erden
Sey der Mittler Gottes! Er hat die Versöhnung vollendet;
Sieh', es ist eingegangen ins Allerheiligste Christus,
Jesus Christus, der ewige Hohepriester... Des Bundes
Kelch erquicke dich noch, wenn das Herz dir durstet, die Seele
Lechzt in der Märtyrerstunde!.. Wie dich der Engel, o Mutter,
Grüßte, so grüße du mich, die Gesegnete Gottes! Zu seinem
Erbe bin ich, ich bin zu dem Sohn, dem Versöhner, gekommen.
Was ist alle Größe der Erde mir nun? Und es wartet
Höhere Wonne noch mein. Den göttlichen Unbekannten
Soll ich sehen, den Unerforschten, den Wunderbaren...
Ach, zu dem Mahle des Heiles bin ich und jetzo gekommen,
Ich, der so elend war, ich selber. Wenn ich hinüber
Nach den Hütten der Ewigkeit geh', so ist es ein zweites
Leben der Seligkeit, das ich alsdann beginne... Die Rebe
Letzet uns wieder mit ihm in des Vaters Reiche. Dann trinken
Wir die Ströme des Lebens umsonst... Wann seh' ich, wann seh' ich
Offen den Himmel und Jesus stehn zu der Rechten des Vaters?
Ach, wann wandl' ich den Weg des siebenten Jünglings? Auch jenen
Kelch des Todes trink' ich zu seines Todes Gedächtniß...
Hochgelobt in dem Himmel und hochgelobt auf der Erde
Sey der Versöhner!.. Je schwerer sie über euch kommen die Leiden
Dieser Welt, und je lauter gen Himmel sie rufen, je mehr sey
Euer Leben verborgen mit Christus in Gott!.. Nach der Liebe
Mahle ging der Versöhner hinaus in Gethsemane. Blut troff
Da vom gesenkten Antlitz des Dulders herab mit des Dulders
Todesschweiß, nach dem himmlischen Mahl... Erbarme dich meiner,
Mittler Gottes, den ich verließ, erbarme dich meiner!
Laß getreu bis ans Ende mich seyn! Ich säe mit Thränen,
Laß mich mit Freuden ernten, Versöhner!.. Mir ward es geordnet,
Zweimal zu sterben. Ach, pflegt der Schlummer der lieblichen Dämmrung
Nicht dem Schlafe der Nacht nach kurzem Wachen zu folgen?
Dann, dann letzt mich die Rebe mit ihm in dem Reiche des Vaters,
Seines Todes Gedächtniß. O, die er mir sandte, Benoni,
Und ihr anderen Engel, wo seyd ihr, mit mir euch zu freuen?
Hochgelobt in dem Himmel und hochgelobt auf der Erde

Sey, der verrathen wurde zum Tod an dem Kreuze, dem Blut schon
In Gethsemane troff, eh' auf dem Hügel sein Haupt sank!
Möcht' ich Stephanus Weg und den Weg des siebenten Jünglings
Wallen zu Christus hinauf, zu Benoni hinauf und zu Samma,
Und zu Simeon du, und Jesus Christus. Die Nacht nimmt
Er dem Auge dann und trocknet die Thränen dir alle.
Bald sank mir die Nacht, dem Lebenden, bald wird, Elkanan,
Frömmerer Dulder, auch dir die Nacht, dem Sterbenden, sinken.
Aber Maria rief mit lauter Stimme gen Himmel:
Hoherpriester, des Ewigen Sohn, ich gebar, ich gebar dich.
Deinen Tod will ich, bis du mir rufest, verkünden!
Hochgelobet im Himmel und hochgelobet auf Erden
Sey der Versöhner Gottes! Da so sie sich stärkten und jetzt schon,
Wie an den Schwellen der ewigen Hütten, Worte des Lebens
Sich zuriefen, sahen sie Jesus an einer der Höhen
Niederkommen und gegen sich her den Göttlichen wandeln.
Ach, schon stand er nah vor ihnen. Auf einmal umschwebte
Aller Augen Entzückung. Wie Frühlingssäuseln im Walde
Sanft herrauscht, so ertönte der Redenden leiser Zuruf
Und der Weinenden, als die Ueberzeugung vom Himmel
Ihnen ward, und verwandelt wurd' ihr Glauben in Schauen.
Wie der Waller im Sonnenstrahl, der dürstet' und trank, noch
Dürstet und trinkt: so sahn sie mit Himmelsbegierde den Herrn an.
Aber er hielt sich nicht mehr und begann und sagte zu ihnen:
Kindlein, Heil sey und Friede mit euch! In dem Hause des Vaters
Sind der Wohnungen viel. Ich geh' und bereite darin euch
Stätten und kehr' in dem Tode zu Jedem wieder und nehm' ihn
Auf zu mir, daß er sey, wo ich bin. Wenn ihr mich liebet,
Haltet ihr, was ich gebot. Ich fleh' zu dem Vater; er sendet
Euch den Tröster, den Geist der Wahrheit, welchen die Sünder
Nicht zu empfahn vermögen. Sie kennen ihn nicht; ihr aber
Werdet ihn kennen, wenn er mit euch sich vereint, und mit ihm ihr
Euch vereiniget. Sieh', ich verlass' euch nicht, wie im Tode
Ihre Waisen die Mutter verläßt. Denn ich kehre wieder,
Euer Führer, der euch hinauf zur Erkenntniß des Himmels
Bringt und dem ewigen Leben. Denn hier schon werdet ihr lernen,
Daß mit dem Vater vereint ich bin, und mit mir vereint ihr
Seyd, und ich mit euch. Wer, was ich habe geboten,
Weiß und hält, der liebet mich, und den wird der Vater
Lieben; und ich werd' ihn lieben und ihm mich offenbaren.
Jetzo sah auf einmal Elkanan den Göttlichen stehen
Unter den weinenden Zeugen, und rufend sank er zur Erde;
Richtete wie von dem Tode sich auf. Noch sagte der Mittler:
Ja, wir werden ihn lieben, ich und der Vater, und kommen
Und bei ihm wohnen. Ich bin der Weinstock, und der Vater

Ist Weingärtner; ihr seyd die Reben. Jede der Reben,
Welche nicht Frucht trägt, schneidet er ab, und jede, die Frucht trägt,
Reiniget er, daß der Früchte noch mehr die Herrliche trage.
Ihr erkort mich nicht; ich aber hab' euch erkoren,
Euch Gedeihen gegeben, daß Frucht ihr trüget und wüchset
In die Ewigkeit. Hört mein großes Gebot, und ein Labsal
Sey es euch, denn die Welt wird, wie mich sie gehaßt hat, euch hassen:
Liebet euch unter einander! Ich lass' euch meinen Frieden,
Meinen Frieden geb' ich euch. Ihm gleichet der Erde
Friede nicht. Mit Ruh' und mit Unerschrockenheit stärk' er
Eure Seelen. Ihr werdet euch freuen, wenn ihr mich liebet.
Also hörten sie ihn die letzten Worte der Weihung
Zu dem nahenden Kampf und zu dem ewigen Leben
Sagen und sahn ihn nicht mehr. Als jetzt aus ihrer Entzückung
Freud' und Heiterkeit war und Ruh' der Seele geworden,
Sahen sie nicht ferne von da, wo der Mittler sich wandte
Und verschwand, den Knaben Nephthoa, als schlummert' er, liegen.
Und sie wollten ihn wecken. Allein der glückliche Knabe
War gestorben. Lazarus rief: Auf, gehet und sammelt
Blumen! Ich mach' ihm das Grab. Sie gingen und sammelten Blumen.
Schon erhub sich neben Nephthoa, nun bald ihn zu decken,
Jener kleine Hügel, zu welchem wir All' einst kommen
Müssen, zu Staube Staub. Sie nahmen den lächelnden Knaben,
Senkten ihn nieder ins Grab und deckten ihn leise mit Erde
Und mit Blumen, die sie aus voller Hand auf die Stätte
Seiner Aussaat streuten. Sie wendeten sich und verließen
Tabor. Viele sahen noch oft sich um nach dem frischen
Blumenhügel; doch trübete deren Auge nicht Wehmuth,
Denen Sterben Gewinn, und Leben war der Erstandne.
Die von den Siebzigen waren auf Tabor gewesen, verließen
Jetzo den Berg der Verklärung und stiegen herab und kamen,
Seitwärts von Stegen geführt, in ein Palmenwäldchen des Thales.
Und sie fanden daselbst die heiligen Zwölfe versammelt,
Fanden, wer nicht von ihnen war auf Tabor gewesen.
Und sie verkündeten alles das Heil, das so Vielen vom Herrn ward,
Kurz, mit Flammenworten. Wie konnten sie reden? Sie weinten!
Tiefes Schweigen und Vorgefühl des Himmels, ach, Wonne,
Dämmerung sie von dem Erbe des Lichts, war in der Versammlung.
Aber Jakobus entriß sich der Mitgenossen Umarmung.
Jünger des Herrn, wo eilest du hin? Der Herr wird, der Herr wird
Seinen Kindlein erscheinen. — Ich geh' ihm entgegen, nach Tabor
Geh' ich zu ihm. — Wie würdest du trauern, wenn er erschiene,
Und du wärest nicht hier! — Er siehet Alles und weiß es,
Wie ich dürst', ihn zu sehn, und warum ich entgegen ihm gehe.

Laßt mich! Ich werde nicht trauern. Er ging. Bald kam er in hoher
Felsen Schatten und stand und hob die Hände gen Himmel:
Herr, Herr, Gott, noch erhebe dich nicht zu deinem Vater!
Ach, erhöre mein Flehn! Zwar hoffen wir Alle, du werdest
Uns noch erscheinen; allein wie wissen wir's denn? Ach, verlaß uns,
Mittler Gottes, noch nicht! Ich habe vor dir, du Erbarmer,
Gnade gefunden. Ich will mich hier in der Höhle verbergen,
Niederknien und dein Heil erwarten. Geh' du vorüber,
Siehe, so will ich von fern, Herr, deiner Herrlichkeit nachsehn!
Jesus Christus ergriff ihm die Hand, da er lag und ihm flehte,
Richtet' ihn auf und segnet' ihn ein zu der himmlischen Sendung.
Und der Selige folgte mit Freudausrufen und Beben
Christus den Weg hinab in das Palmenwäldchen des Thales.
Schon an dem fernen Fuße des Berges erblickten die Jünger
Christus und neben dem Herrn den glücklichen Zebedäiden,
Sahen heller ihn leuchten, als sie, seitdem von dem Tod er
Auferstand, ihn gesehn, mehr über die Engel erhaben.
Und sie wollten entgegen ihm eilen. Aber ein Engel
Winkete ihnen: sie sollten den Herrn bei den Palmen erwarten.
Denkst du daran — dieß war ihr Gespräch — wie wir ihn an dem Oelberg,
Von den Mördern umringt, die Hand in der Fessel, erblickten?
Wie mit dem weißen Gewand ihn Herodes höhnte? Pilatus
Ihm mit Dornen die Schläfe bewand? Wie er zucken die Geißel
Auf die Schulter des Strahlenden ließ? Ach, wird er gen Himmel
Schon sich erheben? Und ist dieß Wiedersehen das letzte?
Scheidung von ihm, o du vor allen, die je von einander
Blutende Herzen trennten, die bängste, bitterste, trübste,
Stummste, du jammervollste, du bist schon heute gekommen?
Scheidung von Jesus Christus! — Mir hüpfen die Berg' und die Hügel,
Mir frohlocket der Wald, mir schmückt mit reinerem Golde
Sich der Tag, mit lichterem Purpur, sanfterer Bläue
Mir der Himmel, so ist von der Freude das Herz mir durchdrungen;
Und du weinest? — Denkt ihr daran, wie das Kreuz er hinauftrug
Nach der Schädelstätte? Wie dann er am Kreuze... Wie Joseph
Ihn in das Sterbegewand einhüllte? — So sprachen die Zeugen
Unter einander und sanken hin auf die Knie, da Christus
Näher kam, und breiteten aus die Arme nach Christus,
Nach dem Versöhner Gottes, der ganz nun ihnen genaht war.
Und er grüßete sie mit seinem himmlischen Gruße:
Friede sey mit euch! Und er stand vor ihnen und sagte:
Wie ein verstummendes Lamm zu dem Opferaltare geführt wird,
Ging er geduldig einher und schwieg. Ich werd', ihr Geliebten,
Bald nicht mehr mit euch des Wiedersehens genießen
Auf der Erde, mit euch von Honigseime nicht essen,

Noch, was ihr in der Frühe des Tags am Gestade bereitet,
Nicht im Schatten mehr ruhn. Allein in den Hütten des Friedens,
Wo viel' Wohnungen sind, dort werdet ihr euren Messias
Wiedersehn und nebst den versammelten Vätern des Bundes
Freuden der Freundschaft empfahn, die Abschiednehmen nicht trennet.
Und er sank vor den Zeugen in seiner Herrlichkeit nieder,
Betete mit erhabener Stimme: Die Zeit war gekommen,
Deinen Eingebornen in seiner Schönheit zu zeigen.
Siehe, du hast ihn gezeigt und bist verherrlichet worden,
Vater, durch ihn. Ihm hast du gegeben die Sterblichen alle,
Daß er sie auferwecke vom Tod und ewiges Leben
Ihnen gebe. Das aber ist ewiges Leben, dich, Vater,
Der du der Ewige bist, und den du gesandt hast, erkennen,
Jesus, den Sohn und den Herrscher. Ich sehe, Vater, im Geiste
Schon die Fülle der ganzen Vollendung. Ich hab' auf der Erde
Dich verherrlichet, habe vollführt der Gottheit Rathschluß.
Nun erwarten mich Kronen zu deiner Rechten. Du wirst mir
Wieder die Herrlichkeit geben, die mein war, eh' wir erschufen.
Deinen gefürchteten Namen hab' ich den Erwählten verkündigt
Aus den Sündern. Du gabest sie mir. Sie haben die Weisheit
Die ich sie lehrte (selbst ich bin ihr Zeuge) mit Treue gehalten.
Nun erkennen sie auch, daß, was ich habe, von dir ist.
Denn ich habe sie Alles gelehrt, was du selber mich lehrtest.
Also haben sie's aufgenommen, die göttliche Wahrheit
Tief in das Herz gefaßt, daß ich von dem Vater gesandt bin.
Vater, ich bitte für sie, für die Welt nicht, weil sie auch dein sind,
Weil wir in jedem Besitz der Seligkeiten vereint sind.
Vater, ich bitte für sie. Denn auch durch sie bin ich herrlich.
Ich verlasse die Erde nun bald und kehre gen Himmel,
Vater, zu dir zurück. Sie aber bleiben auf Erden,
Sehn noch lange der Sünder Müh' und fühlen ihr Elend.
Laß sie, heiliger Vater, der hohen Erkenntniß getreu seyn,
Die sie haben werden von dem, der jetzo versöhnt ist!
Laß sie Eins seyn wie wir, ein Haus voll Brüder! Ich sorgte
Selber für sie, da ich noch gleich ihnen Mensch war. Ich wachte
Ueber ihren unsterblichen Geist. Hier sind sie, mein Vater!
Keinen hab' ich verloren. Nur hat der Sohn des Verderbens
Mich verlassen und ist den Propheten ein Zeuge geworden.
Nunmehr komm' ich zu dir. Das sag' ich, da ich bei ihnen
Noch auf der Welt bin, daß sie an meine Herrlichkeit denken
Und sich freuen, wie ich mich freue. Sie haben die Worte
Deines Lebens gehört. Der Sünder hat sie gehasset,
Wie er mich haßte. Nicht bitt' ich, daß du der Erde sie nehmest;
Schütze sie nur vor ihrem Verfolger, dem Geist des Verderbens!
Heilige sie in deiner Wahrheit! Dein Wort ist die Wahrheit,
Vater, ich ließ mein Leben für sie, damit sie gereinigt

Von der Sünde vor dir erscheinen. Doch bitt' ich, o Vater,
Nicht für die Jünger allein. Der neuen Schöpfungen Kinder
Werden einst wie aus dem Morgen der Thau durch ihr Wort mir geboren.
Auch für diese bitt' ich, mein Vater, daß alle sie Eins sey'n
Wie wir Eins sind, und daß die ganze Erd' es erkenne,
Daß du mich, Vater, sandtest. Ich habe das ewige Leben,
Meine Herrlichkeit Denen gegeben, die du mir geschenkt hast,
Daß sie Eins sey'n wie wir, zu einem göttlichen Endzweck
Alle vollendet, und daß die Sünder der Erd' es vernehmen:
Jesus sey von dem Himmel gesandt; Gott liebe die Kinder
Seiner Versöhnung, wie er den Erstling der Söhne geliebt hat.
Vater, es sollen meine Versöhnten zu mir sich versammeln,
Daß sie sey'n, wo ich bin, und meine Herrlichkeit sehen,
Jene, die du mir, Liebender, gabst, eh' die Himmel entstanden!
Dich verkennet die Welt, gerechter Vater; ich aber
Kenne dich! Den Erwählten hab' ich enthüllt das Geheimniß
Meiner Sendung und deiner Gottheit, und will's noch enthüllen,
Daß die Liebe, mit der du mich liebtest, ihr Herz ergreife,
Und den unsterblichen Geist nur sein Versöhner erfülle.
Also betet der Mittler, in Strahlen niedergesunken,
Und er richtet sich auf und entweicht der Sterblichen Auge.
Wenn erhabener Tempelgesang von der Auferstehung
Oder vom ewigen Licht, Erfindung der Töne, dem Liede
Gleich, und Stimme des Menschen und Hauch und Saite zu einem
Großen Zwecke vereint, mit Schönheit beginnt, jetzt steigend,
Sinkend jetzt fortfährt mit Schönheit, nun steigender immer,
Inniger, sanfter, erschütternder mit Urschönheit endet;
Wie es dann den Hörenden ist, so war es (ich rede
Menschlich von himmlischen Dingen) den Jüngern, als sie den Herrn sahn,
Als sie strahlen ihn sahn und beten den Göttlichen hörten.
Aber sie machen endlich sich auf, verlassen die Palmen
Galiläa's und kehren zurück mit Wonne gen Salem.
Seraphim wallen mit ihnen hinauf, und, vertieft in Gedanken
Ueber den großen Beginn des Reiches Gottes (sie waren
Jetzo nicht zu erscheinen gekommen), vergessen die Engel,
Daß die Jünger sie sehn, und kaum bemerken die Jünger,
Daß es Unsterbliche sind, die sie begleiten; so sehr ist
Ihre Seele versenkt in die Gnade der letzten Erscheinung.
Selber von denen, mit welchen er der Erlösung sich freute,
Sonderte sich Johannes. Er wollt' allein mit Gott seyn;
Und, gesunken in tiefe Stille der Seele, gesunken
Ueber des ewigen Heils Fortgang in ernste Betrachtung,
Wallt' er einher in der Zukunft Irre. Voll inniger Demuth
Wagt er mit Tritte des Menschen die Wege Gottes und fehlt sie.
Doch mit Entzückung umschwebt ihn der grübelnde Wahn und gibt ihm,
Ach, der Freuden des Irrthums viel nach jenem Rathe

Gottes von unsrem Glück, das steigt auf tausendmaltausend
Stufen, dem Rath für die denkenden Wesen alle, deß Umfang
Nie ein Endlicher maß, und der für die Ewigkeit zureicht.
Aber, so licht der Schein auch war, der des Glücklichen Tiefsinn
Täuschte; so fühlt' er doch oft, daß ein Leiter vom Himmel ihm fehlte.
Voll des süßesten Mitleids stand bei dem Betenden Salem,
Und der Unsterbliche sah, daß ein Schlummer von Gott auf den Jünger
Fiel. Bald hellte des Eingeschlafenen Antlitz der Engel
Lächeln. So fand den Erwachenden noch die Genossin am Kreuze
Und an dem Throne dereinst vor des Bundes großem Vollender.
Und er rief ihr entgegen, des Mittlers Mutter und seiner,
Freudelaut entgegen: O Mutter Christus, ich lernte
Weisheit und künftiges Heil in diesem Schlummer voll Wonne.
Ach, es war ein Gesicht. Viel anders war, was ich sahe,
Als ich mir es dacht' in dem Wahne von Gottes Enthüllung.
Denn ich hatte gewagt, hinauszugehn in die Fernen
Unsres Künftigen, hatte, was Gott thun würde, zu forschen
Mich, der ein Sünder noch ist und ein Sterblicher, unterwunden,
Ach, mich unterwunden, an jener Tiefe zu weilen,
Wo hinunter zu schaun umsonst selbst Engel es lüstet.
Siehe, wir waren mit herzlicher Einmuth in unserer Hütte
An dem Tempel versammelt. Der kleinen Gemeine Gespräch war
Frei, und Keines Meinung beherrschte des Anderen Meinung.
Mutter des Herrn, wenn nur die künftigen großen Gemeinen
Nicht verlassen der Liebe Pfad und sich rauhe der harten
Bitteren Herrschsucht wählen! Wir sahen wohl Licht; doch es dämmert'
Auch in dem Lichte. Wir waren zum Tode entschlossen: doch fehlt' es
Uns an Muth zu dem späteren Tod. Wir waren der eignen
Seligkeit viel zu begierig, um mit Verleugnung zu sorgen
Für die Seligkeit Andrer. Wir wollten auf Erden nicht säumen,
Ach, nicht säumen, ergriffen den Stab des Wanderers, hofften,
Dürsteten, bald bei Christus zu seyn. Da erhub sich auf einmal
Um die Hütt' ein Brausen als eines gewaltigen Windes.
Siehe, vom Himmel kam das erschütternde Brausen und füllte
Ganz die Hütte, worin wir saßen. Wir sahn uns an, sahn
Flammen uns auf der Zunge wehn. Noch mächtiger ward uns
Ausgegossen Gefühl in das Herz, wie wir niemals empfanden.
Flammen (wie lernten wir ihn da lieben!) durchströmten die Seele,
Und die Dämmerung sonderte sich von unsrer Erkenntniß
Lichte. Wir waren entschlossen zum späteren Tode, entschlossen,
Graues Haar in Märtyrerblut zu senken. Wir liebten
Eigene Seligkeit, aber sie mit Verleugnung, mit heißer
Inniger Sorge fürs Heil der gottgewählten Gemeinen;
Dürsteten zwar, bei Christus zu seyn, doch gerne, geböt' es
Also der Wille des Herrn, nach vieler langsamen Jahre
Säumen erst, erst dann, wenn vor uns hinüber in Schaaren

Brüder wären gegangen, die wir erwecket, gelehret
Hätten, gestärkt, mit Labsal gelabt in dem Leben und Tode.
Fertige Wandrer, hinauf zu gehn zu der Heimath im Himmel,
Waren wir jetzo nicht mehr. Wir standen gegürtet; erhoben
War der Wanderer Stab, umher auf der Erde zu wallen,
Hier mit Arbeit und Schweiß und vielen Thränen zu wachen
Ueber die Seligkeit derer, die unsere Sendung erkennten,
Aber uns auch, wo sie des ewigen Lebens sich unwerth
Hielten, zu wenden und weichend den Staub von den Füßen zu schütteln.
Also sagte Johannes und füllete durch die Erzählung
Seines Gesichts der Mutter des Herrn mit Wonne die Seele.
Jetzo wandte die Leyer mit ihren lichtesten Sternen
Gegen die lichtesten sich des Altars. Dieß that in den Himmeln
Kund, daß der Mittler sich nun zu der Rechten Gottes erhübe.
Dunkles Gefühl, und was er bei seiner letzten Erscheinung
Nicht verbarg, weissagten schon lang' den Jüngern: es werde
Jesus nun bald sie verlassen, er hin zu der Herrlichkeit gehen,
Sie zu der Fessel und Schmach, die aber zur Herrlichkeit führten.
Dennoch weineten sie. Lebbäus erwehrte sich lange
Seiner Klagen; es wölkte sich lang' in des Leidenden Seele,
Eh' es herunterströmte. Ja bitter ist doch vom Geliebten,
Jammervoll ist die Scheidung, der keine Stunde gesetzt ward,
Ach, zu dem Wiedersehen, ist seelenerschütternd, durchdringet
Bis zu dem innersten Mark und Gebein des Bleibenden Leben,
Senket es, stürzet es nieder, zu welcher Wonne der Freund auch
Komme. Denn, ach, weit weg in der Fern' ist des Wiedersehens
Stunde, gehüllt, verborgen in Nacht. Kein Engel erbarmt sich
Und entdeckt nur leise mit einem Laut, wann mit ihrer
Freude Schrecken sie kommen werde. Kein Todter erbarmt sich
Und entdeckt, nur fern und in Dämmrung erscheinend, mit einem
Laute, wann kommen werde die theure, die heilige Stunde,
Wie kein Morgen sie brachte, kein Tag sie bestrahlte, kein Abend
Sie mit Schatten oder umgab mit dem Schimmer des Mondes.
Und ihr waret doch unsere Brüder, ihr Todten Gottes,
Kanntet der Menschen Schicksal und weinetet unsere Thränen.
Thomas hatte bei sich die Zwölf' und die Siebzig versammelt,
Nach Gethsemane sie zu führen und dort zu besuchen
Jene Stätte, wo Christus am Abend der früheren Scheidung
Niedergesunken zu tiefem Gebet vor dem Richter der Welt lag.
Thomas Gedanke war's nicht; es war die Leitung des Mittlers,
Die ihn nach Gethsemane brachte. Auf einmal wandelt
Unter ihnen der Herr. Er führt die Zeugen. Sie folgen,
Gehen langsam vorbei an dem Grabe der Bethanaitin,
Segnen die Schlummernde Gottes. Jetzt wurden des Oelbergs Pfade
Steiler; Salem fernte sich, und die Gipfel des Berges
Ragten größer empor. Noch schweigt der Versöhner; sie aber

Reden mit Wehmuth unter einander. Sie glauben an Jesus
Etwas zu sehen, das ihnen die nahe Scheidung verkünde.
Schweres Herzens standen sie oft und sahen sich oft um
Nach dem Todeshügel und nach dem offenen Grabe;
Länger nach diesem. Der Liebende war von dort zu den Seinen
Wiedergekommen. Mit dem Labsal erquickten die Jünger
Ihre Seelen. Die Gipfel des Oelbergs deckt' ungesehen,
Voll Erwartung die selige Schaar, die sich zu Begleitern
Seiner Auffahrt Christus erkor, erstandne Gerechte,
Seelen auch, die Seraphim alle, die ihm auf der Erde
Dienten von jener Nacht in Bethlehem an bis zu dieser
Letzten Verklärung. Wie eine der ältesten Cedern den Wipfel
Hebt auf Libanons Höh', stand Gabriel unter der Heerschaar.
Und sie blickten hinab und sahn den Göttlichen wandeln,
Sahn die Jünger ihm folgen mit halbgeheitertem Kummer.
Leuchtender strahlet' Eloa, als sonst. Er war zu der Erde
Erstem Hüter erkoren, der fluchentlasteten Erde
Erstem Hüter. Sie hatte vernommen Worte des Segens.
Stumm war auf ihr die Stimme des Fluchs geworden, die Stimme,
Angekündet in Sturm und in Donner gesprochen. Sie hatte
Jesus von Golgatha rufen gehöret: Es ist vollendet!
Und mit Himmel umgab den gottgewählten Eloa
Dieser große Gedanke. Noch andere senkten ihn vorwärts
Von Aeon zu Aeon in der Erde Schicksal, bis endlich
Ihm ein himmlischer Jüngling der Auferstehungsposaunen
Eine brächte, daß er zum Gericht vor den Cherubim weckte.
Jesus war hinauf zu der letzten Höhe des Oelbergs
Mit den Jüngern gekommen. Gelindere Lüfte des stillen
Werdenden Tages umsäuselten sanft und kühlten die armen
Glücklichen, welche so schwer an der Sterblichkeit Bürde noch trugen.
Unter ihnen stand der Eingeborne des Vaters,
Schön und schrecklich zu schaun (so hatten noch nie den Messias
Seine Zeugen gesehn, noch nie auf der Erde die Engel),
Stand in einer Hoheit, die keine Saite nicht, keine
Stimm' ausdrückt des Menschen, kein himmelnaher Gedanke.
Wo von den äußersten Sternen hinab der Erschaffenen Auge
Schauen konnte, so weit aus den Welten allen, von allen
Polen umher des schon unermeßlichen Kreises, am fernsten
Aus den flammenden Strömen der Sonnen, waren die Geister
Alle, die Duft, die Feuer, die Heitre, die Staub wie der Menschen
Ueberkleidet, auf den, der vollendet hatte, gerichtet.
Gottes Erwählter, Eloa, erblickt sie Alle, die Christus
Sehn, den unendlichen Kreis umher, und sinkt auf das Antlitz
Vor dem Versöhner Gottes und wirft die strahlende Krone
Feiernd zur Erde nieder vor dem, der vollendet hatte.

Christus stand auf der Höhe des Berges, um ihn die Zeugen,
Ungesehen um ihn die Cherubim und die Erstandnen.
Und er breitete gegen die Jünger mit Liebe die Arm aus:
Weicht von Jerusalem nicht! Harrt da der Verheißung des Vaters,
Die ihr, als ich erstand, von mir vernahmet! Johannes
Hat mit Wasser getauft; ihr aber sollet getaufet
Werden mit dem heiligen Geiste. Nur wenige Tage,
Und die Verheißung kommt. Der Jünger Etliche fragten:
Richtest in diesen Tagen du wieder auf, o Messias,
Israels Reich? — Die Stunde, die seiner Macht der Vater
Vorbehalten, gebührt, ihr Sterblichen, euch nicht zu wissen.
Bei den Worten (er hielt nicht inne) blickt der Versöhner
Nach Bethania nieder. Verklärt wird Lazarus, eilend
Führt ihn sein Engel herauf, daß er mit zu der Herrlichkeit gehe.
Aber ihr werdet die Kraft des heiligen Geistes empfahen,
Der von dem Himmel auf euch herab wird kommen, und werdet
Meine Zeugen seyn in Jerusalem, werdet's in Juda
Und in Samaria seyn und bis an das Ende der Erde.
Christus nahte sich mehr, erhub die Hände und schaute
Auf die Zeugen mit inniger Huld: Gott segn' und behüt' euch!
Gott erleuchte sein Angesicht über euch, sey euch gnädig!
Gott erhebe sein Antlitz auf euch und geb' euch Frieden!
Also segnete sie der Versöhner. Himmel und Erde
Und ihr All', ihr Erlöst'ten Gottes, nun hatt' es der Mittler
Alles, Alles auf Erden vollendet. Siehe, die Wolke
Kam herunter und hob ihn empor zu dem Himmel. Die Zeugen
Sahen lang' dem Gekreuzigten nach, dem Erstandnen vom Tode,
Lange mit freudeweinendem Blick, mit erschütterter Seele,
Ach, mit jenem Gefühl, wie es uns wird werden, wenn Christus
Wiederkehrt als Richter der Welt in den Wolken des Himmels.
Und sie sahn ihn nicht mehr. Zween Männer in weißem Gewande
Traten auf Einmal vor sie. Die waren Eloa und Salem.
Und der Eine, mit lichterem Haar und dem goldenen Stabe
In der Rechten, sprach zu ihnen, die kaum in der süßen
Wonne Betäubung ihn hörten: Ihr Männer von Galiläa,
Warum steht ihr und schauet gen Himmel? Dieser Jesus,
Welcher von euch hinauf in den Himmel stieg, kehrt wieder,
Wie ihr ihn sahet hinauf, in den Himmel steigen! Sie sagten's,
Wendeten sich und wurden nicht mehr von den Jüngern gesehen.
Aber die Jünger verließen mit Dank und Preise den Oelberg
Eilten und kamen hinab nach Jerusalem, waren beisammen
In dem Tempel, zu beten, zu beten, in ihrer Hütte
An dem Tempel beisammen und harreten, also geweihet,
Auf die Verheißung des Vaters, daß Kraft aus der Höhe zum Zeugniß
Von dem Versöhner über sie käme, daß über sie würde
Ausgegossen die Feuertaufe des heiligen Geistes.

———— ————

Zwanzigster Gesang.

Der Messias erhebt sich gen Himmel. Die Engel, die Auferstandenen, und die Seelen, welche ihn begleiten, preisen ihn in einem Triumphgesange, daß er sich von Ewigkeit dem Versöhnungstode bestimmt; daß er sich, als Versöhner, den Vätern schon offenbart habe; daß durch ihn die Welt sey geschaffen worden; daß durch ihn, selbst die Seligkeit der Ungefallenen, erhöht werde; daß er die Wonne und der Trost der Erlösten sey; ... Seelen vor kurzem verstorbener Frommen mischen sich, von Engeln geführt, unter das Triumphheer ... daß er nach der Auferstehung der Todten unzählige Schaaren zu dem Anschauen Gottes erheben werde; daß er von Abraham an, sein Volk wunderbar geschützt und gerächt habe; daß er ein schreckliches Gericht über Jerusalem werde ergehen lassen; daß er der Beseliger Aller sey; ... Ein naher Stern wird verwandelt ... daß die Liebe zu ihm, der gestorben sey, und alle Welten beherrsche, unaussprechlich glücklich mache ... Bewohner eines Sterns mischen sich unter das Triumphheer.- Dieß schwebt nahe bei der Erde der unschuldigen Menschen vorüber. Zuruf derselben. Loblied zweier künftigen Christen ... Unterdeß fahren die Triumphbegleiter mit dem Preise des Messias fort, daß Babel durch ihn untergehe; daß er die Märtyrer belohnen; daß er auf Patmus ein erstes Gericht über sieben Gemeinen offenbaren werde; und daß er die Todten, sie zu belohnen, oder zu bestrafen, auferwecken werde.. Seelen vor kurzem Verstorbener kommen zu dem Triumphheere, und bleiben auf einem Sterne zurück ... Der Thron Gottes zeigt sich von ferne. Die letzten Preise deß, der Weltbeherrscher und Vollender sey, und den nun bald das Anschaun des Vaters beseligen werde. Der Messias erreicht den Himmel, und setzt sich zur Rechten Gottes.

Weit schon über den Wolken erhub sich der Gottversöhner
Mit den Schaaren um ihn auf dem lichten Pfade zum Throne.
Gabriel strahlte schwebend voran; die fliegenden Locken
Säuselten ihm, und er sang in die Lispel der goldenen Harfe:

Fanget bebend an, athmet kaum
Leisen Laut! Denn es ist Christus Lob,
Was zu singen ihr wagt; die Ewigkeit
Durchströmt's, tönt von Aeon fort zu Aeon.

Drauf erhub ein Chor Erstandner der zitternden Wonne
Stimme. Die Harfen rauschten mit sanftem Getön, und wie fernher
Rufte der Donnerhall der Posaune. So rauscht am Gebirge
Weit herunter von Lüften der Hain und von Silberbächen,
Wenn im Geklüft einher der wasserärmere Waldstrom
Langsam kommt. Das Chor der Erstandnen schaute zum Mittler
Weinend hinauf. So sang es dem Ueberwinder des Todes:

Ewig her, vom Beginn an, als die Welt
Nicht war, Sohn, eh' Tag, Nacht und Gestirn ward,
Eh' herstrahlten in Sternglanz Cherubim,
Gott Mittler, Sohn Gottes, wardst du erwürgt.

Dulder, Sohn, des Altares Golgatha
Geopfert, erwürgt Lamm, der Gefallnen
Versöhnung, o Erbarmer, wardst du da.
Heißblutend, todt sahst du, Heiliger, dich

Ewig her, vom Beginn an, als noch Strom
Und Meer nicht, nicht Thal war und Gebirge,
Noch Staub nicht zu des Lichtreichs Herrlichkeit
Gott schuf, der Erdkreis kein Grab noch nicht war.

Einer der Engel des Weltgerichts ließ jetzt die Posaune
Hin mit der Rechten sinken, da säumend ein anderes Chor sang:

Blutend lag's; das Gebein brach der ihm nicht,
Vor den hin das Lamm sank an dem Passah.
Mit Ysop, so vom Blut träuft, zeichnet schnell
Juda den Eingang der Hütten umher.

Weh' euch, weh', die des Lamms Blut dann nicht schützt,
Wenn Nacht nun den Erdkreis in ihr Graun hüllt!
Die Nacht kam. Der Verderber schwebt' herab,
Stillschweigend, ernst schwebt' er nieder zum Strom.

Dumpfer Laut des Gesunknen klagt' umher
Und Ausruf der Wehmuth in Aegyptus.
Denn todt lag bei dem Thron die Erstgeburt,
Todt sah sie, todt sah sie Mutter und Mann

Bis hinab ins Gefängniß; selbst dem Thier
Entstürzt schnell der Säugling. Nur in Ramses
Erschallt Preis und des Weinens sanfter Dank!
Ihr hattet, blutvolle Hütten, geschützt.

Tönender schon, mit hellerer Saite, lauterem Donner
Ihrer Posaunen, strömt' ein Chor in diesen Gesang aus;
Cherubim waren's, die flammten und froh ihr Antlitz verklärten:

Der Entwurf des ewigen Reichs der Schöpfung
Ward, zu Gestalt Urstoff. Heer' ohne Zahl,
Bewohner und Welten entflohn
Vor Erstaunen, daß sie waren,

Dem Erschaffungsrufe des Sohns. Lautdonnernd
Scholl er, gebot Kreislauf. Langsam und schnell
Umschwebte den Strahl sein Gefährt',
Mit Entzückung, der Bewohner.

Des Erlösers ewiges Reich war. Tiefsinn,
Herrlichkeit strahlt' aus der Schöpfung Entwurf,
Glückseligkeit Aller. Es führt
Da hinauf auch von dem Elend

Ein bethränter Pfad. O, besingt, Graberben,
Erben des Lichts, Brüder dessen, der starb,
Den Pfad von den Leiden herauf
Zum Gerichtstuhl! Denn ihr richtet.

Labyrinth war, Erben, der Weg an dunklen
Felsen empor. Grabnacht hüllt' ihn euch ein.
Das Blut der Entsündigung rann;
Und Gericht hält, wer erlös't ward.

Jeddo's Sprößling vordem, da er war von Sterblichen sterblich,
Aber jetzo ein Sohn der Auferstehung, entschwebte
Seinem Chor und nahte mit innigfreudiger Demuth
Sich dem Verkündeten, hieß die Harf' ihm tönen und fei'rte
Jenen festlichen Tag, da er Zema erblickt' in der Ferne.

Trat nicht hinein Josua dort, wo der Vorhang
Niedergesenkt das Geheimniß uns verhüllte?
Dennoch war er nicht rein, und Satan
Rief vor dem Engel es aus.

Reines Gewand gab ihm der Herr und entlud ihn,
Sünde, von dir. Denn es sollt' einst sein Erkorner
Kommen. Zema! so tönt's, es hörten
Zema! die Engel umher.

Siehe, du kamst, Mittler, du kamst. Und der Vorhang
Senkt sich nicht mehr, und enthüllt ist das Geheimniß;
Denn ins Heilige ging er einmal,
Rein durch sich selber, der Sohn,

Ladet euch ein, seliges Volk, in der Rebe
Schatten euch ein, o Versöhnte, zu dem kühlen
Feigenbaume. Des Opferbundes
Psalter beseele das Fest!

Zema, du kamst! töne das Lied zu dem Psalter,
Zema, du kamst! so ergieße durch des Festes
Lauben sich der Gesang des Bundes;
Zema, du starbst und erstandst!

O, wie rauschten die Harfen, wie wehten die Palmen, wie strahlte
Jener Seraphim Antlitz, die jetzo den Herrlichen priesen!

Da Vollendung Jesus rief, weinten wir laut,
Die des Heils Strom tranken, da nahm Gott den Staub
Zu dem Licht auch und zum Heil auf. Jesus rief
Ihm von Kreuz himmlisches Heil, ewiges herab.

Da der Gottmensch: Werde, Welt! rufte, da ward,
Wie der Thau träuft, zahllos ihr Heer, welch' er schuf,
Daß ihr Heil stets sich erhübe. Allen rief
Er vom Kreuz höheres Heil, ewiges herab.

O du Heerschaar, weit erscholl, segnend das Wort
Der Vollendung; Harfengesang tönt' es nach

Mit dem Ausruf der Entzückung! Zahllos war't
Ihr, die ihm beugten ihr Knie, seliger durch ihn.

Also hatten sie kaum den Psalm der Wonne vollendet,
Als ein schimmerndes Chor Erstandner, von sanfter Begeistrung
Ueberströmt, des Triumphes Palmen schwang und mit Wehmuth
Jener Himmlischen, welche beseligt, dem Sohne des Herrn sang:

Gott sey und dem Lamm sey, das erwürgt ward, Anbetung!
Hoch hinauf zu dem Sion eilt's, zu des Himmels Glanz.
O, wie troff Golgatha's Altar von dem Blut!
Preis sey des Herrn Sohn, der erwürgt ward!

Preis sey dem Erretter der gefallnen Toderben!
Dank und Preis dem erhabnen Sohn! Du entriefst der Nacht
Der Gestirn' Heer. Ihr entfloß Licht wie ein Strom,
Und schnell gewandt trat's in den Kreislauf.

Gott sey und dem Lamm sey, das erwürgt ward, Anbetung!
Jubelpreis dem erhabnen Sohn! Du entriefst der Nacht
Der Verwerfung, die der Tod traf: o, sie sind
Entflohn dem Abgrund des Verderbens.

Aber ein anderes Chor Erstandener sah mit des Mitleids
Frommen, innigem Blick zu der liegenden Erd' herunter.
Ach, dort waren in Hütten auch sie und in Gräbern gewesen,
Dort erstanden. Sie sangen dem Retter der sterblichen Menschen:

Gott sey und dem Sohn sey, der zu Gott geht, Anbetung!
Werft die Krone, werft, Engel, auch ihr
Im Triumphgange, die Palme,
Daß der Herr sie euch gab, nieder am Thron!

Pilgrim, die erniedert in das Elend herwallen,
Großer Trübsal voll, weinet ihr noch?
Und ihr werft doch wie die Engel
Euch am Throne dereinst hin im Triumph.

Also und mit dem Dank und mit dem Preis lohnt Jesus
Führung, Dulder, euch. Diesen Triumph
Triumphiret, der das Elend,
Bis ans Ende getreu, folgsamer trug.

Schweig' denn, du o Thräne, die in Wehmuth Trost weinet!
Mach' ihr Herz nicht weich, tröste nicht mehr!
Ist am Ziel denn nicht Vollendung?
Nicht im Thale des Tods Wonnegesang?

Als sie es sangen, erblickten sie fern bei der glänzenden Aehre
Seelen und Cherubim, welche die Seelen herauf zum Versöhner
Führten. Die Cherubim flogen den Flug der Wonne; die Seelen

Schwebten mit zitternder Freude daher. Es ist vollendet!
Hatte gerufen am Kreuz ihr Versöhner. Frömmere Todte,
Die in Gräbern und Flammen vor kurzem die Sterblichkeit ließen,
Seelen aus allen Völkern, aus allen Winden der Erde
Waren's. Sie wurden seit der Vollendung (also gebot er)
Bis zu der Zeit des Triumphs in den Hainen der Aehre versammelt.

Und die bebende Schaar schwebt' immer höher. Sie riefen,
Weineten, riefen den Ruf der Erstaunung über die Gottheit,
Ach, den ersten. Ein Chor Erstandner empfing mit Jubel
Ihre begnadigten Brüder. So sang es ihnen entgegen:

O, sie kommen herauf. Mühsam wandelten sie
In des Tods bangem Nachtpfad. Glückliche, befreit,
Entflohn sind sie weit weg vom Elend, und Entzückung
Ist ihr Weinen da herauf, Wehmuth himmlischer Ruh'.

O, das Wonnegefühl, Erbe deß, so Gefährt'
In des Tods bangem Pfad war, dessen, so Gefährt'
Auch hier ist, wo Gott lohnt, am Ziel lohnt mit Vollendung!
Du, o seliges Gefühl, wer spricht völlig dich aus?

Wo ertönte so sanft, ach, wo lispelte sie,
Die es je ganz aussprach, die Harfe? wo erklang
Sie himmlisch? Krystallstrom. Wo hörtest du es herwehn?
Und, o Palme bei dem Strom, Sions Hörerin, wo?

Aber die Seelen ergriff des neuen Lebens Entzückung,
Und sie strömten ins Heer des Siegers herein und begannen:

Ach, zu dem Triumph schweben wir empor,
Engel und ihr, Erben des Lichts, kommen zu des Sohns
Himmelsgang. Du, o Tod, du Flug zu dem Genuß,
Gräber und ihr Graun, Wonne seyd ihr, Himmel und sein Heil.

Göttlicher (o, dich nennet des Gesangs,
Dich des Gefühls Wonne nicht aus) Göttlicher, der Welt
König, König der Welt, nur schwach und in der Fern'
Rufet der Triumph, hallet dir nach Jubel sein Getön.

Siehe, von der Schaar derer, die dein Tod,
Mittler, versöhnt, derer, die du, Herrlicher, erhöhst,
Sind auch wir und gesät ins wartende Gefild,
Wo in dem Gericht, Herrlicher du, erntest und verklärst.

Himmlische Jünglinge, Seraphim, die an dem Fuße der Cedern,
Gabriels und Eloa's, wie Blumen blühten, vermochten
Ihrer Freude Gefühl bei diesem festlichen Anblick
Nun nicht mehr zu halten. Mit Eile rauschten die Saiten:

Wie die Freude, wie die Wonne, wie des Triumphs
Inniges, jauchzendes, heiliges Lied
Nachhallen? Wie den Preis
Der Vollendeten am Thron,

Wenn ihr alle nun, ihr Schaaren, zu dem Genuß,
Alle zur Herrlichkeit euch von des Grabs
Nachtpfade zu dem Schaun
Des Allseligen erhebt?

Nicht der Psalter allein und nicht allein die Posaune
Töneten in den Chören der Feiernden; Saiten, die leise
Quellen waren, erschollen auch und waren gehaltne,
Säuselnde Luft und sanfter Laut der Liebenden waren.
Hauche halleten auch, die Sturm oft wurden und wurden
Donnernder Wiederhall und Einklang wandelnder Welten.

Jesus Christus beherrschte sein Volk von Abrahams Ruf an
Bis zu dem Tage, da er in der Hütte Bethlehems weinte.
Und die Wunder des Göttlichen unter dem Volke der Gnade
Und des Gerichts besangen die Chöre des frohen Triumphheers.
Feuriger schwung sich ihr Psalm. Mit der schnellen Wahl der Entzückung
Eilten von Wunder zu Wunder sie fort. Wie ein schimmerndes Chor flog
Unter dem Silbergetön der Saiten, so sang's zu dem andern
Hellen Chore, das kaum der Begeisterung Jubel zurückhielt.
Todesengel erhuben die ernste Stimme, sie sangen:

Meer, du standst; Gott gebot's. Tagwolke,
Nachtwolke schwebt' hinten nach dem Heer
Des Gesetzvolks. Gott erschreckt' und traf
Pharaons Roß und Mann von der Wolke.

Schwiegen; allein noch erscholl die Posaune. Mirjam vernahm sie:

Vor dem Reihntanz trat ich einher Amrama's
Tochter und pries: Meer ward, Wüther, euch Grab.
In mächtiger Woge versank,
In dem Schilfmeer, wie das Blei sinkt,

Der geharn'schte Reiter, das Roß, Kriegswagen,
Pharao selbst. Gott sah zürnend herab
Aus Wolken in Flammen, da flohn
In des Meers Strom die Geschreckten.

Engel eilten mit weggewendeten Blicken Abirams,
Eilten Korah's Verwerfung vorbei und Dathans; sie sangen:

O der Angst Stimme, die herrufend vom Abgrunde
Dumpf tönte, aus Staubwolken zum Licht auf umsonst klagte

Und nunmehr sterbend noch grauuvoller schwieg, furchtbarer,
Verstummt, schreckte, als hinsinkend sie Wehklag' ausrief.

Einen Blick nur senkten die Preisenden auf die Trümmer
Jericho. Einmal rauscht' es nur herab von den Harfen:

Posaunrufen der Heerlager, die ernstanbetend
Fortzogen, umscholl wehdrohend der Palmstadt Thürme.
Der Todestag kam dunkel, und des Herrn Heer zog;
Und es sank fürchterlich aufdonnernd Jericho.

Harfen erklangen jetzt, zu den Harfen Stimmen der Engel:

O, wie fiel dir, Juda, dein Loos! Bethlemens
Bräunlicher Sohn spielt' hin, leicht wie ein Reh.
Da sank ihm der Stab, und er traf
Den Gathäer, der ihm Hohn sprach.

So erhöht', o Juda, dein Gott den Jüngling,
Gab ihm ums Haupt Gold und goldnen Gesang,
Verwerfer des Benjaminit,
Daß sein Blut troff am Gilboa.

Und es sahe David den Sohn, den Mittler,
Ferne. Da flog Psalmflug; Jubel erscholl
Im höheren Chore, das Lob
Des Erschaffers und Erbarmers.

Andere Psalter erklangen und andere Stimmen der Engel:

Er betet: da stürzt hoch herab,
Ein Gebot vom Thron her Flammen herab.
Das Opfer versank schnell in der Gluth,
Und die Wasser am Altar brannten in die Höh'.

Sieben Cherubim schwebten aus ihrem Chor zu dem Seher,
Dem Erhabenheit, dem viel fernes Künftiges Gott gab.

Und du schweigst, der Cherubim sah vor Gott stehn
Ernst, unenthüllt? Flügel hüllten uns ein,
Der Tempel erbebte vom Psalm
Der Erhobnen zu des Herrn Thron.

Ich verstummte, da ich euch sah vor Gott stehn
Ernst, unenthüllt. Flügel hüllten euch ein,
Der Tempel erbebte vom Psalm
Der Erhobnen zu des Herrn Thron.

Und ihr riefet: Heilig ist er! ach, heilig,
Heilig ist er! Zahllos sind, die den Herrn
Anbeten. Es schallet sein Ruhm
An des Throns Höh' und im Staube.

Jetzo schweigt er, vertieft in Gedanken vom Weltbeherrscher.
Aber nicht lang', und er winkt, daß sie tönen zum Liede, Posaunen:

Die hohe Jungfrau Sion verachtet dich
Und spottet dein; die Tochter Jerusalem
Schüttelt ihr Haupt dir nach.
Wen, wen höhntest und lästertest du?

O, wider wen kam, Stolzer, dein Laut empor?
Dein Aug' erhobst du wider den Heiligen
Israels. Hast du nicht
Gott Jehova gehöhnt und gesagt:

Ich bin gestiegen über die Berg herauf
Mit meiner Wagen Menge? Des Libanon
Seiten, des Libanon
Cedern haut' ich und Tannen herab.

Gekommen bin ich bis zu der äußersten
Herberge Karmels, bis in den hohen Wald.
Grub ich, und trank ich nicht
Euer Wasser? Und trocknet' ich nicht,

Mit meinem Fußtritt, Israels Seen aus?
Vernahmst du niemals, daß ich, was jetzt geschieht,
Oftmals vordem auch that?
Weit von ferne bereit' ich es zu,

Dann heiß' ich's kommen. Städte, von Mauern hoch
Und Hügeln, fallen öde zur Trümmer hin.
Scham und des Todes Graun
Senkt zur Erde der Streitenden Arm.

Wie Gras des Feldes werden sie, dorren hin
Wie Kraut auf Dächern, Heu vor der Reif', und welk.
Weiß ich es, Stolzer, nicht,
Wo du ziehest und ziehest und wohnst?

Und kenn' ich wider mich dieß dein Toben nicht?
Weil wider mich du also denn tobst, dein Stolz,
Weil er zu mir herauf
Stieg', und ich es im Himmel vernahm;

So leg' ich einen Ring an die Nase dir,
Leg' ich Gebisse, Tobender, dir ins Maul,
Daß du denselben Weg
Wiederkehrest, auf welchem du kamst.

Feurig sang er's. Von neuem begannen die sieben Begleiter:

O, entfleuch denn, Sanherib, eil' zu Nisrochs
Opfer! Noch scholl Sions Hügel herab

Das Drohn des Prophetengesangs;
Da erhub schon die Vollendung

Zum Gericht den donnernden Fuß. Der Tag stieg
Röthlich herauf; stumm lag, leichnamevoll
Das Feld der Assyrer. Entflohn
War ihr König mit Entsetzen.

Aber der Seher der Herrlichkeit Gottes am Chebar entschwung sich
Nebst zwölf Jünglingen, Engeln und Menschen, des feiernden Heerzugs
Lichten Chören. Ihr Flug schon erklang, da die Saiten noch schwiegen.
Und sie schwebten, den göttlichen Sohn anbetend, vorüber.
Furchtbar schön war ihr strahlender Schwung und der Himmlischen Anschaun
Und die Flamm' in dem Blick. Sie begannen dem Herrscher in Juda:

Rächer, wie oft hast du gerächt dein erkornes
Leidendes Volk! Wie zerschmettert die Zerstörer!
Hast sie bluten gemacht. Die Blutgier
Lechzten, entrannen dir nie.

Glich nicht des Nils schreckendes Thier dem Assyrer?
Libanons Pracht, wie sie aufsteigt zu beschatten,
Hatte dieser. Er stand, von Laube
Dick, und sein Wipfel empor.

Wasser um ihn machten ihn groß, und an Strudeln
Hub er den Wuchs. Um den Stamm her des Erhobnen
Rauschten Ströme, den andren Bäumen
Sendet' er Bäch' ins Gefild.

Darum erhub höher er sich, wie die andren
Bäum' im Gefild, und es ward ihm zu der Aeste
Vollem Sproß und der Zweige Wassers,
Sie zu verbreiten, genug.

Nisteten nicht Vögel auf ihm, und das Staubthier,
Lag's nicht um ihn wie unzählbar? In des hohen
Quellentrunkenen Baums Beschattung
Wohneten Völker umher.

Ceder des Herrn, warst du wie er? Und, o Tanne,
Du wie sein Ast? Und du, Ahorn, wie sein langer
Schöner Zweig? Vor der Schaar der Bäume
Prangt' er im Haine des Herrn.

Hatt' ihn nicht Gott also geschmückt und mit dichten
Aesten erhöht, daß die Bäum' ihn in dem Garten
Gottes neideten? Weil sein Wipfel
Also gen Himmel erwuchs,

Hub sich sein Herz schwellend empor, daß so hoch er
Stünde. Du gabst ihn dem Stärksten der Tyrannen,
Rächer nun, in die Hand, daß er's ihm,
Wie er verdiente, vergalt.

Fremder Gewalt rottet' ihn aus und zerstreut' ihn.
Auf dem Gebirg, in den Thalen, an den Bächen,
Lagen niedergestürzt, zerschmettert,
Aest' ihm und Zweig' ihm umher.

Schatten war er Völkern nicht mehr, und zu Schaaren
Zogen sie fort. Auf dem Stamme des Gesunknen
Wohnten jetzo der Luft, auf seinen
Aesten die Heere der Flur.

Niedergeschreckt, hebet kein Baum an den Wassern
So sich mit Stolz, und es ragt so bei den Strömen
Keines Wipfel nicht mehr aus dichten
Zweigen der Kühlung empor.

Denn in das Grab müssen auch sie, zu der Todten
Grüften, vor die sich der Erdkreis in den Staub wirft.
Als der Assur die Tief' hinabkam,
Klagte sie weit um ihn her,

Hüllte sich ein Strudel und Strom, und die Wasser
Flossen nicht fort, und verdunkelt wie in Trauer
Stand ihr Libanon; auch des Thales
Bäume verdorrten um ihn.

Als mit Getös nieder er stürzt', in die Hölle
Nieder mit Sturm, da entsetzten sich die Völker.
Du, edenischer Hain im Abgrund,
Du, o sein Libanonwald

Dort in der Nacht, tröstetet ihn. Ja, die Herrscher
Alle, sein Arm, die mit Schatten er bedeckte,
Waren nieder mit ihm gesunken
Zu der Getödteten Schaar.

Und sie schwiegen. So säumt mit kurzem Weilen der Erde
Furchtbares Beben, nun bald gen Himmel wieder zu senden
Staub aus Trümmern und Sterbender Jammergeschrei. Sie begannen:

Wie den Assur, stürzetest du Aegyptus
König, o Sohn! Meerdrach, sprang er im Strom;
Es trübte die Wasser sein Fuß,
Und der Schlamm wölkt' in der Fluth sich.

Da er ausrief: Mein ist der Strom, ich habe
Mir ihn gemacht, warf Gott über ihn aus

Sein Netz, und es jagte sein Heer
In sein Garn auf den Empörer.

Wie die Fisch' ihm schwer und im Drang die Schuppen
Hingen herab, zog ihn Gott aus dem Strom
Und warf ins Gefild ihn und rief
Zu dem Aase, was in Höhn fleugt,

Was im Staube kriechet und raubt. Das Aas lag
An dem Gebirg weit hinunter ins Thal
Und füllte das Thal; und es stieg
Zum Gestad auf, wo er sonst schwamm,

Des Verworfnen Blut; ja, hinan die Berge
Drang's und des Stroms Bäche wurden umher
Vom Blute getrübt; denn hinab
In die Gruft ward er gestoßen.

In der Tief' empfingen ihn die, so einst auch,
Helden wie er, würgten. Alle sie sind
Hinuntergestürzt vor dem Schwert,
Und sie ruhn jetzt bei Erschlagnen.

Wo sie ruhn, liegt Assur; umher begraben
Alle sein Volk. Schwert, du warfst sie hinab.
Tief ist in den Klüften ihr Grab,
Die den Erdkreis einst erschreckten.

Wo sie ruhn, liegt Elam; bei ihm begraben
Alle sein Heer. Schwert, du warfst sie hinab,
Hinab in die Gräber voll Schmach,
Die den Erdkreis einst erschreckten.

Im Gefild liegt Mesech. Es liegt dort Thubal,
Er und sein Heer, schmachvoll, waffenberaubt,
Nicht unter dem Haupte das Schwert.
Das Gefild ist vom Gebein weiß

Der Verworfnen, welche die Erd' einst schreckten.
Pharo, auf dir stand des Siegenden Fuß.
Nun schlummerst du mitten im Heer
Der Erschlagenen, die das Schwert traf.

Die Beherrscher Edoms, der Krieger Führer,
Liegen umher tief in Nächten der Gruft.
Sie taumelten hin vor dem Schwert
Zu der Heerschaar der Erschlagnen.

Mit hinunter sanken die Völker Sidons.
Röthere Scham deckt der Fürsten Gesicht,

Daß kühn die ereilende Schlacht
Sie hinabwarf in die Tiefe.

Die Erschlagnen all' um sich her versammelt
Sah in des Abgrunds Nacht Pharao; ihn
Erblickte sein Volk, und es war
Ihm Erquickung dieß Entsetzen.

Denn hinab hast Pharao du zur Hölle,
Ihn und sein Heer, Gott Verderber, gestürzt.
Geschrecket, geschrecket auch du,
O der Welt Richter, den Erdkreis.

Sichtbar nur der Unsterblichen Aug', in des Himmels Abgrund,
Lag auf der wandelnden Erde Jerusalem. Todesengel
Schauten hinunter und wandten von ihr zu dem Thale Gehenna
Ihre Blicke. So sangen mit ernstem Trauern des Todes
Engel, indem, wie aus Fernen der Donner, ihrer Posaunen
Ausruf scholl, dumpf scholl wie das Meer an Felsengestade:

Geh' unter, geh' unter, Stadt Gottes . .
In Kriegsschrein, in Rauchdampf und Gluthstrom!
Versink', ach, die des Herrn Arm von sich wegstieß,
Sey Trümmer, Stadt Gottes!

Todsworte sprach Jesus; Rom thut sie.
Zum Aas eilt mit Gierblick der Adler;
Den Feldherrn, die ihr Gott zu verderben,
Flammt's ernst vom Rachauge.

Pflugtreiber streun schreckend Salzsaaten.
Dir zog Gott die Meßschnur, o Schauthal!
Er, er bot zum Triumph auf. Die Drommet' hallt
Siegswuth, wo Gott ausmaß.

Blutforderud riefst, Juda, den Fluch du
Vom Thron her; dein Mund schrie: Des Sohns Blut!
Die That schrie's noch mit mehr Grimm. Dich erhört Roms
Heerführer. Geh' unter!

Wie der freudige Fromme, der jetzt die Gräber nicht denket
Oder, denket er sie, mit dem Troste der Auferstehung
Ihre Nächte durchstrahlt, wie der, wenn der Morgen im Frühling
Ihm erwacht, mit Wonn' in dem Aug' in die schönen Gefilde
Weit umherblickt, laut sein Gebet dem Schöpfer des Frühlings
Hinströmt: also schauten umher und ertönten vom Jubel
Chöre Seraphim, da in der Straße des Lichts des Triumphes
Heerschaar schwebt', und mit strahlenden Meeren der hellere Himmel
Sie umgab, und die Stern' im Gedräng zu Tausenden wallten.
Dieser Jubel der Seraphim scholl umher in den Sternen:

Ertönet sein Lob, Erden, tönt's, Sonnen! Gestirn',
Ihr Gestirn' hier in der Straße des Lichts, hallt's feiernd,
Des Erlösenden Lob, siehe, des Herrlichen,
Unerreichten von dem Danklied der Natur!

Lobsing', o Natur, dennoch dem, welcher dich schuf!
Dein Gesang ström' in den Himmeln einher! Hochpreisend,
Von erhebender Höh', rufe des Strahls Gefährt'
In Kidrona und dem Palmthal ihn herab!

Ihr Wasser der Mond', Erdemeer, rauschet darein!
Wie das sanftlispelnde Harfengetön zum Chorpsalm
Der Posaunen empor Lüfte der Palme wehn,
So erhebt euch zu der Sternheere Gesang!

Wie wandelt ihr her, welche Gott zahllos erschuf!
O du Heerzug der Gestirne, wie strahlt, wie laut ruft
Des Erlösenden Preis ihr zu der Höh' hinauf,
Zu der Glanzschaar um den Thron Gottes empor!

Du bist es, o Sohn, dem der Welt Jubel ertönt,
Du ein Quell aller Beseligung, Herr, Heilgeber,
Unerschöpflicher Quell dessen, was glücklich macht!
Ist ein Weg wo? Ist ein Flug auch zu dem Licht,

Zum Heile, den er uns nicht führt? Alle nicht führt?
Labyrinth alle des großen, des unnennbaren,
Des belohnenden Heils? Selige führt durch dich,
Von Aeon er zu Aeon fort, Labyrinth!

Jetzo schwieg der Gesang; doch tönete fort der gehauchte
Hall und die Saite. So tönet der Hain, wenn weit in der Ferne
Ströme durch Felsen stürzen, und nah von den Bächen es rieselt,
Wenn es vom Winde rauscht in den tausendjährigen Ulmen
Und der tanzbeginnenden Braut der Quell Melodie scheint.

Da stets weiter empor in der Straße des Lichts der Triumph stieg,
Ward nicht ferne von ihnen ein Stern, der Sonnenbegleiter
Einer, verwandelt. Erschütterung ging von Wende zu Wende
Durch die Mitte des Sterns. Er zerspaltet' in Lande. Gebirge
Krachten, flammten, und brausender dampfen Meere gen Himmel.
Fürchterlich war's selbst Engeln zu sehn, wie in Irr' Urkräfte
Wankten, es bildeten, Saat aufschwoll der neuen Erschaffung.

Aber aus eines Sirius näheren Strahlen erhoben
Auferstandne Gerechte der Wonne Stimme zum Mittler:

Liebe des Sohns, himmlisches Heil, dem Verstande
Göttliches Licht, vom Altar Gluth dem Gefühle!
Tag, der erwacht, in das Meer nicht unterzugehn,
Der Erlös'ten ewiger Tag, Liebe des Sohns!

Flügel hinauf, Flügel zum Thron, o Triumph, nahmst
Du, und auch uns, den Gewählten des Erhobnen,
Wehest du vor mit der Palme, Christus Triumph,
Zu dem Thron des Vaters empor, Christus Triumph!

Engel, der dort strahlend einher durch die Himmel
Schwebet, wer ist's, dem das Sternheer in der Laufbahn
Steht, dem es laut auf den Pfaden Gottes ertönt,
Dem die Tiefe sinket, wer ist's, Engel des Throns?

Er, der am Kreuz dürstet' und starb, der uns liebte
Bis in den Tod, o, der Schmach Tod, des Altares
Golgatha Tod, und verlassen rufte von Gott
In der Nacht, der ist es, ja, der, Engel des Throns!

Strömet sie her, Ströme des Lichts, und, o Lüfte,
Säuselt ihr sanft dem Triumphheer sie herüber,
Welche sich dort noch unhörbar, tief in der Fern'
Uns enthüllen, kommen, des Sohns Antlitz zu sehn!

Engel, der Tag seines Triumphs, die Erhebung
Christus zum Thron, sie erscholl weit in die Welten
Alle. Wer wohnt in des Lebens Hütten, wem Gott
Es vergönnt, der eilet, des Sohns Antlitz zu sehn.

Herrscher ist er, Herrscher der Sohn. Ach, es fleht ihm
Aller Gebet. In den Weltkreis, in die Tiefe,
Fern in die Höh', bis zur letzten, sendet hinauf
Die Erhörung er, der allein Seligkeit hat.

Freuden euch! Licht strömet' euch her, und Gelüfte
Säuselte sanft dem Triumphheer euch herüber
Weit aus der Fern', ihr Bewohner jenes Gestirns,
Das auf Erden über des Blicks Gränze sich hob.

Herrscher ist er, Herrscher der Sohn. Ach, es fleht' ihm
Euer Gebet. In die Tiefen, in die Höhen,
Sendet der Sohn, bis zur letzten, sandte der Sohn
Die Erhörung, er, der allein Seligkeit hat.

Der Entzückungen, ach! Seht, dort strahlet der Sohn
In dem Chor hoher Thronen herrlich in dem Chor
Des Grabvolks, die Blut ihm versöhnt hat, die erwachten,
Vor dem Tage des Gerichts, umgeschaffen durch ihn.

O du Erster des Seyns, welchen himmlischen Weg
Hat geführt deinen Sohn des Todes Labyrinth!
Vom Grabmal beginnt, steigt der Siegsgang; aus der Nacht her,
Die den Sterbenden umgab, kommt des Ewigen Sohn.

In der Schöpfungen Meer, wo der Woge Gebirg
Zum Gestad hinwallt, wohnet, Herrlicher, dein Volk,

Dem Heil auch von dir wird, Messias, ob es Blut gleich,
Unentheiligt von der Schuld, nicht zur Söhnung bedarf.

Aber es ist unsere Schuld vor der Zeugen
Auge vertilgt, und verstummt ist nun der Sünde
Stimm' an dem Thron, in der Engel Hallen, dem Ohr
Des Gerichts der Klägerin Ruf ewig verstummt.

Fürchterlich laut rief sie hinauf, und es war doch
Leise das Ohr des Gerichts; aber: Vollendet
Ist es! erscholl vom Altare Psalmmelodie,
Und die Sünde hörte des Sohns Donner und schwieg.

An des Ewigen Thron' Christen, preisen auch wir.
Wo es euch, Erben, schattet, schattet es auch uns.
Wo euch quillt des Heils Quell, das Labsal des Gerechten,
Da versammeln wir auch uns, quillt uns Leben auch zu.

Bebtet ihr je, Söhne der Fern', der Verwerfung
Schrecken? O, troff in der Wehmuth, im Entsetzen
Vor dem Gericht, im Entfliehen vom Horeb euch je
Die entflammte Thräne den Blick blutig herab?

An dem schwindelnden Hang, den Verderben umringt,
An des Abgrunds Nacht staunten, schauerten wir nicht,
Wo Wagschal' ertönt, nicht, wo Zornkelch sich ergießet,
Und Geretteter Gefühl ward uns, Glückliche, nie.

Welche Stimmen ergossen sich aus den begeisterten Chören?
Waget' ich sie zu vergleichen, so nennt' ich sie Stimmen der Liebe,
Nennte sie Sterbender, die nun offen den Himmel schon sehen,
Oder Auferstehender, die dem Grab itzt enteilen.

Christus Triumph erreichte den Stern der unschuldigen Menschen
Und der unsterblichen. Ueber den hohen Gefilden des Sternes
Schwebt' er einher. Die Unsterblichen sahn den strahlenden Heerzug,
Sahn den Versöhner und, ach, die Auferstandnen vom Tode.
Haufen schauten; allein bald wurden die Haufen zu Schaaren,
Bald die Schaaren zu Heeren. Das Haupt gen Himmel erhoben,
Standen sie, unter ihnen der Erstgeschaffne. Vollender!
Rief er und sank auf sein Knie, um ihn die Unsterblichen alle.
Haine riefen Hainen, und Bergen Berge: Vollender!
Unter sie hin war Toa getreten. Der Richtende hatt' ihn
Wieder hinauf in das Leben geführt. Der Frohste der Frohen
War er, war ganz Dank, war ganz mit Empfindungen seiner
Neuen Unsterblichkeit überströmt. In dieser Entzückung
Rief er laut mit den Heeren der heiligen Menschen: Vollender!

Jetzt, da in seinem Triumphe der Sohn des Ewigen Psalmen
Seiner Erhöhung vernahm und mit Wonne der Preisenden Freude

Ueberschwenglich belohnt', entstieg der Gräber Gefilden
Zweener Sterblichen Lied. Sie hatten Erstandne gesehen,
Hatten gelernt. Es wurd' ihr Lied von dem Ausgesöhnten
Und dem Versöhner gehört. Indem der Schatten des Baumes,
Ihnen Hütte jetzt, und Kühlung sanfterer Lüfte
Weht', und der Bach mitscholl, erhob sie die Stimme der Andacht,
Sie, die liebte den Herrn und ihres Lebens Gefährten:

Schwinge dich empor, Seele, die der Sohn zu des Lichts
Erbe sich erschuf, Selige, die versöhnt Jesus hat!
Sing' ins Chor der Vollendeten am Thron!
Stammelten sie nicht auch Laute wie du, bebenden Gesang?

Als der Schatten des Baums und Kühlung sanfterer Lüfte
Weht', und der Bach mitscholl, erhob er die Stimme der Andacht,
Er, der liebte den Herrn und seines Lebens Gefährtin.

Selbstständiger, Hochheiliger, Allseliger, tief wirft, Gott,
Von dem Thron fern, wo erhöht du der Gestirn' Heer schufst,
Sich ein Staub dankend hin und erstaunt über sein Heil,
Daß ihn Gott hört in des Gebeinthals Nacht.

Durch feirende, lautpreisende Psalmchöre des Sternheers bebt
Mein Gebet auf zu dem Thron deß, der im Lichtreich herrscht,
Vom Beginn selig macht, Labyrinthweg' uns empor
Zu dem Thron führt, wo unerforscht er herrscht.

Hochheiliger, Allseliger, Unendlicher, Herr, Herr, Gott,
O, erhör' du mein entzückt Flehn von dem Grabthal her!
Von der Nacht stammelt's auf zu des Chors Halleluja;
O, erhör's, Gott, und mein verstummt Flehn auch!

Gott, mache den Toderbebenden glückseliger! Gott, trockn' ihm
Die Betrübniß von der Wang' ab! Doch ist Elendslast
In der Nacht hier sein Theil, so begnad' ihn mit Geduld
Und, o leit' ihn, daß er am Thron anschau'!

Also sang er und schwieg. Bald aber erhub sich von neuem
Seine Seele, brannte von neuem vor inniger Andacht.
Siehe, des künftigen Christen Gesang entschwebte der Erde
Kaum; allein ihn vernahm der Hörer der ewigen Chöre.
Also rauschet ein Blatt, wenn die Wiederhalle der Felskluft
Donner rufen, Donner der Waldstrom nieder ins Thal stürzt:

Erwach', Harfengetön, und erhebe dich
Dem Psalm nach zum Throne!
Dein Flug sey des Unendlichen Lob,
Des Herrn Preis dein Festlied!
O, ihm, dem mit Entzückung
Harmonie des Gestirnheers emporsteigt,

Und Erzengel entflammendes Lob
    In dem Anschaun ertönen,
O, lispl' auch, mein Gesang, sey Lob dem!
    Von dem Grab auch vernehme
Sein Lob Gott! Wie beginn' ich's? Wie vollend' ich's?
    O Vorschmack des Himmels,
Des Herrn Preis, wer singt dich und erliegt nicht?
    Was ihn sonst hob, versinkt jetzt,
Sein beseelteres Bild, wie der Schimmer
    Von dem Aufgang Gemäld' ihm
Voll Goldglanz, wird ihm Dämmrung.
    Wie ich kann, mit der Nacht Schein im Bilde,
Mit Nachhall und Laut nur,
    Wenn der Chorpsalm zu dem Thron auf sich donnernd
Erhebt, sing' ich dem Herrn.
    Wer gleicht dir? Wer, o Gott, ist, wie du bist?
Des Seyns tiefen Entwurf entwarfst du,
    Eh' Gefühl war, Gedanken
Und Zweck war in der Endlichen Heer.
    O der Aussaat, die, Gott, du
Gesät hast und Aeon auf Aeon,
    Daß sie reift', aufgehäufet.
O Rathschluß: Die Aeonen,
    Wenn sie all' einst vorbei sind, wird Ernte
Ohn' Aufhören am Thron seyn.
    Die Erschaffung zu des Sohns Heil hast dann du
Vollendet. O, dann führt das Glück uns
    Und das Elend ins Lichtreich.
Was einst uns, dem Beglückten und dem Dulder,
    Labyrinthweg und Nacht war
Das führt uns zu dem ewigen Heil hin.
    Indeß welkt auf Erden
Der unsterbliche Mensch weg
    Und empfindet Herannahn des Todes,
Herannahn der Verwesung,
    Und verweint, in Wehklag' ergossen,
Den Beginn des Daseyns
    Und weiß doch, daß es Gott einst mit Wonne
Vollbringt, er, der ihn auch zu dem Heil schuf.
    Ja, so, Gott, vollbringst du's.
Ach, trüb' ist und Nacht ist der Gedanke,
    Daß ins Loblied der Himmel
Der Angst Stimme sich mischt,
    Und mit Thränen sich die Wehmuth von Gräbern
Emporhebt ins Getön, wo Entzückung
    Der Chorpsalm zum Thron ruft

Und sanft Lispeln den Harfen entlockt,
Wenn in Dank weint die Wonne.

Cherubim und Erstandene tönten vom Untergange Babylons. Also sang der Erstandenen Chor dem Vollender:

Ernst ist er, des Gerichts dunkler Tag.
Todesgang und des Sturms Flug eilt des Herrn
Gerichtstag. Prophezeiung gegen sie,
Bewölkt einst, Prophezeiung, wie erfüllt Gott dich!

Ach, sie stürzt. Es vernahm Erd' und Meer
Babels Fall, der Erfüllung Donnerschlag.
Nun thut's Gott von dem Throne. Jetzo droht
Am Meerstrand die Verkündung des Posaunrufs nicht.

Babel stürzt. O, begann Gottes Tag,
Jener schon, der Entscheidung großer Tag?
Wie liegt, weh, sie zerstört da, weh' ihr, weh',
Welch Graun jetzt, die so stolz war, in dem Abgrund da!

Cherubim und Erstandene tönten vom Untergange Babylons. Also sang der Cherubim Chor dem Vollender:

Sie versinkt, sie versinkt, Babel. Der Täuscherin
Gefüllt ist mit Gifttrunk, schnelltödtend schäumt
Ihr Kelch auf. O, es füllt dir, Babel, dafür,
Des Gerichts Kelch vollmessend, der wiedervergilt.

Du Gestürzte, wie lang schäumte dein Taumelkelch
Dem Erdkreis Verführung, Wahn, Wuth und Tod!
Erwacht ist des Vergelters Rache, dich hat
Von des Zorns Kelch Gott trunken zum Tode gemacht.

Ach, die seligen Tage der ersten Auferstehung
Waren's, die ihr, schon jetzt vollendete Märtyrer, fei'rtet.

Die Gott rächt, in Gestirnglanz, Glückselige,
In des Heils Kleid, ausduldende Märtyrer,
Zu dem Erb' in dem Lichtreich kommt freudig ihr,
Die Gott rächt, von dem Nachtthal her.

Die Herrschaft des Vollenders, Mitblutende,
Die Gewalt deß, den Kreuziger tödteten,
O, empfangt die Belohnung, Heilerbende!
Erstaunt, bang und vor Angst stumm hört's

Der Erdkreis. Die verkannt einst schnell bluteten,
Wenn sie Satan Räuchwerke nicht zündeten,
Sie beherrschen die Welt jetzt, sind Könige.
Vom Thron schmückt mit Gewalt Gott euch.

Unbemerkter, nicht Eine der Königinnen des Weltmeers,
Ruhete zwischen Wogengebirgen die einsame Patmos.
Aber es sollte dereinst wie Posaunen an ihrem Gestade
Dem erschallen, den sich der Offenbarer zum Seher
Auserkor, und in ihrer Haine Schatten der Gottmensch
Ihm erscheinen, umringt von sieben Leuchtern, gekleidet
In ein lichtes Gewand, mit Golde begürtet, das Haupthaar
Weiß wie Schnee, und Flamme sein Blick, wie die Sonne sein Antlitz.
Glühend Erz war sein Fuß; von dem Munde ging ihm ein scharfes
Schneidendes Schwert, und er hielt in der Rechten sieben Sterne:
Eine Strahlengestalt, vor welcher wie todt der Seher
Hinsank. Richter der Welt war, der vor welchem er hinsank.
Aber damals richtet' er noch sein großes Gericht nicht,
Sprach nur über sieben Gemeinen ihr erstes Urtheil.
Mit dem Ernste des Richterspruchs ertönte noch Gnade.
Und es hatten von diesem Gericht die Ersten der Engel
Und die Väter, sie hatten von dieser Gnade wie fern her
Himmlische Stimmen vernommen. Sie sangen dem schonenden Richter,
Daß ihm in den Gemeinen wie Thau aus der Morgenröthe
Seine Kinder würden zum ewigen Leben geboren
Durch die neue Geburt, und daß er ihrer wie Mütter
Sich erbarmt', auch da, wo selbst die Herzen der Mütter
Fühllos würden, auch da sich Jesus Christus erbarmte.

Ephesus, ach, Ephesus, komm' zu der ersten
Liebe zurück! O, wie tief sankst du, Gemeine!
Kehre wieder! Es stürzt dein Leuchter
Sonst dir dahin und verlischt.

Preis dir, du gibst ewigen Lohn, wer sich wieder,
Mittler erhebt! Am Krystallstrom, der vom Throne
Fließet, schatten des Lebens Bäume,
Tragen dem Siegenden Frucht.

Und ein höheres Chor begann, von Wonne begeistert,
Durch die goldenen Harfen herab zu rauschen. Sie sangen:

O der Aussaat, welche du, ewiger Sohn,
Dir in Smyrna sätest! O, sie halten aus
Im Gefängniß und geschmäht, sie dulden's gern,
Sind getreu bis an den Tod, Kronen zu empfahn.

Wehmuthsstimmen erschollen. So sangen Chöre der Menschen:

Pergamon, du hieltest an ihm in den Tagen
Jenes Triumphs, da Antipas in sein Blut sank.
Zeugend sank er. O, ruft Antipas
Namen, Unsterbliche, laut!

Aber du hast, Pergamon, auch die wie Balak
Aergern. Es labt, wer gesiegt hat, das verborgne

Manna, diesen allein; nur er hört
Zeugen die Himmel von sich.

Wehmuthsstimmen erschollen. So sangen Chöre der Engel:

Siehe, du glaubst, duldest und liebst, Thyatira!
Aber du hast, Thyatira, die Prophetin,
Hast die Täuscherin auch. Dein Richter
Forschet hinab in das Herz.

Welchen er rein sahe, der Sohn, den erhebt er,
Setzet ihn hoch, daß den Weltkreis er beherrsche,
Gibt den eisernen Stab der Macht, gibt
Strahlen der Stern' ihm ums Haupt.

Stille ward in der Schaar des Triumphes, und keins der Chöre
Sang, und alle Harfen und alle Posaunen verstummten,
Bis zu dem Göttlichen wenige Stimmen sich endlich erhuben.

Ach, Sardis, ach, Sardis! Weltrichter,
Erbarm' dich! Des Herrn Sohn, verschone!
Sie liegt todt und ihr Wahn wähnt, daß sie lebe.
Gott Mittler, schon' ihrer;

Ach, höre! Wach', Sardis, wach', Todte,
Vom Schlaf auf! Es schreckt schon von fern her,
Mit Eil' droht, mit Vollendung das Gericht dir.
Hör', hör' sein Drohn, Todte!

Weißes Gewand strahlet um den, der gesiegt hat;
Hell in dem Buch, das vom Heil einst im Gericht tönt,
Steht sein Name; ihn nennt, vor Gott selbst
Und vor den Engeln der Herr.

Aber ein höheres Chor begann, von Wonne begeistert,
Durch die goldenen Harfen herab zu rauschen. Sie sangen:

Wie selig ist sie! Wenig Kraft gab ihr der Herr;
Und es blieb dennoch im Bunde, bekannte dennoch
Philadelphia stets. Satans Verführter soll
Sich ihr bang nahn, in den Staub sinken vor ihr!

Wie selig ist sie! Wenig Kraft gab ihr der Herr;
Und es blieb dennoch im Bunde, bekannte dennoch
Philadelphia stets. Stunde des Jammers, triff
Du den Erdkreis, und vor ihr eile vorbei!

Wie herrlich ist sie! Treue Schaar, halt', was du hast,
Und, o, laß Keinen die Krone des Heils dir nehmen!
Der Vollendete steht glänzend, ein Pfeiler, einst
In dem Tempel, wo der Sohn ewig belohnt.

Wehmuthsvoll, mit jenem Gefühl, das unter den Menschen
Thräne wird, kam mitten aus einem Chore die Stimme:

O, vernähme den Ruf Laodicea noch!
Er ruft ihr vom Tod auf, wehklaget sanft.
Wie blind, ach, und wie elend täuschet sie sich!
Du des Herren sonst, auf, eile dem Rufenden zu!

Der Gezüchtigte geht auch zu dem Abendmahl
Des Sohns ein. Wer fest steht, aushält und siegt,
Belohnt wird und gekrönt, der steiget empor
Zu des Throns Höh', Gottmensch, wo im Lichte du wohnst.

Da des Triumphs Heerschaar stets weiter hinauf zu des Himmels
Strahlenkreise stieg, begannen Chöre der Seher
Und Erzengel zu singen dem Auferwecker und Richter.
Also sangen sie gegen einander. Die Harfen der Seher
Tönten fei'rlichen Ernst und flossen von großen Gedanken
Feuriger über. Itzt strömte der Psalm in der Saite Begeistrung:

Wo erhöht er in dem Lichtreich, im Glanz thront, dort
Stieg er herab, und den Gerichtsruf donnerte sein Heer.
Und die Grabnacht gab, die sie wegnahm, her,
Da des Gerichts Ruf tönt', und das Gebirg einsank.

Und die Heerschaar, die vom Tod er durch Blut lossprach,
Hub sich empor, und ihr Gewand goß Strahlen um sie her.
Ihr Triumphlied scholl, wie das Weltmeer braus't,
Und das Getön stieg hoch mit dem Gerichtsruf auf.

Sie erlagen dem Wonnegedanken. Die Saiten nur tönten.
Aber nicht lange, so scholl ihr Gesang von neuem zur Harfe:

Aussaat, die gesät ruhte, bis ihr Gott rief, das Gefild
Mit Goldglanz zu bedecken! Selige, die, Staub zu Staub,
In sich einschloß säumende Nacht,
Bis floh der Aeon Sterblicher dahin!

Aussaat, o, wie reif schimmerst du her! Laut ruft im Gefild
Die Heerschaar zu der Ernte. Selige, die, Glanz zu Glanz,
Der Vollender sammelt, wie nimmt
Der neuen Aeons Herrlichkeit euch auf!

Jetzo sangen mit himmlischem Lächeln die Ersten der Engel;
Tönender strömte der Psalter Strom zu dem Wonnegesange:

Todt', erwacht! Todt', erwacht! Der Gerichtstag hallt's.
Der Aufruf der Ernter des Gefilds
Ertönt froh. Der Staub hört's da, wo er sanft
Schlummert, hinschallen. Schutzengel rufen ins Gericht.

Eilet, schaut auf zum Thron, die mit Huld Gott rief!
Erwacht, eilt, steht auf, strahlt von dem Grab
Empor ihr, die Jesus frei des Gerichts
Macht! O Miterben, kommt, nehmt die Palmen im Triumph!

Schwebt herauf, setzet euch mit dem Sohn Richter
Im Goldstrahl auf Throne bei den Herrn!
Erhebt euch, die Blut deckt, weißes Gewand
Deckt! O Weltrichter, kommt nehmt die Kronen im Triumph!

Ach, sie gehn überstrahlt zu dem Thron furchtbar
Herauf, ernst zur Wagschal' des Gerichts.
Geströmt Blut des Altars Golgatha deckt
Hell die Palmträger. Siegskronen glänzen um ihr Haupt.

Lange Reihn krystallener hochaufsteigender Berge
Sind in dem Stern Sarona. In ihnen sehn die Bewohner
Ferne Welten vergrößert und leuchtender. Weiter ertönet
Dort der Wiederhall und melodischer, wenn sich der Ausruf
Inniger Freud' ergießt bei neuer Erscheinungen Anblick.
Tausende wimmeln dann am Fuß der unendlichen Berge,
Tausende haben dann die breite Schulter, die lichte
Stirne der Berg' erstiegen und sehn tiefsinnig und schauen.
Jetzo schauten sie nicht tiefsinnig, ihr Auge war Wonne;
Denn es ging der Triumphheerzug bei Sarona vorüber.
Heller ward der Krystall, wo der Gottmensch schwebt' und zu Schönheit
Seine Herrlichkeit milderte. Dort ertönte der Nachhall
Reiner und neu, als bildet' er Laute des feiernden Heerzugs.

Jetzt erhuben im Chor der Seher Debora und Mirjam
Ihre Stimme. Den Saiten entscholl bald himmlische Wehmuth,
Bald der Ton des Triumphs. Sie sangen gegen die Engel.
So, wenn im Walde der Donnersturm stillschweigt, und die Bäume
Nicht gebogen mehr stehn, bebt leise von Lüften der Sprößling:

O, du einst uns Elend, wie entzückst du
Den Geist, Tod! Wer im Nachtthal des Entsetzens
Nicht verwesete, strebet umsonst
Zu erreichen des Erwachten Gefühl.

Ihr liest nicht die Laufbahn des Erdulders,
Des Pilgers da hinab nicht, wo der Tod war;
Ihr, Unsterbliche, sahet das Grab
Nicht eröffnet und gefüllt mit Gebein.

Ihr saht nicht, daß furchtbar die Entschlafnen
Es hinnahm, die Geliebtern zur Verwesung.
Der begrabenden Schaufel Getös,
Die mit Erde die Entflohnen bewarf,

Erscholl nie euch dumpf auf von den Grüften
Und rief nie euch Erinnrung, daß ihr einst auch,
Mit entstürzender Erde bedeckt,
Bei der Trümmer des Verwesenden lägt.

Aber, wie unter Wolken herab von den Felsen sich Ströme
Stürzen, so sang, als rief's zum Gericht, das Chor der Propheten:

Todt', erwacht! Die Posaun' hallt. Todt', erwacht!
Der Nacht Schooß, des Meers Grund und der Erdkreis
Bebt dumpf auf; das Gebein hört Herrscherton
Herrufen, Erzengel rufen ihn laut.

Goldpalast und bemoos't Dach stürzen ein.
Im Erdgrab und Weltmeer wer entschlummert
Schon lang' lag, der erwacht. Wer lebet, hört
Graunvolles Erdbeben, stirbt und erwacht.

Nacht noch war's. Das Entsetzen trat einher,
Gebot Flucht. Gefild, Hain, des Gebirgs Haupt
Versank, warf sich ins Meer hin. Harfe, schweig'!
Bang ruft, es ruft nun Gebärerinangst.

Donner ruft von des Throns Höhn. Harfe, schweig'!
Laut droh'nd tönt Gerichtsruf der Posaunen
Darein. Fürchterlich fliegt, rauscht Donnersturm.
Wehklagend ruft drein Gebärerinangst.

Zween Erzengel schwebten voran; da sang der Eine:

Sie sind's, ach, die wehdroh'nd der Aufruf schreckt!
Sie stehn auch von dem Tod auf. O, verschlöss' Nacht stets
In dem Graunthal der Verwesung,
Die des Throns Ausspruch in den Abgrund stürzt!

Zween Erzengel schwebten voran; da sang der Andre:

Gerichtsdonner, ach zu furchtbar tönest du
In die Grabmale! Längrer, ewiger Schlaf
Ist ihr Flehn; aber sie kommen aus der Nacht
Und wehklagen: O, falle, Gebirg, deck' uns!

Stille war itzt in den Chören der Siegsbegleiter. Da flogen
Leicht, wie Blüthen die Luft fortathmet, Benoni und Mirjam,
Lazarus Schwester, hervor. Wie des Sommers sanftere Mondnacht
Und wie der röthliche Frühlingsmorgen schwebten sie vorwärts.
Und sie würdigten Satan, dem liegenden Ueberwundnen,
Hören zu lassen, wie groß der Triumph der Todten des Herrn sey.

Donnr' es, o Gesang, in der Nacht
Schrecken hinab, zu Gehenna's Empörer hin:
Die am Staub einst Elend und der Tod traf,
Sie erwachen zu dem Schaun!

Mörder, zu dem Schaun! Vom Beginn
Mörder, sie Alle, die jemals des Todes Angst,
Der Verwesung Graun traf, sie entschwingen
Sich dem Grabe da hinauf,

Wo zu dem Gericht, du Genoß
Jedes Entsetzens, in schreckender Herrlichkeit
Sich gesetzt hat Jesus, der Vollender.
Hosianna! Er entschwung,

Sieger des Empörenden, sich
Auch dem umschattenden Thale, der Todesruh',
Und verwarf dich, Satan, du Verkläger,
Der sie Tage vor dem Thron,

Nächte vor dem Thron sie mit Grimm
Schuldigte. Sünden nicht nur, das Gebrech, du Feind,
Und der Fehle Staub nahmst und umgabst du
Vor dem Rächer mit Gewölk.

Zischender Verkläger, dich stürzt
Jesus, der Herrscher, hinab in die tiefe Nacht,
Wo die Qual ist, Wehklag' und der Tod ist,
Kein Erwachen zu dem Schaun.

Einer der Todesengel erhub die furchtbare Stimme.
Also sang er, indem mit der Hand die Posaun' ihm hinsunk:

Wehklagen und bang Seufzen vom Graunthale des Abgrunds her,
Sturmheulen und Strombrüllen und Felskrachen, das laut niederstürzt',
Und Wuthschrein und Rachausrufen erscholl dumpf auf.
Wie der Strahl eilt, schwebten wir schnell und in Wehmuth fort.

Gabriel weinet' und fühlte sie gern, die himmlische Thräne.
Also floß mit der Thräne die Stimme des Schauers der Zukunft:

Das Gewand weiß, bluthell, hub zum Thron
Sie sich empor, stand ernst, anschaunselig da,
Schimmerte die Braut. Sanften Ton, festliche Melodien,
Freudigeres Gefühl strömtet ihr, Donnerer in dem Gericht!

Und der Gottmensch sah rein neben sich
Sie an dem Thron, voll Unschuld stehn, sah sich ihm
Heiligen die Braut! Neu erscholl, seligeres Gefühls
Strömet' ins Paradies euer Psalm, Donnerer in dem Gericht!

Hoch erhöht von dieser Begeistrung des Schauers der Zukunft,
Schwebt' in lichterem Meere der Himmelsheitre die Heerschaar,
Schwebte mit schnellerer Eile dahin; und keine der Harfen
Schwieg in den Chören, und aller Posaunen erschütternde Stimmen
Redeten ihre Donner, und alle Himmlischen sangen:

Da ihr Gang Flug, und ihr Ausruf Gesang ward der Entzückung
Da vom Gefild her sich der Triumphzug zum Gerichtsthron
Emporschwang, nahm zu dem Erb' auf er, den am Kreuz Gott sah,
In das Lichtreich auf, die des Altars Blutruf vom Gericht lossprach.

Aber das Chor Erzengel begann von neuem die Wonne
Seiner Gesänge gegen die Seher hinüber zu strömen.

O, die auch im Erdgrab und Weltmeer verwes't einschloß
Der Gerichtsspruch, den in Eden, da es kühl ward, der Herr aussprach,
Erstlinge, schwebt strahlend empor, im Triumphflug, eilt,
Richtet mit dem, welchem sich die Höh' und das Gebeinthal bückt!

Die Hand kam hervor einst, und Schrift stand: Dich wog Jova!
Und es fand dich, der den Weltkreis, wie er will, herrscht, zu leicht, König!
Daß des Gerichts Tag es vernähme, wie leicht der sey,
Welcher an ihm sündigte, gebot es von des Throns Höh' Gott,

Gebot so: Es zeug' einst, was lebend des Staubs Sohn that,
Des Gerichts Buch! Und mit Schrift, hell, wie der Blitzstrahl durch Nacht herfleugt,
Schrieb in das Buch, Rächer, dein Heer, was der Mensch that, grub's
Thränenvoll ein, schweigend, was nunmehr in dem Gericht laut tönt.

Am Thron rollt die Heerschaar, als göss' sie ein Meer weit aus,
Des Gerichts Bücher voll Ernst auf, und die Glanzschrift erschreckt fern her.
Eilet empor, Erstlinge, schwebt den Triumphflug, kommt,
Richtet mit dem, welchem sich die Höh' und das Gebeinthal bückt!

Ihn sah Gott herannahn. Kein Tag war, wie der Tag ist,
So dem Rath deß, der geherrscht hat vom Beginn an, die Hüll' aufdeckt.
Jauchzet und schaut tiefer hinab denn der Lichttag kam!
Wandelt umher froh in Labyrinthe, die hindurch Gott führt!

Noch währt er, noch währt er, der Grauntag. Ein Jahr floh schon,
Und es säumt noch der Gerichtstag. Noch erschreckt den des Ausspruchs Ernst,
Welchen der Sohn Gottes verwirft. Es entfliehn qualvoll
Könige noch, riefen dem Gebirge: O Gebirg, deck' uns!

Allein deckt Gebirg euch? Noch säumt stets des Urtheils Tag.
Noch entsetzt sich, wer, o Lamm, dir, das erwürget ward, wer Hohn dir sprach.
Stürzet, ihr Berg', über uns her, denn die Allmacht zürnt!
Der an dem Kreuz blutete, gebeut von dem Gerichtsthron Tod.

Noch strahlt er, der Heiltag; noch theilt Gott des Lichts Erb' aus;
Noch verklärt sich Labyrinthweg; noch enthüllt Gott der Vorsicht Pfad;
Stets noch empfäht weißes Gewand, von des Sohns Blut hell,
Kronen empfäht, Palmen, wer dem Sohn bis in den Tod treu war.

Thräne des Himmels im Blicke der Erstlinge Gottes, wie glänztest
Dem du, der einst das Erbe des Lichts den festlichen Tag gibt

Seiner Entscheidung! Sie wagten es kaum, voll inniger Demuth,
Nach dem Vergelter hinauf, der ihnen strahlte, zu schauen.
Säumend begann ihr Harfengetön. Als aber der Geber
Immer belohnender strahlte, da flog's, und schnell war es Jubel.

O Aufgang aus der Höh', o des Herrn Sohn, du o Licht
Von dem Licht, der erlös't hat, doch dereinst auch auf den Thron
Des Gerichts mit der Wagschal' steigt und es wägt,
Was gethan hat, wem umsonst floß Golgatha's Blut!

O Preis dir und Gesang, du des Herrn Sohn, du o Licht
Von dem Licht, der erlös't hat, die dereinst, ach, an dem Thron
Des Gerichts bei der Wagschal' stehn und sein Weh'
Mit verkünden, wem umsonst floß Golgatha's Blut!

O Urquell, es ergeußt, o des Heils Quell, wie ein Strom,
Wie ein Meer (so gebeutst du) von dem Lichtthron sich herab
Der Erschaffenen Glück! Erzengel, merkt auf,
Wie das Heilmeer durch den Weltkreis weit sich ergeußt!

Ihr, ihr saht's von Beginn, da die Nacht uns noch umgab,
Es der Tod noch verbarg, ach, da noch Gott wir, o der Staub,
Aus der Nacht, von dem Grab her, richteten, Gott
Mit Erbarmung es vernahm, schwieg, Blitze nicht warf.

Unterdeß, da Jesus den Weg durch die Heitre zum Throne
Gottes ging, entschied er von fern das Schicksal der Seelen,
Welche das Leben der Sterblichkeit jetzt verließen. Sie mußten
Sinken oder steigen, nachdem in ihnen der Richter
Trieb' erschuf, sich empor zu der Wonne Gefilden zu heben
Oder hinab sich zu senken, hinab, wo die ewige Nacht herrscht.

Jetzt rief Einer der hohen Triumphbegleiter: Es steigen,
Sieh', aus allen Landen, aus allen Völkern der Erde,
Steigen Seelen herauf. Ein Anderer rief in der Wonne
Seines Herzens den Auferstandenen zu: Der Entschlafnen
Seelen machen sich auf und werden Licht; denn ihr Licht strahlt
Ihnen entgegen und vor ihnen geht des Versöhners
Herrlichkeit auf. Der Unsterbliche schwieg. Noch war es den Seelen
Unbekannt, wer der in der Mitte dieses Triumphs sey,
Wer die Schaaren um ihn. Bald aber erkannten sie Menschen
Unter den Schaaren, und süßes Gefühl, daß sie Menschen erblickten,
Ueberströmete sie. Doch, da sie von Antlitz zu Antlitz
Ihre Brüder sahn, erstaunten sie, zweifelten, sanftes
Schauers voll. Denn die Auferstandnen, nun Himmlischen, waren
Furchtbar und schön, voll Hoheit, wie keine Hoheit sie kannten,
Waren vielleicht auch Götter. Allein der Götter Einer
Sprach zu ihnen, nnd lieblich erscholl des Redenden Stimme:

Menschen waren wir einst, wie ihr vor kurzem noch waret;
Aber er hat uns zu dieser Vollendung erhoben,
Welchen ihr wandeln hier bei den Sternen seht, mit des Urlichts
Glanze bedeckt und mit Wundenmalen. Lernet. Ihr könnt hier
Vieles lernen. Erwählet ihn euch zum Helfer; erwählet
Ihn auch nicht! So frei wie jetzt seyd ihr niemals gewesen.

Dreimal die Zeit, die ein Engel, bevor er von einem Entschlusse
Uebergeht zu dem andern, die dann der Unsterbliche zweifelt,
Folgten die Seelen jetzo nur nach und blieben auf einem
Sterne zurück und warteten dort auf Lehrer, die Jesus
Ihnen würde (Gabriel rief's) von dem Thron zusenden.

Weit in der Ferne sah des Ewigen Thron die Triumphschaar
Und des Allerheiligsten Nacht an des Ewigen Throne.
Schon verhüllten ihr Antlitz mit ihren Flügeln der Engel
Viele. Das Antlitz deß, der, geopfert auf Golgatha's Altar
Blutete, ward lichtheller. Ein Chor Erstandener bebte
Freudig, und erst nach langem Verstummen begann es von neuem
Seine Psalmen, begann's hinauf nach Sion zu singen:

Begleit' ihn zum Thron auf, o Lichtheer,
Mit der Harf' ihn, der Posaun' Hall und dem Chorpsalm,
Jesus, Gottes Sohn! Menschlich ist er,
Gnädig. Das rufest du laut, blutiger Altar!

Es preis' ihn der Toderb' und Seraph,
Es erheb' ihn die Versammlung der Gerechten,
Jesus! Hehr ist er, heilig! Es gab,
Siehe, dem Herrlichen Jehova das Gericht.

Es sing' ihm der Heilerb' und Cherub,
O ihr Chör' all' in dem Lichtheer, Hosianna!
Jesus, Sohn, du bist König der Welt,
Ewiger König der Stadt Gottes in der Höh'!

Wie wirst du am Thron den empfangen,
Der es ganz litt, der es ganz that, den Vollender,
Vater, du den Sohn! Donner des Throns,
Gebt der Unsterblichen Chor Flügel und Triumph!

Und sie schwiegen. Es schwebt' an einer Sonne Gefilden
Langsamer fort ein anderes Chor Erstandne. Sie sangen
Ihm, der stets lichtheller des Vaters Rechten sich nahte:

O Vollender, wie wird er, der ewig ist, dich
Auf des Throns Höhn empfangen! Ewiger, wie wirst
Du hingehn, des Herrn Sohn den Herrn schaun, der erhabne,
Der unendliche Genoß deß, der seyn wird und war!

Du o Licht von dem Licht, Gottmensch, groß durch den Tod
An dem Kreuz! Hehr Sühnopfer, herrlicherer dem,
Der abfiel und umkehrt', der, Staub, schlief, und darauf erst,
Ein Unsterblicher wie sie, Glanz der Engel empfäht!

Der erlösende Sohn, Allerheiligstes, ging
In die Nacht deines Grauns ein. Aber wie hat ihn
Erhöht Gott! Ihr Knie sinkt dem Aufgang aus der Höhe,
Dem Erniederten und Herrn, aller Endlichen Knie.

Und wie schallet empor, hoch im Himmel empor
Und im Staub ihres Zurufs Wonnemelodie!
Erhöht wird des Herrn Sohn, der Gottmensch, der Gesalbte,
Dem Unendlichen zum Preis, Gott dem Vater zum Preis.

Auch sie schwiegen, und immer wurden der feiernden Chöre
Weniger. Sieben Erstandne, die Ersten unter den Menschen,
Schwungen sich freudigzitternd hervor und sangen dem Sohne:

Mißt nicht mit Maß Endlichkeit uns? Wir erheben,
Selig dadurch, die Vollendung des Erstandnen.
Ach, der Wonne Gefühl soll ewig
Tönen im Strom des Gesangs.

Aber was ist gegen den Preis der Erschaffnen,
Vater, dein Blick, du Erhöher zu des Throns Glanz,
Dein Anschaun? Verstummt, Strom, stündst du,
Winkte nicht Eile dir Gott.

Danke dem Herrn! Preise, daß er uns vergönnt hat,
Endlichen, ihm mit dem Stammeln des Triumphlieds,
Ihm mit feierndem Psalm zu singen,
Mit der Erstaunungen Ruf!

Herrlich ist er, selig ist er, und des Donners
Seiner Gewalt, wenn er handelt und beseligt,
Nachhall unser Gesang. Strömt, Jubel,
Jauchzet den Thaten des Herrn!

Mittler, zu dem steigst du hinauf. Es erhebt dich
Der zu der Höh', o Messias, zu der Höhn Höh'
Seiner Rechten. Begleit' ihn, Siegslied,
Bis zu dem Fuße des Throns!

Aber hundert Cherubim schwebten hervor und enthüllten
Wieder ihr Antlitz und wiesen hoch mit der Palme gen Himmel:

Begleit' ihn zum Thron auf, Triumphheer,
Mit der Harf' ihn, der Posaun' Hall und dem Chorpsalm,
Jesus, Gottes Sohn! Herrscher ist er,
Herrscher. Das rufet ihr laut, Donner um den Thron!

Es ruf' ihm der Heilerb' und Cherub,
O ihr Chör' all in dem Lichtheer, Hosianna!
Jesus, Gottes Sohn, Dulder, du steigst,
Todter zur Rechten des Herrn, Ewiger, empor.

Jetzo kam der Triumph dem Himmel so nah, daß Jehova's
Thron sie im Glanz herstrahlen der ganzen Herrlichkeit sahen.
Da den Triumph, den Triumph die nähesten Engel erblickten,
Standen sie alle zuerst erstaunt. Bald aber erhub sich
Wonnausruf, voll frohes Erschreckens. Die Stunde, da Christus
Wieder würde, der Ueberwinder, den Himmel betreten,
War der Himmlischen Keinem bekannt, war's selber der Throne
Erstem nicht. Sie hatten nur fern mit der Welten Getöne
Jubel gehört. Von Gebirge rief zu Gebirge, der Cherub
Rief: Der Messias! dem Cherub; aus Hainen riefen in Haine
Seelen, und Seraphim sich: Der Messias! vom Strahl zu dem Strahle;
Bis hinauf zu den Opferaltären, hinauf zu der hohen
Wolke des Allerheiligsten scholl: Der Messias! hinaufscholl
Zu dem Thron: Der Messias; daß weit um sie her der Wälder,
Daß der Ströme Geräusch unhörbar ward, des Krystallmeers
Woge selbst, vor der Stimme der Rufenden. Aber, da Jesus,
Da der große Vollender nunmehr mit einem der letzten
Sonnenschimmer den Himmel betrat, da entsanken der Engel
Kronen, da streuten mit sanfterer Freude die Himmlischen alle
Palmen auf den erhabenen Weg, der zum Throne des Herrn führt.
Auch die Triumphbegleiter, die Seraphim und die Erstandnen
Streueten Palmen und gingen einher mit freudiger Demuth.
Aber die Seelen, belastet vom neuen Himmelsgefühle,
Wären in einem der Haine des Wegs geblieben, hätt' ihnen
Gabriel nicht mit der goldnen Posaune zu folgen gerufen.

Jesus nahte dem Thron. Da wurde stiller die Stille;
Und da rufte den Seelen nicht mehr die Posaune. Die Väter
Standen. Noch folgten die Engel. Nicht lang', so blieben auch sie stehn,
Sanken nieder, daß sie anbeteten. Gabriel hatte,
Keiner der Endlichen sonst, des Thrones unterste Stufe
Mit dem Messias betreten. Dort kniet' er, beinah unsichtbar
Durch den herunterströmenden Glanz, und schaute zu Gott auf.

Siehe, der Hocherhabne war, der Unendliche war, er,
Den noch Alle kennen, dem Alle danken noch werden,
Aller Freudenthränen noch weinen, Gott und der Vater
Unseres Mittlers, der Allbarmherzige war in der vollen
Gottesliebe verklärt. Der Sohn des Vaters, des Bundes
Stifter, er, der erwürgt von dem Anbeginne der Welt ist,
Den noch Alle kennen, dem Alle danken noch werden,
Aller Freudenthränen noch weinen, siehe, das Opfer

Für die Sünde der Welt, der Getödtete war, der Erstandne,
Jesus, der Mittler, der Allbarmherzige war in der vollen
Gottesliebe verklärt! So sah den Vater der Himmel
Aller Himmel. So sahe den Sohn des Vaters aller
Himmel Himmel. Indem betrat die Höhe des Thrones
Jesus Christus und setzete sich zu der Rechten des Vaters.

An den Erlöser.

Ich hofft' es zu dir, und ich habe gesungen,
Versöhner Gottes, des neuen Bundes Gesang.
Durchlaufen bin ich die furchtbare Laufbahn,
Und du hast mir mein Straucheln verziehn.

Beginn den ersten Harfenlaut,
Heißer, geflügelter, ewiger Dank!
Beginn', beginn'! Mir strömet das Herz,
Und ich weine vor Wonne.

Ich fleh' um keinen Lohn; ich bin schon belohnt,
Durch Engelfreuden, wenn ich dich sang,
Der ganzen Seele Bewegung
Bis hin in die Tiefen ihrer ersten Kraft,

Erschüttrung des Innersten, daß Himmel
Und Erde mir schwanden,
Und, flogen die Flüge nicht mehr des Sturms, durch sanftes Gefühl,
Das wie des Lenztags Frühe Leben säuselte.

Der kennt nicht meinen ganzen Dank,
Dem es da noch dämmert,
Daß, wenn in ihrer vollen Empfindung
Die Seele sich ergeußt, nur stammeln die Sprache kann.

Belohnt bin ich, belohnt! Ich habe gesehn
Die Thräne des Christen rinnen
Und darf hinaus in die Zukunft
Nach der himmlischen Thräne blicken.

Durch Menschenfreuden auch. Umsonst verbärg' ich vor dir
Mein Herz, der Ehrbegierde voll.
Dem Jünglinge schlug es laut empor; dem Manne
Hat es stets, gehaltner nur, geschlagen.

Ist etwa ein Lob, ist etwa eine Tugend,
Dem trachtet nach! Die Flamm' erkor ich zur Leiterin mir.
Hoch weht die heilige Flamme voran und weiset
Dem Ehrbegierigen besseren Pfad.

Sie war es, sie that's, daß die Menschenfreuden
Mit ihrem Zauber mich nicht einschläferten;
Sie weckte mich oft der Wiederkehr
Zu den Engelfreuden.

Sie weckten mich auch mit lautem, durchdringendem Silberton,
Mit trunkner Erinnrung an die Stunden der Weihe,
Sie selber, sie selber die Engelfreuden,
Mit Harf' und Posaune, mit Donnerruf.

Ich bin an dem Ziel, an dem Ziel, und fühle, wo ich bin,
Es in der ganzen Seele beben. So wird es (ich rede
Menschlich von göttlichen Dingen) uns einst, ihr Brüder deß,
Der starb und erstand, bei der Ankunft im Himmel seyn.

Zu diesem Ziel hinauf hast du,
Mein Herr und mein Gott,
Bei mehr als einem Grabe mich
Mit mächtigem Arme vorübergeführt.

Genesung gabst du mir, gabst Muth und Entschluß
In Gefahren des nahen Todes.
Und sah ich sie etwa, die schrecklichen, unbekannten,
Die weichen mußten, weil du der Schirmende warst?

Sie flohen davon, und ich habe gesungen,
Versöhner Gottes, des neuen Bundes Gesang.
Durchlaufen bin ich die furchtbare Laufbahn.
Ich hofft' es zu dir!

Kolibri 360 GmbH
Ferdinand-Jühlke-Straße 7
99095 Erfurt, Deutschland
produktsicherheit@kolibri360.de